T0206122

Werkstoffwissenschaften und Fertigungstechnik

Bernhard Ilschner · Robert F. Singer

Werkstoffwissenschaften und Fertigungstechnik

Eigenschaften, Vorgänge, Technologien

6., überarbeitete Auflage

Mit 245 Abbildungen und 32 Tabellen

 Springer Vieweg

Bernhard Ilschner

Robert F. Singer
Erlangen, Deutschland

ISBN 978-3-642-53890-2   ISBN 978-3-642-53891-9 (eBook)
DOI 10.1007/978-3-642-53891-9

Die Deutsche Nationalbibliothek verzeichnet diese Publikation in der Deutschen Nationalbibliografie; detaillierte bibliografische Daten sind im Internet über http://dnb.d-nb.de abrufbar.

Springer Vieweg

Gedruckt auf säurefreiem und chlorfrei gebleichtem Papier.

Springer Vieweg ist Teil von Springer Nature
Die eingetragene Gesellschaft ist Springer-Verlag GmbH Deutschland
Die Anschrift der Gesellschaft ist: Heidelberger Platz 3, 14197 Berlin, Germany

Vorwort zur 6. Auflage

Seit der Konzeption vor 35 Jahren hat sich das vorliegende Lehrbuch deutlich gewandelt. Es folgt dabei der allgemeinen Entwicklung des Fachgebiets, das heute meist mit Materialwissenschaften und Werkstofftechnik bezeichnet wird. In den Jahren der Entstehung des Fachgebiets, aus denen unser Buch stammt, ging es vor allem um die Verbindung zwischen Mikrostruktur und Eigenschaften. In den letzten Jahrzehnten ist „die andere Seite der Medaille", die Verbindung zwischen Herstellprozess und Mikrostruktur sehr viel stärker in den Fokus gerückt. Dies liegt einerseits an den deutlichen Fortschritten des Grundlagenverständnisses bei Prozessen wie Gießen, Umformen, Schweißen, Löten etc. Die wissenschaftliche Vertiefung in der Prozesstechnik ist dabei nicht zuletzt der Einbindung der Numerischen Simulation zu verdanken. Der geänderte Fokus hängt auch mit dem besonderen wirtschaftlichen Interesse zusammen, welches der fertigungstechnischen Seite entgegengebracht wird.

Schon immer war die Urformtechnik, also Gießen und Pulvermetallurgie, eine spezielle Domäne der Werkstoffingenieure in der Fertigungstechnik. In diesem Bereich ist ein Verständnis der im Material ablaufenden Vorgänge unabdingbar. Die Bedeutung der Werkstoffwissenschaften in der Fertigungstechnik hat aber ganz generell zugenommen. Dies liegt an der zunehmenden Materialvielfalt in den technischen Produkten. Die Innovation in der Fertigungstechnik ist heute getrieben vom Einsatz neuer „exotischer" Werkstoffe wie CFK oder Magnesium.

Die Zunahme der Materialvielfalt lässt sich beispielsweise im Karosseriebau ablesen. Die Fahrzeugstruktur der Modellgeneration D2 eines Audi A8 wies noch 7 unterschiedliche Werkstoffe aus. Beim heutigen Modell D4, 10 Jahre später, sind es schon 13 unterschiedliche Materialien. Die neu und zusätzlich eingeführten Werkstoffe sind steifer, fester und leichter. Sie tragen dem Bedürfnis des Kunden Rechnung nach geringerem Gewicht (weniger Verbrauch, größere Reichweite), besserem Crashverhalten (Schutz bei Unfällen) und höherer Eigenfrequenz (besseres Handling). Die Schwierigkeiten der Einführung neuer Materialien liegen aber vor allem in der Fertigungstechnik.

Erlangen, im März 2016   R. F. Singer

Aus dem Vorwort zur 5. Auflage

Im Januar 2006 ist Bernhard Ilschner, der dieses Lehrbuch konzipiert hat, in Lausanne verstorben. Die Nachricht wurde in der Fachwelt, und insbesondere unter seinen zahlreichen Schülern in Deutschland und aller Welt, mit großer Trauer aufgenommen. Bernhard Ilschner war ein Mitbegründer der Werkstoffwissenschaften vor etwa 40 Jahren, als sich dieses neue Fachgebiet aus der traditionellen Metallkunde heraus zu entwickeln begann. Die neue Disziplin zeichnete sich insbesondere durch eine Durchdringung traditioneller Inhalte im Sinne der naturwissenschaftlichen Grundlagen aus. Als gelerntem theoretischen Physiker lag Bernhard Ilschner eine solche Denkweise natürlich nahe. Dazu kam, dass er durch seine Zeit in der Industrie, insbesondere bei Krupp, mit der Leistungsfähigkeit der modernen Industrieforschung bestens vertraut war. Ihm war bewusst, welche großartigen technischen Entwicklungen hier gelungen waren und welche Dynamik man für die Zukunft noch erwarten durfte. Ganz entscheidende Beiträge zur Gestaltung des neuen Fachs kamen aus den Vereinigten Staaten. Northwestern University, in der Nähe von Chicago, war die erste Universität, die ein „Department of Materials Science" einrichtete, MIT und Stanford waren andere Schwerpunkte. Bernhard Ilschner, mit seiner herausragenden Sprachbegabung, seiner Freude an fremden Kulturen, seiner Fähigkeit auf Menschen zuzugehen und sie zu gewinnen, wurde bei den amerikanischen Kollegen begeistert aufgenommen und stand in ganz besonderem Ansehen. Bei dem Symposium zum Gedenken an Bernhard Ilschner im Herbst 2007 anlässlich der Euromat in Nürnberg wurde dies einmal mehr deutlich sichtbar.

Im Zuge der Neuauflage wurden auch die einführenden Abschnitte zu Fragen der Rohstoffversorgung, Nachhaltigkeit und Umweltbelastung überarbeitet Es war für mich erstaunlich, wie klar Bernhard Ilschner die Bedeutung dieser Themen bereits vor 30 Jahren erkannt hat. Andrerseits haben nicht zuletzt die euphorischen Aufschwünge der Wirtschaft und das Versinken in der Finanzkrise in den letzten Jahren gezeigt, wie schwierig es ist, in diesem Bereich Prognosen abzugeben.

Erlangen, im August 2009   R. F. Singer

Aus dem Vorwort zur ersten Auflage

Der junge Ingenieur, der heute in der Ausbildung steht und morgen dazu beitragen will, ebenso komplexe wie verantwortungsvolle Zukunftsaufgaben zu lösen, sieht sich immer stärker von Werkstoffproblemen umgeben, welches auch immer sein spezielles Arbeitsgebiet ist. Die traditionelle Weise des Konstruierens mit einem begrenzten Katalog bewährter Werkstoffe, das Ausgleichen unbekannter oder unzuverlässiger Werkstoffkennwerte durch entsprechend kräftigere Bemessung von Querschnitten, die unbestrittene Verfügbarkeit von Rohstoffen und Energien werden mehr und mehr durch neue Leitbilder ersetzt.

Extreme Anforderungen mögen zwar manchmal ein Ausdruck übersteigerten technischen Ehrgeizes sein, sind aber weit häufiger von den Zwängen einer engen und ärmer werdenden Welt diktiert. Sie erfordern völlig neue Werkstoffkonzeptionen für höchste Beanspruchungen, auch bei hohen Temperaturen und in einer von aggressiven Stoffen belasteten Umgebung. Das steigende Risiko, das aus der Durchdringung unseres Daseins mit technischen Produkten folgt, setzt neue, strengere Maßstäbe für Begriffe wie Zuverlässigkeit oder Materialfehler. Der sich abzeichnende Mangel an Rohstoffen und Energie ruft nach der Einsparung von Gewicht – die verbleibenden schlanken Querschnitte erfordern wiederum erhöhte Festigkeit. Und hinter allem technisch Wünschbaren steht ein immer schärferer Kostendruck: Jeder Aufwand, der nicht nachweisbar nötig ist, muss unterbleiben.

Zweckgerichtete Vielfalt metallischer und nichtmetallischer Werkstoffe – optimierter Aufbau von Bauteilen durch Verbund verschiedener Materialien – engste Zusammenarbeit zwischen Konstruktion, Fertigungstechnik und Werkstoffentwicklung – Vermeidung von fehlerhaften Teilen durch sorgfältig überwachte Herstellungsverfahren und genaueste Prüftechnik – Herabsetzung der Materialverluste aufgrund korrosiver Umwelteinflüsse. Dies alles sind Merkmale einer neuen, dynamischen Werkstofftechnik auf wissenschaftlicher Grundlage.

Das vorliegende Lehrbuch will den Studenten darauf vorbereiten, diese Problemlage zu erkennen, zu verstehen, und selbständige Lösungen zu finden. Es beruht auf einer Vorlesung, die seit 1965 für Studienanfänger der Werkstoffwissenschaften, des Chemieingenieurwesens und der Elektrotechnik gehalten wird. Das Buch setzt also keine speziellen Vorkenntnisse voraus. Bei dem gegebenen Umfang bedeutet das zugleich, dass es

nicht den Lehrstoff bringen kann, dessen Beherrschung man von einem fertigen Diplom-
ingenieur dieser Fachrichtung erwartet.

Um „Zukunftssicherheit" des Wissens zu vermitteln, wurde dem Verständnis der Eigenschaften sowie der Vorgänge, die sich bei der Herstellung und bei der Beanspruchung
eines Werkstoffes abspielen, der Vorrang gegeben vor der detaillierten Kenntnis der einzelnen Werkstoffe und ihrer Eigenschaften selbst. Damit soll die Bedeutung der praktischen
Werkstoff- und Verfahrenskenntnisse für den späteren beruflichen Erfolg keineswegs herabgesetzt werden Für das Hineinführen in die von ständig wechselnden Stoffsystemen
und Verfahren geprägte Werkstofftechnik von heute und für die Ausbildung der Fähigkeit,
unterschiedliche Elemente zu unkonventionellen Lösungen optimal zusammenzufügen,
erscheint jedoch der naturwissenschaftliche Ansatz nach wie vor am besten geeignet.
Zahlreiche Hinweise auf die praktische Anwendung und auch auf deren volkswirtschaft-
liches Umfeld stellen den Kontakt zwischen Werkstoffwissenschaft und Technik her.

Diese Ausrichtung bringt das Buch in die Mitte zwischen den Grundvorlesungen in
Physik und Chemie einerseits, Konstruktionslehre und anderen technischen Einführungs-
kursen andererseits. Reale Stoffe wie Stahl oder Glas, reale Anlagen wie Hochofen oder
Strangpressen bilden den einen Pol seines Inhalts – wichtige Abstraktionen wie Zweistoffsysteme oder atomare Raumgitter den anderen.

Das Buch will ein Lehr-Buch sein, aber seine Leser sind keine Schüler mehr. Der
Stil nimmt sich daher die nüchterne Sprache wissenschaftlicher Veröffentlichungen zum
Vorbild. Der Didaktik dienen vor allem die Abbildungen und die grau unterlegten Hervor-
hebungen, Übersichten und Zusammenfassungen.

Erlangen, im August 1981   B. Ilschner

Inhaltsverzeichnis

Einordnung in allgemeine Zusammenhänge

1.1 Werkstoffe im Stoffkreislauf

In den letzten Jahrzehnten wurden in zunehmendem Maße Überlegungen darüber angestellt, welche Folgen für die menschliche Gesellschaft aus der *Begrenztheit der Weltvor-
räte* an Rohstoffen und Energieträgern entstehen und wie die Herstellung, Verarbeitung
und Anwendung der Werkstoffe die natürliche und soziale *Umwelt* des Menschen *beeinflusst*. Die Diskussion dieser Zusammenhänge wird durch das Aufstellen von Stoff- und
Energiebilanzen und das Verfolgen von Stoffflüssen erleichtert. Die ursprünglich mehr
qualitativen Überlegungen haben – nicht zuletzt durch den Einsatz numerischer Verfahren – einen hohen Grad der Verfeinerung erreicht, der auch quantitative Vorhersagen
ermöglicht.

1.1.1 Rohstoffversorgung

Die Produktion von Rohstoffen für die Herstellung von Metallen, Kunststoffen und Bau-
stoffen macht weniger als 20 % der Welt-Rohstofferzeugung aus und ist gering gegenüber
derjenigen von Energieträgern (Kohle, Erdöl, Erdgas, Uran). Dennoch ist die Sicherung
dieses Teils der Rohstoffversorgung eine wichtige technische, wirtschaftliche und politische Aufgabe, national wie international, da die Werkstoffe eine Schlüsselstellung für
alle Bereiche der Technik einnehmen. Außerdem benötigt die Erzeugung der Werkstoffe aus den Vorprodukten, wie den Erzen, große Menge Energie, d. h. die Frage nach der
Rohstoffbasis der Materialien ist mit der Frage nach der Verfügbarkeit von Energieträgern
unlösbar verknüpft. Mit dem hohen Energiebedarf ist eine entsprechende hohe Umweltbelastung verbunden. Den Aspekt Energie und Umwelt werden wir in Abschn. 1.3, bzw.
1.4 diskutieren.

Einen Eindruck von den Größenordnungen der Weltproduktion in Millionen Tonnen
verschiedener Werkstoffe vermittelt die Tab. 1.1. Demnach dominiert mit weitem Abstand

© Springer-Verlag GmbH Deutschland 2016
B. Ilschner, R.F. Singer, *Werkstoffwissenschaften und Fertigungstechnik*,
DOI 10.1007/978-3-642-53891-9_1

Tab. 1.1 Weltproduktion verschiedener Werkstoffe im Jahr 2007 (in Millionen Tonnen, Mio. t)

Rohstahl	1350
Hüttenaluminium	38
Recyclingaluminium	13
Kupfer	15
Blei	4
Zink	11
Silicium	6
Kunststoffe	260
Zement	2900
Holz (ohne Brennholz)	1300

der Bereich Stahl und Eisen. Vor allen übrigen Metallen rangieren Beton, Kunststoffe und Holz. Ein anderes Bild entsteht, wenn man das Volumen statt dem Gewicht vergleicht. Dann liegen Kunststoffe vor den Stählen, vor allem weil im Verpackungs- und Isolationsbereich, der mengenmäßig dominiert, geschäumte Kunststoffe eingesetzt werden, die ein besonders großes Volumen aufweisen.

Die zeitliche Entwicklung der Weltproduktion zeigt Abb. 1.1. In der halblogarithmischen Darstellung erhält man einen Anstieg mit näherungsweise konstanter Steigung, d. h. wir beobachten ein *exponentielles Wachstum*:

$$\frac{\mathrm{d}P/P}{\mathrm{d}t} = \frac{\mathrm{d}\ln P}{\mathrm{d}t} = \lambda, \tag{1.1}$$

bzw. durch Integration

$$P/P_0 = \exp(\lambda t). \tag{1.2}$$

Dabei stellt P das Produktionsvolumen dar, t die Zeit und λ die Wachstumskonstante. Für Stahl ergibt sich aus Abb. 1.1 für die letzten 100 Jahre $\lambda = 1,8 \cdot 10^{-2}$, d. h. die welt-

Abb. 1.1 Zeitliche Entwicklung der Werkstofferzeugung. (Datenquelle: US Geological Survey; Plastics Europe; Brydson, Plastic Materials, Oxford 1999)

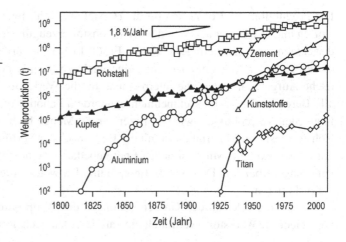

weite Stahlproduktion wächst mit 1,8 %/Jahr. Die meisten anderen Werkstoffe nehmen sogar noch deutlich schneller zu.

Die Entwicklung ist natürlich ganz unterschiedlich, je nachdem welche Länder betrachtet werden. Man kann eine Abschwächung der Zunahme der Erzeugungsmengen in den hochindustrialisierten Ländern verstehen, weil

- die Wachstumsdynamik ganz allgemein nachlässt,
- die Erzeugung von Werkstoffen in Länder verlagert wird, die wirtschaftlich günstigere Rahmenbedingungen bieten (Löhne, Umweltvorschriften),
- durch zunehmende Rückgewinnung (Recycling) der Einsatz von Primär-Rohstoffen je Tonne Fertigprodukt zurückgeht,
- der technische Fortschritt die Erreichung derselben Leistung mit weniger Materialgewicht erlaubt,
- sich eine starke Motivation zum sparsamen Einsatz von Rohstoffen und -Energie auf allen Gebieten entwickelt hat.

Bei den ansteigenden Erzeugungszahlen steht Asien an der Spitze; bei den meisten Werkstoffen ist China bereits heute der größte Produzent. Chinas Nachfrage nach Eisenerz macht beispielsweise bereits rund die Hälfte des weltweiten Absatzes aus. Es wird erwartet, dass Brasilien, Indien, und Russland weitere Schwerpunkte der künftigen Entwicklung bilden werden.[1]

Reichen die vorhandenen Vorräte angesichts der zu erwartenden Nachfrage? Theoretisch dürfte kein Mangel herrschen, wenn man die *Zusammensetzung der Erdrinde* (bis 1000 m Tiefe) betrachtet: Sie enthält 27 % Silicium, 8 % Aluminium, 5 % Eisen, 2 % Magnesium, 0,4 % Titan, usw. Bei einer Gesamtmasse dieser Schicht von etwa $3 \cdot 10^{12}$ Mio. t ein schier unerschöpfliches Reservoir! Die auf die gesamte Erdoberfläche bezogene Menge an Vorräten täuscht aber; mit wenigen Ausnahmen sind die wichtigen Elemente nur an ganz wenigen Stellen – den Lagerstätten – in einigermaßen konzentrierter Form lo kalisiert; im übrigen sind sie in so hoher Verdünnung verteilt, dass eine wirtschaftliche Gewinnung praktisch ausgeschlossen ist. Aus diesem Grunde ist es doch berechtigt, von begrenzten Vorräten zu sprechen, die durch Abbau und Einspeisung in den Stofffluss laufend vermindert werden können.

Legt man die derzeit bekannten Vorräte oder Lagerstätten und eine gleichbleibende Welt-Verbrauchsrate zugrunde, so müssen sich die Vorräte in der Tat in absehbarer Zeit restlos erschöpfen. Man kann die *Reichweite* oder *Lebensdauer* (in Jahren) berechnen, indem man die Summe der *Reserven* (in Millionen Tonnen) durch den jährlichen Verbrauch (Millionen Tonnen/Jahr) dividiert. Wie aus Abb. 1.2 hervorgeht, müssen wir damit rechnen, dass viele wichtige Rohstoffreserven in den nächsten 20 bis 50 Jahren zur Neige gehen. Bei einigen wenigen Stoffen ist die Situation sogar noch wesentlich dramatischer. Dazu gehört beispielsweise Indium, für das nur noch Reichweiten von wenigen Jahren

---

[1] Die Investmentbank Goldman Sachs hat für die vier Länder den Ausdruck „BRIC economies" geprägt und vorhergesagt, dass sie im Jahr 2050 die Weltwirtschaft dominieren werden.

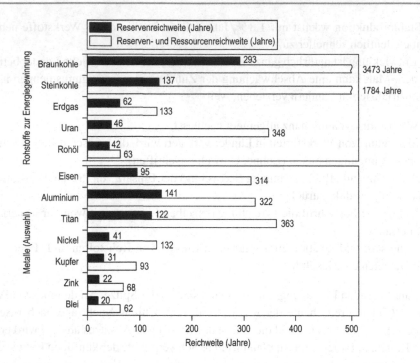

Abb. 1.2 Reichweite von Reserven und Ressourcen (in Jahren). Reserven sind Vorräte, die sich durch wirtschaftliche Abbaubarkeit auszeichnen; Ressourcen sind die übrigen bekannten Vorräte. Die Reichweite stellt den Quotient aus Reserven, bzw. Ressourcen und der jährlichen Fördermenge dar. Die Reservenreichweite wird auch als Statische Reichweite bezeichnet

vorhergesagt werden. 70 % des Indium-Verbrauchs wird für Flüssigkristall-Bildschirme verwendet. Vor diesem Hintergrund sind Versuche, Indium in großem Maßstab für Dünnschicht-Solarzellen oder bleifreie Lote zu verwenden, schon überraschend.

Bei genauerer Betrachtung stellt sich die Situation für unsere meisten Rohstoffe allerdings weit weniger kritisch dar. Oben war von Reserven die Rede. In der Fachsprache ist die Unterscheidung zwischen Reserven und Ressourcen üblich. *Reserven* sind nachgewiesene, mit gegenwärtiger Technik zu gegenwärtigen Preisen wirtschaftlich gewinnbare Vorräte. *Ressourcen* sind dagegen geologisch nachgewiesene, aber gegenwärtig nicht wirtschaftlich abbaubare Vorräte. Bezieht man die Ressourcen in die Berechnung der Reichweite der Vorräte ein, so kommt man zu wesentlich längeren noch verbleibenden Zeiten, bevor unsere Rohstoffe zu Ende gehen.

Es ist in diesem Zusammenhang sehr interessant und wichtig, die *zeitliche Entwicklung der Reichweite der Reserven* zu verfolgen. Abb. 1.3 zeigt dies am Beispiel von Erdöl und Erdgas, also Energieträgern, bei denen die öffentliche Diskussion besonders stark durch die Angst vor Verknappung bestimmt ist. Das Bild macht deutlich, dass die Reichweite der Reserven in diesem Fall nicht etwa abnimmt, sondern in etwa konstant bleibt. Das

Abb. 1.3 Reichweite der Reserven für Erdöl und Erdgas. Die Reichweite nimmt nicht etwa ab, sondern bleibt gleich oder steigt sogar leicht. Im Jahr 1950 lag die Reichweite für Erdöl bei nur 20 Jahren (nicht im Bild)! (Datenquelle: Bundesanstalt für Geowissenschaften und Rohstoffe, BP)

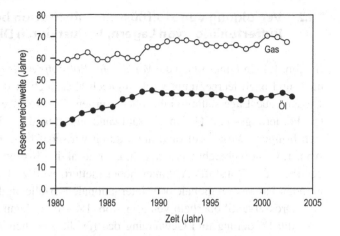

gleiche Verhalten wird bei vielen Rohstoffen im Materialbereich gemacht. Häufig steigt die Reichweite sogar mit der Zeit, beispielsweise bei Gold, Platin und Aluminium. Es ist ganz offensichtlich so, dass Reserven im Laufe der Zeit nicht zwangsläufig abnehmen müssen, sondern dass sie auch zunehmen können oder einfach gleich bleiben. Ursache ist vor allem der technische Fortschritt, der es möglich macht, Lagerstätten auszubeuten, die vorher als nicht abbauwürdig galten. Steigende Preise tun das ihrige, falls sie sich durchsetzen lassen (s. Abschn. 1.5). Teilweise werden auch immer noch neue Lagerstätten entdeckt. Die Möglichkeit des Wachstums der Reserven wurde an vielen Stellen in der Vergangenheit übersehen, so dass Prognosen viel zu pessimistisch ausfielen. Ein bekanntes Beispiel stellt der Bericht des Club of Rome von 1972 dar, der unter dem Titel „Grenzen des Wachstums" veröffentlicht wurde.

> Der weltweit exponentiell wachsende Verbrauch von Werkstoffen setzt ausreichende Mengen von Rohstoffreserven voraus, insbesondere auch von Energieträgern wie Kohle. Mit dem Blick auf künftige Generationen ist ein nachhaltiges Wirtschaften eine selbstverständliche Verpflichtung. Überraschenderweise liefert der Blick auf die zeitliche Entwicklung der Reservenreichweite noch keine Hinweise auf Verknappung.

Wenn auch die Gefahr gering ist, dass sich unsere Reserven an Vorräten für die Werkstofferzeugung bald erschöpfen, so gibt es doch noch ein anderes Risiko. Die Lagerstätten für eine Reihe von Rohstoffen sind auf ganz bestimmte wenige Länder konzentriert. Platin und Chrom findet man vor allem in Südafrika, Kobalt überwiegend in Zaire und Zambia. Aus einer solchen Situation können leicht Schwierigkeiten entstehen. Unsichere politische Verhältnisse führen dazu, dass Versorgungslinien abgeschnitten werden. Herrscher können versuchen, Rohstoffe als Machtmittel einzusetzen.

1.1.2 Verfolgung von Stoffflüssen. Substitution bei Mangel, Pufferfunktion von Lagern, Verlust durch Dissipation

In Abb. 1.4 sind links unten die *Vorräte des Rohstoffs A als Brunnen* dargestellt, der zwar nach und nach leergepumpt wird, zugleich aber auch in die Tiefe wächst, weil immer wieder neue Lagerstätten einbezogen werden. Die größere Tiefe weist auf den erhöhten Förderungs- und Gewinnungsaufwand hin, den diese Reservelager manchmal mit sich bringen. Dieser Aufwand muss durch wirtschaftliche Kräfte – die Pumpe bei b in Abb. 1.4 – aufgebracht werden, d. h. über attraktive Kosten-Preis-Relationen. Wenn nun der Preis des Rohstoffs A immer höher klettert, weil z. B. außer den echt Kosten steigernden Faktoren regionale oder internationale Kartelle an der „Preisschraube" drehen – dem Drosselventil oberhalb von a in Abb. 1.4 – dann kann es allerdings dazu kommen, dass die Förderung und Gewinnung des für die gleichen Zwecke technisch nutzbaren Rohstoffs B weniger aufwendig wird als die des zuvor „billigeren" Rohstoffs A. So werden durch Mangelerscheinungen *Substitutionslösungen* in Gang gebracht, die zuvor nur theoretisches Interesse hatten. Solchen Substitutionen zum Erfolg zu verhelfen, kann eine wichtige Aufgabe der Werkstoffentwicklung werden (c in Abb. 1.4). Oft wird sie durch die Gesetzgebung (Kalifornien) oder den Kraftstoffpreis-bedingten Trend zum Leichtbau (Aluminium im Kraftfahrzeug) gefördert.

Durch den Herstellungsprozess (d), der in einer Reduktion von Erzen, einer Raffination der Ausgangsstoffe oder einem anderen geeigneten Umarbeiten bestehen kann, werden aus den Rohstoffen Halbfertigprodukte. Dazu gehören sogenannte Halbzeuge (z. B. Bleche, Profilstäbe, Rohre) oder Formteile (z. B. Gussrohlinge). Diese sind nicht als solche

Abb. 1.4 Flussschema für Werkstoffe von der Gewinnung über die Verarbeitung zum Verbrauch einschließlich der Rückgewinnung („Recycling")

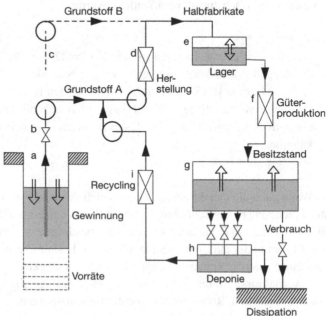

gebrauchsfähig, aber sie stellen das Ausgangsprodukt für die nachfolgende Güterprodukti-
on (f) dar, bei der dann z. B. Automobile, Kühlschränke, Fertigteile für den Wohnungsbau,
elektronische Bauelemente oder Konsumgüter aller Art entstehen. Die in d und f verwendeten Prozesse sind in diesem Buch der Gegenstand von Kap. 13. Dazwischen ist jedoch
bei e ein *Lager* eingezeichnet – stellvertretend für alle Lager von Rohstoffen, Halbfabri-
katen und fertigen Gütern. Solche Lager erfüllen im Stoffkreislauf eine wichtige Funktion
als „Puffer": Lager besitzen Zu- und Abflüsse; der Lagerbestand ist variabel, er entspricht
dem Pegelstand eines Wasser-Reservoirs. Dieser Pegelstand steigt oder fällt je nach dem
Mengenverhältnis von Zu- und Abfluss. Lagerhaltung gibt einem System die notwendige
Elastizität oder Nachgiebigkeit bei unerwarteten Verknappungs- oder Überschusserschei-
nungen und erfüllt somit eine wichtige Funktion.

Andererseits bedeuten umfangreiche Lager natürlich auch eine Festlegung großer Ka-
pitalbeträge. Es muss also ein Optimum gefunden werden, z. B. durch termingerechte
Anlieferung durch Zulieferer nach dem *„just-in-time"-Prinzip*. Dies bedeutet, dass etwa
die Türen, Sitze oder der Motorblock eines vom Kunden aus der Typenliste ausgewählten
Automobils vom Zulieferanten genau zu dem Zeitpunkt an der Endmontage-Straße angeliefert werden, zu dem das Chassis des Fahrzeugs an den betreffenden Stationen eintrifft.
Dieses Prinzip kann sehr effizient sein – aber es hängt auch vom präzisen Funktionieren
aller Teilvorgänge ab und ist daher, zu weit getrieben, recht störanfällig.

Wohin geht der Stofffluss, der sich nach Durchlaufen der Güterproduktionsphase (f in
Abb. 1.4) in einen *Güterstrom* gewandelt hat? Alle produzierten Güter haben eine bestimmte Nutzungsdauer; sie ist kurz für eine Konservendose, mittellang für ein Kraftfahrzeug, sehr lang für eine Dampfturbine oder eine Autobahnbrücke. Für jeden Zeitpunkt
ergibt sich daraus ein Bestand an Gütern, die sich in ständiger oder gelegentlicher Nutzung befinden, und in den die aus Rohstoffen gewonnenen Werkstoffe hineinfließen. Wir
können dies den Besitzstand nennen (g). Er umfasst also etwa alle Kühlschränke und
Pkw, den gesamten Gebäudebestand mit allen Installationen, die Gesamtheit aller Fabrik-
anlagen und Elektrizitätswerke, Schienenwege, Hochseeschiffe, Informationstechnik, die
Ausrüstung der Streitkräfte, usw. – also das materielle Nationalvermögen. Es ist gekennzeichnet durch

- außerordentlich große regionale Unterschiede (arme und reiche Nationen),
- anhaltenden zeitlichen Zuwachs (Pfeile bei g in Abb. 1.4).

Wir können davon ausgehen, dass ein großer Teil der Weltproduktion an Werkstoffen zunächst einmal in den Zuwachs dieses Besitzstandes fließt; der übrige Anteil ist derjenige,
der aus dem Besitzstand wieder abfließt – ein Vorgang, den wir als Verbrauch bezeichnen
(h in Abb. 1.4). Dieser Abfluss kann in drei Kanäle gegliedert werden:

- Vorweg geplante Einmal-Nutzung (Alu-Haushaltsfolie, Einwegflasche),
- Verlust infolge von Verschleiß, Korrosion, Materialermüdung (Autoreifen, Auspuff-
  topf, Heizkessel, Kraftwerkskomponenten) sowie unvorhergesehener Überbeanspruchung (Verkehrsunfälle, Brandkatastrophen, Schiffsuntergang),

- Nutzwert-Minderung infolge technischer oder auch modischer Veraltung (Autos, Handy, Laptop).

Gesellschaftliche Kräfte wie auch der technische Sachverstand von Ingenieuren haben auf diese Abflusskanäle aus dem Besitzstand unterschiedliche Einwirkungsmöglichkeiten (Ventile in Abb. 1.4 bei h), sowohl im Sinne der Minderung als auch der Mehrung. Ein erheblicher Anteil aller Verbrauchsverluste erfolgt durch *Dissipation*, d. h. durch Rosten, Abrieb und sonstigen Verlust in breit gestreuter Verteilung über die ganze Erdoberfläche: das sind unwiederbringbare Verluste. Ein anderer Anteil landet auf Schrotthalden oder Deponien, also Lagern für Abfallstoffe: Hier besteht eine reelle und zunehmend genutzte Chance für Recycling (Rückgewinnung).

Wertminderung (*Degradation*) von Werkstoffen durch mechanische, thermische, chemische, biologische Einflüsse und durch Bestrahlung (UV, Röntgen, Weltraumbedingungen) muss umso mehr berücksichtigt werden, je mehr man sich der Leistungsgrenze nähert. Die als Folge zunehmender Schädigung eintretende Gebrauchsunfähigkeit definiert das Ende der *Lebensdauer*. Diese ist in der Regel nicht identisch mit der völligen Zerstörung des Werkstoffs oder Bauteils. Die Lebensdauer ist nicht für einen bestimmten Werkstoff (z. B. Kupfer oder Stahl) definiert, sondern für ein Bauteil oder eine standardisierte Probe aus diesem Werkstoff und bestimmte Beanspruchungsbedingungen. Wenn die Zuverlässigkeit rechnerischer Vorhersagen der noch vorhandenen Lebenserwartung (Restlebensdauer) nicht ausreicht, müssen sie in sinnvollen Zeitabständen durch Inspektionen und Bewertung der eingetretenen Schädigung ergänzt werden, insbesondere durch zerstörungsfreie Prüfverfahren (Kap. 14).

1.2 Recycling und Wiederverwendung[2]

Recycling bedeutet *Wieder-Einspeisung in den Rohstoff-Werkstoff-Kreislauf* (i in Abb. 1.4). Grundsätzlich ist Recycling auf Grund der Energieeinsparung, der Reduktion von Emissionen und der Ressourcenschonung ein wichtiges gesellschaftliches Ziel.Heute ist das Recycling von zahlreichen Altstoffen unter Vorschaltung von Sammelorganisationen mit entsprechend verteilten Sammelbehältern in den meisten Industrieländern eine Alltagserfahrung geworden. Die Gesetzgebung in Deutschland und anderen Ländern fördert das Recycling durch Auflagen an die Hersteller. Dies ist notwendig, weil sich in vielen Fällen ein Recycling wirtschaftlich nicht lohnt. Der zusätzliche technische Aufwand ist einfach zu hoch. Eine Ausnahme stellt vor allem der Metallbereich dar, weswegen hier besonders hohe Recyclingquoten erreicht werden.

Tab. 1.2 zeigt einige Zahlenwerte, die sich jeweils auf die gesamte Werkstoffgruppe beziehen. Für ausgewählte Produkte können immer auch sehr viel höhere Werte erzielt

---

[2] Die eingedeutschten Begriffe „recyceln/Recycling/Recyclat" haben sich im allgemeinen Sprachgebrauch gegenüber „rezyklieren/Rezyklat" durchgesetzt. Die traditionellen Wendungen sind aber laut Duden noch zulässig.

Tab. 1.2 Recyclingquoten verschiedener Materialien in Deutschland. Ermittelt wurde der Anteil der Sekundärrohstoffe (Recyclate, Schrott) an der Gesamtproduktion. (Datenquelle: Hirth et al., Nachhaltige rohstoffnahe Produktion, Fraunhofer IRB-Verlag, Stuttgart 2007)

Stahl	Al	Kupfer	Blei	Zink	Gold	Papier	Glas
44 %	51 %	52 %	68 %	34 %	37 %	70 %	15 %

werden, z. B. bei Hohlglas in der Getränkeverpackung oder Bleibatterien aus dem Kraftfahrzeug. Generell gilt aber, dass sich die Quoten nicht beliebig erhöhen lassen. Spätestens wenn der Ressourcenverbrauch und die Emissionen bei der Aufarbeitung des Sekundärrohstoffs größer werden als bei der Erzeugung des Primärmaterials wird Recycling unsinnig. Wesentlich häufiger trifft man auf die Situation, dass die Verwendung von sekundären Rohstoffen bei der Produktion durch deren Verfügbarkeit begrenzt ist. Insbesondere die metallischen Werkstoffe gehen häufig in langlebige Investitionsgüter, so dass sie dem Kreislauf auf lange Sicht entzogen sind.

Eine ganz besondere Herausforderung stellt das *Recycling von Kunststoffen* dar. Eine werkstoffliche Wiederverwendung ist auf ganz wenige Ausnahmen begrenzt. Unter werkstofflichem Recycling versteht man die Aufbereitung von Altkunststoffen aus Abfällen zu neuen vollwertigen Kunststoffrohprodukten. So ein Prozess ist grundsätzlich ohnehin nur für Thermoplaste vorstellbar (s. Abschn. 5.6). Durch die thermische und mechanische Belastung beim Recycling kommt es aber fast immer zu einer *Verkürzung von Polymerketten*, womit eine Verschlechterung der Eigenschaften verbunden ist, was man als *Downcycling* bezeichnet. Die abnehmende Länge der Molekülketten führt letztlich dazu, dass spätestens nach vielleicht vier oder fünf Recyclingstufen der Kunststoff ganz verworfen werden muss.[3] Es bilden sich „Kaskaden" der Wiederverwertung auf niedrigerer Qualitätsstufe, deren Sinnhaftigkeit sich nicht immer voll erschließt, z. B. wenn Parkbänke zu Zwischenspeichern oder verdeckten Deponien für Kunststoffabfälle werden.

Selbst Downcycling setzt allerdings Sortenreinheit voraus, die bei Kunststoffen in der Praxis nur selten erreicht werden kann. Erschwerend kommt hinzu, dass auch gleiche Kunststoffe mit unterschiedlichen Hilfsstoffen (Weichmacher, Farbstoffe) versetzt sind und oft starke Verschmutzung aufweisen. Wegen der niedrigen Prozesstemperaturen und der chemischen Ähnlichkeit können diese Verschmutzungen nur mühsam entfernt werden.

In dieser Situation erscheinen die *biodegradablen Kunststoffe*, die sich nach Gebrauch durch Mikroorganismen oder andere biologische Prozesse zersetzen lassen, als interessante Alternative. Leider entsteht bei der Verrottung solcher Kohlenwasserstoffe, wie leicht einzusehen ist, ein hoher CO_2-Anteil – sodass es eigentlich ökologisch günstiger ist, diese Stoffe in Kesselanlagen zu verbrennen, weil dann wenigstens noch thermische Energie

---

[3] Eine der ganz wenigen Ausnahmen von der Regel des Downcycling bei Kunststoffen stellen PET-Getränkeflaschen dar. PET steht für Polyethylenterephthalat. Durch die Einweg-Pfandsysteme liegt gebrauchtes PET sortenrein vor. Die Flaschen werden zu Schnitzeln zerkleinert, gewaschen, getrocknet, entstaubt und wieder in den Produktionskreislauf zurückgeführt. Die CO_2-Einsparung beträgt 85 %.

gewonnen wird. Dieser Weg wird als *thermische Verwertung* oder *energetisches Recycling* bezeichnet.

Eine noch größere Herausforderung stellt das *Recycling* im Bereich der *faserverstärkten polymeren Werkstoffe* wie *GFK* und *CFK* dar (s. Abschn. 15.9.2), die heute wegen ihrer hervorragenden mechanischen Eigenschaften und dem Potential zur Gewichtseinsparung in den Vordergrund gerückt sind. Rotorblätter von Windkraftanlagen, Segelboote und Surfbretter aus diesen Werkstoffen wurden in der Vergangenheit als Sondermüll auf Deponien gelagert, was keinen zukunftsfähigen Weg darstellt. Grundsätzlich kann man zwar die Bauteile zerkleinern und aufmahlen, aber der Kosten- und Energieaufwand ist wegen der abrasiven Eigenschaften der Fasern sehr hoch. Wegen der Zerstörung der Fasern und der Degradation der Matrix beim Aufmahlen wird zudem der Nutzwert stark reduziert. Eine weitere Komplikation besteht darin, dass die Kunststoffteile in der Regel *Verbundbaukörper* mit metallischen Komponenten (inserts) darstellen. In die Rotoren sind beispielsweise Cu-Netze für den Blitzschutz integriert. Im Bereich mehrachsiger Spannungszustände, typisch bei den Anschlusselementen, sind Metallteile eingebunden.

Eine vollständige stoffliche Wiederverwertung von Kunststoffen – wie bei den Metallen – ist in der Regel nicht möglich. Das Recyclieren ist normalerweise mit einem Downcycling verbunden. Darunter versteht man einen Verlust an Funktionalität durch schädliche Prozesse wie Verkürzung der Molekülketten oder Zerbrechen der Verstärkungskomponenten. Bei den Metallen ist die Recyclingquote vor allem durch die Verfügbarkeit von Rücklaufmaterial begrenzt. Durch den Einsatz in langlebigen Investitionsgütern werden die Stoffe dem Kreislauf entzogen.

Es trifft zu, dass *Metalle* in der Regel leichter zu recyceln sind, aber auch bei ihnen können sich Probleme einstellen. Dies gilt vor allem für hochfeste Sorten in besonders kritischen Anwendungen, wie einkristalline Superlegierungen für Turbinenschaufeln in Flugzeugantrieben und Kraftwerken. Es ist üblich, den Anteil an Rücklaufmaterial in der Herstellung zu begrenzen, um das Einschleppen und Aufkonzentrieren unerwünschter Spurenelemente zu vermeiden. In der Regel werden solche Vorsichtsmaßnahmen mit der Zeit zurückgenommen, wenn mehr Erfahrung vorliegt.

Selbst das so einfach erscheinende Einschmelzen von *Altglas* hat wichtige Schwachstellen. Ähnlich wie bei den Kunststoffen ist die Sortenreinheit ein großes Problem. Zusätzlich kann versehentlich mit eingeschmolzene Keramik (bzw. Porzellan) das delikate Gleichgewicht der strukturbestimmenden Komponenten empfindlich stören, sodass solche Fremdstoffe zuvor entfernt werden müssen.

1.3 Werkstoffe und Energie

Bei der Erzeugung von Werkstoffen, die in Einzelheiten in Abschn. 13.1 besprochen wird, sind erhebliche Energiebeiträge aufzubringen, siehe Tab. 1.3. Dies liegt an den hohen Reduktionsenergien, den hohen Energien beim Schmelzen und Wärmebehandeln, den hohen Kräften beim Umformen und Bearbeiten, etc. Volkswirtschaftlich gesehen macht der *Energieverbrauch in der Metallurgie* etwa 30 % des Gesamtvolumens aus. Der hohe Energieverbrauch bei der Erzeugung von Werkstoffen wirkt sich auch auf die Standortwahl aus. Aluminium wird heute vor allem in Kanada und Norwegen hergestellt, wo günstiger Strom aus Wasserkraft für die Elektrolyse zur Verfügung steht.

Beim Vergleich der *Energieeffizienz* der Werkstoffe in Tab. 1.3 ist zu berücksichtigen, dass ein Kilogramm eines Werkstoffs ganz unterschiedliches Leistungsvermögen aufweisen kann und je nach Dichte auch gestattet, unterschiedliche Bauteilquerschnitte zu verwirklichen. Es gilt also, Größen wie etwa den Energieverbrauch pro Festigkeit/Dichte zu vergleichen. Je nach Beanspruchungsart müssen aber unterschiedliche Leistungskenngrößen gebildet werden. In Abschn. 15.1 diskutieren wir das Leichtbaupotential verschiedener Werkstoffe.

Stoffwirtschaft und Energiewirtschaft hängen eng zusammen. Die Bereitstellung von Werkstoffen aller Art erfordert erhebliche Energiebeträge. Andererseits erfordert die Energieerzeugung große Mengen hochentwickelter Werkstoffe für Kesselanlagen, Turbinen, Kühltürme, Transformatoren, Hochspannungs-Leitungen, Kabel, Erdölraffinerien, „Pipelines", Brennstoffzellen, Batterien, usw.

Tab. 1.3 Energieverbrauch zur Erzeugung von Werkstoffen (in kWh/kg). Soweit elektrische Energie benötigt wird, wie bei Aluminium, Titan und Elektrostahl, sind die Werte unter Berücksichtigung des Kraftwerkswirkungsgrades in thermische Energie hochgerechnet. Als Produktform sind einfache Halbzeuge angenommen, bzw. Granulat. Zum Vergleich: Die Reduktionsarbeit für die Erzeugung von Roheisen, d. h. das thermodynamische Minimum für Blasstahl, liegt bei 2 kWh/kg, also bei etwa einem Drittel

Blasstahl	6
Elektrostahl	4
Hüttenaluminium	55
Sekundäraluminium	4
Titan	140
Kupfer	10
Kunststoff (PE)	19
Zement	0,3

1.4   Umweltbelastung durch Werkstoffherstellung

Die Herstellung von Werkstoffen stellt schon dadurch eine besonders große *Umweltbelastung* dar, dass sie in großen Mengen gehandhabt werden muss und sehr hohen Energieeinsatz beansprucht. Erzeugung, Verarbeitung und Transport von Werkstoffen ist eine der wichtigsten Quellen für die Emission von Treibhausgasen. Der Abbau der Erze führt zu großen Abraumhalden, die bei starken Winden Staubstürme verursachen können, wenn sie nicht feucht gehalten werden. Bei der Abtrennung der Gangart vom Erz entstehen Seen mit teilweise giftigen Substanzen, die bei Flotationsprozessen als Hilfsmittel eingesetzt werden. Im Zuge der weiteren Reduktion und Raffination fallen Staub, Rauch und verschiedenste belastende Gase an. Berühmt sind die großen Schlöte, die in den 70er Jahren in USA und Kanada gebaut wurden, um die unmittelbare Umgebung besser zu schützen. Beispielsweise hat die Firma INCO in Copper Cliff, Ontario einen Kamin errichtet, der mit 381 m die Höhe des Empire State Buildings egalisierte.

> Die Produktion einer Tonne Stahl benötigt mehrere Tonnen Rohstoffe und hinterlässt nahezu eine Tonne Abfall und Nebenprodukte. Die Herstellung und Verarbeitung von Werkstoffen ist eine der bedeutendsten Quellen für Treibhausgase.

Besondere Umweltbeanspruchungen können naturgemäß von Hüttenwerken ausgehen; hinsichtlich ihrer Eindämmung wurden in den letzten Jahren aber entscheidende Fortschritte gemacht. Demgegenüber können weiterverarbeitende Betriebe, z. B. Walzwerke, heute zu den ausgesprochen sauberen Industrien gerechnet werden. Die weitgehende Kapselung und Automatisierung der Fertigungsvorgänge hat wesentlich dazu beigetragen, dass die Qualität der Arbeitsplätze in solchen Betrieben heute denjenigen in einer Montagefabrik keineswegs nachsteht. Für die Kunststoff-Industrie sowie Betriebe der Oberflächentechnik gelten allgemeine Gesichtspunkte der Chemischen Industrie.

Die *Giftigkeit* (*Toxizität*) ist bei allen Werkstoffgruppen zu beachten. In fester Form als Element oder Legierung sind Metalle nicht toxisch, aber die Dämpfe oder Lösungen können es sein, teilweise unterstützt durch Bildung gefährlicher Reaktionsprodukte. Beispielsweise ist kompaktes Beryllium ungefährlich, aber Be-Dämpfe oder $BeCl_2$-Dämpfe sind extrem giftig. Nickel als stückiges Material ist harmlos, aber Nickeltetracarbonyl $Ni(CO)_4$ ist ein äußerst toxisches Gas. Die Gefährlichkeit von Quecksilber war schon im Altertum bekannt. Bei Raumtemperatur ist Hg flüssig und wegen seiner hohen Oberflächenspannung bilden sich viele feine Tröpfchen, wenn es auf dem Boden ausgeschüttet wird. Die große Oberfläche lässt es schnell verdampfen.

1.5   Was kosten Werkstoffe?

Die *Preise für Werkstoffe* in der vom Ingenieur verwendeten Form setzen sich einerseits aus Anteilen zusammen, die den Marktwert der Rohstoffe repräsentieren (einschl. ihrer Förderung, Anreicherung, ihrem Transport von oft entlegenen Lagerstätten zu den Verarbeitungsbetrieben); der zweite große Anteil entfällt auf die Gewinnung des Rohmaterials (Roheisen, calcinierte Tonerde, Kunststoffgranulat, etc.), die meist sehr *energieintensiv* ist (was *typisch die Hälfte der Gesamtkosten* verursacht), der dritte Anteil liegt in der Weiterverarbeitung zu einfachen Vormaterialien und Halbzeugen für die Fertigung, wie Pulvern, gefüllten Granulaten, Masseln, Brammen. Gemeinsam bestimmen sie den tatsächlich beim Lieferanten zu zahlenden Preis, der in der Praxis außerordentlich starken Schwankungen unterworfen ist. Beispiele für die Preisentwicklung zeigt Abb. 1.5. Für Nichteisenmetalle beruhen die Preise auf den Notierungen der bedeutendsten internationalen Handelsorganisation für Metalle, der *London Metal Exchange* (*LME*). Diese Preise sind in manchen Perioden auf etwa das Drei- bis Vierfache gestiegen, dann wieder weitgehend zusammengebrochen.

Preise von Werkstoffen ergeben sich natürlich im Wechselspiel von *Angebot und Nachfrage*. Im ersten Ansatz könnte man vermuten, dass die Preise eng an die Reichweite der Reserven geknüpft sind, die wir in Abschn. 1.1 diskutiert haben. Wenn die Reserven sinken, sollte der Preis steigen. Höhere Preise lösen dann Explorationsaktivitäten aus, genauso wie technische Weiterentwicklungen, was irgendwann zur Zunahme der Reserven führt und einem Sinken des Preises. Auch ein sinkender Verbrauch auf Grund höherer Preise oder stärkere Recyclingaktivitäten tragen zur Abwärtsbewegung bei. Die Korrelation zwischen Reichweite und Preis ist in der Praxis aber nicht sehr deutlich. Offenbar überlagert sich den fundamentalen Entwicklungen die *Spekulation von Finanzinvestoren*, die auf jegliche verfügbare Tagesinformation reagieren. Bei den an der LME gehandelten Metallen überwiegt das Investitionsvolumen der spekulativen Akteure das Volumen

Abb. 1.5 Zeitliche Entwicklung der Rohstoffpreise. Die Einheit „98er US$/t" bedeutet, dass die Preise inflationsbereinigt dargestellt sind, wobei das Jahr 1998 als Maßstab diente. (Datenquelle: US Geological Survey)

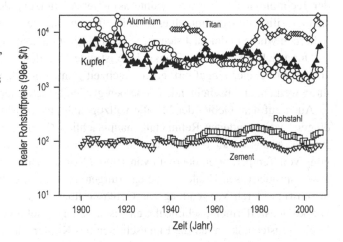

der industriellen Akteure bei weitem. Entsprechend ist es nicht überraschend, dass Preis-
ausschläge bei den an der LME gehandelten Metallen (Cu, Al, ...) viel größer sind als
bei den nicht an der LME gehandelten Metallen. Spekulation kann das Gesetz von Angebot und Nachfrage natürlich nur vorübergehend außer Kraft setzen. Über lange Zeiträume
der Betrachtung ist festzustellen, dass die *Preise für Werkstoffe relativ konstant* bleiben;
im Vergleich zum Faktor Arbeit nehmen die Produktkostenbeiträge der Werkstoffe sogar
stark ab.

In einer ganz anderen Größenordnung findet man sich bei der Diskussion der *Edel-
metallpreise* wieder, vor allem von *Gold*, *Platin* und *Palladium*. Die Schmuckindustrie
ist zwar noch immer einer der größten Abnehmer (vor allem Italien, Indien), aber die
Technik – vor allem die der Elektronik-Industrie und der Abgas-Katalysatoren – sind zu
ähnlicher Bedeutung herangewachsen. Diese Nachfrage ist für den Preis mitbestimmend.
Als Beispiel sei Platin erwähnt. Die Gewichtseinheit ist bei Edelmetallen traditionsgemäß
die Unze (engl. Ounce, oz.), entspr. rd. 30 g. 1 Unze Palladium kostete in der Jahresmitte
2009 etwa 2000 US\$, stark schwankend. Kein Wunder, dass die Fachleute es durch einen
„zuverlässigeren" Werkstoff zu substituieren suchen!

1.6   Werkstoffe und Kulturgeschichte

Der Einsatz von Waffen, der Gebrauch von Werkzeugen zur Bodenbearbeitung sowie
zum Bau von Behausungen und Schiffen, ferner die Erzeugung sakraler Gegenstände waren von Anbeginn der Menschheit an Motive zur Gewinnung und zum Gebrauch von
Werkstoffen. Die Entwicklung ist von der Verwendung vorgefundener geeigneter Steine
(scharfkantige Feuersteine) ausgegangen und durch schrittweise Loslösung vom Natur-
gegebenen gekennzeichnet: Der vorgefundene Stein wich dem behauenen Stein, was das
Erfinden von Werkzeugen zur Bearbeitung des Werkstoffs Stein voraussetzte. In dieser
Linie weitergehend ist der Einsatz von künstlichem „Steingut" – also Keramik – mit
der Technologie des Brennens (Sinterns) unter Ausnutzung des glasig-erweichenden Zustandes silikatischer Mineralbestandteile zu nennen. Der zunächst nur porös gebrannte
Scherben wurde in der nächsten Stufe auch glasiert und damit wasserdicht.

Durchsichtiges Glas für Trinkgefäße ist eine Erfindung der Antike; Fensterglas wird
erst im Mittelalter eingeführt, etwa gleichzeitig mit Porzellan, einer Keramik, die durch
ihren weißen, durchscheinenden Scherben großen ästhetischen Wert besitzt.

Auch auf dem Gebiet der Metalle vollzog sich eine schrittweise Loslösung vom „gediegen" vorgefundenen Reinmetall (hauptsächlich Gold, Silber, Kupfer) zu dem durch
Reduktion aus Erzen gewonnenen, insbesondere Eisen. Die Begrenzung in der Erzeugung von Temperaturen oberhalb von 1000 °C zwang zunächst zur Verarbeitung eutektischer, spröder Eisen-Kohlenstoff-Legierungen. Erst im Mittelalter wurde diese Tempera-
turschwelle durch Verwendung von Gebläsen überwunden, sodass auch die Herstellung
von kohlenstoffarmem, schmiedbaren Eisen gelang. Viel älter (3000 v. Chr.) ist die erste
Legierungstechnik, in der die Eigenschaften des Kupfers durch Zugabe von Zinn verbes-

sert werden konnten (Bronze), unter gleichzeitiger Ausnutzung der starken Schmelzpunkterniedrigung.

Stein: Altsteinzeit (100.000 bis 10.000 v. Chr.): aus Naturstein behauene scharfkantige Werkzeuge und Waffen. In der Jungsteinzeit (6000 bis 4000 v. Chr.) geschliffene, gesägte und gebohrte Werkzeuge.

Keramik: Ab Jungsteinzeit (6000 v. Chr.): Brennöfen 4000 v. Chr. Glasuren 2000 v. Chr. (Vorderer Orient, Griechenland, China)

Kupfer: Ältestes Gebrauchsmetall. Als gediegenes Metall gefunden und verarbeitet in der mittleren Steinzeit (8000 v. Chr.). Schmelzen ab 6000 v. Chr., Verhütten aus sulfidischen und anderen Erzen um 2000 v. Chr. (u. a. in Zypern), Kupferbergbau in Tirol und Salzburg um 1500 v. Chr.

Gold: Als gediegen vorgefundenes Metall bereits in der mittleren und jüngeren Steinzeit (8000 bis 6000 v. Chr.). Später auch in außereuropäischen Kulturen (Mittelamerika).

Bronze: Im Vorderen Orient ab 3000 v. Chr. „Bronzezeit", in Mitteleuropa ca. 1800 bis 700 v. Chr. In Griechenland 500 n. Chr. Erneutes Aufblühen in Mitteleuropa um 1000 bis 1200 n. Chr. (Aachener und Hildesheimer Domportale, Braunschweiger Löwe).

Eisen: Erfindung durch Hethiter 1400 bis 1200 v. Chr. „Eisenzeit" in Europa folgt Bronzezeit nach 1000 v. Chr.: „Renn-Öfen" erzeugen kohlenstoffarmes schmiedbares Eisen ohne Erreichen des flüssigen Zustandes – bis ins 13. Jh.
  – Ab 14. Jh. Schmelzen und Gießen von Eisen,
    ab 16. Jh. Hochofen-Prozess,
  – ab 18. Jh. Stahlherstellung durch Frischen,
  – ab 20. Jh. legierte Stähle, Verfahrensoptimierung.

Glas: Hohlglas für Gefäße im Vorderen Orient ab 2000 v. Chr., in Europa erste Hochblüte zur Römerzeit (Produktionsstätten in Gallien und im Rheinland). Kunstglas in Venedig 13. bis 15. Jh., in Böhmen (Bleikristall) im 17. Jh. Fensterglas für Sakralbauten ab 11. Jh. (z. B. Chartres, 12. Jh.), für Profanbauten erst im 15. Jh.

Porzellan: In China ab 7. Jh., in Europa ab 1710 (Meißen).

Aluminium: Industriell ab 1889 (Neuhausen/Schweiz).

Polymere: Kautschuk-Vulkanisation 1839. Veredelte Cellulose („Celluloid") 1900. Industrielle Produktion vollsynthetischer Kunststoffe ab 1930.

Die Möglichkeit, Schmiede- und Gussstahl in großen Mengen herzustellen und zu bearbeiten, hat das technische Zeitalter eingeleitet und die Vervielfältigung menschlicher Arbeitskraft durch die Dampfmaschine sowie die Überbrückung räumlicher Entfernungen zu Lande und zu Wasser ermöglicht (Eisenbahn, Dampfschiff). Dies war nicht nur ein Prozess immer weiterer Ablösung von den Gegebenheiten der Natur, sondern zugleich auch die Ursache von Veränderungen der gesellschaftlichen Struktur, der Siedlungsstruktur, der Lebensauffassung, die gewaltige soziale Spannungen zur Folge hatten und politische Umwälzungen erzwangen.

Die jüngste Zeit ist durch das Vordringen der polymeren Strukturwerkstoffe, mit und ohne Faserverstärkung, sowie die Vervollkommnung der mikroelektronischen und mikrotechnischen Funktionswerkstoffe gekennzeichnet. Aber auch bei den klassischen metallischen Konstruktionsmaterialien, die immer noch wirtschaftlich klar dominieren, ist eine starke Bewegung festzustellen. Dabei sind die Treiber für das ganze Gebiet die gleichen: Die Fortschritte in der Rechnerunterstützung, welche numerische Simulation zulassen, die früher nicht denkbar gewesen wären. Dies kommt dem Prozessverständnis bei der Herstellung zu gute, aber auch der effizienten Auslegung für den technischen Einsatz. Ein zweiter Treiber ist der Fortschritt bei der Analytik bis hin in den nanoskaligen Bereich. Es sei hier an die jüngsten Entwicklungen im Bereich der Mikroskopie erinnert, wie Rastertunnelmikroskop, Atomare Kraftmikroskopie, Korrektur der sphärischen Aberration im TEM, etc. Ein dritter Treiber ist die genauere Kontrolle der Herstellungsprozesse, was mit Fortschritten in der Regelung, Sensorik und Robotik zusammenhängt. Am Schluss sei noch an den Erfindungsgeist der Menschen ganz allgemein erinnert, der in diesem jungen (was die wissenschaftliche Durchdringung angeht), zwischen den Natur- und Ingenieurwissenschaften angesiedelten Gebiet offenbar ein besonders fruchtbares Feld findet.

Natürlich stehen diesen Entwicklungen „von unten" auch wichtige Impulse „von oben", von der Außenwelt, gegenüber. Bei den Themen, die unsere Zeit beherrschen, wie Sicherung der Energieversorgung, Erhaltung der Umwelt, Nachhaltigkeit, Mobilität, usw. stehen Werkstofffragen an vorderster Front. Als Beleg seien hier nur einige zufällig herausgegriffene Themen genannt, bei denen Werkstoffe den Fortschritt bestimmen: Ultraleichtbau, Batterien, Brennstoffzellen, Gasturbinenantriebe im Flugzeug und im Kraftwerk, Windkraftanlagen, Solarzellen, Flüssigkristallanzeigen, Leuchtdioden, Integrierte Schaltkreise, …

Werkstoffgruppen und Werkstoffeigenschaften 2

Das Gebiet der Werkstoffe lässt sich schematisch in zwei Richtungen gliedern:

- *Werkstoffgruppen* unterscheiden sich nach stofflicher Zusammensetzung und kristallinem Aufbau.
- *Werkstoffeigenschaften* sind messbare (in der Regel mit Maßeinheiten versehene) Stoffdaten, welche das Verhalten der unterschiedlichen Werkstoffe gegenüber unterschiedlichen Beanspruchungen angeben.

Auf dieses Schema, welches Angaben für einen bestimmten Zustand festschreibt, baut sich noch eine zusätzliche, zeitabhängige Dimension auf:
Vorgänge in und an Werkstoffen, die sich in Funktion der Zeit unter Einwirkung äußerer Einflussgrößen oder innerer Ungleichgewichte abspielen.

In diesem Kapitel behandeln wir im Überblick die beiden erstgenannten Gliederungsprinzipien. In den folgenden Kapiteln werden die Begriffe stufenweise weiter vertieft. Eine Auswahl konkreter technischer Werkstoffe stellt Kap. 15 vor. Vorgänge in und an Werkstoffen sind das Thema von Kap. 6 bis 9.

2.1 Werkstoffgruppen

Eine erste Grobunterscheidung berücksichtigt die traditionelle Sonderrolle der *Metalle*, indem sie diese den *Nichtmetallen* gegenüberstellt (s. Abb. 2.1). Wesentliches Kriterium dafür, ob ein Stoff zu den Metallen gerechnet werden soll, ist seine elektrische Leitfähigkeit. Die Leitfähigkeit der Metalle ist oft um viele Größenordnungen höher als die der Nichtmetalle und nimmt in charakteristischer Weise mit steigender Temperatur ab (vgl. Kap. 11). Sie beruht auf der typischen Elektronenstruktur der Metalle, aus der sich noch weitere „typisch metallische" Eigenschaften ableiten, z. B. Undurchlässigkeit für Licht, Oberflächenglanz, Wärmeleitfähigkeit. Unter Metallen verstehen wir dabei sowohl reine

© Springer-Verlag GmbH Deutschland 2016
B. Ilschner, R.F. Singer, *Werkstoffwissenschaften und Fertigungstechnik*,
DOI 10.1007/978-3-642-53891-9_2

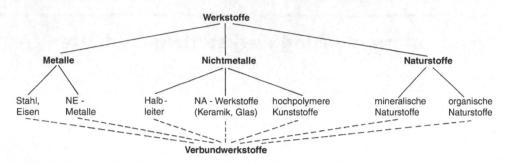

Abb. 2.1 Einteilung der Werkstoffe in Gruppen

Metalle als auch *Legierungen*. Legierungen sind überwiegend metallische Werkstoffe, die aus mehreren Komponenten in gleichmäßiger Vermischung aufgebaut sind, z. B. durch Zusammenschmelzen oder Sintern. Beispiele hierfür sind Eisen-Kohlenstoff-Legierungen (Stähle), Kupfer-Zink-Legierungen (Messing), Aluminium-Silizium-Legierungen.

Die Gruppe der *Eisenwerkstoffe* hebt sich durch ihre technisch-wirtschaftliche Bedeutung aus der Hauptgruppe der metallischen Werkstoffe hervor. Ihr Hauptbestandteil ist das Element Eisen, welches allerdings für sich allein nur begrenzte technische Bedeutung hat (vor allem als Magnetwerkstoff Reineisen). Ausführlich werden die Eisenwerkstoffe in diesem Buch in Kap. 15 behandelt. Dort finden sich auch Angaben über die Untergruppe der *Stähle*. Ihre enorme Vielseitigkeit beruht weitgehend auf mikroskopischen Veränderungen, welche das Eisen-Gitter durch geringe Kohlenstoff-Zusätze erfährt. Sobald der Kohlenstoffgehalt 2 Gew.-% übersteigt, wird das metallische Grundgitter nochmals modifiziert, und es entsteht das ebenfalls sehr wichtige *Gusseisen*. Wie Stahl enthält es in der Regel noch andere Legierungselemente, vor allem Si.

Den Eisenwerkstoffen stehen die *Nichteisenmetalle* (*NE-Metalle*) gegenüber. Chemisch gesehen, fällt ein großer Teil des Periodischen Systems der Elemente unter diesen Begriff. Auf Grund ähnlicher Eigenschaften hat sich in der Praxis eine Anzahl von Untergruppen herausgebildet:

- *Leichtmetalle* (Dichte kleiner $5\,\mathrm{g/cm^3}$, also Be, Mg, Al, Ti u. a. und ihre Legierungen), vgl. auch Abschn. 15.3 bis 15.5,
- *Edelmetalle* (Ag, Au, Pt, Rh und ihre Legierungen),
- *hochschmelzende Metalle* wie W, Mo, Ta, Nb, ..., auch als *Refraktärmetalle* bezeichnet.

Eine Zwischenstellung zwischen den Metallen und den NE-Werkstoffen nehmen die oft als *Halbmetalle* bezeichneten (und als *Halbleiter* verwendeten) Elemente Si und Ge sowie die ähnlich strukturierten sog. III-V-Verbindungen wie GaAs und InSb ein. Da sie keine metallische Leitfähigkeit haben, können sie nicht den Metallen zugerechnet werden. Vor allem Si hat in der Elektronik eine sehr hohe Bedeutung erlangt.

Die Gesamtheit der Nichtmetalle wird auch durch die Abkürzung *Nichtmetallisch-Anorganische Werkstoffe* oder *NA-Werkstoffe* gekennzeichnet – ob der Name sich durchsetzen wird, muss die Zukunft zeigen. Das Teilgebiet *Glas und Keramik* deckt einen großen Teil des Sektors der nichtmetallischen Werkstoffe ab (s. auch Abschn. 15.8). Es enthält recht verschiedenartige Stoffklassen wie

- *Glas*, insbesondere auf der Basis von SiO_2, Sicherheitsgläser aller Art,
- *Oxidkeramik* (Aluminiumoxid u. a. für elektronische Bauelemente),
- *Nichtoxidische Keramik* wie Nitride, Silizide, Carbide,
- *Graphit und Kunstkohle*,
- *Baustoffe und Bindemittel* (Ziegel, Zement, Beton, Kalksandstein).

Unter dem Begriff *Kunststoffe* sind alle synthetisch hergestellten hochpolymeren Stoffe zu verstehen. Dazu gehören:

- *Elastomere* (auch: Elaste = gummiähnliche Kunststoffe),
- *Duroplaste* (irreversibel ausgehärtete Polymere; in der Hitze nicht erweichend),
- *Thermoplaste* (thermisch reversibel erweichbare Polymere).

Die verschiedenen Stoffgruppen kann man auch an Hand des Vernetzungsgrades der Makromoleküle unterscheiden, der in der Reihenfolge Duroplast, Elastomer, Thermoplast abnimmt. Einige konkrete Werkstoffbeispiele werden in Abschn. 15.9 vorgestellt.

Kunststoffe sind in der reinen Wortbedeutung *alle* in diesem Kapitel bislang genannten Werkstoffe, denn sie kommen in der Natur nicht vor: Eigentlich sollten *Kunststoffe* und *Naturstoffe* ein *Gegensatz-Paar* sein. In neuerer Zeit wird deshalb der Begriff Kunststoffe zunehmend durch *Polymerwerkstoffe* ersetzt.

Wichtige Vertreter der *mineralischen Naturstoffe*, die auch als Werkstoffe Verwendung finden, sind:

- *Asbest* (unbrennbare Naturfaser),
- *Glimmer und Schiefer* (bis zu dünnen Plättchen spaltbar),
- *Saphir, Rubin, Diamant* (als Werkstoffe meistens synthetisch hergestellt),
- *Naturstein* (Sandstein, Granit, Marmor).

Die wichtigsten organischen Naturstoffe mit Werkstoffanwendung sind:

- *Holz, Stroh* (soweit als Werkstoff verwendet),
- *Kautschuk und Gummi* (als pflanzliches Produkt),
- *Naturfasern* (hauptsächlich pflanzliche Fasern wie Baumwolle),
- Von Tieren erzeugte Fasern wie *Wolle* und *Fell*. Selbst die Fäden von Spinnweben erweisen sich als nützlich: sie sind Studienobjekt für die Forschung und weisen den Weg zu neuen Werkstoffsystemen mit besonders hoher spezifischer Festigkeit.

Verbundwerkstoffe sind Stoffsysteme, die aus mehreren der genannten, unterschiedlichen Komponenten in geometrisch abgrenzbarer Form aufgebaut sind, insbesondere als Partikel, Schichten oder Fasern in einer sonst homogenen Matrix. Im Gegensatz zu Legierungen ist das Verhalten der einzelnen Komponenten zueinander inert, d. h. die Komponenten üben keine chemischen, sondern physikalische Wechselwirkungen aufeinander aus. Die festigkeitssteigernde Wirkung der eingelagerten Phasen beruht auf der Lastüberführung. Beispiele für Faserverbundwerkstoffe sind Glasfaserverstärkter Kunststoff (*GFK*) und Kohlenstofffaserverstärkter Kohlenstoff (*CFC*). Ein Beispiel für einen Schichtverbundwerkstoff ist *Glare*, ein Laminat aus GFK und Aluminium-Folie.

Der Gegenbegriff zum Verbundwerkstoff ist der *Werkstoffverbund*. Der Begriff wird auf der Bauteilebene angewandt; üblich ist auch der Ausdruck *Hybridkonstruktion*. Es geht um eine zusammenhängende Bauteilstruktur aus einem ersten Werkstoff, in die lokal eine Struktur aus einem zweiten Werkstoff eingebracht wird. Beispiele sind Kunststoff-Metall-Verbunde, bei denen metallische Gewindebuchsen oder Durchführungen in ein Kunststoff-Formteil eingesetzt werden (*Insert-Technik*) oder bei denen metallische Decklagen einen Polymer-Schaumkern umhüllen (*Sandwichverbund*). Das Herz der Formel 1-Rennwagen ist das „Monocoque", welches sich durch extreme Stabilität im Crash auszeichnet. Es handelt sich um einen röhrenförmigen Werkstoffverbund aus CFK und einer Aluminium-Honigwaben-Sandwichstruktur.

2.2 Werkstoffeigenschaften

Nachfolgend sind diejenigen Eigenschaften zusammengestellt, die zur Bewertung von Werkstoffen vom Standpunkt des Anwenders aus wichtig sein können, also das „Eigenschaftsprofil" bilden. Bei aufmerksamer Betrachtung der nachfolgenden Liste versteht man, warum man in jüngerer Zeit solche Werkstoffe, die primär zum Tragen von Lasten, zur Übertragung von Kräften oder zur Sicherung der Formstabilität gebraucht werden, als *Strukturwerkstoffe* bezeichnet. Ihnen stehen die sog. *Funktionswerkstoffe* gegenüber, welche primär nicht-mechanische Funktionen erfüllen, z. B. elektrische Leitung. Im Übrigen sollte der Leser die folgende Aufstellung zunächst nur „überfliegen". Alle aufgeführten Begriffe werden im weiteren Teil des Buches eingehender behandelt. Am Ende eines Abschnitts oder des ganzen Buches kann dann diese Seite zur Wiederholung und Lernkontrolle dienen. In Klammern sind dazu typische Anwendungsfälle genannt, bei denen die betreffende Eigenschaft maßgebend ist.

Mechanische Eigenschaften
- Steifigkeit (Karosserie, Federn, Membranen),
- Streckgrenze, Zugfestigkeit (Drahtseile, Brückenträger),
- Bruchdehnung (Crash Box),

- Bruchzähigkeit (Turbinenwellen, Flüssiggastanks und -leitungen),
- Bruchfestigkeit (keramische Laborgeräte, Hochspannungsisolatoren),
- Härte, Verschleißfestigkeit (Schneidwerkzeuge, Lager, Autoreifen),
- Wechselfestigkeit (Kurbelwelle, Flugzeugstrukturbauteile),
- Warmfestigkeit (Kesselrohre, Hochtemperatur-Turbinenschaufeln).

Elektrische und magnetische Eigenschaften
- Leitfähigkeit (Starkstromkabel, Halbleiter),
- spezifischer Widerstand (Messwiderstandsdrähte, Elektrowärmetechnik),
- Isolationsfähigkeit (Isolatoren in der gesamten Elektrotechnik),
- ferroelektrische Eigenschaften (Kondensatoren, piezokeramische Sensor- und Aktor-elemente),
- thermoelektrische Eigenschaften (Thermoelemente),
- Koerzitivkraft, Remanenz (Dauermagnete),
- Form der Hysteresekurve (Trafobleche, Schaltelemente),
- optische Eigenschaften (optische Geräte, Sonnenschutzgläser, Fahrzeug-Verglasungen).

Chemisch-physikalische Eigenschaften
- Schmelzpunkt, Schmelzwärme (Gießen, Löten, Schweißen),
- Dichte (Leichtbau),
- thermische Ausdehnung (Stahlhochbau, Glas-Einschmelzungen, Bimetalle, Wärme-senken in der Mikroelektronik),
- Wärmeleitfähigkeit, Dämmfähigkeit (Kältetechnik, Bauwesen, Wärmetauscher aller Art),
- atmosphärische Korrosionsbeständigkeit (Fassadenbaustoffe, Flugzeugstrukturbauteile),
- Korrosionsbeständigkeit in Lösungen (Rohrleitungen, Chemieanlagen, Meerestechnik),
- Oxidationsbeständigkeit (Heizleiterwicklungen für Elektrowärme, Triebwerkskomponenten, Walzwerksrollen)
- Entflammbarkeit (Kunststoffe, Isolationsstoffe im Bauwesen, Fahrzeug- und Flugzeugbau).

Sonstige Anwendungseigenschaften
- nukleare Wirkungsquerschnitte (Kerntechnik),
- Oberflächengüte (Substrate für gedruckte Schaltungen der Elektronik, Bleche und Folien, Datenspeicher, mikromechanische Bauteile),
- Biokompatibilität (Implantate, Herzschrittmacher, Organ- und Zahnersatz, chirurgische Instrumente, Lebensmitteltechnologie).

Verarbeitungstechnische Eigenschaften
- Gießbarkeit, Erstarrungsrissneigung, Formfüllungsvermögen,
- Schweißbarkeit,
- Kalt- und Warmumformbarkeit, Formänderungswiderstand, Formänderungsvermögen,
- Sinterfähigkeit.

Volkswirtschaftliche und gesellschaftliche Faktoren
- Rohstoff-Verfügbarkeit und -Kosten,
- Recycling-Fähigkeit,
- Umweltbelastung während der Herstellung,
- Umweltbelastung bei Gebrauch (Giftigkeit) und im Katastrophenfall (Brand),
- Standortbindungen (Arbeitsplätze, Infrastruktur).

Das Mikrogefüge und seine Merkmale

3

3.1 Zielsetzung und Definition

Werkstoffe sind in der Regel uneinheitlich aufgebaut, wenn man mikroskopische Maßstäbe anlegt. Mit licht- und elektronenoptischen Geräten kann man das reale Gefüge und seine Bestandteile nicht nur sichtbar machen, sondern auch quantitativ vermessen und analysieren.

Makroskopisch (mit bloßem Auge) sehen die meisten Werkstoffoberflächen blank oder einheitlich matt aus (Beispiele: Messerklinge aus Stahl, Platte aus Aluminiumoxid, dunkel getöntes Sonnenschutzglas). Dieser Eindruck verleitet zu der trügerischen Annahme, der betreffende Werkstoff sei insgesamt einheitlich (homogen) zusammengesetzt. In Wirklichkeit sind die meisten Stoffe aus mikroskopisch feinen *Gefügebestandteilen* aufgebaut. Den Begriff „mikroskopisch" müssen wir präzisieren: Gemeint sind Strukturelemente, die man mit Licht- oder Elektronenmikroskopen erkennen kann, d. h. die im Maßstab $1\,\text{nm} \leq L \leq 10\,\mu\text{m}$ liegen. Die Leistungsfähigkeit der Mikroskope ist in den letzten Jahren immer weiter gesteigert worden, so dass zunehmend auch der atomare Aufbau (Kap. 5), charakterisiert durch Atomabstände der Größenordnung $0,1\,\text{nm}$, sichtbar gemacht werden kann.

Die Mikrostruktur steht im Vordergrund jeder werkstoffwissenschaftlichen Betrachtung; insbesondere interessiert der Zusammenhang zwischen Fertigungsverfahren, Mikrogefüge und Eigenschaften. Um den Begriff noch weiter zu verdeutlichen, ist in Abb. 3.1 ein zweidimensionaler Schnitt durch ein Gefüge schematisch dargestellt. Wie reale Gefüge im Mikroskop aussehen, lernen wir in Abschn. 3.7.

Die Methodik der Untersuchung des Mikrogefüges metallischer Werkstoffe wird als *Metallografie* bezeichnet. Analog wird auch von Keramographie gesprochen. Im Bereich der Polymere wird häufig statt Mikrogefüge der Ausdruck Morphologie benutzt.

© Springer-Verlag GmbH Deutschland 2016
B. Ilschner, R.F. Singer, *Werkstoffwissenschaften und Fertigungstechnik*,
DOI 10.1007/978-3-642-53891-9_3

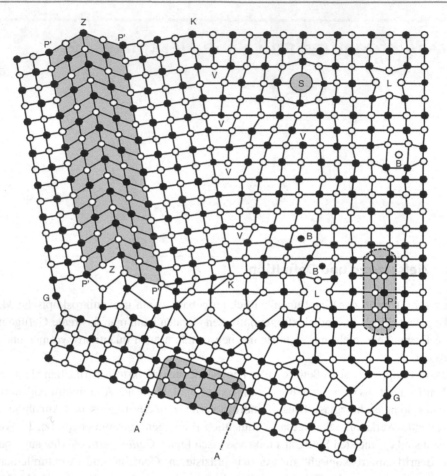

Abb. 3.1 Schematische Darstellung eines Mikrogefüges. *L*: Leerstelle, *B*: Zwischengitteratom, *S*: Fremdatom, *V*: Versetzung, *A–A*: Antiphasengrenze, *Z–Z*: Zwillingskorngrenze, *K–K*: Klein-winkelkorngrenze, *G–G*: Großwinkelkorngrenze, *P*: kohärente Phasengrenze durch Entmischung, *P′*: kohärente Phasengrenze durch Scherung. (Quelle: G. Petzow, Stuttgart)

Unter Mikrogefüge versteht man die strukturellen Merkmale von Werkstoffen im mikroskopischen Bereich. Dazu gehören Leerstellen, Versetzungen, Körner, Texturen, Poren, Einschlüsse, Mikrorisse, Ausscheidungen, Segregationen, innere Spannungen, etc. Die Eigenschaften eines Werkstoffs werden keineswegs allein durch die chemische Zusammensetzung, sondern in oft ausschlaggebendem Maß durch den Gefügeaufbau bestimmt.

3.2 Probenvorbereitung für Lichtmikroskopie

Im Gegensatz zu biologischen Objekten sind die meisten Werkstoffproben undurchsichtig. Sie können also nur im reflektierten Licht (*Auflicht*) beobachtet werden. Die Mehrzahl der wichtigen Gefügebestandteile kann aber nur erkannt werden, wenn das auffallende Licht nicht aufgrund der Rauheit der Oberfläche nach allen Seiten gestreut wird und wenn nicht Kratzer und andere, rein geometrische Unregelmäßigkeiten der Oberfläche den gesamten übrigen Bildinhalt verdecken. Daher ist es erforderlich, vor der auflichtmikroskopischen Beobachtung einen *Anschliff* der Werkstoffoberfläche herzustellen. Hierzu wird die Probe zur besseren Handhabung zunächst in eine härtbare Kunststoffmasse eingebettet. Man verwendet zur Oberflächenpräparation unterschiedliche Verfahren, insbesondere:

- *Überschneiden mit einem Mikrotom* (d. i. eine äußerst scharfe und harte bewegliche Messerschneide; besonders geeignet für biologische Objekte und Kunststoffe),
- *mechanisches Schleifen und Polieren,* wobei in zahlreichen aufeinanderfolgenden Arbeitsgängen erst mit Schleifpapieren (SiC-Körner), dann mit Polierpasten (Aufschlämmungen von Al_2O_3, aber auch Diamantpasten bis herab zu Korngrößen von 0,25 µm) die Oberflächenrauigkeit abgetragen wird,
- *elektrochemisches Polieren,* d. h. Abtragung vorspringender Kanten und Spitzen durch vorsichtige elektrolytische Auflösung.

Von keramischen Proben werden nach dem Vorbild der Mineralogie häufig auch *Dünnschliffe* hergestellt, die dann im *Durchlicht* betrachtet werden können.

Eine so präparierte Oberfläche wirkt, durch das Mikroskop betrachtet, meist wieder völlig homogen – „spiegelblank". Wenn die einzelnen Gefügebestandteile etwa gleich hart sind, vermag nämlich der Poliervorgang nicht zwischen ihnen zu differenzieren, er ebnet alles ein. Die Differenzierung der Gefügebestandteile muss daher nachträglich durch einen selektiven Prozess erfolgen, der etwa A und B unterschiedlich stark angreift und somit entweder eine Reliefbildung oder eine verschieden starke Aufrauung der Oberfläche bewirkt, sodass deren Reflexionsvermögen gegenüber dem auffallenden Licht eine Unterscheidung ermöglicht. Diese Art der „Gefügeentwicklung" bezeichnet man als *Ätzen*. Typische Ätzlösungen sind etwa

- für unlegierten Stahl: 2 %ige alkoholische Salpetersäure,
- für Edelstahl: Salzsäure/Salpetersäure, 10:1,
- für AlCu-Legierungen: 1 % Natronlauge, 10 °C,
- für Al_2O_3-Keramik: heiße konzentrierte Schwefelsäure.

In einigen Fällen, insbesondere bei keramischen Stoffen, sind Sonderverfahren erforderlich, um Gefügebestandteile sichtbar zu machen: thermische Ätzung (die zu ätzende Fläche wird längere Zeit bei hoher Temperatur im Vakuum oder an Luft gehalten), Ionenätzung (selektive Abtragung durch einen Ionenstrahl im Vakuum), Verstärkung schwacher Kontraste durch Interferenzen in aufgedampften dünnen Schichten.

Oberflächenpräparation für die Lichtmikroskopie in drei Stufen
- *Schleifen* ebnet Oberfläche ein,
- *Polieren* beseitigt Rauigkeiten,
- *Ätzen* erzeugt Kontrast.

Die so vorbereiteten Proben werden nun in Mikroskopen unterschiedlicher Bauart untersucht.

3.3 Das Lichtmikroskop

Das *Auflichtmikroskop* gehört zur Grundausstattung jedes Werkstofflaboratoriums. Der Strahlengang und die Erzeugung eines virtuellen Bildes im Okular oder eines reellen Bildes auf einer Mattscheibe bzw. einem fotografischen Film sind in allen Physik-Lehrbüchern erklärt. Abb. 3.2 skizziert den Aufbau eines typischen Mikroskops, bei dem die Probenfläche von unten angeleuchtet und der reflektierte Strahl durch ein Prisma in das Okular geleitet wird. Durch einfachen Austausch von Objektiven und Okularen können bis zu 1500-fache Vergrößerungen erreicht werden. Das *Auflösungsvermögen* – d. h. das Trennvermögen für nebeneinander liegende Objekte – ist wegen der Lichtwellenlänge auf ca. $0,5\,\mu m$ begrenzt (eine etwaige fotografische Nachvergrößerung würde also keine weitere Information erbringen).

Früher waren Mikroskope mit fotografischen Kameras ausgestattet, heute ist die *elektronische Bildaufzeichnung* üblich. Diese erleichtert die sofortige Auswertung ebenso wie die langfristige Archivierung der Gefügeaufnahmen. Wichtige Zusatzeinrichtungen bzw. Sonderausführungen sind:

- *Interferenzeinrichtungen* zur quantitativen Bestimmung von Stufenhöhen in Oberflächenreliefs,

Abb. 3.2 Strahlengang eines lichtoptischen Mikroskops. Man unterscheidet aufrechte und umgekehrte Bauart, je nachdem ob das Präparat von oben oder unten beleuchtet und betrachtet wird. Abgebildet ist die umgekehrte Bauart

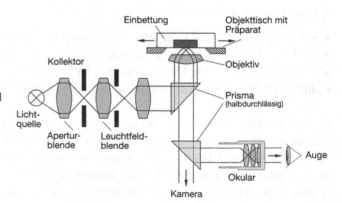

Abb. 3.3 Strahlengang eines Transmissions-Elektronenmikroskops; *links* für Abbildung geschaltet, *rechts* für Beugungsaufnahmen

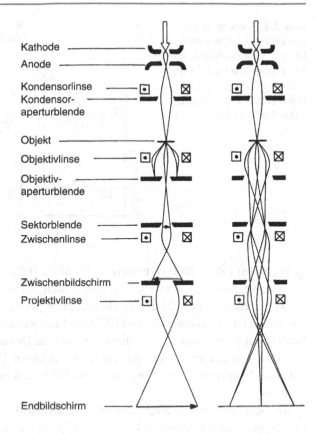

Kathode
Anode
Kondensorlinse
Kondensoraperturblende

Objekt
Objektivlinse
Objektivaperturblende

Sektorblende
Zwischenlinse

Zwischenbildschirm
Projektivlinse

Endbildschirm

- *Mikrohärteprüfer*, d. h. Objektivköpfe mit einer aufgekitteten kleinen Diamantpyramide, die das Einbringen und Vermessen von Härteeindrücken (vgl. Abschn. 10.6) in sehr kleinen Bildbereichen ermöglichen,
- *Objektheiztische* zur direkten Beobachtung temperaturbedingter Gefügeänderungen und Oxidationsvorgänge bis zu 1750 °C.

3.4 Das Elektronenmikroskop

Das *Transmissions-Elektronenmikroskop* (*TEM*) nützt die Welleneigenschaften von Korpuskularstrahlen aus und benutzt Elektronenstrahlen zur Abbildung des Objekts. Die Elektronen werden in der Regel in einer thermischen Quelle (Glühkathode) erzeugt und durch eine Anode mit einer Strahlspannung in der Größenordnung von 100 kV beschleunigt, Abb. 3.3. Dieser kinetischen Energie der Elektronen entspricht eine Wellenlänge von ca. 5 pm (0,005 nm; sie ist um den Faktor 10^5 kleiner als die Wellenlänge von blauem Licht). Trotz der weniger günstigen Abbildungseigenschaften (viel geringere Strahlöffnung oder *Apertur*) lässt sich damit das *Auflösungsvermögen* gegenüber dem Lichtmikro-

Abb. 3.4 Probenpräparation für die Transmissions-Elektronenmikroskopie; Abdrucktechnik; **a** Lackabzug, **b** Schrägbedampfung mit Kohlenstoff/Schwermetall, **c** Oxidhaut zur Ablösung mit Säure

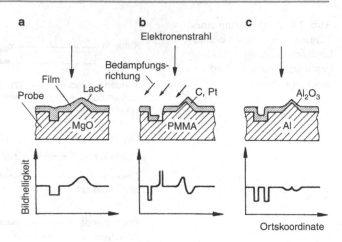

skop um den Faktor 1000 verbessern, d. h. auf ca. 0,5 nm. Die „Optik" des TEM besteht aus elektromagnetischen, von außen einstellbaren „Linsen"-Systemen.

Da der Elektronenstrahl nur im Hochvakuum geführt werden kann, muss das Objekt durch eine Objektschleuse in das TEM eingeführt werden. Das Endbild wird für visuelle Beobachtung auf einem Leuchtschirm erzeugt. Zur Dokumentation und Auswertung dienen heute wieder vorwiegend digitalisierende Verfahren. Üblich ist auch die Aufzeichnung mit Videokameras um etwa Vorgänge im Gefüge auch bei raschem Zeitablauf verfolgen zu können.

Im Gegensatz zum lichtoptischen Mikroskop ist das TEM ein *Durchlichtgerät*. Die Probenpräparation ist daher anders als beim Lichtmikroskop. Zwei Möglichkeiten bieten sich an:

- *Abdrucktechnik*: Von der geätzten, d. h. mit Relief versehenen Oberfläche wird durch einen dünnen Lackfilm oder eine aufgedampfte Kohleschicht ein Abdruck genommen. Dieser wird von der Reliefseite her im Vakuum schräg bedampft, z. B. mit Gold. Die Schattenwirkung dieses Metallbelages ruft bei senkrechter Durchstrahlung unterschiedliche Absorption hervor, die sich als Bildkontrast äußert (Abb. 3.4).
- *Transmissionstechnik*: Hier wird das Objekt selbst durchstrahlt. Der Elektronenstrahl kann jedoch nur Metallfolien bis zu max. 0,1 μm durchdringen. Infolgedessen müssen durch „Dünnung" Löcher mit flachen, keilförmigen Berandungen hergestellt werden, die dann an günstigen Stellen durchstrahlbar sind (Abb. 3.5).

Der große Vorzug der Transmissionstechnik ist, dass man wirklich in das Innere des Werkstoffs hineinsehen kann, während die Abdrucktechnik nur die Spuren an der Oberfläche wiedergibt. Schwierigkeiten bereitet beim TEM die Präparation der extrem dünnen Proben. Außerdem bestehen Bedenken, ob die so erhaltenen Bildinhalte repräsentativ für massives Material sind. Um größere Schichtdicken mit dem Elektronenstrahl durchdringen zu können, wurden daher *Höchstspannungs-Elektronenmikroskope* mit Strahlspan-

Abb. 3.5 Probenpräparation für die Transmissions-Elektronenmikroskopie; Herstellung durchstrahlbarer Bereiche durch elektrolytisches Dünnen

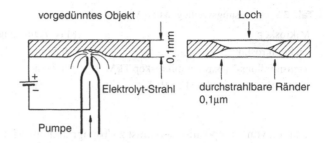

vorgedünntes Objekt   Loch

0,1mm

Elektrolyt-Strahl   durchstrahlbare Ränder 0,1μm

Pumpe

nungen von 1 MV = 1000 kV gebaut. Bei diesen Bedingungen wächst allerdings die Gefahr von Strahlenschäden und die große Foliendicke erschwert die Bildinterpretation, da sich die Bildgegenstände zunehmend gegenseitig überlappen.

> Zur Sichtbarmachung des Mikrogefüges dienen Lichtmikroskop (LM), Transmissions-Elektronenmikroskop (TEM) und Raster-Elektronenmikroskop (REM). Beispiele für reale Strukturabbildungen finden sich in Abschn. 3.7.

Dem mit „Durchlicht" arbeitenden Transmissions-Elektronenmikroskop steht das *Raster-Elektronenmikroskop* (*REM*) gegenüber. Es erlaubt Auflicht-Beobachtung durch Abrastern (Scanning – daher engl. *Scanning Electron Microscope, SEM*) der Probenoberfläche mit einem Elektronenstrahl. Dabei werden die von jedem Punkt zurückgestreuten Elektronen von einem Detektor gesammelt und zur Erzeugung eines Gesamtbildes (ähnlich wie auf der Fernsehbildröhre) verwendet.

Je nachdem, welche Elektronen zur Bildentstehung benutzt werden, spricht man von *Sekundärelektronenbildern* oder *Rückstreuelektronenbildern*. Sekundärelektronen entstehen in den obersten Atomschichten (einige 10 nm) durch Ionisation. Ihre Intensität ist stark vom Winkel abhängig, unter dem die Primärelektronen die Oberfläche treffen. Sie gestatten dadurch eine genaue Darstellung der Oberflächentopografie. Die geringe Apertur des Elektronenstrahls wird hier zum Vorteil, weil sie eine hohe Schärfentiefe erzeugt und besonders eindrucksvolle Bilder zulässt. Bei der Suche nach den Schadensursachen auf zerklüfteten Bruchflächen ist die hohe Schärfentiefe eine Grundvoraussetzung.

Rückstreuelektronen (BSE, engl. back-scatter electrons) entstehen dadurch, dass Primärelektronen so gestreut werden, dass sie die Probe in Rückwärtsrichtung wieder verlassen. Da Ionisation keine Rolle spielt, ist ihre Energie sehr viel größer als die der Sekundärelektronen und sie kommen dadurch auch aus größeren Tiefen der Probe. Die Ausbeute der BSE-Elektronen hängt stark von der Ordnungszahl der Atome ab und sie können deshalb zur Sichtbarmachung von Bereichen mit unterschiedlicher chemischer Zusammensetzung benutzt werden. Man spricht auch von *Kompositionskontrast* im Gegensatz zu dem von den Sekundärelektronen ausgelösten *Topografiekontrast*. Wiederholtes Um-

Tab. 3.1 Auflösungsvermögen und Vergrößerungsbereiche von Mikroskopen

Mikroskop	Max. Auflösung	Vergrößerung
Lichtmikroskop	0,5 µm	2 × . . . 1500×
Transmissions-Elektronenmikroskop TEM	≤0,2 nm	50 × . . . 800.000×
Raster-Elektronenmikroskop REM	≤2 nm	20 × . . . 80.000×

schalten von Kompositionskontrast zu Topografiekontrast bildet eine wichtige Technik bei der Arbeit am REM.

Die Probenpräparation am REM ist vergleichsweise einfach, was zu der zunehmenden Beliebtheit beigetragen hat. Schleifen und Ätzen entfällt, genauso wie die Präparation durchstrahlbarer Folien (s. oben). Die Probe muss nur ausreichend leitfähig sein, was durch Bedampfen sichergestellt werden kann.

Die *Leistungsfähigkeit der Mikroskop-Arten* ist in Tab. 3.1 zusammenfassend dargestellt.

3.5 Der Elektronenstrahl in der Analyse

Wenn man fein fokussierte Elektronenstrahlen mit Hilfe der Elektronenoptik zum Abbilden von Gefügebestandteilen verwendet, liegt es nahe, denselben Elektronenstrahl zu benutzen, um weitere Informationen über die Gefügebestandteile zu erhalten, die über die geometrische Form hinausgehen. Dazu ergeben sich vielerlei Möglichkeiten, von denen vier im Folgenden besprochen werden.

a) Bei der *Feinbereichsbeugung im TEM* wird der Elektronenstrahl durch das Kristallgitter eines durchstrahlten Gefügebereichs aufgrund seiner Welleneigenschaften gebeugt. Das entstehende Beugungsbild wird aber nicht, wie beim normalen Mikroskopbetrieb, mit denen aller anderen Strahlen zu einem Abbild des Objekts vereinigt, sondern isoliert aufgefangen (Abb. 3.3 rechts). Die Anordnung der Beugungsbildpunkte ist charakteristisch für das Kristallgitter, durch das sie erzeugt wurden (Abschn. 5.4). So kann man aus dem Beugungsbild (Abb. 3.3, 5.17a) auf die Kristallstruktur des kleinen Bildbereichs schließen, den man vorher aus dem TEM-Bild ausgewählt hatte. Die Selektion des zu untersuchenden Gefügebereichs geschieht durch Fokussierung des Strahls oder Einschieben von Blenden; typisch liegt der Durchmesser bei 1 µm oder weniger. Die Kristallstruktur ist natürlich eine sehr wichtige Information, die zur Identifizierung der abgebildeten Gefügebestandteile verhilft.

b) Die *Elementanalyse in der Mikrosonde* arbeitet im Auflicht, also ähnlich wie ein REM. Der Elektronenstrahl ist wieder auf ca. 1 µm Durchmesser fokussiert. Die von ihm getroffenen Oberflächenbereiche emittieren, angeregt durch die eingeschossene Strahlenergie, Röntgenstrahlung mit einer Wellenlänge, die für jede Atomsorte in dem ge-

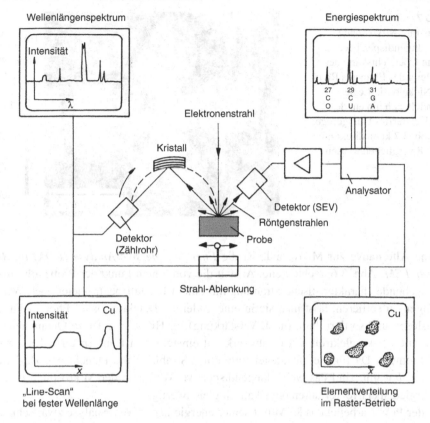

Abb. 3.6 Mikroanalyse mit Hilfe des Elektronenstrahls; *links* wellenlängendispersiv (Mikrosonde), *rechts* energiedispersiv (REM oder TEM, sog. EDA); *oben*: Punktanalyse, *unten*: Linien- bzw. Feldanalyse

troffenen Oberflächenbereich charakteristisch ist. Man kann nun ein Spektrometer – im Wesentlichen einen geeigneten Kristall – so aufstellen, dass die Röntgenstrahlung in seinem Kristallgitter je nach Wellenlänge mehr oder weniger abgebeugt wird (Abb. 3.6 links). Die von verschiedenen Atomsorten emittierte Strahlung verlässt also das Spektrometer unter verschiedenen Winkeln. Stellt man nun an die zu bestimmten Elementen gehörigen Winkelpositionen genau justierte Zählgeräte, so sammeln diese alle diejenigen Röntgensignale auf, die zu jeweils einem chemischen Element gehören. Da die Intensität der Röntgenstrahlen proportional zur Menge des betreffenden Elements in dem aktivierten Probenbereich ist, gelingt eine punktweise quantitative chemische Analyse. Elektronenstrahl-Mikrosonden sind Großgeräte, die dieses Prinzip zu großer Vollkommenheit entwickelt haben und auf dem Bildschirm eine Art Landkarte der Verteilung der verschiedenen chemischen Elemente über die Oberfläche im Mikromaßstab darstellen können (Abb. 3.7).

Abb. 3.7 Von einer Elek-
tronenstrahl-Mikrosonde
wellenlängendispersiv er-
mittelte Übersichtskarte der
Verteilung des Elements Re in
einer Nickelbasis-Legierung.
Es handelt sich um ein dendritisch erstarrtes Gussgefüge,
d. h. Abb. 3.7 kann direkt mit
Abb. 7.8 verglichen werden

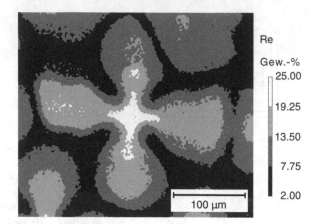

c) Eine Alternative zur Mikrosonde ist die *Energiedispersive Analyse (EDA) im REM
   oder TEM*, Abb. 3.6, rechte Seite. Anstatt die von einem Punkt der Probenoberfläche
   ausgehende charakteristische Strahlung mit einem Kristallspektrometer nach Wellen-
   längen zu sortieren, lässt man sie in einem kleinen Detektorkristall Photoelektronen
   auslösen und sortiert diese (nach Verstärkung) im Hinblick auf ihre Quantenenergie
   durch eine Art elektronisches Zählwerk mit einstellbaren Kanälen für jedes gesuch-
   te Element. Da für die Quantenenergie einer Strahlung die Planck'sche Beziehung
   $E = h\nu$ gilt, sind das wellenlängendispersive Verfahren der Mikrosonde und das
   energiedispersive Verfahren physikalisch gleichwertig.
   In der Praxis arbeitet das REM mit seiner energiedispersiven Analyse zwar schneller,
   aber die *Mikrosonde* mit ihrer wellenlängendispersiven Methode liefert die *genaueren
   Ergebnisse*, was auch mit der Optimierung des Strahlengangs für die Analyse statt für
   Abbildung zu tun hat. Ein grundsätzliches Problem bei der „Auflicht"-Technik (Mikrosonde, REM/EDA) besteht darin, dass das analysierte Probenvolumen nicht genau
   bekannt ist. Die benutzte Information stammt aus einem Wechselwirkungsbereich, der
   sich birnenförmig in die Tiefe der Probe erweitert. Die so entstehende „*Ausbreitungsbirne*" hat eine typische Ausdehnung von mehreren µm. Günstiger ist die Situation
   im TEM, da die dünne Folie die Bildung der Ausbreitungsbirne unterdrückt; sie wird
   sozusagen oberhalb des Bauchs abgeschnitten.
d) Ein relativ neues Verfahren im *REM*, das zunehmend und vielfältig eingesetzt wird,
   bezeichnet man als *EBSD, Electron Backscattered Diffraction*. Hier werden Interferenzen der Rückstreuelektronen auf ihrem Weg an die Oberfläche dazu genutzt, die
   Kristallorientierung als Funktion des Ortes zu bestimmen. Es entstehen Landkarten
   der Probenoberfläche, welche die Orientierungsunterschiede quantitativ erfassen.

3.6 Quantitative Bildanalyse

In Abschn. 3.5 haben wir die chemische Analyse von Oberflächenbereichen mit Hilfe von Elektronenmikroskopen behandelt; jetzt geht es um die geometrische Analyse. Gemeint ist eine quantitative Beschreibung der im Licht- und Elektronenmikroskop beobachtbaren Bildinhalte. An die Stelle allgemeiner Wendungen beim Betrachten von Mikroskopbildern wie „grob", „fein", „kugelig", „lamellar", „langgestreckt", „regellos", „einheitlich ausgerichtet" sollen nachprüfbare quantitative Zahlenangaben treten, also Messwerte der Bildgeometrie. Es ergibt sich ein vierstufiger Prozess der mikroskopischen Werkstoffuntersuchung: Nach Anwendung der in den Abschn. 3.1 bis 3.4 behandelten Verfahren möge ein Bild vorliegen, auf dem Konturen von Objekten, unterschiedliche Grautöne usw. erkennbar sind. Dann definieren wir die *quantitative Bildanalyse* als ein Verfahren, das es gestattet,

- den erkennbaren Bildinhalt in geometrisch scharf begrenzte Objekte zu *gliedern*,
- Ausdehnung, Form und Anordnung dieser Objekte zu *messen*,
- die erhaltenen Messwerte statistisch *auszuwerten*, um insbesondere Mittelwerte und Streubreiten von Verteilungen zu ermitteln, und um von ebenen Bildern auf räumliche Gefügeanordnungen zu schließen.

Stufe	Ausgangspunkt	+ Verfahren	→ *Ergebnis*
I	Probenoberfläche	+ Präparation	→ *Objekt*
II	Objekt	+ vergrößernde Abbildung	→ *ebenes Bild*
III	Bild	+ quantitative Bildanalyse	→ *Messwerte*
IV	Messwerte	+ theoriegestützte Auswertung	→ *Kennzahlen*

Schon der erste Teilschritt der Gliederung in Objekte ist keineswegs trivial. Die Präparations- und Abbildungsverfahren sind nicht so perfekt, als dass nicht hin und wieder Konturen nur undeutlich und verschwommen erkennbar sind, Linienzüge grundlos unterbrochen erscheinen, Kratzer, Staubpartikel oder Ätzfehler „Objekte" vortäuschen, die mit dem Probenwerkstoff in Wirklichkeit nichts zu tun haben. Bei Durchstrahlungsbildern (TEM) fällt es nicht leicht zu entscheiden, ob ein bestimmtes Bildelement einem einzelnen realen Objekt zuzuordnen ist oder vielleicht mehreren, die zufällig im Strahlengang übereinanderliegen. Es erfordert also Erfahrung und Überlegung, einen mikroskopischen Bildinhalt in der beschriebenen Weise einwandfrei zu gliedern. In den Anfängen der quantitativen Bildanalyse stützte man sich

a) auf den *Vergleich mit standardisierten geometrischen Mustern und Formen*, z. B. hexagonale Netze zur Einordnung von Korngefügen in genormte Größenklassen, oder die Überlagerung des beobachteten Bildes durch Kreise mit variablem Durchmesser zur näherungsweisen Bestimmung der Teilchengrößen;

b) auf das Abzählen von Schnittpunkten der Begrenzungen von Gefügebestandteilen mit statistisch („kreuz und quer") über das ganze Bild verteilten geraden Linien vorgegebener Länge: *Linienschnittverfahren*. So bestimmt man die Korngröße als *mittlere Sehnenlänge* aus $L_{KS} = \int dL/(n-1)$, mit $\int dL$ Länge des Testliniensystems und n Zahl der Kreuzungspunkte der Testlinien mit Korngrenzen.

Beide Verfahren sind, auch wenn sie durch technische Hilfsmittel unterstützt werden, als *opto-manuelle* Verfahren einzustufen. Die moderne Bildanalyse beruht stattdessen auf der *digitalen Bildverarbeitung*, d. h. sie verwendet *vollautomatische rechnergestützte* Methoden. Sie wird nicht nur in der Gefügeanalyse für die Forschung, sondern auch in der industriellen Qualitätskontrolle vielfach eingesetzt.

Die Verfahren beruhen zunächst auf einer *Diskretisierung* des Primärbildes. Ein typisches Punktraster für die Bildanalyse enthält 512 Zeilen und 768 Spalten. Jedem Bildpunkt (*Pixel*) kann nun im Hinblick auf die von ihm reflektierte Lichtintensität einer von 256 (= 8 bit) verschiedenen *Grauwerten* zugeordnet werden. Der Informationsgehalt dieses Datensatzes ist jedoch bei weitem zu hoch, um praktisch verwendet werden zu können. Man muss sich vielmehr auf die quantitative Auswertung derjenigen Bildinhalte konzentrieren, die für die jeweils gestellte Frage wirklich relevant sind; diese müssen durch geeignete Algorithmen der Datenverarbeitung aus dem allgemeinen Bildhintergrund hervorgehoben werden. Man kann etwa alle Grauwerte G durch Festlegung eines Schwellwertes G^* in zwei Klassen „hell" und „dunkel" unterteilen und den beiden Phasen so zuordnen, dass alle Bildelemente mit $G < G^*$ als „hell" zählen, die übrigen als „dunkel". Dies ist bereits eine enorme Informations-Reduktion. Danach kann man ein Programm der *morphologischen Selektion* anschließen und z. B. nur kreisförmige Objekte zählen (durch Vergleich aufeinander senkrecht stehender Durchmesser), um etwa die Teilchendichte (Anzahl/Fläche in pro Quadratmillimeter) für Kugelgraphit-Partikel in Gusseisen zu bestimmen. Diese Art der Verarbeitung von Bildinhalten hat also das Ziel, Mittelwerte und Verteilungen von Gefügekenndaten wie

- Durchmesser, Umfänge, Flächeninhalte,
- Formfaktoren (Elliptizität, fraktale Eigenschaften),
- Zuordnungen wie Zeiligkeit, Cluster-Bildung

zu erhalten. Sie ist eng mit der Fachdisziplin der *Stereologie* (s. Abschn. 3.7.2) verknüpft.

3.7   Einteilung und Natur der mikroskopisch nachweisbaren Gefügebestandteile

3.7.1   Körner

Als Körner bezeichnet man in den Werkstoffwissenschaften Kristallbereiche einheitlicher Gitterorientierung. Eine typische Größenspanne für mittlere Korndurchmesser reicht von 50 bis 100 µm; darunter bzw. darüber spricht man von feinkörnigem bzw. grobkörnigem Gefüge. Die gefundenen Mittelwerte der Korndurchmesser hängen von der verwendeten Messvorschrift ab; vereinfachend nennt man sie meist die *Korngrößen* des betreffenden Werkstoffs. Üblicherweise ist eine Probe aus sehr vielen solcher Körner zusammengesetzt, wobei diese lückenlos durch *Korngrenzen* gegeneinander abgegrenzt werden und sich durch ihre kristallographischen Orientierungen unterscheiden. Ein solcher Werkstoff heißt *polykristallin*. Ein Realbeispiel ist in Abb. 3.8 zu sehen.

In den letzten Jahren haben extrem feinkörnige Gefüge mit Korndurchmessern von 1000 Atomen und weniger in der Forschung große Aufmerksamkeit gefunden; man stellt sie durch extrem starke plastische Verformung her und bezeichnet sie als *nanokristallin*. Wie wir in Abschn. 10.13.2 sehen werden, beeinflussen sehr feine Körner die mechanischen Eigenschaften günstig. Auf Grund des hohen Volumenanteils von Material mit Korngrenzen-Struktur erwartet man daneben auch ganz neue Effekte.

Umgekehrt hat man gelernt, durch gerichtete Erstarrung *stängelkristalline und einkristalline Gefüge* herzustellen; letztere nennt man auch *monokristallin*. In Kap. 7 erfahren wir, wieso es zu diesen Formen kommt, in Kap. 13 und 15, wieso wir sie benötigen. Stän-

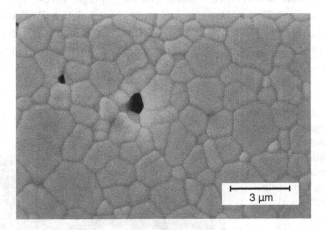

Abb. 3.8 Korngrenzen im Gefüge des keramischen Werkstoffs Zirconiumdioxid ZrO$_2$ (Y-TZP, engl. yttria stabilised tetragonal zirconia polycrystal = Yttriumoxid stabilisiertes tetragonales Zirkonoxid). Wegen seiner Zähigkeit spricht man auch vom „keramischen Stahl". Rasterelektronenmikroskopische Aufnahme, Topografiekontrast/Sekundärelektronenbild, thermisch angeätzt. (Quelle: A. Stiegelschmitt, Erlangen)

Abb. 3.9 Stängelkristalle in
einer Turbinenschaufel aus
einer Ni-Basislegierung. Ma-
kroaufnahme. Die Schaufel
wurde durch gerichtete Erstarrung im Feinguss hergestellt

gelkristalle (Abb. 3.9) spielen in Turbinenschaufeln und Solarzellen eine wichtige Rolle.
Einkristalle – vor allem von Si – bilden die Basis der modernen Halbleitertechnologie.
Die sog. „300-mm-Technologie" für Wafer aus Silicium-Einkristallen (Abb. 3.10) ist, um
ein aktuelles Beispiel zu erwähnen, das Kernstück der neuen Wafer-Fertigung in Freiberg,
bzw. der neuen Chip-Fabriken in Dresden, die zu den modernsten der Welt zählen. Auch
die in Abb. 3.9 gezeigten Turbinenschaufeln können in einer Weiterentwicklung der Verfahren einkristallin statt stängelkristallin erstarrt werden. Wieder handelt es sich um eine
ausgesprochene Hochtechnologie, die nur an wenigen Stellen in der Welt beherrscht wird.
Einkristalline Turbinenschaufeln werden in besonders treibstoffsparenden und umwelt-
freundlichen Flugtriebwerken und Gaskraftwerken eingesetzt.

Polykristalline Werkstoffe zeigen mitunter eine ausgeprägte *Vorzugsorientierung*. Man
spricht dann von einer *Textur*. Die Eigenschaften eines solchen Werkstoffs sind rich-
tungsabhängig (*anisotrop*) (Abschn. 10.12.1). Texturen entstehen z. B. beim Gießen oder
Walzen (Kap. 13) oder *nach* dem Walzen bei einer anschließenden Wärmebehandlung
(Rekristallisation, Abschn. 10.9.1).

Abb. 3.10 Silicium-Einkristall
mit 300 mm Durchmesser. Aus
den gezeigten Blöcken werden mit Vieldrahtsägen Wafer
herausgeschnitten, d. h. dünne
Scheiben. (Quelle: Werksfoto
Fa. Siltronic, Burghausen)

3.7.2 Die dritte Dimension der Gefüge

Im mikroskopischen Gefügebild sieht man nur die Spuren oder Schnittlinien der dreidimensional wie ein Seifenschaum aufgespannten Korngrenzflächen, geschnitten von der Anschliffebene des Präparats: Wir sehen ein ebenes Netzwerk aus Polygonzügen. Gelegentlich wird es (stark idealisiert) durch ein regelmäßiges Sechseckraster („Bienenwaben") dargestellt. In Wirklichkeit sind aber die Körner verschieden große, unregelmäßige Polyeder – ihre Schnittbilder also auch unregelmäßig (Abb. 3.8). Man benutzt die Verfahren der *Stereologie*, um aus einem ebenen Schnitt durch ein räumliches Gebilde quantitative Aussagen über die geometrischen Strukturen des letzteren zu machen.

Unter Stereologie versteht man die räumliche Interpretation von Schnitten. Die Stereologie verwendet Methoden der Geometrie und der Statistik.

Man kann das Grundproblem der Stereologie durch ein Alltagsbeispiel verdeutlichen: Man bestimme aus einer großen Schüssel Tomatensalat (ebene Schnitte) die wahre Größenverteilung der unzerschnittenen Tomaten (das sog. „Tomatensalat-Problem").

Durch das folgende *Zahlenbeispiel* wollen wir den Zusammenhang von *Korngröße* (mittlerer *Korndurchmesser* L_{KW}) und Korngrenzfläche je Volumeneinheit A_{KW} verdeutlichen: Das polykristalline Gefüge kann man sich als dichteste Packung würfelförmiger Körner mit der Kantenlänge L_{KW} vorstellen. Die Anzahl der Körner pro Volumen ergibt sich dann als $N_{KW} = 1/L_{KW}^3$. Jedes der Körner besitzt die Oberfläche $6L_{KW}^2$; jede der Würfelflächen ist jedoch zwei Nachbarkörnern gemeinsam, kann dem einzelnen Korn also nur zur Hälfte zugerechnet werden. Daher ist die Korngrenzfläche pro Volumen

$$A_{KW} = N_{KW} \cdot 6L_{KW}^2/2 = 3/L_{KW} \quad (\text{cm}^2/\text{cm}^3). \tag{3.1}$$

Für $L_{KW} = 100\,\mu\text{m}$ ergibt sich N_{KW} zu 10^6 Körner/cm^3, die gesamte Grenzfläche ist $300\,\text{cm}^2/\text{cm}^3$.

Bestimmt man in einem polyedrischen Gefüge die mittlere Sehnenlänge L_{KS} als Maß für die Korngröße, so zeigt die Stereologie, dass für die Korngrenzfläche pro Volumen gilt:

$$A_{KS} = 2/L_{KS} \quad (\text{cm}^2/\text{cm}^3) \tag{3.2}$$

3.7.3 Poren

Poren gelten allgemein als Herstellungsfehler aufgrund der Unvollkommenheit eines Verfahrens (Gas- und Erstarrungsporosität beim Gießen (Abb. 3.11), Restporosität beim Sintern bzw. beim Brennen von Keramik). Poren entstehen aber auch im Bauteil während

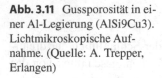
Abb. 3.11 Gussporosität in einer Al-Legierung (AlSi9Cu3). Lichtmikroskopische Aufnahme. (Quelle: A. Trepper, Erlangen)

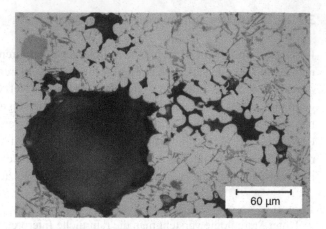

60 µm

des Einsatzes. Sie sind „Vorboten" des Bruchs, insbesondere bei Hochtemperaturbeanspruchung. Die Erfassung einer etwaigen Porosität ist eine sehr wichtige Teilaufgabe der Qualitätssicherung und Lebensdauervorhersage. In Wärmedämmstoffen und schockabsorbierenden Verpackungen (geschäumtes Polystyrol) sowie Leichtbaustoffen (Gasbeton) werden Poren in großer Zahl absichtlich in den Werkstoff eingebracht. Ihre Zahl und Anordnung bestimmt das charakteristische Verhalten dieser Stoffe. Als *Zellulare Festkörper* bilden sie eine Stoffklasse für sich.

3.7.4   Einschlüsse

Einschlüsse sind unbeabsichtigt aus dem Schmelzgut, der Schlacke oder der Tiegelwand eingebrachte *Verunreinigungen*, die sich negativ auf die Festigkeit auswirken. Sie spielen eine große Rolle in Stählen, wo es sich meist um Oxid- und Sulfideinschlüsse handelt. In die gleiche Kategorie gehören *Oxidfilme* in Leichtmetallen, die durch Reaktion zwischen Schmelze und Atmosphäre entstehen. Sie sind sehr schwer im Gefüge sichtbar zu machen, weil die Ausdehnung in der Dickenrichtung sehr gering ist.

3.7.5   Ausscheidungen und Dispersoide

Ausscheidungen sind *teilchenartige Verteilungen von Phasen* (in Form von Kugeln, Ellipsoiden, Platten, Nadeln usw.) in einem Grundwerkstoff (der „Matrix"). Sie stellen das Ergebnis von Phasenumwandlungen dar, d. h. sie wurden nicht im Herstellungsprozess beigemischt, sondern aus dem Werkstoff selbst durch Wärmebehandlung ausgeschieden (Kap. 7). Bei genügend feiner Verteilung sind sie festigkeitssteigernd (Kap. 10) und haben deshalb große technische Bedeutung. Beispiele sind Carbide in Stählen, Graphit im Guss-

Abb. 3.12 Graphitaus-
scheidung in Gusseisen.
Lichtmikroskopische Aufnahme. **a** Sphärolithischer Graphit
(GJS-400). Die Graphitkugeln
sind von hell erscheinenden
Ferrithöfen umgeben. Bei der
Abkühlung ist die Umgebung
der Graphitkugeln soweit an
C verarmt, dass bei der Um-
wandlung $\gamma \rightarrow \alpha$ Ferrit statt
Perlit entstanden ist. **b** Lamellengraphit. Die perlitische
Grundmasse mit ihrer fein-
streifigen, eutektoiden Struktur
ist gut erkennbar. Allgemeine
Informationen zu Gusseisen
findet man in Abschn. 15.2

a

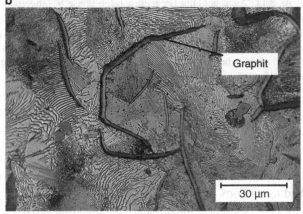

b

eisen und Si- bzw. Cu-haltige metastabile Phasen in aushärtbaren Aluminiumlegierungen
(Abb. 3.12 und Abb. 3.13).

Dispersoide ähneln Ausscheidungen in Geometrie und Wirkung, sind aber chemisch
inert und müssen durch spezielle, meist aufwändige Verfahren eingebracht werden: Y_2O_3-
Phasen in mechanisch legierten Ni-Basislegierungen zur Erhöhung der Warmfestigkeit,
Ruß in Kautschuk zur Härtesteigerung von Autoreifen, Goldstaub in Glas zu dekorativen
Zwecken, Carbon Nanotubes in Polymeren zur Verbesserung des Brandschutzes. Es ist
zweckmäßig, zwischen Dispersoiden auf der einen Seite und Füllern und Verstärkern auf
der anderen Seite zu unterscheiden. Dispersoide sind normal mikro- oder nanoskalig und
werden in kleinen Volumenanteilen zugegeben. Sie wirken nach den Prinzipien von feinen
Ausscheidungen. Füller- und Verstärker-Phasen in Form von Partikeln, Fasern, etc. sind
eher makroskopisch zu verstehen und werden in großen Volumenanteilen beigemischt.
Ihre Wirkung folgt den Regeln für Verbundwerkstoffe.

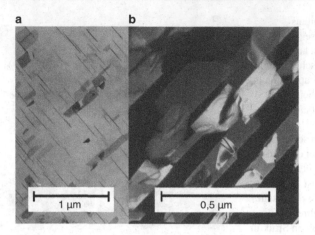

Abb. 3.13 Ausscheidung der metastabilen Phase θ' (angenäherte Zusammensetzung Al_2Cu) in einer AlCu5-Legierung (RR 350). Transmissionselektronenmikroskopische Aufnahmen, Orientierung Primärstrahl parallel [110]. **a** Hellfeld. **b** Dunkelfeld. Die θ'-Phase bildet sich in Form von Plättchen auf 100-Flächen der Matrix. Dadurch ergibt sich in den Aufnahmen ein Betrachtungswinkel der Plattenoberfläche unter 45° oder der Plattenkante unter 0°. Die Plattendurchmesser sind größer als die Foliendicke, was zu der geraden Plattenbegrenzung führt

3.7.6 Eutektische Gefüge

Auch hier sind zwei Gefügebestandteile nebeneinander angeordnet, aber nicht wie bei Dispersoiden und Ausscheidungen gleichmäßig-statistisch verteilt, sondern mit wachstumsbedingten Formzusammenhängen, wie sie in Abschn. 7.4.5 begründet werden. Abb. 3.14 zeigt ein Beispiel. Einmal mehr sind quantitative Daten (z. B. der Lamellenabstand) äußerst wichtig für das Verständnis der Prozessbedingungen und des makroskopisch messbaren Verhaltens.

3.7.7 Martensit

Martensitisches Gefüge entsteht nach Umklapp-Umwandlungen, insbesondere der Bildung des nach Martens benannten *Martensits* in Stählen (Abschn. 7.6). Die kaskadenartig nacheinander entstehenden flachen Platten zeichnen sich in der fotografierten Schliffebene als gefiederte Nadeln ab (Abb. 3.15).

3.7.8 Versetzungen

Versetzungsanordnungen sind linienhafte Gitterfehler (Abschn. 10.8). Sie stellen den typischen Bildinhalt bei elektronenmikroskopischer Durchstrahlung dar (TEM, Abb. 3.16). Es ergeben sich zahlreiche quantitative Messaufgaben, z. B. die Bestimmung der Linienlänge

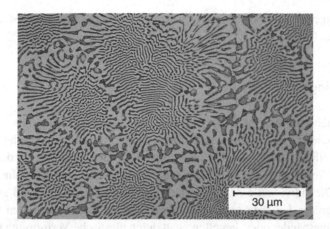

Abb. 3.14 Eutektikum in einer Cu-P-Bronze (CuP8,4). Lichtmikroskopische Aufnahme. Da die Orientierung der eutektisch erstarrenden Phasen im vorliegenden Fall nicht durch eine gerichtete Erstarrung vorgeben ist, sondern von Ort zu Ort wechselt, erhält man nicht ganz das regelmäßige Erscheinungsbild von Abb. 7.12. Die Vergrößerung des Lamellenabstands in bestimmten Richtungen spiegelt die Abnahme der Triebkraft im Laufe des Wachstums wieder

Abb. 3.15 Martensitisches Gefüge in einem Stahl mit 1,3 % C und 0,5 % W. Lichtmikroskopische Aufnahme

Abb. 3.16 Freie Versetzungen (in großen Abständen) und Grenzflächenversetzungen (eng konzentriert) in Ni-Basis-Superlegierung. Die Begrenzung der Versetzungssegmente kommt zustande, weil die Versetzungen an der Folienoberfläche durchstoßen. Transmissionselektronenmikroskopische Aufnahme. (Quelle: S. Neumeier, Erlangen)

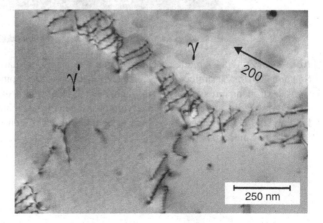

aller Versetzungen je Volumeneinheit (Versetzungsdichte ρ) oder ihre kristallographische Orientierung im Gitter.

3.7.9 Zwillinge

Zwillinge entstehen durch eine *Gitterscherung*, siehe das Schema in Abb. 3.1. Die kohärente Grenzfläche, die den Zwilling zum unverformten Bereich abtrennt, heißt Zwillingsebene. Die Zwillingsbildung fungiert als Träger plastischer Verformung, d. h. sie kommt zustande, weil Versetzungsbewegung behindert ist, wie beispielsweise beim hexagonalen Magnesium. Die individuelle Atomverschiebung wird mit dem Abstand zur Zwillingsebene immer größer. Um sehr große Verschiebungen zu vermeiden, bilden sich lediglich schmale Zwillingsbänder oder -lamellen. Statt durch plastische Verformung können Zwillinge auch als Stapelfehler beim Kornwachstum im Zuge von Hochtemperaturglühungen entstehen, also durch eine Art Betriebsunfall in der Sequenz der Anlagerung von Netzebenen. Abb. 3.17 zeigt eine direkte Abbildung eines Zwillings mit dem TEM. Jedes Zwillingsvolumen, bzw. jede Zwillingslamelle wird von kohärenten und inkohärenten Zwillingsgrenzen umschlossen. Die kohärente Grenze erscheint im Schliffbild gerade.

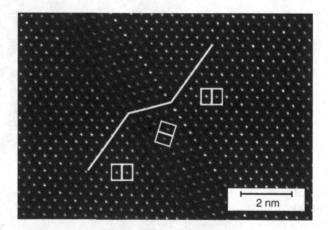

Abb. 3.17 Zwillingslamelle in einem kubischen Halbleitermaterial, ausgelöst durch intrinsische Spannungen im Zusammenhang mit der Herstellung über epitaktisches Aufwachsen. Transmissionselektronenmikroskopische Aufnahme unter Höchstauflösungsbedingungen. Dank spezieller Abbildungsbedingungen können die Atompositionen direkt sichtbar gemacht werden. Zur Verdeutlichung sind eine durchgehende Netzebene und die jeweiligen Elementarzelllagen eingezeichnet. (Quelle: E. Spiecker, Erlangen)

3.8 Ergänzende mikroskopische Verfahren

3.8.1 Akustische Mikroskopie

Die in Abschn. 3.3 und 3.4 behandelten Licht- und Elektronenmikroskope nutzen zur Beugung und Abbildung entweder die Wellennatur gebündelter elektromagnetischer Felder aus (Lichtstrahlen) oder diejenige von Elektronenstrahlen. Auch Neutronenstrahlen können sich entweder wie schwere Teilchen mit hoher Geschwindigkeit oder wie Wellen mit extrem kurzer Wellenlänge verhalten. Auf die zuletzt genannte Weise kann man sie für Abbildungs- und Beugungsvorgänge verwenden und gelangt zur *Neutronenbeugung* – ein Verfahren, das große Vorteile bezüglich Durchstrahlbarkeit besitzt aber an die Verfügbarkeit einer Neutronenquelle gebunden ist und daher selten eingesetzt wird.

Wenn man diesen Gedankengang weiter verfolgt, so muss man sich fragen, ob nicht auch *Schallwellen* zur Bilderzeugung eingesetzt werden können. In der Tat haben Wissenschaftler der Stanford Universität in Kalifornien 1985 erstmalig ein *akustisches Mikroskop* als Laborgerät verwirklicht; es ist inzwischen auch als Mehrzweck-Gerät im Handel. In einem akustischen Mikroskop werden mittels eines piezoelektrischen Wandlers planare Schallwellen mit sehr hoher Frequenz (50–2000 MHz) und entsprechend kurzer Wellenlänge im Sub-Mikrometerbereich erzeugt, so wie sie zur Abbildung sehr kleiner Gefügebestandteile erforderlich sind. Diese Schallwellen werden durch eine Optik (Saphir-Einkristall) mit einer winzigen Konkavlinse (<0,5 µm Durchmesser) zu einem „Schallstrahl" geformt, der über einen Wassertropfen in das Untersuchungsobjekt eingekoppelt wird. Der Sender arbeitet im Pulsbetrieb: In der Pause zwischen zwei Sende-Pulsen wirkt die gleiche Anordnung als Empfänger für die vom Objekt zurückgesandten Echo-Signale; diese werden in einer Piezo-Schicht wieder in elektrische Signale umgewandelt und können elektronisch zu einem *Bild* des Objektes verarbeitet werden.

Das akustische Mikroskop ist eine interessante Ergänzung des Lichtmikroskops (oder des REM), weil es nicht auf Hell-Dunkel-Kontraste, sondern auf lokale Unterschiede im elastischen Verhalten des Objektwerkstoffs reagiert. Dies ist für die Untersuchung von Polymerwerkstoffen, aber auch von biologischen Objekten von großer Bedeutung. Außerdem können bis ca. 0,5 mm unterhalb der Oberfläche liegende Unregelmäßigkeiten – die für das Lichtmikroskop unsichtbar sind – lokalisiert und abgebildet werden. Daraus ergibt sich eine interessante Möglichkeit zur Qualitätskontrolle mikrotechnischer Bauelemente.

3.8.2 Tunneleffekt-Rastermikroskopie

Die engl. *Scanning Probe Microscopy* genannte Technik hat mit den bisher behandelten Geräten, die auf wellen- oder quantenoptischen Prinzipien der Beugung und Abbildung beruhen, nichts mehr zu tun. Hier muss man völlig umdenken. Beim *Rastertunnelmikroskop* wird eine mikroskopische Sonde *mechanisch* in atomaren Schritten über die Probenoberfläche geführt, was durch die neu entwickelten piezoelektrischen Positionier-

Antriebe möglich ist, wie sie z. B. auch beim sog. „Nanoindenter" eingesetzt werden (s. Abschn. 10.6). Man kann verschiedene physikalische Effekte ausnutzen, z. B. den quantenmechanischen *Tunneleffekt*, der aussagt, dass in einem angelegten elektrischen Potenzial zwischen zwei nahezu atomaren Objekten ein (winziger, aber messbarer) Strom fließt, welcher von dem Abstand der beiden Objekte sehr stark (exponentiell) abhängt – der Abstand muss aber extrem klein sein (höchstens 1 nm). Was für „nahezu atomare Objekte" sind das? Das eine ist natürlich die zu untersuchende Oberfläche mit ihren atomaren Stufen, Inseln und Fremdatomen. Das andere ist eine extrem feine Spitze (Krümmungsradius <1 nm), wie sie mechanisch durch Abreißen eines Drähtchens oder durch spezielle Ätztechniken hergestellt werden kann. Diese wird nun entweder in sehr konstanter Höhe über die Oberfläche geführt und man registriert über den Strom den wechselnden Abstand zur Oberfläche, oder aber man führt die Spitze so, dass der Strom konstant bleibt, d. h. in variabler Höhe über der Probe; in diesem Fall misst man Nanometer genau mit einer Hilfsvorrichtung die jeweilige Höhe der Sonden-Spitze. In jedem Fall kann man elektronisch ein Bild der realen Oberfläche mit ihren Unebenheiten registrieren.

Bindig und Rohrer haben 1986 den Nobelpreis für diese Entwicklung erhalten. Sie konnten mit Hilfe des Rastertunnelmikroskops zum ersten Mal Atome direkt sichtbar machen. Später hat man gelernt, dass man auch Atome mit der Spitze aufnehmen und woanders wieder absetzen kann, z. B. Edelgasatome auf Silicium. Der damalige CEO der Firma IBM, Gerstner, hatte im Rahmen einer Demonstration die Ehre, mit Hilfe einer geeigneten Mimik Atome auf einer Oberfläche verschieben zu dürfen. Er legte die Atome dergestalt ab, dass der Schriftzug IBM entstand. Die solchermaßen bewiesene Möglichkeit der Manipulation einzelner Atome durch den Menschen ist ein besonders schönes Beispiel für *Nanotechnologie*. Inzwischen ist es üblich geworden, ganz allgemein die Kontrolle von Materialien auf der Nanoscala als Nanotechnologie zu bezeichnen, auch wenn die Triebkräfte ganz klassischer thermodynamischer Natur sind und der Maßstab weit größer gefasst ist (100 nm). Mit dieser Definition gehören weiteste Bereiche der Werkstoffwissenschaften zu dem Forschungsgebiet der Nanotechnologie.

3.8.3 Atomare Kraftmikroskopie

Bei der *Atomic Force Microscopy* (AFM) rastert man die zu untersuchende Oberfläche mit der uns vom letzten Abschnitt her bekannten ultrafeinen Sonden-Spitze ab – aber die Messgröße ist eine andere, nämlich die atomare *Kraft*, die in den obersten Atomlagen des Objektes ihren Ursprung hat (und die z. B. auch die *Adhäsion* bewirkt). Diese Kraft kann wiederum entweder piezoelektrisch oder durch die Reflexion eines feinen Laserstrahls an der federnden Aufhängung der Sonde gemessen werden. Natürlich hängt auch sie vom Abstand ab, kann aber auch durch das Überstreichen von Fremdatomen, Versetzungen und anderen Baufehlern beeinflusst werden. Auch so kann man also eine atomare „Landkarte" relevanter Eigenschaften einer Oberfläche erhalten. Wir wollen diese Möglichkeit im Auge behalten, wenn wir in Kap. 8 die Natur und Bedeutung von Oberflächen näher behandeln.

Gleichgewichte

4

4.1 Zustände und Phasen. Gew.-% und At.-%

Ein vor uns liegender Werkstoff stellt sich in einem bestimmten *Zustand* dar. Wir kennen die „klassischen" Aggregatzustände (fest – flüssig – gasförmig) elementarer Stoffe, die untergliedert werden können: Der feste Zustand kann kristallin oder amorph sein (vgl. Kap. 5); kolloidale Zustände (Dispersionen, Emulsionen) zeichnen sich durch charakteristische Eigenschaften aus. Technologisch gesehen können z. B. Metalle in „walzhartem" oder „weichgeglühtem" Zustand angeboten werden. In Kap. 3 haben wir unterschiedliche Gefügezustände kennengelernt (z. B. feinkörnig/grobkörnig). Derselbe Werkstoff kann sich – je nach Temperatur – im paramagnetischen oder im ferromagnetischen, im supraleitenden oder im normalleitenden Zustand befinden.

In Legierungen und anderen *Mehrstoffsystemen* (z. B. Fe–C, Al–Zn–Mg, Al_2O_3–MgO) tritt neben die *Temperatur* (und den *Druck*) ein weiterer *Zustandsparameter*: die *Zusammensetzung*. Je nach Temperatur und Zusammensetzung kann ein solches Mehrstoffsystem unterschiedliche *Phasen* in unterschiedlichen Zusammensetzungen und Mengenanteilen enthalten, also in verschiedenen Zuständen vorliegen.

> Unter *Zustand* verstehen wir die Gesamtheit der messbaren bzw. erkennbaren Merkmale eines Stoffs. Der Zustand wird im Einzelnen bestimmt durch *Zustandsparameter* (chemische Zusammensetzung, Temperatur, mechanische Spannungsfelder, elektromagnetische Felder) und durch die *Vorgeschichte* des Materials.
>
> Unter einer *Phase* eines Mehrstoffsystems verstehen wir einen nach seiner Struktur (atomaren Anordnung) einheitlich aufgebauten, gegenüber Nachbarphasen abgrenzbaren Bestandteil des Systems.

© Springer-Verlag GmbH Deutschland 2016   45
B. Ilschner, R.F. Singer, *Werkstoffwissenschaften und Fertigungstechnik*,
DOI 10.1007/978-3-642-53891-9_4

Ein Werkstoff muss nicht aus *einer Phase* bestehen, er kann auch *mehrphasig* sein, selbst wenn das nur mit fortgeschrittenen Untersuchungsmethoden, nicht mit bloßem Auge erkennbar ist. Eine Phase muss auch nicht einheitlich zusammengesetzt sein, sie kann vielmehr innere Konzentrationsunterschiede aufweisen.

Im Hinblick auf den Begriff der Zusammensetzung ist es nötig, zwischen der in der Praxis üblichen Angabe in *Gewichts-Prozent* (Gew.-%) und der für wissenschaftliche Überlegungen und Berechnungen wichtigen Angabe in *Atom-Prozent* (At.-%) zu unterscheiden. In den meisten Fällen wird eine Angabe ohne nähere Bezeichnung der Einheit, also etwa eine Legierung mit 87 % Al und 13 % Si, als Gew.-% zu verstehen sein. Der Unterschied zwischen Gew.-% und At.-% beruht natürlich darauf, dass die chemischen Komponenten eines Mehrstoffsystems (z. B. einer Legierung) verschiedene – z. T. *sehr* verschiedene – Atomgewichte aufweisen, wie etwa im System Fe–C das Eisen mit rd. 56 g/mol und der Kohlenstoff mit 12 g/mol. Bezeichnen wir etwa die Gew.-% der Atomsorte „i" mit c_i, die At.-% derselben Atomsorte mit x_i, Massen (in g) mit m_i und Atomgewichte in g/mol als A_i, so gilt offenbar (der Index k steht für jede einzelne Atomsorte des Systems)

$$c_i = 100 \frac{m_i}{\sum_k m_k} \text{ Gew.-%.} \qquad (4.1)$$

Umgekehrt findet man

$$x_i = 100 \frac{m_i/A_i}{\sum_k m_k/A_k} \text{ At.-%.} \qquad (4.2)$$

Speziell für das System Fe–C lässt sich (4.2) mit den Werten für die Atomgewichte 56 bzw. 12 im technisch wichtigen Bereich unterhalb von 0,5 Gew.-% Kohlenstoff annähern als

$$x_C \approx 100 \frac{m_C}{m_{Fe}} \left(\frac{A_{Fe}}{A_C} \right) = 4{,}67 \cdot c_C. \qquad (4.3)$$

Für kleine Konzentrationen von Kohlenstoff ist die Zahl der At.-% also knapp 5-mal höher als die der Gew.-%. Der Unterschied zwischen den Einheiten c_i und x_i wird umso deutlicher, je mehr die Atomgewichte der beteiligten Elemente voneinander verschieden sind.

Beim Auswerten von Gefügebildern benötigt man noch eine weitere Einheit, nämlich die der *Volumen-Prozent* v_i (Vol.-%); es ist $v_i = 100 V_i / \sum V_k$ Vol.-% (V_i, V_k: Volumen der Komponente i bzw. jeder einzelner Komponente des Systems).

4.2 Stabilität von Zuständen

Vergleichen wir verschiedene Zustände desselben Werkstoffs bei vorgegebenen Werten von Temperatur T, Druck p und Mengenanteilen c seiner chemischen Komponenten, so müssen wir feststellen, dass diese Zustände untereinander nicht gleichwertig sind: Sie unterscheiden sich hinsichtlich ihres Energieinhalts bzw. hinsichtlich ihrer *Stabilität*.

Je höher ein Zustand in der Energieskala angesiedelt ist, desto weniger stabil ist er. Er ist bestrebt, durch atomare Umlagerungen in einen stabileren Zustand mit tiefer liegendem Energieniveau überzugehen, so wie das Wasser in einem Flusssystem bestrebt ist, immer tiefer zu Tal zu fließen.

Das Stabilitätsmaß für Wasser im Flusssystem ist seine potenzielle Energie. Das Stabilitätsmaß für elektrische Ladungsverteilungen in einem Leitersystem ist die mit dem örtlich vorgegebenen Potenzial verknüpfte elektrostatische Energie. Das Stabilitätsmaß für Werkstoffzustände ist weniger anschaulich, weil es mit den Einzelheiten der atomaren Bindungen und Nachbarschaftsverhältnisse verknüpft ist; das Analogon zum Wasser bzw. zu den elektrischen Ladungen ist jedoch sehr hilfreich. Die exakte Bezeichnung für das Stabilitätsmaß der uns hier interessierenden Systeme lautet *thermodynamisches Potenzial* oder auch *Freie Enthalpie* und wird gemäß internationaler Vereinbarung mit dem Buchstaben G bezeichnet. Man misst G in kJ/mol oder J/g[1].

Unter allen möglichen Zuständen eines Systems zeichnet sich *ein* Zustand sich durch den niedrigsten Wert des thermodynamischen Potenzials G aus. Dieser Zustand heißt *Gleichgewichtszustand*; er entspricht der Ruhelage eines Pendels oder dem tiefstgelegenen See im Pumpspeicherkraftwerk. Befindet sich ein System – hier: der Werkstoff – einmal im Gleichgewicht, so bekommt man es nur durch äußere Eingriffe wieder heraus (Anstoßen des Pendels, Hochpumpen des Wassers). Ein gleichgewichtsferner Zustand geht spontan in gleichgewichtsnähere Zustände über. Die Skala der thermodynamischen Stabilität zwingt den ablaufenden Vorgängen einen Richtungssinn auf.

Die Rolle von G als Stabilitätsmaß erfordert es nicht, dass man Absolutwerte kennt. Viel wichtiger ist es, Abstände auf der G-Skala zu wissen, um angeben zu können, um wie viele kJ/mol der Zustand II stabiler ist als der Zustand I usw. Analog ist es für ein Wasserkraftwerk unerheblich, wie hoch der Spiegel des Oberwassers liegt – maßgebend ist die Gefällstrecke zwischen Ober- und Unterwasser. Solche (thermodynamischen) Potenzialdifferenzen werden mit ΔG bezeichnet.

Das Stabilitätsmaß G einer Phase hängt u. a. von der Temperatur ab:

$$G = G(T). \tag{4.4}$$

(In der Regel nimmt das thermodynamische Potenzial mit steigender Temperatur ab.) Für jede Phase, beispielsweise jeden Aggregatzustand eines Stoffs ist diese Abhängigkeit verschieden; es kann daher zu Überschneidungen der $G(T)$-Kurven kommen (Abb. 4.1).

---

[1] G wird auf die Stoffmenge bezogen, ist also eine spezifische Größe. Normalerweise verwendet man für spezifische Größen kleine Buchstaben. G ist eine Ausnahme.

Abb. 4.1 Konkurrierender
Verlauf des Stabilitätsmaßes $G(T)$ für zwei Zustände
desselben Stoffes, z. B. flüs-
sig/fest; Gleichgewicht bei T_U

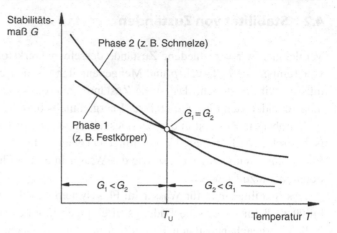

Am Schnittpunkt ist offenbar

$$G_1 = G_2 \rightarrow \Delta G = 0 \quad \text{für} \quad T = T_U. \tag{4.5}$$

Beide Phasen sind für diese eine Temperatur T_U also gleich stabil. Man sagt: Phase 1 und
Phase 2 stehen miteinander bei $T = T_U$ im Gleichgewicht; für $T < T_U$ ist $G_1 < G_2$,
also Phase 1 stabiler; für $T > T_U$ ist $G_2 < G_1$, also Phase 2 stabiler. T_U spielt daher
die Rolle einer Phasenumwandlungstemperatur. Abb. 4.1 verdeutlicht dies am Beispiel
Festkörper/Schmelze.

Beispiel
Bei 700 °C ist flüssiges Al stabiler als festes, also wird festes Al bei 700 °C spontan
aufschmelzen. Umgekehrt liegt G für festes Al bei 600 °C tiefer als für flüssiges Al
bei der gleichen Temperatur, also wird eine Al-Schmelze spontan erstarren. Dieselbe
Schmelze, bei 700 °C gehalten, verändert sich nicht, denn sie befindet sich bereits im
Gleichgewicht.

Die Freie Enthalpie (das thermodynamische Potenzial) G eines stofflichen Systems
charakterisiert seine Stabilität gegenüber spontanen Umwandlungen. Der Tiefst-
wert von G entspricht dem Gleichgewichtszustand. In allen anderen Zuständen ist
das System bestrebt, sich durch atomare Umlagerungen so zu ändern, dass es dem
Gleichgewichtszustand näher kommt, wobei G in abgeschlossenen Systemen ständig abnimmt.

Die Berechnung der Funktion $G(T, c)$ für beliebige Temperaturen und Zusammensetzungen und die Ermittlung von Gleichgewichtszuständen stellen das Aufgabenfeld der
Thermodynamik dar. In Abschn. 4.4 lernen wir mehr über die Natur von $G(T, c)$ und erfahren insbesondere, wie man es im Labor messen kann.

4.3 Kinetik der Umwandlungen

Anfangs bereitet es erfahrungsgemäß Schwierigkeiten, sich die Umwandlung eines Stoffs im festen Zustand vorzustellen; zu stark ist in unserer Anschauung die Vorstellung von der „toten Materie" verankert. In Kap. 6 wird jedoch gezeigt werden, wie die Natur durch eine Reihe von „Tricks" solche Umwandlungen im Sinne von Gleichgewichtseinstellungen dennoch ermöglicht.

Die Ermittlung des Zeitbedarfs bzw. der Geschwindigkeit solcher Umwandlungen unter Beteiligung gasförmiger, flüssiger und fester Zustandsformen ist das Aufgabenfeld der *Kinetik*. Dies gilt für theoretische wie für experimentelle Verfahren. Dabei dient als eine Art *Grundformel der Kinetik* die im grauen Merkkasten angegebene Beziehung.

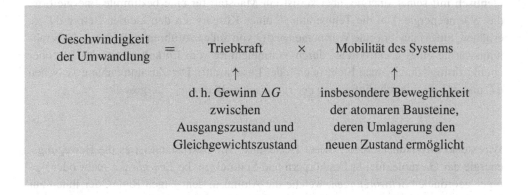

In Abschn. 7.5 und 8.5 werden wir Beispiele für die Bewegung von Phasen- und Korngrenzen kennenlernen, die diesem Muster folgen. Die Beziehung ist analog zu dem aus der Elektrotechnik bekannten Zusammenhang, wonach die Geschwindigkeit des Ladungs-

Abb. 4.2 Erläuterung der unterschiedlichen Betrachtungsweise von Thermodynamik (Stabilität) und Kinetik (Zeitablauf)

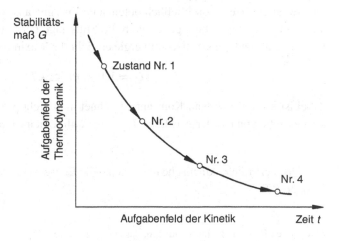

transports (Stromdichte) gleich der Potenzialdifferenz ΔU zwischen zwei Klemmen mal der Leitfähigkeit ist.

Thermodynamik und Kinetik der Umwandlungen von Zuständen unterschiedlicher Stabilität lassen sich mit Abb. 4.2 verdeutlichen.

4.4   Thermodynamische Messgrößen

4.4.1   Wärmeinhalt und Enthalpie

Die einfachste Methode, um einen Stoff in einen Zustand höherer Energie zu bringen, ist es, seine Temperatur durch Zufuhr von *Wärme* zu erhöhen. Die Temperatur ist nicht identisch mit seiner Energie, aber sie ist ein Maßstab für eine bestimmte Energieform, die Wärmeenergie. Um die Temperatur T eines Körpers um den kleinen Betrag dT zu erhöhen, muss man ihm eine Wärmemenge dQ von außen zuführen (z. B. durch die Strahlungswärme eines Elektroofens, durch Wärmeleitung vom Lötkolben auf das Lot oder „punktförmig" durch einen Elektronen- oder Laserstrahl). Der Zusammenhang zwischen dT und dQ wird durch Einführung der *spezifischen Wärme* c_P[2] hergestellt:

$$dQ = c_P dT. \tag{4.6}$$

Was steckt physikalisch hinter dieser Beziehung? Im Gaszustand ist es die Bewegungsenergie der Gasmoleküle, in Festkörpern und Schmelzen die *Energie* der mehr oder weniger geordneten *Schwingungen*, welche die Atome in dem engen Raum, der ihnen zur Verfügung steht, vollziehen. Am absoluten Nullpunkt ist die Atombewegung auf ein Minimum reduziert; mit zunehmender Temperatur erhöht sich die Amplitude der Schwingung um die Ruhelage. Während es sich im Gaszustand allein um Kinetische Energie (KE) handelt, besitzen die Atome im Festkörper auch Potenzielle Energie (PE). Am Endpunkt der Vibrationsbewegung stoppt die Atombewegung und die kinetische Energie wird zu Null; die Atome besitzen ausschließlich potenzielle Energie, ausgedrückt durch maximale Gitterverzerrung. Beim Durchgang durch die Mittellage der Schwingung ist die potenzielle Energie Null und die kinetische Energie erreicht ihr Maximum. Es gilt:

$$\Delta Q = KE + PE \cong kT; \tag{4.7}$$

dabei ist k die Boltzmann-Konstante. Rechnet man nicht pro Atom sondern pro Mol tritt an die Stelle von kT der Ausdruck RT, mit R allgemeine Gaskonstante.

> Wärmeenergie = kinetische und potenzielle Energie atomarer Bausteine = etwa kT oder RT

---

[2] Der Index P bei c_P deutet darauf hin, dass bei konstantem Druck p gemessen wird.

Tab. 4.1 Spezifische Wärme einiger Stoffe bei Raumtemperatur	Al	Si	Fe	Cu	Al$_2$O$_3$	Einheit
	0,90	0,70	0,44	0,39	0,84	J/g K
	24,3	19,7	24,6	24,8	85,6	J/mol K

Höhere Temperatur erfordert mehr Schwingungsenergie, daher d$Q \sim$dT. Um die Temperatur des Körpers von T_1 auf T_2 zu erhöhen, benötigt man eine Wärmemenge

$$\Delta Q = \int_{T_1}^{T_2} c_P \mathrm{d}T. \tag{4.8}$$

Die spezifische Wärme c_P wurde unter das Integral gezogen, weil man davon ausgehen muss, dass sie selbst von der Temperatur abhängt: $c_P = c_P(T)$. In Temperaturintervallen, die keine Phasenumwandlung usw. enthalten, ist es gerechtfertigt, einen Mittelwert von c_P (wir nennen ihn $\bar{c}_P$) vor das Integral zu ziehen:

$$\Delta Q = \bar{c}_P \int_{T_1}^{T_2} \mathrm{d}T = \bar{c}_P \Delta T. \tag{4.9}$$

Wenn man grundsätzlich in dieser Näherung, d. h. mit temperaturkonstanter spezifischer Wärme arbeitet, kann man den Mittelwert-Querstrich auch weglassen. In der Tat ist die auf 1 mol bezogene spezifische Wärme der meisten Metalle etwa gleich, nämlich rd. 26 J/mol K (sog. *Regel von Dulong und Petit*). Bezieht man ΔQ auf die Masseneinheit, tut man dies auch für c_P: Die Einheit der spezifischen Wärme ist dann 1 J/g K (vgl. Tab. 4.1).

Wir haben oben bereits die Zustandsgröße G als allgemeines Stabilitätsmaß eines Systems kennengelernt. Weiter unten (Abschn. 4.4.3 und folgende) werden wir sehen, wie man G misst und wie es von anderen Zustandsgrößen abhängt. Wir benötigen dazu eine weitere Zustandsgröße, die charakterisiert, welche Energiemenge dem System in Form von Arbeit (beispielsweise Volumenarbeit pdV) oder Wärmeenergie zugeführt wird. In der Thermodynamik wird zu diesem Zweck die *Enthalpie H* eingeführt, die durch folgende Gleichung definiert wird:

$$H = U + pV, \tag{4.10}$$

mit der *Inneren Energie U* (der Summe aus von außen zugeführter Arbeit und Wärme). Im Rahmen dieser Einführung verzichten wir darauf, zu diskutieren, wieso diese Definition zweckmäßig war. Wichtig ist, dass man zeigen kann, dass bei isobaren Prozessen ($p =$ const), wie sie in den Werkstoffwissenschaften meist betrachtet werden, gilt:

$$\Delta H = \Delta Q. \tag{4.11}$$

Die Änderung der Enthalpie ΔH ist bei konstantem äußeren Druck im geschlossenen System gleich der mit der Umgebung ausgetauschten Wärmemenge ΔQ. Die Enthalpie

Tab. 4.2 Schmelztemperatur und Schmelzwärme einiger Stoffe

Z	Größe	Al	Si	Fe	Cu	Al_2O_3	H_2O
1	T_S (K)	933	1683	1808	1356	2303	273
2	T_S (°C)	660	1410	1535	1083	2030	0
3	ΔH_S (kJ/mol)	10,5	50,7	15,1	13,0	109	6
4	ΔH_S (J/g)	404	164	270	205	255	334
5	$\Delta H_S / R T_S$ [a]	1,35	3,62	1,00	1,15	5,69	2,64

[a] Aus Zeilen 3 und 1

kennzeichnet deshalb *bei Reaktionen mit konstantem Druck* den Energieinhalt oder *Wärmeinhalt* des Systems.

Erfolgt während einer Temperaturänderung bei der Temperatur T_U ein Übergang des Systems von einer Phase in eine andere, so ist dies – wegen der unterschiedlichen Stabilität der verschiedenen Phasen eines Stoffs – mit einer Energiedifferenz verbunden, die als *Umwandlungswärme* oder *Umwandlungsenthalpie* $\Delta H_U \gtrless 0$ bezeichnet wird.

Mit $T_1 < T_U < T_2$ haben wir dann die Bilanzgleichung für die Wärmezufuhr, bzw. Enthalpieänderung

$$\Delta H = \Delta Q = \int_{T_1}^{T_U} c_P' \mathrm{d}T + \Delta H_U + \int_{T_U}^{T_2} c_P'' \mathrm{d}T. \tag{4.12}$$

Die wichtigste Phasenumwandlung ist wohl das *Schmelzen* bei der Schmelztemperatur T_S. Zum Aufschmelzen benötigt man die Schmelzwärme ΔH_S. Tab. 4.2 lässt am Beispiel Al–Cu–Fe den etwa linearen Zusammenhang zwischen T_S und ΔH_S erkennen: Je höher T_S, desto stabiler ist offenbar der feste Zustand dieses Stoffs, desto mehr Wärme muss man also zuführen, um ihn zu schmelzen.

Das Schmelzen ist aber nicht die einzige wichtige Phasenumwandlung, die mit einer entsprechenden sprunghaften Änderung des Wärmeinhalts (hier um ΔH_S bei T_S) verbunden ist. Das *Verdampfen* ist für die moderne Vakuummetallurgie und Oberflächentechnik ebenfalls sehr wichtig. *Umwandlungen im festen Zustand* (Beispiel: α-Fe $\to$ γ-Fe bei 911 °C) sind von größter Bedeutung für Wärmebehandlungen. Die bei Festkörper-Umwandlungen auftretenden Energiebeträge ΔH_U sind deutlich kleiner als die Schmelz- und Verdampfungsenthalpien. Zum Beispiel beträgt für die erwähnte α-γ-Umwandlung des Eisens die Enthalpie-Differenz nur $\Delta H_U = 0{,}94$ kJ/mol.

> Als Maß für die dem System zugeführte Energie verwenden wir die Zustandsgröße Enthalpie H. Bei isobaren Reaktionen entspricht die Enthalpie dem Wärmeinhalt.
> Die Wärmemenge ΔQ wird bei Temperatursteigerung ΔT benötigt für

- Erhöhung der atomaren Wärme(schwingungs)energie einer Phase: $dH_W = dQ = c_p dT$;
- Umwandlung einer Phase in eine andere, sofern die Umwandlungstemperatur T_U im betrachteten Intervall ΔT liegt: ΔH_U (für Schmelzen, Verdampfen oder Phasenumwandlung im festen Zustand).

4.4.2 Bildungswärme

Schließlich sind die *Bildungswärmen* oder *Bildungsenthalpien* zu behandeln, die bei der Bildung zusammengesetzter Phasen aus ihren Komponenten auftreten; dabei ist das Vorzeichen sehr wichtig.

Die Bildung von 1 mol NiO durch Oxidation von Ni bei 1000 °C in reinem Sauerstoff bringt dieses System in einen stabileren Zustand mit tieferer Energie – es wird daher Wärme abgegeben. Ein solcher Prozess heißt *exotherm*, die Bildungswärme ΔH_{Ox} ist negativ. Um NiO (aus einem Nickelerz) zu Ni-Metall zu reduzieren, muss der Prozess umgekehrt werden:

$$NiO \rightarrow Ni + \tfrac{1}{2}O_2 + \Delta H_{Red}, \quad \Delta H_{Red} = +240,7\,kJ/mol. \tag{4.13}$$

Er ist *endotherm*, d. h. dem System muss von außen Energie (z. B. Wärme) zugeführt werden, damit die Reaktion abläuft.

Beispiel 1

Wir vergleichen den Energiebedarf zum Umschmelzen von 1 t Aluminium und 1 t Stahl (für letzteren können die Werte für das Element Eisen näherungsweise eingesetzt werden). Ausgangstemperatur kann 0 °C sein.

Dann ist jeweils

$$\Delta Q_M = c_P T_S + \Delta H_S. \tag{4.14}$$

Mit den Werten von Tab. 4.1 und 4.2 ergibt sich der Umschmelzenergiebedarf

für 1 t Aluminium   zu 998 MJ = 277 kWh,
für 1 t Stahl   zu 945 MJ = 262 kWh.

Die Verwendung konstanter c_P-Werte über so große Temperaturbereiche wie im Falle des Eisens (mit Phasenumwandlungen bei 911 und 1392 °C) ist nur als erste Näherung zu betrachten. Das Beispiel macht jedoch deutlich, dass die Umschmelzenergien etwa gleich groß sind, obwohl Schmelztemperatur und -enthalpie des Stahls je Gewichtseinheit wesentlich höher liegen. Der Grund dafür ist das geringe Atomgewicht des Aluminiums.

Beispiel 2

Wieviel Al-Pulver muss zu Al_2O_3 verbrannt werden, um mit der freiwerdenden Wärme ΔH_{Ox} 1 kg Eisenpulver zu schmelzen? Die für das Erwärmen des Eisens auf seine Schmelztemperatur und das Aufschmelzen erforderliche Wärme entnehmen wir Beispiel 1. Die Bildungsenthalpie für Al_2O_3 aus Al und O_2 beträgt 1536 kJ/mol bei 1300 K. Damit erhalten wir dann die Antwort: 30 g Al-Pulver sind erforderlich. Dies macht das von Goldschmidt erfundene *Thermit*-Verfahren (Aluminothermie) verständlich, das zum Schweißen von Eisenbahnschienen benutzt wird und bei dem Al-Pulver als Energielieferant fungiert. Allerdings verwendet diese Technik nicht Eisenpulver, sondern Eisenoxid nach der Gleichung

$$Fe_2O_3 + 2Al \rightarrow Al_2O_3 + Fe + \Delta H_{Red}. \tag{4.15}$$

Es muss also zusätzlich das Eisenoxid reduziert werden. Warum auch das geht, sieht man an der Größe des Stabilitätsmaßes G, was wir im weiteren Verlauf des Kapitels noch genauer diskutieren wollen (s. insbesondere Abschn. 4.7). Vorteil der Verwendung von Eisenoxid ist im Übrigen, dass der Sauerstoff am Reaktionsort erzeugt wird; man ist nicht auf Luftzutritt angewiesen.

4.4.3   Thermodynamisches Potenzial und Entropie

Dass das thermodynamische Potenzial (die Freie Enthalpie) ein Maß für die Stabilität eines Systems ist, war bereits in Abschn. 4.2 erläutert worden. In den Abschn. 4.4.1 und 4.4.2 war nur der Wärmeinhalt bzw. Energieinhalt H eines Stoffs behandelt worden. Wenn man auf der einen Seite mit G, auf der anderen Seite mit H konfrontiert ist, stellt man sich die Frage, worin denn nun überhaupt der Unterschied zwischen G und H liegt. Warum genügt es nicht, den aus der Wärmezufuhr abgeleiteten Wert von H allein als Stabilitätsmaß zu nehmen (je niedriger H, desto stabiler ist das System)? Was steckt denn in G an zusätzlicher Information über den Zustand des Systems, wo doch H auch ein Energiemaß ist?

In der Tat enthält der Zahlenwert von G zusätzliche Information, über den Wärmeinhalt H hinaus. Man schreibt dies nach Gibbs-Helmholtz so:

$$G = H - TS. \tag{4.16}$$

Der Term $(-TS)$ enthält also zusätzliche Aussagen über den Zustand in Form der Größe *Entropie* S (Maßeinheit J/mol K). Die Entropie ist ein *Maß für statistische Wahrscheinlichkeit* eines Zustandes und hängt mit dem Ordnungsgrad zusammen: Hoher Grad von Ordnung = geringe Wahrscheinlichkeit = geringe Entropie. Starke Unordnung = hohe Wahrscheinlichkeit = hohe Entropie.

Die Gibbs-Helmholtz-Beziehung $G = H - TS$ (4.16) besagt für das Stabilitätsmaß G: Die Natur bewertet die Stabilität eines Systems nicht allein auf der Grundlage des Energieinhalts, sondern auch auf der Grundlage der statistischen Wahrscheinlichkeit der Anordnung seiner atomaren Bausteine. Die Natur bevorzugt bei gleichem Energieinhalt H Zustände geringeren Ordnungsgrades, d. h. höherer Entropie S (denn es heißt minus TS). Diese Bevorzugung ungeordneter Zustände ist umso ausgeprägter, je höher die Temperatur T ist (denn es heißt $T \cdot S$).

Ein Beispiel für einen Zustand extrem hohen Ordnungsgrades: ein perfektes Kristallgitter. Der Grad des Geordnet-Seins bei einer Schmelze ist zweifellos geringer; und wenn der Stoff verdampft ist und als Gas vorliegt, ist sicher keinerlei Ordnung mehr vorhanden. Also:

$$S \text{ (Kristall)} < S \text{ (Schmelze)} < S \text{ (Dampf)}. \qquad (4.17)$$

Wir überlegen am Beispiel der Phasenumwandlung fest–flüssig (z. B.: Aufschmelzen von Al bei 660 °C), was geschehen würde, wenn H und nicht G das Stabilitätskriterium wäre: Man kann beweisen, dass der geordnete, kristalline, feste Zustand von Al stets der Zustand kleinsten Wärmeinhaltes ist, unabhängig von der Temperatur. Bei allen Temperaturen ist daher H (fest) $<$ H (flüssig), der Übergang Schmelze $\rightarrow$ Kristall ist bei allen Temperaturen exotherm. Also müsste eine Al-Schmelze bei allen Temperaturen, z. B. auch bei 750 °C, spontan erstarren (was sie bekanntlich nicht tut).

Dieser Sachverhalt erklärt sich zwanglos mit Hilfe der Entropie S: Bei allen Temperaturen ist H (fest) $<$ H (flüssig); für $T = 0$ K ist also auch G (fest) $<$ G (flüssig) (s. Abb. 4.1, linker Rand). Mit steigender Temperatur T kommt jedoch immer stärker zur Geltung, dass wegen des wesentlich höheren Ordnungsgrades des Kristalls gegenüber der Schmelze S (fest) $<$ S (flüssig) ist: Die Neigung der $G(T)$-Kurve in Abb. 4.1 ist daher für den Kristall schwächer als für die Schmelze. Dies führt zu dem Schnittpunkt T_U beider Kurven (in diesem Beispiel: $T_U = T_S = 660$ °C). Bei dieser Temperatur ist G für den Kristall und die Schmelze gleich, d. h. nach Gibbs-Helmholtz

$$\Delta G_S = \Delta H_S - T_S \Delta S_S = 0, \quad \Delta H_S, \Delta S_S > 0. \qquad (4.18)$$

Das Vorzeichen bezieht sich auf die (endotherme) Umwandlung Kristall $\rightarrow$ Schmelze. Geht man nun auf eine beliebige höhere Temperatur $T > T_S$, so bleibt die Schmelzwärme $\Delta H_S > 0$ angenähert konstant, ebenso die Schmelzentropie $\Delta S_S > 0$, welche anzeigt, dass die Schmelze weniger geordnet, d. h. wahrscheinlicher ist als der Kristall. Der Vorfaktor T bewirkt jedoch, dass ΔG oberhalb des Schmelzpunktes negativ wird, obwohl ΔH positiv bleibt: Der Entropie*gewinn* bei der Bildung einer ungeordneten aus einer geordneten Phase überspielt den *Verlust* an Enthalpie. Die Einbeziehung der Entropiebilanz in das thermodynamische Stabilitätskriterium liefert die Begründung für den Ablauf endothermer Umwandlungen und Reaktionen (vorzugsweise bei hohen Temperaturen).

4.5 Messverfahren

Da die Funktionen c_P, H und G von großer Bedeutung einerseits für die wissenschaftliche Beherrschung der Werkstoffe, andererseits für die Praxis ihrer Herstellung, Verarbeitung und Anwendung sind, wird sehr viel Sorgfalt, Ideenreichtum und apparativer Aufwand in ihre experimentelle Bestimmung und die Dokumentation ihrer Daten gesteckt. An dieser Stelle können nur ganz wenige Prinzipien aufgeführt werden.

4.5.1 Kalorimeter, thermische Analyse, DTA

Kalorimeter dienen zur Bestimmung von Wärmeinhalten. Im einfachsten Falle arbeiten sie als „Mischungskalorimeter", indem man in einem thermisch abgeschlossenen (adiabatischen) System zwei auf verschiedenen Temperaturen T_1 und T_2 befindliche Stoffe zum Temperaturausgleich kommen lässt. Man misst T_1, und T_2 sowie die sich einstellende Ausgleichstemperatur T_M. Man bestimmt ferner die Massen m_1 und m_2. Die spezifische Wärme c_{P2} der Vergleichssubstanz (im einfachsten Fall: Wasser) muss bekannt sein. Dann gilt, weil durch die Wandungen der Apparatur (Dewar-Gefäß) keine Wärme herausgeht und daher H = const sein muss,

$$m_1 c_{P1}(T_M - T_1) = m_2 c_{P2}(T_2 - T_M). \tag{4.19}$$

Die unbekannte spezifische Wärme c_{P1} und damit $H(T)$ innerhalb eines gewissen Temperaturbereichs können aus dieser Bilanzgleichung bestimmt werden, da alle übrigen Größen bekannt sind. Messungen dieser Art werden meist im physikalisch-chemischen Praktikum vorgeführt. Dass die Messung bei hohen Ansprüchen an Genauigkeit problematischer ist als hier skizziert, dürfte sich von selbst verstehen.

Auch von der Differenzialform $dH = dQ$ kann man messtechnisch Gebrauch machen, indem man die Wärmemenge dQ dem Probekörper als elektrische Stromwärme $I \cdot U$ während der Zeit dt zuführt. Man misst also Strom und Spannung der elektrischen Heizung und den resultierenden Temperaturanstieg dT der Probe, die wiederum gegen ihre Umgebung thermisch sehr gut isoliert sein muss. Als Bestimmungsgleichung für das unbekannte c_P ergibt sich

$$m c_P dT = I U dt. \tag{4.20}$$

In der Praxis wird man die Kurve $T(t)$ bei IU = const aufzeichnen und

$$c_P(T) = \frac{IU}{m(dT/dt)} \tag{4.21}$$

bilden, wobei die Differenziation der Kurve bei jeder Temperatur T rechnergestützt bzw. maschinell erfolgt.

Die Verfolgung kontinuierlicher Erwärmungs- bzw. Abkühlungskurven $T(t)$ bildet auch das Prinzip der *thermischen Analyse*. Man kann etwa den zu untersuchenden Körper auf die hohe Temperatur T_1 bringen und dann in der Messapparatur so montieren, dass er nicht völlig thermisch isoliert ist, sondern ständig einen kleinen Wärmestrom dQ/dt an die Umgebung abgibt und somit abkühlt, $c_P dT/dt = dQ/dt < 0$ (abgegebene Wärme zählt negativ). Sofern in dem Probekörper „keine besonderen Vorkommnisse" auftreten, kühlt er kontinuierlich ab, mit kleiner werdender Temperaturdifferenz zur Umgebung immer langsamer. Aus dem naheliegenden Ansatz

$$\frac{dT}{dt} = -k(T - T_0) \tag{4.22}$$

(T_0 = Umgebungstemperatur, k = Konstante) folgt durch Separation der Variablen

$$\frac{dT}{T - T_0} = -k\,dt, \tag{4.23}$$

bzw.

$$\ln(T - T_0) = -kt. \tag{4.24}$$

Integration in korrespondierenden Grenzen ($T = T_1$ bei $t = 0$) ergibt das *Newton'sche Abkühlungsgesetz*

$$T(t) = T_0 + (T_1 - T_0)\exp(-t/\tau). \tag{4.25}$$

In der Zeitkonstante τ stecken offensichtlich $m \cdot c_P$ und eine Konstante, welche den Wärmeübergang vom Probekörper an seine Umgebung beschreibt. Diese Beziehung ist wichtig, weil sie für das übliche Abkühlungsverhalten von Werkstücken nach Wärmebehandlungen maßgeblich ist.

Sobald nun während der Abkühlung von T_1 auf T_0 eine Umwandlungstemperatur T_U erreicht wird – in unserem Beispiel in Abb. 4.3 das Eutektikum T_E – wird gemäß Abschn. 4.4.1 die betreffende Umwandlungswärme (bzw. Schmelzwärme) frei. Wir hatten gesehen, dass diese Umwandlungen beim Aufheizen meist – nicht immer – endotherm sind; beim Abkühlen laufen sie in der Gegenrichtung ab, sind also exotherm. Die freiwerdende Wärme ΔH_U bleibt – weil Wärmeleitung Zeit braucht – zunächst im Probekörper und verhindert so, dass dieser sich weiter abkühlt. Man registriert also einen *Haltepunkt*. Die Temperatur bleibt bei der Abkühlung über eine gewisse Zeitspanne hindurch konstant – solange nämlich, bis die Umwandlung vollständig abgelaufen ist. Dann ist auch die gesamte in der Probe enthaltene Umwandlungswärme $\Delta Q_U = \Delta H_U$ über den „Wärmewiderstand" der Messapparatur abgeflossen. Die Lage des Haltepunktes erlaubt die Bestimmung von T_U, seine Länge Δt_H ist ein (nicht sehr genaues) Maß für ΔH_U.

Um genauere Aussagen zu erhalten, wird die thermische Analyse zur *Differenzialthermoanalyse* (DTA) ausgebaut: Man bestimmt die *Differenz* der Temperaturen von zwei

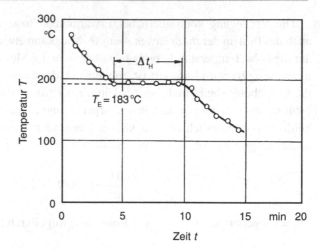

Abb. 4.3 Thermische Analyse: Messwerte bei der Erstarrung einer eutektischen Pb–Sn-Legierung mit Haltepunkt bei $T_U = T_E$

Proben, deren thermisches Verhalten sehr ähnlich ist – bis auf den Unterschied, dass sich die eine umwandeln kann, die andere aufgrund anderer Zusammensetzung nicht. Beim Abkühlen bzw. Aufheizen in einem Ofen mit zwei symmetrischen Probenkammern nehmen beide Proben an sich dieselbe Temperatur an. Sobald in der einen jedoch eine Umwandlung einsetzt, d. h. ein ΔH_U auftritt, ergibt sich eine T-Differenz zwischen beiden Proben. Entscheidend ist nun, dass die DTA gestattet, aus der primären Messgröße ΔT die Wärmefreisetzungsrate dQ/dt, bzw. dH/dt abzuleiten, was an ihrer Bauweise und entsprechender Eichung liegt. Die Fläche unter dem „Umwandlungspeak" liefert dann ΔH_U (Abb. 4.4).

Mit Hilfe der DTA können nicht nur Umwandlungspunkte und Umwandlungswärmen bestimmt werden, sondern auch c_P und damit das thermodynamische Potential G. Wie man in Abb. 4.4 sieht, entstehen auch außerhalb der Umwandlungspeaks geringfügige Unterschiede in der Wärmeaufnahme dH/dt. Man erhält c_P aus den Messgrößen dQ/dt und dT/dt entsprechend

$$c_P = \frac{dQ/dt}{dT/dt}. \tag{4.26}$$

Wenn c_P bekannt ist, kommt man über die Gleichungen

$$H(T) - H(T_0) = \int c_P dT \tag{4.27}$$

und

$$S(T) - S(T_0) = \int \frac{c_P}{T} dT \tag{4.28}$$

zu ΔH und ΔS und damit über (4.16) und (4.18) zu ΔG und G. Natürlich müssen die Umwandlungswärmen zusätzlich berücksichtigt werden. Die (4.27) kennen wir aus Abschn. 4.4.1, (4.28) folgt aus dem zweiten Hauptsatz der Thermodynamik.

Abb. 4.4 Differenzialthermoanalyse (DTA); Messkurve bei
der Erwärmung eines amor-
phen Metalls; Kristallisation
in zwei Stufen bei *I* und *II*
(exotherm), Umwandlung in
andere Kristallstruktur bei *III*
(endotherm)

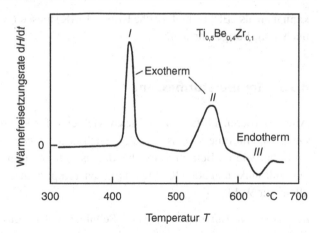

Es gibt verschiedene Wege, das thermodynamische Potenzial G zu messen. Eine übliche Methode ist die Differenzialthermoanalyse. Die DTA bestimmt die Wärme-ströme dQ/dt bei gegebenen Aufheiz- und Abkühlraten, berechnet daraus c_P, ΔH, ΔS und ΔG (s. (4.26) bis (4.28)). Das gleiche gilt für die Umwandlungsenergien, d. h. man erhält ΔH_U, ΔS_U und ΔG_U (s. (4.18)).

4.5.2 Dampfdruckmessung

Im vorausgegangenen Abschnitt haben wir gesehen, dass die Freie Enthalpie G in der DTA gemessen werden kann. Ein weiterer Zugang eröffnet sich über die *Messung des Dampfdrucks p* (z. B. eines Metalls) im Hochvakuum (vgl. auch Abschn. 7.3).

Die Messung erfolgt meist durch Wägung der Masse Δm des Kondensats, welches sich in einer Zeitspanne Δt auf einer gekühlten Fläche niederschlägt, die man vor die Öffnung eines sonst abgeschlossenen Gefäßes (der sog. *Knudsen-Zelle*) stellt. In diesem Gefäß be-findet sich die Probesubstanz und es stellt sich der zur eingestellten Temperatur gehörige Gleichgewichts-Dampfdruck p ein. Man kann nachweisen, dass $\Delta m = \text{const} \cdot p\Delta t$ ist. Warum ist der Dampfdruck eines Metalls ein Maß für G? Nun: Die Freie Enthalpie G ist ein Maß für „Stabilität", und je stabiler, d. h. je fester gebunden ein Atom in seiner Umge-bung – kristallin oder flüssig – ist, desto schwerer wird es sein, es aus dieser Umgebung loszureißen, desto kleiner wird also der Dampfdruck sein: je negativer G ist, desto kleiner ist p.

Im selben Sinne wird es auch schwieriger sein, ein sehr stabil gebundenes Atom bzw. Ion aus einer festen Metalloberfläche herauszulösen und in einem Elektrolyten aufzulösen, als ein weniger stabil gebundenes: hohe Stabilität → niedriges G → großer Energieauf-wand zum Lösen. Diesen Energieaufwand zum Auflösen eines Ions in einem Elektrolyten kann man als „Elektromotorische Kraft" (EMK) messen, vgl. Abschn. 4.5.3, 9.2 und Lehrbücher für Fortgeschrittene.

4.5.3 Temperaturmessung

Alle in Abschn. 4.5 genannten Messverfahren erfordern die Messung von Temperaturen. Die Temperaturmessung ist eines der wichtigsten Messverfahren des Werkstoffingenieurs im Labor wie im Betrieb. Dabei handelt es sich um Temperaturen zwischen dem absoluten Nullpunkt und 3000 K. Wie misst man Temperaturen? Folgende Verfahren stehen vor allem zur Wahl:

a) Ausdehnungsthermometer: Das Schulbeispiel ist das Quecksilberthermometer, welches den Unterschied in der thermischen Ausdehnung (Abschn. 5.4.4) von Quecksilber und Glas ausnützt; die Temperaturmessung reduziert sich auf die Messung der Länge einer Quecksilbersäule in einer Glaskapillare. Leider ist Hg nur in einem relativ engen Temperaturbereich brauchbar. Von der unterschiedlichen Ausdehnung zweier Körper macht auch das *Bimetall-Thermometer* Gebrauch: Zwei Metallstreifen mit unterschiedlichen Ausdehnungskoeffizienten sind aufeinander geschweißt (Abb. 4.5). Bei Temperaturänderung krümmt sich der Bimetallstreifen als Folge der unterschiedlichen Längenänderung von Ober- und Unterseite. Solche Thermometer sind nicht sehr genau. Sie eignen sich jedoch gut zum Regeln, etwa als einstellbare Übertemperatur-Abschalter von Bügeleisen, Lötkolben usw. Typische Bimetall-Paarungen sind z. B. Stähle mit unterschiedlichem Ni-Gehalt (25 bis 36 %).

b) Widerstandsthermometer: Sie nutzen die Temperaturabhängigkeit des elektrischen Widerstandes (Abschn. 11.2.3) aus. In einer Brückenschaltung mit einem empfindlichen Nullinstrument wird der Widerstand einer Messsonde bestimmt; von einer Eichkurve kann dann die zugehörige Temperatur erhalten werden. Typische Werkstoffe für Messwiderstände: Pt, Ni, Cu.

Abb. 4.5 Temperaturmessung mit Bimetallstreifen (unterschiedlicher thermischer Ausdehnungskoeffizient)

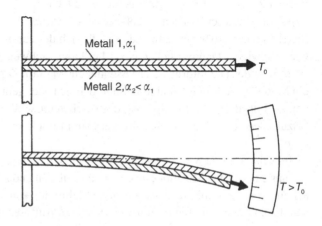

Metall 1,α_1

Metall 2,$\alpha_2 < \alpha_1$

T_0

$T > T_0$

Abb. 4.6 Temperaturmessung mit Thermoelement; Schaltskizze einschließlich Ausgleichsleitung. Die zwei Schenkel des Thermoelements sind aus zwei unterschiedlichen Metallen gefertigt und an der Messstelle und an der Vergleichsstelle miteinander verschweißt. Der schwarze Punkt bei T_X und T_V soll die Schweißperle symbolisieren

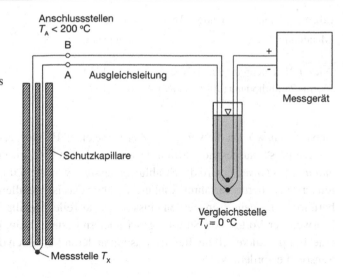

c) *Thermoelemente* stellen die wichtigste Methode der Temperaturmessung dar, weil sie leicht anzubringen sind, wenig Messaufwand erfordern, große Temperaturbereiche abdecken und elektrische Ausgangssignale liefern, also zum Registrieren und Steuern verwendet werden können. Sie nutzen die Thermokraft von Paarungen verschiedener Metalle aus. Verschweißt man zwei Metalle so miteinander, wie Abb. 4.6 zeigt, so kann man die eine Verbindungsstelle auf die zu messende Temperatur T_X und die andere auf eine Vergleichstemperatur T_V (z. B. Eiswasser, 0 °C) bringen. Das Eiswasser wird bei modernen Geräten vielfach durch eine elektronische Vergleichsstelle ersetzt. An den beiden Verbindungsstellen stellt sich dann ein unterschiedliches Potenzial der Elektronen ein, d. h. es bildet sich eine Elektromotorische Kraft (EMK) aus. Sie kann als Thermospannung U_{TH} mit einem hochohmigen Messinstrument oder (besser) einer stromlos messenden Kompensationsschaltung gemessen werden. In der Praxis wird das Messinstrument oft relativ weit von der Messstelle entfernt sein. Um teures (und oft hochohmiges) Material für Thermoelemente zu sparen, setzt man zur Überbrückung weiter Wege *Ausgleichsleitungen* ein; man muss nur darauf achten, dass die beiden Anschlussstellen A und B in Abb. 4.6 auf ungefähr gleicher Temperatur (gleichgültig, auf welcher) gehalten werden. Zur Isolation und zum Schutz vor mechanischer Beschädigung und Korrosionsangriff werden Thermoelemente allgemein in keramische *Schutzrohre* eingebaut.

Die beiden wichtigsten Thermoelement-Paarungen gemäß DIN 43710 sind in Tab. 4.3 zusammengestellt.

d) *Strahlungspyrometer:* Alle Festkörper senden, abhängig von ihrer Temperatur, Wärmestrahlung aus. Strahlungsmessgeräte, die im entsprechenden Spektralbereich empfindlich sind, lassen sich also als Temperaturmessgeräte einsetzen. Heute stehen Sensoren mit sehr hoher Empfindlichkeit zur Verfügung (vgl. die Einsatzgebiete in der Krebsdiagnose, der Satellitenbeobachtung, der Wehrtechnik, der Überprüfung der Isolierung von

Tab. 4.3 Kenndaten wichtiger Thermoelemente

Metallkombination	Temperaturbereich (°C)	Mittlere Thermospannung (mV/K)
Nickel–Nickelchrom (90 Ni–10 Cr)	0 ... 1200	0,041
Platin–Platinrhodium (90 Pt–10 Rh)	0 ... 1600	0,010

Gebäuden usw.). Da die von $1\,m^2$ Oberfläche eines Festkörpers (genauer: eines „Schwarzen Körpers") ausgesandte Strahlungsenergie in J/s proportional zu T^4 ist (*Stefan-Boltzmann'sches Gesetz*), wird die Strahlungsmessung vor allem im Bereich hoher Temperaturen zu den anderen Verfahren konkurrenzfähig. Das ist vor allem auch dann der Fall, wenn berührungslos gemessen werden muss (bewegte Teile, Metallschmelzen, Schlacken usw.). Ein weiterer Vorteil von Strahlungspyrometern besteht darin, dass sie „auf einen Blick" eine Temperaturverteilung liefern, was mit anderen Verfahren die Applikation zahlreicher Sensoren erfordern würde.

> Zur Temperaturmessung werden folgende Materialkenngrößen herangezogen:
>
> • Thermische Ausdehnung,
> • Temperaturabhängigkeit des elektrischen Widerstandes,
> • Thermokraft eines Metallpaares,
> • Strahlungsleistung von Oberflächen.

4.6 Zustandsdiagramme metallischer und keramischer Mehrstoffsysteme

4.6.1 Vorbemerkung

In Abschn. 4.1 wurden Zustände und Phasen definiert, in Abschn. 4.2 wurde gezeigt, dass bei gegebenen Bedingungen wie Temperatur oder Zusammensetzung genau *ein* Zustand – der aber mehrphasig sein kann – stabil ist.

Ein *Zustandsdiagramm* ist nun nichts weiter als eine „Landkarte" für Zweistoffsysteme, auf der eingetragen ist, welcher Zustand bei gegebener Zusammensetzung und Temperatur stabil ist. Es ist also ein zweidimensionales Schema mit den Achsen c und T, aus dem zu jedem Wertepaar (c, T) abgelesen werden kann, welcher Zustand im Gleichgewicht ist (daher: engl. *equilibrium diagram*).

Alle Zustände, welche aus *gleichen Strukturen* aufgebaut sind, werden im Zustandsdiagramm in *Zustandsfeldern* zusammengefasst, auch wenn Mengenanteile, Konzentrationen und thermodynamische Stabilität innerhalb der Felder variieren. Im Zustandsdiagramm

Abb. 4.7 Zustandsdiagramm
Cu–Ni als Beispiel für ein binäres System sehr ähnlicher
Komponenten mit entspre-
chend einfachem Aufbau.
a Phasendiagramm, **b** Verlauf
bei der Abkühlung

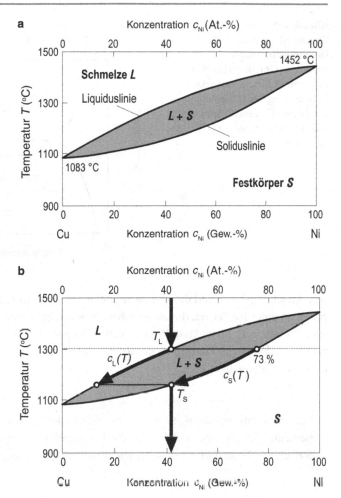

Cu–Ni (Abb. 4.7) unterscheiden wir z. B. drei Felder: das Feld der (vollständig misch-
baren) Schmelzphasen, das Feld der (ebenfalls vollständig substitutionsfähigen) Mischkristalle; beide Felder gehen von 0 bis 100 % Ni. Dazwischen liegt ein grau schattiertes
Zweiphasenfeld, in dem Legierungsschmelzen und Mischkristalle in wechselnden Men-
genverhältnissen nebeneinander vorliegen. Ähnlich aussehende Zustandsdiagramme mit
„zigarrenförmigem" Zweiphasenfeld finden sich bei einer Reihe von metallischen und anderen Zweistoffsystemen (z. B. Au–Cu, Au–Ni, Ge–Si).

Traditionsgemäß wird die Schmelzphase mit L („liquidus"), die feste Phase mit S
(„solidus"), das Zweiphasenfeld mit „Solidus-Liquidus-Gebiet" $(L + S)$ bezeichnet. Die
Trennungslinie zwischen den Feldern L und $(L + S)$ nennt man die *Liquiduslinie*, diejenige zwischen $(L + S)$ und S die *Soliduslinie*.

Ein weiterer noch häufigerer Grundtyp eines Zustandsdiagramms ist in Abb. 4.8 zu
sehen. Hier entsteht wegen der Unähnlichkeit der Komponenten bei tiefer Temperatur

Abb. 4.8 Schematisches
Zustandsdiagramm zur Er-
läuterung eines weiteren
wichtigen Grundtyps bei Auftreten einer Mischungslücke.
Bestimmung der Phasenanteile
bei T_1 und T_2 aus den Strecken
a und b, bzw. c und d nach
dem Hebelgesetz

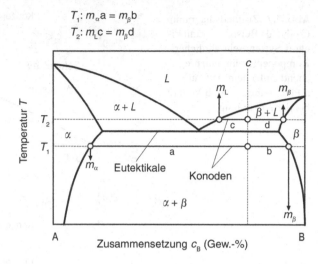

eine Mischungslücke und die von zwei Seiten oben ins Bild ragenden „Schmelzzigarren"
enden an einer Isotherme, die als *Eutektikale* bezeichnet wird. Will man unterschiedliche
feste Phasen, z. B. Mischkristalle oder Verbindungen vom Typ A_xB_y, bezeichnen, so wählt
man – wiederum aus Tradition – der Reihe nach kleine griechische Buchstaben: α-Phase,
β-Phase, γ-Phase usw.

> Das Zustandsdiagramm ist eines der wichtigsten Arbeitsmittel des Werkstoffin-
> genieurs. Es gibt an, welche Phasen bei gegebener Temperatur stabil sind. Bei
> Systemen, die sich im Ungleichgewicht befinden, zeigt es wo das System hinstrebt.

4.6.2 Wie liest man ein Zustandsdiagramm?

a) Allgemeiner Aufbau. Wir betrachten das Cu–Ni-Diagramm (Abb. 4.7). Bei $T >
1452\,°C$, d. h. oberhalb des Schmelzpunktes von Ni, finden wir zwischen 0 und 100 % Ni
ausschließlich die Schmelze als stabile Phase; unterhalb 1083 °C, also unterhalb des
Schmelzpunktes von Cu, zwischen 0 und 100 % Ni ausschließlich α-Phase = Cu–Ni-
Mischkristall, bzw. Festkörper S (Näheres über Mischkristalle vgl. Abschn. 5.5). Für
$1083\,°C < T < 1452\,°C$ führt eine von der Cu-Seite herkommende Isotherme, z. B.
bei $T = $ const $ = 1300\,°C$, zunächst horizontal durch das Schmelzgebiet L; auch wenn
mehr und mehr Ni in der Cu-Schmelze aufgelöst wird „wie Zucker im Tee", ändert sich
strukturell nichts. Wenn jedoch bei einer Zusammensetzung von $c_L = 42\,\%$ Ni die Liquiduslinie überschritten wird, erreicht man das grau schattierte Gebiet und man sieht

an der Kennzeichnung $L + S$, dass eine solche Cu–Ni-Legierung bei dieser Temperatur nicht mehr einphasig, sondern zweiphasig ist: Neben der Schmelze mit der Zusammensetzung c_L tauchen jetzt α-Mischkristalle auf, deren Zusammensetzung man aus dem Schnittpunkt der 1300 °C-Isothermen mit der Soliduslinie abliest: $c_S = 73\,\%$ Ni. Die horizontal liegende Isotherme verbindet also die Punkte c_L und c_S; dies bedeutet: Ist die Durchschnittszusammensetzung c (Einwaage) der Legierung so, dass $c_L < c < c_S$, so liegen im Zweiphasengebiet Schmelze mit c_L und Mischkristall mit c_S nebeneinander vor.

Die *Mengenverhältnisse der Phasen* im Zweiphasengebiet kann man direkt aus dem Zustandsdiagramm ablesen. Wir betrachten dazu das Zweiphasengebiet $\alpha + \beta$ in Abb. 4.8. Bei der Temperatur T_1 stehen die Phasen mit den Zusammensetzungen c_α und c_β im Gleichgewicht. Die Verbindungslinie der entsprechenden Zustandspunkte nennt man *Konode*. Die mittlere Zusammensetzung der Legierung sei c. Ändert sich c, so ändern sich (bei gleicher Temperatur) *nur* die Mengenanteile und *nicht* die Zusammensetzungen der beiden Mischkristallphasen. Da sich alle Atome der Einwaage in den beiden Phasen wiederfinden müssen, gilt die Stoffbilanz

$$m_\alpha c_\alpha + m_\beta c_\beta = (m_\alpha + m_\beta)c. \qquad (4.29)$$

Gibt man m in g an, muss c auf Gew.-% lauten, bei mol auf At.-%. Obige Gleichung kann man umformen:

$$m_\alpha(c - c_\alpha) = m_\beta(c_\beta - c). \qquad (4.30)$$

In Abb. 4.8 sind $(c - c_\alpha)$ und $(c_\beta - c)$ die beiden mit **a** und **b** gekennzeichneten Abschnitte, in welche die Konode aufgeteilt wird. Wir können also statt (4.30) auch schreiben

$$m_\alpha \mathbf{a} = m_\beta \mathbf{b}. \qquad (4.31)$$

Die letzten beiden Gleichung lassen sich als *Hebelgesetz* verstehen: Wenn **b** der kleinere „Hebelarm" ist, weil die Durchschnittszusammensetzung, c, näher an c_β liegt, so muss der Mengenanteil m_β des Mischkristalls entsprechend größer sein als m_α.

Wir gehen nun zurück zu Abb. 4.7b und folgen einer Schmelze mit $c \approx 40\,\%$ von der hohen Temperatur $T_1 = 1500$ °C bei der Abkühlung. Bis herab zu 1300 °C sind wir im L-Feld, es ändert sich nichts. Bei Unterschreiten der Liquiduslinie (bei $T_L = 1300$ °C) jedoch erreichen wir das $(L + S)$-Feld, d. h. es treten Kristalle in sehr kleiner Menge auf; ihre Zusammensetzung c_S lässt sich aus der T_L-Isothermen entnehmen, indem man diese mit der Soliduslinie zum Schnitt bringt: $c_S = 73\,\%$. Kühlen wir weiter ab, so finden wir das jeweilige $c_L(T)$ und $c_S(T)$ immer durch die Schnittpunkte der T-Isothermen mit der Solidus- und der Liquiduslinie, und die Mengenanteile ergeben sich aus dem Hebelgesetz. Mit fallender Temperatur rückt c_S immer näher an c heran – folglich wird m_S immer größer. Schließlich wird bei $T = T_S$ die Soliduslinie von der Abkühlungsgeraden bei c geschnitten, d. h. die Schmelze ist restlos erstarrt und bildet einen Mischkristall mit der Konzentration c. Bei weiterer Abkühlung ändert sich nichts mehr.

Abb. 4.9 Al–Cu: Mit fallen-
der Temperatur abnehmende
Löslichkeit von Cu im α-
Mischkristall

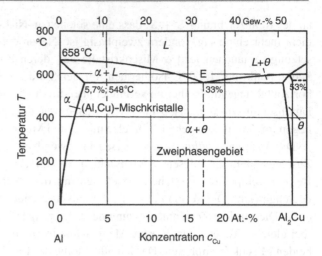

b) Löslichkeitslinien. Auf der Al-Seite des Systems Al–Cu (Abb. 4.9) wird der Bereich des α-Mischkristalls vom Zweiphasenfeld $\alpha + \theta$ durch eine Linie $c_\alpha(T)$ getrennt. Am anderen „Ufer" der verbindenden Isothermen (oder Konoden) findet sich die θ-Phase mit der Zusammensetzung Al_2Cu. Die Linie $c_\alpha(T)$ ist eine „Löslichkeitslinie". Sie besagt: Cu wird in Al höchstens bis zur Konzentration $c_\alpha(T)$ gelöst. Packt man mehr Cu in die Legierung, so bildet sich eine instabile, übersättigte Lösung; das überschüssige Cu scheidet sich im Laufe der Zeit in Form mikroskopisch kleiner θ-Kriställchen aus: *Ausscheidung aus übersättigter Lösung* (vgl. Abschn. 7.5.2 und 7.5.3).

In der Regel nimmt die Löslichkeit mit steigender Temperatur zu, ebenso wie die von Zucker oder Salz im Wasser. Man kann also den zweiphasigen Zustand ($\alpha + \theta$) wieder *homogenisieren*, indem man eine Wärmebehandlung bei $T > T_L$ durchführt. Dabei ist T_L die Temperatur, bei der die Löslichkeit $c_\alpha(T)$ gerade gleich der Durchschnittszusammensetzung ist. Eine solche Wärmebehandlung bezeichnet man auch als *Lösungsglühen*.

c) Eutektikum und Eutektoid. Eine große Zahl von Zweistoffsystemen zeigt keine oder nur äußerst geringe Mischbarkeit im festen Zustand. Dieser ist daher in aller Regel zweiphasig, besteht also aus α-Mischkristall mit c_α und β-Mischkristall mit c_β, wobei vielfach $c_\alpha \approx 0\,\%$, $c_\beta \approx 100\,\%$: Die Schmelze zerfällt in zwei praktisch reine Komponenten, z. B. im System Ag–Si (Abb. 4.10a).

Eutektisch nennt man ein solches System, wenn es eine ausgezeichnete Zusammensetzung c_E gibt derart, dass Schmelzen mit $c = c_E$ bei einer Temperatur T_E nach dem Schema

$$mc_E \rightarrow m_\alpha c_\alpha + m_\beta c_\beta \quad \text{für} \quad T = T_E \tag{4.32}$$

unter gleichzeitiger Bildung von zwei festen Phasen kristallisieren. Für untereutektische Schmelzen ($c < c_E$) kristallisiert im Temperaturbereich primär fast reines Ag aus, die

Abb. 4.10 Typische Beispiele
für binäres Eutektikum; **a** System Ag–Si, **b** System Pb–Sn
mit Randlöslichkeit

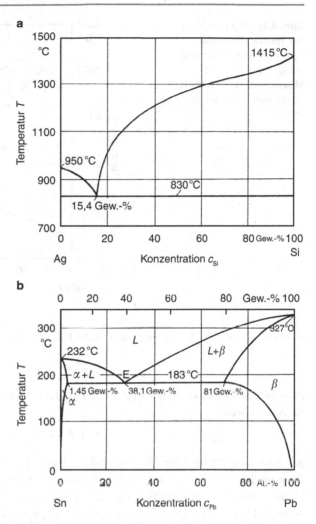

Restschmelze reichert sich mit Si an. Bei $T = 830\,°C$ ist die eutektische Temperatur erreicht, und die Restschmelze erstarrt „sekundär" nach obiger Zerfallsgleichung. Das Analoge geschieht bei der Abkühlung übereutektischer Schmelzen ($c > c_E$).

Charakteristisch für Zustandsdiagramme eutektischer Systeme ist der Bereich um (c_E, T_E); er sieht wie der liegende Buchstabe „K" aus. Wenn ein eutektisches System wie z. B. Pb–Sn (Lötzinn) eine *Randlöslichkeit* besitzt, so sieht das Zustandsdiagramm aus wie in Abb. 4.10b. Wie die eutektische Reaktion genau abläuft, diskutieren wir in Abschn. 7.4.5.

Findet ein Zerfall nicht aus der Schmelze heraus statt, sondern bei Abkühlung einer festen Mischphase, so spricht man statt von eutektischer Erstarrung von *eutektoider Umwandlung*. Ein praktisch äußerst wichtiges Beispiel ist die Austenitumwandlung der Stähle, s. Abschn. 7.5.4.

Abb. 4.11 MgO–Fe$_2$O$_3$ als Beispiel für ein oxidkeramisches Zweistoffsystem; „Magnesiowüstit" ist ein Mischkristall auf MgO-Basis mit substituierten Fe^{3+}-Ionen

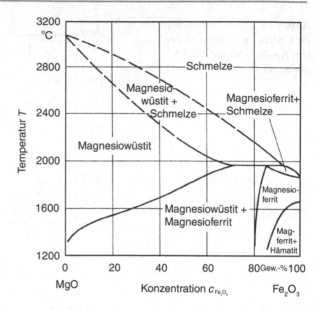

d) Peritektikum. Während eine eutektische Reaktion durch die Gleichung

$$L \rightleftarrows \alpha + \beta \tag{4.33}$$

beschrieben werden kann, wobei α und β zwei feste Phasen darstellen, ist die peritektische Reaktion durch

$$L + \beta \rightleftarrows \alpha \tag{4.34}$$

gekennzeichnet: Eine feste Phase α zerfällt, wenn sie erwärmt wird, beim Überschreiten der peritektischen Temperatur in eine andere feste Phase β und in Schmelze L. Beim Abkühlen würde L mit β unter Bildung von α reagieren. Diese Abkühlreaktion läuft übrigens oft nicht bis zum Ende, weil die neu gebildete α-Phase sich ringförmig um die schon vorhandene β-Phase legt, die Reaktionspartner L und β voneinander trennt und zunehmend längere Diffusionswege erzwingt.

Abb. 4.11 bringt als Beispiel für peritektische Reaktionen ein Zweistoffsystem aus der Keramik, nämlich MgO–FeO. Man erkennt, dass MgO zunächst sehr viel FeO (mit gemischten Anteilen aus Fe^{2+} und Fe^{3+}-Ionen) zu lösen vermag (Magnesiowüstit). Bei sehr hohen FeO-Anteilen bildet sich jedoch eine Phase mit der ungefähren Zusammensetzung MgO $\cdot$ Fe$_2$O$_3$, der sog. Magnesioferrit. Diese Phase zerfällt bei ca. 1900 °C peritektisch in den MgO–FeO-Mischkristall und in Oxidschmelze.

e) Intermetallische Phasen. Die bereits oben besprochene Abb. 4.9 zeigt bei 33 At.-% (d. h. 53 Gew.-%) Cu die θ-Phase Al$_2$Cu, eine typische Verbindung zwischen zwei Metallen – also eine *intermetallische Phase* (i. Ph.). Würde man das Diagramm zu höheren Cu-Gehalten hin fortsetzen, so fände man bei 50 At.-% (rd. 30 Gew.-%) zunächst die η-

Phase AlCu und dann noch weitere. Ihre Existenz ist viel mehr die Regel als die Ausnahme in Zweistoff-Systemen! Häufig finden sich ganze Serien mit nebeneinanderliegenden Phasen vom Typ A_4B, A_3B, A_3B_2, ... allgemein A_xB_y. Ihre Schmelztemperaturen liegen in der Regel höher als die der benachbarten Schmelzen, was auf eine besonders hohe thermodynamische Stabilität hindeutet.

Zwischen einem reinen Stoff und der i. Ph. bzw. zwischen 2 intermetallischen Phasen findet sich daher meist ein Eutektikum (s. Abschn. c), oder es kommt zum peritektischen Zerfall der Phase (Abschn. d). I. Ph. bilden sich häufig bei Legierungen, deren reine Phasen A und B eine unterschiedliche Kristallstruktur oder sehr verschiedene Schmelztemperaturen haben. Die Natur benutzt dann die i. Ph. zur Anpassung von A und B: sie gewinnt Energie bei bestimmten „stöchiometrischen" Zusammensetzungen des Typs A_xB_y, indem sie die Atome in einer speziellen Ordnung regelmäßig zusammenfügt, anstatt sie in eine regellose Mischkristall-Struktur zu zwingen. Die stöchiometrische Zusammensetzung weist im Übrigen auf kovalente Bindungsanteile hin, was zum Verständnis der hohen Stabilität beiträgt.

Die erwähnte Beobachtung betreffend der erhöhten Stabilität hat nun zu der Überlegung geführt, i. Ph. nicht nur als härtesteigernde Ausscheidungen im Grundmetall zu nutzen (s. das Beispiel Al–Cu), sondern sie auch *rein* herzustellen und *direkt* als hochfesten Werkstoff einzusetzen. Das Interesse konzentriert sich auf Phasen wie NiAl (mit Schmelzpunkt bei 1640 °C, zu vergleichen mit 660 °C für Al, 1450 °C für Ni!) oder TiAl. Als Problem erweist sich allerdings ihre *Sprödigkeit*, die sich vermutlich aus den starken Bindungskräften ergibt. Man versucht dem durch legierungs- und gefügetechnische Maßnahmen entgegenzuwirken. Erste Werkstoffe auf der Basis TiAl werden seit wenigen Jahren in Flugturbinen eingesetzt.

4.6.3 Das Zustandsdiagramm Fe–C

Abb. 4.12 zeigt das wichtigste binäre oder Zweistoffsystem der Metallkunde, denn es bildet eine Grundlage der Technologie von Stählen und Gusseisen (Abschn. 15.1 und 15.2). Folgende Sachverhalte sind hervorzuheben:

- Auf der Eisenseite (0 %) des Systems sind die drei Modifikationen von Fe zu beachten: krz. α-Fe (*Ferrit*) unterhalb 910 °C, kfz. γ-Fe (*Austenit*) zwischen 910 und ca. 1400 °C, krz. „δ-Ferrit" zwischen 1400 °C und dem Schmelzpunkt von Rein-Fe bei 1534 °C.
- Die Konzentrationsachse wird üblicherweise in Gew.-% eingeteilt. Wegen des starken Unterschieds der Atomgewichte von Fe ($\cong 56$) und C ($\cong 12$) ist der Unterschied zu einer At.-%-Skala groß: 2 Gew.-% C in Fe entsprechen etwa 10 At.-%.
- Das Erstarrungsverhalten von Fe–C-Schmelzen ist eutektisch; C-Zusatz erniedrigt den Schmelzpunkt um ca. 400 K auf ca. 1150 °C. Das Eutektikum liegt bei 4,3 Gew.-% C. Das eutektische Gefüge wird als *Ledeburit* bezeichnet. Die Löslichkeit von Kohlenstoff in Austenit ist hoch, sie beträgt maximal 2,06 %.

Abb. 4.12 Fe–C: Das sehr wichtige Eisen-Kohlenstoff-Diagramm ist hier für den (häufigeren) Fall dargestellt, dass Kohlenstoff als Carbid Fe$_3$C abgeschieden wird

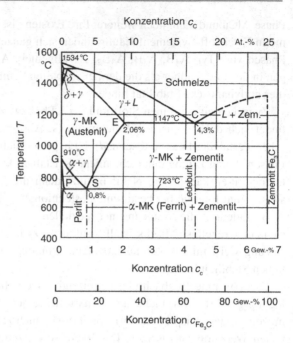

- Die eutektische Erstarrung führt auf γ-Fe–C-Mischkristall und *Zementit Z*. Wegen der γ-α-Umwandlung muss sich bei fallender Temperatur der Austenit umwandeln, und zwar durch die eutektoide Zerfallsreaktion $\gamma \to \alpha + Z$. Die Löslichkeit von Kohlenstoff in α-Eisen ist (anders als bei der im Austenit) mit maximal 0,02 Gew.-% sehr gering. Der eutektoide Punkt liegt bei 723 °C, 0,8 % C. Das durch eutektoiden Austenitzerfall entstehende Gefüge wird als *Perlit* bezeichnet.

- Die kohlenstoffreiche Phase sowohl des Eutektikums als auch des Eutektoids ist das Eisencarbid Fe$_3$C, meist als Zementit bezeichnet: Fe$_3$C mit knapp 7 Gew.-% Kohlenstoff. Zementit ist thermodynamisch bei einer Reihe von Stahlzusammensetzungen weniger stabil als Graphit; gleichwohl entsteht er in sehr vielen Fällen zuerst – aus kinetischen Gründen (vereinfachte Keimbildung). Nach langer Wärmebehandlung („Tempern") geht Zementit in diesen Fällen in Graphit über:

$$\text{Fe}_3\text{C (Zementit)} \to 3\text{Fe} + \text{C (Graphit)}. \tag{4.35}$$

- Abb. 4.12 beschreibt also, genau besehen, das quasibinäre System Eisen-Zementit; die Linien des Systems Eisen-Graphit sind aber gegenüber denen der Abb. 4.12 nur geringfügig verschoben.

- Die „δ-Ecke" braucht sich der Studienanfänger nicht näher zu merken.

Die Verschachtelung des Ledeburit-Eutektikums mit dem Perlit-Eutektoid ist das wichtigste Merkmal des Systems Eisen-Kohlenstoff. Die Form des Zustandsdiagramms mit den beiden „liegenden K" ist nicht schwierig zu merken. Zusätze von Legierungselementen wie bei legierten Stählen verschieben, wie zu erwarten, die Linien des Fe–C-Diagramms mehr oder weniger stark; einige Elemente erweitern den α-Bereich, andere den γ-Bereich; die ersteren (wie z. B. das Chrom) bezeichnet man als „alphagen", die letzteren (wie den Kohlenstoff selbst) als „gammagen".

4.6.4 Zustandsdiagramme ternärer Systeme

Die meisten technischen Werkstoffe sind aus wesentlich mehr als zwei Komponenten aufgebaut; häufig sind es 10 und mehr. Man kann die entstehenden Phasen auch für solche komplexen Systeme heute mit Computerprogrammen berechnen, vorausgesetzt die thermodynamischen Daten sind vorher gemessen worden. Ausgegeben wird dann einfach die Menge jeder der beteiligten Phasen als Funktion der Temperatur. So nützlich diese Information ist, fehlt ihr doch jede Anschaulichkeit und der Werkstoffingenieur arbeitet deshalb nach wie vor intensiv mit den klassischen Zustandsdiagrammen. Aus dem Wunsch heraus, zumindest die Wirksamkeit einer dritten Komponente anschaulich verstehen zu können, haben sich die ternären Zustandsdiagramme entwickelt.

Die grafische Darstellung der Gleichgewichtsphasen eines solchen Systems in Abhängigkeit von der Temperatur ist schwieriger als bei binären Systemen. Zwar genügt es, zwei Konzentrationsangaben zu machen (etwa c_A und c_B), weil die dritte sich aus der Bilanzgleichung $c_A + c_B + c_C = 100\,\%$ von selbst ergibt; dennoch kann die Zusammensetzung des ternären Systems nicht durch einen Punkt auf einer linearen Skala beschrieben werden. Es ist üblich, für diese Darstellung ein gleichseitiges Dreieck zu verwenden, dessen Ecken die reinen Komponenten A, B und C repräsentieren. Abb. 4.13 zeigt besser als eine Beschreibung in Worten, wie man in diesem *Konzentrationsdreieck* eine bestimmte Zusammensetzung abliest bzw. einträgt.

Abb. 4.13 Anleitung zum Auffinden von Zustandspunkten im ternären Konzentrationsdreieck

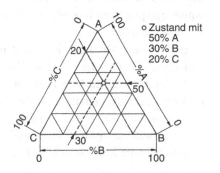

Abb. 4.14 Ternäres System mit drei eutektischen Randsystemen in räumlicher Darstellung

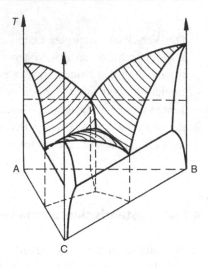

Die Temperatur lässt sich nun nicht mehr in der gleichen Ebene darstellen. Man benötigt eine *räumliche* Darstellung (Abb. 4.14). Man erkennt an diesem Beispiel, in dem die drei binären Randsysteme durch einfache Eutektika gekennzeichnet sind, wie sich die Schmelzpunktminima als eutektische „Rinnen" von den Rändern her zur Mitte des Konzentrationsdreiecks verlagern, wo sie sich zu einem *ternären Eutektikum* vereinigen; dessen Schmelzpunkt liegt besonders tief, was für die Herstellung von Loten nützlich, für die Warmumformbarkeit schädlich sein kann.

Die räumlich-perspektivische Darstellung der Abb. 4.14 gestattet zwar eine Übersicht, verbietet aber genauere Einzelangaben. Diese lassen sich in geeigneten Schnitten durch das räumliche (c, T)-Gebilde darstellen, was sich bei einem ausreichenden Datensatz natürlich wieder von einem Computer ausführen lässt. Am häufigsten verwendet man *isotherme Schnitte* durch den „Zustandskörper", die horizontal bei vorgegebenen T-Werten ausgeführt werden. Einen solchen Schnitt durch das System der Abb. 4.14 zeigt Abb. 4.15. In Abb. 4.15b ist als konkretes Beispiel ein isothermer Schnitt bei 800 °C durch das technisch wichtige Dreistoffsystem Fe–Ni–Cr wiedergegeben (ein Bereich der Keramik gleich wichtiges Dreistoffsystem wäre z. B. MgO–Al$_2$O$_3$–SiO$_2$). In die Diagramme werden teilweise auch Konoden eingetragen und es können ähnlich wie im binären Fall mit einem entsprechend formulierten Hebelgesetz die Mengenanteile der beteiligten Phasen gefunden werden.

Eine andere Möglichkeit besteht in der Aufzeichnung *quasibinärer Schnitte*, indem man den Zustandskörper der Abb. 4.13, von einer Kante (z. B. 100 % A) ausgehend, *senkrecht* durchschneidet. Man erhält so eine Darstellung in der vertrauten Form $T(c_A)$ des binären Zustandsdiagramms, wobei in jedem von A ausgehenden Schnitt das Verhältnis c_B/c_C konstant bleibt, wie man anhand von Abb. 4.13 leicht erkennen kann. Die vertraute Form verleitet allerdings manchmal auch zu falschen Schlüssen. Im quasibinären Diagramm liegt die Konode nicht mehr notwendig in der Schnittfläche; die Zusammensetzung

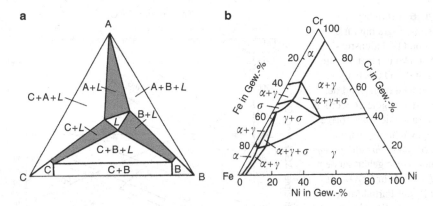

Abb. 4.15 Isotherme Schnitte durch **a** hypothetisches ternäres System der Abb. 4.14, **b** Dreistoffsystem Fe–Ni–Cr

der im Gleichgewicht stehenden Phasen kann also nicht abgelesen werden. Genauso kann die Wanderung des Zustandspunkts bei der Abkühlung nicht verfolgt werden, weil er nicht an die Schnittebene gebunden ist. Näheres findet sich in Lehrbüchern für Fortgeschrittene.

4.7 Ellingham-Richardson-Diagramme

Häufig benötigt man eine Aussage darüber, welche Verbindungen in einer bestimmten reaktiven Gasatmosphäre stabil sind. Wir erinnern uns an das Beispiel der Thermit-Reaktion weiter oben, wo wir uns gefragt haben, ob Aluminium Eisen aus seinem Oxid freisetzen kann (4.15). Derartige Informationen liefert das Ellingham-Richardson-Diagramm. Abb. 4.16 zeigt ein Beispiel für Oxide, d. h. die Reaktion von Metallen mit Sauerstoff. Man findet genauso Diagramme für Sulfide, Carbide, Nitride, etc.

In Abb. 4.16 ist die Freie Enthalpie der Reaktion gegen die Temperatur aufgetragen. Die Beschriftung der Kurve „Cr_2O_3" bedeutet beispielsweise, wir betrachten die Reaktion

$$\frac{4}{3}\,Cr + O_2 \rightarrow \frac{2}{3}\,Cr_2O_3, \tag{4.36}$$

d. h. die durchgezogene Linie gibt uns zu jedem T das ΔG der Reaktion. Die Werte werden üblicherweise auf 1 mol des nichtmetallischen Reaktionspartners bezogen, bei uns also Sauerstoff.

Es fällt auf in Abb. 4.16, dass fast alle Linien eine positive Steigung aufweisen, d. h. die Oxide verlieren an Stabilität mit der Temperatur. Das mag zunächst überraschen, schließlich sind ja Keramiken als Hochtemperaturwerkstoffe bekannt. Ursache für den Stabilitätsverlust ist die Entropieabnahme mit der Temperatur. Dies sieht man wie folgt.

Abb. 4.16 Ellingham-Richardson-Diagramm für eine Reihe von Oxidationsreaktionen. Es kann nicht nur die Stabilität des Oxids bei jeder Temperatur an Hand des ΔG-Wertes abgelesen werden, sondern auch der zugehörige Gleichgewichts-O_2-Partialdruck (Rand *rechts* und *unten*). Beispielsweise gehört zu dem $\Delta G(T)$-Wert für Cr_2O_3 am *Punkt* P_1 der Partialdruck 10^{-20} bar oder $10^{-20} \times 10^5$ Pa. Würde der Druck unter diesen Wert gesenkt, käme es zur Auflösung des Oxides. Wird der Druck erreicht, oxidiert blankes Metall

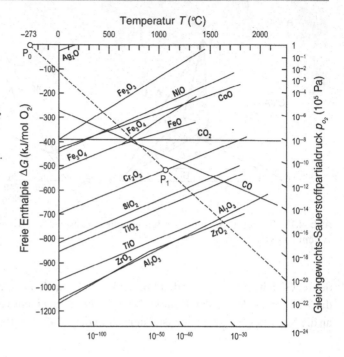

Die Steigung der Kurven in Abb. 4.16 entspricht der Entropieänderung

$$\frac{\mathrm{d}\Delta G}{\mathrm{d}T} = -\Delta S \tag{4.37}$$

(1. Ableitung von (4.18)). Bei Entropieabnahme ist die Steigung positiv. Tatsächlich nimmt in (4.36) die Zahl der Gasmoleküle ab, was auf Entropieabnahme hinweist.

Die Verbrennungsreaktion von C zu CO_2 verläuft dagegen im Wesentlichen ohne Entropieänderung, da die Zahl der Gasmoleküle unverändert bleibt:

$$C + O_2 \rightarrow CO_2. \tag{4.38}$$

Die Kurve in Abb. 4.16 läuft entsprechend horizontal. Für die Verbrennung zu CO verdoppelt sich die Zahl der Gasmoleküle gemäß

$$2C + O_2 \rightarrow 2CO \tag{4.39}$$

und die Kurve in Abb. 4.16 hat eine negative Steigung. Knicke in den Kurven wie bei Fe-Oxid werden durch Phasenänderungen bei einem der Reaktionspartner hervorgerufen.

Zu jeder der Reaktionsgleichungen, die oben angegeben wurden, gehört natürlich bei einer bestimmten Temperatur ein ganz bestimmter Gleichgewichtspartialdruck des Sauerstoffs, p_{O_2}. Um diesen Druck herauszufinden, zieht man eine Gerade durch den absoluten

Nullpunkt der Temperaturskala und den interessierenden Punkt auf einer der Reaktions-
kurven $\Delta G(T_1)$. Im Bild ist als Beispiel eine gestrichelte Gerade für Cr_2O_3 gezeichnet,
die durch die Punkte P_0 und P_1 festgelegt ist. Durch Extrapolation auf die Achsenbe-
schriftung rechts und unten kann man den gesuchten Gleichgewichtspartialdruck ablesen
(in unserem Beispiel $p_{O_2} = 10^{-20} \times 10^5$ Pa). Wieso funktioniert das?

Für die Beispielreaktion in (4.36) gilt für die Gleichgewichtskonstante K_P

$$K_P = \frac{a_{Cr_2O_3}^{2/3}}{a_{Cr}^{4/3} \, p_{O_2}}. \tag{4.40}$$

Mit Aktivität $a = 1$ wird aus (4.40)

$$K_P = \frac{1}{p_{O_2}}. \tag{4.41}$$

Andererseits entnimmt man den Lehrbüchern der Thermodynamik die bekannte Beziehung

$$\Delta G = RT \ln K_P. \tag{4.42}$$

Mit Einsetzen von (4.41) folgt

$$\Delta G = RT \ln \frac{1}{p_{O_2}} = k(p_{O_2})T. \tag{4.43}$$

(4.43) ist die Gleichung, welche die gestrichelte Gerade beschreibt. Die Gerade verläuft
durch den Absoluten Nullpunkt; die Steigung k ist abhängig vom Partialdruck. Entlang
der gestrichelten Linie ist der Partialdruck konstant.

Wird der zur jeweiligen Temperatur gehörige Partialdruck eingestellt, oxidiert das Metall. Wird der Partialdruck unterschritten, löst sich eventuell gebildetes Oxid auf; es ist
instabil. Dies ist eine wichtige Grundlage beim Einsatz keramischer Werkstoffe. Auch
bei der Wärmebehandlung oder beim Löten im Vakuum oder in Schutzgasatmosphäre ist
es wichtig, den Gleichgewichtspartialdruck zu kennen, um Oxidation zu vermeiden oder
Oxide zu beseitigen.

Das Ellingham-Richardson-Diagramm gestattet einen Vergleich der Stabilität verschiedener Verbindungen. Man sieht beispielsweise, dass Fe-Oxid tatsächlich weniger stabil ist
als Al-Oxid. Das Fe-Oxid beim Thermit-Verfahren wird sich also unter Energiegewinn
des Systems auflösen. Man sieht außerdem aus dem Diagramm, warum es gelingt, Fe-
Oxid mit Kohle zu reduzieren, aber nicht Al-Oxid (s. Gewinnung der Metalle aus den
Erzen in Abschn. 13.1.1).

Will man die Stabilität einer Verbindung in Gegenwart einer reaktiven Gasphase
beurteilen, zieht man das Ellingham-Richardson-Diagramm zu Rate.

Atomare Bindung und Struktur der Materie

5

Unser Schulwissen sagt meist nur, dass Materie aus Atomen besteht, kaum aber, wie diese angeordnet sind. In diesem Kapitel wollen wir die Grundregeln kennen lernen.

5.1 Gase

Ein besonders einfacher Zustand von Materie ist der Gaszustand, insbesondere bei niedrigen Drücken. Edelgase z. B. bestehen aus einzelnen Atomen (He, Ne, Ar, Xe). Unter *Normalbedingungen* – d. h. bei $0\,°C$ und 1 Atmosphäre (atm) $\approx$ 1 bar Druck – erfüllt 1 Mol Gas das Volumen $V_M = 22.413,6\,\mathrm{cm}^3$, also rund 22,4 l. Die Zahl der Edelgas-Atome in diesem Volumen ist die Avogadro-Zahl $N_A = 6,02 \cdot 10^{23}$; daraus errechnet sich leicht der mittlere Abstand von zwei Atomen zu 3,3 nm. Der Atomradius von Argon beträgt 0,19 nm. Der mittlere Abstand ist also etwa das Zehnfache des Teilchenradius. Die Raumerfüllung ist daher rund $\frac{1}{1000}$ derjenigen bei dichtester Packung. Im Hochvakuum – z. B. bei 10^{-9} bar – werden die Abstände noch 1000-mal größer.

Unter solchen Bedingungen kann man in erster Näherung sagen, dass die Gasatome ohne wesentliche Wechselwirkung aneinander vorbeifliegen und nur gelegentlich wie Billardbälle gegeneinanderstoßen. Ihre kinetische Energie $mv^2/2$ (m: Masse eines Atoms, v seine mittlere thermische Geschwindigkeit) ist dann durch kT, bzw. RT gegeben (k *Boltzmann-Konstante* in J/K, R *allgemeine Gaskonstante* in J/K mol) und es gelten die *Idealen Gasgesetze*. Insbesondere ist

$$pV = nRT. \qquad (5.1)$$

In dieser sog. Gasgleichung ist p der Druck (in bar), V das betrachtete Volumen (in m^3), n die Zahl der in diesem Volumen enthaltenen Mole als Mengenangabe[1]. Die physikalische

---

[1] Wenn man $p = 1\,\mathrm{atm} = 1,013\,\mathrm{bar}$, $n = 1$ und $T = 273\,\mathrm{K}$ einsetzt, kommt nach Umrechnung $V_M = 22,4\,\mathrm{l/mol}$ heraus – wie es sein muss.

© Springer-Verlag GmbH Deutschland 2016
B. Ilschner, R.F. Singer, *Werkstoffwissenschaften und Fertigungstechnik*,
DOI 10.1007/978-3-642-53891-9_5

Dimension dieser Größen ist sehr wichtig: RT ist eine auf 1 Mol bezogene Energie, nRT mithin eine Energie (Joule) – also ist auch pV eine Energie[2].

Wie ideale Gase verhalten sich auch die *Metalldämpfe*, wie sie in den Verfahren der *Vakuummetallurgie* durch Verdampfen im Hochvakuum aus den Oberflächen von Metallschmelzen oder Metallpulvern entstehen. Zum Beispiel beträgt der Dampfdruck p über einer Ag-Schmelze bei $1100\,^\circ$C 0,048 mbar. Dieser Dampfdruck lässt sich u. a. zum Beschichten eines keramischen Substrats ausnützen, wenn die Oberfläche elektrisch leitend werden soll (s. Abschn. 13.4).

Die nächsthöhere Stufe des Zusammenhangs der Materie sind die *Moleküle*: In der Luft sind O_2 und N_2 als Moleküle vorhanden, neben sehr kleinen Mengen an CO_2- und H_2O-Molekülen sowie Edelgasatomen. Ein klassisches Beispiel für den Molekülbegriff in der organischen Chemie ist der *Benzolring* C_6H_6. Moleküle sind also Anordnungen einer begrenzten, genau definierten Anzahl von Atomen, die auf atomare Abstände (0,1 nm) aneinander herangerückt sind. Durch diese Annäherung wird eine starke Wechselwirkung – die *chemische Bindung* – zwischen den atomaren Bausteinen eines Moleküls wirksam. Auf der anderen Seite sind die verschiedenen Moleküle z. B. in CO_2-Gas oder Benzoldampf nach wie vor rund 10 Molekülradien voneinander entfernt, sodass sie fast nicht miteinander in Wechselwirkung geraten.

5.2 Bindungskräfte in kondensierten Phasen

Ganz anders als in Gasen liegen die Verhältnisse in *kondensierten Phasen*, wie man Schmelzen und Festkörper auch bezeichnet: Deren Dichte ist rund 1000-mal höher als die der Gase[3]. Sie erfüllen den Raum also vollständig oder dicht. In kondensierten Phasen stehen deshalb alle atomaren Bausteine miteinander in starker Wechselwirkung. Die dichte Raumerfüllung merkt man auch anschaulich an der im Vergleich zu den Gasen sehr geringen *Kompressibilität*: Erhöht man in einer Gasflasche den Druck von 1 auf 100 bar, so komprimiert man das Gas wegen pV = const im Verhältnis 100:1; wendet man jedoch denselben Druck auf festes Eisen an, so erzielt man nur eine Kompression im Bereich ein Zehntel Promille. In Formelschreibweise wird die Kompressibilität, bzw. ihr Kehrwert, der *Kompressionsmodul K*, durch folgende leicht verständliche lineare Beziehung definiert:

$$\Delta V / V = P / K \tag{5.2}$$

(für Stahl ist $K = 1{,}6 \cdot 10^6$ bar, für Diamant $K = 4{,}4 \cdot 10^6$ bar, beide Werte bei Raumtemperatur, also im Festzustand, siehe auch Abschn. 10.2).

---

[2] Dies geht schon aus einer Dimensionsbetrachtung hervor: Druck p ist Kraft P je Flächeneinheit A: $p = P/A$, also ist auch $p = (P \cdot l)/(A \cdot l) = $ Arbeit/Volumen = „Energiedichte" (J/m^3). Man kann dabei an die Energiespeicherung in einer Druckflasche mit p und V denken.

[3] Beispiel: Wasserdampf bei 1,013 bar (1 atm), $100\,^\circ$C: $600\,g/m^3$, Wasser bei 1,013 bar, $4\,^\circ$C: $1000\,kg/m^3$.

Abb. 5.1 Abhängigkeit der Potenziellen Energie eines Atoms, bzw. der auf das Atom wirkenden Kräfte vom Abstand vom Nachbaratom (hier für den Fall der Ionenbindung). Das Nachbaratom befindet sich bei bei $r = 0$. Im Gleichgewicht bei $T = 0\,\text{K}$ stellt sich der Abstand $r = r_0$ ein und die Potenzielle Energie entspricht der Bindungsenergie U_B. Umrechnung Kraft-Energie: $P = \mathrm{d}U/\mathrm{d}r$

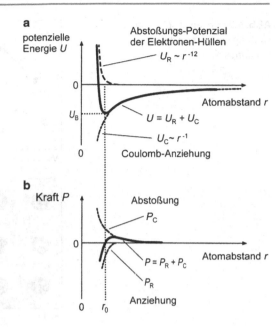

Die Beobachtung der begrenzten Kompressibilität kann auch als Hinweis auf das Vorhandensein von *Abstoßungskräften* zwischen den Atomen verstanden werden, welche ein beliebig dichtes Aneinanderrücken verhindern. Andererseits würde die Materie in kondensierten Zuständen nicht zusammenhalten können, wenn nicht *Anziehungskräfte* wirksam wären, welche die chemische Bindung vermitteln. In kondensierter Materie stellt sich letztlich ein Gleichgewicht anziehender und abstoßender Kräfte ein, die beide in unterschiedlichem Maße mit zunehmender Annäherung der Atome zunehmen. Entsprechend wie die Kräfte verhalten sich die Abstoßungs- und Anziehungsenergien (oder Potenziale) mit dem Ergebnis, dass ihre Addition zu einem Potenzialminimum führt, dessen Tiefe die Bindungsenergie U_B und dessen Lage den Gleichgewichtsabstand r_0 (als Mittelwert) angibt (Abb. 5.1). (Vergleiche dazu auch die Diskussion in Abschn. 4.4.1 zu (4.7).)

Wechselwirkung atomarer Bausteine in kondensierten Phasen (Bindungskräfte und Bindungsenergien)

- *Anziehende* Kräfte: Annäherung der Teilchen bewirkt *Absenken* des Energieniveaus des Systems, gleichbedeutend mit *Zunahme* des Betrages der Bindungsenergie.
- *Abstoßende* Kräfte: Annäherung der Teilchen bewirkt *Anheben* des Energieniveaus des Systems, gleichbedeutend mit *Abnahme* des Betrages der Bindungsenergie.
- *Allgemein:* Kraft $P = \mathrm{d}U/\mathrm{d}r$; $\mathrm{d}r$: Änderung des Abstands, $\mathrm{d}U$: Änderung der Energie.

Abb. 5.2 Schematische Darstellung der vier wichtigsten Bindungsarten

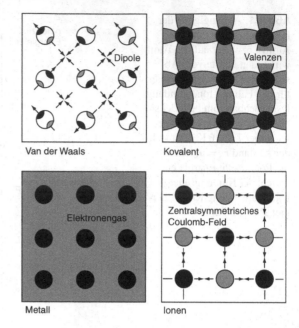

Je nach ihrer physikalischen Ursache werden die Bindungskräfte in Klassen eingeteilt, vgl. auch Abb. 5.2.

a) Adsorptionsbindung (auch nach van der Waals benannt). Jedes Atom oder Molekül bleibt als Einheit für sich, aber die Nachbarschaft der anderen Atome bewirkt interne Ladungstrennung unter Bildung atomarer Dipole. Elektrostatische Anziehung durch Dipole vermittelt eine (schwache) Wechselwirkung. Typisch für Eis (H_2O), kristallwasserhaltige Minerale, Gase an Pulveroberflächen, u. a.

b) Kovalente (homöopolare) Bindung. Unter Ausnutzung der Quantenzustände der beteiligten Atome werden Elektronenpaare zwischen je zwei Nachbarn ausgetauscht, wodurch die Energie des Systems abgesenkt wird. Es herrscht Anziehung. Charakteristisch sind räumliche *Vorzugsrichtungen* für die Aufenthaltswahrscheinlichkeit dieser bindenden Elektronenpaare. Solche „Valenzarme" gehen häufig von einem Zentralatom aus in die vier Ecken eines *Tetraeders*, wobei ein *s*-Elektron und drei *p*-Elektronen mitwirken. Das CH_4-Molekül ist ein Beispiel; in den Kristallgittern des Diamants, des Siliciums u. a. begegnet uns dieser Bindungstyp wieder. Er beherrscht auch die Polymer-Chemie (Abschn. 5.6).

c) Metallische Bindung. Hierbei werden Elektronen nicht nur paarweise zwischen nächsten Nachbarn ausgetauscht (wie bei b)), sondern jedes beteiligte Atom gibt eine gewisse Anzahl von Valenzelektronen an einen gemeinsamen „Elektronenpool", das *Elektronen-*

gas, ab. Die mittlere Anzahl der Elektronen, die z. B. in einer Cu–Zn-Legierung abgegeben wird, bezeichnet man als *Valenzelektronen-Konzentration*, VEK. Die Wirkung dieses Elektronenaustauschs ist dieselbe wie bei der kovalenten Bindung: Absenkung des thermodynamischen Potenzials G durch Annäherung der Atome (Anziehung). Sie ist typisch für alle festen und geschmolzenen Metalle. Da die Elektronen des Elektronengases nicht zu einzelnen Atomrümpfen zugehörig sind, sondern frei beweglich sind, begreift man, wie es zu der schon erwähnten hohen metallischen Leitfähigkeit kommt, Näheres Kap. 11.

d) Ionenbindung. Dieser Bindungstyp tritt auf, wenn Elektronen abgebende und Elektronen aufnehmende Atomsorten nebeneinander vorliegen, z. B. in MgO. Erstere bilden dann positiv geladene Kationen (Mg^{2+}), letztere negativ geladene Anionen (O^{2-}). Die Elektronen werden also nicht wie bei c) an ein gemeinsames Elektronengas, sondern jeweils an bestimmte andere Atome abgegeben. Im Gegensatz zu b) findet kein (ladungsneutraler) Austausch, sondern ein echter Transfer unter Bildung geladener Ionen statt; die Wechselwirkung ist also die elektrostatische (Coulomb'sche) Anziehung der Kationen und Anionen. Diese Bindung ist typisch für Oxidkeramik und Halogenide. Leicht zu merken: Ionenbindung für Ionenkristalle.

Bindungsarten
- *Adsorptionsbindung* (van der Waals): Schwache Dipol-Wechselwirkung.
- *Kovalente (homöopolare) Bindung*: Gemeinsame Valenzelektronen-Paare zwischen nächsten Nachbarn, bindende Austauschenergie.
- *Metallische Bindung*: Gemeinsame Valenzelektronen aller beteiligten Atome („Elektronengas"), bindende Austauschenergie.
- *Ionenbindung*: Kation gibt Valenzelektronen an Anion ab, beide Ionen ziehen sich elektrostatisch an (Coulomb).

5.3 Schmelzen und Gläser

Zu den in Abschn. 5.2 allgemein behandelten kondensierten Phasen gehören die Flüssigkeiten (Schmelzen), die amorphen Festkörper (Gläser) und die kristallinen Zustände. Wie sind diese voneinander zu unterscheiden?

Die Struktur einer *Schmelze* lässt sich mit derjenigen einer großen Menge von Tennisbällen vergleichen, die man in einen Behälter geschüttet hat: Im Wesentlichen liegen die Bälle (Atome) dicht aneinander. Man wird finden, dass jeder etwa gleich viele (nämlich 10 bis 12) „nächste Nachbarn" hat, die sich in einem bestimmten Muster anordnen, welches die Bezeichnung *Nahordnung* nahelegt.

Abb. 5.3 Vergleich der Atomanordnung im kristallinen (**a**) und im amorphen bzw. flüssigen Zustand (**b**)

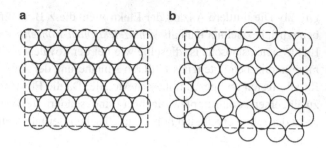

Aber nicht *alle* Kugeln liegen gleich dicht beieinander; es gibt unregelmäßige *Zwischenräume*; die lose Schüttung erzielt *keine dichteste Packung* wie in Abb. 5.3a. Die regelmäßigen Muster beschränken sich wie in Abb. 5.3b auf die nächste Nachbarschaft, es entsteht lediglich *Nahordnung* statt weitreichender Periodizität und *Fernordnung*.

Die Erfahrung und die Modelltheorien lehren, dass das durch die unregelmäßigen Zwischenräume gebildete Leervolumen einer solchen Schüttung (bzw. Flüssigkeit) etwa 5 % des bei dichtester Packung möglichen Mindestvolumens ausmacht. Damit verbleibt der Schmelze eine – wenn auch geringe – Kompressibilität. Diese 5 % Leervolumen haben entscheidende Bedeutung für dasjenige Verhalten, welches man als *flüssig* anspricht. Die überall vorhandenen, hin und her fluktuierenden Zwischenräume ermöglichen nämlich die freie Verschiebbarkeit der Bausteine des Systems gegeneinander, somit also das makroskopische Fließen, das exakte Ausfüllen vorgegebener Formen, die Ausbreitung auf Flächen beim Ausgießen aus Behältern, die Bildung von Strahlen und Tropfen.

Die in diesem Typ von kondensierter Phase noch vorhandene Unordnung oder Fehlordnung liefert gemäß Abschn. 4.4.3 einen deutlichen Beitrag zur Entropie S. Da $G = H - TS$ das Stabilitätsmaß der Materie ist, nimmt die Stabilität des flüssigen Zustandes bei hoher Temperatur zu: Bei hoher Temperatur sind wegen des TS-Beitrages, der aus der fehlenden Fernordnung und dem statistisch verteilten Leervolumen resultiert, die Stoffe in geschmolzenem Zustand stabiler als in kristallinem, *obwohl* der letztere den niedrigeren Energieinhalt hat. Bei der Schmelztemperatur T_S wird dieses Energiedefizit (es macht sich als Schmelzwärme ΔH_S bemerkbar) gerade durch den Entropiegewinn $T_S \Delta S_S$ ausgeglichen (s. Abschn. 4.2).

In einigen wichtigen Fällen stellt sich dieses Gleichgewicht nicht ein, weil für die dazu erforderlichen atomaren Umlagerungen die Zeit fehlt, z. B. bei rascher Abkühlung. Dann bleibt der durch fehlende kristalline Fernordnung und durch das Leervolumen gekennzeichnete flüssige Zustand auch unterhalb von T_S erhalten; er wird gewissermaßen „eingefroren". Es entsteht eine *unterkühlte Schmelze*, bei noch stärkerer Abkühlung, wenn die Beweglichkeit der Atome einen weiteren Abbau von Leervolumen nicht mehr zulässt, ein *Glas* (s. Abschn. 7.4.6).

Während dieser Vorgänge nimmt die *Fluidität* rasch ab – aus einer plätschernden, spritzenden Flüssigkeit wird eine zähflüssige Masse, aus der z. B. der Glasbläser Formstücke bläst, Fäden zieht usw. Der Abnahme der Fluidität entspricht die Zunahme der *Viskosi-*

Abb. 5.4 Zweidimensionale Strukturschemata für **a** Quarzkristall, **b** Quarzglas, **c** Na-Silicatglas

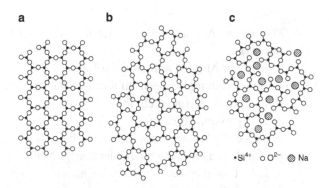

$\bullet Si^{4+} \quad \circ O^{2-} \quad \oslash Na$

tät (Zähflüssigkeit) mit fallender Temperatur, und zwar um 10 bis 15 Zehnerpotenzen. Näheres über die Viskosität s. Abschn. 10.11.2.

Das Einfrieren des flüssigen Zustandes durch Unterdrückung der Kristallisation ist natürlich umso eher zu erwarten, je geringer die Beweglichkeit der Bausteine in der Schmelzphase nahe T_S ist, d. h. je „sperriger" die Bausteine sind. Gläser bilden sich daher leicht aus Polymeren (s. Abschn. 5.6) und aus solchen Schmelzen, die netzwerkbildende Gruppen enthalten, wie etwa das traditionelle Silikat-Glas. Metalle als atomare Schmelzen hingegen sind bei $T \approx T_S$ immer leichtflüssig, d. h. ihre Bausteine sind beweglich genug, um zu kristallisieren: Metallschmelzen bilden keine Gläser. Erst in jüngerer Zeit hat man gelernt, durch extrem schnelles Abschrecken die Kristallisation zu „überfahren" und Metallschmelzen glasig erstarren zu lassen, so dass man *amorphe Metalle* oder *metallische Gläser* erhält. Umgekehrt lässt sich durch keimbildende Zusätze die Kristallisation von glasartig zusammengesetzten Schmelzen wesentlich erleichtern, wodurch *Glaskeramik* entsteht.

Gewinnen die *Netzwerkbildner* in der Schmelze ein Übergewicht, so ist die Viskosität auch bei hohen Temperaturen sehr hoch. Quarzglas, z. B. (reines SiO_2), muss der Glasbläser mit der sehr heißen Gebläseflamme zum Erweichen bringen. Will man dies aus fertigungstechnischen Gründen nicht, so muss man mit *Netzwerkunterbrechern* gegensteuern, die – wie Na_2O – die Si-O-Si-Ketten aufbrechen (Abb. 5.4).

Zustandsformen

- *Gas:* Atomar (Edelgase, Metalldämpfe) oder molekular (O_2, N_2, CO_2, ..., organische Dämpfe)
  - mittlerer Abstand bei 0 °C, 1 bar: ca. 10 Bausteinradien
  - Raumerfüllung bezogen auf dichteste Packung: ca. 0,1 %,
  - Gasdruck proportional zu RT,
  - gegenseitige Wechselwirkung der Atome vernachlässigbar.

- *Flüssigkeit:* Atomar (flüssige Metalle) oder molekular (Wasser, „Flüssiggas",
  Benzol)
  - mittlerer Abstand $\approx$ Radius der Bausteine,
  - Raumerfüllung bezogen auf dichteste Packung: ca. 95 %,
  - Leervolumen ermöglicht Fluidität,
  - Kompressibilität gering,
  - starke Wechselwirkungskräfte zwischen allen Bausteinen,
  - Nachbarschaftsverhältnisse gleichartig (Nahordnung),
  - hohe Entropie bedeutet: stabil bei hoher Temperatur.
- *Amorpher Zustand (Glas):*
  - Strukturmäßig ähnlich wie molekulare Flüssigkeit,
  - mit fallender Temperatur kontinuierlicher Übergang von leichtflüssigem über
    zähflüssiges Verhalten zu glasiger Erstarrung,
  - d. h. Zunahme der Viskosität mit fallender Temperatur um viele Zehnerpoten-
    zen (Erstarrungsintervall),
  - Konkurrenz netzwerkbildender und netzwerkunterbrechender Bausteine (z. B.
    SiO^{4-} contra Na^{2+}).
- *Kristall:* Gebildet aus metallisch gebundenen Einzelatomen (z. B. Cu, Fe, Al und
  Mischkristalle) oder aus kovalent gebundenen Einzelatomen (z. B. Si, Ge, B–N,
  Si–N) oder aus einfachen Ionen (Mg^{2+}, O^{2-}) oder aus komplexen Ionen (SiO_4^{4-})
  - Strukturmerkmal: Fernordnung = strenge Periodizität des Raumgitters in de-
    finierten Strukturtypen,
  - Raumerfüllung bezogen auf Strukturtyp: lückenlos,
  - Kompressibilität sehr gering,
  - starre Form (Viskosität ∞),
  - exakt angebbare Schmelz- bzw. Erstarrungstemperatur T_S.

5.4   Kristalle

5.4.1   Raumgitter und Elementarzellen

Kristalle bilden sich – im Gegensatz zu Gläsern – aus den Schmelzen durch Aufbau
perfekt geordneter, streng periodischer *Raumgitter*. Dies ist so, wie wenn man die Ten-
nisbälle aus dem großen Behälter sehr sorgfältig in dichtester Packung zu einer Pyramide
schichtet. Das Raumgitter geht durch Vervielfältigung aus einem „Urmuster", der *Elementarzelle,* hervor. Die Elementarzelle veranschaulicht, wie die einzelnen Atome (Ionen,
Moleküle) zueinander angeordnet sind – eine Symmetriebeziehung, welche sowohl von
den Bindungskräften als auch von den Größenverhältnissen der beteiligten Atome vor-
geschrieben wird. Setzt man Elementarzellen exakt regelmäßig in drei Raumrichtungen

aneinander, so entsteht das Raumgitter, dessen Gitterpunkte die Orte der Mittelpunkte der atomaren Bausteine angeben. Der Aufbau solcher streng periodischer Gitter aus einer Schmelzphase geht von winzigen *Keimen* aus (Abschn. 7.2) und erfasst schließlich die ganze Stoffmenge. Der Vorgang heißt *Kristallisation*. Er ist exotherm. Die freiwerdende Wärme ist ΔH_S.

Kristalle werden aus unterschiedlichen und unterschiedlich gebundenen Bausteinen gebildet: Aus Metallatomen wie aus Molekülen, aus Kationen und Anionen wie aus kovalent gebundenen Atomen/Atomgruppen wie z. B. im Si_3N_4 oder BN. Ihre Kompressibilität ist verständlicherweise sehr gering – sie haben ja kein Leervolumen mehr wie die Schmelze. Deshalb ist auch die Fluidität gleich Null: Der Kristall ist starr, steif, formhaltig.

Wir haben die Elementarzelle als das Grundmuster des Raumgitters eingeführt. Man kann Elementarzellen natürlich aufzeichnen, etwa in perspektivischer Darstellung wie in Abschn. 5.4.2 (Abb. 5.7 bis 5.13). Kann man die wesentlichen Angaben über die Lage der mit Atomen besetzten Gitterpunkte aber auch *ohne* Zeichnung dokumentieren?

Für diesen „Steckbrief" des Raumgitters verwendet man eine Symbolschrift, die von der Vektorschreibweise Gebrauch macht. Man legt den Nullpunkt eines Koordinatensystems in eine geeignete Ecke der Elementarzelle und lässt von dort aus 3 Koordinatenachsen mit definierten Richtungen – also 3 Vektoren – in den Raum gehen. Als Längeneinheit auf diesen Vektoren wählt man zweckmäßigerweise eine *Gitterkonstante* a_0. Sie ist diejenige Länge, die in der betrachteten Richtung den periodischen Weiterbau zum Raumgitter beschreibt: Immer, wenn man um a_0, $2a_0$, $3a_0$, ..., na_0 fortschreitet, findet man eine identische Atomanordnung vor. Man erhält so eine „maßgeschneiderte" Beschreibung der Elementarzelle mit 3 Koordinatenrichtungen und (im allgemeinsten Fall) 3 Gitterkonstanten; jede Punktlage innerhalb der so aufgespannten Elementarzelle lässt sich durch ein Zahlentripel (mit Bruchteilen der Gitterkonstanten) festlegen.

Als einfaches Beispiel behandeln wir die ohnehin sehr wichtigen *kubischen* Elementarzellen. Die 3 Gittervektoren bilden hier ein rechtwinkliges (kartesisches) Koordinatensystem; den Nullpunkt legen wir in eine Ecke des „Elementarwürfels"; die Gitterkonstanten sind offenbar die 3 Würfelkanten, und sie sind in diesem Falle alle gleich. Ihr Betrag ist a_0. Dann lassen sich alle Punkte durch Koordinatenwerte in Form der *Miller'schen Indizes* notieren (Abb. 5.5).

$[hkl]$ heißt: Vom Nullpunkt aus gehe man die Strecke $h \cdot a_0$ in x-Richtung, $k \cdot a_0$ in y-Richtung, $l \cdot a_0$ in z-Richtung; dort findet man den gesuchten Punkt. Zugleich kann man mit der Punktlage $[hkl]$ die Verbindungsgerade vom Nullpunkt her ansprechen – also eine *Richtung* im Gitter. Mit dieser Richtung ist aber zugleich auch eine *Fläche* charakterisiert, nämlich diejenige Fläche, deren Flächennormale die Richtung vom Nullpunkt zum Punkt $[hkl]$ hat. Möchte man die zu einem Vektor entgegengesetzte Richtung kennzeichnen – also etwa vom Nullpunkt aus um $h \cdot a_0$ in negativer x-Richtung – so schreibt man ein Minuszeichen über den betreffenden Koordinatenwert: $[\bar{h}kl]$ (lies: „minus $h - k - l$").

Konkret: Eines der wichtigsten Gitter ist das *kubisch flächenzentrierte Gitter* (abgekürzt „kfz."). Seine Elementarzelle ist natürlich kubisch, und die Atome sitzen auf den 8 Ecken und auf den Mitten der 6 Würfelflächen. Der Nullpunkt als eine Ecke ist [000]; die

Abb. 5.5 Koordinatenschreib-
weise in kubischen Gittern
(Miller'sche Indizes)

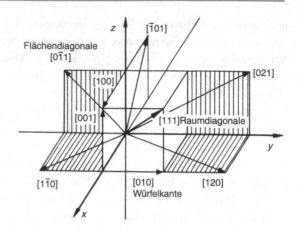

anderen 7 Ecken haben die Koordinaten

$$[100]; \ [110]; \ [010]; \ [001]; \ [101]; \ [011]; \ [111];$$

die 6 Atome auf den Seitenmitten finden wir bei

$$\left[\tfrac{1}{2}\tfrac{1}{2}0\right]; \ \left[\tfrac{1}{2}0\tfrac{1}{2}\right]; \ \left[1\tfrac{1}{2}\tfrac{1}{2}\right]; \ \left[\tfrac{1}{2}1\tfrac{1}{2}\right]; \ \left[0\tfrac{1}{2}\tfrac{1}{2}\right]; \ \left[\tfrac{1}{2}\tfrac{1}{2}1\right].$$

Nach den Rechenregeln für Vektoren können wir auch schreiben

$$\left[\tfrac{1}{2}\tfrac{1}{2}0\right] = \tfrac{1}{2}[110]$$

Der Vektor zu dieser Punktlage wäre dann nach Betrag und Richtung gekennzeichnet als $(a_0/2)\,[110]$. Im Prinzip sind natürlich die 6 Flächenmittelpunkte gleichwertig, und wenn man nur diese Punktlage ansprechen will – nicht einen ganz bestimmten der 6 Flächenmittelpunkte –, dann kann man stellvertretend $\tfrac{1}{2}\langle 100\rangle$ schreiben und bezeichnet durch die spitzen Klammern ausdrücklich den Typ der Punktlage. Entsprechend kann man mit $\langle 110\rangle$ auch den Richtungstyp „Flächendiagonale" ansprechen, obwohl es 6 davon gibt. Der Faktor $\tfrac{1}{2}$ ist für die Richtung unerheblich und kann daher wegbleiben. Man wählt zur Bezeichnung das kleinste ganzzahlige Zahlentripel.

Die Vektorschreibweise in Verbindung mit dem Lehrsatz von Pythagoras gestattet auch die Angabe von *Abständen* im Raumgitter: Zum Beispiel ist der Abstand des Punktes [111] vom Nullpunkt und damit die Länge der Würfeldiagonale

$$a_{111} = \left(\sqrt{1^2 + 1^2 + 1^2}\right) \cdot a_0 = a_0\sqrt{3}.$$

Durch das Raumgitter lassen sich *ebene Schnitte* legen, welche sich als Wachstumsoberflächen von Kristallen, als typische Begrenzungsflächen von Ausscheidungen (Habitus-

Abb. 5.6 Kennzeichnung
von Flächen im Raum durch
Miller'sche Indizes, hier: (212)

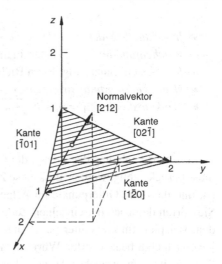

ebenen), als Spaltbruchflächen, Gleitebenen usw. bemerkbar machen. Diese Ebenen kann man, wie erwähnt, durch ihre Flächennormalenvektoren kennzeichnen. So steht etwa die Würfeldiagonale [111] auf der Schnittfläche (111) senkrecht, diese wieder schneidet jede zweite der 6 Ecken des Elementarwürfels und wird von den 3 Flächendiagonalen [$\bar{1}$10], [10$\bar{1}$] und [01$\bar{1}$] begrenzt (deren Vektorsumme Null ist).

Bei einer vorgegebenen Fläche ist es oft nicht so leicht, die Flächennormale mit Miller'schen Indizes zu versehen. Es gilt folgendes „Kochrezept": 1. Man nehme die drei Achsenabschnitte, welche die gegebene Fläche mit dem Koordinatensystem der Elementarzelle bildet, und nenne diese u, v, w. 2. Man nehme die Kehrwerte davon: $(1/u)$, $(1/v)$, $(1/w)$. 3. Durch Multiplikation mit dem kleinsten gemeinsamen Vielfachen – es sei K – verwandle man gegebenenfalls die Brüche in ein ganzzahliges Zahlentripel.

Beispiel

Aus $u = 1$, $v = 2$, $w = 1$ wird $(1/1)\,(1/2)\,(1/1)$; mit $K = 2$ folgt also $(hkl) = (212)$, vgl. auch Abb. 5.6.

Analog zur Situation bei den Richtungen stellt man fest, dass alle Würfelflächen (100), (010), (001), oder alle Flächen vom Typ (111), ($\bar{1}$11), (1$\bar{1}$1) usw. untereinander gleichwertig sind. Es genügt also, stellvertretend für alle {100} bzw. {111} bzw. {hkl} zu schreiben, wobei die geschweifte Klammer die Flächenfamilie zum Ausdruck bringt.

Miller-Indizes

- *Individuelle Richtung:* [hkl]
- *Richtungsfamilie:* ⟨hkl⟩ (untereinander gleichwertig)

- *Individuelle Fläche:* (hkl)
- *Flächenfamilie:* $\{hkl\}$ (untereinander gleichwertig)
- h, k, l stets ganzzahlig, wenn Richtungen oder Flächen bezeichnet werden
- *Negative Koordinatenrichtungen:* $\overline{h}, \overline{k}, \overline{l}$
- *Punktabstand:* $d_{\text{hkl}} = a_0 \sqrt{h^2 + k^2 + l^2}$

Bei der Berechnung der Anzahl der Gitteratome, die zu einer Elementarzelle gehören, muss berücksichtigt werden, dass diese Zelle im Raumgitter von gleichen Zellen umgeben ist, und dass ihre Gitterpunkte im Allgemeinen mehreren Zellen gemeinsam angehören. Sie dürfen demnach der einzelnen Zelle nur mit entsprechendem Anteil zugeordnet werden. Beispiel: Im kfz. Gitter (s. o.) sitzen auf den 8 Ecken je 1 Atom – sie gehören aber jeweils auch 8 benachbarten Würfeln an, zählen also 8-mal $\frac{1}{8}$, d. h. 1. Auf den 6 Würfelflächen sitzen zwar auch 6 Atome, aber sie gehören jeweils 2 benachbarten Würfeln an, zählen also 6-mal $\frac{1}{2}$, d. h. 3. Ein Elementarkubus des kfz.-Gitters mit dem Rauminhalt a_0^3 enthält also insgesamt 4 Atome.

Wenn die Elementarzelle nicht kubisch ist, wie z. B. in den hexagonalen Gittern und zahlreichen „schiefwinkligen" Strukturen, verwendet man statt kartesischer (xyz)-Koordinaten ein angepasstes, „maßgeschneidertes" System von Miller'schen Indizes; dieses kann z. B. der besonderen Rolle der c-Achse in hexagonalen Systemen (Abb. 5.9) gerecht werden.

5.4.2 Wichtige Gittertypen

Wichtige Gittertypen zeigen die Abb. 5.7 bis 5.12; zusätzliche Informationen sind im grauen Kasten zusammengefasst.

Abb. 5.7 Elementarzelle des kubisch-flächenzentrierten Gitters als Kugelmodell (Beispiel Cu)

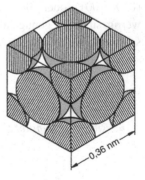

Abb. 5.8 Elementarzelle des kubisch-raumzentrierten Gitters als Kugelmodell (Beispiel α-Fe)

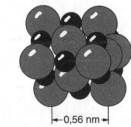

Abb. 5.9 Elementarzelle des hexagonal-dichtestgepackten Gitters; **a** Punktlagen, **b** Kugelmodell, zur Verdeutlichung auseinandergezogen (Beispiel Zn)

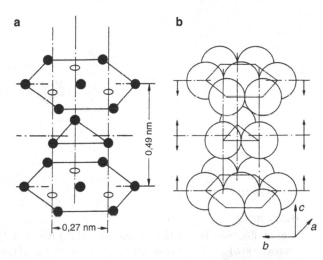

Abb. 5.10 Steinsalzgitter, typisch für Ionenkristalle, Kugelmodell

Abb. 5.11 Diamantstruktur, typisch für homöopolare Bindung. Für die im Innern der Elementarzelle liegenden Atome sind durch Striche die Valenzarme in der sp3-Hybridisierung angedeutet. Sie bilden die Ecken eines gedachten Tetraeders (siehe Abschn. 5.2)

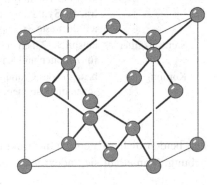

Abb. 5.12 Schichtengitter einer homöopolaren Verbindung (Graphit, BN). Die Vermaßung gilt für Bornitrid

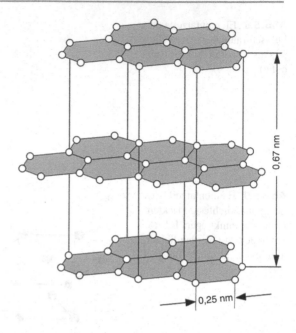

0,67 nm

0,25 nm

Gittertypen

Bezeichnung	Strukturmerkmale	Beispiele
kubisch-flächen-zentriert (kfz.)	Dichteste Kugelpackung, (111)-Ebene und [110]-Flächendiagonalen sind die dichtest gepackten Ebenen, bzw. Richtungen	γ-Fe, Ni, Al, Cu, Au, Ag, Pt
kubisch-raum-zentriert (krz.)	1 Atom in Würfelmitte, Raumdiagonale dichtest gepackt	α-Fe, β-Ti, Nb, Ta, Cr, Mo, W
hexagonal-dich-testgepackt (hdp.)	Dichteste Kugelpackung, Basisebene ist dichtest gepackt, unterscheidet sich von kfz. nur durch Stapelfolge der dichtest gepackten Ebenen	α-Ti, Co, Mg, Zn,
Diamantgitter	kubisch: je 1 Atom in der Mitte jedes zweiten Achtel-Würfels, Bindungen zwischen Nachbaratomen mit Tetraeder-Symmetrie, nur 34 % Raumerfüllung bezogen auf dichteste Kugelpackung	Diamant, Si, Ge
Steinsalzgitter	entspricht 2 ineinandergeschachtelten kfz.-Teilgittern für Anionen und Kationen	NaCl, MgO, FeO
Korundgitter	hexagonales Grundgitter der Sauerstoffionen, dazwischen die Kationen, wobei $\frac{1}{3}$ der Plätze leer bleibt	Al_2O_3, Fe_2O_3

Die beiden dichtest gepackten Strukturen (kfz. und hdp.) verdienen besondere Hervorhebung. Man erhält sie, indem man von einer dichtest gepackten Flächenschicht ausgeht

Abb. 5.13 Die Ebene (111)
als dichtestgepackte Ebene
im kfz.-Gitter, gleichwertig
mit der Basis-ebene des hdp.-
Gitters, Abb. 5.9

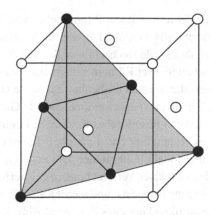

(„Tennisball-Modell") und dann Schicht auf Schicht unter Berücksichtigung der Lücken
in der jeweils darunter liegenden Schicht stapelt. Je nach der Stapelfolge erhält man dann
die zwei Varianten dichtester Kugelpackungen mit identischer Raumerfüllung. Auch in
der kubischen Variante treten somit Ebenen mit hexagonaler Symmetrie auf, eben die
dichtest gepackten {111}-Ebenen (Abb. 5.13); in der hdp.-Variante sind dieselben Ebenen die *Basisebenen*. Aus der Forderung nach dichtester Packung kann man ableiten, dass
$c/a = 1,633$ sein muss. Dies ist z. B. bei Mg angenähert der Fall. Deutliche Abweichungen treten jedoch bei vielen anderen Metallen dieses Typs auf.

In Ionenkristallen spielen auch die Ionenradien eine wichtige Rolle als strukturbestim-
mender Faktor: In jedem Fall ist die Natur bestrebt, unter Berücksichtigung der unterschiedlichen Größen von Anion und Kation eine Anordnung zu finden, bei der möglichst
viele positive und negative Ionenladungen in eine Volumeneinheit gepackt werden können, um maximale Coulomb-Wechselwirkung zu erzielen.

Zuletzt seien die *Silikate* als sehr wichtige anorganisch-nichtmetallische Stoffklasse
nochmals erwähnt. Ihr wichtigster Baustein ist das tetraederförmige SiO_4^{4-}; durch Ausbau jedes zweiten Sauerstoffions lassen sich diese Tetraeder zu Ketten, flächenhaften und
räumlichen Netzen mit sehr starken kovalenten Si–O–Si-Bindungen verknüpfen

$$Si–O^- + \, ^-O–Si \rightarrow Si–O–Si + O^{2-}.$$

Auf diese Weise entstehen aus SiO_2 unter Zusatz von Alkali-, Erdalkali- und Schwerme-
talloxiden die verschiedenen Silikate.

5.4.3 Gitterfehlstellen

Das Raumgitter der kristallinen Festkörper ist eine Idealvorstellung. In der Realität enthält
der Werkstoff Fehlstellen (Defekte) verschiedener Art. Räumlich ausgedehnte Gitterbau-
fehler sind z. B. Poren und Lunker als Folge nicht optimal ablaufender Gieß- oder Sintervorgänge während der Herstellung, oder auch Schlackeneinschlüsse in Stählen. Außerdem

ist der reale Werkstoff (abgesehen von Sonderfällen) nicht aus einem Korn aufgebaut, sondern *polykristallin*, d. h. die für den Kristall charakteristischen Orientierungsvektoren der Einheitszelle wechseln von Korn zu Korn ihre Richtungen. Die Begrenzungsflächen zwischen je zwei Körnern stellen also ebenfalls Unterbrechungen des periodischen Raumgitters dar, sie sind flächenhafte gestörte Gitterbereiche. Man kann *Korn- und Phasengrenzen* deshalb auch als zweidimensionale Gitterdefekte ansprechen.

Auch das einzelne Korn z. B. in einer Cu- oder Al-Probe stellt keineswegs ein ideales Raumgitter dar. Es enthält linienhafte (eindimensionale) und punktförmige (nulldimensionale) Gitterfehler. Die ersteren entstehen entweder als Wachstumsfehler oder als Folge lokaler Verschiebungen bei Verformungsvorgängen. Sie stellen schlauchartige Verzerrungszonen dar und werden als *Versetzungslinien* bezeichnet. Ein transmissionselektronenmikroskopisches Foto zeigt Abb. 3.16. Da Versetzungen vor allem für das Verständnis des Verformungsverhaltens wichtig sind, werden sie in Kap. 10 behandelt.

Gitterfehlstellen in engerem Sinne sind die sog. *Punktfehlstellen*. Als solche bezeichnen wir *Leerstellen* und *Zwischengitteratome*. Leerstellen sind nichts anderes als unbesetzte Gitterplätze; sie können sich z. B. bei Temperaturänderung im Festkörper bilden, indem ein Atom aus einem Gitterplatz ausgebaut und an einer Grenz- oder Oberfläche wieder angebaut wird. Auf dem umgekehrten Wege können sie wieder aufgefüllt und damit zum Verschwinden gebracht (annihiliert) werden:

Atom auf Gitterplatz $\rightleftarrows$ Atom an Oberfläche bzw. Korngrenze + Leerstelle.

Dass Leerstellen auch im thermodynamischen Gleichgewicht existieren und nicht sämtlich aufgefüllt werden (obwohl damit Bindungsenergie gewonnen würde), verdanken sie der Entropie S (Abschn. 4.4.3), also jener thermodynamischen Zustandsgröße, welche mit steigender Temperatur ungeordnete vor geordneten Zuständen bevorzugt. Aus diesem Grunde erwarten wir auch mit steigender Temperatur eine zunehmende Anzahl von Leerstellen. In der Tat gilt für ihre Konzentration n_L:

$$n_L(T) = \text{const} \cdot \exp(-\Delta G_B / RT) = \text{const} \cdot \exp\left(\frac{-(\Delta H_B - T\Delta S_B)}{RT}\right), \quad \text{bzw.}$$
$$n_L(T) = \text{const}' \exp(-\Delta H_B) \tag{5.3}$$

ΔG_B ist dabei die *Freie Bildungsenthalpie* oder das *thermodynamische Potenzial der Bildung* der Leerstelle, ΔH_B die *Bildungsenthalpie*. Im kovalent gebundenen Kristall wäre ΔH_B in erster Näherung diejenige Bindungsenergie, welche man dadurch verliert, dass man z. B. beim Ausbau eines Si-Atoms aus dem Kristall 4 Bindungen „durchschneiden" muss.

Zwischengitteratome sind ebenfalls Punktdefekte, die vor allem in interstitiellen Lösungen (s. Abschn. 5.5) auftreten, und zwar meist dann, wenn kleine Atome wie C, N, H in ein Wirtsgitter eingebaut werden müssen (z. B. in Fe, wie bei den Stählen). Es wäre energetisch ungünstig, wenn sie z. B. den vollen Platz eines großen Fe-Atoms wegnehmen würden. Weniger Energieaufwand erfordert es, das Raumgitter des metallischen Wirtsgitters nur lokal zu verzerren und die Kohlenstoff- oder Stickstoffatome in die auch bei dichtestgepackten Gittern vorhandenen Lücken zwischen den Gitterplätzen (*Zwischengitterplätze*) hineinzuquetschen. Auf den Würfelkanten zwischen zwei Eckatomen bieten sich z. B. solche Möglichkeiten. Naturgemäß kann man so nur wenige Fremdatome unterbringen – meist weniger als 1 %. Die größere Starrheit des Festkörpers gegenüber der Schmelze macht sich auch darin bemerkbar.

Leerstellen und Zwischengitteratome entstehen außerdem als Folge von *Nicht-Stöchiometrie* in Ionenkristallen (also z. B. dann, wenn die exakte Zusammensetzung von Eisenoxid nicht FeO, sondern $Fe_{0,9}O$ heißt) und ferner als Folge von *Strahlungsschäden*, also z. B. bei der Einwirkung thermischer Neutronen auf die Komponenten kerntechnischer Anlagen.

5.4.4 Thermische Ausdehnung

Die Potenzialtöpfe für Atome im Gitter sind unsymmetrisch: Sie steigen zu kleinen Abständen hin steiler an (Abb. 5.1 und 5.14). Bei steigender Temperatur, wenn die thermischen Schwingungen der Atome mehr Energie kT aufnehmen und dadurch größere Amplituden erhalten, rücken daher die Schwerpunkte der Atomlagen weiter auseinander (gestrichelte Kurve in Abb. 5.14). Dieser mikroskopische Sachverhalt führt zu makroskopischer thermischer Ausdehnung. Sie wird in nicht zu großen Temperaturintervallen beschrieben durch

$$l = l_0(1 + \alpha \Delta T) \quad \text{bzw.} \quad \Delta l / l_0 = \alpha \Delta T. \tag{5.4}$$

Im Anhang A.2 sind einige Zahlenwerte für den Ausdehnungskoeffizienten α angegeben. Die lineare Beziehung (5.4) ist nur eine Näherung, in Wirklichkeit hängt α ein wenig von der Temperatur ab; $\alpha(T)$ ist aber nur eine schwache Funktion.

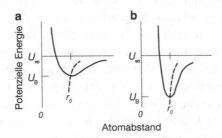

Abb. 5.14 Potenzielle Energie U für schwach (**a**) und stark (**b**) gebundene Kristalle. Die gestrichelte Kurve zeigt die Mittellage der schwingenden Atome bei unterschiedlichen Temperaturen. Eine hohe Steigung der gestrichelten Linie bedeutet geringen thermischen Ausdehnungskoeffizienten α

Abb. 5.15 Thermischer Ausdehnungskoeffizient α verschiedener Stoffe als Funktion ihres Schmelzpunkts

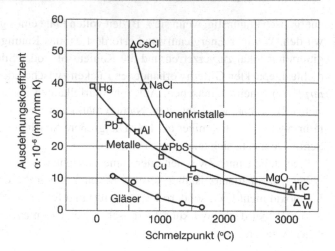

In Abb. 5.15 ist der Ausdehnungskoeffizient α für verschiedene Substanzen gegen die Schmelztemperatur aufgetragen. Man erkennt, dass die Ausdehnungskoeffizienten umso niedriger sind, je höher der Schmelzpunkt ist. Während Wolfram ein niedriges α aufweist, ist α bei Aluminium hoch. Die Ursache illustriert Abb. 5.14. Dem hohen Schmelzpunkt entspricht eine hohe Bindungsenergie U_B und ein tiefer Potenzialtopf mit geringer Veränderung der Mittellage der Schwingungsamplitude.

Als Faustregel kann man sich merken, dass sich Metalle zwischen dem abs. Nullpunkt und ihrer Schmelztemperatur um rd. 0,2 % ausdehnen. Das klingt nach wenig, führt aber zu wichtigen technischen Fragestellungen. Bei Temperaturunterschieden zwischen Sommer und Winter von 60 °C, die durchaus realistisch sind, und einem $\alpha = 12\,\mu m/m \cdot K$ für Eisen (Anhang A.2) beträgt die einzuplanende Dehnungsdifferenz für ein Stahlbauwerk 7,2 cm je 100 m Länge. Dem tragen z. B. an einer Stahlbrücke die Ausdehnungsfugen oder Stöße Rechnung. Eisenbahnschienen werden heutzutage nicht mehr mit Stoß verlegt, sondern in 60 m-Längen geliefert und vor Ort verschweißt. Sie rattern also nicht mehr wir früher; dafür stehen sie im Sommer unter Druckspannung, im Winter unter entsprechender Zugspannung. Bei Automobil-Karosserien aus Kunststoff müssen wegen der stärkeren Wärmedehnung entsprechend größere Spaltmaße vorgesehen werden. Die Probleme bei der Durchführung von elektrischen Leitern in gläserne Apparaturen (Senderöhren, Halogenlampen) kann man sich ebenfalls vorstellen. Auf Grund seines niedrigen Ausdehnungskoeffizienten wird vielfach Wolfram zum Einschmelzen in Geräteglas verwendet. Durch geschickte Legierungstechnik kann man Eisen-Nickel-Werkstoffe wie *Invar* oder – auf keramischem Gebiet – *Glaskeramik* (s. Abschn. 5.3 und 7.4.6) entwickeln, deren Ausdehnungskoeffizient fast Null ist. Geschirr aus Glaskeramik kann man daher risikofrei aus dem Kühlschrank auf die heiße Kochplatte bringen.

5.4.5 Experimentelle Untersuchung von Gitterstrukturen

Die Verfahren, mit denen die in den vorigen Abschnitten behandelten Strukturinformationen erhalten werden, fasst man unter der Bezeichnung *Feinstrukturuntersuchungen* zusammen. Sie beruhen nicht etwa auf der mikroskopischen Abbildung der Gitter, die erst seit kurzer Zeit und nur mit den modernsten Elektronenmikroskopen möglich ist (Größenordnung der Gitterkonstanten: 0,5 nm), sondern auf der *Beugung* und *Interferenz* von Wellen an räumlich ausgedehnten Gittern.

Man untersucht kristalline Bereiche, insbesondere von Pulvern. Die einfallende Welle mit der Wellenlänge λ dringt in die oberflächennahen Zonen dieser Körper ein und findet dort ein Raumgitter vor. Von den darauf angeordneten Atomen wird die Welle reflektiert, und zwar sowohl von der obersten als auch von der unmittelbar darunter liegenden „Netzebene" (Abb. 5.16). Je nach dem *Einfallswinkel* θ, unter dem die Welle auf eine Schar von Netzebenen fällt, und je nach dem *Netzebenenabstand* d_{hkl} dieser Schar, ergeben sich Laufwegunterschiede der an verschiedenen Netzebenen reflektierten Wellen.

Die Laufwegunterschiede von Wellen bedeuten aber *Phasenunterschiede* δ im Sinne der „Wellenfunktion" $\sin(\omega t + \delta)$. Wenn diese Phasenunterschiede gerade den Wert π oder $\pi/2$ annehmen – oder Vielfache davon –, kommt es zur Verstärkung oder Auslöschung der Amplitude und damit der Intensität der unter dem Winkel θ reflektierten Wellenstrahlung. Abb. 5.16 zeigt, wie die Größen θ und d_{hkl} einander geometrisch zugeordnet sind. Verstärkung tritt ein, wenn die genannten Größen der *Bragg'schen Beziehung* gehorchen:

$$n\lambda = 2d_{hkl}\sin\theta. \tag{5.5}$$

n ist dabei eine Ordnungszahl (die häufig gleich 1 gesetzt werden darf). Eine Röntgenbeugungsanalyse besteht also darin,

- Röntgenlicht mit definierter Wellenlänge λ zu erzeugen (dies wird durch entsprechende Anregung der Anoden bzw. Auswahl des Anodenmaterials erreicht),

Abb. 5.16 Prinzip der Beugung von Wellen an Raumgittern

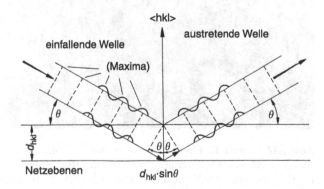

- einen Detektor zu finden, der anzeigt, bei welchen Winkeln θ Interferenzverstärkung eintritt (man verwendet röntgenempfindliche Filme, Zählrohre oder Leuchtstoffspeicherfolien),
- ein Auswerteverfahren anzuwenden, welches die beobachteten bzw. registrierten Beugungsbilder (z. B. Abb. 5.17) einer bestimmten Kristallstruktur zuordnet und mit Hilfe der Bragg-Beziehung die Gitterkonstante ermittelt.

Analoges gilt für Beugungsanalysen mit Elektronenstrahlen. Die charakteristischen Muster der Beugungsdiagramme wie in Abb. 5.17 rühren daher, dass in ein Kristallgitter viele Ebenenscharen mit unterschiedlichen hkl-Werten eingezeichnet werden können, von denen jede Interferenzen gemäß der Bragg-Gleichung erzeugt, wenn auch mit unterschiedlicher Intensität. Bei der Analyse von feinkörnigen Polykristallen oder von Kristallpulvern kommt hinzu, dass die gleiche Wellenfront auf eine Vielzahl von Kristallteilchen unterschiedlicher Orientierungen fällt. Einkristall- und Vielkristall-(Pulver-)Aufnahmen sehen daher verschieden aus. Bei Pulvern kommen die Signale von den Körnern, deren Lage den „richtigen" Bragg-Winkel erzeugt – so, wie bei frisch gefallenem Pulverschnee

a

b

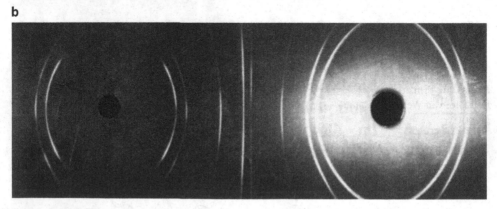

Abb. 5.17 **a** Durch Elektronenbeugung (s. Abb. 3.3) an einem *Einkristall* erhaltenes Beugungsbild (Beispiel: Al in der Orientierung $\langle 130 \rangle$). **b** Durch Röntgenbeugung an einem *Kristallpulver* erhaltenes Beugungsbild (Beispiel: Cu mit 25 At.-% Au); die kreisrunden Löcher im Film wurden für Ein- und Austritt des Primärstrahls ausgestanzt

nur gerade diejenigen Körner in der Sonne glitzern, welche die richtige Orientierung aufweisen.

Die Analyse von Beugungsdiagrammen ist heute ein hochentwickelter Wissenschaftszweig, der aus der Kristallographie herausgewachsen ist. Der Werkstoffwissenschaftler entnimmt diesen Diagrammen zusätzliche Informationen über Gitterdefekte, Teilchengrößen, Eigenspannungen, Umwandlungsgrade usw. Diese Themen können im Rahmen dieses Buches jedoch nicht behandelt werden, die verwendeten Apparaturen auch nicht.

5.5 Lösungen und Mischkristalle

Das Lösungsvermögen von flüssigen Lösungsmitteln ist eine Alltagserfahrung: Zuckermoleküle lösen sich in Wasser, molekulare Bestandteile von Fetten und Ölen lösen sich in Benzol, Steinsalzkristalle lösen sich in Wasser unter Dissoziation in Na^+- und Cl^--Ionen.

Auch Metallschmelzen sind „Lösungsmittel", eine für die Metallurgie äußerst wichtige Eigenschaft. In flüssigem Eisen kann man Kohlenstoff auflösen – bis zu 50 kg und mehr in einer Tonne Schmelze! Das Zustandsdiagramm (Abb. 4.12) zeigt, wie dadurch der Schmelzpunkt von 1536 °C (reines Fe) auf 1147 °C (Fe mit 4,3 Gew.-% C) absinkt.

Man kann auch Phosphor oder Schwefel in flüssigem Eisen lösen, ferner Gase wie O_2, N_2; überhaupt ist flüssiges Eisen ein Lösungsmittel für fast alle Elemente, die man z. B. in Form von Granulat oder kleinen Blöckchen in die Schmelze werfen kann, worauf sie sich vollständig auflösen, bis die Schmelze gesättigt ist. Si, Mn, Ni, Cr, Mo, Ta, Nb, W, V sind wichtige Legierungselemente.

Ähnlich verhalten sich andere Metallschmelzen: Al löst u. a. Cu und Si, leider auch H_2, was zu Poren führt. Cu löst u. a. Zn, Sn, Be, leider auch O_2, was seine Leitfähigkeit im festen Zustand beeinträchtigt.

Die *Löslichkeit von Gasen*, insbesondere von O_2 und H_2 (aus der Luftfeuchtigkeit) in Metallschmelzen ist ein ernstes Problem der metallurgischen Verfahrenstechnik. Man kann ihm u. a. durch Anwendung von *Vakuum* begegnen, denn die im Gleichgewicht gelöste Gasmenge c_i verringert sich mit dem Partialdruck p_i des betreffenden Gases über der Schmelze gemäß dem *Sieverts'schen „Quadratwurzelgesetz"*

$$c_i = K(T)\sqrt{p_i} \qquad (5.6)$$

Die Konstante K wird mit fallender Temperatur zumeist deutlich kleiner, was zur Übersättigung der Schmelze beim Abkühlen führt.

Strukturell sind alle genannten Stoffe in den Metallschmelzen atomar gelöst, also Sauerstoff in Form von O-Atomen usw. Moleküle dissoziieren, bevor sie gelöst werden. Auch Kohlenstoff ist in Form von C-Atomen in der Schmelze vorhanden. Angesichts der zahlreichen Zwischenräume der Schmelzstruktur ist seine räumliche Unterbringung kein Problem, auch wenn z. B. 5 Gew.-% Kohlenstoff bedeuten, dass auf 1000 Fe-Atome der Schmelze 197 C-Atome kommen!

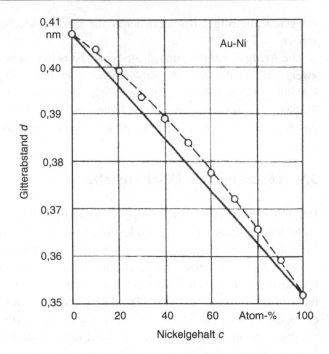

Abb. 5.18 Abhängigkeit der Gitterkonstanten von der Zusammensetzung eines Mischkristalls; angenäherte Gültigkeit der Vegard'schen Regel

Die Zustandsdiagramme zeigen, dass es außer flüssigen auch *feste Lösungen*, insbesondere *Mischkristalle*, gibt. Wichtige Beispiele: Cu-Zn-Mischkristalle (Messing); Cu-Sn-Mischkristalle (Bronzen), Eisen-Kohlenstoff-Mischkristalle mit zusätzlich gelöstem Mn, Si, Cr ... (Stähle), Eisensilicat-Magnesiumsilicat-Mischkristalle (Olivine) usw. Wie ist deren Struktur zu verstehen?

Die häufigste Form der festen Lösung im kristallinen Bereich ist der *Substitutions-Mischkristall*. In ihm werden die Gitterplätze des gemeinsamen Raumgitters (z. B. kfz. beim Messing) durch die beteiligten Atomsorten im Verhältnis der Konzentrationen besetzt: Es wird 1 Cu-Atom durch 1 Zn-Atom substituiert. Die Verteilung der Atomsorten auf die Gitterplätze ist in erster Näherung statistisch-regellos. Die andere wichtige Form einer festen Lösung ist die *interstitielle Lösung*, s. auch Abschn. 5.4.3.

Durch jede Mischkristallbildung werden die Bindungsverhältnisse gegenüber dem reinen Stoff verändert, in der Regel also auch die Gitterkonstante a_0. Die Änderung kann eine Zunahme oder Abnahme sein. Meist folgt die Konzentrationsabhängigkeit der Gitterkonstante in Mischkristallen in 1. Näherung der linearen *Vegard'schen Regel*

$$\Delta a_0(c) = \text{const} \cdot c. \qquad (5.7)$$

Ein Beispiel gibt Abb. 5.18.

Eigenschaftsänderungen aufgrund der Mischkristallbildung sind eine Grundlage gezielter Werkstoffentwicklung. Sie werden in Abschn. 10.13.1 behandelt.

5.6 Polymere Werkstoffe

5.6.1 Molekulare Grundstrukturen

Kunststoffe sind organische *Polymerisate*: Sie bestehen, nach dem Freiburger Chemiker *Staudinger*, aus *Makromolekülen*, die aus einer sehr großen Zahl (Größenordnung 10^3) von gleichen Einzelbausteinen – den *Monomeren* (oder Meren) – aufgebaut sind. Der *Polymerisationsgrad n*, also die Anzahl der Monomere in einem Makromolekül, wird zur Stoffkennzeichnung angegeben. Man darf ihn aber nicht als scharf definierte Zahl auffassen, vielmehr als Schwerpunkt oder Mittelwert einer *Verteilung* von Molekülgrößen. Normalerweise sind Polymere nicht kristallisiert. Man kann sie sich vorstellen wie einen Haufen von Spaghetti – freilich können sie sich auch dank der schwachen Wechselwirkung zwischen den einzelnen Molekülfäden bereichsweise parallel nebeneinanderschichten, d. h. *kristallisieren*. Das Molekulargewicht M_P des Polymers folgt aus n und demjenigen des Monomers: $M_P = n M_M$; es stellt ebenfalls einen Mittelwert dar.

Bei der Herstellung technischer Kunststoffe kommen unterschiedliche Arten der Verknüpfung von Monomeren zu Makromolekülen zum Einsatz:

a) Polymerisation im engeren Sinne,
b) Polykondensation,
c) Polyaddition.

Zu a). Bei der *Polymerisation* werden gleichartige Monomere dadurch verknüpft, dass Kohlenstoff-Doppelbindungen unter Energiegewinn aufgespalten werden[4]. Man sieht dies am wichtigsten Beispiel dieser Gruppe, dem Polyethylen:

Ethylen   Polyethylen

$$(5.8)$$

Die Polymerisation benötigt eine chemische Starthilfe (Initiator), um die ersten Doppelbindungen zu „knacken"; auch Licht, insbesondere UV, kann diese Rolle übernehmen. Das Kettenwachstum wird schließlich durch Abbruchreaktionen gestoppt.

Zu b). Zur *Polykondensation* benötigt man Grundbausteine mit mindestens zwei verschiedenen reaktionsfähigen Gruppen, etwa Wasserstoff, die Hydroxyl- (–OH), Carboxyl-

---

[4] Eine C=C-Doppelbindung entspricht $620\,kJ/mol$, zwei C–C-Einfachbindungen entsprechen $696\,kJ/mol$. Die Differenz wird bei der Polymerisation überwiegend als Wärme frei.

(–COOH), Aldehyd- (–COH) oder die Aminogruppe (–NH$_2$). Die Grundbausteine reagieren über die genannten Endgruppen miteinander, wobei eine niedermolekulare Gruppe (meist H$_2$O) abgespalten wird. Wir zeigen dies an zwei wichtigen Beispielen, den Polyestern und den Polyamiden

$$
\underbrace{HO-\overset{\overset{\displaystyle O}{\|}}{C}-R_1-\overset{\overset{\displaystyle O}{\|}}{C}-OH}_{\text{Dicarbonsäure}} + \underbrace{HO-R_2-OH}_{\text{Diol, z.B. Glykol}} \longrightarrow
$$

$$
\underbrace{\left[-O-\overset{\overset{\displaystyle O}{\|}}{C}-R_1-\overset{\overset{\displaystyle O}{\|}}{C}-O-R_2-O\right]_n}_{\text{Polyester}} + n \cdot H_2O \tag{5.9}
$$

$$
\underbrace{HO-\overset{\overset{\displaystyle O}{\|}}{C}-R_1-\overset{\overset{\displaystyle O}{\|}}{C}-OH}_{\text{Dicarbonsäure}} + \underbrace{\overset{\displaystyle H}{\overset{\displaystyle |}{HN}}-R_2-\overset{\displaystyle H}{\overset{\displaystyle |}{NH}}}_{\text{Diamin}} \longrightarrow
$$

$$
\underbrace{\left[-O-\overset{\overset{\displaystyle O}{\|}}{C}-R_1-\overset{\overset{\displaystyle O}{\|}}{C}-\overset{\displaystyle H}{\overset{\displaystyle |}{N}}-R_2-\overset{\displaystyle H}{\overset{\displaystyle |}{N}}\right]_n}_{\text{Polyamid}} + n \cdot H_2O \tag{5.10}
$$

Zu c). Bei der *Polyaddition* reagieren ebenfalls zwei Partner miteinander, aber es werden nur interne Umlagerungen vorgenommen, so dass kein H$_2$O „kondensiert" wird. Die Aufspaltung einer N=C-Doppelbindung ist bei diesem Vorgang wesentlich. Ein wichtiges technisches Beispiel ist Polyurethan:

$$
\underbrace{\overset{\overset{\displaystyle O}{\|}}{C}\overset{=}{\underset{(!)}{}}N-R_1-N\overset{=}{\underset{(!)}{}}\overset{\overset{\displaystyle O}{\|}}{C}}_{\text{Di-isocyanat}} + \underbrace{HO-R_2-OH}_{\text{Diol}} \longrightarrow
$$

$$
\underbrace{\left[\overset{\overset{\displaystyle O}{\|}}{C}-\overset{\displaystyle H}{\overset{\displaystyle |}{N}}-R_1-\overset{\displaystyle H}{\overset{\displaystyle |}{N}}-\overset{\overset{\displaystyle O}{\|}}{C}-O-R_2-O\right]_n}_{\text{Polyurethan}} \tag{5.11}
$$

Tab. 5.1 Strukturtypen und -formeln wichtiger Kunststoffe

Bezeichnung	Kurz-zeichen	Formel	Handelsnamen
Polymerisate			
Polyethylen	PE	$\left[\begin{array}{cc} H & H \\ \vert & \vert \\ C & C \\ \vert & \vert \\ H & H \end{array}\right]_n$	Hostalen, Lupolen
Polystyrol	PS	$\left[\begin{array}{cc} H & H \\ \vert & \vert \\ C & C \\ \vert & \vert \\ H & C_6H_5 \end{array}\right]_n$	Als Schaumstoff: Styropor
Polypropylen	PP	$\left[\begin{array}{cc} H & H \\ \vert & \vert \\ C & C \\ \vert & \vert \\ H & CH_3 \end{array}\right]_n$	Hostalen, PP
Polyvinylchlorid	PVC	$\left[\begin{array}{cc} H & H \\ \vert & \vert \\ C & C \\ \vert & \vert \\ H & Cl \end{array}\right]_n$	
Polymethylmethacrylat = Polymethacrylsäuremethylester	PMMA	$\left[\begin{array}{cc} H & CH_3 \\ \vert & \vert \\ C & C \\ \vert & \vert \\ H & R \end{array}\right]_n$ mit R = –COOCH₃	Plexiglas
Polytetrafluorethylen	PTFE	$\left[\begin{array}{cc} F & F \\ \vert & \vert \\ C & C \\ \vert & \vert \\ F & F \end{array}\right]_n$	Teflon, Hostalen

Tab. 5.1 (Fortsetzung)

Bezeichnung	Kurz-zeichen	Formel	Handels-namen
Polykondensate			
6-6-Polyamid	PA	$\left[-N(H)-(CH_2)_6-N(H)-C(=O)-(CH_2)_4-C(=O)-\right]_n$	Nylon
Silikon	SI	$\left[-Si(R)(R)-O-Si(R)(R)-\right]_n$ mit $R = -CH_3$	Silopren
Polyaddukt			
Polyurethan	PU	$\left[-O-C(=O)-N(H)-(CH_2)_x-N(H)-C(=O)-O-(CH_2)_y-\right]_n$	Caprolan

Auf dieser Grundlage sind in Tab. 5.1 einige wichtige Strukturtypen zusammengestellt. Diese Aufzählung stellt in etwa eine Entsprechung dar zu der in Abschn. 5.4.2 vorgestellten Übersicht der Gitterstrukturen der wichtigen metallischen Werkstoffe. Die Tabelle enthält auch die Kurzzeichen nach DIN 7728/1 und einige bekannte Handelsnamen.

Das Bauprinzip der molekularen Strukturen ist also – wenn man die Anfangsgründe der organischen Chemie begriffen hat – relativ einfach. Die Kunststoffchemie hat nun gelernt, diese einfachen Prinzipien durch eine Fülle von Varianten und Ergänzungen zu einem System von außerordentlich vielfältigen Gestaltungsmöglichkeiten auszubauen; es gestattet in besonderem Maße die Entwicklung von Werkstoffen „nach Maß" bzw. „auf Kundenwunsch". Hierin liegt, neben der einfachen Verarbeitbarkeit, der wesentliche Grund für die große Attraktivität der Kunststoffe. Dies erklärt auch, wieso sie trotz der nicht geringen Werkstoffausgangspreise ein erstaunliches Wachstums ihres Einsatzvolumens gesehen haben.

5.6.2 Entwicklungsprinzipien makromolekularer Werkstoffe

In diesem Abschnitt behandeln wir folgende Möglichkeiten, die Eigenschaften polymerer Werkstoffe von der Struktur und Zusammensetzung her zu beeinflussen:

ohne Veränderung der Zusammensetzung	*mit* Veränderung der Zusammensetzung
Veränderung der Kettenlänge	Zufügung von Weichmachern
Anordnung der Radikale in der Kette	Füll- und Farbstoffe
Verzweigung und Vernetzung	Faserverstärkung
Kristallisation	
Co-Polymerisation	

a) Veränderung der Kettenlänge. Die besonderen Eigenschaften hochpolymerer Werkstoffe treten vor allem bei hohen Polymerisationsgraden zutage. Allgemein gilt: steigende Kettenlänge bewirkt

- höhere Elastizitätsmodule, Zugfestigkeit, Viskosität der Schmelze, Erweichungstemperatur,
- geringere Verformbarkeit, Ermüdungsbeständigkeit, Löslichkeit in Lösungsmitteln.

b) Anordnung der Gruppen bzw. Radikale in der Kette. Diese Anordnungsweise wird auch als Taktizität bezeichnet. Die Eigenschaften der Makromoleküle hängen stark davon ab, wie die einzelnen Gruppen „R" (z. B. Cl in PVC, CH_3 in PP) zu beiden Seiten der C–C-Kette angeordnet sind:

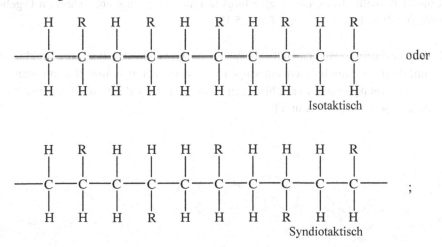

Ataktisch nennt man solche Anordnungen, bei denen die R-Gruppen in statistisch ungeordneter Weise auf die beiden Seiten der Kette verteilt sind; dies ist z. B. bei großtechnisch hergestelltem PVC der Fall. In der Zukunft wird man aber von einer im Herstellungsprozess gesteuerten Taktizität noch überraschende Ergebnisse erwarten können.

c) Verzweigung und Vernetzung. Die einfachste Vorstellung von Makromolekülen ist die, dass Fadenmoleküle eine amorphe Masse mit schwacher Bindung untereinander bilden. Dies ist bei den linearen Kettenmolekülen auch tatsächlich der Fall (Abb. 5.19a; in Wirklichkeit ist die Knäuelbildung noch viel ausgeprägter). Hier liegen also bei erhöhter Temperatur leicht gegeneinander verschiebbare Komponenten vor: eine Kunststoffschmelze. Es lässt sich vorstellen, dass sie bei Abkühlung wie ein Glas erstarrt und spröde wird. Dies ist der typische Aufbau von linearen, nicht kristallisierenden Polymerisaten, die durch Aufbrechen von C=C-Bindungen entstehen.

Bei Polykondensaten, deren Grundbausteine mehr als zwei aktive Verknüpfungsgruppen (wie H, OH, COOH, COH, NH$_2$) enthalten, wird dieses Prinzip jedoch durchbrochen: Es entstehen Verzweigungen der Makromoleküle, und wenn die Zweige sich an andere Moleküle anknüpfen, entstehen *räumliche* Netzwerke (Abb. 5.19b). Die relative Verschiebbarkeit solcher Raumnetze ist naturgemäß sehr gering und wirkt sich im mechanischen Verhalten und in der Temperaturbeständigkeit aus (Abschn. 5.6.3).

d) Kristallisation. Unter c) wurde dargelegt, dass die aus linearen Fadenmolekülen aufgebauten, unvernetzten Polymere bzw. Polykondensate eine amorphe Masse („Spaghetti") bilden, die häufig, so wie auch Silikatschmelzen, glasig erstarren, ohne zu kristallisieren. Andererseits wissen wir, dass sehr regelmäßig aufgebaute Molekülketten, wie etwa das Polyethylen, mit großer Geschwindigkeit kristallisieren, und dies selbst bei -196 °C. Bei Vorliegen geeigneter Bedingungen können auch solche Stoffe, die normalerweise zur Glasbildung neigen, kristallisieren, z. B. das Polystyrol. *Kristallinität* bedeutet dabei eine Parallelanordnung von Molekülfaden-Abschnitten nach Kettenfaltung. In der Praxis läuft dieser Kristallisationsprozess allerdings fast nie vollständig ab, sodass im Ergebnis ein *teilkristallines* Produkt vorliegt (Abb. 5.19c, 5.20).

e) Co-Polymerisation. Hier handelt es sich um eine Art von hochpolymerer Mischkristall-Legierungsbildung. Durch Aneinanderfügen von Monomeren A und B kann man eine Vielzahl von Baumustern mit verschiedenen Eigenschaften realisieren. Meist erfolgt eine statistische Anordnung von A und B.

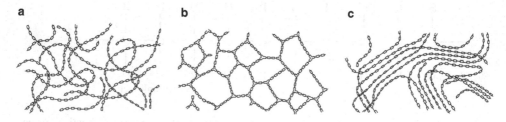

a   **b**   **c**

Abb. 5.19 Drei charakteristische Strukturtypen makromolekularer Stoffe; **a** lineare unvernetzte Fadenmoleküle, **b** räumlich vernetzte Molekülketten, **c** teilkristalline Anordnung unvernetzter Molekülketten

Abb. 5.20 Polyethylen-Molekülketten in kristalliner Anordnung

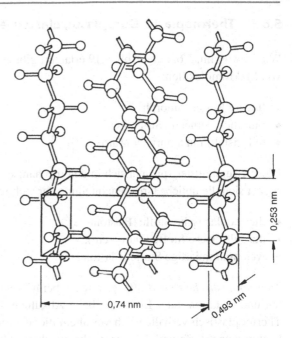

f) Zufügung von Weichmachern. Diese Maßnahme wird vor allem bei PVC eingesetzt, um den mittleren Abstand der Molekülketten zu vergrößern. Dadurch wird die Wechselwirkung der Makromoleküle untereinander verringert, und das Material wird weicher und dehnbarer. Dies ist für zahlreiche Einsatzgebiete sehr wichtig. Herkömmliche Weichmacher sind Ester mehrbasiger Säuren, z. B. Phthalsäureester. Ihre Molekulargewichte liegen zwischen 250 und 500, sodass sie sich einerseits gut zwischen die Kettenmoleküle schieben, andererseits auch ihre Wirkung als „Abstandshalter" ausüben können.

g) Zufügung von Füll- und Farbstoffen. Chemisch inaktive Farbstoffe wie Kaolin, Kreide, sowie Quarz- und Gesteinsmehl oder Sägemehl dienen bei Volumenanteilen bis zu 50 % vor allem der Herabsetzung des Preises bei nicht allzu sehr abfallenden Eigenschaftswerten. Aktive Füllstoffe – z. B. Ruß und aktivierte Kieselsäure – werden vor allem in der Kautschukchemie als Vernetzungs-(Vulkanisations)beschleuniger angewendet. Eingefärbt werden Kunststoffe überwiegend mit organischen Farbstoffen.

h) Faserverstärkung. Durch Zugabe von Verstärkungsfasern mit hohen Elastizitätsmoduln kann die Steifigkeit und Festigkeit der Kunststoffe extrem gesteigert werden. Aus einer Matrix mit sehr geringer Steifigkeit und Festigkeit entstehen Hochleistungswerkstoffe, die zu den festesten überhaupt gehören, s. Abschn. 10.12.2, 10.13.3 und 15.9.2. Kohlenstofffasern (durch thermische Zersetzung organischer Fasern unter Luftabschluss gewonnen) werden verwendet (CFK, volkstümliche Bezeichnung: „Carbon"); Glasfasern sind jedoch die mit Abstand am meisten eingesetzten Komponenten. In der Regel werden Glasfaser-Matten mit dem noch flüssigen Kunststoff getränkt, oder der flüssige Kunststoff wird zusammen mit Glasfaserabschnitten verspritzt (Abschn. 13.2.9).

5.6.3 Thermoplaste, Duroplaste, Elastomere

Wie in Abschn. 5.6.2 und Abb. 5.19 erläutert gibt es drei charakteristische Anordnungen von Makromolekülen:

- lineare Ketten, amorph
- räumlich vernetzte Strukturen
- teilkristallin in amorpher Matrix

Diese Grundmuster spiegeln sich in den mechanischen Eigenschaften wider, und danach richtet sich die übliche Gruppeneinteilung der technischen Kunststoffe in

- thermoplastische Stoffe (Plastomere),
- duroplastische Stoffe (Duromere),
- weichgummiartige Stoffe (Elastomere).

Thermoplastische Kunststoffe erweichen beim Erwärmen bis zu deutlichem Fließverhalten und erstarren unter Erhärtung beim Abkühlen – und zwar wiederholbar, reversibel. Thermoplastisch verhalten sich vor allem die aus linearen, unverzweigten Ketten aufgebauten Kunststoffe und diejenigen, die nur durch physikalische Anziehungskräfte „thermolabil" vernetzt sind. Beim Erwärmen wird also nur die schwache Vernetzung, nicht die molekulare Grundstruktur verändert. Thermoplaste besitzen eine Einfrier- bzw. Erweichungstemperatur ($\approx T_G$, siehe Abschn. 7.4.6 und 10.8.2), unterhalb derer sie glasig-spröde erstarren, oberhalb derer sie sich wie zähflüssige Schmelzen verhalten. Wichtige Beispiele: PE, PVC, PTFE, PMMA.

Duroplastische Kunststoffe sind bei Raumtemperatur harte, glasartige Stoffe, die beim Erwärmen zwar erweichen, aber nicht fließen; bei hohen Temperaturen neigen sie eher zu chemischer Zersetzung. Sie bilden sich aus flüssigen (nicht makromolekularen) Vorprodukten, deren Grundbausteine Verzweigungsstellen enthalten. Die Vernetzung erfolgt während der Herstellung, also z. B. nach dem Zusammengießen und Mischen. Duroplaste sind über Hauptvalenzen räumlich fest vernetzt, und dies ist auch der Grund für ihre geringe Erweichbarkeit. Wichtige Beispiele: Epoxidharze („Uhu plus"), ungesättigte Polyester.

Elastomere sind zwar formfest, aber mit geringen Kräften sehr stark elastisch verformbar; ihr gummielastisches Verhalten bleibt in größeren Temperaturbereichen gleich. Elastomere nehmen eine Mittelstellung zwischen den Thermo- und den Duroplasten ein: Sie sind zwar räumlich *vernetzt*, aber nur *lose*; ein Aneinander-Abgleiten der Makromoleküle (d. h. viskoses Fließen) ist somit nicht möglich. Wohl aber können die im spannungslosen Zustand zu Knäueln aufgewickelten Fadenmoleküle durch angelegte Spannung weit auseinandergezogen werden (Abb. 5.21). Nimmt man die Spannung wieder weg, so „schnurren" die Molekülketten wieder zu annähernd kugelförmigen Knäueln zusammen, die Verformung ist also reversibel-elastisch. Triebkraft für das „Zusammenschnurren" der Mole-

Abb. 5.21 Gummielastische Anordnung von Fadenmolekülen; **a** spannungsfrei (Entropiemaximum), **b** elastisch gedehnt (Energie: $T\Delta S$)

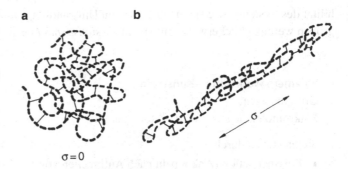

külknäuel ist übrigens nicht die schwache intermolekulare Bindungsenergie, sondern die Entropie (Abschn. 10.2) der Anordnung, welche das unverstreckte Knäuel bevorzugt; man spricht daher auch von der *Entropieelastizität* der Elastomere. Oberhalb ihrer Erweichungstemperatur ($\approx T_G$) zeigen auch die Thermoplaste ein gummielastisches Verhalten. Wichtige Stoffbeispiele für Elastomere sind die aus Naturkautschuk durch *Vulkanisation* (d. h. schwache Vernetzung mit Schwefelbrücken) hergestellten Gummiprodukte und elastomer vernetztes Polyurethan („Vulcollan").

Teilkristalline Thermoplaste können offensichtlich nur aus unverzweigten Ketten aufgebaut werden, weil sonst die exakte Nebeneinander-Lagerung von Molekülsträngen (Abb. 5.20) nicht zu realisieren wäre. Die kristallinen Bereiche vermitteln dem Werkstoff eine erhöhte Steifigkeit und Zugfestigkeit. Der typische Einsatzbereich teilkristalliner Thermoplaste wird, wie man sich leicht überlegt, zu tiefen Temperaturen hin durch die Einfriertemperatur der amorphen Matrix, zu hohen Temperaturen hin durch den Schmelzpunkt der kristallinen Phase begrenzt.

Die hier besprochene Einteilung der makromolekularen Stoffgruppen aufgrund ihres mechanischen Verhaltens ist übrigens in DIN 7724 verankert. Diese Norm stellt den Temperaturverlauf des Schubmoduls G und den der anelastischen Dämpfung δ (Abschn. 10.3) nebeneinander. Dämpfungsmaxima wie in Abb. 5.22 sind deutliche Anzeichen einer La-

Abb. 5.22 Mit dem Torsionspendel bestimmte Dämpfungsmaxima zur Kennzeichnung hochpolymerer Stoffe nach DIN 7724, hier: Plastomer

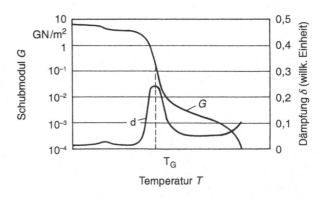

bilität des Systems, wie sie in der Nähe von Umwandlungspunkten vorliegt. Beide Messgrößen werden üblicherweise mit einem *Torsionspendel* bestimmt.

Polymere Werkstoffe – Kunststoffe

Grundbausteine:

Makromoleküle aus $n > 10^3$ Monomeren.

Sie entstehen durch:

- Polymerisation (Ankoppeln nach Aufbrechen von C=C-Doppelbindungen,
- Polykondensation (Reaktion von 2 Monomeren unter Abspaltung von Wasser),
- Polyaddition (Reaktion von 2 Monomeren ohne Abspaltung).

Baupläne:

- lineare Fadenmoleküle, amorph oder teilkristallin: *Thermoplaste* (reversibel, bei Erwärmung erweichend, bei Abkühlung verfestigend);
- räumliche, fest gebundene Netzwerke: *Duroplaste* (keine Fließfähigkeit mit steigender Temperatur, Zersetzung);
- räumliche, lose vernetzte Anordnungen: *Elastomere* (Entropie-gesteuerte Elastizität bis zu großen Dehnungen = Aufwickeln von Molekülknäueln).

Diffusion. Atomare Platzwechsel

6

6.1 Diffusionsvorgänge

6.1.1 Definition

Als *Diffusion* bezeichnet man den *Stofftransport* in Gasen, Flüssigkeiten, amorphen und kristallinen Festkörpern dann, wenn er durch Platztausch individueller Atome („Schritt für Schritt") erfolgt. Im Gegensatz dazu ist *Konvektion* ein Stofftransport durch Fließbewegung größerer Volumenelemente, z. B. in einer gerührten Schmelze.

Die häufigste Ursache von Diffusionsvorgängen ist das Vorhandensein von örtlichen Konzentrationsunterschieden (genauer: von Konzentrations-*Gradienten*). Im Sinne des Strebens nach größtmöglicher Entropie (Abschn. 4.4.3) ist jedes System bestrebt, innerhalb einer Phase einen Konzentrationsausgleich zu erzielen. Dieser wird auch dann angestrebt, wenn gar kein Unterschied in der chemischen Zusammensetzung vorliegt, insbesondere in einem reinen Stoff – wenn nämlich die Konzentration der zwar chemisch gleichen, aber durch verschiedenes Atomgewicht unterscheidbaren *Isotope* veränderlich ist. Man spricht dann von *Selbstdiffusion*. Beispiel: Diffusion des radioaktiven Kupferisotops ^{63}Cu in reinem Kupfer oder in einem Cu-Al-Mischkristall einheitlicher chemischer Zusammensetzung. Man kann auch die Konzentration von Gitterfehlstellen, z. B. Leerstellen, betrachten, weil sich durch die ganz geringe Fehlstellendichte die chemische Zusammensetzung im makroskopischen Sinne nicht ändert.

Diffusion ist der Elementarprozess, der Phasenumwandlungen, insbesondere Ausscheidungen oder Reaktionen mit Gasphasen, möglich macht. Ohne Diffusion gäbe es also z. B. keine Härtung von Stahl oder von Aluminiumlegierungen. Darin liegt ihre außerordentliche technische Bedeutung.

> Diffusion ist Konzentrationsausgleich durch atomare Platzwechsel. Quantitative Aussagen zu den Stoffströmen und der zeitlichen Verschiebung der Diffusionsfronten liefern die Fick'schen Gesetze. Allgemein gilt: Konzentrationsspitzen ebnen sich ein, Konzentrationsmulden füllen sich auf – und zwar um so schneller, je größer der Diffusionskoeffizient ist. Die Maßeinheit des Diffusionskoeffizienten ist m^2/s.

© Springer-Verlag GmbH Deutschland 2016
B. Ilschner, R.F. Singer, *Werkstoffwissenschaften und Fertigungstechnik*,
DOI 10.1007/978-3-642-53891-9_6

6.1.2 Mathematische Beschreibung

Um den soeben definierten Sachverhalt auszudrücken, geht man von der Konzentration c_i der Teilchensorte i in der Einheit $(1/m^3)$ aus. Man erhält c_i aus dem Stoffmengenanteil oder Molenbruch x_i (4.2) durch die Umrechnung

$$c_i = x_i \cdot N_A / V_M, \tag{6.1}$$

wobei N_A die Avogadro'sche Zahl und V_M das Molvolumen der Phase ist, in der die i-Atome eingebettet sind.

Der Stofftransport wird durch eine *Stromdichte* j_i beschrieben, welche die Zahl der i-Atome angibt, die je Zeiteinheit durch einen Querschnitt von $1\,m^2$ transportiert werden, wobei dieser Zähl-Querschnitt normal („quer") zur Stromrichtung stehen soll. Die Einheit von j ist „Atome je m^2 und s", also $1/m^2s$.

Die einfachste Annahme über den Zusammenhang von Diffusionstransportstrom und Konzentrationsgradient ist die, dass die Stromdichte proportional zu dem vorgefundenen Gradienten wächst. Zwischen den beiden Messgrößen j_i und grad c_i besteht dann eine lineare Beziehung, die durch einen Proportionalitätsfaktor oder Koeffizienten präzisiert wird. Diesen Koeffizienten nennt man im vorliegenden Fall den *Diffusionskoeffizienten* und bezeichnet ihn mit D. Also:

$$j_i = -D_i \, \text{grad} \, c_i. \tag{6.2}$$

Man bestätigt aus diesem *1. Fick'schen Gesetz* leicht die Maßeinheit des Diffusionskoeffizienten: m^2/s.

An (6.2) ändert sich nichts, wenn man beide Seiten durch N_A dividiert: Dies heißt nur, dass man c_i in mol/m^3 und j_i in mol/m^2s misst, statt in „Atomen". Das Minuszeichen steht deshalb, weil ein im Koordinatenkreuz nach rechts fließender Strom positiv gezählt werden soll. In dieser Richtung fließen die i-Atome – jedoch nur dann, wenn das c_i-Profil nach rechts abfällt, d. h. wenn grad $c_i < 0$ ist. Für das Beispiel eines aus zwei Probenhälften mit unterschiedlichen Ausgangskonzentrationen zusammengeschweißten Diffusionspaares veranschaulicht Abb. 6.1 den Konzentrationsverlauf $c(x)$ und den zugehörigen Gradienten.

Das 1. Fick'sche Gesetz beschreibt einen Diffusionsstrom. Wenn dieser in ein Volumenelement hineinfließt – etwa in ein Scheibchen von $1\,m^2$ Querschnitt und der Dicke dx –, so nimmt die Konzentration c_i in diesem Scheibchen zu oder ab, je nachdem, wie viele Atome auf der Gegenseite des Scheibchens wieder abfließen. Diese zeitliche Änderung der Konzentration als Folge der örtlichen Konzentrationsunterschiede wird durch Verknüpfung mit der 2. Ableitung der Konzentrationskurve $c(x)$ beschrieben (ihre Herleitung wird in Lehrbüchern für Fortgeschrittene dargestellt). Wir geben sie für den eindimensionalen Fall an (Diffusion in x-Richtung) und verweisen auf das untere Teilbild von Abb. 6.1:

$$\partial c / \partial t = D \, \partial^2 c / \partial x^2. \tag{6.3}$$

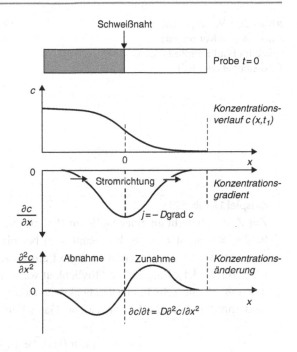

Abb. 6.1 Verlauf der Konzentration, des Konzentrationsgradienten und der 2. Ableitung der Konzentration bei einem typischen eindimensionalen Diffusionsvorgang

In diesem *2. Fick'schen Gesetz* wurde der Sortenindex i aus (6.2) weggelassen, weil in einem Zweistoffsystem der Zusammenhang $x_1 + x_2 = 1$ bzw. $c_1 + c_2 = N_A / V_M$ besteht. Es ist einfach $\partial c_2 / \partial t = -\partial c_1 / \partial t$ usw. Durch diese Koppelung wird gewissermaßen erzwungen, dass individuell verschiedene (partielle) Diffusionskoeffizienten D_i sich beim Zusammenwirken angleichen, so dass in (6.3) nur ein gemeinsamer Diffusionskoeffizient D (ohne Index) auftritt.

Die 2. Ableitung nach x auf der rechten Seite von (6.3) ist ein Maß für die Krümmung des Konzentrationsverlaufs $c(x)$.

Die Aussage des 2. Fick'schen Gesetzes lässt sich wie folgt formulieren: Konzentrationsgradienten bewirken Diffusionsströme. Konzentrationsspitzen ebnen sich ein, Konzentrationsmulden füllen sich auf – und zwar um so schneller, je größer der Diffusionskoeffizient ist. Anschaulicher wird dieser Sachverhalt, wenn man Lösungen von (6.2) bzw. (6.3) betrachtet.

6.1.3 Lösungen der Diffusionsgleichung

Gl. (6.3) hat Lösungen von der Form $c(x, t)$. Diese gestatten es einerseits, den zeitlichen Verlauf der Konzentration an einer bestimmten Stelle x zu verfolgen („Filmaufnahme"), oder den örtlichen Verlauf zu einem gegebenen Zeitpunkt t zu überschauen („Momentaufnahme"). Wie die Lösungsfunktion im Einzelnen aussieht, hängt von den *Anfangs- und Randbedingungen* ab.

Abb. 6.2 „Verschmierung"
einer lokalen Konzentrations-
spitze im Laufe der Zeit durch
Diffusion; ebener Fall

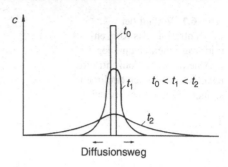

Diffusionsweg

Beispiel 1 (Abb. 6.2)

Zur Zeit t_0 besteht an einer Stelle im Bauteil ein steiles Konzentrationsmaximum; zu
beiden Seiten ist $c = 0$. Es könnte sich beispielsweise um eine Schweißnaht handeln, bei der über einen Zusatzwerkstoff ein weiteres Element eingebracht worden ist
(Abschn. 13.3.1). Eine andere Möglichkeit wäre ein wissenschaftliches Experiment, in
dem eine dünne Schicht eines radioaktiven Isotops zwischen zwei Probenhälften „eingeklemmt" wurde. Die Lösung ist eine Gauß-Funktion des Ortes x und der Zeit t:

$$c(x,t) = (1/\pi Dt)^{1/2} \exp(-x^2/4Dt). \tag{6.4}$$

Sie „zerfließt" mit zunehmender Zeit, und zwar so, dass ihre „Breite" b gemäß

$$b(t) = \sqrt{Dt} \tag{6.5}$$

zunimmt. Der Leser sollte unbedingt die Dimensionen nachvollziehen. (6.5) führt auf
eine wichtige Faustregel, siehe die Zusammenfassung im grauen Kasten weiter unten.

Beispiel 2 (Abb. 6.3)

Zwei Kupferproben werden an den sorgfältig polierten Stirnseiten miteinander verschweißt und danach für Zeitdauern $t_1 < t_2 < t_3 \ldots$ geglüht. Die linke Hälfte enthielt

Abb. 6.3 Konzentrationsausgleich durch Diffusion
zwischen zwei Halbkristallen
(verschiedene Zeiten t)

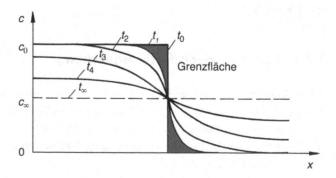

ursprünglich 10 % Nickel, die rechte keines. Die Lösung $c(x,t)$ enthält die Fehlerfunktion erf y. Im Argument der Fehlerfunktion finden wir erneut einen Ausdruck der Form von (6.5). Und so sieht die Lösung aus:

$$c(x,t) = (c_0/2) \left[1 - \mathrm{erf} \left(x/2 \sqrt{Dt} \right) \right].$$ (6.6)

Das Nickel diffundiert mehr und mehr nach rechts. Die Konzentration bei $x = 0$ (an der Grenzfläche) bleibt bei dieser Lösung unabhängig von der Zeit t konstant; die Lösung beschreibt also auch das Eindringen einer Komponente in die andere von der Oberfläche her, z. B. bei der Aufkohlung eines Stahlbleches (Abschn. 13.5.2). In diesem Fall ist die eine Bildhälfte nur „virtuell".

Beispiel 3 (Abb. 6.4)

Ein dünnes Blech der Dicke d enthält Kohlenstoff der Konzentration c_0. Durch Entkohlung von der Oberfläche her (durch Überführung in CO_2 oder CH_2) wird c mit der Zeit auf einen Wert nahe bei 0,0 % erniedrigt. In guter Näherung ergibt sich als Lösung

Abb. 6.4 Konzentrationsverlauf bei der diffusionsgesteuerten Entkohlung eines dünnen Blechs

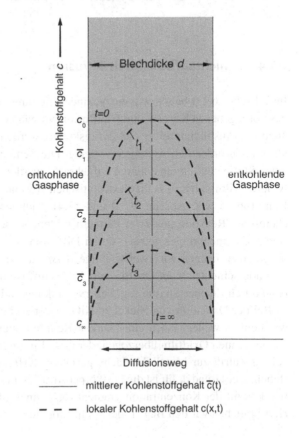

Diffusionsweg

——— mittlerer Kohlenstoffgehalt $\bar{c}(t)$

— — — lokaler Kohlenstoffgehalt $c(x,t)$

für den Mittelwert:

$$\bar{c}(t) = c_0 \exp(-t/\tau). \tag{6.7}$$

Für die *Zeitkonstante* τ in dieser Lösung gilt

$$\tau = \alpha d^2/D, \tag{6.8}$$

wobei α ein Zahlenfaktor (≈ 1) ist. Es liegt wieder die typische Kombination d^2/D vor! Für den umgekehrten Vorgang der *Aufkohlung* bis zur *Sättigung* bei c_S gilt

$$\bar{c}(t) = c_S \left[1 - \exp(-t/\tau)\right]. \tag{6.9}$$

Der mittlere Diffusionsweg X nimmt mit der Zeit „parabolisch" wie $X \approx \sqrt{Dt}$ zu. Das gleiche gilt für die Verschiebung des Ortes eines bestimmten Konzentrationspunktes an der Diffusionsfront. Zur Überwindung eines Diffusionsweges von X cm Länge benötigt das System folglich die Zeit $t \approx X^2/D$.

6.1.4   Schichtaufbau durch Diffusion

Im Abschn. 6.1.3 haben wir die Veränderung eines Konzentrationsprofils innerhalb eines vorgegebenen Körpers durch Diffusionsvorgänge betrachtet. An dieser Stelle soll nun noch die Ausbildung einer *Schicht* diskutiert werden, ein grundsätzlich und auch technisch außerordentlich wichtiger Vorgang. Die Schicht soll also nicht durch Deponieren eines Stoffes auf einem anderen aufgebracht werden (wie etwa beim Lackieren mit polymeren Filmbildnern, beim elektrolytischen Abscheiden oder beim Beschichten aus der Dampfphase, vgl. Abschn. 9.3.4 und 13.4). Vielmehr soll sich die Schicht durch eine chemische Reaktion aus zwei Partnern bilden, wobei man diese über die Schicht hinweg zusammenbringen muss – durch Diffusion. Bevor wir diesen Mechanismus näher besprechen, nennen wir zwei wichtige *Beispiele*: a) Das Wachstum von Oxidschichten („Zunderschichten") auf Oberflächen, b) das diffusionsgesteuerte Beschichten von Stahlband durch Zn oder Sn (die sog. Feuerverzinkung und die Verzinnung von „Weißblech").

Bei der Oxidation von Nickel zu NiO ist der Anfang eine einfache Gasreaktion. Aber wie geht es weiter? Nach einer kurzen Keimbildungsperiode ist die Ni-Oberfläche von einem dünnen Oxidfilm überzogen, der kristallin und dicht ist und daher dem Sauerstoff keinen Zutritt zur Metalloberfläche gestatten dürfte; dennoch bleibt die Reaktion nicht stehen. Der Grund dafür ist die Festkörperdiffusion innerhalb der gebildeten Schicht. Aber wie kommt der Konzentrationsgradient (6.2) innerhalb einer reinen Substanz zustande? Hier brauchen wir den Begriff der Nicht-Stöchiometrie (Abschn. 5.4.3). NiO ist offenbar nicht genau stöchiometrisch zusammengesetzt so wie etwa NaCl; vielmehr besteht ein sehr schmaler, aber endlicher Existenzbereich. Die Fehlordnung des NiO im Kontakt mit dem Ni-Metall (sie besteht aus Leerstellen im Nickel-Gitter) ist etwas kleiner als diejenige an der dem Sauerstoff ausgesetzten Oberfläche. Die Differenz ist Δc (mol/m^3), sodass sich für den Gradienten bei einer Schichtdicke ξ der Wert $\mathrm{grad}\, c = \Delta c/\xi$ ergibt. Jedes diffundierende Mol Nickel trägt durch Reaktion mit dem außen vorhandenen O_2 genau 1 Molvolumen V_{MS} zur Schichtdicke bei, es ist also

$$d\xi/dt = V_{MS}\, j = V_{MS}\, D(\Delta c/\xi). \qquad (6.10)$$

Durch Multiplikation mit ξ ist „Trennung der Variablen" leicht möglich; die einfache Lösung lautet

$$\xi(t) = \sqrt{kt}. \qquad (6.11)$$

In diesem „parabolischen" Wachstumsgesetz, welches man auch das *„Zundergesetz" nach Tammann und Wagner* nennt, sind in dem Wachstumskoeffizienten k mehrere Größen zusammengefasst:

$$k = 2DV_{MS}\Delta c. \qquad (6.12)$$

Mit D steckt in k ein Faktor, der die Beweglichkeit der Atome in der wachsenden Schicht beschreibt (Kinetik); andererseits ist Δc ein Maß für die Triebkraft des Wachstums (Thermodynamik). V_{MS} dient nur zur Umrechnung von molaren Mengen auf Dicken (m). Ein Homogenitätsbereich Δc ist also die Voraussetzung für den Prozess. Beim Eisenoxid ist dieser wesentlich größer als beim Nickeloxid, weshalb Eisen z. B. während des Warmwalzens viel schneller oxidiert („Walzzunder") als Nickel. Aus dem gleichen Grund werden Nickelbasislegierungen bei Hochtemperaturanwendungen gegenüber Stählen bevorzugt.

Entsprechende Vorgänge spielen sich mit einer flüssigen Phase bei der sog. *Feuerverzinkung* ab: Endlose Stahlbänder werden sorgfältig entfettet und entrostet, danach lässt man sie durch ein Bad aus flüssigem Zink laufen. Das Zink reagiert bei der üblichen Temperatur von rund 500 °C sofort mit dem Eisen des Stahls, vgl. Abschn. 7.5.1. Im Unterschied zum oben behandelten NiO ist aber das Zustandsdiagramm Fe-Zn sehr viel komplizierter und umfasst eine ganze Anzahl von mehr oder weniger zinkreichen Phasen. Entsprechend bildet sich gleich eine Folge von mehreren Phasen – die eisenreichste an der Eisenseite, die zinkreichste an der Zinkseite. Gln. (6.8) und (6.9) sind trotzdem für jede Schicht gültig – man muss nur jeweils das richtige D für die einzelnen Schichten einsetzen, die dementsprechend verschieden dick werden. Das etwas altmodische Wort der Feuerverzinkung beschreibt eine der Möglichkeiten, Stahlbänder im Bereich der Massenproduktion (Karosseriebleche) vor Korrosion zu schützen. Es handelt sich also um eine *Reaktion*, nicht einfach um ein Erstarren des Zn auf dem Stahlband (bei 500 °C unmöglich).

Das parabolische Wachstumsgesetz gilt auch für die Bildung von Schichten zwischen zwei Festkörpern, z. B. beim *Cladding* zweier verschiedener Bleche, etwa Kupfer und

Gold. Eine recht stabile Au-Beschichtung entsteht, wenn man die beiden Metalle unter Druckanwendung auf hohe Temperatur bringt. Die Haltbarkeit (Haftfestigkeit) der Edelmetall-Schicht beruht dann darauf, dass sich zwischen beiden Metallen eine mikroskopische Verbindungsschicht aufbaut.

Nicht anwenden kann man das parabolische Gesetz auf Vorgänge, die nicht diffusionsbestimmt sind. Das gilt etwa für das *Rosten* (Abschn. 9.2.5). Die durch Reaktion von Eisen, Sauerstoff und Feuchtigkeit gebildete Reaktionsschicht ist nämlich derart porös, dass die Diffusion kein begrenzender Faktor mehr ist. Das Δc darf also fast Null sein; das Haupthindernis liegt jetzt bei der chemischen Reaktion an der Phasengrenze, und die wird nur wenig von der Schichtdicke beeinflusst. Die Geschwindigkeit ist daher näherungsweise linear – man spricht von einer „phasengrenzreaktionsbedingten" Kinetik.

6.1.5   Abhängigkeit des Diffusionskoeffizienten. Thermische Aktivierung

Die Größe D gibt an, wie rasch bei einem vorgegebenen Konzentrationsgefälle der Stofftransport in einer Substanz erfolgt. Man vermutet zu Recht, dass dies eine Frage des Aufbaus dieses Stoffs ist, insbesondere der herrschenden Bindungskräfte. Der Diffusionskoeffizient wird also stark von der Art des betreffenden Stoffs abhängen, und innerhalb einer Mischphase von deren Zusammensetzung, d. h. $D = D(c)$. Außerdem wird man erwarten, dass verschiedene Atom- oder Ionensorten innerhalb eines Festkörpers verschieden schnell wandern, d. h. $D_i \neq D_k$. Schon aufgrund der sehr unterschiedlichen Ionenradien wird verständlich, dass z. B. Sauerstoff in Nickeloxid wesentlich langsamer diffundiert als Nickel, Kohlenstoff in Stahl viel schneller als Chrom.

Hinzu kommt die starke und daher wichtige *Temperaturabhängigkeit*. In einem Festkörper, z. B. einer Kupferlegierung, kann bei niedrigen Temperaturen praktisch überhaupt keine Diffusion stattfinden. Die dichtgepackten, fest im Gitter eingebauten Atome haben keine Bewegungsmöglichkeit[1]. Steigende Temperatur T führt jedoch dem Gitter Zusatzenergiebeträge (kT) zu, die eine Intensivierung der *Gitterschwingungen* zur Folge haben: Die Atome bewegen sich in unkoordinierten, aber periodischen „Zitterbewegungen" um ihre Ruhelagen, die durch das Raumgitter vorgezeichnet sind (siehe Abschn. 4.4). Diese temperaturbedingte Vibration ermöglicht, wenn auch nur bei jedem „zig-millionsten" Anlauf, Platzwechsel der Atome. Diese Auswirkung der Temperatur nennt man *thermische Aktivierung*. Sie lässt sich gut mit dem Bild der *Aktivierungsschwelle* verstehen (Abb. 6.5). Eine Aktivierungsschwelle liegt dann vor, wenn ein Atom – sei es in einer Gasphase, im festen oder im flüssigen Zustand – von seiner jeweiligen Position in eine energetisch günstigere Position nur dann hinein kommt, wenn es zuvor einen ungünstigen Zwischenzustand, eine „Schwelle" oder *„Sattelpunktslage"* überwindet.

---

[1] Man kann zeigen, dass bei einer homologen Temperatur $T/T_S = 0{,}4$ (T_S Schmelztemperatur) die Atome im Durchschnitt nur noch einmal pro Tag ihre Position wechseln. Bei Kupfer entspricht dies 543 °C.

Abb. 6.5 Überwindung einer Potenzialschwelle im Gitter durch thermische Aktivierung mit Hilfe überlagerter Triebkräfte

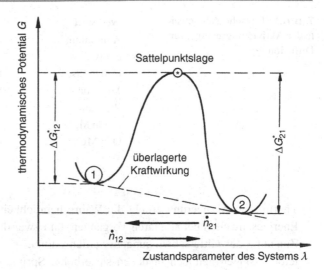

Beispiele für thermische Aktivierung und Sattelpunktslagen

- Platzwechsel eines Atoms im Gitter bei Vorliegen eines Konzentrationsgradienten,
- Verdampfen eines Atoms aus der Oberfläche einer Schmelze oder eines Festkörpers,
- Adsorption/Desorption von O_2 auf Ni,
- Reaktion von C und Cr in einem legierten Stahl unter Bildung von Chromcarbid Cr_7C_3,
- Auflösung von Zn in verdünnter Salzsäure durch in Lösung gehen von Zn-Atomen aus der Oberfläche.

Zwischen Ausgangs- und Endzustand liegt dabei jeweils eine Konfiguration vor, in der die beteiligten Atome „sprungbereit sind" und dabei vorübergehend instabile, d. h. energetisch höher liegende Positionen einnehmen. Thermische Aktivierung bedeutet nun, dass aufgrund der fluktuierenden thermischen Energie kT ab und zu (sehr selten) ein Atom einen besonders kräftigen Impuls in die richtige Richtung erhält und somit über die Schwelle gehoben wird. Die nach *Boltzmann* benannte statistische Theorie lehrt, dass die Wahrscheinlichkeit P für solche „erfolgreiche" Stöße, bzw. für Atome in energetisch ungünstigen Sattelpunktslagen zwar stets sehr klein ist, aber doch mit der Temperatur stark zunimmt, und zwar wie

$$P(T) = \exp(-\Delta G^*/kt) = \exp(-\Delta G^* N_L/RT) \qquad (6.13)$$

Dabei ist ΔG^* die Höhe der Schwelle und N_L die Loschmidt-Konstante ($N_L = N_A/V_M$). Für die Temperaturabhängigkeit genügt es, aus ΔG^* den Enthalpieanteil ΔH^* herauszuziehen (vgl. Abschn. 4.4.3). Es ist üblich, ΔH^* mit Q zu bezeichnen und diese Größe *Aktivierungsenergie* zu nennen:

$$P(T) = \text{const} \cdot \exp\left(-\frac{Q}{RT}\right) \qquad (6.14)$$

Tab. 6.1 Typische Zahlenwerte der Aktivierungsenergie für Diffusion Q_D

Werkstoff	Q_D in kJ/mol	T_S in K
Aluminium	142	933
α-Eisen	251	1809
C in α-Eisen	80	1809
Molybdän	386	2890
Wolfram	507	3683
Mg in MgO	331	3070
O in MgO	261	3070

Thermische Aktivierung erhöht die Wahrscheinlichkeit für die Überwindung von Energieschwellen bei atomaren Vorgängen, und zwar durch Wärmezufuhr. Mit der Zunahme der Gitterschwingungen werden Atome in energetisch ungünstige Sattelpunktslagen gehoben in denen sie erhöhte Sprungbereitschaft aufweisen. Die thermische Aktivierung gehorcht der Funktion (6.14); ihr charakteristischer Parameter ist die Aktivierungsenergie Q in kJ/mol (eigentlich eine Aktivierungsenthalpie). Betrachtet man nicht die molare Energie sondern ein einzelnes Atom, steht im Nenner des Exponenten kt statt RT. In der Festkörperphysik, wo es sich vielfach um einzelne atomare Vorgänge handelt, verwendet man oft statt Joule die Einheit „eV" (Elektronen-Volt), entsprechend der Energie, die von einer elektrischen Elementarladung beim Durchlaufen eines Potenzialgefälles von 1 Volt aufgenommen wird.

Hohe Aktivierungsenergie bedeutet geringe Wahrscheinlichkeit, hohe Temperatur erhöhte Wahrscheinlichkeit. Da, wie gesagt, auch der atomare Platzwechsel bei der Diffusion in flüssigen und vor allem in festen Phasen nur durch thermische Aktivierung ermöglicht werden kann, wird verständlich, dass die Temperaturabhängigkeit des Diffusionskoeffizienten $D(T)$ beschrieben wird durch die als *Arrhenius-Funktion* bezeichnete Gleichung

$$D(T) = D_0 \exp(-Q_D/RT). \tag{6.15}$$

Typische Größenordnungen von D für Metalle sind

- bei 2/3 der absoluten Schmelztemperatur:
  $D \approx 10^{-14}\,\text{m}^2/\text{s} = 10^{-10}\,\text{cm}^2/\text{s}$,
- kurz unterhalb der Schmelztemperatur:
  $D \approx 10^{-12}\,\text{m}^2/\text{s} = 10^{-8}\,\text{cm}^2/\text{s}$,
- im geschmolzenen Zustand:
  $D \approx 10^{-9}\,\text{m}^2/\text{s} = 10^{-5}\,\text{cm}^2/\text{s}$.

Zahlenwerte für die Aktivierungsenergie der Diffusion Q_D finden sich in Tab. 6.1. Man erkennt deutlich den Zusammenhang von Q_D mit der Schmelztemperatur T_S. Auf Abb. 6.6 wird hingewiesen.

Abb. 6.6 Temperaturabhängigkeit der Diffusionskoeffizienten für Kohlenstoff in α- und γ-Eisen sowie des Selbstdiffusionskoeffizienten von Aluminium. Die Steigung der Geraden entspricht der Aktivierungsenergie Q_D

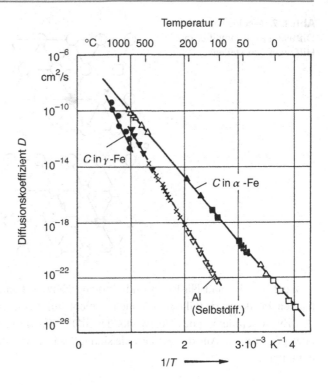

6.1.6 Diffusionsmechanismen

Diffusionsvorgänge, also atomare Platzwechsel, werden in Schmelzen durch die fluktuierenden Leervolumina von rd. 5 % der Gesamtdichte ermöglicht, s. Abschn. 5.3: Jedes Atom in der Schmelze rückt von Zeit zu Zeit in die Nachbarschaft einer solchen Lockerstelle und hat damit die Chance eines (relativ) leichten Platzwechsels in eine neue Nachbarschaft.

In Festkörpern ist es analog: Atomare Platzwechsel von Atomen auf Gitterplätzen werden durch *Leerstellen* vermittelt, s. Abschn. 5.4.3. Durch Platztausch mit der Leerstelle kann im Zuge einer (relativ umständlichen) Zufallsschrittfolge (Abb. 6.7) eine Verschiebung der Konzentrationen erfolgen. Wenn man sich dies vor Augen hält, wundert man sich nicht, dass Diffusion ein so langsamer Vorgang ist.

Ein Alternativmechanismus betrifft diejenigen Systeme, bei denen Nichtmetallatome im Zwischengitter eingelagert sind, s. Abschn. 5.4.3. Zwischengitteratome wie C oder N in α-Fe brauchen natürlich nicht auf eine Gitterleerstelle zu warten; sie können jederzeit einen Platzwechsel in den benachbarten Zwischengitterplatz vollziehen. Allein, auch dabei müssen sie eine Energieschwelle ΔG^* überwinden, d. h. eine Aktivierungsenergie Q_D aufbringen. Sie ist aber deutlich kleiner als für die Eisenatome des Wirtsgitters, vgl. Tab. 6.1. Aus diesem Grunde ist auch D_C in α-Eisen um mehrere Zehnerpotenzen höher als D_{Fe}: C-Atome diffundieren (typisch) 1000-mal schneller als Fe-Atome.

Abb. 6.7 Mechanismus der Diffusion im Raumgitter mit Hilfe von Leerstellen

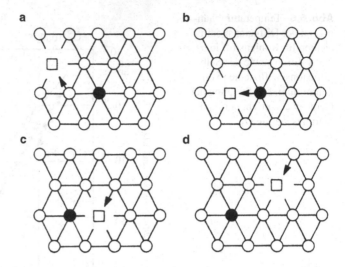

Auch die K- und Na-Ionen und ähnliche Netzwerkunterbrecher in amorphen silikatischen Festkörpern (Gläsern) brauchen nicht auf Leerstellen zu warten, da sie sich in den Zwischenräumen des Netzwerks der SiO_4^{4-}-Tetraeder thermisch aktiviert relativ gut bewegen können. Aus diesem Grunde sind Gläser bei erhöhter Temperatur recht gute „Ionenleiter".

> In dicht gepackten Strukturen erfolgen atomare Platzwechsel überwiegend durch thermisch aktivierten Platztausch von Atomen mit benachbarten Leerstellen. Diffundieren Atome als Gitterbausteine in eine Richtung, so diffundieren Leerstellen in die Gegenrichtung.

6.2 Triebkräfte

6.2.1 Thermodynamisches Potenzial

In Abschn. 4.4.3 haben wir festgestellt, dass die Abnahme des Thermodynamischen Potenzials die Triebkraft für die Strukturveränderungen in Werkstoffen liefert. Eine thermodynamische Ableitung der Fick'schen Gesetze zeigt dann auch, dass *nicht Konzentrationsunterschiede*, sondern allgemein *Unterschiede des thermodynamischen Potenzials,* bzw. der thermodynamischen Aktivität einer Atomsorte zu den Diffusionsströmen führen. In der Regel bedeutet lokale Anreicherung einer Atomsorte dann erhöhtes Potenzial, bzw. erhöhte Aktivität und erzwungenes Einebnen des Konzentrationsbergs. In seltenen Fällen sind aber auch Konzentrationsanreicherungen denkbar, man spricht von „*Bergaufdiffusion*". In Abschn. 7.5.5 werden wir ein Beispiel kennenlernen.

Aus der Tatsache, dass es grundsätzlich um eine Reduktion des Thermodynamischen Potenzials geht, folgt auch, dass andere Phänomene als Konzentrationsschwankungen Triebkräfte für Diffusionsströme liefern können. Ein Beispiel sind Sintervorgänge (Abschn. 8.5), wo die Reduktion der Grenzflächenenergie zu Transportvorgängen führt. Ein anderes Beispiel stellen elektrische Felder dar, die im nächsten Abschnitt behandelt werden.

6.2.2   Elektrische Felder. Ionenleitung

Nicht alle, aber zahlreiche Ionenkristalle (Abschn. 5.2) enthalten Leerstellen, welche Platzwechsel der Kationen oder Anionen möglich machen. Beispielsweise sind in Oxiden wie NiO, MgO die Kationen, in UO_2, ZrO_2 die Anionen (also Sauerstoff) relativ leicht beweglich. Ionen sind elektrische Ladungsträger. Daher wirkt auf sie eine *Kraft*, wenn sie in ein elektrisches Feld der Stärke E hineingeraten.

$$K_E = zeE \tag{6.16}$$

(z: Wertigkeit des Ions, e: elektrische Elementarladung).

Eine Feldstärke, gemessen in V/m, drückt aus, dass ein Gradient des elektrischen Potenzials, grad V, vorliegt. Dies ist gleichbedeutend mit einem Gradienten der potenziellen Energie $U_E = zeV$ der Ionen. Ionen in einem Feld sind also Ionen in einem Gradienten der potenziellen Energie, die man dem thermodynamischen Potenzial G zurechnen kann. Dies ist in Abb. 6.5 geschehen. Das Ion rollt gewissermaßen den Potenzialberg hinunter, oder es wird hinaufgeschoben; bei jedem Teilschritt muss die Aktivierungsschwelle überwunden werden.

Sie ist naturgemäß von „unten" aus gesehen größer als von oben: $\Delta G_{21}^* > G_{12}^*$ in 0. Dementsprechend ist es wahrscheinlicher, dass ein Ion über die Sattelpunktslage in das tiefere Energieniveau gehoben wird, als umgekehrt. Obwohl also Platzwechsel der Ionen prinzipiell in beiden Richtungen erfolgen, resultiert „netto" ein Überschuss in Richtung des elektrischen Potenzialgefälles. Dieser Überschuss ist der makroskopisch gemessene Strom. Wir verzichten hier auf die Ableitung und schreiben nur das Ergebnis hin:

$$j_E = \sigma_{Ion}\, \text{grad}\, V \quad (\text{A/m}^2). \tag{6.17}$$

Sie erinnert an das 1. Fick'sche Gesetz (6.2). Der elektrische Strom j_E kann als Ladungstransport je Zeit- und Flächeneinheit (As/m²s) verstanden werden. Die Ionenleitfähigkeit σ_{Ion} hat die Maßeinheit $(\Omega m)^{-1}$; in ihr ist die Platzwechselwahrscheinlichkeit $P(T)$ oder der Diffusionskoeffizient der Ionen D_{Ion} enthalten – natürlich mit der entsprechenden starken Temperaturabhängigkeit, vgl. auch Abschn. 11.5.4.

6.2.3 Vergleich mit Wärmeleitung

Obwohl der Mechanismus der *Wärmeleitung* in Festkörpern und Schmelzen mit dem der Diffusion nichts zu tun hat, folgt er doch formal gleichen Gesetzen. Die mathematische Behandlung von Wärmeleitungsproblemen war jedenfalls geklärt, lange bevor das Wesen der Diffusion erkannt worden war. Dem 1. Fick'schen Gesetz der Diffusion entspricht die folgende Differenzialbeziehung für einen Wärmestrom:

$$j_Q = -\lambda \operatorname{grad} T \quad (J/m^2 s). \tag{6.18}$$

Diese Gleichung macht eine Aussage über die Zufuhr oder Abfuhr von Wärme, wenn ein Temperaturgradient vorliegt. Man sieht leicht, dass die Maßeinheit der Wärmeleitfähigkeit λ durch $J/m\,s\,K = W/m\,K$ gegeben ist. Im Prinzip ist „Temperatur" natürlich keine Größe, die transportiert werden kann. Transportieren kann man nur Wärme, und die Triebkraft dafür sollte in Analogie zur Diffusionsgleichung (6.2) ein Gradient der *Wärmeenergiedichte* h in J/m^3 sein. Wir erhalten h aus T durch die Beziehung

$$h = \overline{c_P} \varrho T \quad (J/m^3), \tag{6.19}$$

wobei $\overline{c_P}$ ein Mittelwert der spezifischen Wärme in $J/g\,K$ (s. Tab. 6.2) und ϱ die Dichte in g/m^3 ist. Dann kann (6.18) umgeschrieben werden als

$$j_Q = -(\lambda/\overline{c_P}\varrho) \operatorname{grad} h = -a \operatorname{grad} h. \tag{6.20}$$

Damit hat man eine neue Kenngröße, die *Temperaturleitfähigkeit* a, eingeführt, welche – wie der Diffusionskoeffizient D – die Maßeinheit m^2/s hat. Es ist

$$a = \lambda/\overline{c_P}\varrho, \tag{6.21}$$

und man kann die Analogie vertiefen durch die klassische *Wärmeleitungsgleichung* in der Form

$$\partial h/\partial t = a(\partial^2 h/\partial x^2). \tag{6.22}$$

Sie geht durch Kürzen mit $(\overline{c_P}\varrho)$ in die bekanntere Form

$$\partial T/\partial t = a(\partial^2 T/\partial x^2) \tag{6.23}$$

über, die genauso wie das 2. Fick'sche Gesetz aussieht und allgemein nach *Fourier* benannt wird. Sie hat auch dieselben Lösungen wie die auseinanderfließende Glockenkurve usw. Auch die „Faustformel" $X \approx (at)^{1/2}$ gilt entsprechend. So wie anhand des Systems Fe-Zn in Abschn. 6.1.4 die Aufeinanderfolge verschiedener Gradienten in einem Mehrlagenverbund aufgrund der verschiedenen D-Werte erwähnt wurde, so können wir jetzt ein

Tab. 6.2 Wärme- und Temperaturleitfähigkeiten einiger Stoffe (Raumtemperatur)

Werkstoff	λ in W/m K	a in m²/s
Silber	418	$1{,}7 \cdot 10^{-4}$
α-Eisen	72	$2{,}1 \cdot 10^{-5}$
Austenit-Stahl	16	$4 \ \cdot 10^{-6}$
Aluminiumoxid	30	$9 \ \cdot 10^{-6}$
Fensterglas	0,9	$2{,}2 \cdot 10^{-7}$
Ziegelstein	0,5	$3{,}7 \cdot 10^{-7}$
Holz	0,2	$2{,}3 \cdot 10^{-7}$
Styropor	0,16	$1{,}2 \cdot 10^{-7}$

Alltagsbeispiel heranziehen: Den Boden eines hochwertigen Kochtopfs, der den Erfordernissen von Planheit, Festigkeit, Korrosionsschutz und Wärmeleitung entsprechen muss; er ist ein komplexes System von Lagen aus verschiedenen Metallen, diese weisen entsprechend ihrer Temperaturleitfähigkeit a eine Folge von Temperaturgradienten auf, die einen kontinuierlichen Wärmestrom erlauben. Für den Leser, der solche Alltagsbeispiele nicht mag, sei auf die Wärmedämmschichten von Gasturbinenschaufeln in Flugzeugen hingewiesen.

Während für Probleme des Wärmetransports z. B. bei der Erstarrung einer Schmelze (freiwerdende Schmelzwärme!) die Wärmestromgleichung (6.18) mit der Wärmeleitfähigkeit λ besonders gut angepasst ist, lassen sich Probleme der Temperaturverteilung in der Nähe von Schweißnähten oder als Folge von Laserstrahlung besser mit (6.20) und der Konstanten a behandeln. In Tab. 6.2 sind einige Zahlenwerte angegeben.

Zustandsänderungen und Phasenumwandlungen 7

7.1 Systematik der Umwandlungen

Im Zentrum von Kap. 4 stand der Begriff „Gleichgewicht". Zu jedem Satz von *Zustands-parametern* (Temperatur, Druck, Zusammensetzung) findet ein System einen Zustand, der durch größtmögliche Stabilität gekennzeichnet ist (in Formelsprache: durch ein Minimum des *thermodynamischen Potenzials G*).

Ändert man die Zustandsparameter, so gilt für dasselbe System ein anderer *Gleichge-wichtszustand*. Bei geringfügigen Änderungen der Zustandsparameter ist es wahrschein-lich, dass es im gleichen Zustandsfeld bleibt – es ändern sich zwar Eigenschaften und Mengenverhältnisse vorhandener Phasen, aber es treten keine neuen auf. Bei größeren Änderungen werden jedoch Grenzlinien der Zustandsdiagramme überschritten, so dass ganz neue Phasen gebildet werden müssen. Dies erfordert den Prozess der *Keimbildung* mit anschließendem *Wachstum*.

Die häufigste Änderung von Zustandsparametern besteht in Temperaturänderungen, und nur solche werden nachfolgend behandelt.

Beim Abkühlen

- eines *gasförmigen* Systems (z. B. Metalldampf) erfolgt zunächst bei Unterschreiten des Taupunktes *Kondensation* in Form kleiner Tröpfchen der flüssigen Phase oder *Resub-limation* in Form fester Kristalle („Raureif" bei Wasserdampf);
- eines *flüssigen* Systems (z. B. Legierungsschmelze) erfolgt bei Unterschreiten des Schmelzpunktes bzw. der Liquiduslinie bzw. der eutektischen Temperatur *Kristallisa-tion* oder im graduellen Übergang *glasige Erstarrung*;
- eines *Festkörpers* erfolgt bei Unterschreiten einer Gleichgewichtstemperatur *Phasen-umwandlung* (z. B. $\gamma \rightarrow \alpha$-Eisen oder $\beta \rightarrow \alpha$-Titan); bei Unterschreiten einer Löslich-keitslinie *Ausscheidung* einer zweiten Phase aus dem übersättigten Mischkristall, bei Unterschreiten einer eutektoiden Temperatur *eutektoider Zerfall* des Mischkristalls in zwei (oder mehr) Phasen.

© Springer-Verlag GmbH Deutschland 2016
B. Ilschner, R.F. Singer, *Werkstoffwissenschaften und Fertigungstechnik*,
DOI 10.1007/978-3-642-53891-9_7

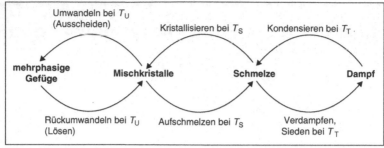

Temperatur T ⟶

Abb. 7.1 Beispiele für Phasenumwandlungen

Beim Erwärmen

- eines *Festkörpers* erfolgt bei Überschreiten einer Gleichgewichtstemperatur *Phasen-umwandlung*, bei Überschreiten einer Löslichkeitslinie *Auflösung* ausgeschiedener Phasen (Homogenisierung), bei Überschreiten einer peritektischen Temperatur *inkongruentes Schmelzen*, d. h. Aufteilung der betreffenden Phase in Schmelze und eine andere Phase, bei Überschreiten der Solidustemperatur *partielles Aufschmelzen*;
- einer *Schmelze* erfolgt *Verdampfung* mit zunehmender Verdampfungsgeschwindigkeit (wie Verdunsten von Wasser), bei Überschreiten der Siedetemperatur Verdampfung unter Bildung von Dampfblasen (wie Kochen von Wasser).

Wir fassen diese Systematik in dem vereinfachten Schema in Abb. 7.1 zusammen.

7.2 Keimbildung (homogen und heterogen)

Kommt es im Verlauf einer Zustandsänderung zur Neubildung einer Phase (s. die Beispiele in Abschn. 7.1), so entstehen zunächst durch Zusammenlagerung weniger Atome extrem kleine lokale Bereiche – z. B. winzige Kügelchen – der neuen Phase; man bezeichnet sie als *Keime*. Prinzipiell müssten diese Keime wachstumsfähig sein, sobald $T < T_U$, wie klein auch immer die *Unterkühlung* $(T_U - T)$ ist. In Wirklichkeit ist aber zur Keimbildung eine endliche Unterkühlung ΔT erforderlich. Aus der Abb. 4.1 liest man ab, dass dies gleichbedeutend ist mit einer endlichen (d. h. von Null verschiedenen) thermodynamischen Triebkraft ΔG.

Aus (4.16) folgt zunächst für die treibende Kraft bei einer Phasenumwandlung ganz generell

$$\Delta G = \Delta H - T \Delta S. \tag{7.1}$$

Bei $T = T_U$ ist definitionsgemäß $\Delta G = 0$; in (7.1) eingesetzt:

$$\Delta H = T_U \Delta S. \tag{7.2}$$

Aus (7.2) und (7.1) ergibt sich:

$$\Delta G = \Delta H - T\frac{\Delta H}{T_U} = \frac{\Delta H(T_U - T)}{T_U} = \frac{\Delta H \Delta T}{T_U}. \tag{7.3}$$

Eine Unterkühlung um ΔT bzw. ein Energiebetrag ΔG_K wird für die Keimbildung benötigt, weil der Keim eine Oberfläche bzw. Grenzfläche gegenüber der Ausgangsphase besitzt und die Bildung von Grenzflächen in kondensierten Phasen stets einen Energieaufwand erfordert. Er wird als spezifische Grenzflächenenergie γ in der Einheit J/m^2 ($= N/m$) gemessen (s. Kap. 8).

> *Grenzflächenenergien* sind zwar betragsmäßig klein, aber trotzdem von großer Bedeutung für Zustandsänderungen. Größenordnung von Grenzflächenenergien: $\gamma = 0{,}2 \dots 2 \, J/m^2$. Mehr Informationen zur Natur der Grenzflächenenergie in Abschn. 8.1.

Somit können folgende Überlegungen angestellt werden:

- Die Bildung von Keimen einer neuen Phase bei einer Umwandlung erfordert den Aufbau von Grenzflächen der Größe A und den entsprechenden Aufwand an Grenzflächenenergie $A \cdot \gamma$.
- Bei sehr kleinen Keimen mit extrem ungünstigem Verhältnis von Oberfläche A zu Volumen V ist der Aufwand für die Grenzflächenenergie $A \cdot \gamma$ größer als der Gewinn an Volumenenergie aus der thermodynamischen Potenzialdifferenz Δg_V (hierbei ist die negative Größe Δg_V der Wert von ΔG für die Phasenumwandlung, nur auf $1 \, m^3$ statt auf $1 \, mol$ bezogen). Derartige Keime sind also thermodynamisch instabil; sie bilden sich nur aufgrund statistischer Fluktuationen – also zufallsmäßig – und bauen sich sehr rasch wieder ab.
- Da sehr große Keime mit günstigem Verhältnis A/V gewiss wachstumsfähig sind, muss es einen Keim kritischer Größe (V^*, r^*) geben, bei dessen Weiterbau Aufwand für γ und Gewinn an g_V gerade gleich groß sind. Jeder Keim kritischer Größe, der durch Zufallsprozesse entgegen den Stabilitätstendenzen gebildet wurde, kann durch Anlagerung weiterer Atome unter Energiegewinn stabil (= „automatisch") weiterwachsen.
- Der kritische Keim wird umso kleiner sein können, je leichter er den Grenzflächenenergie-Aufwand durch den Volumenenergie-Gewinn kompensiert, d. h. je größer die Unterkühlung unterhalb von T_U ist. Daher ist zu erwarten, dass der kritische Keimradius r^* eine stark abnehmende Funktion der Unterkühlung ist: $r^* = f(\Delta T)$. Von r^* wiederum hängt ΔG^* ab, der Zusatzaufwand an thermodynamischem Potenzial für die Bildung kritischer Keime.

Da die Bildung des kritischen Keims ein Zufallsereignis ist, wird sie umso unwahrscheinlicher sein, je größer ΔG^* ist. Es gilt: Je kleiner die Unterkühlung ΔT, desto kleiner ist die verfügbare Volumenenergie Δg_V, desto größer muss der kritische Keimradius r^* angesetzt werden, desto größer wird die Energieschwelle ΔG^*, desto unwahrscheinlicher wird die Keimbildung, desto weniger Keime wird man je Volumeneinheit vorfinden.

Wegen der Investition an neuer Grenzfläche ist Keimbildung ohne Unterkühlung unmöglich.

$$\text{Geringe Unterkühlung} \rightarrow \text{wenige (große) Keime}$$

$$\text{Starke Unterkühlung} \rightarrow \text{zahlreiche (kleine) Keime}$$

Wir kleiden diese Überlegungen noch in einen mathematischen Ansatz, wobei wir von kugelförmigen Keimen mit dem Radius r ausgehen:

$$\Delta G = -(4\pi r^3/3)\Delta g_V + 4\pi r^2 \gamma. \tag{7.4}$$

Der negative erste Summand stellt den Gewinn aus der Phasenumwandlung, der zweite den Aufwand für die Grenzfläche dar.

Diese Funktion ist in Abb. 7.2 graphisch dargestellt. Die Änderung von ΔG, die mit einer sehr geringen Vergrößerung des Keims (von r auf $r + \mathrm{d}r$) verbunden ist, erhält man durch Differenziation

$$\mathrm{d}\Delta G/\mathrm{d}r = -4\pi r^2 \Delta g_V + 8\pi r \gamma. \tag{7.5}$$

Man sieht, dass dieser Ausdruck in der „Startphase" des Keims ($r \approx 0$) positiv ist, weil dann $r^2 \ll r$:

$$(\mathrm{d}\Delta G/\mathrm{d}r) \rightarrow +8\pi r \gamma \quad \text{für} \quad r \rightarrow 0. \tag{7.5a}$$

Umgekehrt ist diese Energiebilanz für große Keime ($r^2 \gg r$) ohne Zweifel günstig, weil Δg_V negativ ist

$$(\mathrm{d}\Delta G/\mathrm{d}r) \rightarrow -4\pi r^2 |\Delta g_V| \quad \text{für} \quad r \rightarrow \infty. \tag{7.5b}$$

Dazwischen liegt der kritische Keimradius, für den $\mathrm{d}\Delta G/\mathrm{d}r = 0$ sein muss. Durch Nullsetzen von (7.5) folgt

$$r^*(T) = 2\gamma/|\Delta g_V(T)|. \tag{7.6}$$

Abb. 7.2 Thermodynamisches Potenzial als Funktion des Kugelradius bei der homogenen Keimbildung. Durch Zufallsereignisse müssen kritische Keime mit dem Radius r^* entstehen, damit Keimbildung möglich ist

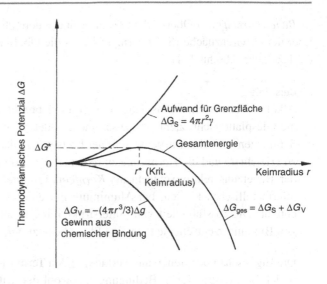

Die Temperaturabhängigkeit von Δg_V ist linear, während die Grenzflächenenergie γ nur sehr schwach von T abhängt. Aus (7.3) leiten wir durch Umrechnung mit dem Molvolumen V_M und Einführen einer Konstante m ab

$$\Delta g_V = \Delta G / V_M = (m / V_M) \Delta T < 0. \tag{7.7}$$

Durch Einsetzen in (7.6) erkennt man, wie der kritische Keim mit zunehmender Unterkühlung ΔT immer kleiner wird:

$$r^*(T) = 2\gamma V_M / m |\Delta T|. \tag{7.8}$$

Die mit dem kritischen Keim verbundene Energieschwelle ΔG^* ergibt sich durch Einsetzen von (7.6) in (7.4) unter Berücksichtigung von (7.3) bzw. (7.8) zu

$$\Delta G^* = \frac{16\pi}{3} \frac{\gamma^3}{\Delta g_V^2} = \text{const} \frac{\gamma^3}{\Delta g_V^2} = \text{const}' \frac{\gamma^3}{\Delta T^2}. \tag{7.9}$$

Diese Energieschwelle ist positiv! Die Formelschreibweise lässt die Konkurrenz von „Aufwand" (γ) und „Gewinn" (Δg_V bzw. ΔT) deutlich erkennen. Für $T \rightarrow T_U$ gehen sowohl Δg_V als auch ΔT gegen Null, d. h. ΔG^* geht gegen unendlich: Keimbildung wird beliebig unwahrscheinlich. Natürlich gelten dieselben Überlegungen auch, wenn Keimbildung einer neuen Phase bei Temperaturanstieg erforderlich ist; an die Stelle der Unterkühlung tritt dann die Überhitzung.

Wenn Keimbildung tatsächlich, wie hier beschrieben, inmitten der Ausgangsphase (oft Matrix genannt) erfolgt, spricht man von *homogener Keimbildung*. Den Gegensatz bildet die *heterogene Keimbildung*, bei der „Fremdkeime" beteiligt sind: Dies sind in der Regel feste Teilchen einer sonst unbeteiligten Phase, vielfach auch die Gefäßwände. Ihre Wirkungsweise beruht darauf, dass sie von der neu zu bildenden Phase benetzt werden und dass Grenzflächenenergie eingespart wird.

Benetzbarkeit einer Oberfläche (S) durch eine andere Phase (P) liegt dann vor, wenn die Energie der Grenzfläche (S/P) geringer ist als die Oberflächenenergie von S: $\gamma_{S/P} < \gamma_S$ (s. dazu auch Abschn. 8.4).

Beispiele

Alkohol benetzt eine Glasplatte, ein Tropfen breitet sich aus; Quecksilber benetzt die Glasplatte nicht, zieht sich zusammen, bildet kleine Kugeln. Beim Abgießen von Schmelzen wird eine Suspension feiner Feststoffpartikel erzeugt, um die Keimbildung zu erleichtern und die Korngröße zu reduzieren. Oxide funktionieren wegen mangelnder Benetzung relativ schlecht als *Kornfeinungsmittel*. Stattdessen arbeitet man mit intermetallischen Phasen, bei Aluminium mit einer Vorlegierung, die $TiAl_3$-Partikel enthält. Die Passfähigkeit von Gitterstrukturen und die Möglichkeit der Ausbildung von Bindungen entscheiden, ob eine Phase benetzt wird.

Die Eigenschaft der Benetzung verkleinert den Term $(+4\pi r^2 \gamma)$ in (7.4); damit verringern sich bei sonst gleichen Bedingungen sowohl der kritische Keimradius r^* (7.6) als auch die Keimbildungs-Schwelle ΔG^* (7.9).

Bilden sich Keime an einer bestehenden Grenzfläche, kann ein Teil des Aufwandes an Grenzflächenenergie eingespart werden und Keimbildung wird erleichtert. Man spricht von *heterogener Keimbildung*. Voraussetzung ist, dass die Grenzfläche benetzt wird. Ein praktisches Beispiel sind die Kornfeinungsmittel beim Gießen. Es handelt sich um feine Suspensionen von Feststoffpartikeln mit geeigneten Grenzflächen.

Der Effekt der zweiten Phase wird noch verstärkt, wenn ihre Oberfläche nicht glatt, sondern rau ist: Die zahlreichen trichterförmigen Vertiefungen in einer rauen Oberfläche begünstigen die Keimbildung durch geometrische Effekte weiter und können die erforderliche Unterkühlung praktisch zum Verschwinden bringen (Abb. 7.3).

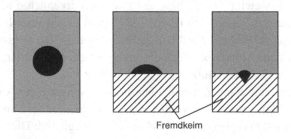

Fremdkeim

Abb. 7.3 Vergleich der homogenen Keimbildung (*links*) und der heterogenen Keimbildung (*Mitte* und *rechts*). Fremdkeime helfen, Grenzflächenenergie bei der Keimbildung einzusparen. Aufrauen der Grenzfläche verstärkt den Effekt

7.3 Verdampfung und Kondensation

Über flüssigen und über festen Oberflächen herrscht, auch wenn man durch Vakuumpumpen die Atmosphäregase (Luft) entfernt, ein *Dampfdruck*, der allerdings bei gewöhnlichen Temperaturen unmessbar klein sein kann; er nimmt aber mit steigender Temperatur im Sinne einer Arrhenius-Funktion zu:

$$p(T) = p_0 \exp(-\Delta H_0/RT). \tag{7.10}$$

Daten für das (relativ leicht verdampfende) Metall Zink sind in Abb. 7.4 wiedergegeben. Ähnlich hohe Dampfdrucke besitzen z. B. Mg und Mn. Dieser Sachverhalt ist wichtig für die Vakuummetallurgie.

Insoweit als (im Prinzip) ständig ein Dampfdruck $p > 0$ herrscht, findet bei dieser Art der Verdampfung keine Phasenneubildung statt, also ist auch keine Keimbildung erforderlich. Anders ist es, wenn der stoffspezifische Dampfdruck $p(T)$ mit *steigender* Temperatur dem Druck der äußeren Gasatmosphäre, p_A, gleich wird: Man nennt diese Temperatur den *Siedepunkt*,weil bei ihr eine im Inneren der flüssigen Phase gebildete Blase stabil wird, also nicht mehr vom äußeren Druck zusammengedrückt wird: Die Flüssigkeit siedet („kocht"). Die Dampfblasenbildung ist ein typischer Fall von Keimbildung. Bleibt sie homogen, so erfordert sie Überhitzung. Meist wird sie heterogen eingeleitet (durch die Gefäßwände oder durch Rührer; in schwierigen Fällen wird die Keimbildungshemmung, weil sie zu nicht ungefährlichem Siedeverzug führt, durch absichtlich beigegebene Fremdkeime (Siedesteinchen) abgebaut.

Kommt man bei vorgegebenem Dampfdruck p von hoher Temperatur, so erreicht man bei T_T (Abb. 7.4) den *Taupunkt*, von dem an die flüssige Phase stabil wird. Wiederum ist bei homogener Keimbildung der neuen Phase eine Unterkühlung erforderlich (Nebelbildung); heterogene Keimbildung ist jedoch ein häufiger Vorgang („Ankeimen" übersättigter Luftmassen durch Silberjodid-Teilchen zur Vermeidung von Gewitterschäden;

Abb. 7.4 Dampfdruck von Zink in Abhängigkeit von der Temperatur

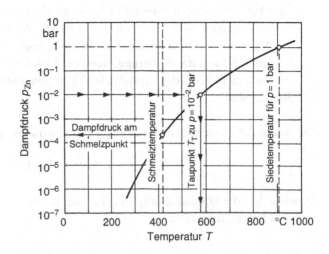

Sichtbarmachung ionisierbarer Strahlung in der Nebelkammer). Auf gekühlten Substraten scheiden sich Metalldämpfe in Form fester Schichten ab, in der Regel in stängelkristallinen Strukturen, weil Neukeimbildung von Körnern unterdrückt wird (s. die Diskussion am Ende von Abschn. 13.4, Beschichten von Werkstücken). Statt glatter Überzüge können auch einzelne Kristalle wachsen, häufig in nadeliger Form; das Bild eines solchen Kondensats erinnert an Bartstoppeln, die englisch *whiskers* heißen. Auf diese Weise können winzige Haarkristalle mit sehr geringer Versetzungsdichte und daher besonderen Eigenschaften erzeugt werden. Ähnlicher Effekt: Raureif.

7.4   Schmelzen und Erstarren

7.4.1   Wärmetransport

Beim Erstarren einer Schmelze sind die beiden beteiligten Zustände kondensierte Phasen. In vielen Fällen bestimmt der Wärmetransport die Geschwindigkeit des Vorgangs. Dies liegt daran, dass bei der Erstarrung sehr große Wärmemengen ΔH_S frei werden, die es abzuführen gilt. Wie hoch die Werte für ΔH_S liegen können, zeigt die Tab. 4.2. ΔH_S erreicht bei Stoffen auf Schmelztemperatur typisch die gleiche Größenordnung wie der Wert des Integrals $\int c_P dT$ in (4.12).

Je nach dem Verlauf der Abkühlung können zwei grundsätzlich unterschiedliche Fälle auftreten, nämlich *Wärmetransport über den Festkörper* oder *über die Schmelze*. Die zugehörigen Temperaturprofile zeigt Abb. 7.5.

- Auf der linken Seite, Abb. 7.5a und c, schiebt sich eine Erstarrungsfront, ausgehend von der kalten Gefäßwand in die heiße Schmelze hinein. Die Wachstumsrichtung ist dem Wärmestrom entgegengesetzt, der Festkörper ist kälter als die Schmelze.
- Auf der rechten Seite, Abb. 7.5b und d, wachsen Kristallite in einer unterkühlten Schmelze. Das erstarrte Material ist heißer als die umgebende Schmelze, weil bei der Umwandlung die Erstarrungswärme frei wird. Die Wachstumsrichtung verläuft parallel zum Wärmestrom. Dieser zweite Fall, Wärmetransport über die Schmelze, ist typisch für spätere Stadien der Erstarrung, wenn die Geschwindigkeit der Erstarrungsfronten vom Rand klein geworden ist, weil die Temperaturgradienten im Zuge der Abkühlung gesunken sind.

Die Bilanz der Wärmeströme im flüssigen (L) und im festen (S) Zustand ergibt:

$$\lambda_S G_S = \lambda_L G_L + v \Delta H_S. \tag{7.11}$$

Dabei ist $\lambda_{S,L}$ die Wärmeleitfähigkeit, $G_{S,L}$ der Temperaturgradient und v die Geschwindigkeit der Erstarrungsfront.

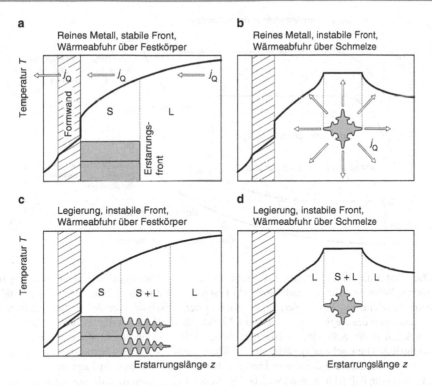

Abb. 7.5 Die Temperaturprofile bei der Erstarrung einer Schmelze können sich sehr unterschiedlich ausbilden, je nachdem ob die Wärmeabfuhr j_Q durch den Festkörper (*links*) oder die Schmelze (*rechts*) erfolgt. Außerdem muss zwischen reinen Metallen (*oben*) und Legierungen (*unten*) unterschieden werden. Nur bei reinen Metallen und Wärmeabfuhr über den Festkörper ist die Erstarrungsfront grundsätzlich stabil, d. h. es bildet sich eine planare Wachstumsfront und es entstehen keine Dendriten. Um dies zu verstehen, muss man das Phänomen der konstitutionellen Unterkühlung mit berücksichtigen, Abschn. 7.4.2 und 7.4.3

7.4.2   Umverteilung von Legierungselementen. Seigerungen

Wir wollen jetzt den in Abb. 7.5c beschriebenen Fall der Erstarrung einer Legierung, Wärmetransport über den Festkörper etwas genauer betrachten, weil er von besonderer Bedeutung ist. Wir machen dazu folgende vereinfachende Annahmen:

- Der Stofftransport durch *Diffusion im Festkörper ist vernachlässigbar*; lediglich in der Schmelze findet ein nennenswerter Stoffaustausch durch Diffusion statt. Insbesondere die erste Annahme entspricht der Situation, wie sie in der Praxis in der Regel vorliegt; die zweite Annahme werden wir am Ende des Abschnitts eingehender diskutieren und einen wichtigen weiteren Fall kennenlernen.
- Die Solidus- und Liquiduslinien im Zustandsdiagramm können durch Geraden ersetzt werden.

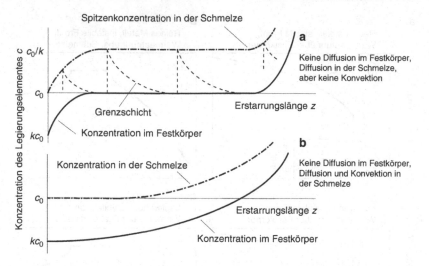

Abb. 7.6 Erstarrung einer Schmelze der Konzentration c_0. Die Erstarrungsfront läuft von links nach rechts; Wärmeabfuhr geschieht über den Festkörper wie in Abb. 7.5c. Aufgetragen sind die maximale Anreicherung des Legierungselements in der Flüssigkeit vor der Erstarrungsfront und die Konzentration des Legierungselements im Festkörper als Funktion der erstarrten Länge. **a** Ohne Konvektion in der Schmelze erzeugen zurückgewiesene Legierungsatome eine immer stärker aufkonzentrierte Grenzschicht (gestrichelt gezeichnet), aus der sich ein Festkörper abscheidet, der entsprechend dem Zustandsdiagramm immer höhere Konzentrationen an Legierungsatomen aufweist. **b** In diesem Fall ist angenommen, dass starke Konvektion die Ausbildung der angereicherten Grenzschicht verhindert. Die analytische Behandlung führt zu (7.16)

Wir definieren einen Verteilungskoeffizienten k, der angibt, wie sich ein Legierungselement zwischen flüssiger und fester Phase verteilt:

$$k = \frac{c_S}{c_L}, \quad k \neq 1. \tag{7.12}$$

Den Faktor k darf man natürlich nicht mit der Boltzmann-Konstante k in kT verwechseln.

In Abb. 7.6 ist dargestellt, wie sich die Fremdatomkonzentration im Laufe der Zeit, bzw. mit zunehmender Erstarrungslänge entwickelt. Unsere oben gemachten Annahmen entsprechen der oberen Abb. 7.6a. Es wird deutlich, dass es bei der Erstarrung zu einer kräftigen Umverteilung von Legierungselementen kommt. Während in der Schmelze vor der Erstarrung die Ausgangskonzentration c_0 überall gleichmäßig vorlag, variiert die Zusammensetzung nach Erstarrung in Abhängigkeit von der erstarrten Distanz in komplizierter Art und Weise. Bei dem Bild ist angenommen, dass $k < 1$ gilt[1] und dass am Ende der erstarrten Länge keine Restschmelze mehr vorliegt. Dies kann unterschiedliche Gründe haben. So kann der Rand des Schmelztiegels erreicht sein oder es können Erstarrungsfronten zusammenstoßen, die sich von verschiedenen Seiten nähern.

---

[1] Bei $k > 1$ sind die Kurven um die Abszisse gespiegelt, dass heißt die Anreicherung im Festkörper geschieht am Beginn der Erstarrung, die Verarmung am Ende.

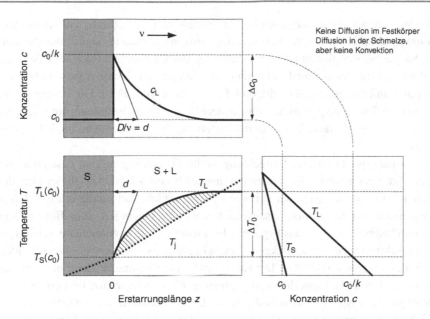

Abb. 7.7 Einzelbetrachtung der Situation aus Abb. 7.6a für den stationären Zustand: Angereicherte Grenzschicht vor der Erstarrungsfront, zugehöriges Zustandsdiagramm sowie Verlauf der Liquidustemperatur T_L und der tatsächlichen Temperatur T_j. Im gezeigten Fall entsteht ein Bereich der konstitutionellen Unterkühlung (schraffiert), der in Abschn. 7.4.3 diskutiert wird

Nach einem kurzen Einlaufbereich, in dem die Konzentrationen in der flüssigen und der festen Phase ansteigen, wird ein stationärer Zustand erreicht, der dadurch gekennzeichnet ist, dass eine Schmelze der Konzentration c_0/k einen Festkörper der Konzentration c_0 ausscheidet. Die Situation in diesem Moment ist in Abb. 7.7 noch einmal detaillierter dargestellt.

Der Grund für die Umverteilung von Legierungselementen ist die *Abnahme der Löslichkeit* beim Übergang vom flüssigen in den festen Zustand. Die vom Festkörper zurückgewiesenen Legierungsatome erhöhen die Konzentration in einer dünnen Grenzschicht vor der Erstarrungsfront. Die Erstarrungsfront schiebt diese Schicht von angereicherter Schmelze vor sich her. Die Höhe der Aufkonzentration in der Schicht steigt allmählich von c_0 ausgehend an, bis ein stationärer Wert bei c_0/k erreicht ist. Der erstarrte Mischkristall verschiebt sich entsprechend in seiner Konzentration von $k \cdot c_0$ nach c_0, wie vom Zustandsdiagramm vorgegeben. Eine weitere Aufkonzentration ist nicht möglich, da im stationären Zustand die erstarrte Schmelze in ihrer Zusammensetzung genau der Ausgangsschmelze entspricht. Anders ausgedrückt: Würden wir ein Referenzsystem betrachten, bei dem ein Rahmen mit einer bestimmten Erstarrungslänge mit der Erstarrung mitläuft, würde der Konzentrationsverlauf im stationären Bereich unverändert bleiben. Was pro Zeiteinheit auf der einen Seite an Legierungsatomen neu dazukommt, wird auf der anderen Seite entfernt. Die Situation ändert sich erst wieder, wenn das Ende der Erstarrung erreicht wird und die vor der Erstarrungsfront aufkonzentrierte Schicht selbst erstarrt.

Zum Verständnis sollte man noch beachten, dass zu jeder geänderten Schmelzekonzentration c_L entsprechend dem Zustandsdiagramm eine geänderte Liquidustemperatur T_L gehört. So gilt bei der allmählichen Anreicherung der Grenzschicht vor der Erstarrungsfront, dass sich die Erstarrungsfront entlang des Gradienten räumlich verschiebt, bis ein Arbeitspunkt mit entsprechend niedrigerer Temperatur gefunden ist. Die Erstarrungstemperatur in Abb. 7.6 ist nicht konstant. Eine andere Folge ist die Entstehung eines Bereiches der *konstitutionellen Unterkühlung* vor der Erstarrungsfront, wie in Abschn. 7.4.3 besprochen wird.

Den Ausgangspunkt unserer Betrachtung stellte die Bedingung dar, dass zwar in der flüssigen Phase ein gewisser Konzentrationsausgleich möglich ist, dass dieser aber durch die begrenzte Geschwindigkeit der Diffusionsprozesse nicht vollständig erfolgt. Was passiert, wenn wir den Konzentrationsausgleich stark beschleunigen, zum Beispiel durch Konvektion? Abb. 7.6b zeigt das Ergebnis. Es entsteht keine angereicherte Schicht, weil sie „weggerührt" wurde. Die zurückgewiesenen Legierungselemente verteilen sich gleichmäßig in der gesamten Schmelze. Die Konzentration der Schmelze steigt nur ganz langsam von c_0 aus an und entsprechend langsam steigt die Konzentration im Festkörper.

Der Anstieg der Konzentration in der Schmelze als Funktion des erstarrten Phasenanteils f_S kann berechnet werden. Man setzt dazu die zurückgewiesene Menge an Legierungsbestandteil gleich dem Konzentrationsanstieg in der Schmelze:

$$(c_L - c_S)\mathrm{d}f_S = (1 - f_S)\mathrm{d}c_L. \tag{7.13}$$

Mit $c_S = k \cdot c_0$ und „Trennung der Variablen":

$$\int_0^{f_S} \frac{1}{(1 - f_S)}\mathrm{d}f_S = \frac{1}{(1 - k)} \int_{c_0}^{c_L} \frac{1}{c_L}\mathrm{d}c_L, \tag{7.14}$$

$$\ln(1 - f_S) = \frac{1}{(1 - k)} \ln\frac{c_L}{c_0}, \tag{7.15}$$

$$c_L = c_0(1 - f_S)^{k-1}. \tag{7.16}$$

Gl. (7.16) wird als *Scheil-Gleichung* bezeichnet und spielt eine wichtige Rolle, wenn versucht wird, mit analytischen oder numerischen Methoden Erstarrungsgefüge zu berechnen. Die c_L-Werte steigen nach (7.16) am Ende der Erstarrung steil an, gehen sogar ins Unendliche, denn über das Gesamtvolumen betrachtet muss der Mittelwert c_0 herauskommen, d. h. die Flächen oberhalb und unterhalb der Abszisse müssen gleich sein. In den realen Systemen wird der Anstieg dadurch beendet, dass ein Eutektikum erreicht wird.

Auf Grund der oben beschriebenen Vorgänge sind Legierungselemente im Korn nicht gleichmäßig verteilt; man spricht von *Mikroseigerung* oder *Kornseigerung*. Durch die inhomogene Verteilung können die Eigenschaften von Werkstoffen verschlechtert werden, denn die Konzentration der Legierungselemente ist ja nicht willkürlich gewählt, sondern im Zuge der Werkstoffentwicklung sorgfältig optimiert. Anhäufungen von Legierungselementen führen in einigen Systemen zur Ausscheidung unerwünschter Sprödphasen, wie der bei Stählen und Superlegierungen gefürchteten σ-Phase. Es wird deshalb in der Praxis viel Mühe darauf verwendet, Mikroseigerungen durch Wärmebehandlung aufzuheben (s. Abschn. 15.6, Nickel und Nickellegierungen).

In diesem Zusammenhang stellt sich die Frage, ob man besser schnell oder langsam erstarren soll, um Mikroseigerung zu minimieren. Bei langsamer Erstarrung und längerer Zeit bei hoher Temperatur könnte man hoffen, dass die dann wirksameren Diffusionsvorgänge zu einer gleichmäßigeren Verteilung führen. Andererseits hat die rasche Erstarrung den Vorteil, dass feinere Körner gebildet werden, weil die Keimbildung erleichtert ist (s. die Argumentation oben in Abschn. 7.2). Das ändert zwar nichts am Konzentrationsprofil entsprechend (7.16). Wenn die Mikroseigerung aber auf einer kleineren Längenskala entsteht, werden anschließende Homogenisierungen durch Diffusionsprozesse bei Glühung erleichtert, weil Gradienten steiler und Diffusionswege kürzer sind. In der Praxis hat sich die schnelle Abkühlung eindeutig als der erfolgreiche Weg durchgesetzt. Aus wirtschaftlichen Gründen ist es nicht zweckmäßig, die Taktzeit in Gießanlagen deutlich zu verlängern, welche zwangsläufig als komplexe Anlagen hohe Maschinen-Stundensätze aufweisen.

> Als Mikroseigerung bezeichnet man die nach der Erstarrung vorliegende ungleichmäßige Verteilung der Legierungselemente, die den Erstarrungsweg nachzeichnet. Ursache ist die unterschiedliche Löslichkeit der Legierungselemente in der festen und flüssigen Phase. Vom Festkörper zurückgewiesene Atome reichern sich in einer Grenzschicht vor der Erstarrungsfront an.

Während Seigerungen in der Regel unerwünscht sind, kann man sich den Umverteilungseffekt auch zu nutze machen, wie das beim *Zonenreinigen* geschieht. Dieser Prozess bildet die Grundlage der Herstellung von sehr reinem Silicium als Ausgangsprodukt für die Mikroelektronik. Durch eine geeignete Heizvorrichtung wird eine schmale Schmelzzone durch einen Stab aus dem zu reinigenden Material gezogen. Die geringe Ausdehnung der Schmelzzone unterdrückt Konvektion und erlaubt den Verzicht auf einen Tiegel, weil die Schmelze von der Oberflächenspannung gehalten wird. Nach dem ersten Durchgang erhält man ein Konzentrationsprofil wie in Abb. 7.6a gezeigt. Mit jedem weiteren Durchgang verlängert sich der Anfangsbereich mit der abgesenkten Konzentration an Verunreinigungen $k \cdot c_0$. Wiederholt man den Prozess sehr oft (50-mal und mehr), so erhält man einen Stab, der über den Großteil der Länge gereinigt ist und bei dem die Verunreinigungen in einem kurzen Bereich am Ende abgelegt wurden. Zonenreinigen wirkt als „thermodynamischer Besen". Um den Prozess zu beschleunigen, lässt man zweckmäßig viele Zonen in einem „Vielfachheizeraufbau" gleichzeitig durch den Stab marschieren.

7.4.3 Instabilität der Wachstumsfront, Dendriten

Betrachtet man Gussgefüge von technischen Werkstoffen, so fällt insbesondere ihre *den-dritische*[2] *Struktur* auf. Abb. 7.8 illustriert diesen Sachverhalt. Links ist das dendritische Wachstum schematisch dargestellt. Die Erstarrungsfront ist nicht etwa eben, wie man vermuten könnte, sondern in bizarre, verzweigte Strukturen aufgefächert. Die Dendriten wachsen parallel mit gleicher Gitterorientierung. Mit zunehmender Abkühlung und zunehmendem erstarrten Gefügeanteil verdicken sich die Äste der Dendriten bis schließlich durch das Zusammenwachsen paralleler Dendriten ein geschlossener Kristall entsteht.

Rechts in Abb. 7.8 ist eine lichtmikroskopische Gefügeaufnahme gezeigt. Die Betrach-tungsebene stellt einen Schnitt senkrecht zur Wachstumsrichtung der Dendriten dar. Die Dendriten werden hier sichtbar, weil durch das dendritische Wachstum die räumliche Bewegung der Erstarrungsfront vorgegeben ist und weil diese Bewegung eine charakte-ristische Umverteilung der Legierungselemente nach sich zieht, vergleiche die Diskussion im vorausgehenden Abschnitt, insbesondere zu (7.16). Jeder wachsende dendritische Arm hinterlässt ein Konzentrationsprofil ähnlich Abb. 7.6. Die ungleichmäßige Verteilung der Legierungselemente kann durch Ätzen sichtbar gemacht werden.

Wie kommt es nun zu dieser überraschenden Ausformung der Wachstumsfront? Man führt die Entstehung der Dendriten auf ein *Instabilitätsphänomen* der Grenzfläche zurück.

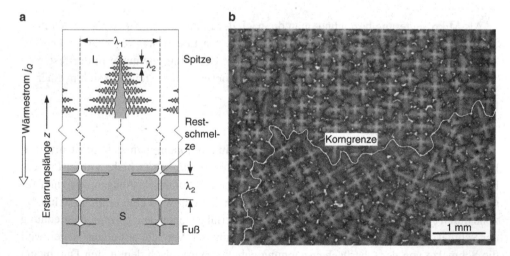

Abb. 7.8 Dendritische Struktur im Gussgefüge. **a** Schematische Darstellung, Längsschnitt parallel zur Erstarrungsrichtung. Der Wärmestrom, der die Bewegung der Erstarrungsfront auslöst, ist dem Wachstum entgegengerichtet. **b** Schliffbild, Nickelbasis-Gusslegierung, Betrachtungsfläche senk-recht zur Erstarrungsrichtung. Im Schnitt sehen die Dendriten wie vierblättrige Kleeblätter aus. Durch unterschiedliche Orientierungen der Dendriten lassen sich Korngrenzen erkennen; eine Korn-grenze ist im Bild ist als helle Linie markiert

---

[2] aus dem Griechischen: dendros = Baum.

Wir stellen uns vor, dass sich beim Vorrücken der Wachstumsfront eine zufällige Ausstülpung bildet. Eigentlich würde man erwarten, dass die Grenzflächenenergie eine so
entstandene Nase „ausbügelt". Außerdem stößt eine derartige Störung in heißere Schmelze vor und sollte deshalb abschmelzen. Oberflächenenergien sind aber klein. Betrachtet
man außerdem Abb. 7.5 in diesem Zusammenhang etwas genauer, so stellt man fest, dass
das Argument des Abschmelzens nur bei Teilbild a wirklich greift (reines Metall, Wärmeabfuhr über Festkörper). In den drei anderen gezeigten Fällen stößt die Ausstülpung
in ein Gebiet vor, in dem die Unterkühlung größer wird und das Wachstum sich deshalb
beschleunigt, d. h. die Grenzfläche wird tatsächlich instabil. Das dendritische Wachstum
ist in Abb. 7.5 in den Teilbildern b, c, und d entsprechend als Aufbrechen der planaren
Front schematisch angedeutet.

Seine genaue verzweigte Gestalt und vierzählige Symmetrie verdankt der Dendrit der
Tatsache, dass in kubischen Systemen die Anlagerung in $\langle 100\rangle$-Richtung leichter möglich
ist als in anderen Richtungen. Entsprechend weisen Primär-, Sekundär und Tertiärarme
des Dendriten in $\langle 100\rangle$-Richtung.

In dem für die Praxis besonders wichtigen Fall von Abb. 7.5c (Legierung, Wärmeabfuhr über Festkörper) ist das dendritische Wachstum an das Auftreten der *konstitutionellen
Unterkühlung* gebunden. Die mit Fremdatomen angereicherte Grenzschicht vor der Erstarrungsfront führt zu der in Abb. 7.7 gezeigten Ortsabhängigkeit der Erstarrungstemperatur
$T_L(z)$. Je nach Temperaturanstieg vor der Erstarrungsfront $T_j(z)$ entsteht ein Bereich,
in dem die Schmelze unterkühlt ist, d. h. in dem gilt $T_j < T_L$ (schraffierter Bereich in
Abb. 7.7). Damit konstitutionelle Unterkühlung auftritt, muss der Anstieg der tatsäch-
lichen Temperatur vor der Erstarrungsfront in der Schmelze $T_j(z)$ kleiner sein als der
Anstieg der Liquidustemperatur $T_L(z)$.

Um diesen Sachverhalt mathematisch formulieren zu können, führen wir in Abb. 7.7
die Tangente an die $T_L(z)$-Kurve und den Achsenabschnitt d ein. Da es sich bei der
Ausbreitung der angereicherten Legierungsatome in die Schmelze um einen diffusionskontrollierten Vorgang handelt, setzen wir an (vgl. Abschn. 6.1.3)

$$d = \sqrt{Dt}. \tag{7.17}$$

Mit $d = v \cdot t$ können wir (7.17) umschreiben

$$d = D/v. \tag{7.18}$$

Damit konstitutionelle Unterkühlung auftreten kann, muss für den Temperaturgradienten
in der Flüssigkeit G_j gelten:

$$G_j \leq \frac{T_L - T_S}{d}, \quad G_j \leq \frac{\Delta T_0}{d}, \tag{7.19}$$

oder

$$\frac{v}{G_j} \geq \frac{D}{\Delta T_0}, \tag{7.20}$$

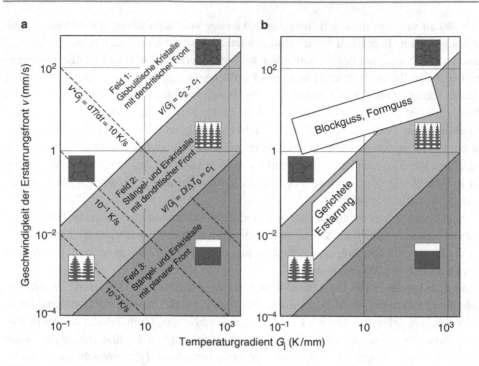

Abb. 7.9 Vorgänge bei der Erstarrung einer Legierungsschmelze mit Wärmeableitung über den Festkörper (s. Abb. 7.5c). Je nach Kombination von v und G_j findet man unterschiedliche Erstarrungsmorphologien. Die einzelnen Felder sind durch Linien mit konstantem v/G_j-Wert getrennt. Mit höherem v/G_j-Wert steigt die konstitutionelle Unterkühlung und die Erstarrung ändert sich von planarer zu dendritischer Front. Bei sehr hohen v/G_j-Werten bricht die gerichtete Erstarrung zusammen und es bilden sich gleichachsige Kornstrukturen aus der unterkühlten Schmelze. Bei konstantem Verhältnis v/G_j, aber größer werdendem Produkt $v \cdot G_j$ (was der Abkühlgeschwindigkeit entspricht) wird die Mikrostruktur feiner. **a** Gefüge; **b** Typische Gießbedingungen

wobei D für den Diffusionskoeffizienten steht und ΔT_0 für das Schmelzintervall der jeweiligen Legierung.

Gl. (7.20) zeigt, dass die konstitutionelle Unterkühlung je stärker ausgeprägt ist, desto größere Werte der Quotient v/G_j annimmt. Dies hat zu den bekannten v-G_j-Diagrammen geführt, um die Vorgänge bei der Erstarrung einer Schmelze zusammenzufassen, vergleiche Abb. 7.9.

In Abb. 7.9 sind Hilfslinien eingezeichnet, entlang derer v/G_j einen konstanten Wert einnimmt. Dadurch wird das Diagramm in drei Felder eingeteilt, die durch unterschiedlich starke konstitutionelle Unterkühlung gekennzeichnet sind. Je nach Wahl der Gießbedingungen, v und G_j, sagt das Diagramm unterschiedliche Erstarrungsmorphologien voraus. Es wird verständlich, dass bei steigendem v und sinkendem G_j die Strukturen von planarer zu dendritischer Erstarrung übergehen. (Die zellulare Erstarrung, bei der keine Sekundärarme der Dendriten auftreten, behandeln wir hier nicht.) Bei sehr hohem v und sehr niedrigem G_j bricht die gerichtete Erstarrung zusammen und es entstehen Kristalle aus der unterkühlten Schmelze. Dies wird im folgenden Abschnitt behandelt.

> Dendriten entstehen durch Instabilität der Wachstumsfront bei der Erstarrung. Zufällig gebildete „Nasen" stoßen in Schmelzebereiche vor, in denen die Unterkühlung zunimmt. Die genaue Form spiegelt Richtungen erhöhter Anlagerungsgeschwindigkeit wieder.

7.4.4 Ausbildung der Kornstruktur. Einkristalle, Stängelkristalle, Polykristalle

Gussstücke, ganz gleich ob Halbzeuge oder Formteile, sind durch eine *Vielfalt von Kornstrukturen* gekennzeichnet, häufig in ein- und demselben Teil. Dies lässt sich grundsätzlich mit Argumenten über die Art des Wärmestroms und die Stärke der Unterkühlung erklären, die oben bereits eingeführt worden sind.

Sehr häufig werden drei unterschiedliche Zonen im Korngefüge beobachtet, wie in Abb. 7.10 zu sehen. Diese Zonen entstehen zeitlich nacheinander im Zuge des Erstarrungsprozesses, der von der Formschale ins Innere des Gussstücks fortschreitet. Im unmittelbaren Kontakt mit der kalten Formwand bildet sich gleich nach der Formfüllung eine dünne unterkühlte Schmelzeschicht aus, Zone 1. Sie erstarrt *gleichachsig*, weil der Wärmestrom in die Schmelze hinein erfolgt. Zone 1 ist sehr feinkörnig, weil die Keimbil-

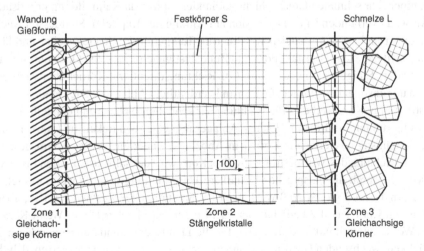

Abb. 7.10 Kornstruktur in einem Werkstück, das von der Wandung der Gießform ausgehend erstarrt. Die dendritische Feinstruktur der Erstarrungsfront ist hier vernachlässigt. Ein Realbeispiel für Stängelkristalle zeigt Abb. 3.9

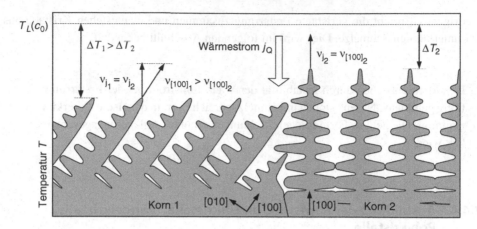

Abb. 7.11 Korn- und Orientierungsauslese bei der Erstarrung. Dargestellt ist der stationäre Zustand mit gleicher Wachstumsgeschwindigkeit der beiden Körner, der sich nach längerem Wachstum einstellt. Korn 1 war ungünstig orientiert und ist zurückgefallen, bis durch die kleiner werdende Schmelzetemperatur mehr Triebkraft zur Verfügung gestellt wird und gleiches v_j realisiert werden kann. Wegen des räumlichen Versatzes der Kornfronten kann Korn 2 Korn 1 überwachsen

dung durch hohe Unterkühlung begünstigt wird. Außerdem kann die Formwand, falls sie benetzt wird, Fremdkeimplätze zur Verfügung stellen.

Ausgehend von Zone 1 schiebt sich eine Erstarrungsfront in die Schmelze hinein, die dem Wärmestrom entgegengerichtet ist. Das Temperaturprofil entspricht in dieser Zone 2 der Abb. 7.5c. Die Körner verlängern sich stängelförmig, weil vor der Erstarrungsfront nur selten neue Körner gebildet werden können, da die Unterkühlung fehlt oder bestenfalls nur in einer sehr schmalen Grenzschicht vorhanden ist und da Keimbildung grundsätzlich mit Aufwand verbunden ist (s. Diskussion am Anfang des Kapitels). Stattdessen wachsen die in der Front bereits vorhandenen Körner im Temperaturgradienten weiter und längen sich aus. Mit der Stängelkristallbildung in Zone 2 ist gleichzeitig eine Orientierungsauslese verbunden. Einige wenige, ideal in $\langle 100 \rangle$-Richtung orientierte Körner überwachsen die anderen ungünstiger orientierten. Den Grund verdeutlicht Abb. 7.11. Die Dendriten zeigen in $\langle 100 \rangle$-Richtungen, weil dies die Richtung der schnellen Anlagerung darstellt. Bei gleicher Unterkühlung und damit gleicher Anlagerungsgeschwindigkeit in $\langle 100 \rangle$, resultiert für das ungünstig ausgerichtete Korn 1 in Abb. 7.11 eine kleinere Wachstumsgeschwindigkeit in Richtung des Wärmestroms j_Q. Das Korn wird deshalb zurückfallen bis zu einer Position, wo durch die entsprechende stärkere Unterkühlung $v_{\langle 100 \rangle}$ soweit ansteigt, dass v_j für Korn 1 und 2 gleich groß wird. Jetzt ist ein stationärer Zustand erreicht, aber die Fronten von Korn 1 und 2 befinden sich nicht mehr auf gleicher Höhe. Wenn Korn 1 in dieser Weise „hinterhinkt", eröffnet sich für die Dendritensekundärarme von Korn 2 die Möglichkeit, wachsenden Dendritenstämmen von Korn 1 den Weg abzusperren, d. h. Korn 2 überwächst Korn 1.

Mit zunehmender Dauer der Erstarrung kühlt sich die Schmelze immer weiter ab und der Temperaturgradient wird immer flacher. Die konstitutionelle Unterkühlung wird entsprechend immer stärker. Schließlich sind große Schmelzevolumina vor der Front unterkühlt, in denen sich Keime bilden, die gleichachsig in alle Raumrichtungen wachsen. Dieser Bereich ist als Zone 3 in Abb. 7.10 gekennzeichnet. Den Temperaturverlauf beschreibt Abb. 7.5d.

> In Gussstücken und Schweißnähten findet man die unterschiedlichsten Kornformen. Das v-G_j-Diagramm kann benutzt werden, um die unterschiedlichen Strukturen zu erklären.

Ähnliche Verhältnisse und Übergänge zwischen unterschiedlichen Bedingungen und Strukturen findet man beim *Blockguss*, beim *Strangguss*, beim *Formguss* oder beim *Schweißen*, wenn auch nicht in jedem Fall alle drei Zonen ausgebildet sein müssen (vgl. Abschn. 13.2.2, 13.2.3 und 13.3.1). Beim Schweißen etwa fehlt die Zone 1, weil die Nahtflanken auf Schmelzetemperatur erhitzt werden oder beim Druckguss fehlt die Zone 2, weil die Abkühlung zu schnell erfolgt. Letztlich hängt die Gefügeeinstellung davon ab, welche Erstarrungsgeschwindigkeiten und welche Temperaturgradienten im einzelnen vorliegen. Die allmähliche Veränderung der Erstarrungsbedingungen und das Überschreiten der Grenze stängelkristallin/gleichachsige Erstarrung kann deshalb auch im v-G_j-Diagramm nachvollzogen werden, siehe Abb. 7.9b, wobei man sich beim Blockguss in der Tendenz zeit- und wegabhängig von großen Gradienten am Anfang des Prozesses zu geringen Gradienten am Schluss bewegt.

Einen speziellen Fall stellt das Gießen von *einkristallinen Turbinenschaufeln* im Feinguss dar (vgl. Abschn. 13.2.3 und Abb. 3.9). Hierzu wird die Superlegierungs-Schmelze (Abschn. 15.6) im Vakuum in eine keramische Form gefüllt, die auf Schmelzetemperatur vorgeheizt ist. Die gefüllte keramische Form wird dann aus dem Formenheizer langsam abgesenkt. Außerhalb des Formenheizers ist es kalt, weswegen sich in der Form ein vertikaler Temperaturgradient ausbildet, der eine *gerichtete Erstarrung* treibt. Die zunächst stängelkristalline Erstarrung wird in eine einkristalline Erstarrung überführt, indem man die Erstarrungsfront durch eine geometrische Verengung führt, die nur ein Korn passieren kann („Schweineschwänzchen"). Durch ständige Weiterentwicklung der Kühlmöglichkeiten in den Anlagen treibt man den vertikalen Temperaturgradienten so hoch wie möglich. Den Arbeitspunkt des Prozesses findet man im v-G_j-Diagramm. Da aus wirtschaftlichen Gründen die Erstarrungsgeschwindigkeit so hoch wie möglich sein soll, wählt man bei gegebenem Gradienten den Arbeitspunkt so dicht wie möglich an der Grenzlinie, bei der mit dem Zusammenbruch der gerichteten Erstarrung gerechnet werden muss, siehe Abb. 7.9b.

7.4.5 Eutektische Erstarrung

Eine eutektische Schmelze zerfällt bei einer Temperatur T_E in zwei feste Phasen α und β (s. Abschn. 4.6.2, insbesondere (4.33)). Es gibt wie bei reinen Stoffen kein Fest–Flüssig-Intervall, keine dendritischen Instabilitätsphänomene der Wachstumsfront bei Erstarrung im Temperaturgradienten. Zusammen mit dem tiefen Schmelzpunkt stellt dies die Grundlage der guten Gießbarkeit eutektischer Zusammensetzungen dar, siehe Abschn. 13.2.3. Beispiele für Legierungen mit ganz oder nahezu eutektischer Zusammensetzung sind Gusseisen, AlSi-Gusslegierungen und die verschiedensten Lotsysteme in der Elektronik.

Eutektische Systeme können auf vielfältige Art und Weise erstarren. Da aus der Schmelze heraus zwei Phasen gleichzeitig gebildet werden müssen, beobachtet man häufig, dass die neuen Phasen als Lamellenpaket nebeneinander in die Schmelze hineinwachsen, siehe Abb. 7.12. Der Lamellenabstand λ wird je feiner, desto größer Unterkühlung und Wachstumsgeschwindigkeit der Front ausgebildet sind. Das System sucht hier einen Kompromiss zwischen Aufwand an Grenzflächenenergie und Länge der Diffusionswege. Wenn sich beispielsweise die Phase α bildet, reichert sich die Schmelze an B-Atomen vor der Schicht an. Das gleiche geschieht vor der β-Phase in Bezug auf die A-Atome. Wachstum des Eutektikums setzt voraus, dass die Anreicherung durch Diffusion abgebaut wird. Die einsetzenden Ströme von B-Atomen sind durch die Pfeile in Abb. 7.12 angedeutet. Die Diffusion der A-Atome erfolgt in umgekehrter Richtung. Wenn der Lamellenabstand sinkt, werden die Diffusionswege kürzer. Andererseits steigt der Aufwand an α-β-Grenzfläche.

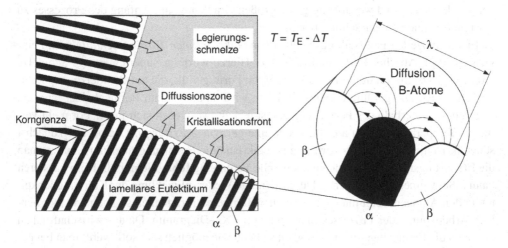

Abb. 7.12 Lamellare Erstarrung einer eutektischen Schmelze. Am Beispiel der B-Atome sind die Diffusionswege vor der Erstarrungsfront angedeutet. Ein Realbeispiel für ein Eutektikum zeigt Abb. 3.14

Eutektische Systeme erstarren häufig in Form von Lamellenpaketen, die sich mit planarer Front gegen den Wärmestrom in die Schmelze schieben. Durch die lamellare Geometrie werden die Diffusionswege klein gehalten.

7.4.6 Glasige Erstarrung

Bei einfach aufgebauten Stoffen, in denen die Atome in der Schmelze hohe Beweglichkeit haben, und deren Kristallstruktur durch unkomplizierte, kleine Elementarzellen gekennzeichnet ist, erfolgt der Aufbau von Keimen und die Ankristallisation weiterer Bausteine an diese Keime schneller als der Wärmeentzug durch die Kühlung von außen. Solche Stoffe kristallisieren leicht.

Kompliziert aufgebaute Schmelzen, wie etwa geschmolzene Silicatgläser, geschmolzener Quarz, geschmolzene Polymere haben hingegen große Schwierigkeiten bei der Kristallisation: Die Umlagerung ihrer verzweigten, in komplexe Netzwerke verwickelten Grundbausteine zu kristallinen Anordnungen – die prinzipiell denkbar ist – erfordert auch bei hoher Temperatur lange Zeit. Die Umordnungsprozesse, die zur Kristallisation führen könnten, werden daher von der Wärmeabfuhr „überrollt", sofern man nicht langsam genug kühlt: Die atomaren Bausteine ordnen sich zu keinem ferngeordneten Gitter um, sondern behalten den nahgeordneten Zustand der Schmelze bei.

Abb. 7.13 zeigt an Hand des Volumens, was bei Erstarrung zu einem *Glas* oder, anders ausgedrückt, einer *amorphen Struktur* geschieht. Wird auf Temperaturen unterhalb der Erstarrungstemperatur T_S abgekühlt, zieht sich die Schmelze einfach weiter zusammen, als wäre kein Umwandlungspunkt erreicht; die Kristallisation wird unterdrückt, weil sie zu viel Zeit benötigt, wie oben beschrieben. Bei der Volumenkontraktion in diesem Temperaturbereich handelt es sich nun nicht allein um die übliche Reduktion der Schwingungsamplitude der Atome bei Entzug von thermischer Energie. Zusätzlich kommt es in der unterkühlten Schmelze zu Umordnung von Atomgruppen oder Molekülketten und Beseitigung von Leervolumina. Die Kontraktion fällt deshalb sehr viel stärker aus als bei einem kristallinen Körper mit gleicher Zusammensetzung. Schließlich wird die *Glasübergangstemperatur* T_G erreicht. Hier ist soviel freies Volumen abgebaut worden, dass weitere Umordnungen unmöglich geworden sind; ab jetzt liegt ein Glas vor. Die thermische Kontraktion verläuft von hier aus wie beim Festkörper.

Glasartig erstarrte Stoffe sind „unterkühlte Flüssigkeiten". Sie enthalten Leervolumina, weil die dichte und regelmäßige Packung der Grundbausteine eines kristallinen Gitters noch nicht erreicht ist. Das Leervolumen ist für die mechanischen Eigenschaften entscheidend. Es gibt den Baugruppen eine zusätzliche

Beweglichkeit und Fließfähigkeit. Kunststoffe erstarren vollständig amorph oder teilkristallin. Sie werden je nach Anforderungsprofil oberhalb oder unterhalb der Glasübergangstemperatur eingesetzt.

Der Abstand zwischen Glas und kristallinem Festkörper in Abb. 7.13 macht deutlich, dass ein Glas auch nach Unterschreiten von T_G immer noch Leervolumina enthält. Da die Beweglichkeit der Atomgruppen und Molekülketten einer Arrhenius-Funktion (6.11) gehorcht, gibt es keine Temperatur, bei der sie vollständig aufhört – sie wird nur immer schwächer. Man kann wohl definieren: „Als Glasbildungstemperatur soll diejenige Temperatur gelten, bei der die Beweglichkeit so klein geworden ist, dass während der Abkühlung um ein weiteres Grad Kelvin keine messbare Umordnung mehr erfolgt." Aber diese Definition hängt offensichtlich davon ab, ob die Abkühlung um ein weiteres Grad in 1/10 s, in 10 s, 100 s oder in geologischen Zeiträumen erfolgt. Die wie oben definierte Glasübergangstemperatur liegt also umso tiefer, je langsamer die Abkühlung erfolgt.

Prinzipiell ist das entstandene Glas thermodynamisch instabil: Der stabile Zustand mit dem minimalen thermodynamischen Potenzial ist der kristalline Zustand. Deshalb hat das Glas die Tendenz, zu kristallisieren, wenn man es auf erhöhte Temperatur bringt und ihm Zeit gibt für thermisch aktivierte Umlagerungen: Das Glas „entglast", indem es im festen Zustand kristallisiert. Für Archäologen und Kunsthistoriker ist die Entglasung antiker Gläser ein Störfaktor; man kann ihn aber auch technisch ausnutzen: Durch Zugabe von

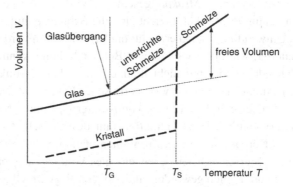

Abb. 7.13 Erstarrung zum glasartigen und zum kristallinen Zustand im Vergleich. Beim Schmelzpunkt T_S wird die Kristallisation im Glas „überrollt". Bei weiterer Abkühlung ist die Schrumpfung im Glas stärker als im kristallinen Festkörper gleicher Zusammensetzung, weil die atomaren Bausteine nicht aufhören, sich weiter umzuordnen. Erst bei der Glasübergangstemperatur T_G werden die Umordnungsprozesse mangels verbleibenden Leervolumens gestoppt, die Struktur wird „eingefroren"

Fremdkeimen (ZrO_2 und TiO_2) können Gläser hergestellt werden, die bei längerem Halten auf erhöhter Temperatur mit technisch vertretbarer Geschwindigkeit teilweise kristallisieren. Man spricht von *Glaskeramik*. Vorteil der Glaskeramik sind gute Formbarkeit im geschmolzenen Zustand und ein Ausdehnungskoeffizient angenähert Null, was zu exzellenter Thermoschockbeständigkeit führt (s. Abschn. 5.4.4).

Metalle erstarren praktisch stets kristallin; es gibt aber die Ausnahme der *metallischen Gläser*. Es konnte gezeigt werden, dass Werkstoffe auf metallischer Basis mit der ungefähren Zusammensetzung $M_{80} X_{20}$ (wobei M = Fe, Co, Ni; X = P, C, B, Si, Al) dann amorph erstarren, wenn extreme Abkühlgeschwindigkeiten (10^6 bis 10^7 K/s) angewendet werden. Dies gelingt auch im technischen Maßstab, z. B. dadurch, dass man einen dünnen Strahl der Schmelze auf eine rasch rotierende, gut wärmeleitende Walze (Cu) auflaufen lässt, wobei sich ein Band von 0,1 mm Dicke bildet, welches zentrifugal von der Gießwalze abläuft. Auf derartig extreme Abkühlgeschwindigkeiten kann bei den in den letzten Jahren entdeckten sogenannten *massiven metallischen Gläsern* verzichtet werden. Das Grundprinzip besteht wie schon bei den klassischen metallischen Gläsern darin, von Zusammensetzungen auszugehen, welche tiefliegende Eutektika aufweisen. Dies ist ein sicherer Indikator für hohe Stabilität der Schmelze, bzw. Schwierigkeiten der Kristallisation. Im Bereich von Lotfolien oder bestimmten magnetischen Anwendungen (Warensicherungsetiketten) sind metallische Gläser heute fest etabliert (s. auch Abschn. 12.4.2).

Im Gegensatz zu Metallen erstarren *Polymere* überwiegend glasartig. Entweder bildet sich die gesamte Struktur amorph aus oder nur Anteile, die dann typisch zwischen 30 und 70 % liegen (s. Abschn. 5.6). Die teilkristallinen Polymere, also die Kunststoffe, die in einem Teil des Volumens ferngeordnete Strukturen ausbilden, sind durch relativ kurze Molekülketten gekennzeichnet. Die Glasübergangstemperatur und die Abkühlungsgeschwindigkeit sind bei den Kunststoffen wichtig für die mechanischen Eigenschaften. Von der Schmelze her kommend, verhalten sich die anfangs viskos fließenden Polymere mit abnehmendem Leervolumen und reduzierter Beweglichkeit der Kettenmoleküle zunächst noch gummielastisch (siehe Abschn. 10.2), soweit die Molekülstruktur der jeweils betrachteten Kunststoffsorte dafür geeignet ist. Unterhalb T_G geht die leichte elastische Verformbarkeit verloren. Das gleiche gilt für die plastische Verformbarkeit von Kunststoffen, wie sie vor allem bei den thermoplastischen Polymeren gegeben ist (siehe Abschn. 10.8.2). Sie hört typischerweise unterhalb $0,8\,T_G$ auf.

Die Gebrauchstemperatur von *Elastomeren* liegt grundsätzlich *oberhalb* T_G. Für das Unglück des Space Shuttle Challenger wurde ein Kunststoff-O-Ring verantwortlich gemacht, der fälschlich unterhalb der Glasübergangstemperatur betrieben wurde. Weil die leichte elastische Verformbarkeit fehlte, versagte die Dichtwirkung. Umgekehrt setzt man *thermoplastische Kunststoffe nur unterhalb* T_G ein, weil sonst das plastische Fließen zu schnell wird.

7.5 Diffusionsgesteuerte Umwandlung im festen Zustand

7.5.1 Schichtwachstum (ebener Fall)

Schichtwachstum ist der einfachste Fall einer *diffusionsgesteuerten Festkörperreaktion*: Die *Bildung von NiO* wurde in anderem Zusammenhang in Abschn. 6.1.4 besprochen; wir wollen hier die ebenfalls in Abschn. 6.1.4 erwähnte *Feuerverzinkung* noch einmal näher betrachten. Der Vorgang kann durch Abb. 7.14 verdeutlicht werden. Im Unterschied zum erwähnten NiO ist das Zustandsdiagramm Fe–Zn sehr viel komplizierter und umfasst eine ganze Anzahl von mehr oder weniger zinkreichen Phasen. Entsprechend bildet sich gleich eine Folge von mehreren Phasen – die eisenreichste an der Eisenseite, die zinkreichste an der Zinkseite. Im Rahmen dieser Einführung spielen die Einzelheiten keine Rolle und wir haben das Zustandsdiagramm in Abb. 7.14 dementsprechend vereinfacht.

Aus den Komponenten Fe und Zn möge sich die intermetallische Verbindung oder Phase β mit der ungefähren Zusammensetzung FeZn (50/50 At.-%) und einem Homogenitätsbereich $\Delta c = c_{\beta L} - c_{\beta\alpha}$ bilden. Zwischen β und den beiden Randsystemen α und γ (mit begrenzter Löslichkeit) liegen zwei Eutektika.

Bringt man bei der Temperatur T_B festes Eisen in flüssiges Zink ein, so bildet sich gemäß der Reaktion Fe + Zn → FeZn (β) die β-Phase. Auf ihrer dem Eisen zugewandten Seite löst das Zinkbad nach dem Zustandsdiagramm Eisen auf und die Schmelze erhält daher an der dem Festkörper anliegenden Seite der schmalen Grenzschicht (Dicke δ) die Konzentration $c_{L\beta}$. Umgekehrt löst auch das Eisen etwas Zn; an der Phasengrenze zu β

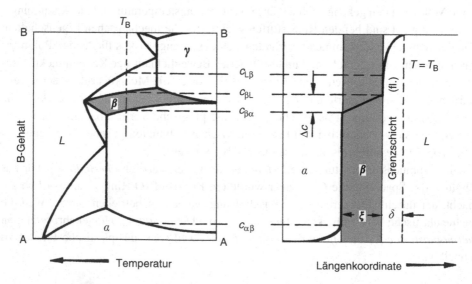

Abb. 7.14 Schichtbildung als Beispiel einer diffusionsgesteuerten Umwandlung im festen Zustand. Die Phase β entsteht durch Interdiffusion zwischen einer B-reichen Schmelze L und einer Phase α bei der Temperatur T_B. Ähnlich verläuft der Vorgang der Feuerverzinkung, durch den Stähle gegen Korrosion geschützt werden

stellt sich daher die Konzentration $c_{\alpha\beta}$ ein. Die Konzentrationssprünge an den Phasengrenzen entsprechen genau den Gleichgewichten, die das Zustandsdiagramm angibt. Zwischen der Zn-gesättigten α-Phase und Fe-gesättigter Schmelze wächst nun die β-Phase (grau unterlegt in Abb. 7.14), indem entweder Fe in Richtung auf die Schmelze oder Zn in der Gegenrichtung, oder beide gegeneinander diffundieren. Vernachlässigt man in erster Näherung die Auflösungsvorgänge an den beiden Rändern von β, so wächst die Schicht nach dem parabolischen Wachstumsgesetz

$$\xi(t) = (kt)^{1/2} \quad \text{mit} \quad k = D_\beta V_\beta \Delta c. \tag{7.21}$$

Die Ableitung steht in Abschn. 6.1.4, D_β ist ein geeignet gemittelter Diffusionskoeffizient von Fe und Zn in der β-Phase, V_β das Molvolumen dieser Phase und Δc der Homogenitätsbereich (s. o.). Man erkennt, wie wichtig der letztere ist: Für eine exakt stöchiometrische Phase FeZn wäre $\Delta c = 0$ und damit kein Konzentrationsgradient in der Schicht möglich. Ohne Konzentrationsgradient gäbe es aber keinen Diffusionsstrom und damit kein Schichtwachstum!

Ebene Schichten wachsen proportional zu $\sqrt{t}$ und zwar umso schneller je größere Werte das Produkt $D \cdot \Delta c$ annimmt. Ursache ist die Festkörperdiffusion als geschwindigkeitsbestimmender Schritt.

7.5.2 Ausscheidung aus übersättigten Mischkristallen

Die Ausscheidung von Kristallen aus übersättigter flüssiger Lösung ist eine alltägliche Erfahrung: Kühlt man eine bei hoher Temperatur gesättigte Zuckerlösung ab, so scheiden sich Zuckerkristalle (z. B. als „Kandis") ab. Oder: Durch Verdunstung in der Sonnenwärme wird Seewasser an Salz übersättigt, sodass dieses sich kristallin abscheidet: Salzgewinnung seit der Antike in Südeuropa. Analoges findet auch beim Abkühlen fester Lösungen statt.

Ausscheidungsfähig ist eine Legierung dann, wenn man bei hoher Temperatur T_0 einen Mischkristall mit der Konzentration c_0 eines Zusatzelements herstellen kann, und wenn zusätzlich beim Abkühlen eine Löslichkeitsgrenze überschritten wird: $T_U(c_0)$. Bei sehr rascher Abkühlung („Abschrecken") lässt man dem System keine Zeit, sich durch Diffusionsvorgänge ins Gleichgewicht zu setzen; der Mischkristall wird – als metastabiler Zustand – eingefroren. Man kann die Probe so in diesem metastabilen Zustand für einige Zeit lagern. Bringt man sie anschließend wieder in einen Ofen oder ein Salzbad von einer Temperatur, die zwar unter T_U liegt, aber hoch genug für Diffusionsprozesse ist, so kann bei dieser Temperatur die Ausscheidung derjenigen Phase stattfinden, die man aus dem Zustandsdiagramm entnimmt. Das gleiche ist möglich, wenn man von der hohen Temperatur nicht abschreckt, sondern langsam abkühlt (z. B. indem man die Stromzufuhr zum

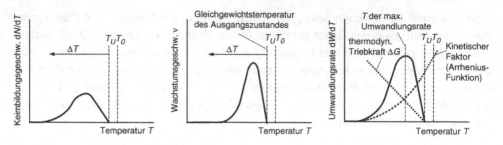

Abb. 7.15 Schematische Darstellung von Umwandlungsgeschwindigkeit, Keimbildungsrate und Wachstumsgeschwindigkeit bei der Ausscheidung als Funktion der Unterkühlung. Den Zusammenhang zwischen den Größen stellt (7.22) her

Ofen drosselt oder abschaltet). Die Strategie der Ausscheidungshärtung und des Abschreckens ist für viele technische Werkstoffe von größter Bedeutung und wir werden sie in den Abschn. 7.5.3 und 7.5.4 an Hand konkreter Anwendungen diskutieren.

Vorher wollen wir die Zeit- und Temperaturabhängigkeit der Ausscheidungsreaktion etwas grundlegender betrachten. Die Ausscheidungsgeschwindigkeit oder *Umwandlungsrate* dW/dt (in m^3/s) hängt natürlich davon ab, wie viel Keime sich gebildet haben und mit welcher Geschwindigkeit sich die Phasengrenzflächen in den Mischkristall hineinschieben. Es gilt:

$$\frac{dW}{dt} = N(t) \times A(t) \times v(t).$$ (7.22)

Dabei ist N die Zahl der gebildeten Keime, A deren mittlere Oberfläche (in m^2) und v die Geschwindigkeit (in m/s), mit der die Keime nach außen wachsen.

Abb. 7.15 zeigt, dass sowohl die Keimbildungsgeschwindigkeit dN/dt als auch die Wachstumsgeschwindigkeit v mit zunehmender Unterkühlung ΔT erst ansteigen, dann ein Maximum erreichen und schließlich wieder abfallen. Auch für die Umwandlungsrate, die entsprechend (7.22) multiplikativ aus den genannten Größen hervorgeht, findet man, dass sich ein Maximum ausbildet, d. h. es gibt eine ausgewählte Temperatur, bei der die Reaktion am schnellsten vonstatten geht.

Zur Ableitung der *Temperaturabhängigkeit der Wachstumsgeschwindigkeit v* geht man wie in (6.13) von der Erkenntnis der statistischen Mechanik aus, dass die Wahrscheinlichkeit P, dass ein Zustand eine Energie ΔG aufweist, durch folgende Beziehung gegeben ist:

$$P \propto \exp(-\Delta G/RT).$$ (7.23)

Die Betrachtung der Wahrscheinlichkeit von Sprüngen über die vorstoßende Ausscheidungsgrenzfläche liefert:

$$v \propto \Phi \exp(-Q_D/RT) \left[\exp(\Delta G/2RT) - \exp(-\Delta G/2RT)\right].$$ (7.24)

Dabei ist Φ eine temperaturproportionale Sprung- oder Oszillationsfrequenz für Atome im Gitter, Q_D die Aktivierungsenergie der Selbstdiffusion (vgl. (6.15)) und ΔG die treibende Kraft für den Ausscheidungsprozess. Man kommt zu (7.24) indem man die Anzahl der Sprünge pro Zeiteinheit multipliziert mit der Anzahl der Atome in der jeweiligen energetischen Sattellage. Dabei werden sowohl Vorwärts- als auch Rückwärtssprünge in Betracht gezogen. Da ΔG klein ist im Vergleich zu RT kann man die Näherung benutzen

$$\exp(x) \approx 1 + x. \qquad (7.25)$$

Die T-Proportionalität im Faktor RT kürzt sich mit der T-Proportionalität in Φ heraus. Mit zusätzlich (7.3) ergibt sich dann

$$v \propto \exp\left(\frac{-Q_D}{RT}\right) \cdot \frac{\Delta H(T_U - T)}{T_U}. \qquad (7.26)$$

Gl. (7.26) entspricht der Grundformel der Kinetik, die wir in Abschn. 4.3 kennengelernt hatten:

$$\text{Geschwindigkeit} = \text{Beweglichkeit} \cdot \text{Triebkraft}. \qquad (7.27)$$

Der glockenförmige Verlauf, den Abb. 7.15 für (7.26) angibt, hat seine Ursache in der Multiplikation des mit der Unterkühlung exponentiell kleiner werdenden Beweglichkeitsterms mit dem linear ansteigenden Triebkraftterm.

Die Vorgehensweise bei der Ableitung der *Temperaturabhängigkeit der Keimbildungsrate* ist nicht unähnlich. Man geht aus von der Wahrscheinlichkeit, Keime zu finden mit dem kritischen Energiezustand ΔG^* (s. (7.9)). Damit der Keim wachstumsfähig wird, müssen Atome durch Diffusion hinzutreten, weshalb ein Beweglichkeitsterm dazu kommt. So erhält man

$$dN/dt \propto \exp(-Q_D/RT) \cdot \exp(-\Delta G^*/RT). \qquad (7.28)$$

Der Beweglichkeitsterm sinkt wieder mit der Unterkühlung. Der Triebkraftterm steigt aber, auch wenn man das in (7.28) nicht auf den ersten Blick sieht. Dies liegt daran, dass ΔG^* keine Konstante darstellt, sondern mit der Unterkühlung steil abfällt, siehe (7.9).

Diffusionskontrollierte Ausscheidungsreaktionen über Keimbildung und Wachstum aus dem übersättigten Mischkristall sind dadurch gekennzeichnet, dass die Umwandlung bei einer bestimmten Unterkühlung am schnellsten verläuft; bei höheren und tieferen Temperaturen geht die Reaktion langsamer. In der Darstellung der ZTU-Diagramme führt dies zu den charakteristischen „Nasen". Ursache ist die unterschiedliche Temperaturabhängigkeit von diffusionsbestimmter Kinetik und thermodynamischer Triebkraft.

Abb. 7.16 Ausscheidungsgrad
W/W_0 als Funktion der Zeit
für verschiedene Exponenten
n. Die Reaktion verlangsamt
sich am Ende, wenn sich die
Diffusionshöfe überlappen und
die Triebkraft kleiner wird

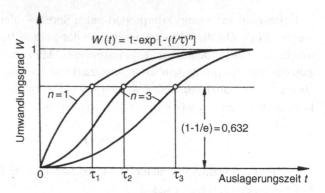

Wie sieht nun die *zeitliche Entwicklung der Ausscheidungsreaktion* aus? Die Geschwindigkeit der Umwandlung wird am Anfang der Reaktion zunehmen, weil sich immer mehr stabile Keime bilden und ihre Oberfläche zunimmt. Jeder wachsende Keim, bzw. jedes Ausscheidungsteilchen ist dabei von einem „Diffusionshof" umgeben, dessen Durchmesser anwächst mit der Zeit. Jedes wachsende Teilchen hat aber auch Nachbarn; ihr mittlerer Abstand sei L_T. Wenn nun die Diffusionshöfe während ihres Wachstums den Radius $L_T/2$ erreicht haben, beginnen sie, sich mit den Einzugsbereichen der benachbarten Keime zu überlappen. Jedes einzelne Ausscheidungsteilchen konkurriert um die dazwischen liegenden, im Mischkristall gelösten Atome. Die Folge ist eine Verlangsamung und schließlich (wenn alle übersättigt gelösten Legierungsatome in eines der Ausscheidungsteilchen eingebaut sind) der Stillstand der Reaktion. Man beschreibt dies zweckmäßig durch einen zeitabhängigen Ansatz für das normierte Ausscheidungsvolumen, bzw. den *Ausscheidungsgrad* W/W_0, der als dimensionslose Größe von 0 (alles gelöst) bis 1 (alles ausgeschieden) läuft:

$$W/W_0 = 1 - \exp\left[-(t/\tau)^n\right]. \tag{7.29}$$

Gl. (7.29) wird manchmal auch als *Johnson-Mehl-Avrami-Gleichung* bezeichnet. Die graphische Darstellung dieser Funktion, Abb. 7.16, hat die charakteristische Form einer *S-Kurve*. Der Anstieg verläuft umso steiler, je größer der Exponent n ist, in der Regel liegt n zwischen 1 und 3. Die Zeitkonstante τ ist ein Maß dafür, wie rasch die Ausscheidung abläuft: Zur Zeit $t = \tau$ ist nämlich $W/W_0(t) = 1 - e^{-1} = 0{,}632$ (rd. 60 %). Man kann sich denken, dass sie gemäß der „Faustregel" aus Abschn. 6.1.3 bis auf Zahlenfaktoren die Form $\tau \sim L_T^2/D$ hat: Die Ausscheidungsreaktion verläuft umso rascher, je größer der Diffusionskoeffizient und je kleiner die Diffusionswege sind; das letztere bedeutet auch: je höher die Teilchenzahl oder Keimdichte (je m^3) ist.

Für die *kritische Keimbildungsarbeit* ΔG^* spielt die Grenzflächenenergie eine entscheidende Rolle, wie eingangs bei der Erstarrung einer Schmelze diskutiert. Keimbildung bei Ausscheidung im festen Zustand ist noch schwieriger als bei der Kristallisation aus unterkühlten Dämpfen oder Schmelzen, weil außer der Grenzflächenenergie ein zusätzlicher Energiebetrag aufzuwenden ist: *Elastische Verzerrungsenergie*, dadurch bedingt,

dass die Ausscheidungsphase im Normalfall ein anderes Molvolumen hat als die Matrix-
phase. Beispiel: Wenn Kohlenstoff sich aus einem übersättigten Fe–C-Mischkristall als
Graphit ausscheiden soll, müssen an dieser Stelle alle Fe-Atome beiseite gedrängt werden.
Es lässt sich zeigen, dass diese „Wachstumsspannungen" im Umfeld des Keims bzw. der
Ausscheidung herabgesetzt werden können, wenn der Keim nicht kugelig, sondern plat-
ten- oder nadelförmig ist. Die Einsparung an elastischer Verzerrungsenergie durch solche
Formgebung übertrifft häufig den Mehraufwand an Grenzflächenenergie (die Kugel wäre
die Form mit der kleinsten Grenzfläche für gegebenes Volumen); vgl. Abschn. 8.3.

Die Natur optimiert diese Energiebilanz noch, indem sie für die größten Flächen der
Keime (also die Breitseiten von Platten, die Mantelflächen von Nadeln) solche Kristallori-
entierungen auswählt, in denen die Grenzflächenenergie γ_{hkl} (Abschn. 8.1) ihren kleinsten
Wert hat. Durch die Existenz *niederenergetischer Grenzflächen* entstehen anisotrope Ausscheidungsteilchen, die einen bestimmten Orientierungszusammenhang mit der Matrix
aufweisen. Man spricht von einer *Widmannstätten-Struktur*. Ein Beispiel ist in Abb. 3.13
zu sehen.

Diese Hemmungen im festen Zustand führen dazu, dass *heterogene Keimbildung* eine
große Rolle spielt. Als typische *Fremdkeime* wirken die Korngrenzen des Matrixgefü-
ges (Korngrenzenausscheidungen), Einschlüsse, oder auch die Knotenpunkte des Verset-
zungsnetzwerkes (Abb. 3.16, Abschn. 10.8). Aus dem zuletzt genannten Grunde lässt sich
die Keimbildungsrate durch Kaltverformung vor der Auslagerung oder auch durch Verformung während der Auslagerung (Warmwalzen) nachhaltig beeinflussen.

7.5.3 Ausscheidung in aushärtbaren Aluminiumlegierungen

Die *Ausscheidungshärtung* ist eines der wichtigsten Rezepte, um die Festigkeit von metallischen Werkstoffen zu verbessern (Abschn. 10.13.1). Der Effekt beruht auf der Wirkung
von Fremdphasen als Versetzungshindernissen. Dabei kommt es darauf an, die Ausscheidungsreaktion so zu steuern, dass der Passierabstand der ausgeschiedenen Teilchen klein
wird. Am Ende von Abschn. 10.15 heißt es: Grobe Dispersionen sind schlechte Dispersionen!

Wir wollen die *Strategie der Wärmebehandlung* am Beispiel der Al–Cu-Legierungen
diskutieren. Abb. 7.17 beschreibt das technisch übliche Vorgehen, das zugehörige Zustandsdiagramm zeigt Abb. 4.9. Nach Abschn. 15.3 weisen technische Legierungen etwa 4 Gew.-% Cu auf. Durch Lösungsglühen im α-Gebiet wird zunächst ein homogener
Mischkristall erzeugt. Danach wird abgeschreckt und bei knapp 200 °C ausgelagert, was
für den übersättigten Mischkristall eine relativ starke Unterkühlung bedeutet.

Die Vorgänge im Gefüge lassen sich am besten an Hand eines *ZTU-Diagramms* darstellen. *ZTU* steht für *Zeit-Temperatur-Umwandlung*; häufig wird auch der Ausdruck *TTT-
Diagramm* benutzt, nach dem englischen Ausdruck *Temperature-Time-Transformation*.
Im ZTU-Diagramm wird der Ausscheidungsgrad W/W_0 als Funktion von Temperatur
und Zeit angegeben, wobei 1- und 99 %-Linien üblich sind. Abb. 7.18 zeigt dies für den

Abb. 7.17 Wärmebehandlung zur Erzeugung feiner
Ausscheidungen am Beispiel
von Aluminiumlegierungen.
Das Abschrecken nach Lö-
sungsglühung vermeidet eine
Ausscheidung bei geringer
Unterkühlung. Die Abküh-
lungsgeschwindigkeit am Ende
der Aushärtung ist unwichtig;
sie kann langsam erfolgen

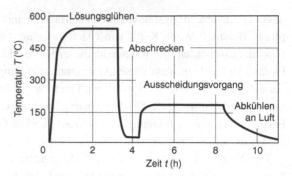

uns hier interessierenden Fall der Al–Cu-Legierungen mit etwa 4 % Cu. Man erkennt die
typische „Nase" der θ-Ausscheidung, entsprechend der glockenförmigen Kurve für die
Umwandlungsrate in Abb. 7.15. Es gilt durch schnelles Abkühlen die Ausscheidung einer
groben Dispersion im oberen Bereich der θ-Nase zu vermeiden. Reaktionen bei starker
Unterkühlung führen grundsätzlich zu *feineren Gefügen*, weil die *Keimbildungsgeschwindigkeit im Vergleich zur Wachstumsgeschwindigkeit erhöht* ist.

Im Falle der Al–Cu-Legierungen tritt noch ein weiterer Effekt hinzu, der die Feinheit
der Dispersion deutlich verbessert. Wie Abb. 7.18 erkennen lässt, entstehen bei der tiefen

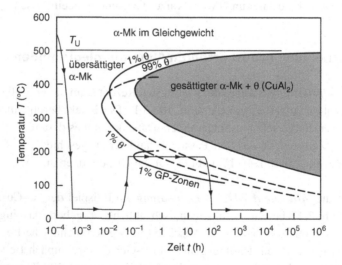

Abb. 7.18 ZTU-Diagramm für Aluminium-Kupfer-Legierungen (schematisch). ZTU-Diagramme
geben die Temperaturen und Zeiten an, die zu bestimmten Umwandlungsgraden führen. Im Fall
Al–Cu bilden sich außer der Gleichgewichtsphase θ verschiedene metastabile Phasen, die sich
durch hohe Keimbildungsgeschwindigkeit auszeichnen. Die eingezeichnete Abkühlkurve entspricht
einem isothermen ZTU-Diagramm, wenn man von der Abkühlung auf Raumtemperatur und der
Wiedererwärmung absieht. Beim isothermen Diagramm wird der Umwandlungsgrad als Folge einer Auslagerung bei konstanter Temperatur bestimmt

Auslagerungstemperatur θ'-Ausscheidungen und GP-Zonen statt der Gleichgewichtsphase θ. Dabei handelt es sich um *metastabile Phasen*, d. h. die Triebkraft ist etwas geringer als für die Gleichgewichtsphase θ. θ'-Ausscheidungen und GP-Zonen haben aber den Vorteil, dass sie *kohärente Grenzflächen* bilden. Diese Grenzen zeichnen sich dadurch aus, dass sich das Matrixgitter weitgehend ungestört über die Grenze hinwegverfolgen lässt, weshalb die Grenzflächenenergie im Vergleich zu „richtigen Phasengrenzen" sehr niedrig liegt. Wegen der Einsparung der Grenzflächenenergie sinken die ΔG^*-Werte mit entsprechender Wirkung auf die Keimbildungsrate. Das Aussehen der θ'-Struktur in einer transmissionselektronenmikroskopischen Aufnahme zeigt Abb. 3.13. Die extrem geringen Passierabstände für Versetzungen sind evident.

Die Ausscheidungshärtung ist eines der wichtigsten Rezepte, um Strukturwerkstoffen Festigkeit zu verleihen. Um feine Dispersionen zu erzielen, muss die Reaktion so geführt werden, dass sie mit hoher Triebkraft abläuft. Die Folgen sind kleinere kritische Keimbildungsenergien und eine starke Beschleunigung der Keimbildungsrate. Das Auftreten von metastabilen Phasen mit niedriger Grenzflächenenergie, wie bei den Aluminiumlegierungen, kann die Effekte noch verstärken.

Ist erst einmal eine Population von metastabilen Phasen entstanden, so ist sie erstaunlich stabil. Die Ursache liegt darin, dass jetzt für die Ausscheidung der Gleichgewichtsphase nur noch sehr wenig Triebkraft übrig ist:

$$\Delta G_U = G_\theta - G_{\theta'} \ll \Delta G_\theta. \tag{7.30}$$

Dabei sind, wie so oft, Beträge gemeint aber die Betragszeichen weggelassen, um die Schreibweise zu vereinfachen.

Das Auftreten von Ausscheidungen, welche zwar nicht den vollen Energiegewinn ΔG bringen, aber durch ihre Zusammensetzung und Gitterstruktur (an das Wirtsgitter angepasst) die Keimbildung sehr erleichtern, ist natürlich nicht auf Al–Cu beschränkt, sondern wird in verschiedenen Systemen beobachtet. An Stelle der einfacheren Keimbildung kann auch eine schnellere Diffusion bestimmter Elemente die Bildung einer metastabilen Phase nach sich ziehen. Dies ist der Fall bei Carbiden in Stählen, vgl. die dort zu beobachtenden „*Carbidsequenzen*", Abschn. 15.1.4.

7.5.4 Ausscheidung von Ferrit aus Austenit in Stählen. Eutektoider Zerfall

In diesem Abschnitt behandeln wir die *diffusionskontrollierte Umwandlung* des Austenits (γ-Fe) in Ferrit (α-Fe). Die Reaktion kann auch ohne Diffusion, als *Umklappumwandlung* erfolgen. Dies ist Gegenstand des Abschn. 7.6.

Die Ausscheidung des Ferrits im Austenit folgt natürlich wieder den oben aufgestellten Regeln. Weil die dabei auftretenden Phasen mit ihren jeweiligen Geometrien für die mechanischen Eigenschaften der Stähle verantwortlich sind, wollen wir diese Zustandsänderung noch etwas genauer ansehen. Die Strategie der *Wärmebehandlung der Stähle* ist im Übrigen in Abschn. 15.1.1 und 15.1.2 erläutert. Bei den *Allgemeinen Baustählen* geht es darum, die *Abkühlung am Ende der Walzstraße* so zu führen, dass aus dem austenitischen Gefüge ein feines ferritisch-perlitisches Gefüge entsteht. Bei den *Vergütungsstählen* besteht die Wärmebehandlung aus *Austenitisieren, Abschrecken und Anlassen*. Das Gefüge aus feinsten Ferrit-Nadeln und winzigen Karbiden wird in der Regel durch Anlassen des Martensits erzeugt. Der Kohlenstoff-Gehalt der Baustähle liegt normal unterhalb der eutektoiden Zusammensetzung mit 0,8 Gew.-% C. Zum Austenitisieren wählt man eine Temperatur oberhalb der sogenannten Ac_3-Linie, das ist die Linie G–S im Zustandsdiagramm Fe–C in Abb. 4.12. Es gilt aber, möglichst wenig über die Ac_3- oder G–S-Linie zu überhitzen, da Kornwachstum einsetzt, sobald ein einphasiges Gefüge vorliegt (s. Abschn. 8.6).

Der nächste Schritt nach dem Austenitisieren ist das *Abkühlen*. Wie in Abschn. 7.5.3 wählen wir die Darstellung des *ZTU-Diagramms*, um die Vorgänge zu verdeutlichen. In Abb. 7.19 sind wieder C-förmige Kurven gleichen Umwandlungsgrades W/W_0 eingetragen; sie entsprechen $W/W_0 = 1$ oder 99 % als Markierung von „Beginn" und „Ende" der Umwandlung. Es gibt *isotherme* oder *kontinuierliche* ZTU-Diagramme, je nachdem wie das zugrunde gelegte experimentelle Vorgehen angelegt war, ob die Umwandlung während einer isothermen Auslagerung oder einer Abkühlung mit konstanter Geschwindigkeit untersucht wurde. Abb. 7.19 ist ein kontinuierliches Diagramm; die Abkühlkurven sind wegen der logarithmischen Abszisse gebogen – bei einer linearen Achse wäre die Steigung konstant. Der in den Abkühlkurven zu erkennende kurzzeitige Wiederanstieg der Temperatur beim Überschreiten der Ferrit-Perlit-Grenze entspricht der *Rekaleszenz*, der geringfügigen Wiederaufheizung durch die bei der Phasenumwandlung freiwerdende Wärme.

Bei der Abkühlung des *Austenits* (γ-Phase) unter die Linie Ac_3 (G–S im Zustandsdiagramm) beginnt die *Ausscheidung des Ferrits* (α-Phase). Wegen der Schwierigkeit der Keimbildung startet die Reaktion heterogen an den Korngrenzen und die neugebildeten Phasen schieben sich von dort aus ins Korninnere, bis sie auf andere Korngrenzen oder entgegenwachsende Phasen treffen. Nur bei ausreichend grobkörnigem Austenit kommt es auch zur homogenen Keimbildung im Korninnern. Bei feinem Korn steigt die C-Konzentration im Korninnern durch den vom Ferrit zurückgewiesenen Kohlenstoff zu schnell an und die Triebkraft für die α-Bildung geht zu früh verloren. Wegen der Bedeutung der Korngrenzfläche pro Volumen für die Keimbildung ist die Position der Nasen im ZTU-Diagramm im Übrigen von der Korngröße des untersuchten Werkstoffs abhängig.

Wird bei der Abkühlung die eutektoide Temperatur erreicht (Ac_1, Linie P–S im Zustandsdiagramm), setzt die *Perlitbildung* ein nach der Reaktionsgleichung

$$\gamma \rightarrow \alpha + Fe_3C. \tag{7.31}$$

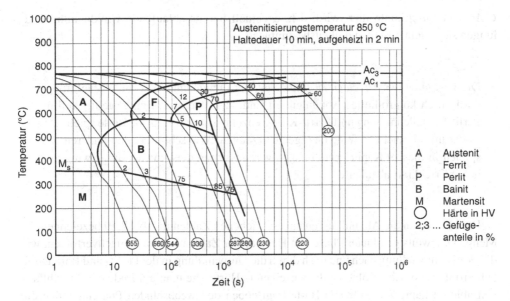

Abb. 7.19 ZTU-Diagramm für einen Vergütungsstahl (schematisch, ähnlich 42CrMo4). Die Abkürzungen stehen für: *A* Austenit, *F* Ferrit, *P* Perlit, *B* Bainit, *M* Martensit. Beim hier vorliegenden kontinuierlichen ZTU-Diagramm werden die umgewandelten Phasenanteile für konstante Abkühlgeschwindigkeit bestimmt

Dieser *eutektoide Zerfall* gleicht der eutektischen Erstarrung, die in Abschn. 7.4.5 behandelt wurde, lediglich ist die Ausgangsphase keine Schmelze, sondern ein Mischkristall. Abb. 7.12 beschreibt deshalb die geometrische Situation auch im vorliegenden Fall. Die Umverteilung der Atome auf die beiden Lamellensorten an der Wachstumsfront erfolgt durch Festkörperdiffusion über einen kurzen Weg in der Grenzschicht. Die Keime für diesen Vorgang bilden sich wieder an den Korngrenzen des Austenits; das Wachstum geht in das Korninnere hinein. Je tiefer die Umwandlungstemperatur liegt, desto „feinstreifiger" wird der Perlit – weil einerseits die Übersättigung zunimmt und mehr Energie in die Grenzfläche investiert werden kann, andererseits lange Diffusionswege nicht mehr zu bewältigen sind. Der Lamellenabstand als charakteristische Gefügedimension ist also eine Temperaturfunktion. Mikrostrukturaufnahmen, in denen Perlit erkennbar ist, findet man in den Abb. 3.12 und 15.4.

Werden die langsameren Zustandsänderungen durch besonders schnelle Abkühlung unterdrückt und die Zersetzung des übersättigten Mischkristalls gezwungen, bei noch stärkerer Unterkühlung abzulaufen, bildet sich *Bainit*. Diese Phase besteht aus sehr feinen Ferrit-Nadeln oder -Latten, in denen winzige Karbide ausgeschieden sind. Die Mechanismen der Bainitbildung sind noch nicht vollkommen aufgeklärt. Die Gefüge erinnern schon sehr stark an Strukturen, die bei martensitischer Umwandlung entstehen, die in Abschn. 7.6 behandelt wird. Man geht aber davon aus, dass das Vorrücken der Umwandlungsfront immer noch durch *diffusionskontrollierte Prozesse* wie *C-Abtransport* oder

C-Ausscheidung kontrolliert wird, d. h. eventuell bereits ablaufende Umklappumwandlungen sind nicht geschwindigkeitsbestimmend.

Die Festigkeit der *Allgemeinen Baustähle*, der mengenmäßig größten Stahlgruppe, wird durch kontrolliertes Abkühlen am Ende der Walzstraße eingestellt. Weil die Perlit-Lamellenhärtung und Ferrit-Korngrenzenhärtung eine große Rolle spielt, geht es darum, hinreichend feine Gefüge zu erzeugen. Wie schon bei den anderen Beispielen in diesem Kapitel geht man so vor, dass man die Umwandlung zwingt, bei hoher Triebkraft abzulaufen.

Die kleinen an die Abkühlkurven angeschriebenen Zahlen in Abb. 7.19 bezeichnen die Menge an jeweils gebildeter Phase. An Hand dieser Zahlen kann man nachverfolgen, wie die Ferritumwandlung nach und nach durch die Umwandlung in der Perlit- und Bainitstufe „überrollt" wird. Eine Folge ist die ansteigende Härte, die man am Ende der Abkühlkurven ablesen kann. Zur größeren Härte trägt neben den wechselnden Phasenanteilen die zunehmende Verfeinerung der Gefüge bei. Das Beispiel der Feinstreifigkeit des Perlits wurde oben diskutiert.

Legierungselemente wie Mn, Cr, Mo machen die Stähle umwandlungsträger, weshalb nicht mehr so schnell abgekühlt werden muss, um die Umwandlung in Ferrit und Perlit zu unterdrücken. Dies ist sehr erwünscht. Es erleichtert die Durchhärtbarkeit großer Querschnitte. Außerdem werden die Abkühlspannungen reduziert, wenn nicht so schnell abgeschreckt werden muss und die Gefahr von Verzug und Rissen wird gemildert (vgl. Abschn. 13.5.1). Der verlangsamende Einfluss der genannten Legierungselemente ist darauf zurückzuführen, dass sie beim Einbau in Perlit und Bainit ebenfalls umverteilt werden müssen, aber viel langsamer diffundieren als Kohlenstoff.

7.5.5 Spinodale Entmischung

Unter ganz bestimmten Bedingungen ist es möglich, dass eine Entmischung diffusionsgesteuert, aber ohne Keimbildung und Wachstum abläuft. Diese Erscheinung ist an eine spezielle Form der Stabilitätsfunktion $G(c, T)$ gebunden, wie sie in Mischungslücken auftritt. Abb. 7.20 zeigt ein Beispiel. Die thermodynamisch stabilen Zusammensetzungen sind durch c_α und c_β gegeben. Wir betrachten einen übersättigten Mischkristall c_0 mit dem Potential G'. Bilden sich durch Zufallsprozesse entsprechend den kleinen Pfeilen zwei neue Konzentrationen aus, so sinkt das Potential von G' nach G'', d. h. es wird Energie gewonnen. Geht die Segregation weiter, wird noch mehr Energie gewonnen, d. h. die Segregation „schaukelt sich auf". Diese Situation gilt für alle Konzentrationen, die zwischen c_1 und c_2 liegen, den Wendepunkten der $G(c)$-Kurve. Da sämtliche Zusammensetzungen zwischen c_1 und c_2 mit Energiegewinn verbunden sind, ist die Zusammensetzung der

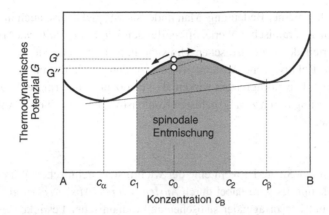

Abb. 7.20 $G(c)$-Diagramm für den Fall einer spinodalen Entmischung. Für alle Konzentrationen im grau schattierten Bereich gilt, dass jede durch Zufallsprozesse entstehende neue Zusammensetzung stabiler ist als die Ausgangszusammensetzung. Die Konzentrationen c_1 und c_2 liegen auf der Spinodalen; sie ist definiert durch die Bedingung $d^2G/dc^2 = 0$ (Wendepunkte der $G(c)$-Kurve). Für Punkte innerhalb der Spinodalen gilt $d^2G/dc^2 < 0$

sich bildenden Entmischungsgebiete nicht konstant, sondern ändert sich stetig. Es gibt in diesem Sinne keine Phasengrenzfläche, sondern nur eine allmählich sich örtlich ändernde Zusammensetzung. Es entsteht keine Dispersion von Teilchen in einer Matrix, sondern ein dreidimensionales Durchdringungsgefüge wechselnder Zusammensetzungen. Weil die Diffusionsströme in diesem Fall Konzentrationshügel nicht abtragen, sondern aufbauen, spricht man von „Bergaufdiffusion".

Die spinodale Entmischung wird beispielsweise bei technischen Gläsern zur Strukturoptimierung verwendet. Man nutzt aus, dass interessante offenporige Strukturen entstehen, wenn eine der Phasen des Durchdringungsgefüges durch Ätzprozesse entfernt wird. Auch bei Magneten spielt spinodale Entmischung eine Rolle.

Es gibt in seltenen Fällen auch eine diffusionsgesteuerte Umwandlung ohne Keimbildung. Es handelt sich um die spinodale Entmischung, die an bestimmte Verläufe der Stabilitätsfunktion $G(x, T)$ gebunden ist.

7.6 Diffusionslose Umwandlung im festen Zustand. Martensit

Die *diffusionslose* oder *martensitische Umwandlung* stellt für den übersättigten Mischkristall die Alternative zur Umwandlung durch diffusionskontrollierte Keimbildungs- und Wachstumsvorgänge dar, die wir in Abschn. 7.5 besprochen haben. Wir werden im Folgenden wieder das Beispiel der Stähle diskutieren; die martensitische Umwandlung ist aber von ganz allgemeiner Bedeutung. Man findet sie beispielsweise auch in Titan, Zirkon und verschiedenen keramischen Werkstoffen. Bei den *Vergütungsstählen* (Abschn. 15.1.2) besteht der Vorteil der martensitischen Umwandlung darin, dass sie ein extrem feines Gefüge erzeugt. Relativ große Austenit-Körner werden durch Tausende kleiner Martensit-Nadeln ersetzt. Die Korngrenzen wirken als Versetzungshindernisse. Dazu kommt die Festigkeitssteigerung durch zwangsgelösten Kohlenstoff, bzw. nach dem Anlassen, durch winzige Carbide.

> Das *Vergüten* der Stähle ist wohl eine der wichtigsten technischen Wärmebehandlungen überhaupt. Es wird dabei durch *Austenitisieren, Abschrecken und Anlassen* ein Gefüge mit hervorragender statischer und dynamischer Festigkeit erzeugt. Es besteht aus feinsten Ferrit-Körnern mit eingelagerten winzigen Carbiden, was hohe Festigkeit und Duktilität nach sich zieht. Dieses Gefüge entsteht durch *Anlassen des Martensits*. Der Martensit seinerseits wird durch *Umklappumwandlung aus übersättigtem Austenit* gebildet. Die Elementarzelle des Martensits entspricht der des Ferrits, nur dass durch übersättigt gelösten Kohlenstoff die Atomabstände etwas verzerrt sind.

Die Martensitische Umwandlung eines Vergütungsstahls kann man im *ZTU-Diagramm*, Abb. 7.19 verfolgen. Beim besonders raschen Abkühlen (Abschrecken) aus dem Austenitfeld des Fe–C-Zustandsdiagramms reicht die Zeit weder für die Perlit noch für die Bainitumwandlung, die wir in Abschn. 7.5.4 diskutiert haben. Trotzdem wird das kfz. Austenitgitter nicht als solches „eingefroren". Vielmehr findet nach Unterschreiten einer kritischen Temperatur, der *Martensit-Starttemperatur* (M_S), ein von Diffusion ganz unabhängiger Vorgang statt: Von einzelnen Keimen ausgehend, erfolgt ein *Umklappen kleiner Gitterbereiche*, wodurch aus den kubisch flächenzentrierten Elementarzellen des Austenits raumzentrierte, aber tetragonal verzerrte, also nichtkubische Zellen entstehen, in denen der gesamte Kohlenstoffgehalt des Austenits „eingeklemmt" ist. Dieses beim Abschrecken von Austenit entstehende Gefüge heißt *Martensit*. Die Martensit-Phasenbereiche weisen die Gestalt von Platten auf, welche an den Enden linsenförmig spitz zulaufen und im ebenen Schnitt des Mikrophotos (Abb. 3.15) als Nadeln abgebildet werden. Die Martensit-Keime entstehen wie immer an Korngrenzen und wachsen dann mit Schallgeschwindigkeit ins Kornvolumen, bis sie an eine andere Nadel oder eine andere Korngrenze anstoßen. Eine Nadel erreicht in $10^{-5} \ldots 10^{-7}$ s ihre volle Ausdehnung.

Warum muss man schnell abschrecken, um Martensit zu erhalten? Weil man bei langsamer Abkühlung an die „Nase" des ZTU-Schaubildes herankommen würde, d. h. die Perlitumwandlung liefe zumindest teilweise ab, und damit wäre die Triebkraft ΔG für die konkurrierende Martensitumwandlung weitgehend aufgebraucht.

Eine andere Frage ist, wie eigentlich so ein *Umklappen von Gitterbereichen* vor sich gehen soll, eingebunden in einen relativ starren Festkörper. Abb. 7.21 macht deutlich,

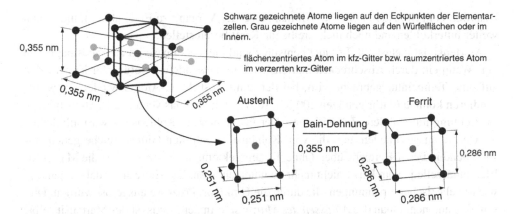

Abb. 7.21 Vergleich der Elementarzellen im Ferrit und Austenit. In der kfz. Elementarzelle des Austenits ist ein raumzentriertes, aber tetragonal verzerrtes Gitter erkennbar. Durch die Bain-Dehnung kann diese verzerrte Elementarzelle in die reguläre krz. Ferrit-Elementarzelle überführt werden. Während der Martensitischen Umwandlung kommt es zu einer Verschiebung der Atompositionen ähnlich der Bain-Dehnung. Wegen der übersättigt gelösten C-Atome kann die ideale Ferrit-Struktur aber noch nicht erreicht werden. Dazu benötigt man ein erneutes Erwärmen, bei dem es zur Ausscheidung der C-Atome kommt

dass die kubisch raumzentrierte Elementarzelle des Ferrits in verzerrter Form bereits im Austenit vorhanden ist. Man braucht „nur noch" die sogenannte *Bain-Dehnung* um weniger als einen Atomabstand, um aus der Elementarzelle des Austenits das Ferrit-Gitter zu entwickeln. Was also bei der Umklappumwandlung vor sich geht, ist folgendes: Eine Reaktions- oder Umklappzone läuft durch den Kristall, in der die Atome eine kleine Bewegung machen, die angenähert der Bain-Verformung entspricht[3]. Die Bewegung eines Atoms löst dabei die Bewegung des Nachbaratoms aus, man benutzt deshalb auch den Ausdruck „koordinierte" oder „militärische" Umwandlung. Man kann sich den Vorgang wie eine Versetzungsbewegung vorstellen. Auch Versetzungen laufen ja zwischen den Hindernissen mit Schallgeschwindigkeit; es geht bei allen hier diskutierten Phänomenen – Umklappumwandlung, Versetzungsbewegung, Schallausbreitung – um die Verschiebung eines elastischen Verzerrungsfeldes durch das Gitter.

Obwohl das Umklappen nicht ganz so schwierig ist, wie man zunächst meinen könnte, ist es doch mit erheblicher Geometrieänderung verbunden (Volumenvergrößerung 4 %) und es entstehen sehr starke elastische Verzerrungen, vor allem zwischen den wachsenden Martensitplatten im verbliebenen Grundgefüge, dem *Restaustenit*. Dies kann dazu führen, dass die treibende Kraft bei einem bestimmten Umwandlungsgrad verbraucht ist und die

---

[3] Wir vereinfachen hier. Die Bewegung ist komplizierter, weil gleichzeitig versucht wird, Kohärenz mit dem Wirtsgitter aufrechtzuerhalten. Martensitische Umwandlung ist immer mit dem Entstehen von Orientierungszusammenhängen verbunden. Außerdem verhindern die zwangsgelösten C-Atome, dass die Gleichgewichtslagen des Ferrit-Gitters exakt eingenommen werden.

Reaktion zum Stillstand kommt. Will man, dass der Vorgang zu Ende abläuft, muss man weiter unterkühlen und noch mehr treibende Kraft bereit stellen.

Martensit ist metastabil. Er taucht entsprechend nicht als Phase im Zustandsdiagramm auf. Wenn ein durch Abschrecken martensitisch umgewandeltes Gefüge für längere Zeit auf eine Temperatur gebracht wird, bei der zumindest die C-Atome wieder etwas diffundieren können (dafür genügen 200 °C), so wandelt sich das verzerrte Martensitgefüge in Richtung auf stabilere Zustände um: Der überschüssige Kohlenstoff wird allmählich als Carbid ausgeschieden, und die vom Kohlenstoff befreiten Gitterbereiche gehen entsprechend in Ferrit-Bereiche über. Ohne die „eingeklemmten C-Atome" ist die Martensit-Elementarzelle ja vom Ferrit nicht mehr zu unterscheiden. Die Härte sinkt dabei, genauso wie die elastischen Spannungen, die durch die Umklapp-Prozesse ausgelöst wurden. Diesen Vorgang nennt man das *Anlassen des Martensits*. In der Praxis ist der Martensit selbst häufig zu hart und zu spröde; man bevorzugt die angelassene Variante.

Die Martensitische Umwandlung oder Diffusionslose Umklappumwandlung unterscheidet sich grundsätzlich von der Diffusionskontrollierten Umwandlung:

Umklappumwandlung	Diffusionskontrollierte Umwandlung
• Atombewegung über sehr kleine Distanzen ($\leq$ Atomabstand)	• Atombewegung über große Entfernungen ($1 \ldots 10^6$ Atomabstände)
• Militärische Umwandlung, Bewegung eines Atoms „triggert" Bewegung des Nachbaratoms	• Zivile Umwandlung, thermisch aktivierte, zufällige Sprünge von Atomen im Gradienten des thermodynamischen Potenzials
• Wachstum mit Schallgeschwindigkeit	• Wachstum mit geringer Geschwindigkeit, Mobilität exponentiell von der Temperatur abhängig
• Umwandlungsgrad bestimmt von Temperatur	• Umwandlungsgrad bestimmt von Temperatur und Zeit
• Keine Änderung der Zusammensetzung	• Änderung der Zusammensetzung
• Grundsätzlich Orientierungszusammenhang	• Manchmal Orientierungszusammenhang
• Korngröße des Wirtsgitters bestimmt Phasengröße; Kornwachstum unbedingt vermeiden	• Korngröße des Wirtsgitters für Geometrie der neu gebildeten Phase nur indirekt von Bedeutung (heterogene Keimbildung)

Vorgänge an Grenzflächen

8

In diesem Kapitel steht die Grenzflächenenergie im Vordergrund. Wir wollen Zustandsänderungen betrachten, die durch das *Bestreben des Systems* ausgelöst werden, die *in Grenzfläche investierte Energie zu minimieren*. Im vorausgehenden Kap. 7 wurden ebenfalls Zustandsänderungen untersucht, aber die Triebkraft rührte von der Änderung der Temperatur her oder einer chemischen Vernetzungsreaktion. Die Grenzflächenenergie spielte dabei zwar bereits eine wichtige Rolle, z. B. bei der Keimbildung, sie trat aber im Sinne einer Komplikation auf, nicht als ein auslösender Faktor. Wir werden die Grenzflächenenergie jetzt in einer neuen Bedeutung kennenlernen.

8.1 Grenzflächenenergie

Den niedrigsten Energiezustand nimmt eine bestimmte Menge Metall oder Oxidkeramik oder Glas oder Kunststoff, usw. dann ein, wenn die maximale Zahl an Bindungen zwischen den atomaren Bausteinen betätigt werden kann. Dies ist der Fall, wenn das Material als einphasiger, einkristalliner, porenfreier Körper vorliegt. Oberflächen und Grenzflächen werden aus einem solchen kompakten Körper durch Schnitte erzeugt, also durch Störung dieses Optimalzustandes: Zieht man die beiden Trennflanken einer Schnittfläche von 1 cm² auseinander, so hat man 2 cm² *Oberfläche* geschaffen. Verdreht oder verkippt man sie und fügt sie dann wieder zusammen, so entsteht 1 cm² *Grenzfläche (Korngrenze)*. Durch Aneinanderfügen der Schnittflächen verschiedener Phasen erzeugt man *Phasengrenzen*.

Grenzflächen sind Flächen, bei denen zwei Festkörper zwar abstandslos aneinander anliegen, aber mit einer wesentlich „schlechteren Passung" als im nicht zerschnittenen Körper. Bei Oberflächen weisen die äußeren Bindungen in den leeren Raum. Bei Korngrenzen ist die Periodizität des Gitters gestört, Atome finden die Nachbarn nicht am gewohnten Platz (Ausnahme: Atome auf „*Koinzidenzplätzen*"). In jedem Falle muss die durch den Schnitt wegfallende Bindungsenergie in das System hineingesteckt werden, wenn Grenz-

© Springer-Verlag GmbH Deutschland 2016
B. Ilschner, R.F. Singer, *Werkstoffwissenschaften und Fertigungstechnik*,
DOI 10.1007/978-3-642-53891-9_8

fläche geschaffen wird. Die gleiche Energie wird gewonnen, wenn Grenzfläche wegfällt. Man bezieht die Energie auf die Fläche und bezeichnet sie als *Grenzflächenenergie* $\gamma > 0$, gemessen in J/m^2.

Die Grenzflächenenergie wirkt, als ob an den Rändern eines beliebigen Grenzflächenelements Kräfte angreifen, und zwar so, dass sie die Ränder zusammenziehen, um die Energie zu verringern. Man kann also alternativ auch die Kraft pro Linienelement in N/m zur Charakterisierung der Wirkung einer Grenzfläche verwenden. Um das Bild der senkrecht zum Linienelement angreifenden Kräfte entstehen zu lassen, hat sich der Ausdruck *Grenzflächenspannung* eingebürgert. Zahlen- und dimensionsmäßig müssen die unterschiedlichen Angaben natürlich auf das Gleiche hinauslaufen (Energie/Fläche $=$ Kraft/Länge; $N/m = N\,m/m^2 = J/m^2$).

Thermodynamisch gesehen handelt es sich bei der Grenzflächenenergie oder Oberflächenspannung γ um eine *spezifische Freie Grenzflächenenthalpie* γ (in J/m^2) gemäß

$$G = G_0 + A\gamma, \tag{8.1}$$

bzw.

$$dG/dA = \gamma, \tag{8.2}$$

wobei G und G_0 die Freie Enthalpie des Systems (in J, bzw. N m) mit und ohne Grenzflächen des Betrags A (in m^2) darstellen. Es ist also das Produkt $A \cdot \gamma$, um dessen Optimierung es im folgenden Abschnitt geht. Wegen des Charakters einer Freien Enthalpie müssen wir bei γ neben den Effekten der Bindungsenthalpie, die oben besprochen wurden, auch Entropieeffekte berücksichtigen. Tatsächlich wird durch die Entropie ein kleiner Teil des Enthalpieaufwands ausgeglichen, weil eine Grenzfläche den Ordnungsgrad herabsetzt (vgl. Abschn. 4.4.3).

Die Ursache der Grenzflächenenergie γ ist der Wegfall von atomaren Bindungspartnern. Stoffe mit hoher Bindungs- und Gitterenergie (erkennbar am hohen Schmelzpunkt) weisen hohe Grenzflächenenergien auf. Bei Metallen ist die Grenzflächenenergie etwa zehnmal größer als bei Kunststoffen.

8.2 Adsorption

Als Adsorption bezeichnet man die Anlagerung von Atomen oder Molekülen (z. B. H_2O) aus der Gasphase an einer Oberfläche. Normalerweise wird bei der Anlagerung solcher Atome/Moleküle eine – wenn auch schwache – Bindungsenergie gewonnen. Das bedeutet, dass durch *Adsorption* von Fremdatomen die *Grenzflächenenergie* γ *herabgesetzt* wird:

$$d\gamma/dc_{Ad} < 0 \tag{8.3}$$

Stoffe, welche γ besonders stark herabsetzen, nennt man *grenzflächenaktiv* (z. B. Sauerstoff, Schwefel – Tenside in Waschmitteln).

Indem die Oberfläche ihre eigene Energie durch Adsorption erniedrigt, wirkt sie selbst als Haftstelle für Atome/Moleküle aus der Gasphase. Die Belegungsdichte c_{Ad} stellt sich so ein, dass zwischen Oberfläche und Gasphase ein thermodynamisches Gleichgewicht herrscht. Mit wachsendem Partialdruck nimmt auch die Belegungsdichte zu, und zwar solange, bis die Oberfläche gesättigt ist. Senkt man den Partialdruck wieder ab (z. B. durch Vakuumpumpen), so kehrt sich der Vorgang um: Es tritt *Desorption* ein. Für eine erfolgreiche Desorption z. B. von H_2O-Adsorptionsfilmen in Apparaturen ist allerdings sehr gutes Vakuum (Ultrahochvakuum, UHV) und „Nachhilfe" mit Wärme (kT) erforderlich („Ausheizen").

Adsorption und Desorption sind nicht nur an freien Oberflächen, sondern auch an (inneren) Grenzflächen möglich, insbesondere an Korngrenzen. Korngrenzen als ohnehin gestörte Gitterbereiche sind weniger empfindlich gegenüber schlecht passenden Atomgrößen und abweichenden Bindungskräften von Fremdatomen, als es das Innere des Kristallgitters ist. Fremdatome diffundieren daher aus dem Gitter heraus und siedeln sich solange unter Energiegewinn an Korngrenzen an, bis diese gesättigt sind. Mit steigender Temperatur wird diese Tendenz allerdings abnehmen – der Entropieterm zieht (4.16).

8.3 Wachstumsformen

Energetische Überlegungen führen zu einer *Gleichgewichtsgestalt* für Kristalle in einer Schmelze oder für ausgeschiedene Phasen in einem Festkörper. Die Frage ist allerdings, ob diese Gleichgewichtsgestalt auch angenommen wird. Hier spielen Überlegungen der Wachstumskinetik und der Prozessführung eine Rolle.

Aufgrund energetischer Optimierung würde man zunächst erwarten, dass die *Kugel* die bevorzugte Morphologie darstellt. Bei der Kugel ist das Verhältnis von Volumen zu Oberfläche am günstigsten. Es gibt allerdings einen weiteren wichtigen Einfluss: Die Grenzflächenenergie γ ist in vielen Systemen *nicht isotrop*, sondern von der Kristallebene $\{hkl\}$ abhängig, was nach den obigen Überlegungen zur Natur dieser Größe einleuchtet. Die Optimierung folgt dann der Beziehung

$$V \Delta g_v + \sum A_{hkl} \, \gamma_{hkl} = \text{Min}, \qquad (8.4)$$

wobei V das Volumen darstellt, Δg_v die pro Volumen durch die Reaktion gewonnene Freie Enthalpie (in J/m^3), A_{hkl} den Betrag der Oberfläche (in m^2) mit der Orientierung $\{hkl\}$. In Festkörpern kommt auch noch der Effekt der elastischen Verspannung der Umgebung hinzu, wie in Abschn. 7.5.2 diskutiert. Ein Beispiel für eine Optimierung nach obigem Muster ist die plattenförmige Gestalt der θ'-Ausscheidungen in Aluminiumlegierungen, Abb. 3.13, oder die würfelförmige Gestalt der γ'-Ausscheidungen in Superlegierungen, Abb. 15.9.

In vielen Fällen wird die thermodynamische Gleichgewichtsgestalt allerdings nicht erreicht, weil sich andere Effekte in den Vordergrund schieben. Eine wichtige Rolle spielt die Gestalt der *Wärme- und Stoffströme*. Wir haben in Abschn. 7.4.4 gesehen, wie die Transportströme Keimbildungs- und Wachstumsvorgänge beeinflussen und zu unterschiedlichen Kornmorphologien führen. Eine andere Möglichkeit, warum die Gleichgewichtsgestalt nicht erreicht wird, sind unterschiedliche *Anlagerungsgeschwindigkeiten* von Atomen in unterschiedlichen kristallographischen Richtungen. Bei bestimmten Systemen, vor allem bei Nichtmetallen und intermetallischen Phasen, bilden Phasen aus thermodynamischen Gründen facettierte Oberflächen aus. Die Kristallflächen sind mehr oder weniger atomar glatt und der Anbau von Atomen ist mit Schwierigkeiten verbunden. Ebenen hoher Anlagerungsgeschwindigkeiten gehen beim Wachstum verloren, weil sie sich „auswachsen". Der Habitus des Kristalls ist dann durch die schwer beweglichen Kristallflächen bestimmt.

Ein Beispiel für facettiertes Wachstum ist *lamellarer Graphit* in Gusseisen. Die Anlagerung senkrecht zur Basisebene des Graphits $v_{(0001)}$ ist sehr langsam im Vergleich zur Anlagerung an den Prismenflächen $v_{(10\bar{1}0)}$. Deshalb entstehen im Normalfall Platten. Gibt man Mg oder Ce hinzu, wird das Verhältnis der Wachstumsgeschwindigkeiten umgekehrt und es entstehen Prismen. Wachsen viele Prismen ausgehend von einem Punkt mit zunehmendem Querschnitt nach außen, entsteht ein kugelförmiges Gesamtgebilde: *sphärischer Graphit* im Sphäroguss, Abschn. 15.2, Abb. 3.12.

8.4 Benetzung. Kapillarität

Auch dieser Vorgang ist bereits im Zusammenhang mit der heterogenen Keimbildung in Kap. 7 behandelt worden: *Benetzung* der Phase α durch die Phase β entweder an der Oberfläche von α oder an einer inneren Grenzfläche (mit den Grenzflächenenergien $\gamma_{\alpha O}$ bzw. $\gamma_{\alpha\alpha}$) erfolgt dann, wenn das System *Energie einspart*. Das ist möglich, wenn beim Vorrücken der Berandungslinie der α-β-Kontaktfläche die gesamte Grenzflächenenergie verringert wird, d. h. (in erster Näherung) wenn

$$2\pi\, r\, \mathrm{d}r\,(\gamma_{\alpha\beta} - \gamma_{\alpha O}) < 0 \quad \text{oder} \quad \gamma_{\alpha\beta} < \gamma_{\alpha O} \tag{8.5}$$

(s. auch Abb. 8.1a). Hierbei ist r der Radius der Kontaktzone. Wenn er um $\mathrm{d}r$ zunimmt, wächst die Kontaktzone um die ringförmige Fläche $\mathrm{d}(\pi r^2) = 2\pi\, r\, \mathrm{d}r$ und auf dieser differentiellen Fläche wird α-Oberfläche durch α-β-Grenzfläche ersetzt. Dies ist die Basis von (8.5).

Die für die Werkstofftechnik wichtigste Anwendung der Benetzung erfolgt beim *Löten* (Abschn. 13.3.2): Das Lot (β) muss das Lötgut (α) benetzen, denn es muss in den äußerst engen Spalt zwischen den beiden zu verbindenden Flächen hineinfließen. Wenn (8.5) erfüllt ist, steigt das Lot sogar gegen die Schwerkraft von unten nach oben in einen Spalt (Abb. 8.1b). Man sieht leicht, bis zu welcher Höhe h (in m) es steigen kann, wenn der Spalt

Abb. 8.1 Geometrische Verhältnisse bei der Benetzung
einer festen Oberfläche durch
eine Flüssigkeit (Schmelze)

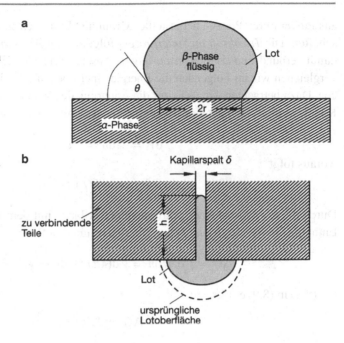

die Breite δ und das Lot die Dichte ρ hat (mit $g = 9{,}81\,\text{m/s}^2$ Schwerebeschleunigung der Erde):

$$\rho g h = 2(\gamma_{\alpha\beta} - \gamma_{\alpha 0})/\delta. \tag{8.6}$$

Die linke Seite der Gleichung entspricht dem hydrostatischen Druck in einer Flüssigkeits-
säule. Auf der rechten Seite steht der durch die Benetzung ausgelöste Druck $2\gamma/\delta$, der
auch *Kapillardruck* oder *Kapillarspannung* genannt wird, siehe (8.5) und die folgenden
Abschnitte.

8.5 Sintern. Konsolidieren von Pulvern

8.5.1 Treibende Kraft

Unter *Sintern* versteht man eine Wärmebehandlung, die dazu dient, *Stofftransport* aus-
zulösen, so dass in Pulverstrukturen[1] *Zusammenhalt entsteht* und *Porositäten beseitigt*
werden. Sintern ist von zentraler Bedeutung für pulvermetallurgische Fertigungsverfahren, wie sie für bestimmte Gruppen von *metallischen* und *keramischen* Werkstoffen gebräuchlich sind (Abschn. 13.2.4 und 13.2.6). Erst durch den Sintervorgang gewinnt der

---

[1] Pulverschüttungen weisen noch rund 40 Vol.-% Porosität auf, was erhebliche Stoffströme nötig
machen würde und wenig praktikabel wäre. Man führt deshalb zur Vorbereitung für das Sintern eine
Vorverdichtung der Pulver durch. Kaltisostatisches Pressen oder Matrizenpressen stellen übliche
Verfahren dar (s. Abschn. 13.2.4).

aus Pulver durch Pressen hergestellte „Grünling" Festigkeit und andere Gebrauchseigenschaften. Die *Triebkraft im Sinterprozess* folgt aus der *Abnahme an Grenzfläche* und der damit verbundenen *Energieeinsparung* (s. Abschn. 8.1). Um dies präziser zu formulieren, vergleichen wir im Folgenden die Energie einer ebenen und einer gekrümmten Oberfläche. Dazu betrachten wir als Erstes die Änderung des Volumens V und des Radius r einer Kugel, wenn n Atome mit dem Atomvolumen Ω hinzugefügt werden:

$$dV = \Omega dn = 4\pi r^2 dr, \tag{8.7}$$

woraus folgt

$$dr/dn = \Omega/4\pi r^2. \tag{8.8}$$

Durch die Einführung einer gekrümmten Oberfläche mit dem Betrag A nimmt die Freie Enthalpie im Vergleich zur ebenen Oberfläche um den Betrag ΔG zu:

$$\Delta G = \gamma \, dA/dn = \gamma \, d(4\pi r^2)/dr = \gamma \, 8\pi r \, dr/dn \tag{8.9}$$

Gl. (8.8) in (8.9) eingesetzt:

$$\Delta G = 2\gamma \, \Omega/r. \tag{8.10}$$

Man kann sich diesen Vorgang auch so vorstellen, dass auf eine Oberfläche eine mechanische Spannung σ wirkt, die versucht, die Krümmung einzuebnen. Wenn Atome zur Oberfläche hinzugefügt werden, muss eine Volumenarbeit geleistet werden:

$$\Delta G \, dn = \sigma \, dV. \tag{8.11}$$

Mit (8.7) und (8.10) folgt

$$\sigma = 2\gamma/r. \tag{8.12}$$

Das System wird also entsprechend der (8.12) Stofftransportströme auslösen um gekrümmte Oberflächen einzuebnen.

Zum besseren Verständnis von (8.12) sind in Abb. 8.2 zwei Pulverpartikel dargestellt, die sich berühren. Das Vorzeichen des Krümmungsradius in (8.12) ist so definiert, dass bei einer von außen betrachtet konvexen Oberfläche Druckspannungen herrschen (Radius liegt im Innern des Teilchens, r_1 in der Abbildung). Bei einer konkaven Oberfläche herrscht Zug (Radius liegt außerhalb des Teilchens, r_2 in der Abbildung). Auf eine ebene Grenzfläche ($r = \infty$) würde keine Spannung wirken ($\sigma = 0$).

Zwischen unterschiedlich gekrümmten Flächen tritt eine Spannungsdifferenz auf gemäß

$$\Delta\sigma = \gamma \left(\frac{1}{r_1} + \frac{1}{r_2} \right) \cdot \tag{8.13}$$

Gl. (8.13) ist auch als *Laplace-Gleichung* bekannt. Für eine Kugel sind beide Radien gleich und (8.13) geht wieder in (8.12) über.

Abb. 8.2 Zwei durch
Festphasensintern zusammen-
wachsende Pulverteilchen.
Entsprechend (8.12) wirken
Druck- oder Zugspannungen
auf die Oberfläche

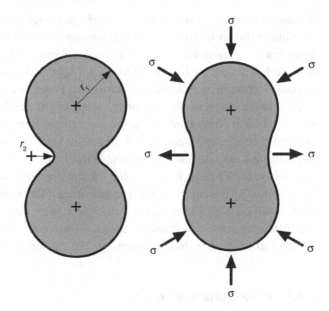

8.5.2 Festphasensintern

Beim Festphasensintern geschieht die Konsolidierung infolge von *Leerstellen-Diffusions-strömen*, die von den treibenden Kräften der Minimierung der Grenzflächenenergie $A \cdot \gamma$ ausgelöst werden. Diese Ströme können verschiedene Wege nehmen, über die Oberfläche, über das Volumen oder die Korngrenzen. Bei den in der Pulverstruktur ausgelösten Verän-derungen (Abb. 8.2 und Abb. 8.3) unterscheidet man den *Früh-, Haupt- und Spätbereich*. Im Frühbereich bilden sich Hälse zwischen den Teilchen, die Teilchenmittelpunkte nähern

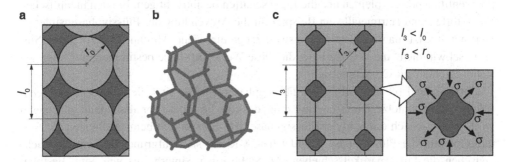

Abb. 8.3 Geometrieänderungen beim Festphasensintern. Pulverpartikel sind *hellgrau*, Hohlräume *dunkelgrau* dargestellt. **a** Idealisierte Ausgangssituation. **b** Nachdem sich im Frühbereich Hälse zwischen den Pulverpartikeln gebildet haben (vgl. auch Abb. 8.2) schrumpft im Hauptbereich das nach außen offene schlauchartige Porennetzwerk. **c** Im Spätbereich schließen sich die jetzt isoliert vorliegenden Poren. Die Spannungen, die auf die Porenoberfläche wirken, führen zur Ausbildung einer Kugelform und wirken nur noch zur Kugelmitte hin

sich an (vgl. Abb. 8.3a und Abb. 8.2). Im Hauptbereich findet die eigentliche Verdichtung statt, indem das noch verbliebene Porenvolumen in der Struktur schrumpft. Es handelt sich dabei um ein dreidimensional verknüpftes schlauchartiges Netzwerk von Hohlräumen, siehe Abb. 8.3b, das nach außen offen ist. Im Spätbereich kollabieren die schlauchartigen offenen Hohlräume zu isolierten geschlossenen Poren, die weiter schrumpfen (Abb. 8.3c).

Festphasensintern ist ein langsamer, wenig effizienter Vorgang, der normalerweise in der technischen Anwendung nicht bis zur vollständigen Verdichtung geführt wird. Die treibenden Kräfte sind klein, typisch liegen sie bei 1 bis 20 MPa. Wegen der Diffusionskontrolle benötigt man hohe Temperaturen und lange Zeiten. Dass überhaupt nennenswertes erreicht werden kann, hängt mit den lokal auftretenden starken Gradienten zusammen; die treibende Spannung nach (8.12) ändert sich auf kleinster Strecke. Eine wichtige Rolle spielt natürlich ganz allgemein die Pulvergröße, weil sie die Radien nach (8.12) vorgibt. Die Erfahrung zeigt, dass Pulverteilchen mit Durchmessern von 20 μm brauchbar sintern; für das Verdichten von Durchmessern von 200 μm benötigt man Flüssigphasensintern.

8.5.3 Flüssigphasensintern

Beim Flüssigphasensintern wird durch geeignete Zusammensetzung des Systems dafür gesorgt, dass bei Sintertemperatur eine *flüssige Phase* auftritt. Dies führt zu einer starken Beschleunigung der Vorgänge im Vergleich zu Festphasensintern, wie unten erklärt wird. Flüssigphasensintern ist ein klassisches Prinzip, das beispielsweise der Porzellanherstellung zu Grunde liegt, die bereits im 18. Jahrhundert entwickelt wurde. Aber auch moderne keramische Werkstoffe (Si_3N_4, Al_2O_3, ...) sind ohne Flüssigphasensintern nicht denkbar. Im Regelfall sorgt man durch Zugabe sogenannter Sinterhilfsmittel dafür, dass sich bei hoher Temperatur Glasschmelzen bilden. Ein Nachteil kann allerdings darin bestehen, dass die flüssigen Filme nach Abschluss des Sinterprozesses und Erstarrung als Korngrenzenfilme präsent bleiben und die Eigenschaften beeinträchtigen. Bei den metallischen Werkstoffen sind Hartmetalle ein Beispiel für die Anwendung des Flüssigphasensinterns. Hartmetall setzt man für Bearbeitungswerkzeuge ein, siehe Abschn. 13.2.10. Beim Sintern „schwimmen" die WC-Carbide, die diese Werkstoffklasse bestimmen, auf flüssigen Randschichten aus Co-Schmelze.

Entscheidend für den Erfolg des Flüssigphasensinterns sind die *benetzenden Eigenschaften* der Schmelze. Die Erfahrung zeigt, dass die Festphase vor allem dann gut benetzt wird, wenn sie sich etwas in der Flüssigphase löst. Sobald sich beim Aufheizen auf Sintertemperatur die Flüssigphase gebildet hat, wird sie sich aufgrund des Kapillardrucks zwischen die Pulverpartikel schieben. An Stelle eines Sinterhalses wie beim Festphasensintern entstehen jetzt flüssige Brücken zwischen den Partikeln, die den für benetzende Systeme charakteristischen Meniskus ausbilden. Getrieben von den Spannungen nach (8.12), kommt es zu *rasch verlaufenden Anziehungsbewegungen und Umordnungen* zwischen den Teilchen, siehe Abb. 8.4. Auch die Schwerkraft unterstützt diese Bewegung,

Aufschmelzen des
Additivs, Teilchen-
umlagerung

Lösungs- und Wiederausschei-
dungsprozesse der Festphase,
Kornwachstum

Festphasensintern zum
Erzielen vollständiger
Dichte (Skelettsintern)

Additiv   Poren

Grundmaterialpulver

Abb. 8.4 Geometrieänderungen beim Flüssigphasensintern. Die Pulverpartikel sind *hellgrau*, die Flüssigphase *dunkel* dargestellt. Nach Aufheizen verflüssigt sich die eine Pulverkomponente. Wegen des Schmelzefilms sind rasch verlaufende Anziehungs- und Umlagerungsprozesse möglich

aber die Kapillarspannungen liegen um viele Größenordnungen höher und sind für die Vorgänge entscheidend.

> Sintern dient zur Verdichtung von Presskörpern aus Pulvern, d. h. es werden Bindungsbrücken zwischen den Partikeln gebildet und Poren eliminiert. Triebkraft ist die Reduktion der Grenzfläche. Je nach der genauen Art des ausgelösten Stofftransports unterscheidet man unterschiedliche Sintermechanismen. Besondere praktische Bedeutung hat das Flüssigphasensintern.

8.6 Kornwachstum

Das räumliche Netzwerk der Korngrenzen in einem polykristallinen Gefüge stellt eine Investition an Grenzflächenenergie dar. Das System versucht, die *Korngrenzfläche zu verkleinern*, um Energie einzusparen. Dies löst *Korngrenzbewegungen* aus, die in eine Zunahme der Korngröße mit der Zeit münden. Allerdings müssen die Temperaturen hoch genug und die Zeiten lang genug sein, damit die diffusionskontrollierte Bewegung der Korngrenzen hinreichend wirksam wird.

Kornwachstum ist ein ganz allgemein beobachtetes Phänomen, das in der Regel unerwünscht ist. Man strebt ja feines Korn an, um Duktilität und Festigkeit zu optimieren. Die Bedeutung im Zuge der Wärmebehandlung der Stähle haben wir schon in Abschn. 7.5.4 diskutiert. Bei der *Austenitisierung* geht es darum, Kornwachstum zu unterdrücken. Ein weiteres Beispiel ist das *Schweißen*, wo es zur Ausbildung einer grobkörnigen *Wärmeeinflusszone* kommen kann.

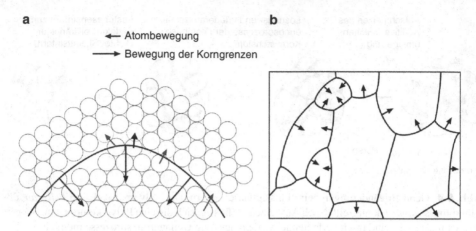

Abb. 8.5 Bewegung von Korngrenzen bei Kornwachstum. **a** Sprünge im Atomgitter. **b** Bewegungsrichtung der Korngrenze zur Reduktion der Korngrenzenfläche

Abb. 8.5 zeigt eine Korngrenze, die sich im Sinne eines Kornwachstums im Kristall bewegt. Die Atome springen bevorzugt in der angezeigten Richtung, weil dadurch die Krümmung der Korngrenze reduziert wird. Es wirkt eine treibende Kraft, die wir hier wieder wie in (8.12) als mechanische Spannung formulieren (in N/m^2)

$$\sigma = 2\gamma/L_{KS} \qquad (8.14)$$

wobei γ die Energie der Korngrenze und L_{KS} die mittlere Sehnenlänge im Korngefüge darstellt. Mit den Methoden der Stereologie kann man zeigen, dass für die Kornfläche pro Volumen A_{KS} (in $m^2/m^3 = 1/m$) gilt (s. Abschn. 3.6 und 3.7.2, (3.2)):

$$A_{KS} = 2/L_{KS}. \qquad (8.15)$$

So kommt man über $\gamma \cdot A_{KS}$ als Energie pro Volumen, die das System einzusparen sucht, zu (8.14).

Nach dem Muster, das wir in Abschn. 4.3 eingeführt und bei der diffusionskontrollierten Bewegung der Wachstumsfront von Ausscheidungen (Gln. (7.21) bis (7.27)) angewendet haben, lässt sich eine Beziehung für die Geschwindigkeit der Korngrenze bei Kornwachstum ableiten:

$$v \propto M\frac{2\gamma}{r} \qquad (8.16)$$

M beschreibt die Mobilität und enthält den Korngrenzendiffusionskoeffizienten. Die Formel folgt wieder dem Rezept „*Geschwindigkeit = Beweglichkeit · treibende Kraft*".

In Abb. 8.5b ist schematisch eine Kornstruktur dargestellt, wie sie für einen Polykristall üblicherweise gefunden wird. Aufgrund der Krümmung der Grenzen kann für jede

Korngrenze sofort die Bewegungsrichtung bei Kornwachstum angegeben werden. Man erkennt, dass kleine Körner schrumpfen, große wachsen. Mit der Zeit verschwinden die kleinen Körner und die mittlere Korngröße steigt.

> Die Triebkraft bei den hier behandelten Prozessen zur Minimierung der in Grenzflächen investierten Freien Enthalpie des Systems ($\gamma \cdot A$) *kann als Energie* ΔG (in N m) oder als *mechanische Spannung* σ (in N/mm^2) formuliert werden. Immer wieder findet man Ausdrücke der Form $2\gamma/r$, wobei der Radius r ein Maß für die Größe der Grenzfläche darstellt, γ ist die Grenzflächenenergie (in N m/m^2).

Aus dem Blickwinkel der Technik stellt sich die Frage, wie sich Kornwachstum verhindern lässt. Sehr gut wirken Teilchen einer zweiten Phase, die über Ausscheidungsprozesse in die Korngrenze eingelagert werden. Sie erniedrigen die treibende Kraft für die Korngrenzenbewegung, weil durch die Präsenz der Teilchen Korngrenzfläche eingespart wird. Die Grenze kann sich erst wieder bewegen, wenn eine rücktreibende Kraft oder „Rückspannung" σ_R aufgebracht wird, welche der durch die Einlagerung der Teilchen in die Grenze eingesparten Energie entspricht. Sie ergibt sich aus einfachen geometrischen Überlegungen mit dem Volumenanteil an Ausscheidungen f_A und ihrem Radius r_A zu

$$\sigma_R = \frac{2}{3}\frac{f_A \gamma}{r_A}. \tag{8.17}$$

Das Kornwachstum kommt zum Erliegen, $v = 0$, wenn vorwärts- und rückwärtstreibende Spannung gleich sind, $\sigma_R = \sigma$. Durch Gleichsetzen von (8.14) und (8.17) folgt:

$$L_{KS} = L_{Zener} = 3r_A/f_A \tag{8.18}$$

Die Korngröße L_K nach (8.18), bei der ein metastabiler Zustand erreicht ist und kein weiteres Wachstum mehr stattfindet, nennt man *Zener-Korngröße*.

8.7 Ostwald-Reifung

Nach Abschluss der Ausscheidungsprozesse aus übersättigten Mischkristallen, die in Abschn. 7.5.2 beschrieben wurden, ist noch kein thermodynamisches Gleichgewicht erreicht. Die Phasengrenzen der ausgeschiedenen Teilchen stellen eine Energieinvestition dar. Das System wird versuchen, diese Energieinvestition zu reduzieren indem es die *Grenzfläche verkleinert* und aus vielen kleinen Teilchen wenige große entstehen lässt. Man spricht von *Teilchenvergröberung* oder *Ostwald-Reifung*.

Aus einem technischen Blickpunkt heraus gilt es, diese Prozesse zu verhindern oder wenigstens zu verlangsamen. Mit der Vergröberung der Teilchen ist verbunden, dass ihre Wirkung als Versetzungshindernisse abnimmt, weil die Abstände zunehmen. Gerade

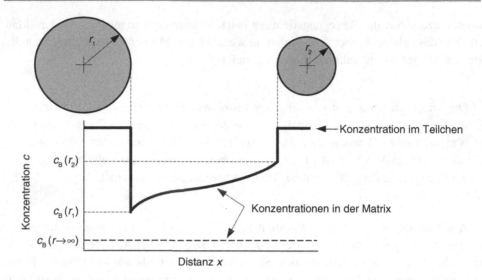

Abb. 8.6 Bei der Ostwald-Reifung vergröbern die Ausscheidungsphasen. Je nach Teilchenradius ist die Löslichkeit des Fremdatoms B in der Matrix unterschiedlich. Dies führt zu einem Konzentrationsgefälle und einem Diffusionsstrom von den kleinen zu den größeren Ausscheidungen

bei Hochtemperatur-Werkstoffen wie Nickelbasislegierungen, Abschn. 15.6 ist dies ein wichtiges Thema. Wir kommen darauf unten zurück.

Wie funktioniert Ostwald-Reifung im Detail? Die Skizze in Abb. 8.6 erläutert die Situation. Wir gehen aus von Ausscheidungen, die Fremdatome der Sorte B enthalten; die Gleichgewichtslöslichkeit von B in der Matrix ohne Grenzflächeneinfluss ist duch die fett gestrichelte Linie dargestellt (c_B für r gegen unendlich). In Analogie zu (8.10) wird das thermodynamische Potenzial jedes ausgeschiedenen Teilchens abhängig von seinem Radius verändert. Entsprechend diesem unterschiedlichen Potenzial stellen sich in der Matrix unterschiedlich erhöhte B-Fremdatomkonzentrationen ein. In der Nähe eines kleinen (instabileren) Teilchens entsteht eine besonders hohe Konzentration an Fremdatomen in der Matrix ($c_B(r_2)$), in der Nachbarschaft eines großen (stabilen Teilchens) ist die Konzentration kleiner ($c_B(r_1)$). Als Ergebnis der Konzentrationsunterschiede setzt ein Diffusionsstrom ein, welcher gelöste Fremdatome von den kleinen zu den großen Teilchen trägt, mit dem Ergebnis, dass die kleinen Teilchen schrumpfen, die großen wachsen – wie im wirklichen Leben! („Big fish eat little fish.") Im Endeffekt werden die Mittelwerte ständig größer.

Die genaue Behandlung führt zu dem wichtigen „$t^{1/3}$-Gesetz"

$$r_t^3 - r_0^3 = kt, \tag{8.19}$$

$$r_t \approx (kt)^{1/3}, \quad \text{für} \quad r_t \gg r_0. \tag{8.20}$$

r_0 ist dabei der mittlere Anfangsradius der Teilchen. Man bezeichnet (8.19), (8.20) auch als *Wagner-Lifshitz-Beziehung*.

Die Konstante k in (8.19) enthält das Produkt aus Grenzflächenenergie γ, Matrixlöslichkeit im Gleichgewicht c_B und Diffusionskoeffizient D_B, was nicht überraschen dürfte. Hier ist der Hebel, um die Ostwald-Reifung zu stoppen: Man muss diese Größen so klein wie möglich machen! Dies hat zur Entwicklung der rasch erstarrten Aluminiumlegierungen und der ODS-Superlegierungen geführt. Beide Systeme beruhen darauf, dass für die Fremdatome, welche die Teilchen bilden, das Produkt $c_B \cdot D_B$ extrem kleine Werte annimmt. Bei den erwähnten Aluminiumlegierungen verwendet man als „B-Atome" Fe oder Ni, bei den ODS-Superlegierungen geht es um Y und O (die Teilchen bestehen aus Y_2O_3, der Ausdruck ODS steht für „Oxide Dispersion Strengthened").

Vorgänge, welche zur Verminderung der in einem Körper gespeicherten Grenzflächenenergie ($\gamma \cdot A$) führen:

- Verminderung von $\gamma \cdot A$ durch Umgestaltung einer kugelförmig gekrümmten Oberfläche in ein Polyeder unter Bevorzugung von Flächen mit minimalem γ_{hkl}
  → *Anisotrope Kristallisation*
- Verminderung von γ durch Anlagerung von Fremdatomen an die Oberfläche, Ausnutzung ihrer Bindungsenergie
  → *Adsorption*
- Verminderung von γ durch Umwandlung von Oberflächen bzw. Korngrenzen in Phasengrenzen, sofern die Energie der letzteren gering und entsprechende 2. Phase vorhanden ist
  → *Benetzung*
- Verminderung der Gesamtoberfläche A eines durch Pressen von Pulver hergestellten Ausgangskörpers
  → *Sintern*
- Verminderung der Gesamtkorngrenzfläche A eines polykristallinen Gefüges
  → *Kornwachstum*
- Verminderung der Gesamtphasengrenzfläche A eines zweiphasigen Gefüges
  → *Ostwald-Reifung*

Korrosion und Korrosionsschutz 9

9.1 Beispiele für Werkstoffschädigung. Definition

„Schädigung" eines Werkstoffs ist eine Verminderung seiner Gebrauchsfähigkeit, eine Verkürzung seiner Lebensdauer durch äußere Einflüsse. Beispiele: Langanhaltende Belastung bei hoher Temperatur führt zur Zeitstandschädigung und damit zum Kriechbruch. Langanhaltende Wechselbelastung führt auch bei Raumtemperatur zum Ermüdungsbruch. UV- und Röntgenlicht schädigen hochpolymere Kunststoffe. Teilchen- und γ-Strahlung, wie sie in kerntechnischen Anlagen oder im Weltraum auftreten, führen auch bei Metallen zu Schädigung (Strahlungsversprödung, Schwellen).

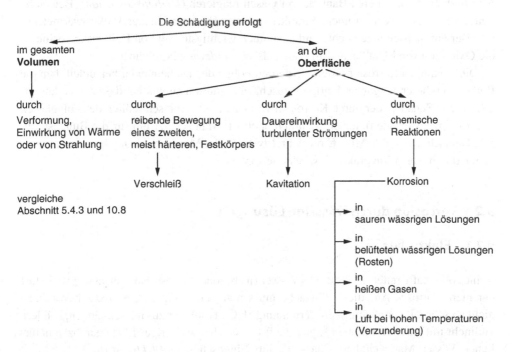

© Springer-Verlag GmbH Deutschland 2016
B. Ilschner, R.F. Singer, *Werkstoffwissenschaften und Fertigungstechnik*,
DOI 10.1007/978-3-642-53891-9_9

Andere Schädigungsarten greifen nicht im *Inneren* des Werkstoffs bzw. Bauteils, sondern an seiner *Oberfläche* an. In vielen Fällen liegt ein Abtrag von Material durch mechanische Schleif- und Reibbewegungen zwischen zwei Oberflächen, z. T. unter Mitwirkung härterer Teilchen, vor, z. B. bei der Beanspruchung von Brems- und Kupplungsbelägen, Autoreifen, Baggerschaufeln, Schneidwerkzeugen aller Art. Diese Art von mechanischer Schädigung von der Oberfläche her bezeichnet man als *Verschleiß*.

Als *Korrosion* definiert man demgegenüber die Werkstoffschädigung von der Oberfläche her durch chemischen Angriff, also durch chemische Reaktion mit Flüssigkeiten oder Gasen der Umgebung (korrosives Medium). Beispiele für Korrosion im Alltagsleben sind das Rosten von Autokarosserien an feuchter Luft, die erhöhten Korrosionsschäden an Bauwerken bei Verwendung von Streusalz im Winter oder in Gegenden mit aggressiven Industrieatmosphären (SO_2- und NO_x-Gehalt), das verstärkte Rosten von Schiffen und Hafenanlagen in Meerwasser. Offensichtlich beherrscht wird das Korrosionsproblem – nicht zuletzt dank rigoroser Gesetzgebung – in allen Bereichen, die mit Lebensmitteln und Gesundheitsfürsorge zu tun haben: Kochgeschirre und Konservendosen, Molkereien und Schlachthöfe, pharmazeutische Betriebe und Operationssäle. Zentralheizungen mit Warmwasser sind an sich gefährdet, jedoch hat man dies (durch geschlossene Kreisläufe) weitgehend unter Kontrolle bekommen. Sehr schwierige Korrosionsprobleme treten auf im Chemieanlagenbau, bei der Meerwasserentsalzung und in Dampferzeugern (Kesselanlagen) mit den zugehörigen Dampfrohrleitungen.

Die bisher als Beispiel aufgeführten Korrosionsfälle werden durch flüssige Medien (bzw. Luftfeuchtigkeit) verursacht. Korrosionsprobleme anderer Art treten auf, wenn bei erhöhten Temperaturen Bauteile mit Gasen reagieren (*Heißgaskorrosion*). Beispiele: Feuerungsanlagen, Gasturbinen, Strahltriebwerke, Heizspiralen der Elektrowärmetechnik. Der am meisten untersuchte und wohl auch wichtigste Fall von Heißgaskorrosion ist die Oxidation von Metallen an Luft, auch als *Verzunderung* bezeichnet.

Die genannten Korrosionsarten werden im Folgenden nacheinander behandelt. Um die Bedeutung dieser Vorgänge richtig einzuschätzen, muss man wissen, dass der volkswirtschaftliche Schaden, der durch Korrosion verursacht wird (einschließlich der Folgelasten von Korrosionsschäden), außerordentlich hoch ist: Man schätzt ihn für die Bundesrepublik Deutschland auf 20 Mrd. € pro Jahr. Etwa 8 % der Metallerzeugung in diesem Lande gehen durch Korrosion praktisch wieder verloren.

9.2   Korrosion durch wässrige Lösungen

9.2.1   Elektrolyte

Reines oder aufbereitetes, entlüftetes Wasser (insbesondere Kesselspeisewasser) wirkt fast gar nicht korrosiv. Aus dieser Tatsache muss man schließen, dass Korrosionsvorgänge nicht so sehr mit der chemischen Verbindung H_2O als solcher zusammenhängen, sondern vielmehr mit einer bestimmten Eigenschaft technischer wässeriger Lösungen bzw. natürlicher Wässer: Man weiß heute, dass dies ihre Eigenschaft als *Elektrolyt* ist.

Elektrolyte sind Stoffe (speziell wässrige Lösungen), die den elektrischen Strom in Form von Ionen leiten. In ganz geringem Maße ist auch reines Wasser ein Elektrolyt, und zwar durch die Zerfalls-(Dissoziations-)Reaktion

$$H_2O \rightarrow H^+ + OH^-. \tag{9.1}$$

Unter Normalbedingungen ist allerdings der Anteil der H^+-Ionen in reinem Wasser äußerst gering: 1 auf 10 Mio. H_2O-Moleküle, d. h. 10^{-7}. Der negative Exponent der Wasserstoffionenkonzentration wird üblicherweise als pH-Wert bezeichnet; neutrales Wasser hat also pH = 7. Sobald aber verdünnte Säuren oder Laugen oder Salze (Meersalz, Auftausalz) im Wasser gelöst sind, ändert sich das Bild drastisch:

- *Kationen* wie H^+, Na^+, Mg^{++}, Zn^{++}, Fe^{3+}, und
- *Anionen* wie OH^-, Cl^-, NO_3^-

liegen in erheblichen Prozentsätzen vor und stellen Ladungsträger für einen wirksamen elektrolytischen Stromtransport bereit.

9.2.2 Elektroden

Der Werkstoff und das korrosive Medium – der Elektrolyt – stehen an einer Grenzfläche miteinander in Berührung. Diese *Grenzfläche Metall/Elektrolyt* ist der eigentliche Schauplatz des Korrosionsvorgangs. Wie wir gesehen haben, ist Stromtransport im Elektrolyten ein Merkmal der Korrosion. Dies setzt aber voraus, dass an der Grenzfläche Metall/Elektrolyt ein Stromdurchtritt erfolgt, dass also Ladungen vom Festkörper in die flüssige Phase und umgekehrt überwechseln.

Einen Festkörper, der zur Einleitung von Strom in einen Elektrolyten dient, bezeichnet man als *Elektrode* – und zwar als *Kathode*, wenn Elektronen (e^-) aus dem Metall herausgehen, und als *Anode*, wenn das Metall Elektronen aufnimmt.

Der Ladungsübertritt zwischen Elektrode und Elektrolyt kann im Verlauf verschiedener Typen von Grenzflächen-Reaktionen erfolgen, die man je nach Elektrodentyp als anodisch oder kathodisch bezeichnet. *Anodische Metallauflösung* ist:

$$Zn \quad \rightarrow \quad 2e^- \quad + \quad Zn^{++}$$
$$\text{(Metalloberfläche)} \quad \text{(in das Metall)} \quad \text{(Elektrolyt)} \tag{9.2}$$

Eine ähnliche Reaktion findet übrigens bei der Herstellung von (reinem) Elektrolytkupfer aus Rohkupfer (Kupferanoden) statt, Abb. 13.8:

$$Cu \rightarrow 2e^- + Cu^{2+}. \tag{9.3}$$

Der entgegengesetzte Elektrodenvorgang hat demnach kathodischen Charakter. *Kathodische Metallabscheidung* ist:

$$Ag^+ \quad + \quad e^- \quad \rightarrow \quad Ag$$
$$\text{(Elektrolyt)} \quad \text{(aus dem Metall)} \quad \text{(Metalloberfläche)} \tag{9.4}$$

Diese Reaktionsgleichung beschreibt das Versilbern einer Metalloberfläche, also einen galvanotechnischen Vorgang, vgl. Abschn. 13.4. Das elektrolytische (oder galvanische) Vergolden, Verkupfern, Vernickeln, Verzinken usw. verläuft ganz ähnlich.

Metallabscheidung ist jedoch nicht die einzig mögliche kathodische Elektrodenreaktion. In sauren Lösungen mit hoher H^+-Konzentration (pH < 7) kann der Ladungsübertritt unter Elektronenabgabe auch anders erfolgen. *Kathodische Wasserstoffabscheidung* ist:

$$2H^+ \quad + \quad 2e^- \quad \rightarrow \quad H_2$$

(Elektrolyt)   (aus dem Metall)   (Gas)   (9.5)

Auch das Wasserstoffion ist ein Kation. Durch Ladungsübertritt entstehen neutrale H-Atome, die sofort zu H_2-Molekülen assoziieren. Die Wasserstoffmoleküle lösen sich zwar zunächst im Elektrolyten. Nach Überschreiten einer Löslichkeitsgrenze, die vom äußeren H_2-Partialdruck abhängt, scheiden sie sich jedoch gasförmig aus, steigen also als kleine Bläschen auf. Die metallische Kathode selbst bleibt hierbei völlig unverändert, sie kann also auch aus Pt-Blech oder Graphit bestehen. Man spricht dann sinngemäß von einer *Wasserstoffelektrode*.

Noch ein dritter Typ von kathodischen Elektrodenreaktionen ist für uns wichtig, weil Korrosion durch „belüftete", d. h. mit Luftsauerstoff gesättigte Wässer sehr häufig und gefährlich ist: *kathodische Hydroxylionenbildung.*

$$\tfrac{1}{2}O_2 \quad + \quad H_2O \quad + \quad 2e^- \quad \rightarrow \quad 2OH^-$$

(im Elektrolyt gelöst)   (aus dem Metall)   (Elektrolyt)   (9.6)

So verschieden der chemische Charakter der drei kathodischen Reaktionen (9.4), (9.5) und (9.6) aussehen mag – allen ist gemeinsam, dass Elektronen aus dem Metall in die Elektrolytlösung übertreten.

Die Umkehrung von (9.6) bedeutet anodische Sauerstoffabscheidung (insbesondere aus alkalischer Lösung an inerter Elektrode). Dies ist das als Schulversuch mit einfachsten Mitteln bekannte Verfahren zur Darstellung von reinem Sauerstoff.

Wie alle chemischen Reaktionen sind auch die Elektrodenreaktionen mit Energieänderungen des Systems, ΔG, verbunden, s. Abschn. 4.4.3. Da hierbei elektrische Ladungen getrennt bzw. zusammengeführt werden, ist es zweckmäßig, diese Energieänderungen durch elektrische Potenzialänderungen auszudrücken (so kann man sie auch messen):

$$\Delta G = z \mathcal{F} \Delta V \quad \text{(J/mol).} \tag{9.7}$$

In dieser Formel bedeutet z die Wertigkeit (Ladungsübergangszahl) des Ions und $\mathcal{F} = N_A e = 9{,}65 \cdot 10^4$ As/mol die molare Ladungsmenge (Faraday-Konstante). Beachte: 1 VAs = 1 Ws = 1 J.

Tab. 9.1 Elektrochemische Spannungsreihe wichtiger Elemente

Elektrode	$Au|Au^{3+}$	$Pt|Pt^{2+}$	$Ag|Ag^{2+}$	$Cu|Cu^{2+}$	$H_2|H^+$	$Pb|Pb^{2+}$
Normalpotenzial (V)	+1,498	+1,200	+0,987	0,337	±0,000	−0,126
	„Edel"	→	→	→	→	→

Elektrode	$Sn|Sn^{2+}$	$Ni|Ni^{2+}$	$Fe|Fe^{2+}$	$Cr|Cr^{3+}$	$Zn|Zn^{2+}$	$Mg|Mg^{2+}$
Normalpotenzial (V)	−0,136	−0,250	−0,440	−0,744	−0,763	−2,363
	→	→	→	→	→	„Unedel"

Elektrodenreaktionen

Anodische Metallauflösung	$M \rightarrow M^+ + e^-$
Kathodische Metallabscheidung	$M^+ + c^- \rightarrow M$
Kathodische Wasserstoffabscheidung	$H^+e^- \rightarrow \frac{1}{2}H_2$
Kathodische Hydroxylionenbildung	$H_2O \rightarrow +\frac{1}{2}O_2 + 2e^-2OH^-$
Anodische Oxidation (s. Abschn. 9.3.4)	$2Al + 3H_2O \rightarrow Al_2O_3 + 6H^+ + 6e^-$

Die bei einer derartigen Reaktion auftretenden Energiedifferenzen sind erwartungs-gemäß stoffspezifisch, denn sie hängen von der Bindungsstärke der Elektronen an die Atomrümpfe von Gold, Kupfer, Wasserstoff, Zink usw. ab. Stoffe, bei denen ein hohes ΔG zum Abtrennen der Elektronen erforderlich ist, lösen sich schlecht in einem Elek-trolyten auf, sind also weniger korrosionsanfällig. Bei niedrigem ΔG bzw. ΔV erfolgt diese Auflösung unter Ionenbildung – und damit auch die Korrosion – leichter. Metalle des ersteren Typs nennt man daher *edel*, solche des letzteren Typs *unedel*.

Unter Zugrundelegung der ΔG-Werte bzw. der entsprechenden Elektrodenpotenzia-le kann man nun die einzelnen Elemente in eine Reihe einordnen. Diese Reihe heißt *Spannungsreihe*, Tab. 9.1. Die Werte sind *relativ* zum Wert einer besonders gut repro-duzierbaren Bezugselektrode, der Normal-Wasserstoffelektrode (s. o.) angegeben und gelten für 25 °C und eine Ionenkonzentration im Elektrolyten von $1 \, mol/l = 10^3 \, mol/m^3$; für andere Temperatur und Konzentrationen ist eine Umrechnung erforderlich.

9.2.3 Elektrochemische Elemente

Ein elektrochemisches Element (oder eine *Zelle*) besteht aus Anode, Elektrolyt und Katho-de, wobei die beiden Elektroden metallisch leitend miteinander verbunden sind (Abb. 9.1). Welche der beiden aus verschiedenen Werkstoffen bestehenden Elektroden zur Anode und welche zur Kathode wird, ergibt sich im Prinzip aus der Spannungsreihe.

Abb. 9.1 Korrosionselement (elektrolytische Zelle) mit getrennter Anode und Kathode, leitend miteinander verbunden; anodische Metallauflösung – kathodische Wasserstoffabscheidung

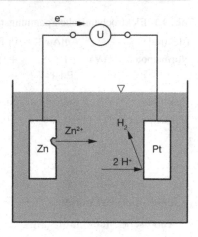

An der Anode baut sich durch Metallauflösung ein Anodenpotenzial V_A auf, welches Elektronen in den Leiter hineindrückt (in Richtung auf die Kathode). An der Kathode werden mit dem Kathodenpotenzial V_K Elektronen von der Anode her angesaugt. Die Triebkraft für den Elektronenstrom ist die Summe der beiden Elektrodenpotenziale, $V_A + V_K$. Man nennt sie die *elektromotorische Kraft* (EMK) dieses Elements. Sie entspricht der Nennspannung einer Batterie und lässt sich durch ein hochohmiges Voltmeter im Verbindungsdraht der Zelle messen.

Überbrückt man allerdings den hohen Widerstand des Voltmeters durch einen niederohmigen Leiter (Extremfall: Kurzschluss), so bricht die messbare Spannung zusammen, weil der Ladungsdurchtritt an der Grenzfläche Metall/Elektrolyt (verglichen mit der Elektronenleitung im Draht) ein schwerfälliger, langsamer Vorgang ist: An der Grenzfläche können gar nicht so viele Elektronen nachgeliefert werden, wie die EMK gern durch den Draht treiben würde. Die Folge ist, dass ein großer Teil der insgesamt verfügbaren EMK auf die Elektrodenreaktionen selbst konzentriert werden muss und für den Stromtransport im Leiter ausfällt. Man bezeichnet diese durch Stromfluss bedingte Reduzierung der messbaren EMK zugunsten der Grenzflächen-Durchtrittsreaktion an den Elektroden als *Polarisation*.

Dass die Durchtrittsreaktion so schwerfällig ist, liegt einerseits daran, dass der Zustand der Materie zu beiden Seiten der Grenzfläche völlig verschieden ist, sodass eine hohe Potenzialschwelle überschritten werden muss, zum anderen daran, dass nicht nur Elektronen, sondern auch Ionen aus Gitterplätzen ausgebaut und im Elektrolyten transportiert werden müssen. Für die Stromdichte, welche durch die Oberfläche tritt, ist daher *thermische Aktivierung* anzunehmen, s. Abschn. 6.1.5. Bei dem Gleichgewichtspotenzial V_0, welches die Spannungsreihe angibt, herrscht gleiches Energieniveau in Elektrode und Elektrolyt, vgl. Abb. 9.2a. Es treten daher in jedem Zeitintervall gleich viele Ionen in beiden Richtungen über die Schwelle, und makroskopisch ändert sich nichts: Es handelt sich nur um einen Austausch über die Grenzfläche hinweg. Wenn die Höhe der Schwelle U^* ist, folgt in

Abb. 9.2 Energiezustände
für Metallionen nahe einer
Elektronenoberfläche;
a – – – – Gleichgewicht,
Elektrolyt auf Elektrodenpotenzial V_0,
b ——— Ungleichgewicht
infolge Überspannung $\eta = V - V_0$

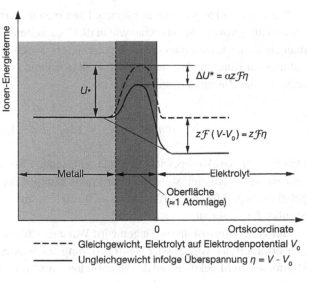

Gleichgewicht, Elektrolyt auf Elektrodenpotential V_0
Ungleichgewicht infolge Überspannung $\eta = V - V_0$

Analogie zu (6.13) und Abschn. 6.2.2 für den *Austauschstrom*

$$j_0 = c \exp(-U^*/RT) \quad (\text{mol/m}^2\text{s}). \tag{9.8}$$

Verändert man jedoch das äußere Potenzial V gegenüber dem Gleichgewichtswert V_0,
Abb. 9.2b, so greift dieses äußere Feld in die Oberflächen-Potenzialschwelle ein und verkleinert sie:

$$U^* \rightarrow U^* - \alpha z \mathcal{F}(V - V_0) \quad (\text{J/mol}). \tag{9.9}$$

Der Spannungsüberschuss oder die *Überspannung* $V - V_0$ saugt gewissermaßen die Metallionen aus der Elektrode über die Potenzialschwelle hinweg in den Elektrolyten.

Wir bezeichnen die Überspannung kurz als η, setzen (9.9) in (9.8) ein und erhalten für
den Durchtrittsstrom als Funktion der Überspannung

$$\begin{aligned} j(\eta) &= j_0 \exp(\alpha z \mathcal{F} \eta / RT) \\ &= j_0 \exp(\eta/\beta) \quad (\text{mol/m}^2\text{s}) \quad \text{mit} \quad \beta = RT/\alpha z \mathcal{F}. \end{aligned} \tag{9.10}$$

Anders herum formuliert gibt dies

$$\eta = 0{,}434\beta \log(j/j_0) \quad (\text{V}). \tag{9.11}$$

($\alpha \approx 0{,}5$ ist ein Zahlenfaktor). Diese Gleichung beschreibt einen wichtigen Bereich
der Stromdichte-Potenzial-Kurven von Elektrodenprozessen. Die Auftragung von η gegen $\log(j/j_0)$ bezeichnet man als „*Tafel-Gerade*".

Die Stromdichte j in einem Element kann man in verschiedenen Einheiten darstellen: Erstens als „molare" Stromdichte wie in (9.10), zweitens als elektrische Stromdichte (weil man sie durch Einschalten eines Amperemeters in den Verbindungsdraht der Elektroden gut messen kann), und drittens als Gewichtsabnahme (weil sich die korrodierende Anode auflöst). Der Zusammenhang ist:

$$i = z \mathcal{F} j \quad (\text{A/m}^2) \tag{9.12}$$

$$dm/dt = Mj = (M/z\mathcal{F})i \quad (\text{g/s m}^2). \tag{9.13}$$

Dabei ist M das Atomgewicht des sich auflösenden Metalls in g/mol. Da sich in 1 s nur sehr wenig Metall auflöst, wird in der Praxis häufiger der Gewichtsverlust pro Jahr angegeben. Beispiel für Zink: $100\,\text{g/m}^2\text{a} \approx 9 \cdot 10^{-3}\,\text{A/m}^2 \approx 5 \cdot 10^{-8}\,\text{mol/m}^2\text{s}$, wobei a das Symbol für 1 Jahr ist.

Bei vielen Korrosionsvorgängen wird Wasserstoffgas entwickelt, Reaktion (9.5). Auch hier erfordert der Vorgang der Neutralisierung der Wasserstoffionen, der Assoziation von H-Atomen zu Molekülen und der Keimbildung von Gasblasen aus gelösten Molekülen zusätzliche Triebkräfte, die sich zur Wasserstoffüberspannung aufsummieren. Diese hängt, wie leicht einzusehen ist, stark vom Oberflächenzustand der Elektrode ab. Sie kann so hoch werden, dass sie die Korrosion wirksam unterdrückt.

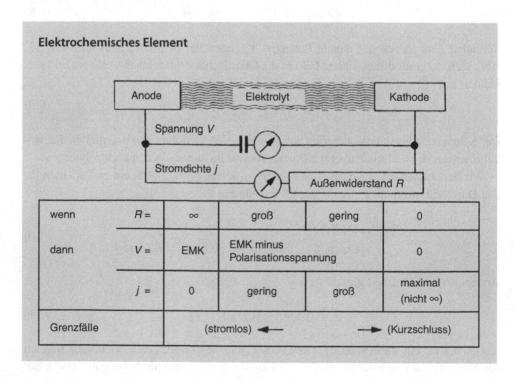

Elektrochemisches Element

wenn	$R =$	∞	groß	gering	0
dann	$V =$	EMK	EMK minus Polarisationsspannung		0
	$j =$	0	gering	groß	maximal (nicht ∞)
Grenzfälle		(stromlos) ◄——		——► (Kurzschluss)	

9.2.4 Lokalelemente

Wenn man ein einzelnes Stück Zinkblech in verdünnte Salzsäure legt, löst es sich unter H_2-Entwicklung auf. Wo aber sind hier Anode und Kathode, wo ist hier ein Element?

Genaue Untersuchung zeigt, dass auf der Metalloberfläche nebeneinander anodische Bereiche (d. h. solche mit Zinkauflösung nach (9.2)) und kathodische Bereiche (d. h. solche mit Wasserstoffabscheidung (9.5)) vorliegen, und zwar in mikroskopischen Dimensionen. Der Standort dieser Bereiche wechselt zeitlich, sodass im Mittel die gesamte Blechoberfläche gleichmäßig, wenn auch unter Aufrauung aufgelöst wird. Diese mikroskopischen Anoden-Kathoden-Paare bezeichnet man als *Lokalelemente* (Abb. 9.3).

Da die Lokalelemente über das Blech selbst elektrisch kurzgeschlossen sind, sind sie vollständig polarisiert. Der Korrosionsstrom – d. h. die Auflösungsrate – wird allein durch den Grenzflächendurchtritt bestimmt. Zwischen dem Elektrolyten und dem Metall stellt sich ein mittleres Korrosionspotenzial ein. Es regelt unter Berücksichtigung der Flächenanteile die anodische und die kathodische Überspannung so ein, dass der anodische Auflösungsstrom so groß ist wie der kathodische Abscheidungsstrom. (Andernfalls würde es einen Ladungsaufstau an der Grenzfläche geben.)

Gefügebedingte Lokalelemente, die aus Korngrenzen (als Anoden) und Kornflächen (als Kathoden) gebildet werden, rufen *Interkristalline Korrosion* (IK) hervor (Abb. 9.4). Andere gefügebedingte Lokalelemente sind auf Einschlüsse und Ausscheidungen zurückzuführen.

Natürlich kann Korrosion auch an „Makroelementen" auftreten, wenn an einem Bauteil blanke Oberflächen verschiedener Metalle mit einem Elektrolyten in Kontakt stehen (Niete, Dichtungen, Lager). Auch ein chemisch einheitlicher Werkstoff, z. B. Stahlblech, kann im Abstand von einigen Millimetern Zonen mit unterschiedlichem Elektrodenpotenzial erhalten, nämlich durch lokal unterschiedliche Abkühlungsbedingungen (zu beiden Seiten einer Schweißnaht) oder durch lokal unterschiedliche Verformung (an Falzen, Graten, Drehriefen, nach Formgebung durch Stanzen oder Tiefziehen). Diese Zonen bilden dann kurzgeschlossene Elemente und können zu Korrosionsschäden Anlass geben.

Abb. 9.3 Lokalelement am Beispiel der Auflösung eines unedlen Metalls in einer verdünnten Säure, vgl. Abb. 9.1

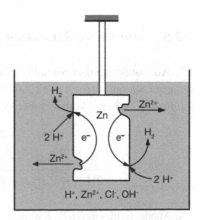

Abb. 9.4 Interkristalline Korrosion der AlCuMg-Legierung 2024 in wässriger Kochsalzlösung. Durch anodische Auflösung der Korngrenzenausscheidungen (S-Phase) sind Spalte entstanden, so dass die Kornstruktur sichtbar wird. Die Korngrenzen sind stark in Walzrichtung (*Markierung L*) ausgelängt. (Quelle: S. Virtanen, Erlangen)

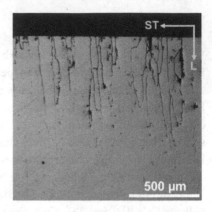

Korrosion, elektrochemisch gesehen

Korrosionsschäden an Metallen unter Einwirkung wässriger Lösungen entstehen durch anodische Metallauflösung. Die Lösung wirkt als Elektrolyt.

Der anodischen Metallauflösung ist eine gleichstarke kathodische Teilreaktion zugeordnet: Entweder Metallabscheidung oder Wasserstoffabscheidung oder Hydroxylionenbildung (mit im Wasser gelöstem Sauerstoff).

Elektrochemische Elemente oder Zellen mit Anode, Elektrolyt und Kathode können an technischen Bauteilen vorliegen, wenn sie von der Fertigung her Oberflächenbereiche mit unterschiedlicher Zusammensetzung, Wärmebehandlung oder Vorverformung aufweisen. Korrosion homogener Oberflächen erfolgt durch die Wirkung mikroskopischer Lokalelemente.

Die Korrosionselemente sind intern kurzgeschlossen. Daher sind ihre Elektroden nicht im Gleichgewicht mit dem Elektrolyten, sondern polarisiert. Der durchtretende Korrosionsstrom wird einerseits durch die anodischen/kathodischen Potenziale getrieben, andererseits durch die lokalen Überspannungen gehemmt.

9.2.5 Säurekorrosion, Sauerstoffkorrosion. Rost

Die Auflösung unedler Metalle in Lösungen mit hoher H^+-Ionenkonzentration (also verdünnten Säuren) erfolgt nach Abschn. 9.2.2 durch Zusammenwirken anodischer Metallauflösung (9.2) mit kathodischer Wasserstoffabscheidung (9.5). Summenbildung ergibt[1]

$$Zn_{(A)} \rightarrow Zn_{(E)}^{++} + 2e_{(A)}^-$$

$$\underline{2H_{(E)}^+ + 2e_{(K)}^- \rightarrow H_2 \text{ (Gasentwicklung an der Kathode)}} \qquad (9.14)$$

$$2H_{(E)}^+ + Zn_{(A)} \rightarrow Zn_{(E)}^{++} + H_2$$

---

[1] A: Anode, E: Elektrolyt, K: Kathode.

Anschaulicher wird diese Gleichung, wenn man auf beiden Seiten die zugehörigen Anionen, z. B. Cl$^-$, als „Merkposten" hinzufügt, obwohl sie gar nicht an der Reaktion beteiligt sind:

$$2Cl^- + 2H^+ + Zn \rightarrow 2Cl^- + Zn^{++} + H_2. \tag{9.15}$$

Dies ist natürlich gleichbedeutend mit der „Bruttogleichung"

$$2HCl + Zn \rightarrow ZnCl_2 + H_2. \tag{9.16}$$

Die letzte Schreibweise ist offensichtlich die „kompakteste" – man erkennt aber auch, dass sie wesentliche Informationen über den realen Vorgang nicht zum Ausdruck bringt.

Wie schon erwähnt, ist die H$_2$-Entwicklung kein einfacher Vorgang und setzt (außer z. B. an Pt-Oberflächen) eine hohe kathodische Überspannung voraus, die nur aus einer hohen EMK der Zelle stammen kann. Dies verlangt entweder eine sehr unedle Anode oder eine sehr hohe H$^+$-Ionenkonzentration. In einer schwach sauren oder neutralen Lösung funktioniert die Reaktion nicht.

Sobald jedoch belüftetes Wasser vorliegt, kann als Alternative die Kathodenreaktion (9.6) zum Tragen kommen. Solches Wasser, in dem Sauerstoff bis zur Sättigung gelöst sein kann, ist typisch für fließende Gewässer, für Meeresoberflächenwasser, für Regenwasser, welches in dünner Schicht Metallteile bedeckt oder in Bauteilen stehen bleibt (Autotüren). Hier sieht die Reaktionsfolge so aus:

$$Fe_{(A)} \rightarrow Fe^{++}_{(E)} + 2e^-_{(A)} \tag{9.2}$$

$$\frac{1}{2}O_2 + H_2O + 2e^-_{(K)} \rightarrow 2(OH)^-_{(E)} \tag{9.6}$$

$$\overline{Fe + \tfrac{1}{2}O_2 + H_2O \rightarrow Fe(OH)_2} \quad (\text{„brutto"}) \tag{9.17}$$

Das rechts stehende Eisen-II-Hydroxid ist die Vorstufe des Rostes. Es wird nämlich durch weiteren im Wasser gelösten Sauerstoff zu Eisen-III-Hydroxid aufoxidiert:

$$2Fe(OH)_2 + \frac{1}{2}O_2 + H_2O \rightarrow 2Fe(OH)_3. \tag{9.18}$$

Das dreiwertige Hydroxid ist im Wasser viel weniger löslich als das zweiwertige, es wird also ausgefällt. Der Niederschlag bildet sich zunächst in einer nichtkristallinen (amorphen) Form und bedeckt die Werkstoffoberfläche mit einer porösen, lose haftenden Schicht, dem *Rost*.

Wie sich die Reaktion räumlich abspielt, geht aus Abb. 9.5 hervor: Der Elektrolyt erfüllt das Kapillarsystem der Rostschicht und dient als Transportweg für Eisenionen und gelösten Sauerstoff. Dazu ist es gar nicht erforderlich, dass der Werkstoff unter Wasser liegt; durch Kapillarwirkung und wasseranziehende Verunreinigungen kommt der Prozess schon bei hoher Luftfeuchtigkeit in Gang. Die Eisenunterlage leitet Elektronen von den anodischen zu den kathodischen Reaktionsbereichen. Die Ausbreitung von Rost auf einer zunächst noch blanken Oberfläche erfolgt besonders wirksam an der 3-Phasen-Grenze Luft/Wasser/Eisen, z. B. am Rand eines Wassertropfens.

Abb. 9.5 Mechanismus der
Rostbildung auf Eisen

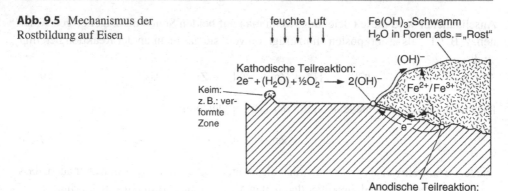

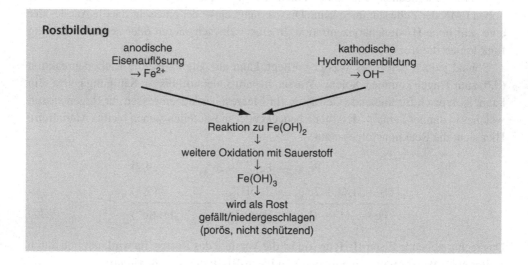

9.2.6 Passivität

Für die Vermeidung von Korrosionsschäden ist es ein glücklicher Umstand, dass die unedlen Metalle mit großer technischer Bedeutung wie Fe, Cr, Al, Ti auch eine besondere Affinität zum Sauerstoff haben. Dies führt dazu, dass sie selbst bei Raumtemperatur mit Luftsauerstoff (oder in Wasser gelöstem Sauerstoff) reagieren können, indem sie die Metalloberfläche mit einem submikroskopisch dünnen Oxidfilm (2 bis 50 nm, z. T. auch mehr) überziehen. Diese Filme unterbinden vor allem die anodischen, teilweise auch die kathodischen Reaktionen, sodass das Metall nicht mehr korrodieren kann: Es verhält sich *passiv*, so gut wie ein Edelmetall.

Ob sich auf einer bestimmten Metalloberfläche tatsächlich eine Passivschicht ausbildet oder nicht, hängt offenbar von zwei Faktoren ab: Einerseits der chemischen Zusammensetzung des Metalls und der daraus resultierenden Position in der Spannungsreihe, andererseits der chemischen Zusammensetzung des Elektrolyten, welche sein Oxidationsvermögen bestimmt. So kann man z. B. konzentrierte Schwefel- oder Salpetersäure in

Eisenbehältern transportieren, Salzsäure nicht. Reines Eisen oder unlegierter Baustahl rostet an feuchter Luft, während ein Zusatz von mehr als 12 % Chrom zur Passivierung führt und den Stahl rostfrei macht. „*Edelstahl rostfrei*" (mindestens 18 % Cr, 8 % Ni) und 13 %-Cr-Stähle passivieren auch unter verschärften Korrosionsbedingungen und sind daher von großer Bedeutung für die chemische Industrie, die Nahrungsmittelindustrie, Küchen- und Klinikeinrichtungen. Auch Aluminium- und Titanlegierungen weisen diesen Vorzug auf, wozu noch ihr geringes Gewicht kommt (vgl. Abschn. 15.1.3 und 15.5).

Eine Gefahr darf allerdings nicht verkannt werden: Äußere Verletzungen der Passivschicht legen blanke Metallanoden frei, die sich wegen unzureichender Sauerstoffzufuhr durch den Elektrolyten und wegen der hohen anodischen Auflösungsstromdichten nicht mehr durch Passivierung selbst heilen können. Die Folge solcher „unheilbarer" Verletzungen der Passivschicht ist die gefürchtete *Lochfraßkorrosion*.

9.3 Maßnahmen zum Korrosionsschutz

Die zweckmäßig anzuwendenden Schutzmaßnahmen leiten sich aus dem Verständnis der Ursachen von Korrosionsschäden und aus der Berücksichtigung der Art der Korrosionsbeanspruchung, nicht zuletzt aber auch aus Wirtschaftlichkeitsbetrachtungen ab.

9.3.1 Vermeidung kondensierter Feuchtigkeit

Sauerstoffkorrosion, insbesondere Rostbildung, lässt sich in vielen Fällen durch konstruktive Maßnahmen verhindern, indem man die Kondensation von Luftfeuchtigkeit bei Temperaturabfall, das Ansammeln von Regenwasserresten usw. vermeidet: Gute Durchlüftung, evtl. Beheizung, insbesondere Vermeidung von „Taschen" in Blechkonstruktionen, in die Spritz- und Regenwasser hineinläuft und dann wegen mangelnder Durchlüftung tagelang stehen bleibt (Autokarosserien).

9.3.2 Wasseraufbereitung und -entlüftung

In Kesselanlagen, durch die bestimmungsgemäß ständig Wasser fließt, kann Korrosion vermieden werden, indem man den gelösten Sauerstoff entfernt. Zusammen mit der Kontrolle mineralischer Bestandteile erfolgt dies bei der Aufbereitung von Kesselspeisewässern. Für Heißwasserbereiter im Haushalt ist solcher Aufwand nicht tragbar. Deswegen sind bei Geräten, die an korrosionsfesten Werkstoffen (Abschn. 9.3.3) sparen, Schäden häufig.

In geschlossenen Kreisläufen (Zentralheizungen, Kfz.-Motorkühlungen und andere Kühlkreisläufe) hat nach dem Einfüllen des Wassers die Luft keinen Zutritt. Nach Verbrauch der geringen Mengen eingebrachten Sauerstoffs ist also dieses Wasser praktisch sauerstofffrei und neutral.

9.3.3 Korrosionsbeständige Legierungen

Wo das Medium nicht beeinflusst werden kann, muss der Werkstoff korrosionsbeständig gemacht werden. Dies erfolgt durch Legieren. Hier sind vor allem die ferritischen Chromstähle (>13 % Cr), die austenitischen Chrom-Nickel-Stähle (Abschn. 9.2.6 und 15.1.3), die korrosionsbeständigen Aluminium- und Titan-Legierungen zu nennen (Abschn. 15.3 und 15.5). Hohe Korrosionsbeständigkeit weisen auch die Kupfer-Legierungen auf (Abschn. 15.7).

Mit geringen Legierungszusätzen (Cu, P) lassen sich „witterungsbeständige Stähle" entwickeln, die sich zwar zunächst auch mit einer Rostschicht überziehen, welche jedoch bald sehr stabil, festhaftend und vor allem porenfrei ist, so dass sie das Bauteil schließlich vor weiterem Rosten schützt. Man sieht heute vor allem an italienischen Autobahnen Leitplanken, Stahlbrücken und Lärmschutzwände aus diesem Werkstoff (Handelsname: *Corten* u. a.).

9.3.4 Überzüge und Beschichtungen

Korrosionsbeständige Legierungen mit hohen Zusätzen von Cr, Ni und anderen Metallen sind teuer. Da man nur eine Oberfläche vor Schädigung schützen will, ist nicht einzusehen, warum der ganze Querschnitt eines 10-mm-Profils rostfrei sein muss. Als logische Problemlösung erscheinen korrosionsbeständige Überzüge. Es darf aber nicht vergessen werden, dass ihre Aufbringung zusätzliche Arbeitsgänge erfordert, die keineswegs „umsonst" zu haben sind.

Besonders bewährt haben sich

- *Anstriche*, z. B. ein Rostschutzanstrich aus Zinkstaub (Bleimennige (Pb_3O_4) mit ihrem schönen Rotton (Golden Gate-Bridge) ist giftig und seit 2012 verboten) mit darüber gelegtem Deckanstrich, s. Abschn. 13.4. Kostenfrage: Anstriche müssen regelmäßig erneuert werden! Erdverlegte Rohrleitungen, Tanks usw. werden durch dicke Bitumenanstriche (häufig glasfaserverstärkt) geschützt. (Vorsicht: Es gibt Nagetiere, die mit Vorliebe solche Isolierungen anfressen!)
- *Kunststoffbeschichtung*: Insbesondere Profilteile können mit moderner Verfahrenstechnik (Wirbelsintern in 400 °C heißem Kunststoffpulver) kostengünstig überzogen werden (Alltagsbeispiel: Gartenmöbel).
- *Metallüberzüge*: Wichtigste Verfahren sind das Verzinken und das Verzinnen. Ersteres wird für Freilufteinsatz in großem Umfang verwendet (Laternenmasten, Gartenzäune, Garagentore, Wellblech), letzteres ist durch die Konservendose („Weißblech") bekannt geworden. Mehr hierzu s. Abschn. 7.5.1 und 13.4.
- *Anodische Oxidation*: Sauerstoffaffine Elemente wie Al können als Anoden in alkalischen oder auch sauren Elektrolyten oxidische Schutzschichten aufbauen:

$$2Al_{(A)} + 6OH^-_{(E)} \rightarrow Al_2O_{3(A)} + 3H_2O + 6e^-_{(A)}. \tag{9.19}$$

Die zugehörige Kathodenreaktion ist in Abschn. 9.2.2 bereits als (9.6) beschrieben. Ein solcher bei Raumtemperatur ausgefällter Überzug ist natürlich nicht porenfrei. Der Porenraum kann aber durch Nachbehandlung, z. B. mit Kunststofflösungen, aufgefüllt, der Überzug damit verdichtet werden. Dabei können auch Farbstoffe eingebracht werden, sodass der Überzug nicht nur korrosionsschützend, sondern auch dekorativ wirkt. Von großer Bedeutung ist dieses Verfahren für Erzeugnisse aus Aluminiumlegierungen (Fensterrahmen, Fassaden, Fahrzeugkarosserien, Fahrradschutzbleche). In Deutschland übliche Bezeichnung: *„Eloxieren"* (von Eloxal: Elektrolytische Oxidation von Aluminium).

- *Emaillieren* verbindet die Korrosionsbeständigkeit von Gläsern mit der mechanischen Festigkeit von Stahl. Auf das Stahlteil wird ein keramischer, glasig erstarrender Überzug durch Aufstäuben und „Einbrennen" eines Emaillepulvers bei ca. 850 °C aufgebracht. Die Haftung auf dem Metall wird durch vorherige Oxidation der Oberfläche vermittelt. Wichtig: Anpassung der thermischen Ausdehnungskoeffizienten von Metall und Email, um Wärmespannungen beim Abkühlen nach dem Brennen zu vermeiden. Alltagsbeispiele: Küchengeräte, Badewannen. Sehr viele Email-Gegenstände sind im Lauf der Zeit durch Kunststoff ersetzt worden.

9.3.5 Kathodischer Schutz

Farbanstriche von Schiffsrümpfen und Bitumenbeschichtungen von Pipelines können durch mechanische Beschädigung, aber auch durch Kleinlebewesen (s. o.) verletzt werden. Um schwerwiegende Folgen zu vermeiden, wendet man vorsorglich kathodischen Schutz an, um sicherzustellen, dass ein freigelegtes Oberflächenstück nicht anodisch (auflösungsgefährdet) wird, sondern kathodisch. Um dies zu erreichen, verbindet man das zu schützende Teil leitend mit einer „Opferanode" (z. B. Zn, Mg) (Abb. 9.6). Anstelle der „chemischen" Anode kann man auch eine Anode vergraben, die sich nicht auflöst, sondern von einem Gleichrichter auf einem entsprechenden Potenzial gehalten wird.

Abb. 9.6 Prinzip des kathodischen Schutzes einer Rohrleitung **a** mit Opferanoden (Zn-Beschichtung oder Mg-Blech), **b** mit Gleichstrom aus einer Batterie

a
b

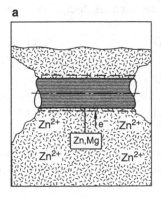
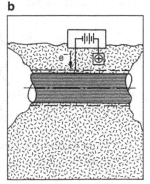

9.3.6 Alternative Werkstoffgruppen

In der chemischen Industrie sind häufig derart korrosive Stoffe (konzentrierte Säuren, alkalische heiße Lösungen) zu verarbeiten, dass metallische Werkstoffe – auch solche mit Schutzschichten – keinen ausreichenden Schutz über lange Zeit gewährleisten. In diesen Fällen bewähren sich glasartige Oberflächen mit ihren fast unangreifbaren Si−O−Si-Netzwerken, wie wir sie schon bei der Emaillierung kennen gelernt haben. Man verwendet daher Geräteglas für Rohrleitungen, Reaktionsgefäße, Wärmetauscher usw., wobei die Durchsichtigkeit noch den Vorteil einer Kontrolle auf Rückstände aller Art bietet. Billiger und mechanisch stabiler sind Rohre aus Porzellan oder Steinzeug, die mit Glasuren (ähnlich Email) überzogen werden. Hauptnachteil: 100 % sprödes Bruchverhalten.

Glasige Oberflächen sind – wie erwähnt – fast, aber nicht völlig unangreifbar. Reine Oberflächen (z. B. frische Bruchflächen, frisch aus der Schmelze erstarrte Flächen) reagieren leicht mit Wasser, wobei Si−O−Si-Bindungen (Siloxangruppen) in je 2 Si−O−H- oder Silanolgruppen aufgespalten werden (*Hydrolyse*):

$$
\begin{array}{c}
\diagup\!\!\overset{\displaystyle O}{Si}\diagdown\\
\qquad\qquad O \;+\; H_2O \;\rightarrow\\
\diagup\!\!Si\diagdown_{\displaystyle O}
\end{array}
\qquad
\begin{array}{c}
\diagup\!\!\overset{\displaystyle O}{Si}\!\!-\!OH\\[2pt]
\diagup\!\!Si\!\!-\!OH\\
\qquad\ \ O
\end{array}
\tag{9.20}
$$

Normalerweise spielt diese Art der Schädigung, die sich auf submikroskopische Eindringtiefen beschränkt, keine Rolle. Aber schon bei dünnen Glasfasern (für faserverstärkte Kunststoffe oder für Lichtleitkabel) fällt an feuchter Luft in kurzer Zeit die Festigkeit deutlich ab. Sehr gefährlich sind auch die Auswirkungen der Hydrolyse von Glas und Keramik, wenn unter Spannung stehende Bauteile von feuchten Atmosphären umgeben sind: Das Aufreißen von Si−O−Si-Bindungen gemäß (9.20) an den kritischen Stellen der Rissfrontlinie kann auch bei Raumtemperatur ein langsames Fortschreiten von Anrissen – also statische Ermüdung im Sinne von Abschn. 9.4 und 10.7.4 – verursachen.

Noch stärker als Wasser reagieren alkalische Lösungen (Laugen) mit Glasoberflächen:

$$
\begin{array}{c}
\diagup\!\!\overset{\displaystyle O}{Si}\diagdown\\
\qquad\qquad O \;+\; 2NaOH \;\rightarrow\\
\diagup\!\!Si\diagdown_{\displaystyle O}
\end{array}
\qquad
\begin{array}{c}
\diagup\!\!\overset{\displaystyle O}{Si}\!\!-\!O\!-\!Na\\[2pt]
\qquad\qquad\qquad +\; H_2O\\
\diagup\!\!Si\!\!-\!O\!-\!Na\\
\qquad\ \ O
\end{array}
\tag{9.21}
$$

Im weiteren Verlauf dieser Reaktion lösen sich im alkalischen Medium aus der Oberfläche gallertartige Natriumsilicate vom Typ $Na_2SiO_3 \cdot (SiO_2)_n$ heraus, bekannt unter dem

Namen „*Wasserglas*". Deswegen ist die Aufbewahrung starker Alkalien in Glasgefäßen zumindest problematisch, und heiße alkalische Spülmittel (in Spülautomaten) können empfindliche Glasuren schädigen.

Eine weitere Gefährdung von Glasoberflächen liegt darin, dass sie innerhalb des SiO_2-Netzwerkes Alkali-Ionen, insbesondere Na^+ und K^+, eingebaut haben, vgl. Abb. 5.4c. Diese sind nicht sehr fest gebunden und selbst bei Raumtemperatur relativ beweglich. Dadurch werden Austauschreaktionen mit umgebenden Medien ermöglicht, welche kleinere Kationen enthalten, insbesondere H^+.

Wie wir in Abschn. 9.2.1 gesehen haben, enthält selbst neutrales Regenwasser (pH = 7) einen sehr kleinen Anteil H^+-Ionen, der für diese Austauschreaktion in Frage kommt:

$$Na^+ + (H^+ + OH^-) \rightarrow H^+ + (Na^+ + OH^-)$$

(Glas)   Ionenaustausch

(Glas)

$\uparrow$

$= H^+ + NaOH$

$\downarrow$

(alkalisch)   (9.22)

Durch diese Austauschreaktion wird das Medium also alkalisch und neigt damit zum weitergehenden Angriff auf die Si–O–Si-Bindungen nach der Reaktion (9.21). Ständiges Spülen (z. B. von Fensterscheiben im Regen) beseitigt freilich die alkalischen Komponenten immer wieder und verhindert so einen sichtbaren Angriff. Wenn allerdings in abgeschlossenen Räumen flache Wasserfilme lange Zeit auf Glasoberflächen stehen bleiben, kommt es doch zu schädigenden Reaktionen: Das Glas wird „blind".

Auch Natursteine (und Beton) enthalten fast immer Phasen in ihrem Gefüge, welche mit sauren oder alkalischen wässrigen Lösungen reagieren und damit deren Festigkeit herabsetzen. Insbesondere gilt dies für poröse Steine (Sandstein) und für Standorte, in denen sich infolge von Hausheizungs- oder Industrieabgasen hohe SO_2-Konzentrationen in der Luft – und dadurch auch in kondensierter Luftfeuchtigkeit, im Regenwasser – ergeben. Der erschreckende Verfall zahlreicher Baudenkmäler in den letzten 100 Jahren hat zu intensiver Forschung auch auf diesem Gebiet geführt.

Wenn es nur um den Transport von (kaltem oder warmem) Wasser geht, verwendete man als korrosionsbeständige Alternative zu Eisenwerkstoffen von der Antike bis in die Neuzeit *Bleirohre*, welche eine Art von Passivschicht ausbilden. Diese Technik gehört der Vergangenheit an. Dafür sind Kunststoffleitungen im Vordringen, da sie geringes Gewicht haben, keine toxischen Nebenwirkungen haben und sich mit thermoplastischen Verarbeitungsmethoden leicht herstellen und verlegen lassen. Dass auch Lebensmittel und Medikamente zunehmend in Kunststoff aufbewahrt werden, dokumentiert dessen chemische Beständigkeit (bei niedrigen Temperaturen). Für Außenanlagen, die der Witterung ausgesetzt sind, müssen allerdings Polymere mit speziellen Zusätzen verwendet werden, da sie sonst durch das Zusammenwirken von Luftsauerstoff, Feuchtigkeit und ultravioletten Komponenten des Sonnenlichts brüchig werden. Die UV-Strahlung bewirkt dabei ein Aufbrechen von C—C- oder C=C-Bindungen, Sauerstoff stabilisiert die freien Enden. Dadurch wird die mittlere Kettenlänge des Polymers verringert und die Duktilität entsprechend gemindert.

Korrosionsschutz

1. Ursachen ausschalten
   - Kondensation von Wasser vermeiden,
   - Wasser entlüften, neutralisieren.
2. Metallischen Werkstoff durch Legieren korrosionsfest machen
   - Aufbau von Passivschichten fördern (18-8-CrNi-Stahl, Titanlegierungen).
3. Werkstoffoberfläche durch Überzüge schützen
   - Farbanstrich, Bitumenanstrich,
   - Kunststoffbeschichtung,
   - metallische Überzüge (Zn, Sn, Cr, Ag),
   - anodische Oxidation (Eloxal).
4. Kathodischer Schutz
   - Opferanoden (Mg, Zn-Abfälle),
   - inerte Anoden mit Stromquelle.
5. Alternative Werkstoffe
   - Glas,
   - Porzellan,
   - Steinzeug,
   - polymere Werkstoffe.

Stein, Glas und Kunststoff: im Prinzip korrosionsbeständig, aber
   - Si—O—Si-Bindungen an Glasoberflächen werden durch Wasser (Hydrolyse) oder durch Alkalien (unter Gelbildung) angegriffen, Kationen durch Ionenaustausch mit H^+ ausgelaugt;
   - C—C-Bindungen in Polymeren werden durch UV-Licht in Zusammenwirken mit Luftsauerstoff zerstört;
   - in Naturstein (ähnlich: Beton) reagieren einzelne Phasen mit Cl, SO_2 und anderen Bestandteilen feuchter „Zivilisationsatmosphären".

9.4   Zusammenwirken von korrosiver und mechanischer Beanspruchung

Die Festigkeit metallischer und nichtmetallischer Werkstoffe wird durch Umgebungsein-flüsse, d. h. durch chemische Reaktionen mit korrosiven Medien, stark beeinflusst – und fast stets im nachteiligen Sinne. Die verschiedenen Arten von *Spannungskorrosion* sind daher – leider – von großer praktischer Bedeutung.

Plastische Verformung kann nach Kap. 10 entweder als einsinnige Dehnung oder Stau-chung über die Fließgrenze hinaus oder als periodische Dauerbelastung mit Amplituden unterhalb der Fließgrenze oder auch periodisch mit hohen Dehnungsamplituden („LCF", s. Abschn. 10.10) auftreten. Dabei kann es, je nach Gefügezustand und Versetzungsanord-nung, in Oberflächennähe zur Ausbildung von *Grobgleitung* kommen, wobei sich wenige Gleitbänder mit hohen Abgleitbeträgen bilden; insbesondere bei hohen Temperaturen tritt auch Korngrenzengleitung auf. In beiden Fällen ergeben sich auf der Grenzfläche zum korrosiven Medium vereinzelte hohe Stufen (Abb. 9.7). Liegt ein an sich passives oder anodisch oxidiertes oder mit einem schützenden Überzug versehenes Metall vor, so wird diese Schutzschicht an den Gleitstufen immer wieder aufgerissen. Dadurch entstehen Lokalanoden gegenüber der unverletzten, kathodisch wirkenden Umgebung. Auch ohne verletzte Deckschicht wirken die Durchtrittsspuren der Gleitflächen aufgrund ihrer ho-hen Versetzungsaktivität anodisch. Es kommt daher leicht zu anodischer Metallauflösung. Hier liegt die Ursache der gefürchteten *Spannungsrisskorrosion* (SRK) der Metalle, die insbesondere bei austenitischen Cr–Ni-Stählen und bei ausscheidungsgehärteten Al-Le-gierungen gefährlich ist.

Wie der normale Sprödbruch, so besteht auch das Versagen durch SRK aus *Rissbildung und Rissausbreitung*. Die Rissbildung hängt häufig mit den soeben behandelten Gleitstu-fen zusammen. In der technischen Praxis muss man außerdem mit Anrissen in Form von Gefüge- und Bearbeitungsfehlern rechnen, die bereits vor der Belastung vorhanden waren. Auch bei der Rissausbreitung unter SRK-Bedingungen wirken elektrochemische Vorgän-ge mit.

An der Spitze des Anrisses in einem unter Zugbeanspruchung stehenden Bauteil herrscht eine erhebliche Spannungskonzentration (Abschn. 10.7.4). Dieser Bereich nimmt

Abb. 9.7 Bildung von Lokal-anoden durch Grobgleitung bei Spannungsrisskorrosion

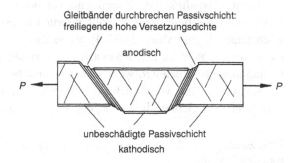

Gleitbänder durchbrechen Passivschicht: freiliegende hohe Versetzungsdichte

anodisch

unbeschädigte Passivschicht
kathodisch

daher in Gegenwart eines Elektrolyten gegenüber den bereits „beruhigten", spannungs-
freien, zur Passivität neigenden Rissufern eine aktive anodische Rolle ein. *Anodische
Metallauflösung* nagt also an der empfindlichsten Stelle des belasteten Bauteils, der
Rissspitze.

Durch diesen lokalisierten elektrochemischen Prozess wird die Energieschwelle herabgesetzt, die *ohne* korrosives Medium (z. B. im Vakuum) der Rissausbreitung entgegensteht
und die experimentell als kritische Spannungsintensität, K_{Ic} erfasst wird. In korrosiver
Umgebung genügt also bereits ein Wert $K_{Icc} < K_{Ic}$ zur Rissausbreitung[2] – die fehlende Energie zur Überwindung der Potenzialschwelle wird durch die anodisch-kathodische
Reaktion aufgebracht. Sinngemäß spricht man von *unterkritischer Rissausbreitung*, genau
wie in dem anderen Fall, in dem auch ohne Korrosionseinwirkung bei $K_I < K_{Ic}$ Rissausbreitung erfolgt – nämlich durch thermisch aktivierte atomare Prozesse. In beiden Fällen
spricht man auch von *statischer Ermüdung*.

Dass das Zusammenwirken von Spannung und Korrosion nicht auf Metalle beschränkt
ist, zeigt ein Hinweis auf die in Abschn. 9.3.6 behandelte Korrosion von *Glas* durch Hydrolyse usw. Auch diese Reaktionen treten an Rissspitzen unter Last beschleunigt auf
und beschleunigen ihrerseits die Rissausbreitung, so dass SRK durchaus auch bei Glas
und Keramik auftritt (wenn auch die Auflösungsreaktionen nicht elektrochemischer Natur
sind).

Die Rissausbreitungsgeschwindigkeit v ist bei einem vorgegebenen Medium natürlich
umso kleiner, je weiter K_I unterhalb von K_{Ic} liegt: Wenn die mechanische Spannung
an der Rissspitze viel kleiner als K_{Ic} ist, „nützt" schließlich auch die anodische Auflösung nichts mehr, zumal die Ursache für den verstärkten Auflösungsprozess ja nicht in
Zusammensetzungs-Unterschieden, sondern nur in Unterschieden des Spannungs- und
Verformungszustandes zwischen Rissspitze und Rissufer liegt. Wir erwarten also eine
$v(K)$-Funktion mit sehr steilem Verlauf: Für K_I deutlich unterhalb von K_{Ic} wird v unmessbar klein, für Werte oberhalb von K_{Ic} unmessbar groß. Derart steile Funktionen stellt
man zweckmäßig in logarithmischen Diagrammen dar (Abb. 9.8). In der Nähe von K_{Ic}
ist der beschleunigende Einfluss der Korrosion kaum noch bemerkbar, denn wenn die
Rissausbreitung immer schneller geht, hält der Antransport von frischem Elektrolyten im
Spalt bzw. der Abtransport des aufgelösten Festkörpers nicht mehr Schritt: Die chemische Reaktion „erstickt" gewissermaßen an ihren eigenen Reaktionsprodukten, so dass
die Rissgeschwindigkeit doch wieder nur von den mechanischen Spannungen abhängt.

Wenn die Risstiefe a mit der Zeit aufgrund unterkritischer Rissausbreitung zunimmt,
wächst auch K an, (Abschn. 10.7.4). Wenn aber K zunimmt, nimmt $da/dt = v(K)$ erst
recht zu (s. Abb. 9.8). Das Risswachstum verläuft also auch unter konstanten äußeren
Bedingungen beschleunigt, wenn es erst einmal begonnen hat. Der Weg zum Versagen
durch Bruch ist also vorgezeichnet: Wenn nämlich durch unterkritische Rissausbreitung
eine Tiefe a_C erreicht ist, bei der K_I den Wert K_{Ic} annimmt, bricht der Restquerschnitt der

---

[2] Das zweite „c" bei K_{Icc} weist auf „corrosion" hin. In der Literatur findet man auch K_{Iscc} („stress
corrosion cracking").

Abb. 9.8 Geschwindigkeit v
der Ausbreitung eines Span-
nungskorrosionsrisses als
Funktion der Spannungsin-
tensität K_I, (hier: hochfester
Stahl)

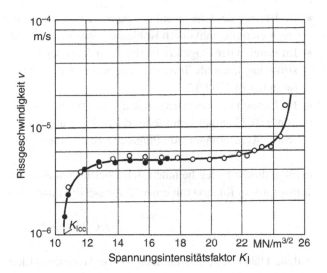

Probe spontan – in Sekundenbruchteilen – durch. Die Zeit, die von der Risseinleitung bis
zu diesem kritischen Zeitpunkt abläuft, kann man aus den Formeln für $K(a)$ und für $v(K)$
ausrechnen. Man nennt sie die *Lebensdauer* des Bauteils unter gegebenen Bedingungen
von korrosivem Medium und äußerer Spannung.

Der Spannungsrisskorrosion entspricht eine Beschleunigung des Rissfortschritts und
eine entsprechende Verkürzung der Lebensdauer bei *periodischer* mechanischer Beanspruchung. Hier spricht man von *Schwingungsrisskorrosion*. Die Lebensdauer wird dabei
in der Regel nicht in Sekunden, sondern in Lastspielzahlen gemessen (wie im Wöhler-
Diagramm, Abschn. 10.10).

Durch die rasche Entwicklung der Hochtemperaturtechnologie hat sich in den letzten
Jahren eine große Forschungsaktivität auf dem Gebiet der Wechselwirkung von Hochtem-
peraturverformung (insbesondere Kriechen) und Hochtemperaturkorrosion (insbesondere
Verzunderung) ergeben. Dabei ist der Wettlauf zwischen dem Aufreißen von Zunder-
schichten (s. Abschn. 9.5) und ihrer Selbstheilung durch Diffusion von entscheidender
Bedeutung für die Beständigkeit der Werkstoffe.

9.5   Korrosion in Luft und Gasen bei hoher Temperatur

9.5.1   Grundmechanismen (Deckschichtbildung, Ionenreaktion)

Typische Fälle für die hier zu behandelnden Korrosionsvorgänge sind:

- Im Bereich der Elektrowärmetechnik die Verzunderung einer bei 1100 °C betriebenen
  Heizwendel eines Industrieofens an Luft.

- Im Bereich des Chemieanlagenbaus die Korrosion eines Hochdruck-Reaktionsgefäßes aus legiertem Stahl durch Kohlenwasserstoffe bei 700 °C.
- Im Bereich der Flugantriebe der Angriff heißer Brenngase auf Turbinenschaufeln und strömungslenkende Teile bei sehr hohen Strömungsgeschwindigkeiten und Temperaturen bis zu 1300 °C.
- Im Bereich der Energietechnik die Korrosion von Überhitzerrohren durch Heißdampf von 550 °C an der Innenseite, durch Feuerungsgase von 1200 °C an der Außenseite, wobei Ablagerungen von Flugasche zu beachten sind.

In allen diesen Fällen befinden sich Oberflächen eines metallischen Werkstoffs bei hoher Temperatur in Kontakt mit einer Gasphase, die mindestens eines der Elemente

$$O, C, N \text{ oder } S$$

enthält. Dabei ist zu beachten, dass diese korrosiven Elemente nicht in reiner Form in der Gasphase vorhanden sein müssen. Vielmehr können sie auch aus gasförmigen Verbindungen durch molekulare Reaktionen entstehen. Wichtige Beispiele sind:

$$
\begin{aligned}
&\text{a) Wasserdampf:} && 2\,H_2O \rightarrow 2\,H_2 + \underline{O_2} \\
&\text{b) Kohlendioxid:} && 2\,CO_2 \rightarrow 2\,CO + \underline{O_2} \\
&\text{c) Kohlenmonoxid:} && 2\,CO \rightarrow CO_2 + \underline{C}, \\
&\text{d) Methan:} && CH_4 \rightarrow 2\,H_2 + \underline{C}, \\
&\text{e) Ammoniak:} && 2\,NH_3 \rightarrow 3\,H_2 + \underline{N_2} && (9.23)
\end{aligned}
$$

Unterstreichung bedeutet: „Im Festkörper gelöst".

Das *Massenwirkungsgesetz* erlaubt es, für eine gegebene Zusammensetzung der angreifenden Atmosphäre die äquivalenten Partialdrücke von Sauerstoff und Stickstoff bzw. die „Aktivität" (d. h. chemische Wirksamkeit) des Kohlenstoffs zu berechnen. Für obige fünf wichtige Reaktionen erhält man:

$$
\begin{aligned}
&\text{a) } p(O_2) = K_a(T) \cdot [p(H_2O)/p(H_2)]^2, \\
&\text{b) } p(O_2) = K_b(T) \cdot [p(CO_2)/p(CO)]^2, \\
&\text{c) } a(C) \;= K_c(T) \cdot p(CO)^2/p(CO_2), \\
&\text{d) } a(C) \;= K_d(T) \cdot p(CH_4)/p(H_2)^2, \\
&\text{e) } p(N_2) = K_e(T) \cdot p(NH_3)^2/p(H_2)^3. && (9.24)
\end{aligned}
$$

Mit Hilfe dieser Formeln wurde Tab. 9.2 berechnet. Sie macht deutlich, wie gering die Sauerstoffpartialdrücke sind, welche bestimmten (H_2O/H_2)-Gemischen („feuchtem Wasserstoff") oder (CO_2/CO)-Gemischen entsprechen. Wir sehen, dass es sich hierbei um

Tab. 9.2 Äquivalente Sauerstoffpartialdrücke in Gasmischungen von 1 bar Gesamtdruck bei verschiedenen Temperaturen (Angaben in bar)

Gas	Temperatur (in °C)	Mischungsverhältnis		
		100:1	1:1	1:100
CO_2/CO	700	$5,3 \cdot 10^{-18}$	$5,3 \cdot 10^{-22}$	$5,3 \cdot 10^{-27}$
	800	$3,6 \cdot 10^{-15}$	$3,6 \cdot 10^{-19}$	$3,6 \cdot 10^{-23}$
	900	$7,9 \cdot 10^{-13}$	$7,9 \cdot 10^{-17}$	$7,9 \cdot 10^{-21}$
H_2O/H_2	700	$2,2 \cdot 10^{-17}$	$2,2 \cdot 10^{-21}$	$2,2 \cdot 10^{-25}$
	800	$6,5 \cdot 10^{-15}$	$6,5 \cdot 10^{-19}$	$6,5 \cdot 10^{-23}$
	900	$7,2 \cdot 10^{-13}$	$7,2 \cdot 10^{-17}$	$7,2 \cdot 10^{-21}$

einen sehr schwachen Korrosionsangriff handelt, wenn man ihn mit dem in atmosphärischer Luft vergleicht. Im Hinblick auf die Länge der für die Bauteile angestrebten Betriebsdauer ist dieser Angriff aber keineswegs harmlos.

Drei Möglichkeiten der Reaktion

I. *Deckschichtbildung.* Das Nichtmetall reagiert mit dem Metall unter Bildung einer Phase in Form einer Deckschicht, z. B.:

$$Ni + \tfrac{1}{2}O_2 \rightarrow NiO$$
$$3Si + 2N_2 \rightarrow Si_3N_4$$

II. *Lösung im Metall.* Das Nichtmetall löst sich im Gitter, bzw. Zwischengitter des Metalls durch Eindiffusion, z. B.:

$$Ag + \tfrac{1}{2}O_2 \rightarrow Ag + \underline{O}$$
$$Fe + \tfrac{1}{2}N_2 \rightarrow Fe + \underline{N}$$

III. Das Oxid schmilzt oder verdampft: „*Katastrophale Oxidation*".

Wenn eine der Komponenten O, C, N, S bei hoher Temperatur auf das Metall einwirkt, bestehen grundsätzlich zwei Möglichkeiten der Reaktion: Deckschichtbildung oder Lösung im Metall.

Welche der beiden konkurrierenden Möglichkeiten dominiert, hängt von drei Faktoren ab:

- Angebot (Partialdruck) des Nichtmetalls,
- Löslichkeit und Diffusionsgeschwindigkeit des Nichtmetalls im Metall,
- Stabilität derjenigen Phase, welche eine Deckschicht aufbauen könnte.

Im Fall I – bei dem wir die Auflösung von Sauerstoff usw. im Metall ganz vernachlässigen wollen – kann die Reaktion nur dann fortschreiten, wenn entweder das Metall oder das Nichtmetall (oder beide) durch die bereits gebildete Schicht hindurch diffundieren. Diffusionsgesteuertes Schichtwachstum wurde bereits in Abschn. 7.5.1 behandelt. Es führt auf ein parabolisches Wachstumsgesetz für die Schichtdicke ξ, s. Abb. 9.9.

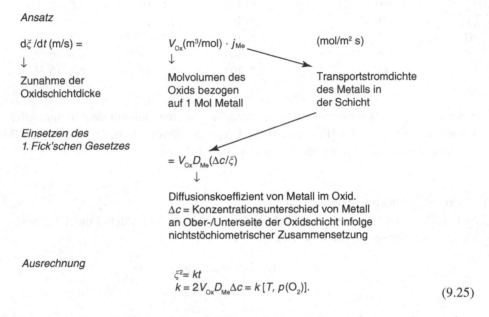

Ansatz

$d\xi/dt$ (m/s) = V_{Ox}(m³/mol) $\cdot j_{Me}$ (mol/m² s)

↓   ↓

Zunahme der   Molvolumen des   Transportstromdichte
Oxidschichtdicke   Oxids bezogen   des Metalls in
                           auf 1 Mol Metall   der Schicht

Einsetzen des
1. Fick'schen Gesetzes

                           = $V_{Ox}D_{Me}(\Delta c/\xi)$
                           ↓

                           Diffusionskoeffizient von Metall im Oxid.
                           Δc = Konzentrationsunterschied von Metall
                           an Ober-/Unterseite der Oxidschicht infolge
                           nichtstöchiometrischer Zusammensetzung

Ausrechnung

$$\xi^2 = kt$$
$$k = 2V_{Ox}D_{Me}\Delta c = k\,[T,\, p(O_2)].\tag{9.25}$$

Wenn man diese Ableitung nachvollzieht, so sieht man: Es wurde angenommen, dass das Metall (Kation) durch die gebildete Deckschicht nach außen wandert. Dies ist in vielen wichtigen Systemen (Fe, Ni, Co, Cu) auch wirklich der Fall. Es gibt aber auch Systeme (z. B. $Zr/ZrO_2/O_2$), in denen der Sauerstoff, also das Anion, von außen nach innen wandert An der äußeren Oberfläche wird Sauerstoff direkt oder über Gasgleichgewichte wie CO_2/CO oder H_2O/H_2 angeboten.

Im Fall der Alternative II – Auflösung im Metall – diffundiert das Nichtmetall O, C, N, S, ... von der Oberfläche her in den Werkstoff ein, weil ein vielleicht mögliches Oxid als Deckschicht sich schneller wieder im Metall auflöst, als es von der Gasseite her nachgebildet wird. Die Eindringtiefe L_D – gekennzeichnet durch den Abfall der Konzentration auf (1/e) oder auf 1 % der Löslichkeit an der Oberfläche – wächst wiederum parabolisch:

$$L_D = \text{const}\sqrt{k't},\tag{9.26}$$

$$k' = 2D_x c_0.\tag{9.27}$$

Hierbei ist D_x der Diffusionskoeffizient des Nichtmetalls in der metallischen Matrix und c_0 die Löslichkeit des Nichtmetalls an der Oberfläche der Probe bzw. des Bauteils.

Dieser Lösungsvorgang gewinnt besonderes technisches Interesse dann, wenn das Nichtmetall in ein Metall eindiffundiert, dem noch eine zweite Komponente zulegiert ist,

Abb. 9.9 Vorgänge bei der Bildung von Deckschichten durch Oxidation

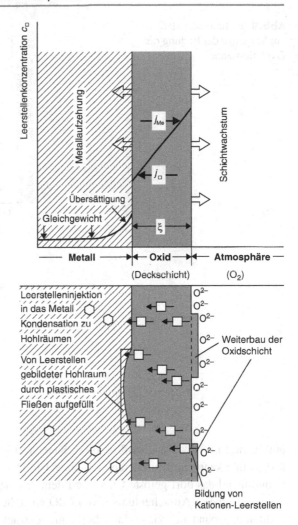

welche eine stärkere Oxidbildungsneigung besitzt als das Grundmetall: *Getter-Wirkung*. In diesem Fall reagiert nämlich der gelöste Sauerstoff (bzw. C, N) mit dem erwähnten Legierungsmetall unter Bildung einer feinverteilten Dispersion von Oxid- oder Carbidteilchen usw. (Abb. 9.10b). Im Fall der Reaktion mit Sauerstoff bezeichnet man diesen Vorgang als *innere Oxidation*. Er führt zu einer *Dispersionshärtung* (s. Abschn. 10.14).

Ein praktisch wichtiges Beispiel für innere Oxidation sind Systeme von Edelmetallen mit zulegierten Oxidbildnern wie Cd und Sn. Wegen seiner sehr guten Leitfähigkeit einerseits, seiner Korrosionsbeständigkeit andererseits, eignet sich z. B. Silber sehr gut als Werkstoff für elektrische Kontakte. Dieses Metall ist jedoch im Hinblick auf die ständige Beanspruchung bei Schaltvorgängen zu weich. Aus diesem Grunde legiert man Silber mit geringen Mengen (12 %) Cadmium, wobei die Löslichkeitsgrenze nicht überschritten wird. Anschließend wird die Legierung bzw. das Legierungspulver für Sinterteile bei

Abb. 9.10 Innere Oxidation; Vorgänge der Bildung der Oxidationszone

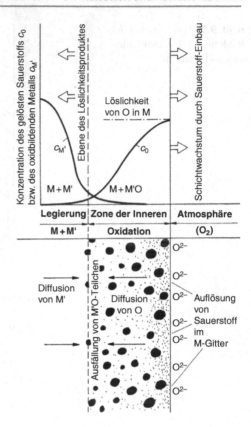

600 °C an Luft bzw. Sauerstoff oxidiert. Sauerstoff ist in Ag recht gut (bis max. 0,01 %) löslich und kann eindiffundieren (s. Abb. 9.10). Der eindiffundierte Sauerstoff findet im Grundmetall das dort gelöste Cd vor, zu dem er eine starke Affinität hat. Die Folge ist, dass feindisperse Ausscheidungen von CdO entstehen. Das Cd wird weitgehend in den Oxiden abgebunden, sodass eine Matrix aus schwach legiertem Silber und entsprechend hoher Leitfähigkeit zurückbleibt. Mit diesem Verfahren werden auch Schmuckgegenstände, Armbanduhrgehäuse usw. oberflächengehärtet. Wegen der Toxizität des Cadmiums wird es zunehmend durch Sn ersetzt.

9.5.2 Schutzmaßnahmen gegen Hochtemperaturkorrosion

Schutzmaßnahmen gegen Korrosion durch heiße Gase müssen darauf abzielen, dichte und festhaftende Schichten auf der Oberfläche des zu schützenden Bauteils zu erzeugen, welche weder von O, C, N oder S noch von Komponenten des Werkstoffs durch Diffusion überwunden werden können.

Im wichtigen Fall der Oxidation oder Verzunderung leisten dies im Prinzip die Elemente Cr und Al, denn Schichten aus Al_2O_3 und Cr_2O_3 und deren Mischungen erweisen sich als besonders undurchlässig für Sauerstoff wie auch für Metalle. Schon ihr hoher Schmelzpunkt (Al_2O_3: 2030 °C, Cr_2O_3: 2435 °C) weist auf diese Beständigkeit hin.

Es liegt daher nahe, Eisen mit Zusätzen von Al und Cr herzustellen. Im Einsatz diffundieren beide Elemente an die Oberfläche, reagieren dort mit Sauerstoff und bilden so die gewünschte Schutzschicht. Dieses Prinzip wird insbesondere für *Heizleiter* (als Werkstoffe für elektrische Heizwicklungen) angewendet, z. B. mit Legierungen vom Typ 20 % Cr, 5 % Al, Rest Fe.

Nickel ist wesentlich oxidationsbeständiger als Fe oder Cu, da NiO nur sehr geringe Abweichungen von der Stöchiometrie aufweist. Cr kann diesen Vorteil noch verstärken, und so ist die Mischkristalllegierung mit 80 % Ni, 20 % Cr zum „Stammvater" vieler Heizleiterwerkstoffe und warmfester Legierungen geworden. Die sog. hochwarmfesten Superlegierungen (Abschn. 15.6) mit Zusätzen von Al bringen, wie man nach dem Vorhergehenden verstehen kann, einen sehr wirksamen Korrosionsschutz durch Bildung dichter oxidischer Deckschichten mit.

Bei extremen Einsatzbedingungen (stationäre Gasturbinen, Flugtriebwerke) reicht dieses Prinzip nicht aus. Für diese Fälle wurden in der letzten Zeit Verfahren entwickelt, um auf das Grundmetall vor dem Einsatz eine *metallische Schutzschicht* aufzubringen, welche die eben behandelten „guten" Elemente Ni, Cr und Al enthält. Zur Verbesserung der Haftfähigkeit auf dem Grundmetall haben sich „bond coats" mit ähnlicher Zusammensetzung, aber kleinen Zusätzen von Yttrium bewährt. Wegen ihrer charakteristischen Zusammensetzung aus einem Metall „M", Cr, Al und Y werden solche Überzüge auch als „MCrAlY" bezeichnet. Andere Verfahren benützen Si-haltige Schichten. Wie man solche metallischen Überzüge technisch erzeugt, wird in Abschn. 13.4 behandelt.

In der Praxis muss auch noch die Wirkung weiterer Schadstoffe in den Hochtemperaturgasen beachtet werden: SO_x, und NO_x aus natürlichen Brennstoffen, NaCl aus Atmosphären in Meeresnähe, Flugasche (welche auf den zu schützenden Flächen niedrigschmelzende Silicatschlacken bildet).

Es gilt allerdings zwischen Schichten zu unterscheiden, die zum Oxidationsschutz aufgebracht werden, und solchen, die primär dafür sorgen, dass das zum Antrieb verwendete Gas nicht zu viel Wärme auf die Triebwerksteile überträgt: *Wärmedämmschichten* (oder „TBC" – *Thermal Barrier Coatings*) auf der Basis von ZrO_2.

Deckschichten

Als Schutzmaßnahme gegen Verzunderung bewähren sich Deckschichten aus Al_2O_3, Cr_2O_3 und NiO. Man erzeugt sie entweder, indem man die Metalle Al, Cr und Ni dem zu schützenden Werkstoff zulegiert, oder indem man das Bauteil mit einem Überzug aus diesen Metallen versieht. Gute Haftung der Schicht z. B. beim Aufheizen oder Abkühlen ist von großer Bedeutung.

9.6   Festkörperelektrolyte. Brennstoffzellen, Batterien

Die Rolle von Elektrolyten in einer elektrochemischen Zelle wurde in Abschn. 9.2 behandelt. Als typische Elektrolyte haben wir wässrige Lösungen kennen gelernt. Im Bleiakkumulator dient z. B. verdünnte Schwefelsäure als Elektrolyt.

Ein Elektrolyt soll Ionen leiten, aber keine Elektronen (denn diese sollen über den metallischen Leiter fließen). Ein Elektrolyt muss aber deswegen keine Flüssigkeit sein, denn auch Festkörper können reine Ionenleiter sein (Abschn. 11.5.4). Drei Beispiele für den Einsatz von Festkörperelektrolyten folgen:

a) Brennstoffzelle als Energiequelle. Diese Anwendung der Festkörperelektrolyte ist im Gespräch als Antrieb für Kraftfahrzeuge oder für die dezentrale Stromerzeugung. Nach einer langen und kostspieligen Forschungsperiode planen einige Autoproduzenten, mit Brennstoffzellen bestückte Autos in großem Maßstab auf den Markt zu bringen; das Zieldatum wird immer wieder verschoben. *Fuel Cells* können – ein geeignetes Tankstellennetz vorausgesetzt – Energie aus Wasserstoff und Luft erzeugen, wobei nur Wasserdampf (und kein CO oder CO_2!) entsteht. Wie geht das? Man braucht einen Brennstoff, also etwa Methan, Erdgas oder vorzugsweise reinen Wasserstoff, und ein Oxidationsmittel, im Normalfall Luft. Außerdem benötigt man einen Elektrolyten, der Ionen (Wasserstoff oder Sauerstoff) zwischen den beiden Elektroden diffundieren lässt. Nach den zuvor diskutierten Grundsätzen entsteht so zwischen den beiden Elektroden eine Gleichspannung, die durch das chemische Potenzial bzw. durch den jeweiligen Partialdruck geregelt werden kann und die man nur abzugreifen braucht. Die Stromdichte (kW/m^2) ist allerdings gering, d. h. Brennstoffzellen „bauen groß" und kosten entsprechend viel. Wird hohe Leistung gezogen, vervielfältigen sich die Verluste. Außerdem neigen die ausgedehnten Dicht- und Kontaktflächen zur Alterung, weswegen sich die Wirkungsgrade mit der Zeit verschlechtern. Für Raumtemperatur-Lösungen bieten sich für den Elektrolyt spezielle ionenleitfähige Polymere an (*Polymerelektrolytbrennstoffzelle* in der Raumfahrt).

Wenn man höhere Temperaturen akzeptieren kann (z. B. bei Dauerbetrieb), wird die Auswahl größer, und man kann auch auf Oxid-Festkörper wie ZrO_2(YSZ) zurückgreifen (*Solid Oxide Fuel Cell, SOFC*). ZrO_2, das mit Yttrium gegen zerstörerische Phasenumwandlungen stabilisiert wird (YSZ), ist bei hohen Temperaturen (ab ca. 600 °C) ein sehr guter Sauerstoffionenleiter. Man kann also eine galvanische Zelle bauen, in der Zirkondioxid als Elektrolyt wirkt, siehe Abb. 9.11a. Im Übrigen funktioniert sie grundsätzlich analog zu der oben erwähnten Wasserstoff-Brennstoffzelle. Im Falle der SOFC wird an der Kathode aus Perowskit (($La,Sr)MnO_3$) Sauerstoff ionisiert, wobei die Ionen in den (vorgeheizten) ZrO_2-Elektrolyten diffundieren, während die dazu nötigen Elektronen aus dem Stromkreis, bzw. von der Elektrode zugeführt werden. An der anodischen Seite reagieren die ankommenden O^{2-}-Ionen an einer Ni-Anode mit Wasserstoff-Gas zu Wasserdampf, wobei die vom Wasserstoff frei werdenden Elektronen in den Stromkreis, bzw. die Elektrode fortgeleitet werden.

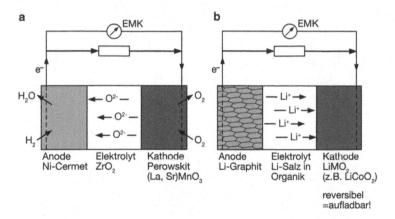

Abb. 9.11 Festkörperelektrolyte; **a** Brennstoffzelle, **b** Li-Ionen-Batterie

b) Messsonde für Gase. Die oben beschriebene Zelle aus Abb. 9.11a kann außer zur Energie-Erzeugung auch als elektrische Sonde für die Bestimmung des Sauerstoffpartialdrucks z. B. im Autoabgas, im Hochofen oder einer Chemieanlage eingesetzt werden, denn die Spannung eines solchen Elements hängt von der O_2-Partialdruckdifferenz an den Elektroden ab (*λ-Sonde*). Auch dies ist eine technisch wichtige Anwendung, vor allem zur katalytischen Abgasreinigung.

c) Leichtbatterie. Die Energiespeicherung gehört zu den ganz großen Herausforderungen bei allen modernen Formen der Erzeugung elektrischer Energie. Im Fall der Anwendung im Transportwesen (Elektroauto, elektrisches Fliegen) kommt zu der Forderung nach Kostenreduktion auch noch die Forderung nach niedrigem Gewicht hinzu. Zahlreiche Systeme stehen miteinander im Wettbewerb, bzw. sind Hoffnungsträger für die Zukunft. Abb. 9.6b zeigt als Beispiel die *Lithium-Ionen-Batterie*. Als Elektrolyt, der hohe Transportgeschwindigkeiten für Li-Ionen zulässt, dient ein Li-Salz in einem organischen Lösungsmittel, das als feste oder gelartige Folie dargestellt werden kann. Beim Entladevorgang gibt die Graphit-Anode, in die Li-Atome eingebettet sind, Li-Ionen ab. Die freigewordenen Elektronen werden vom Stromkollektor aufgenommen, der in die Anode eingebettet ist. Nach ihrer Wanderung durch den Elektrolyten werden die Li-Ionen in die Kathode aus Li-Übergangsmetalloxid eingebaut, wobei dort Elektronen aufgenommen werden.

Festkörperelektrolyte sind feste Ionenleiter, die bei Vorgabe einer Anoden- und einer Kathodenreaktion ein galvanisches Element bilden. Anwendungsbeispiele sind die Brennstoffzelle, die Sauerstoffsonde und die Li-Ionen-Batterie.

Festigkeit – Verformung – Bruch

10

10.1 Definitionen und Maßeinheiten

In diesem Abschnitt wird das Werkstoffverhalten unter mechanischer Beanspruchung behandelt. Der Werkstoff liegt als Probe oder als Bauteil, also mit vorgegebener Form vor. Wie verhält er sich beim Aufbringen einer Belastung?

Ein Werkstoff reagiert auf Belastung (d. h. Einwirkung mechanischer Kräfte) zunächst durch *Verformung* (Formänderung), bei zunehmender Belastung durch *Bruch*. Als *Festigkeit* definiert man den Widerstand, den ein Werkstoff aufgrund seiner atomaren Struktur und seines Gefüges der Formänderung bzw. dem Bruch entgegensetzt.

Das Verhältnis von Festigkeit und wirkenden Kräften hat zwei Aspekte: Für die Herstellung von Vor- und Fertigprodukten ist die Formgebung (Abschn. 13.2.1 und 13.2.5) ein wichtiger Teilschritt; daher ist hohes *Formänderungsvermögen* (ohne Bruchgefahr) und geringer *Formänderungswiderstand* für diesen Zweck erwünscht. Im Gegensatz dazu soll das fertige Bauteil möglichst hohen Belastungen standhalten. Hier ist also Formstabilität, d. h. hoher Formänderungswiderstand, technisch gewollt.

Ein Draht mit doppeltem Querschnitt trägt doppelt viel – daher ist es zweckmäßig, die Werkstoffeigenschaft Festigkeit durch flächenbezogene Kräfte zu beschreiben, die man als Spannungen bezeichnet.

> *Festigkeit:* Widerstand gegen Formänderung (Verformung), bei zunehmender Belastung gegen Bruch
>
> *Spannung:* Kraft je Flächeneinheit der Angriffsfläche: Kräfte misst man in N, Spannungen in N/m^2 (praktischer oft in Megapascal, wobei $1\,MPa = 1\,MN/m^2 = 1\,N/mm^2$).

© Springer-Verlag GmbH Deutschland 2016
B. Ilschner, R.F. Singer, *Werkstoffwissenschaften und Fertigungstechnik*,
DOI 10.1007/978-3-642-53891-9_10

Abb. 10.1 Systematik mechanischer Beanspruchung, gegliedert nach Anordnung der wirksamen Kraftvektoren (siehe auch Tab. 10.1 bezüglich der formelmäßigen Zusammenhänge)

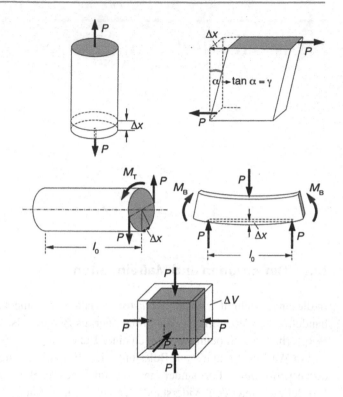

Kräfte wirken stets in eine bestimmte Richtung, sie verhalten sich also wie Vektoren. Die Kraftvektoren wirken auf Begrenzungsflächen des beanspruchten Körpers, Abb. 10.1. *Normalspannungen* stehen (wie die Flächennormale) senkrecht auf der Angriffsfläche, *Schubspannungen* greifen als Kräftepaare tangential an. Spannungen haben also einen Tensor-Charakter.

So wie die Kräfte zweckmäßig auf die Angriffsflächen bezogen werden, bezieht man die Formänderungen auf die Ausgangsmaße, z. B. die Längenänderung Δl auf die Ausgangslänge l_0. Das so gebildete Formänderungsmaß ist dann dimensionslos (einheitenfrei): *Dehnung $\varepsilon = \Delta l / l_0$*. Bei hohen Formänderungen, wie sie in der Umformtechnik vorkommen, empfiehlt sich die Verwendung eines logarithmischen Formänderungsmaßes, wobei Δl (oder $\mathrm{d}l$) auf die jeweilige Länge l (also nicht auf die Ausgangslänge l_0) bezogen wird:

$$\mathrm{d}\varphi = \mathrm{d}l / l \tag{10.1}$$

$$\varphi = \ln\left(\frac{l}{l_0}\right) = \ln(1 + \varepsilon) \tag{10.2}$$

Man erkennt, dass für kleine Formänderungen beide Maße näherungsweise übereinstimmen:

$$\varphi \approx \varepsilon \quad \text{für } \varepsilon \ll 1$$

φ wird auch als wahre Dehnung (ε_W) bezeichnet.

Tab. 10.1 Arten mechanischer Beanspruchung (siehe auch Abb. 10.1)

Beanspruchungstyp	Symbol	Wirkung	Formel
Zugspannung	σ	Dehnung (Dilatation)	$\varepsilon = \Delta x / l_0$
Druckspannung	σ	Stauchung (Kompression)	$\varepsilon = -\Delta x / l_0$
Schubspannung	τ	Scherung	$\gamma = \Delta x / h_0$
Torsionsmoment	M_T	Scherung	$\gamma = \Delta x / l_0$
Biegemoment	M_B	Durchbiegung	$\Delta x / l_0$
Allseitiger Druck	p	Kompression (Verdichtung)	$-\Delta V / V_0$

Je nach den geometrischen Verhältnissen der Krafteinwirkung auf eine Probe bzw. ein Bauteil unterscheidet man verschiedene Arten von mechanischer Beanspruchung, Tab. 10.1. Der allseitige Druck wird auch als hydrostatischer Druck bezeichnet, weil er der Druckeinwirkung auf einen Probekörper unter einer entsprechenden Wassersäule entspricht. Man realisiert ihn auch technisch durch hydrostatische Pressen (HIP-Anlagen) und hydrostatische Strangpressen (Abschn. 13.2.5).

10.2 Elastische Formänderung

Bei geringer Belastung verformt sich jeder Festkörper zunächst *elastisch*. Dies bedeutet, dass die Formänderung vollständig zurückgeht, wenn man die Belastung wieder vollständig zurücknimmt *(Reversibilität)*. Einfache Beispiele: Eine Blatt- oder Schraubenfeder aus Metall, die Spiralfeder im Uhrwerk, ein Gummiband.

Zwischen der wirkenden Spannung und der von ihr erzeugten Formänderung besteht im elastischen Bereich in der Regel eine lineare Beziehung, das *Hooke'sche Gesetz:*

$$\sigma = E \cdot \varepsilon \qquad (E: Elastizitätsmodul) \tag{10.3a}$$

$$\tau = G \cdot \gamma \qquad (G: Schubmodul) \tag{10.3b}$$

$$p = K \cdot \left(-\tfrac{\Delta V}{V}\right) \qquad (K: Kompressionsmodul) \tag{10.3c}$$

Die *Moduln* E, G, K kennzeichnen den elastischen Formänderungswiderstand, die *Steifigkeit* der Werkstoffe. Beispiele für Kennwerte finden sich in Tab. 10.2 und im Anhang A.2. Bei elastischer Verformung werden die Atome aus der Gleichgewichtslage r_0 im Gitter ausgelenkt, was wegen der auf sie wirkenden Energiepotenziale U und Wechselwirkungskräfte P zu Widerständen führt, siehe Abb. 10.2 (vgl. auch die Diskussion der Gitterpotenziale in Abschn. 5.2, insbesondere die Abb. 5.1 und 5.14). Es gilt:

$$E \sim \frac{\mathrm{d}P}{\mathrm{d}r} \sim \frac{\mathrm{d}^2 U}{\mathrm{d}r^2} \tag{10.4}$$

Dabei ist r der Abstand zwischen den Nachbaratomen. Werkstoffe mit hohen Bindungskräften und entsprechend tiefem Potenzialtopf weisen einen hohen E-Modul auf.

Tab. 10.2 Elastische Moduln ausgewählter Werkstoffe bei Raumtemperatur (in GPa)

Stoffart	Werkstoff	E	G
Metalle	Blei	16	5,5
	Aluminium	72	26
	Kupfer	125	46
	Titan-Leg.	110	42
	α-Fe, Stahl	210	80
	Wolfram	360	130
NA-Stoffe	Porzellan	60	25
	Kieselglas	75	23
	Aluminiumoxid	400	160
	Wolframcarbid	650	270
Organische Stoffe	Holz (Faserrichtung)	10	5
	Polyethylen	0,4	0,15
	Nylon®	3	1
	Polystyrol	3,5	1,3
	PMMA („Plexiglas")	4	1,5

Die atomare Bindungsstärke drückt sich auch in der Schmelztemperatur aus. Wir haben bereits in Abschn. 4.4.1 darauf hingewiesen[1]. Es ist daher verständlich, dass die Regel gilt:

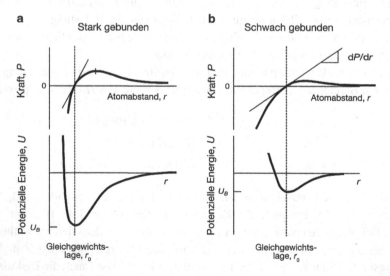

Abb. 10.2 Potenzielle Energie eines Atoms im Gitter und Kräfte, die auf das Atom bei Auslenkung wirken, für stark und schwach gebundene Werkstoffe. Da der E-Modul proportional ist zur ersten Ableitung der Kraft nach dem Weg dP/dr, bzw. der zweiten Ableitung der Energie d^2U/dr^2, wächst er mit der Bindungsstärke. Vgl. auch Abb. 5.1 und 5.14 zum gleichen Thema

---

[1] Am Schmelzpunkt T_S gilt: $U_B \sim \Delta H_S = T_S \cdot \Delta S_S$ (s. (4.18)). Wäre die Schmelzentropie ΔS_S konstant, also der Unterschied im Ordnungsgrad zwischen Festkörper und Schmelze immer gleich,

Abb. 10.3 E-Modul als Funktion der Schmelztemperatur. T_S ist ein grobes Maß für die Bindungsenergie U_B (Quelle: Rösler, Harders, Bäker, Mechanisches Verhalten der Werkstoffe, Wiesbaden 2003)

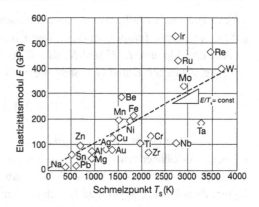

Innerhalb einer Klasse ähnlich aufgebauter Stoffe (z. B. der reinen Metalle, der Oxide vom Typ MO) sind die elastischen Moduln umso höher, je höher der Schmelzpunkt T_S ist. Abb. 10.3 zeigt dies für die Stoffklasse der Metalle.

Da die Bindungssteifigkeit eines Stoffs mit steigender Temperatur infolge der Wärmeschwingungen des Raumgitters abnimmt, nehmen auch E, G und K mit steigender Temperatur ab, Abb. 10.4. Durch die Zufuhr an thermischer Energie und die zunehmende Schwingung um die Ruhelage verschiebt sich die Gleichgewichtslage der Atome zu höheren Abständen (Abb. 5.14 und 10.2), an denen die Steigung der Kraft-Abstands-Funktion

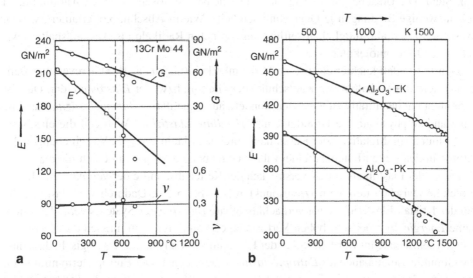

Abb. 10.4 Temperaturabhängigkeit der elastischen Konstanten von **a** Stahl 13CrMo44 und **b** Al_2O_3 (ein- und polykristallin)

wäre die Schmelztemperatur der Bindungsenergie direkt proportional. Natürlich gilt das auch innerhalb einer Stoffklasse nur in grober Näherung.

$\mathrm{d}P/\mathrm{d}r$ geringer ausfällt. Wenn man Zahlenwerte für E angibt, muss man daher auch angeben, für welche Temperatur diese Werte gelten.

Alle drei Moduln, E, G und K, sind für einen gegebenen Stoff von ähnlicher Größenordnung. Zwischen E und G besteht die einfache Beziehung

$$E = 2(1 + \nu) \cdot G \tag{10.5}$$

Dabei ist ν die *Querkontraktionszahl* (oder *Poisson-Zahl*). Sie gibt an, um wie viel ein Probekörper dünner wird, wenn man ihn elastisch in die Länge dehnt. In der Regel ist $\nu \approx 0{,}3$, also $G \approx 0{,}4E$. Beide Moduln haben nach (10.3) dieselbe Einheit wie σ, also $\mathrm{N/m^2}$. Zweckmäßig wählt man jedoch $\mathrm{GN/m^2}$, bzw. GPa als Maßeinheit.

> Wichtiger Zahlenwert: Für Stahl ist der Elastizitätsmodul $E \approx 200\,\mathrm{GPa}$ oder $\mathrm{GN/m^2}$. In grober Näherung gilt: Der E-Modul steigt mit dem Schmelzpunkt des Werkstoffs, weil dieser die atomaren Bindungskräfte widerspiegelt.

Die Tab. 10.2 macht die überragenden elastischen Eigenschaften der Metalle und zugleich das – in dieser Hinsicht – schlechte Abschneiden der Polymerwerkstoffe deutlich, deren E-Moduln trotz der starken C=C-Doppelbindungen ca. 70 mal kleiner sind als die von Stahl. Die Ursache dafür ist in ihrer vergleichsweise losen atomaren Anordnung zu sehen (wenige Bindungen je Querschnittseinheit). Wie in Abschn. 5.6. erläutert, wirken Wasserstoff und alle möglichen seitlich angeordneten Radikale als Abstandshalter zwischen den Makromolekülen.

Den Extremfall leichter elastischer Verformbarkeit (bis zu ca. 1000 % reversible Dehnung) stellt das Verhalten von Kautschuk oder Gummi, bzw. der *Elastomere* dar. Dies ist aber nicht nur quantitativ zu verstehen, sondern auch qualitativ: *Gummielastizität* hat eine ganz andere physikalische Grundlage als *kristalline Elastizität*. Während die elastische Verformung von Metallen oder Keramiken durch sehr kleine (<1 %) Verschiebungen der Atome in den steilen Potenzialfeldern ihrer Umgebung erfolgt, ergibt sich die elastische Dehnung der Elastomere durch Verstrecken der Kettenabschnitte der verknäulten Makromoleküle zwischen den Vernetzungspunkten (s. Abb. 5.19). Dadurch wird fast nur die bei der Kristall-Elastizität meist vernachlässigbare *Entropie* des Systems verändert, nicht seine *Energie*. Erst bei sehr hohen Verformungen von Polymeren müssen die Kettenbindungen selbst gedehnt werden, wobei der E-Modul stark ansteigt. Es ist logisch, dass man die Gummielastizität auch als *Entropieelastizität* bezeichnet. Der Entropieterm nimmt mit steigender Temperatur zu ($-T \cdot S$ in (4.16)), so dass der Modul bzw. die Steifigkeit von Elastomeren im gummielastischen Regime mit der Temperatur zunimmt. Zur Demonstration des Effekts wird im Labor ein Gummifaden bei Raumtemperatur mit einem Gewicht belastet und gedehnt. Heizt man danach den Faden auf, zieht er sich zusammen, entsprechend einer Zunahme der Steifigkeit. Die Makromoleküle kehren in den Knäuelzustand zurück im Sinne einer Senkung des thermodynamischen Potenzials und Reduktion des jetzt bedeutenderen Entropieterms $T \cdot S$.

Den Gegenbegriff zur Gummielastizität oder Entropieelastizität stellt die *Energieelastizität* dar, die unterhalb der Glasübergangstemperatur T_G (Abschn. 7.4.6) vorliegt. Hier ist eine Verstreckung der Kettenabschnitte zwischen den Vernetzungspunkten wegen des mangelnden Leervolumens nicht mehr möglich und der E-Modul steigt. Elastische Verformungen beruhen unterhalb T_G auf Änderungen der intermolekularen Atomabstände oder der Valenzwinkel. Wenn die leichte elastische Verformbarkeit nicht mehr gegeben ist, entwickeln sich höhere Spannungen bei mechanischer Beanspruchung und die Bauteile versagen spröde. Kühlt man einen Fahrrad-Gummischlauch in flüssiger Luft, kann man ihn mit dem Hammer in Stücke schlagen. Das Prinzip wird heute technisch bei der Zerkleinerung und Aufarbeitung von alten Reifen genutzt.

Der Dehnungsbereich, in dem der Werkstoff sich elastisch verhält, ist charakteristisch: Während ein Gummiband leicht um mehrere 100 % elastisch gedehnt werden kann, ist der elastische Verformungsbereich von Metallen und keramischen Stoffen fast immer auf Werte unterhalb von 1 % beschränkt.

Für technische Anwendungen ist Steifigkeit eine entscheidende Größe, wie hier am Beispiel des Kraftfahrzeugs erläutert werden soll. Ein Lenkrad, an dem sich der Fahrer beim Einsteigen festhält, sollte nicht zu stark elastisch nachgeben, damit auch im Detail Qualität signalisiert wird. Elastische Verformungen an Fugen zu Anbauteilen führen zu Knarrgeräuschen im Fahrbetrieb. Die Druckkraft, bei der ein elastisch beanspruchter Stab durch Knicken versagt ist proportional dem E-Modul. Dies lässt sich auf eine im Crash belastete B-Säule übertragen, die Verbindung zwischen Fahrzeugboden und Fahrzeugdach in der Mitte der Fahrgastzelle. Geht es darum, Vibrationen zu eliminieren („Dröhnen"), so hilft ein höherer E-Modul die Resonanz-Amplituden zu reduzieren. Ein Beispiel außerhalb der Kraftfahrzeugtechnik ist das Gehäuse eines tragbaren Computers. Der Rahmen, der den Bildschirm umgibt, muss ausreichend steif sein, um übermäßige Verformung und Beschädigung der Flüssigkristallanzeige zu vermeiden.

Welche Möglichkeiten in der Technik bestehen, die Steifigkeit von Werkstoffen zu beeinflussen, diskutieren wir in Abschn. 10.12.

Vier Merkmale elastischer Formänderung

1. Vollständige Reversibilität der Formänderung bei Entlastung;
2. lineare Beziehung zwischen Spannung und Formänderung (Hooke'sches Gesetz, Moduln E, G, K);
3. elastische Formänderung erfolgt schon bei der geringsten Belastung, beschränkt sich jedoch auf sehr kleine Formänderungen (unter 1 % – Ausnahme: Gummi);
4. die Elastizität der Kristalle beruht auf ihrer Gitterenergie und der atomaren Abstandsfunktion, während die Gummielastizität durch die Entropie makromolekularer Anordnungen bestimmt wird.

10.3   Anelastisches Verhalten. Dämpfung

Ein elastischer Körper, der durch eine Spannung σ um den Betrag $\varepsilon = \sigma/E$ verformt wurde, geht nach Entlastung sofort auf $\varepsilon = 0$ zurück. Häufig zeigt jedoch eine Präzisionsmessung, dass diese Formänderung zwar elastisch im Sinne von Reversibilität und Linearität ist, dass sie aber zeitlich hinter der Be- und Entlastung „nachhinkt". Immer dann, wenn die Einstellung der elastischen Formänderung mit einer messbaren zeitlichen Verzögerung erfolgt, spricht man von *anelastischem* Verhalten, vgl. Abb. 10.5. Diese Verzögerung (oder Nachwirkung) kann durch eine Zeitkonstante beschrieben werden, welche sich in der Regel als stark temperaturabhängig herausstellt.

Das Nachhinken der Werkstoffantwort (ε) hinter der Beanspruchung (σ) macht sich auch bemerkbar, wenn die Erregerfunktion $\sigma(t)$ nicht aus Rechteckimpulsen wie in Abb. 10.5a, sondern aus Sinusschwingungen besteht, Abb. 10.5b (und dies ist der praktisch wichtigere Fall). In diesem Fall ist das Nachhinken gleichbedeutend mit einer Phasenverschiebung zwischen $\sigma(t)$ und $\varepsilon(t)$. Die Phasenverschiebung kann man auch in anderer Weise graphisch darstellen, nämlich in einem σ-ε-Diagramm, Abb. 10.5c. Bei rein elastischem Verhalten würde zu jedem σ-Wert genau ein ε-Wert gehören, nämlich σ/E. Bei anelastischem Verhalten hingegen gehören zu einem σ-Wert zwei ε-Werte, nämlich einer für zunehmende, einer für abnehmende Belastung. So entsteht eine Ellipse, deren Neigung ein Maß für E und deren Öffnung ein Maß für die zeitliche Verzögerung, das Merkmal anelastischen Verhaltens, ist: Die Ellipse beschreibt die anelastische *Hysterese* (vgl. auch magnetische Hysterese, Abschn. 12.3.4).

Abb. 10.5 Anelastische Formänderung **a** bei Rechteck-Impuls-Belastung, **b** bei sinusförmiger Belastung, **c** im Spannungs-Dehnungs-Diagramm

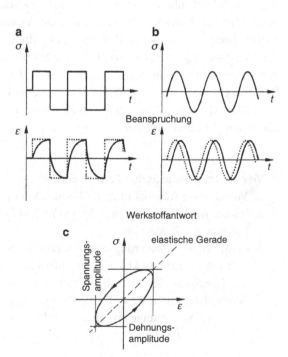

Das makroskopisch messbare Nachhinken der Formänderung hinter der Belastung wird dadurch verursacht, dass die wechselnde Spannung atomare Umlagerungen oder Platzwechsel verursacht, welche einen endlichen Zeitbedarf (Größenordnung $a_0^2/D(T)$, Abschn. 6.1.3) haben. Beim *Snoek-Effekt* springen interstitiell gelöste C-Atome im krz. Fe-Gitter auf durch die angelegte Spannung aufgeweitete Zwischengitterplätze. Durch die ständig hin- und hergehenden atomaren Umlagerungen wird ein Teil der *mechanischen Energie*, die in den Schwingungen steckt, *in Wärme umgewandelt*, d. h. zerstreut (dissipiert). Dadurch wird der Schwingung Energie entzogen, ihre Amplitude wird *gedämpft*. Man spricht auch von *innerer Reibung*. Statt durch atomare Einzelereignisse kann die Dämpfung auch durch reversible Versetzungsbewegung hervorgerufen werden, vorzugsweise an Punkten hoher Spannungskonzentration, wie den Spitzen von Graphitlamellen in Grauguss (Abschn. 15.2).

Anelastisches Verhalten als Folge energiedissipierender atomarer Umlagerungen mit endlichem Zeitbedarf bewirkt Dämpfung aufgezwungener Schwingungen.

Technisch sind die besprochenen Vorgänge recht bedeutsam: Jeder Bearbeitungsvorgang in einer Werkzeugmaschine, z. B. einer Drehbank, erzeugt unvermeidbar Schwingungen. Um die Übertragung dieser Schwingungen an das Gebäude (auch an die Luft) und damit die Geräuschbelästigung niedrig zu halten, ist es zweckmäßig, den Ständer (das „Bett") der Maschine aus einem Werkstoff mit hoher Dämpfung zu gestalten. Ein solcher Werkstoff ist Gusseisen in der Variante Grauguss, Abschn. 15.2, der folglich bevorzugt für Maschinenbetten verwendet wird. Auch für das Klangverhalten von Glocken oder von Saiten für Streichinstrumente spielt das anelastische Dämpfungsverhalten eine große Rolle. Unter Ausnutzung der Energie-Dissipation durch hin- und herspringende martensitische Umwandlungen (Abschn. 7.6.) hat man Sonderwerkstoffe mit besonders hoher Dämpfung entwickelt (High Damping Metals = „Hidamets").

Ein anschauliches Maß für Dämpfung ist der Moduleffekt, $\Delta E/E$, bei dem der unrelaxierte E-Modul und der relaxierte E-Modul in Beziehung gesetzt werden. Beispiele: $\Delta E/E = 10^{-4}$ für Aluminium und Stahl, 10^{-3} für Bronze, $3 \cdot 10^{-2}$ für Blei, $5 \cdot 10^{-2}$ für Grauguss.

10.4 Duktiles und sprödes Verhalten als Grenzfälle

Jede durch Krafteinwirkung verursachte Formänderung ist zunächst elastischer Natur: Reversibel und linear. Bei zunehmender Belastung (Formänderung) ändert sich jedoch das Werkstoffverhalten, wobei zwei Grenzfälle wichtig sind: Plastisches Fließen und spröder Bruch.

a) Oberhalb einer Grenzspannung σ_F (Fließgrenze, zugehörige Dehnung $\varepsilon_F = \sigma_F/E$) verformt sich der Körper durch plastisches Fließen. Der plastische Anteil der Formänderung ist irreversibel.

b) Oberhalb einer Grenzspannung σ_B (Bruchspannung, zugehörige Dehnung $\varepsilon_B = \sigma_B/E$) bricht der Festkörper fast ohne vorherige plastische Formänderung: verformungsarmer Bruch.

Werkstoffe, die sich entsprechend a) verhalten, nennt man *duktil* oder *zäh*. Dieses Verhalten zeigen die meisten Metalle und einige Kunststoffe. Duktil verhält sich ein Werkstoff offenbar dann, wenn $\sigma_F < \sigma_B$.

Werkstoffe, die sich entsprechend b) verhalten, nennt man *spröde*. Dieses Verhalten zeigen insbesondere Glas und Keramik, Naturstein, manche Metalle (z. B. Grauguss nach schneller Abkühlung, Stahl nach Beladung mit Wasserstoff) und zahlreiche Kunststoffe (Duroplaste, Elastomere unterhalb der Glastemperatur T_G). Zur Untersuchung und Beurteilung des plastischen Werkstoffverhaltens ist am besten der Zugversuch geeignet, zur Untersuchung und Beurteilung spröder Werkstoffe der Biegeversuch.

10.5 Zugversuch, Spannungs-Dehnungs-Kurve

Da die Messwerte des Zugversuchs für die Bauteilsicherheit von größter Bedeutung sind, ist es sehr wichtig, dafür Sorge zu tragen, dass verschiedene Prüflabors beim gleichen Werkstoff unabhängig voneinander Messergebnisse erzielen, deren Abweichung so gering wie möglich ist. Diese Reproduzierbarkeit der Festigkeitsmessung im Zugversuch setzt eine exakte *Normung* des Prüfverfahrens voraus. Für Metalle sind die entsprechenden Regeln in der EN 10002 und DIN 50125 festgelegt, für Kunststoffe in der ASTM 638. Zur Zugfestigkeitsprüfung verwendet man einen Probestab, der zwar unterschiedliche Abmessungen haben kann, jedoch sind die Verhältnisse von Länge zu Durchmesser, von Gewindemaß zu Messlängendurchmesser, die Rundung an der „Schulter" usw. durch Normung

Abb. 10.6 a Normprobe für den Zugversuch nach DIN 50125 (sog. Proportionalstab, $l_0 = 5d_0$). **b** Probe nach dem Versuch, auf Grund der plastischen Verformung verlängert, mit Einschnürung in der Nähe der Bruchfläche

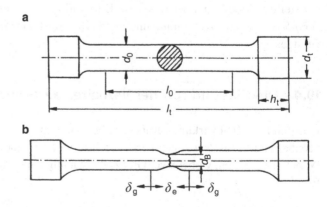

Abb. 10.7 Zugprüfmaschine
(auch für Stauch- und Biege-
versuche einsetzbar)

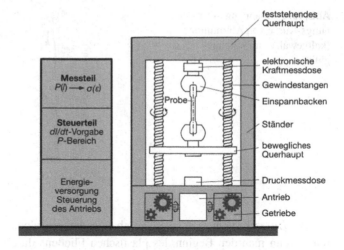

festgelegt, siehe Abb. 10.6. Dieser Probestab wird zwischen den festen und den beweglichen Querbalken einer Zugprüfmaschine, Abb. 10.7, eingespannt. Der elektromechani-
sche oder hydraulische Antrieb der Maschine, von einer heutzutage recht aufwendigen
Elektronik geregelt bzw. gesteuert, zieht den beweglichen Querbalken mit einstellbarer
Geschwindigkeit (ds/dt) ab, wodurch der Probestab mit der Verformungsgeschwindig-
keit $d\varepsilon/dt$ gedehnt wird. Die zu jedem Zeitpunkt erreichte Dehnung ε ergibt sich in erster
Näherung aus der jeweiligen Position des Querhauptes, so dass $d\varepsilon/dt = (1/l_0)(ds/dt)$.
Bei erhöhten Genauigkeitsansprüchen misst man dl durch direkten Abgriff an der Probe
mittels Messstangen (Extensometern). Gleichzeitig wird die zur Formänderung erforderliche Kraft P mit einer elektronischen Kraftmessdose bestimmt.

Als Messergebnis registriert die Maschine auf dem zugeordneten Bildschirm oder einem Schreiber ein Kraft-Weg-Diagramm $P(l)$. Durch Normierung auf den Querschnitt A_0
bzw. die Länge l_0 der unverformten Probe ergibt sich hieraus unmittelbar das *Spannungs-
Dehnungs-Diagramm $\sigma(\varepsilon)$*.

Die Spannungs-Dehnungs-Kurve ist gewissermaßen die Verformungskennlinie des untersuchten Werkstoffs. Sie hängt keineswegs nur von der chemischen Zusammensetzung
des Materials ab, vielmehr auch von seiner thermisch-mechanischen Vorgeschichte, d. h.
von den im Gefüge vorhandenen Phasen und Versetzungsstrukturen, welche durch Er-
schmelzungsart, Wärmebehandlungen und Formgebungsschritte beeinflusst werden. Dies
geht sehr deutlich aus den beiden verschiedenen Spannungs-Dehnungs-Kurven des gleichen Werkstoffs (Al) in Abb. 10.8 hervor.

Wie lesen wir eine Spannungs-Dehnungs-Kurve? Vom Nullpunkt ausgehend finden wir
den linearen elastischen Anstieg (Steigungsmaß E), wegen seiner geringen Ausdehnung
und dem hohen Wert von E fast mit der Spannungsachse zusammenfallend. Der Übergang vom elastischen zum plastischen Verhalten ist meist kein klar erkennbarer Knick; er
verläuft vielmehr kontinuierlich. Es ist also eine Frage der Messgenauigkeit der einzelnen
Maschine, von welcher Spannung an sie ein Abweichen vom „Proportionalverhalten"

Abb. 10.8 Spannungs-Dehnungs-Kurve von Aluminium
(kaltgewalzt und weichge-
glüht)

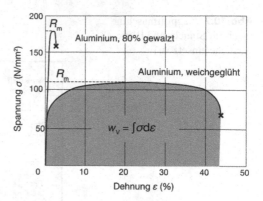

Abb. 10.8 Spannungs-Dehnungs-Kurve von Aluminium
(kaltgewalzt und weichge-
glüht)

($\sigma = E\varepsilon$) erkennen lässt. Von Feinheiten der einzelnen Maschine unabhängig wird man, wenn man den Beginn des plastischen Fließens durch eine Übereinkunft festlegt, welche auf der Irreversibilität der plastischen Verformung beruht: Die *Fließgrenze* oder *Streckgrenze* ist diejenige Spannung, bei der nach Entlastung eine *bleibende (plastische) Verformung von 0,2 %* zurückbleibt. Diese Messgröße bezeichnete man früher als $\sigma_{0,2}$, heute als $R_{p\,0,2}$.

Der plastische Bereich in der Spannungs-Dehnungs-Kurve ist zunächst dadurch gekennzeichnet, dass die zum Erzielen weiterer Dehnungsbeträge aufzuwendende Kraft kontinuierlich zunimmt. Der Grundsatz „actio = reactio" lässt uns dies so verstehen, dass der innere Formänderungswiderstand – die Festigkeit – des Werkstoffs mit zunehmender Dehnung zunimmt. Dieses Phänomen wird als *Verfestigung* bezeichnet; es ist ein Merkmal plastischer Verformung und wird durch die Zunahme der Versetzungsdichte ausgelöst, s. Abschn. 10.8.

Bei weiterer Verformung wird ein Spannungsmaximum beobachtet, das als Zugfestigkeit R_m bezeichnet wird (früher σ_m oder σ_B). Es scheint zunächst so, als falle nach dem Maximum der Kraftaufwand zur weiteren Dehnung, gewissermaßen als „Anfang vom Ende". Dies ist aber nicht der Fall; der falsche Eindruck ist der speziellen Auftragung geschuldet: Der allgemeinen Konvention folgend, haben wir die Fließspannungen als $\sigma = P/A_0$ definiert, d. h. die Kraft wird auf den Ausgangsprobenquerschnitt bezogen. In Wirklichkeit bleibt die Querschnittsfläche der Probe im Versuch nicht konstant, sondern nimmt entsprechend der Probenverlängerung ab. (Bei plastischer Verformung bleibt das Volumen konstant.) Würde man die wahre Spannung unter Berücksichtigung der Änderung der Querschnittsfläche berechnen, stiegen die Fließspannungen bis zum Bruch immer weiter an.

Bei der Veränderung der Querschnittsfläche der Probe im Zuge des Versuchs unterscheidet man zwei unterschiedliche Stadien. An den Bereich der *Gleichmaßdehnung*, in dem sich eine Probe gleichmäßig über die gesamte Messlänge verjüngt, schließt sich der Bereich der *Einschnürdehnung* an (Abb. 10.6 unten), in dem die plastische Verformung in einem kleinen Probenbereich lokalisiert ist. Was kontrolliert diese unterschiedlichen

Verformungsarten? Weist eine Probe eine zufällige lokale Reduktion des Querschnitts auf, beispielsweise durch eine Drehriefe aus der Herstellung oder durch stärkere örtliche Verformung auf Grund einer Gefügeinhomogenität, so führt dies zu einer Spannungserhöhung. Höhere Spannung bedeutet stärkere Verformung, d. h. die lokale Störung weitet sich aus, die Probe schnürt sich ein. Dieser auch als Instabilität bezeichnete Vorgang wird aber verhindert, solange die Verfestigung stark genug ist. Der Bereich des zufällig reduzierten Querschnitts verfestigt stärker und die anderen Querschnitte können aufholen. Die Verfestigung, gemessen als $d\sigma/d\varepsilon$, wird im Laufe der Verformung allerdings immer schwächer. Für das Ende der Gleichmaßdehnung und den Beginn der Instabilität gilt:

$$dP = \sigma dA + Ad\sigma = 0 \tag{10.6}$$

Der erste Term in (10.6) beschreibt die Lasterniedrigung durch Querschnittsabnahme, der zweite die Lasterhöhung durch Verfestigung.

Ein besonderer Typ von Spannungs-Dehnungs-Kurven tritt bei der Untersuchung von unlegierten Stählen (Abschn. 15.1) auf, die eine krz. Matrix aufweisen (Abb. 10.9a): Anstelle des kontinuierlichen Übergangs von elastischer Dehnung in plastisches Fließen stellt sich eine obere *Streckgrenze* (R_{eH}, früher σ_{so}) als Ende des elastischen Verformungsbereichs ein. Dahinter folgt nicht (wie bei Aluminium) eine Verfestigung, sondern ein Festigkeitsabfall auf das Niveau der unteren Streckgrenze (R_{eL}, früher σ_{su}). Bei diesem Wert

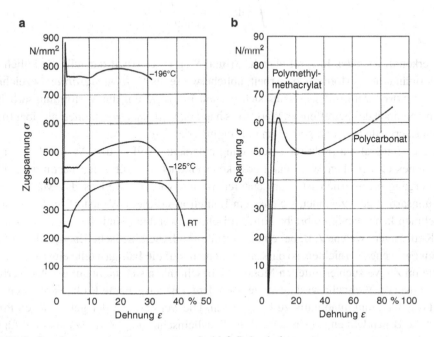

Abb. 10.9 Streckgrenzen im Zugversuch; **a** Stahl, **b** Polyethylen

verformt sich die Stahlprobe zunächst weiter, bis schließlich die „normale" Verfestigung einsetzt und zu einer Zugfestigkeit R_m führt. Man spricht von „*ausgeprägter Streckgrenze*". Grundlage des Phänomens sind *Wolken von Fremdatomen* (*Cottrell-Wolken*), hier aus Kohlenstoff und Stickstoff, welche sich im Versetzungskern unter Energieersparnis anlagern und die Versetzungen zunächst fest verankern und deren Bewegung verhindern. Nachdem die Versetzungen sich losgerissen haben, geht die Verformung bei geringerer Spannung erleichtert voran. Die Entfestigung startet im Gefüge an Spannungskonzentrationen und bewirkt eine Inhomogenität der plastischen Verformung (*Lüdersbänder*, *Orangenhaut* in Karosserieblechen).

Auch bei Kunststoffen wird häufig beobachtet, dass nach Beginn des plastischen Fließens eine Erweichung auftritt (Abb. 10.9b). Das Festigkeitsmaximum wird dann als *Streckspannung* σ_S bezeichnet. Ursache des Spannungsabfalls ist eine Einschnürung der Probe. Bei Kunststoffen fehlt zunächst ein Verfestigungsvorgang, d. h. die plastische Verformung ist sofort instabil. Erst bei sehr hohen plastischen Verformungen tritt Verfestigung auf, wenn die zunächst amorph regellos vorliegenden Molekülketten in Beanspruchungsrichtung gestreckt werden (s. Abschn. 10.8.2). Man kann die Anfangserweichung beim Aufblasen von Kunststoffluftballons selbst spüren!

In Abb. 10.8 ist der Flächeninhalt unter der Spannungs-Dehnungs-Kurve grau getönt. Mathematisch entspricht er einem Integral:

$$w_V = \int\limits_0^{\varepsilon_B} \sigma\, d\varepsilon = \frac{1}{A_0 l_0} \int\limits_{l_0}^{l} P\, dl. \tag{10.7}$$

Man erkennt, dass das Integral über Kraft mal Weg eine Arbeit darstellt – nämlich die zur Formänderung erforderliche Arbeit, üblicherweise als *Verformungsarbeit* bezeichnet. Aus der Normierung folgt, dass es sich bei w_V in (10.7) um die Verformungsarbeit je Volumeneinheit des betreffenden Werkstoffs handelt, weil $A_0 l_0 = V_0$: Integrale über ($\sigma\, d\varepsilon$) stellen Energiedichten dar, gemessen in $N\,m/m^3$ oder J/m^3.

Dieses Integral hat praktische Bedeutung einerseits, weil es den Aufwand an Arbeit (z. B. eines elektrischen Walzenantriebs) kennzeichnet, der für einen bestimmten Umformvorgang erforderlich ist. Zum anderen ist w_V wichtig, weil es das Maß an Verformungsarbeit kennzeichnet, welches ein Bauteil aus diesem Werkstoff im Überlastfall aufnehmen kann, bevor es bricht. Eine typische Anwendung sind die „Knautschzonen" von Kraftwagen, welche z. B. bei einem Auffahrunfall die kinetische Energie des auffahrenden Fahrzeugs vernichten, so dass sie nicht mehr auf die Fahrgastzelle einwirken kann.

Die im Zugversuch ermittelten Messwerte beschränken sich nicht auf die Auswertung der σ-ε-Kurve. Vielmehr wird auch die nach dem Test ausgebaute Probe vermessen, um ihre Formänderung quantitativ zu beschreiben. Die Vermessung der gebrochenen Probe liefert die Bruchdehnung A (in %) und die Brucheinschnürung Z (in %) als Maß für die Duktilität des Werkstoffs (Tab. 10.3).

Tab. 10.3 Messgrößen des Zugversuchs

Größe	Fließ-grenze	Obere Streckgrenze	Untere Streckgrenze	Zug-festigkeit	Bruch-dehnung	Bruch-einschnürung
Symbol (früher)	$R_{p\,0,2}$ ($\sigma_{0,2}$)	R_{eH} (σ_{so})	R_{eL} (σ_{su})	R_m (σ_B)	A (δ)	Z (ψ)
Einheit	N/mm^2 (früher kp/mm^2)[a]				%	

[a] In technischen Veröffentlichungen aus den USA z. T. noch „psi" = pound per square inch.

Fünf Merkmale plastischer Formänderung

1. Plastische Formänderung erfolgt oberhalb der Fließgrenze, die praktisch durch Vereinbarung einer Messvorschrift (z. B. 0,2 % bleibende Dehnung) ermittelt werden muss. Bei einigen Werkstoffen, insbes. unlegiertem Stahl, tritt an die Stelle der Fließgrenze die obere Streckgrenze.
2. Der plastische Anteil der Gesamtformänderung geht bei Entlastung nicht zurück, er ist irreversibel.
3. Es besteht keine lineare Beziehung zwischen Spannung und Formänderung. Die Kennlinie der Plastizität eines Werkstoffs ist die (nichtlineare) Spannungs-Dehnungs-Kurve.
4. Wesentliche Merkmale dieser Kurve sind
   - der auf Verfestigung zurückzuführende Anstieg nach der Fließgrenze,
   - das Maximum, welches die Zugfestigkeit angibt,
   - der scheinbare Abfall bis zum Bruch, der auf die Einschnürung zurückzuführen ist.
5. Die Zugprobe beginnt nach Überschreiten der maximalen Spannung sich einzuschnüren, worauf der duktile (zähe) Bruch erfolgt.

10.6 Härteprüfung

Zur Härtemessung benötigt man von dem zu prüfenden Werkstoff nur ein kleines, poliertes Oberflächenstück. Ein Eindringkörper, der aus einem wesentlich härteren Werkstoff (Hartmetallkugel, Diamantpyramide) besteht, wird auf die gewählte Stelle aufgesetzt und zügig bis zu einem eingestellten Sollwert P belastet. Unter der Beanspruchung beginnt die Probe plastisch zu fließen und die Prüfspitze dringt in die Probenoberfläche ein (Abb. 10.10). Indem die Eindringtiefe h zunimmt, wird auch die Kontaktfläche A größer, also die wirksame Druckspannung $\sigma = P/A(h)$ kleiner. Gleichzeitig verfestigt sich der Werkstoff unterhalb des Eindringkörpers. Schließlich – bei $h = h^*$ – ist die wirkende Druckspannung gerade so groß wie der durch Verfestigung erhöhte Formänderungswiderstand des zu

Abb. 10.10 Härteprüfung
nach Brinell und Vickers

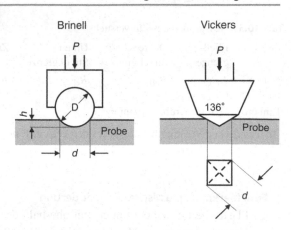

prüfenden Werkstoffs: Der Eindringkörper bleibt stehen. Die zu einer vorgegebenen Last P gehörige Eindringtiefe $h^*(P)$ ist also ein Maß für den Widerstand gegen plastische Verformung der Probe, bzw. die Festigkeit der geprüften Oberflächenzone.

In der Praxis ermittelt man nicht h^*, sondern nach Herausheben des Eindringkörpers eine Diagonale d des im Messokular gut sichtbaren Eindrucks. Damit lässt sich aus einer Tabelle ein *Härtewert* ablesen, der in Anlehnung an sonstige Festigkeitswerte als Verhältnis der Belastung zur Oberfläche des bleibenden Eindrucks gebildet wird, also als $P/A(h^*)$.

Die Härteprüfung liefert genauso wie der Zugversuch eine Information über den Verformungswiderstand des Werkstoffs. Sie ist von der Durchführung her wesentlich einfacher weil keine komplizierten Prüfkörper gefertigt werden müssen. Da außerdem nur ein kleiner Eindruck an der Oberfläche erzeugt wird, bleibt ein Bauteil bei Prüfung im wesentlichen unbeschädigt und kann weiter verwendet werden. Als einziges Prüfverfahren für mechanische Eigenschaften arbeitet die Härteprüfung in diesem Sinne zerstörungsfrei, was von großer Bedeutung in der Qualitätssicherung in der Praxis ist. Wegen der geringen Ausdehnung des geprüften Volumens eignet sich die Härteprüfung zudem zur ortsaufgelösten mechanischen Prüfung. So kann die Festigkeit als Funktion des Ortes in der Wärmeeinflusszone einer Schweißnaht oder der Aufhärtungszone nach einer Oberflächenbehandlung festgestellt werden.

Wegen der großen praktischen Bedeutung der Härteprüfung wurden in der Vergangenheit unterschiedliche Prüfverfahren entwickelt, die sich in der Geometrie des Eindringkörpers unterscheiden und deren Ergebnisse sich nur bedingt ineinander umrechnen lassen:

- *Vickers-Härte* HV (Diamantpyramide mit Spitzenwinkel 136°),
- *Brinell-Härte* HB (Hartmetallkugel mit z. B. 10 mm Durchmesser),
- *Knoop-Härte* HK (keilartige Diamantpyramide),
- *Rockwell-Härte* HRC (Diamantkegel mit Öffnungswinkel 120°; bei dieser Prüfung wird die Eindringtiefe h nach Vorbelastung direkt gemessen).

Der Vorzug der Diamantpyramide liegt in der Möglichkeit, auch eine sehr harte Probe untersuchen zu können. Eine Hartmetallkugel lässt sich dagegen leicht in größeren Abmessungen herstellen, so dass die Prüfvolumina steigen. Das ist bei heterogenen Gefügen entscheidend, wie sie bei Gussteilen vorliegen.

Am Beispiel der Prüfung nach Brinell wollen wir die Ermittlung und Angabe der Härte nach der Norm diskutieren (EN ISO 6506-1). Sie ist dadurch geprägt, dass Kräfte, die heute nach dem SI-Einheitensystem in N gemessen werden, in kp umzurechnen sind, um die resultierenden Härtewerte zahlenmäßig vergleichbar zu machen zu denen vor Abschaffung des technischen Maßsystems. Dieses nicht leicht nachzuvollziehende Vorgehen erklärt sich letztlich aus der großen Bedeutung der Härteprüfung für den Praktiker, der bestimmte Zahlen „im Kopf hat" und sich nicht umgewöhnen will.

Die Ermittlung der Härte geschieht nach der Formel $Härtewert = P/A$ wobei P in kp und A in mm^2 einzusetzen ist. A ist die Oberfläche der Kugelkalotte, wenn der Eindringkörper durch die Kraft P um die Distanz h^* eingedrungen ist (Abb. 10.10).

Ein Härtewert, beispielsweise von 345, wird folgendermaßen korrekt angegeben:

$$345 \text{ HB } 10/3000$$

Dabei ist 345 der Härtewert, HB das Prüfverfahren, 10 der Kugeldurchmesser in mm, 3000 die Prüfkraft in kp. Die Benennung wird normgerecht nicht genannt.

Die Umrechnung in die Zugfestigkeit ist nach der Norm gemäß (10.8) möglich:

$$R_{\mathrm{m}}(\text{MPa bzw. N/mm}^2) = 3{,}5 \cdot \text{Härtewert} \tag{10.8}$$

Der Faktor 3,5 leistet einerseits die Umrechnung von kp in N, andererseits von dreiachsiger zu einachsiger Verformung. Die Gleichung ist nur eine Faustformel. Abgesehen davon, dass der unterschiedliche Stofffluss nur näherungsweise berücksichtigt werden kann, liegt dies auch am Verformungsgrad. In beiden Experimenten, Zugversuch und Härteprüfung, treten zwar hohe plastische Dehnung auf, bei denen die Fließspannung nicht mehr stark von der Verformung abhängt. Die tatsächlich in beiden Experimenten erreichten Verformungsgrade können aber sehr unterschiedlich sein.

Am Ende dieses Abschnittes wollen wir noch zwei weitere Verfahren der Härteprüfung besprechen, das eine wegen seiner historischen Bedeutung, das andere weil es eine der wichtigsten Entwicklungen der *Nanotechnologie* darstellt. Mit hohem apparativen Aufwand ist es gelungen, eine *Nanohärteprüfung* zu entwickeln, also eine Härteprüfung mit Härteeindrücken im nm-Bereich. Das ist wichtig, weil Gefügebestandteile mit großer Bedeutung für die mechanischen Eigenschaften oft nur sehr geringe räumliche Ausdehnung aufweisen. So kann beispielsweise mit einem derartigen Gerät die Festigkeit von γ'-Ausscheidungen in einer Superlegierung unabhängig von der Matrix gemessen werden (siehe Abb. 15.9a). Das zentrale Problem der kontrollierten Verschiebung der Probe und des Eindringkörpers um nm-Beträge wurde über piezokeramische Aktoren gelöst. Mit Hilfe des Raster-Kraftmikroskops gelingt zudem das auf dieser Skala schwierige Auffinden der

Messpunkte. Im Übrigen wird hier nicht mehr die Diagonale des Eindrucks vermessen, sondern die Eindruck-Tiefe kontinuierlich als Funktion der aufgebrachten Kraft registriert. Die Nanohärteprüfung liefert also nicht nur eine extreme laterale Auflösung, sondern auch eine Art Kraft-Weg-Kurve wie der Zugversuch.

Die *Mohs-Härte* ist eine klassische Beschreibung der Härte, die aus dem 18. Jahrhundert stammt und heute noch im Uhren- und Schmuckbereich üblich ist. Nach Mohs kann man eine Folge von Stoffen angeben, von denen jeder den vorhergehenden anritzt, etwa: Nr. 15 (Diamant) ritzt Nr. 14 (Borcarbid), dieses Nr. 13 (Siliciumcarbid), Nr. 12 (Korund), Nr. 11 (Zirkon), Nr. 10 (Granat), Nr. 9 (Topas), Nr. 8 (Quarzkristall), Nr. 7 (Quarzglas), Nr. 6 (Feldspat) usw. In automatisierter Form lässt sich diese *Ritzhärte* auch dadurch ermitteln, dass man das Verhältnis zwischen der zunehmenden Belastung einer Diamantspitze, die über eine polierte Probenfläche geführt wird, und der Dicke der erzeugten Ritzspur misst.

Insgesamt ist festzuhalten: „Härte" begegnet uns zwar zunächst als Begriff der Alltagssprache. Dieser wird vom Laien oft im Sinne von „Festigkeit" auf Werkstoffe übertragen. Der Ingenieur hingegen versteht unter Härte etwas Spezielleres: Den Widerstand eines Werkstoffs gegen plastische Formänderung durch Eindringen eines Prüfkörpers – also eine Festigkeitseigenschaft oberflächennaher Zonen. Er spricht daher von „Härtung" als einem Verfahren, mit dem Oberflächen (z. B. von Schneidwerkzeugen, Kugellagern usw.) bessere Verschleißfestigkeit erhalten sollen, siehe Abschn. 13.5.

> Bei der Härteprüfung wird der Widerstand einer oberflächennahen Zone gegen plastische Verformung durch einen genormten Eindringkörper ermittelt. Das Prüfergebnis (nach Vickers, Brinell u. a., je nach Eindringkörper) ist nach der Norm als Quotient aus Prüfkraft und Eindruckoberfläche zu ermitteln und als Härtewert ohne Nennung einer Einheit anzugeben.

10.7   Bruchvorgänge

10.7.1   Zäher (duktiler) Bruch. Gleitbruch

Typisch für *duktilen Bruch* ist eine starke *plastische Verformung* und *Einschnürung*, bevor der eigentliche Bruch eintritt (Abschn. 10.4). Im Extremfall wird das Material im Zugversuch „auf den Punkt ausgezogen", siehe Abb. 10.11a. So verhält sich ein Golddraht oder Plastilin. Bei technischen Werkstoffen, die Einschlüsse oder Fremdphasen in Form von Partikeln enthalten, tritt keine vollständige Einschnürung auf (Abb. 10.11b). Die Partikel lösen sich von der Matrix ab oder brechen, da sie steif und spröde sind und in der plastisch fließenden Matrix unter hohe Spannungen gesetzt werden. Aus den so entstandenen Mikrorissen wachsen kleine Hohlräume. Die Stege zwischen den Hohlräumen werden

Abb. 10.11 Brucharten im Zugversuch **a** Duktiler Bruch durch vollständige Einschnürung, **b** duktiler Bruch mit Bildung von Hohlräumen und (im Endstadium) Waben, **c** vollständig spröder Bruch, **d** Hohlraumbildung aus b in stärkerer Vergrößerung mit jetzt erkennbaren Einschlüssen

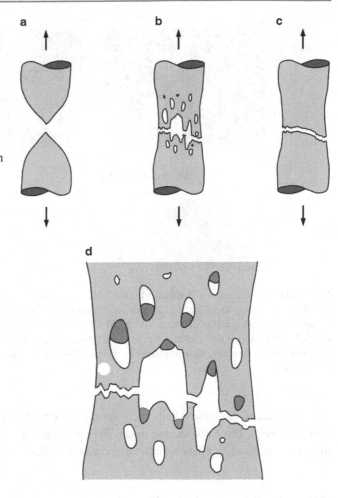

dann auf den Punkt ausgezogen, so dass dünne Schneiden und Krater entstehen. Es bildet sich ein charakteristisches Bruchbild aus, das als *Wabenstruktur* bezeichnet wird, siehe Abb. 10.12a.

Erst die plastische Verformung, die dem Bruch vorausgeht, schafft die Voraussetzungen für den duktilen Bruch, d. h. Einschnürung und Mikrorisse. Plastische Verformung wird durch *Scherspannungen* ausgelöst (siehe Abschn. 10.8). In diesem Sinne ist der duktile Bruch zunächst scherspannungsgetrieben. Plastische Verformung bezeichnet man auch als *Gleitung*, wenn man von den Mechanismen herkommt, die sie tragen (Abschn. 10.8), daher auch der Name *Gleitbruch*.

Das duktile Bruchverhalten stellt einen entscheidenden Sicherheitsfaktor der meisten Ingenieur-Konstruktionen dar, indem es eine „Vorwarnung" des bevorstehenden Bruchs abgibt. Die dem Bruch vorausgehende Formänderung des Bauteils wird vom Nutzer über geänderte Funktionalität erkannt, bzw. mit optischen, akustischen oder elektrischen Ver-

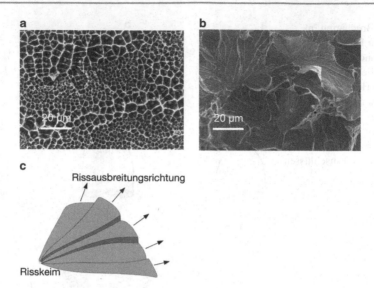

Abb. 10.12 Bruchflächen **a** Wabenstruktur bei duktilem Bruch von Baustahl S215 mit relativ hohem Schwefelgehalt. Deutlich sind Sulfide zu erkennen (Quelle: M. Pohl, Bochum). **b** Spaltflächen bei sprödem transkristallinem Bruch von Stahl S235 (bei Temperatur von flüssigem Stickstoff im Kerbschlagversuch). **c** Bei sprödem Bruch lassen Bruchverlaufslinien den Weg der Rissausbreitung erkennen. Sie entsprechen Höhenunterschieden in der Rissfläche. Die Bruchverlaufslinien sind auch in **b** sichtbar

fahren registriert. Außerdem verbraucht der duktile Bruch viel mehr Energie, wie ja auch Abb. 10.8 zeigt. Die Entwicklung neuer Werkstoffsysteme, z. B. auf Basis von Keramik oder intermetallischen Phasen, zielt daher darauf ab, diese zu „duktilisieren".

10.7.2 Spröder Bruch. Spaltbruch

Dem duktilen Bruch steht der *spröde Bruch* gegenüber, siehe Abb. 10.11c. Er erfolgt aus dem elastischen Dehnungszustand heraus, ohne wesentliches vorhergehendes Fließen. In Ebenen der höchsten Zugspannung werden die Bindungen zwischen den Atomen gelöst. Der Sprödbruch ist also normalspannungsgetrieben; im einachsigen Zugversuch sind die Ebenen senkrecht zur angreifenden Last die gefährdeten. Man spricht auch von *Spalt-* oder *Trennbruch*. Ein typischer Fall von Sprödbruch ist das mit hörbarem Knacken verbundene Zerbrechen eines Glasrohrs. Aber auch eigentlich duktile Werkstoffe können unter bestimmten Bedingungen spröde brechen, siehe Abb. 10.12b. Wir werden die Gründe in Abschn. 10.7.3 an Hand des Kerbschlagversuchs genauer besprechen.

Mikroskopisch gesehen erfolgt beim Sprödbruch nicht etwa ein Trennen der zwei Probenhälften in einem einzigen gleichzeitigen Schritt. Vielmehr laufen eine oder mehrere *Rissfronten* von *Anrissen* aus durch den Probenquerschnitt hindurch und bewirken so das Auseinanderbrechen. Bevorzugte Plätze für Anrisse sind Probenoberflächen (wegen *Spannungskonzentrationen*) und Ebenen geringer Trennfestigkeit (Korngrenzen, Partikelgrenzen).

> **Bruch = Risseinleitung + Rissausbreitung**
> - *Duktiler Bruch:* Starke vorausgehende plastische Verformung, die erst die Bedingungen schafft für Anrissbildung, in diesem Sinne schubspannungsgetrieben.
> - *Spröder Bruch:* Ohne vorausgehende Verformung, Trennen von Atomebenen, getrieben von den höchsten Normalspannungen.

Die Rissausbreitung kann mit sehr hoher Geschwindigkeit (bis zur Schallgeschwindigkeit) erfolgen, sie kann aber bei geringer Rissöffnungskraft auch langsam, in kontrollierter Weise ablaufen. Der Riss nimmt dabei einen bestimmten Laufweg; man unterscheidet folgende Grenzfälle:

- *Spaltbruch* von Einkristallen: Der Riss folgt bevorzugten kristallographischen Ebenen, den Spaltflächen;
- *interkristalliner Bruch* polykristalliner Gefüge: Der Riss folgt den Korngrenzflächen, verläuft also nicht planar;
- *intrakristalliner* (oder *transgranularer*) *Bruch* polykristalliner Gefüge: Der Riss geht ohne Rücksicht auf die Lage der Korngrenzen auf Spaltflächen durch Einzelkörner hindurch (Abb. 10.12b).

Häufig weist die Rissebene Stufungen oder Kanten auf, siehe die Abb. 10.12b und c. Man kann davon ausgehen, dass in der Regel mehrere ähnlich geeignete Spaltflächen zur Rissausbreitung zur Verfügung stehen. Der Riss betätigt dann mehrere Spaltflächen gleichzeitig. Die resultierenden Kanten werden *Bruchverlaufslinien* genannt. Sie zeigen immer zum Rissursprung und machen es so möglich, den zeitlichen Ablauf des Bruchs zu verfolgen und Anrisspunkte zu identifizieren.

10.7.3 Kerbschlagarbeit

Metallische Werkstoffe verhalten sich zwar grundsätzlich zähe, können aber doch durch verschiedene Einflüsse *verspröden*, d. h. zu plötzlichem verformungsarmen Bruch tendieren.

Zur Messung und Überprüfung solcher Versprödungserscheinungen ist der *Kerbschlagversuch* nach *Charpy* weit verbreitet. Man benutzt dazu einen pendelartig ausgebildeten Fallhammer, Abb. 10.13, und eine gekerbte Probe. Vor der Messung wird der Hammer (Masse m) auf die Höhe h_1 gebracht; nach Auslösung wird seine potenzielle Energie

Abb. 10.13 Pendelschlagwerk zur Bestimmung der Kerbschlagarbeit nach Charpy

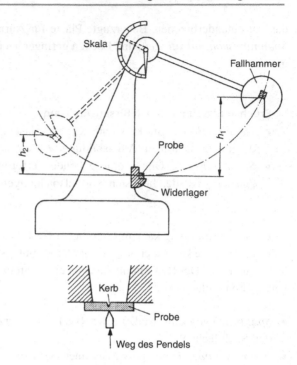

mgh_1 bis zum Tiefstpunkt – in dem die Probe liegt – vollständig in kinetische Energie umgewandelt. Diese wird nach dem Aufschlag auf die Probe übertragen, die ausgehend von der Kerbstelle durch den Schlag durchgerissen wird. Dieser Vorgang verbraucht Energie, und zwar

- einen sehr kleinen Betrag für die Neuschaffung der beiden Rissufer, also etwa $2\gamma A$, und
- einen weiteren Betrag für Verformungsarbeit $\int \sigma d\varepsilon$ in der Probe, sofern diese zumindest teilweise plastisch verformbar ist, sowie für dissipierte Schall- und Wärmeenergie.

Diese beim Durchreißen der Probe verbrauchten Energiebeträge werden der kinetischen Energie des Pendelhammers entzogen, so dass dieser auf der Gegenseite nicht wieder bis h_1, sondern nur noch bis h_2 kommt. Die Differenz $mg(h_1 - h_2)$ ist genau die von der Probe aufgenommene Energie, die als *Kerbschlagarbeit* a_K (sprachlich unrichtig auch als Kerbschlagzähigkeit) bezeichnet wird. Bezogen auf den Probenquerschnitt A hat sie die Maßeinheit J/m^2.

Sprödes Verhalten wird durch niedrige, duktiles Verhalten durch hohe Werte von a_K signalisiert, denn im ersteren Fall wird fast nur Grenzflächenenergie, im letzteren zusätzlich Verformungsenergie verbraucht. Bei Baustählen – dem wichtigsten Anwendungsfall dieses Messverfahrens – erweist sich a_K als stark temperaturabhängig (Abb. 10.14). Man spricht von „*Hochlage*" (duktil) und „*Tieflage*" (spröde) mit einem Übergangsbereich. Bei

Abb. 10.14 Temperaturabhängigkeit der Kerbschlagarbeit

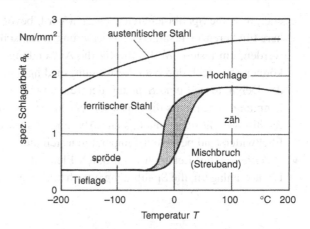

Massenstählen liegt die Übergangstemperatur wenig unterhalb von 0 °C, was ihre Verwendbarkeit z. B. als Eisenbahnmaterial oder Schiffsblech in arktischen Klimazonen sehr beeinträchtigt. Durch Kontrolle der Zusammensetzung und Wärmebehandlung kann die Übergangstemperatur allerdings nach unten verschoben werden. Es geht vor allem darum, den Gehalt an korngrenzenaktiven Elementen (H, S, P, N, O, C) niedrig zu halten und die Korngröße zu reduzieren. Austenitische Stähle (mit hohen Zusätzen von Cr und Ni, kfz. Gitter) zeigen diesen Übergang zu sprödem Verhalten nicht (Abb. 10.14); sie sind „kaltzähe" und daher insbesondere auch für kryotechnische Anwendungen geeignet. Beispiele: Tankschiffe für verflüssigtes Erdgas (LNG: *Liquefied Natural Gas*), Luftverflüssigungsanlagen, Behälter für flüssiges Helium usw.

Folgende Einflussgrößen verschieben das Bruchverhalten von duktil zu spröde:

- *Spannungszustand.* Wie wir in Abschn. 10.7.1 und 10.7.2 gesehen haben, sind duktile Brüche schubspannungsgetrieben, spröde Brüche normalspannungsgetrieben. Das Verhältnis von höchster Normalspannung zu höchster Schubspannung hängt vom jeweiligen Spannungszustand ab. *Dreiachsige Zugspannungszustände* weisen relativ niedrige maximale Schubspannungen auf und wirken deshalb versprödend. Man kann dies am besten an Hand des Mohr'schen Spannungskreises für unterschiedliche Spannungszustände verstehen, der in Lehrbüchern der Technischen Mechanik behandelt wird (vgl. auch Dieter, Mechanical Metallurgy, zitiert in Anhang A.1). Auch *Kerben* begünstigen über den Spannungszustand den spröden Bruch. Sie führen zu Überhöhungen der Normalspannung im Kerbgrund. Dies wird am Modell der *Kraftflusslinien* anschaulich. Sie geben die Richtung der größten Normalspannung an jedem Punkt an. Ihr Abstand ist umgekehrt proportional zur Höhe der Spannung. An einer Kerbe werden die Kraftflusslinien umgelenkt und enger zusammengedrückt, was eine Spannungsüberhöhung anzeigt.
- *Fließwiderstand.* Maßnahmen, welche den Widerstand gegen plastische Verformung heraufsetzen, wirken versprödend. Eine höhere Fließgrenze macht es wahrscheinli-

cher, dass die Spaltbruchgrenze erreicht wird, bevor plastisches Fließen einsetzt. Höhere Fließgrenzen resultieren aus legierungstechnischen Maßnahmen, wie sie getroffen werden, um festere Werkstoffe für die Anwendung zu erhalten. Höhere Fließgrenzen können aber auch durch die Verformungsbedingungen verursacht sein. Eine Erhöhung der Dehnrate und eine Senkung der Temperatur wirken versprödend. In Abb. 10.14 kann man sehen, dass dies insbesondere für Stähle mit krz. Gitter gilt (ferritische und ferritisch-perlitische Stähle, siehe Abschn. 15.1). Bei dieser Gitterstruktur steigt der Fließwiderstand bei tiefen Temperaturen steil an.

• *Verunreinigung*. Letztlich kann durch Elemente wie H, S, ... die sich in kritischen Ebenen anlagern, die Spaltbruchgrenze herabgesetzt werden (Wasserstoffversprödung, ...).

> Dreiachsige Zugspannungszustände, Spannungsüberhöhungen an Kerben, tiefe Temperaturen und Korngrenzenverunreinigungen begünstigen den Übergang vom duktilen zum spröden Bruch. Dies lässt sich mit dem Kerbschlagbiegeversuch demonstrieren.

10.7.4 Bruchmechanik. Ausbreitung langer Risse unterhalb Streckgrenze. Sicherheitsbauteile

Die Bruchmechanik befasst sich mit dem Versagen von Bauteilen, die bereits Risse aufweisen. Es geht dabei nicht um Mikroanrisse sondern um lange Risse, d. h. Risse, die groß sind im Vergleich zur Korngröße. Die Behandlung einer derartigen Situation ist auch für sehr duktile Werkstoffe von großer Bedeutung. Ist bereits ein Riss im Material vorhanden, so genügen relativ kleine Spannungen, um den Riss weiter zu öffnen und ein komplettes Versagen des Bauteils herbeizuführen.

Risse sind gefährlich, weil es an der Rissspitze zu einer starken *Spannungsüberhöhung*, bzw. *Spannungskonzentration* kommt, vergleichbar zu einer unendlich scharfen Kerbe (siehe Abschn. 10.7.3, Diskussion zum Spannungszustand). Bei rein elastischer Beanspruchung einer dünnen Platte mit der Spannung σ (siehe Abb. 10.15) entsteht an der Rissspitze ein komplexer dreiachsiger Spannungszustand gemäß:

$$\sigma_x = \frac{\sigma\sqrt{\pi a}}{\sqrt{2\pi r}}\cos\frac{\varphi}{2}\left(1 - \sin\frac{\varphi}{2}\sin\frac{3}{2}\varphi\right), \tag{10.9}$$

$$\sigma_y = \frac{\sigma\sqrt{\pi a}}{\sqrt{2\pi r}}\cos\frac{\varphi}{2}\left(1 + \sin\frac{\varphi}{2}\sin\frac{3}{2}\varphi\right), \tag{10.10}$$

$$\tau_{xy} = \frac{\sigma\sqrt{\pi a}}{\sqrt{2\pi r}}\left(\sin\frac{\varphi}{2}\cos\frac{\varphi}{2}\cos\frac{3\varphi}{2}\right). \tag{10.11}$$

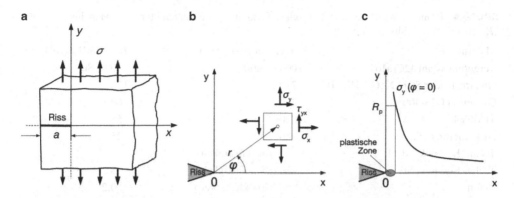

Abb. 10.15 Spannungen an der Rissspitze in einer dünnen Platte. **a** Übersicht, **b** Polarkoordinaten-system für (10.9) bis (10.11), **c** Normalspannung σ_y an der Rissspitze. Durch plastische Verformung wird verhindert, dass die Spannungen an der Rissspitze unendlich groß sind, wie (10.9) bis (10.11) eigentlich nahelegen

Dabei ist a die Risslänge und r und φ sind Polarkoordinaten. Offenbar entwickeln sich an der Rissspitze Spannungen, die alle einer Größe proportional sind, die als *Spannungsin-tensitätsfaktor K* bezeichnet wird:

$$K = \sigma \sqrt{\pi a}. \qquad (10.12)$$

Zum Bruch eines Bauteils oder einer Probe kommt es, wenn der Spannungsintensitätsfak-tor K eine kritische Größe erreicht:

$$K \geq K_{\mathrm{Ic}} = \sigma_{\mathrm{B}} \sqrt{\pi a}. \qquad (10.13)$$

Der Bruch eines Bauteils oder einer Probe bei σ_{B} tritt also nicht einfach ein, wenn die Spannung eine kritische Höhe erreicht hat, wie man vermuten könnte, sondern es geht um das Produkt aus Spannung einerseits und Wurzel aus der Risslänge andererseits. Der K_{Ic}-Wert ist eine Werkstoffkenngröße wie die Streckgrenze oder die Zugfestigkeit, allerdings mit einer etwas ungewöhnlichen Benennung: MPa $\cdot \sqrt{m}$. Tab. 10.4 zeigt einige Zahlen-werte.

Bei der Belastung unterscheidet man verschiedene Moden, je nachdem wie die Kräfte am Riss angreifen, Abb. 10.16. Der technisch wichtigste ist der Modus I. Bei diesem An-griff lassen sich die Risse am leichtesten öffnen, d. h. der K_{Ic}-Wert ist der niedrigste aller messbaren K_{c}-Werte. Ein hinsichtlich K_{Ic} ausgelegtes Bauteil ist auch im schlimmsten denkbaren Fall noch sicher.

Wie sieht der Rissfortschritt aus, wenn man ihn energetisch diskutiert? Im Zeitlupen-tempo beobachtet, ist Rissausbreitung ein konsekutives Auftrennen atomarer Bindungen. Der Vorgang erfordert also den Einsatz äußerer Kraft gegen die Bindungskraft, gegen den *Risswiderstand R* des Festkörpers. Rückt die Rissfront um da vor, muss also die Energie

Tab. 10.4 Typische Werte für den Kritischen Spannungsintensitätsfaktor K_{Ic} (Man liest K_{Ic} als „K-eins-c", keinesfalls als K-i-c"!)

Material	Streckgrenze (in MPa)	K_{Ic} (in MPa$\sqrt{m}$)
Vergütungsstahl 42CrMo4	1000 … 800	40 … 80
Nichtrostender Stahl X5CrNi18-10	210	170
Gusseisen GJS-400	260	60
TiAl6V4	1000	55
Al-Legierung 2024	380	25
Techn. Keramik, Al$_2$O$_3$	370 (Biegefestigkeit)	5
Techn. Keramik, Si$_3$N$_4$	700 (Biegefestigkeit)	8
Beton	50 (Druckfestigkeit)	0,2
Faserverstärkte Kunststoffe, CFK	1300 (Zugfestigkeit bei 60 % Volumenanteil HS-Fasern)	40

$dU = R\,da$ aufgebracht werden (Energie = Arbeit = Kraft mal Weg). Diese Energie enthält die Grenzflächenenergie der beiden neu geschaffenen Rissufer. Dazu kommt noch der Energieinhalt der mikroskopischen Zone unmittelbar am Rissufer, welche in vielen Fällen während des Vorrückens der Rissfront plastisch verformt wurde und daher Verformungsenergie verbraucht hat, sowie die bei der Rissöffnung unmittelbar zerstreute Energie (Wärme, Schall, Elektroemission usw.). Die Energie bzw. Kraft, welche Rissfortschritte ermöglicht – die *Rissantriebskraft*, im folgenden mit G bezeichnet – kommt zum einen Teil aus gespeicherter Energie der elastischen Verformung, zum anderen Teil aus nachgelieferter äußerer Arbeit.

Wenn keine Energiedissipation durch zusätzliche Effekt wie plastische Verformung, Schallemission, eintritt, gilt:

$$G_{Ic} = 2\gamma \quad (\text{J/m}^2). \tag{10.14}$$

Über die Betrachtung der Verzerrungsenergie in einer dünnen Platte mit der Spannung σ (Situation in Abb. 10.15) lässt sich zeigen:

$$G_{Ic} = \frac{\sigma_B^2 \pi a}{E} \tag{10.15}$$

Abb. 10.16 Hauptbeanspruchungsfälle I, II und III („Moden") bei der Rissausbreitung

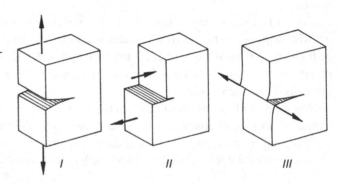

Abb. 10.17 a Kompaktzugprobe zur Messung des K_{Ic}-Werts.
b Kraft-Rissverlängerungs-
Kurve. Als Maß für die Rissverlängerung nimmt man die
Vergrößerung des Abstandes
an den Schlitzflanken

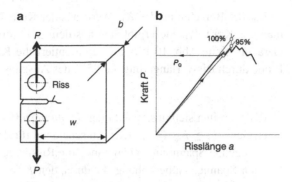

Durch Vergleich von (10.15) und (10.13) folgt

$$G_{Ic} = \frac{K_{Ic}^2}{E} \qquad (10.16)$$

Die Werkstoffkenngrößen Rissantriebskraft und Spannungsintensitätsfaktor leisten also das gleiche, wobei in der Praxis die Verwendung des K_{Ic}-Werts üblicher ist.

Für die Bestimmung des K_{Ic}-Werts im Labor gibt es detaillierte Richtlinien und Normungen[2]. In der Regel wird eine sogenannte *Kompaktzugprobe* verwendet (*CT-Probe*, compact tension specimen), wie in Abb. 10.17 dargestellt. Der Anriss in der geschlitzten Probe wird durch Anschwingen erzeugt. Die Formeln (10.12) bis (10.15) gelten nur, solange die Risstiefe a klein gegen die Probenweite w ist. Sollte dies für tiefer werdende Anrisse nicht mehr der Fall sein, so ist eine *Korrekturfunktion* $Y(a/w)$ anzubringen. Die Formeln lauten dann

$$K_{Ic} = \sigma_B \sqrt{\pi a} \cdot Y, \quad G_{Ic} = \frac{\sigma_B^2 \pi a \cdot Y^2}{E}. \qquad (10.17)$$

Außerdem muss die Probenbreite b hinreichend groß sein (Abb. 10.17), um zu gewährleisten, dass der wesentliche Teil der Rissausbreitung unter der Bedingung ebener Dehnungszustand/dreiachsiger Spannungszustand stattfindet. Dieser Zustand führt zur geringsten plastischen Verformung, bzw. größten Sprödigkeit (vgl. die Diskussion im vorhergegangen Abschn. 10.7.3). Bei sehr duktilen Werkstoffen wie Rotorstählen gelangt man zu Probenbreiten b von 150 mm und mehr.

In der in Abb. 10.17b schematisch dargestellten Messkurve steigt nach beginnender Rissöffnung der Kraftbedarf zunächst noch weiter an. Dies ist der Fall, wenn sich nach Start des Versuchs an der Rissspitze eine Prozesszone ausbildet, in welcher Rissausbreitung durch plastische Verformung oder Sekundärrisse erschwert ist. Im weiteren Verlauf sinkt der Kraftaufwand zur Rissverlängerung. Hier sind zwei Vorgänge zu berücksichtigen. Einerseits verkleinert sich der tragende Restquerschnitt der Probe. Zum anderen nimmt nach (10.13) der notwendige σ_B-Wert ab, wenn sich der Riss verlängert.

---

[2] Insbesondere ASTM-Standard E 399-83.

Für die Berechnung des K_{Ic}-Werts aus der Kraft-Rissverlängerungs-Kurve verwendet man die Kraft P_Q. Sie ergibt sich aus dem Schnittpunkt der Messkurve mit der 95 %-Geraden, siehe Abb. 10.17b. Sie repräsentiert die Kraft, bei der die Steifigkeit der CT-Probe durch Rissverlängerung auf 95 % des Ausgangswerts gesunken ist.

> Risse breiten sich aus, sobald der *Spannungsintensitätsfaktor* eine kritische Größe erreicht: $K \geq K_{Ic} = \sigma_B \sqrt{\pi a}$. Entscheidend für den Rissfortschritt ist nicht nur die anliegende Spannung sondern auch die Risslänge! An der Rissspitze kommt es zu einer Spannungsüberhöhung, die durch den K-Wert definiert wird.

Es gibt in der Technik *Sicherheitsbauteile*, die unter keinen Umständen versagen dürfen, weil sonst Menschenleben gefährdet sind. Dazu gehören die Zellen von Flugzeugen, schnell drehende Rotorwellen in Turbinen, Reaktordruckgefäße, etc. Derartige Komponenten werden bruchmechanisch ausgelegt. Aus (10.13), bzw. (10.17) folgt für die zulässige Spannung im Bauteil:

$$\sigma_{zul} = \frac{K_{Ic}}{\sqrt{\pi a} \cdot Y}. \tag{10.18}$$

In Abb. 10.18 ist das Vorgehen schematisch dargestellt. Man macht bei dieser Form der Auslegung die konservative Annahme, die Bauteile würden von Anfang an lange Risse aufweisen, was ja eigentlich bei den hier verwendeten duktilen Werkstoffen gar nicht der Fall ist. Die Risslänge a, die in (10.18) eingesetzt wird, um die zulässige Spannung zu finden, ergibt sich der zerstörungsfreien Prüfung (Kap. 14). Man führt beispielsweise regelmäßige Inspektionen der kritischen Komponente mit Ultraschall durch. Wenn man sich sicher ist, dass jeder Fehler größer als eine bestimmte Größe a_0 zuverlässig im Ultraschall entdeckt würde (z. B. 0,2 mm), setzt man in (10.18) dieses a_0 ein, um die zulässige Spannung zu finden.

Abb. 10.18 Auslegung von Sicherheitsbauteilen aus duktilen Werkstoffen („fail save design")

Abb. 10.19 K_{Ic}-Werte unterschiedlicher duktiler
Werkstoffgruppen als Funktion der Streckgrenze (Quelle:
K. H. Schwalbe, Bruchmechanik metallischer Werkstoffe,
Hanser, München 1980)

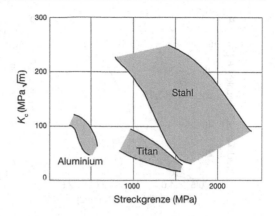

Wenn es darum geht, Werkstoffe mit hohem K_{Ic}-Wert zu identifizieren, so sieht man aus Tab. 10.4 und Abb. 10.19, dass der K_{Ic}-Wert mit fallender Streckgrenze ansteigt. Dies entspricht einer größeren Energiedissipation durch plastische Verformung bei der Rissausbreitung, oder, anders ausgedrückt, einer größeren plastischen Zone in Abb. 10.15. In Abschn. 10.15 wird besprochen ob es in der Werkstoffentwicklung Auswege aus dem Dilemma „Festigkeit oder Zähigkeit" gibt.

Bei duktilen Werkstoffen treten Anrisse normalerweise erst nach plastischer Verformung auf. Ganz anders bei spröden Werkstoffen. Bei einem Bauteil aus *Keramik* muss man von vornherein davon ausgehen, dass Anrisse vorhanden sind. Es geht auch nicht um *einen* Anriss der Tiefe *a*, sondern zahlreiche Anrisse in verschiedener Lage und in statistischer Verteilung. Die Probe (oder das Bauteil) wird dort brechen, wo die gefährlichste Rissverteilung vorliegt – so wie das schwächste Glied einer Kette reißt. Da diese Verteilung im Detail nicht ermittelt werden kann (ebenso wenig wie die möglichen Todesursachen einer großen Bevölkerungsgruppe), muss Statistik großer Gesamtheiten die mangelnde Kenntnis des Einzelfalls ergänzen.

Wenn alle Proben einer großen Gesamtheit exakt die gleiche Anrisstiefe *a* hätten, würden auch alle Proben exakt bei einem σ_{B} nach (10.13) brechen; die Wahrscheinlichkeit für das Bruchereignis wäre $P = 0$ für $\sigma < \sigma_{\text{B}}$ und $P = 1$ für $\sigma > \sigma_{\text{B}}$. In einer realen Probengesamtheit liegt aber eine Verteilung verschieden gefährlicher Anrisse vor, so dass jede Probe aus einer Gesamtheit von z. B. 100 Stück bei einer anderen Spannung σ_{B} bricht, wobei die Wahrscheinlichkeit $P(\sigma)$ einen steilen Anstieg von 0 auf 1 in der Umgebung eines charakteristischen Bruchspannungsmittelwerts aufweist. Abb. 10.20a zeigt eine typische Verteilung von Messwerten für einen solchen Fall.

Ein Ansatz, der in der Lage ist, eine Wahrscheinlichkeitsverteilung nach Abb. 10.20a zu beschreiben, lautet:

$$P(\sigma) = 1 - \exp\left[-\left(\frac{\sigma}{\sigma_0}\right)^m\right] \tag{10.19}$$

Je „enger" die Fehlerverteilung von Probe zu Probe, desto steiler ist der Umschlag von Bruch auf Nicht-Bruch nahe der mittleren Festigkeit. Diese Steilheit (und damit die Streu-

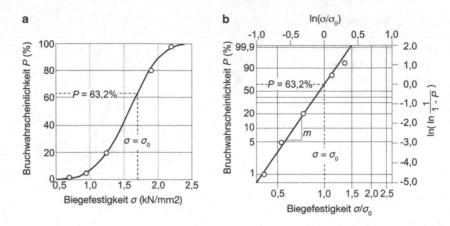

Abb. 10.20 Weibull-Verteilung der Bruchwahrscheinlichkeit bei großen Stückzahlen in **a** linearer, **b** doppeltlogarithmischer Darstellung

ung oder Reproduzierbarkeit oder Zuverlässigkeit bei großen Stückzahlen) wird durch den Exponenten m der Formel gekennzeichnet. Der Wert σ_0 in (10.19) ist eine weitere Werkstoffkenngröße; er entspricht der Festigkeit bei einer Ausfallwahrscheinlichkeit von 63,2 % ($P = 1 - e^{-1} = 0{,}632$, $\ln\ln(1/1-P) = 0$).

Die „Statistik des schwächsten Gliedes", welche auf (10.19) führt, wird als *Weibull-Statistik* bezeichnet. Der charakteristische Wert m heißt dementsprechend der *Weibull-Exponent*. Er sollte möglichst hoch sein. Ein guter Wert für technische Keramik ist $m \approx 15$.

Durch Umformen erhält man aus (10.19):

$$\ln\left(\ln\frac{1}{1-P}\right) = m \ln\frac{\sigma}{\sigma_0} \tag{10.20}$$

In Abb. 10.20b sind die Daten entsprechend (10.20) aufgetragen. Aus der Steigung der Geraden kann der Wert m abgelesen werden, aus dem Schnittpunkt mit der Abszisse der Wert σ_0.

Die Ausfallwahrscheinlichkeit eines Materials, das der Weibull-Statistik folgt, steigt mit dem Proben- oder Bauteilvolumen. Mit den Regeln der Wahrscheinlichkeitsrechnung lässt sich zeigen, wie der Volumeneffekt in (10.19) eingeht. Mit einigen weiteren Umformungen gelangt man zu (vgl. beispielsweise Rösler et al., zitiert in Anhang A.1):

$$\sigma_{\text{zul}} = \sigma_0 \sqrt[m]{-\frac{V_0}{V}\ln(1-P)} \tag{10.21}$$

Nehmen wir an, die Werkstoffkenngrößen wurden an Hand üblicher kleiner Proben bestimmt. Unser keramisches Material wird durch die Werkstoffkenngrößen $\sigma_0 = 300\,\text{MPa}$ und $m = 10$ charakterisiert, was typische Werte darstellt. Wenn wir eine Ausfallwahrscheinlichkeit von 1 % zulassen, reduziert sich die zulässige Spannung von 300 MPa auf

190 MPa. Wenn das Volumen des Bauteils das zehnfache der Proben beträgt ($V_0 / V = 0,1$ in (10.21)), sinkt die zulässige Spannung weiter auf 150 MPa. Deshalb findet man in der technischen Anwendung vor allem kleinere Bauteile aus Keramik.

Bisher ging unsere Betrachtung davon aus, dass bei Erreichen eines kritischen Werts von K_I *stets* Bruch einsetzt, bei kleineren Werten *nie*. Bei tieferen Temperaturen und statischer Beanspruchung trifft dies zu; bei erhöhten Temperaturen oder dynamischer Beanspruchung (Wechsellasten) wird jedoch durch thermisch oder mechanisch aktivierte Prozesse auch für kleinere Werte als K_{Ic} eine, wenn auch langsame, Rissausbreitung ermöglicht, siehe Abschn. 10.9.2 und 10.10. Das gleiche gilt bei überlagerten Korrosionsprozessen, Abschn. 9.4.

Bei der Auslegung von Komponenten aus duktilen Werkstoffen, die Sicherheitsbauteile darstellen, verwendet man (10.18). Man geht von der konservativen Annahme aus, sie hätten von vorne herein Risse einer Länge, die der Auflösungsgrenze der zerstörungsfreien Püfung entspricht.

Bei der Auslegung von Bauteilen aus spröden Werkstoffen wird mit der Weibull-Statistik gearbeitet. Für die Berechnung der zulässigen Spannung, die nach (10.21) geschieht, muss man eine gewisse Ausfallwahrscheinlichkeit zulassen. Die Festigkeit sinkt mit dem Bauteilvolumen, weil die Wahrscheinlichkeit der Existenz eines größeren Fehlers zunimmt.

10.8   Plastische Formänderung

10.8.1   Kristallplastizität. Versetzungen

Welche physikalischen Vorgänge ermöglichen plastische Verformung, sind für den Verlauf der Spannungs-Dehnungs-Kurve verantwortlich, bestimmen die Zähigkeit von Stahl, Leichtmetall und anderen kristallinen Werkstoffen?

Der Grundvorgang der Kristallplastizität ist die *Abgleitung* (Scherung) von Kristallbereichen, getrieben von Schubspannungen, auch wenn die makroskopische Verformung durch eine Normalspannung verursacht wird und sich als einachsige Längenänderung darstellt. Die Abgleitung erfolgt längs ausgezeichneter, wohldefinierter kristallographischer Ebenen, den *Gleitebenen*, in wohldefinierten *Gleitrichtungen*. Das aus Gleitebene und Gleitrichtung bestehende *Gleitsystem* ist für Gittertyp und Bindungsart charakteristisch.

Das Abgleitverhalten veranschaulicht man sich am besten am „*Wurstscheiben-Modell*", Abb. 10.21. Als Beispiel eines wichtigen *Gleitsystems* sei das der kfz. Metalle (Abschn. 5.4.2) in Miller'schen Indices angeführt: Die Gleitebenen {111}, die Gleitrichtungen ⟨110⟩. Diese Erkenntnisse zeigen, wie kräftesparend die Natur vorgeht: Sie verteilt die verfügbare äußere Energie nicht gleichmäßig auf den gesamten Festkörper, sondern

Abb. 10.21 Plastische Dehnung eines einkristallinen
Zugstabes durch Abgleitung
mit einem einzigen Gleit-
system (Einfachgleitung):
„Wurstscheiben-Modell"

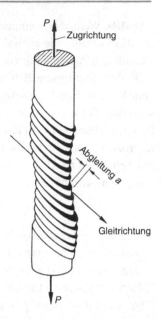

konzentriert sie – um Schwächen auszunützen und größere Wirkung zu erzielen – auf die
Abgleitung längs weniger Gleitebenen. Zwischen diesen bzw. zwischen Scharen benachbarter Gleitebenen (*Gleitbändern*) bleiben große Gitterbereiche unverformt.

Ein noch weitergehender, energiesparender Kunstgriff der Natur besteht darin, dass sie
mit der verfügbaren Schubspannung nicht versucht, die beiden Kristallhälften zu beiden
Seiten der Gleitebene auf einmal, starr (wie zwei Wellbleche) übereinander zu schieben,
um Abgleitung zu erzielen. Vielmehr konzentriert sie die Schubspannung innerhalb der
Gleitflächen auf eine „Frontlinie", die unter der Einwirkung der Spannung durch die Gleitebene hindurchläuft. Der Vorgang wird gern mit der Fortbewegungsart eines Regenwurms
oder der kräftesparenden Art, einen Teppich zu verrücken, verglichen (Abb. 10.22a). Im
Kristall stellt eine solche bewegliche Gleitfront natürlich eine Störung des periodischen
Gitteraufbaus dar (Abb. 10.22b und 10.23). Man bezeichnet sie als *Versetzung*.

Versetzungen stellen *linienhafte Gitterstörungen* dar, deren Bewegung in Gleitebenen
die mikroskopische Abgleitung und damit die makroskopische Verformung bewirkt. Diejenige Abgleitung, welche *eine* Versetzung beim Durchlaufen der Gleitebene erzeugt, wird
als *Burgers-Vektor b* der Versetzung bezeichnet. Die Dichte der Versetzungen, ρ_V, wird
als Linienlänge je Volumenelement gemessen, d. h. in m/m^3 oder auch m^{-2}.

Plastische Verformung von Kristallen geschieht durch Abgleitung in Gleitsystemen unter der Wirkung von Schubspannungen. Träger der Kristallplastizität sind
Versetzungen. Auf Grund des elastischen Verzerrungsfeldes besitzen sie eine Linienspannung $\sim Gb^2$.

Abb. 10.22 Deutungen des Gleitvorgangs; **a** Fortbewegung eines Regenwurms durch Verschiebung einer Faltung, **b** Abgleitung längs einer Gleitebene durch Verschiebung einer Stufenversetzung

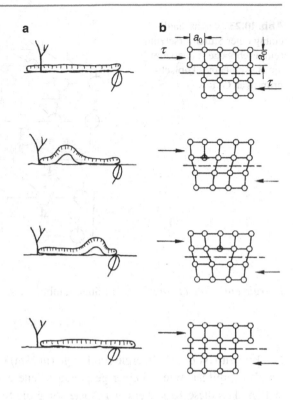

Aus der letztgenannten Definition folgt übrigens für den mittleren Abstand von Versetzungslinie zu Versetzungslinie

$$L_V = \frac{1}{\sqrt{\rho_V}} \tag{10.22}$$

Abb. 10.23 lässt erkennen, dass die Versetzung auch als eingeschobene Zusatzhalbebene im Gitter gedeutet werden kann, deren Kante auf der Gleitebene aufsetzt. Versetzungen wachsen als Baufehler bereits in das Gitter ein, während dieses durch Kristallisation aus der Schmelze und Abkühlung entsteht. Bei der Herstellung von Silizium-Einkristallen für die Halbleiterindustrie (Abb. 3.10) versucht man dies durch sehr vorsichtige Prozessführung zu vermeiden. Sie können aber auch während der Verformung durch Emission aus besonders strukturierten Störstellen – den *Versetzungsquellen* – erzeugt werden. Auf diese Weise nimmt die Versetzungsdichte z. B. während eines Zugversuchs, aber auch beim Durchlauf eines Blechs durch ein Kaltwalzwerk, stark zu. Typische Werte der Versetzungsdichte sind: weichgeglüht 10^{12} m/m^3, hartgewalzt 10^{16} m/m^3.

Versetzungen untereinander sowie Versetzungen und andere Störungen des homogenen periodischen Gitteraufbaus (Punktfehlstellen, Fremdatome, Grenzflächen, Ausscheidungsteilchen) stehen miteinander in elastischer Wechselwirkung – sie „spüren" gegenseitig die starken Gitterverzerrungen, von denen sie umgeben sind. Für die *Verzerrungs-*

Abb. 10.23 Veranschauli-
chung einer Stufenversetzung
(eingeschobene Halbebene)
am Beispiel eines kubisch-
primitiven Gitters

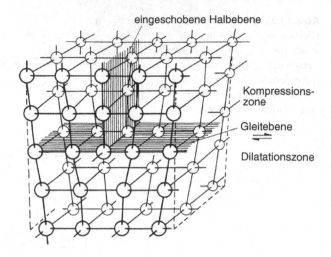

eingeschobene Halbebene

Kompressions-
zone

Gleitebene

Dilatationszone

energie einer Versetzung U_V pro Längeneinheit lässt sich zeigen, dass gilt:

$$U_V \approx G b^2 / 2 \qquad (10.23)$$

Die Einheit von U_V als Energie pro Länge (in N m/m) macht diese Größe auch als Kraft (in N) begreifbar. Wie bei einer gespannten Saite eines Instruments kann man sich vorstellen, dass diese Kraft bei einer Auslenkung die Saite gerade zu ziehen versucht. Man spricht deshalb auch von *Linienspannung*.

Durch die Spannungsfelder behindern sich Versetzungen gegenseitig in ihren Gleitbewegungen – im Sinne einer „Verfilzung" des Mikrogefüges. Die Zunahme der Versetzungsdichte während der Ermittlung einer Spannungs-Dehnungs-Kurve führt daher zu einer Verminderung der Versetzungsbeweglichkeit. Dies ist gleichbedeutend mit einer inneren Gegenspannung, die beim Gleiten der Versetzung überwunden werden muss. Diese innere Spannung muss durch Erhöhung der äußeren Spannung ausgeglichen werden, wenn die Verformung weitergehen soll. Genau dies ist es, was als *Verfestigung* beobachtet wird, siehe Abschn. 10.5.

Man überlegt leicht, dass die *Verformungsgeschwindigkeit* $\dot{\varepsilon}$ proportional zur Abgleitgeschwindigkeit $\dot{a}$ ist und dass diese wiederum dem Produkt aus der Versetzungsgeschwindigkeit v, Versetzungsdichte ρ_V und Burgers-Vektor b entspricht:

$$\frac{d\varepsilon}{dt} \sim \rho_V b v \qquad (10.24)$$

Gl. (10.24) ist genauso aufgebaut wie (11.2) zur Beschreibung der Stromdichte in elektrischen Leitern (siehe Erklärung dort). Für die Versetzungsgeschwindigkeit v gilt der empirische Ansatz

$$v = v_0 \, (\sigma - \sigma_R)^n \qquad (10.25)$$

mit

$$\sigma_R = \sum_{k=1}^{n} \sigma_{Rk} = \sigma_{R1} + \sigma_{R2} + \sigma_{R3} + \cdots \qquad (10.26)$$

Gl. (10.25) drückt die experimentell beobachtete starke Spannungsabhängigkeit der Versetzungsgeschwindigkeit aus, zugleich den bremsenden Einfluss der Gegenspannung σ_R. Die Summation über σ_{Rk} auf der rechten Seite von (10.26) sagt aus, dass es verschiedenste Ursachen für Behinderung der Versetzungsbewegung, also für Gegenspannungen, gibt – insbesondere Teilchen anderer Phasen, Korngrenzen, Fremdatome und Versetzungen. In Abschn. 10.13 und 10.14 werden wir noch genauer sehen, wie die σ_{Rk}-Terme aufgebaut sind, wenn wir die Entwicklung technischer Werkstoffe mit hoher Festigkeit diskutieren (Gln. (10.66) bis (10.69), bzw. (10.74) und (10.75)).

Versetzungslinien lassen sich im Elektronenmikroskop bei Durchstrahlung dünner Folien (Abschn. 3.7.8) gut sichtbar machen (Abb. 3.16). Im Hochspannungselektronenmikroskop, in dem dickere Schichten durchstrahlt werden können, lassen sich sogar ihre Bewegungen filmen. Außerdem kann man ihre Durchstoßpunkte durch die Oberflächen des Kristalls durch Anätzen sichtbar machen (*Ätzgrübchen*-Methode).

10.8.2 Plastische Verformung von Kunststoffen

Wie geschieht plastische Verformung in Polymeren, die ja keine Kristallgitter, sondern amorphe Strukturen aufweisen? Hier kommt es zu *Umlagerungen der Kettenmoleküle*, insbesondere indem sie aneinander *abgleiten*. Der Vernetzungsgrad darf dafür nicht zu hoch sein, weswegen plastische Verformung in der Regel auf Thermoplaste beschränkt bleibt. Außerdem benötigt man Temperaturen in der Nähe der Glasübergangstemperatur, typisch $T > 0{,}8 T_G$ (Abschn. 7.4.6). Mit steigender Temperatur wächst der Abstand zwischen den Kettenmolekülen und die Beweglichkeit nimmt zu. Hydrostatischer Druck erschwert die Abgleitvorgänge stark, weil er die Molekülabstände reduziert.

Auch bei Polymeren wird *Verfestigung* beobachtet, sie kommt aber ganz anders zustande als bei kristallinen Werkstoffen. Als Folge der Verformung richten sich die Kettenmoleküle in Zugrichtung aus und weitere plastische Verformung wird erschwert. Man nutzt diesen Effekt zur Festigkeitssteigerung bei Faserherstellung. Wegen der schlechten Wärmeleitfähigkeit der Kunststoffe können bei plastischer Verformung leicht auch Temperaturerhöhungen auftreten, die sich dann als *Entfestigung* bemerkbar machen.

> Kunststoffe mit ihrer amorphen Struktur verformen sich plastisch, indem Kettenmoleküle aneinander abgleiten.

10.9   Festigkeit und Verformung bei hoher Temperatur

10.9.1   Erholung und Rekristallisation

Verformte kristalline Gefüge sind, wie in den letzten Abschnitten erläutert wurde, verfestigt, „hart". Die Ursache dafür ist die stark angestiegene Versetzungsdichte. Soll aus fertigungs- oder anwendungstechnischen Gründen eine Entfestigung (Erweichung) bei gleichzeitiger Erhöhung der Duktilität (also der Bruchdehnung) erzielt werden, so muss die Versetzungsdichte wieder abgebaut werden. Hierzu bieten sich zwei Wege an, die beide auf der Einwirkung von Wärme beruhen (Abb. 10.24).

Entfestigung durch *Erholung* erfolgt durch thermisch aktivierten Abbau der Versetzungsdichte im Korninneren, d. h. ohne Veränderung der Korngröße, ohne Verlagerung der Kristallitgrenzen. Erholung erfolgt also gleichmäßig und gleichzeitig in allen Körnern. Die Alternative stellt die *Rekristallisation* dar. Bei Entfestigung durch Rekristallisation wird das verfestigte Gefüge dadurch in einen weichen Zustand überführt, dass Keimbildung neuer, versetzungsarmer Kristallite und deren Wachstum auf Kosten ihrer noch auf hoher Versetzungsdichte befindlichen Umgebung erfolgt. Die neuen Körner wachsen durch thermisch aktivierte Verschiebung („Wanderung") der Korngrenzen. Wie beim Kornwachstum (Abschn. 8.6) wirkt eine Spannung auf die sich bewegende Korngrenze, die der Linienenergie (10.23) der Versetzungen entspricht, die bei der Rekristallisation

Abb. 10.24 Entfestigung eines kaltverformten Gefüges durch Temperatureinwirkung; **a** Erholung, **b** Rekristallisation

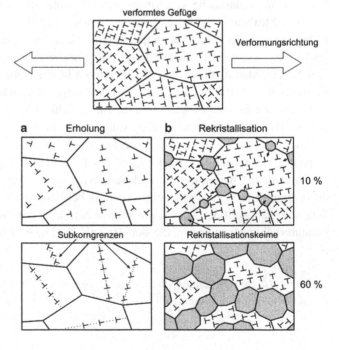

Abb. 10.25 Rekristal-
lisationsdiagramm, d. h.
Darstellung der Funktion
$L_K(\varepsilon, T_R)$ (Korngröße L_K,
Temperatur der Rekristallisa-
tionswärmebehandlung T_R ,
Verformungsgrad ε)

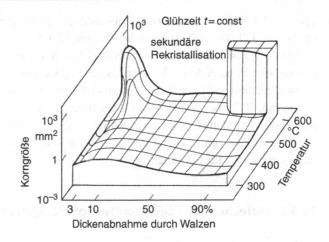

gewonnen wird:

$$\sigma = \frac{Gb^2}{2} \cdot \Delta\rho. \tag{10.27}$$

Die Bewegungsgeschwindigkeit ergibt sich aus Beweglichkeit M und treibender Kraft
wie in (8.16) zu

$$v \sim M \cdot \left(\frac{Gb^2}{2} \cdot \Delta\rho\right). \tag{10.28}$$

Bei der *Rekristallisation* entsteht eine ganz neue Mikrostruktur, das Rekristallisations-
gefüge (Abb. 10.24). Die Korngröße als Funktion des Verformungsgrades und der Rekristallisationstemperatur $L_K(\varepsilon, T_R)$ wird meist in einem räumlichen Schaubild – dem
Rekristallisationsdiagramm – dargestellt (Abb. 10.25). Je nach dem Verhältnis der Keim-
bildungshäufigkeit zur Wachstumsrate kommt es zur Ausbildung von Rekristallisations-
gefügen mit feinerer oder gröberer Korngröße, relativ zum Ausgangsgefüge. Die feinsten
Korngefüge findet man bei hohem Grad der Vorverformung und tiefer Temperatur, d. h.
unter Bedingungen starker Triebkraft und langsamer Kinetik. Ähnliches hatten wir schon
bei der Ausscheidungshärtung festgestellt (Abschn. 7.5.3).

Von den beiden genannten Prozessen Erholung und Rekristallisation dominiert die
Rekristallisation bei hohen Versetzungsdichten, d. h. hohen Verformungsgraden. Sie hat
daher große Bedeutung für die Umformtechnik. Dies gilt sowohl für die Warmumformung, bei der die Rekristallisation „dynamisch" abläuft (d. h. während der Verformung),
als auch für die Kaltumformung, bei der eine „statische" Rekristallisation während den
zwischengeschalteten Wärmebehandlungen des Walzgutes erfolgt. Oft setzt man die Rekristallisation zur Erzeugung bestimmter Korngrößen ein. Normalerweise strebt man kleine Korngrößen an, aber auch die Erzeugung von Einkristallen durch Rekristallisation kann
interessant sein. Zur Herstellung von Blechen mit bevorzugter Kristallorientierung finden

gezielte Rekristallisationsprozesse Anwendung – in großem Umfang z. B. für Magnetbleche (Rekristallisations-Textur), siehe Abschn. 12.4.2.

Erholung dominiert demgegenüber bei kleinen Versetzungsdichten und Verformungsgraden, so z. B. beim Ausgleich thermischer Eigenspannungen (Spannungsarmglühen von Schweißnähten) und beim *Kriechen* zeitstandbeanspruchter Bauteile.

In Abb. 10.25 ist zusätzlich noch ein Bereich „sekundäre Rekristallisation" eingetragen. Hierbei handelt es sich um ein Kornwachstum mit den Triebkräften der Reduzierung der Korngrenzenergie (Abschn. 8.6), das aber anomal verläuft und zu Riesenkörnern führt, siehe Lehrbücher für Fortgeschrittene.

10.9.2   Kriechen und Zeitstandfestigkeit. Spannungsrelaxation

Im Bereich niedriger Temperaturen existiert für duktile Werkstoffe eine Spannungs-Dehnungs-Kurve $\sigma(\varepsilon)$. Sie bedeutet, dass zu jeder vorgegebenen Beanspruchung σ (N/mm^2) ein Dehnungswert ε eindeutig angegeben werden kann, bis zu dem sich die Probe bzw. das Bauteil elastisch und plastisch verformt: Hält man die Belastung konstant, ändert sich auch die Verformung nicht mehr. Im Bereich höherer Temperaturen ($\geq 0{,}3 T_S$) ist das anders: Man beobachtet, dass das Material bei Anlegen einer konstanten Spannung zwar auch einen Verfestigungsbereich durchläuft, so dass die Verformungsgeschwindigkeit anfangs immer geringer wird. Allein, sie geht nicht gegen Null, *die Formänderung kommt nicht zum Stillstand*, der Werkstoff fließt vielmehr mit geringer Geschwindigkeit weiter, er „kriecht". Die Verformung ε wird auf diese Weise zeitabhängig. An die Stelle der Spannungs-Dehnungs-Kurve $\sigma(\varepsilon)$ tritt bei höherer Temperatur die Dehnungs-Zeit-Kurve $\varepsilon(t)$ (Kriechkurve, Abb. 10.26), um das Werkstoffverhalten unter Last zu charakterisieren. Die Erfahrung zeigt, dass sich nach Durchlauf eines Übergangskriechbereichs (welcher der Verfestigung im Zugversuch entspricht) ein stationärer Kriechbereich anschließt, in dem zu vorgegebener Spannung σ eine konstante stationäre Kriechgeschwindigkeit $\dot\varepsilon_S$ gehört. Während dieses Kriechstadiums bleibt auch der mikroskopische Aufbau des Werkstoffes einschließlich seiner Versetzungsdichte und Versetzungsanordnung weitgehend konstant.

Die stationäre Versetzungsanordnung können wir uns als das Ergebnis eines dynamischen Gleichgewichtes vorstellen: Während das Material sich verformt, laufen notwendig Verfestigungsprozesse ab, es ist also $(\partial\sigma/\partial\varepsilon)\mathrm{d}\varepsilon > 0$. Andererseits befinden wir uns auf hoher Temperatur, so dass Erholungsvorgänge ablaufen, und für diese gilt $(\partial\sigma/\partial t)\mathrm{d}t > 0$. Stationäres (gleichförmiges) Verhalten tritt also dann ein, wenn die Zunahme des Formänderungswiderstandes aufgrund der Verfestigung und ihre Abnahme aufgrund der Erholung sich gerade die Waage halten:

$$\underbrace{\left(\frac{\partial\sigma}{\partial\varepsilon}\right)}_{\text{Verfestigung}} \mathrm{d}\varepsilon = -\underbrace{\left(\frac{\partial\sigma}{\partial t}\right)}_{\text{Erholung}} \mathrm{d}t \qquad (10.29)$$

Abb. 10.26 Kriechkurve $\varepsilon(t)$. „Verformungsantwort" einer Probe bei Belastung mit konstanter Spannung

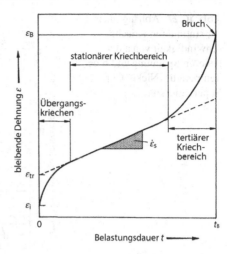

Die stationäre Kriechgeschwindigkeit $(\mathrm{d}\varepsilon/\mathrm{d}t)_\mathrm{S} = \dot{\varepsilon}_\mathrm{S}$ ergibt sich nach (10.29) als das Verhältnis der Erholungsrate zum Verfestigungskoeffizienten:

$$\dot{\varepsilon}_\mathrm{S} = \left(\frac{\mathrm{d}\varepsilon}{\mathrm{d}t}\right)_\mathrm{S} = -\left(\frac{\partial\sigma/\partial t}{\partial\sigma/\partial\varepsilon}\right) \tag{10.30}$$

Man findet empirisch (s. auch Abb. 10.27a,b)

$$\dot{\varepsilon}_\mathrm{S}(\sigma, T) = \dot{\varepsilon}_0\,\sigma^n \exp\left(\frac{-Q_\mathrm{K}}{RT}\right) \tag{10.31}$$

Bezüglich der *Spannungsabhängigkeit* der Kriechrate gilt also ein Potenzgesetz, das manchmal nach *Norton* benannt wird (oft ist der *Spannungsexponent n* $\approx$ 4 bis 5; bei hohen Spannungen steigt er zu höheren Werten). Bezüglich der *Temperaturabhängigkeit* haben wir einen Arrhenius-Term wie für den Diffusionskoeffizienten (Abschn. 6.1.5). Dies hängt damit zusammen, dass die Erholung durch Diffusionsvorgänge ermöglicht wird. Kriechen ist *thermisch aktiviert*.

Die Kriechkurve $\varepsilon(t)$, Abb. 10.26, zeigt nach größeren Dehnbeträgen einen beschleunigten Anstieg, den sog. tertiären Kriechbereich, der zum Bruch hinführt. Dieser besondere Bruchtyp heißt *Kriechbruch*, zur Unterscheidung vom Sprödbruch und vom duktilen Bruch bei niederer Temperatur, Abschn. 10.7. Er wird verursacht durch Bildung und Wachstum von Mikroporen auf den Korngrenzen quer zur Zugrichtung, welche den tragenden Querschnitt des Bauteils immer mehr schwächen. Während des primären und sekundären (stationären) Kriechstadiums ist diese Schädigung noch unmerklich; im tertiären Bereich hingegen wird sie geschwindigkeitsbestimmend – man spürt gewissermaßen das Ende nahen.

Der Kriechbruch erfolgt bei einer Bruchdehnung, welche nur schwach von Belastung und Temperatur abhängt. Für die zugehörige Bruchzeit t_B kann man daher als Faustregel

Abb. 10.27 Abhängigkeit der stationären Kriechgeschwindigkeit von **a** der äußeren Spannung und **b** der Temperatur (Nickel-Chrom-Superlegierung)

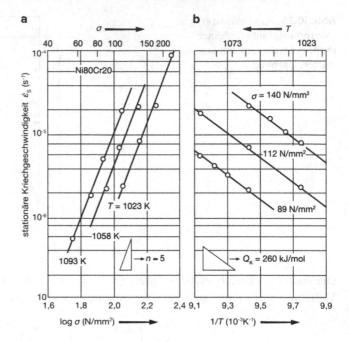

ableiten: Doppelte Kriechgeschwindigkeit führt auf halbe Bruchzeit. Als Formel gilt die *Monkman-Grant*-Beziehung:

$$t_B = C/\dot{\varepsilon}_S \qquad\qquad (10.32)$$

Technisch ist dieses Verhalten äußerst wichtig für alle bei hoher Temperatur betriebenen Komponenten von Kesseln, Dampfleitungen, Dampf- und Gasturbinen, Wärmetauschern, Chemieanlagen, Flugzeugtriebwerken, Verbrennungskraftmaschinen. Ingenieurmäßig wird das Werkstoffverhalten unter langzeitiger Hochtemperaturbelastung als *Zeitstandverhalten* bezeichnet.

Maschinen und Anlagen dieser Art werden auf eine Soll-Lebensdauer hin ausgelegt. Der Konstrukteur benötigt daher Unterlagen über die Belastung, mit der er das Bauteil beaufschlagen darf, ohne dass es innerhalb der eingeplanten Lebensdauer Kriechbruch erleidet. Aus (10.32) in Verbindung mit (10.31) folgt, dass zu jeder Spannungsvorgabe σ ein Wert t_B gehört. $\sigma(t_B)$-Kurven werden üblicherweise über einer logarithmischen Zeitskala als „Zeitbruchlinien" in ein *Zeitstanddiagramm* eingetragen (Abb. 10.28). Mindestens genau so wichtig für den Betreiber einer Anlage ist die Spannung, welche innerhalb einer vorgesehenen Betriebszeit (z. B. 10.000 h) zu 1 % oder auch 0,1 % Dehnung führt. Sie wird entsprechend als $R_{p\,0,1/10.000}$ in den Werkstoffdatenblättern vermerkt. Die zugehörige *Zeitdehnlinie* liegt naturgemäß links von der Zeitbruchlinie im Zeitstanddiagramm.

Das Kriechen der Werkstoffe bei hoher Temperatur hat noch eine andere, technisch meist unerwünschte Folge: die *Spannungsrelaxation*. Damit bezeichnet man das

Abb. 10.28 Zeitstandschaubild mit Zeitbruchlinien für den warmfesten Stahl 13Cr-Mo44

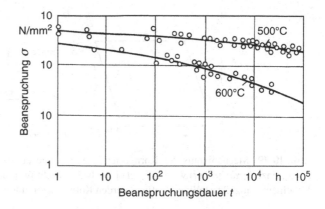

zeitabhängige Nachlassen einer durch elastische Vorverformung eingebrachten Spannung durch plastische Dehnung (wichtiges Beispiel: Schraubenverbindung); vgl. hierzu Abschn. 10.11.3. Wie man Werkstoffe entwickelt, die gegen Kriechen und Spannungsrelaxation resistent sind, werden wir in Abschn. 10.14 diskutieren.

Ein weiterer ganz entscheidender Unterschied zwischen Verformung bei Raumtemperatur und hoher Temperatur ist die Wirkung von Korngrenzen. Während man bei Raumtemperatur ein möglichst feines Korngefüge anstrebt (Feinkornhärtung Abschn. 10.13.2), sucht man bei hohen Temperaturen nach möglichst großem Korn, bzw. stängel- oder einkristallinen Strukturen (siehe Abb. 3.9). Ursache ist der Vorgang des *Korngrenzengleitens*, der mit steigender Temperatur an Bedeutung gewinnt (Abb. 10.29). Unter der Wirkung von Scherspannungen rutschen die Körner aufeinander ab, d. h. zu der Verformungsrate im Korninnern $\dot{\varepsilon}_K$, die wir oben besprochen haben, tritt ein Korngrenzenverformungsanteil $\dot{\varepsilon}_G$ hinzu:

$$\dot{\varepsilon}_{tot} = \dot{\varepsilon}_K + \left(\frac{s}{L_K}\right)\dot{\varepsilon}_G. \tag{10.33}$$

Aus geometrischen Gründen wächst die Rate des Korngrenzengleitens umgekehrt proportional zur Korngröße L_K (Abb. 10.29). Außerdem geht die Dicke der Korngrenze s ein, bzw. des Korngrenzensaums, in dem sich das Korngrenzengleiten abspielt.

In Abschn. 10.7.4 haben wir diskutiert, wie Sicherheitsbauteile ausgelegt werden, um das Wachstum von Rissen auszuschließen, die wider alles Erwarten doch vorhanden sind. Zunächst einmal erscheint die Situation bei erhöhter Temperatur weniger kritisch, weil der K_{Ic}-Wert wegen der leichteren plastischen Verformbarkeit ansteigt. Andererseits gilt aber folgendes: Während Ausbreitung eines vorhandenen Anrisses bei niedriger Temperatur nur nach Überschreiten eines kritischen Spannungswerts erfolgt, ist bei hohen Temperaturen auch schon bei kleineren Spannungen *unterkritische Rissausbreitung* (*statische Ermüdung*) möglich. Dies beruht auf der Mitwirkung thermisch aktivierter Prozesse an der Rissspitze. Deren Geschwindigkeit v hängt wie die Kriechgeschwindigkeit mit einer Potenz von der Spannung an der Rissspitze (bzw. K_I) und mit einer Arrhenius-Funktion

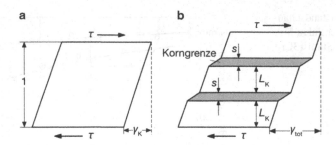

Abb. 10.29 Mechanismus des Korngrenzengleitens, wie er bei hohen Temperaturen auftritt. Die Korngrenze (*grau getönt*) wird auf Scherung beansprucht und reagiert mit einer Abgleitbewegung. Mit einem stängelkristallinen Gefüge werden Korngrenzen unter hoher Schubspannung eliminiert

von der Temperatur ab. Durch Integration über $v(K_I)$ erhält man dann eine Abschätzung der Zeit, bis zu der das Risswachstum so weit gelangt ist, dass an der Rissspitze K_{Ic} erreicht wird. Von da an läuft der Riss spontan durch den Restquerschnitt der Probe, so dass dieser Zeitpunkt die Lebensdauer t_B des Bauteils kennzeichnet.

Bei $T > 0,3 T_S$ zeigen Werkstoffe, die mit konstanter Spannung belastet sind, zeitabhängige Verformung (Kriechen). Die Kriechkurve $\varepsilon(t)$ durchläuft einen Übergangsbereich (dominierende Verfestigung), einen stationären (s. u.) und einen tertiären Bereich, der beschleunigt zum Kriechbruch führt.

Die für das Werkstoffverhalten charakteristische stationäre Kriechgeschwindigkeit nimmt mit der Temperatur exponentiell zu (wie der Diffusionskoeffizient). Ihre Spannungsabhängigkeit ist stark und entspricht einem Potenzgesetz. Außerdem hängt sie von der Korngröße und anderen Gefügemerkmalen ab.

Dehnungsabhängige Verfestigung und zeitabhängige Erholung wirken bei Hochtemperaturverformung gegeneinander. Im stationären Kriechbereich kompensieren sie sich genau, so dass bei konstanter Versetzungsdichte eine konstante Kriechrate eingestellt wird. Kriechbruch erfolgt durch Akkumulation der Kriechschädigung des Gefüges, insbesondere durch Mikroporen auf Korngrenzen. Die technisch relevanten Größen werden im Zeitstanddiagramm als Zeitbruchlinie bzw. Zeitdehnlinie (für z. B. 1 %) über einer logarithmischen Zeitachse dargestellt. Mikro-Kriechvorgänge führen zu zeitabhängiger Spannungsrelaxation, siehe Abschn. 10.11.3.

10.10   Dynamische Beanspruchung. Werkstoffermüdung

In den vorigen Abschnitten wurde Festigkeit als Formänderungswiderstand gegenüber statischer (gleichbleibender) Belastung behandelt. Ein für die Werkstoffanwendung ebenfalls äußerst wichtiger Beanspruchungsfall ist die wechselnde oder dynamische Belastung (Beispiele: Fahrzeugachsen, Tragflächenholme, Kurbelwellen, Federn). Sie kann durch eine periodische Schwingung der Spannung σ

$$\sigma(t) = \frac{\Delta\sigma}{2}\sin\overline{\omega}t \tag{10.34}$$

dargestellt werden, wobei $\Delta\sigma$ die Gesamtamplitude (Schwingbreite) der Beanspruchung (Einheit N/mm^2) und $\overline{\omega} = 2\pi f$ ein Maß für die Schwingungsfrequenz f (in s^{-1}) ist. In der Praxis kommen häufig auch nicht-periodische Wechselbeanspruchungen vor.

In vielen Fällen ist die reale Bauteilbeanspruchung dadurch gekennzeichnet, dass die Wechsellast sich einer statischen Dauerlast überlagert – sei es im Zug oder im Druckbereich:

$$\sigma(t) = \sigma_M + \frac{\Delta\sigma}{2}\sin\overline{\omega}t. \tag{10.35}$$

σ_M bezeichnet man als Mittelspannung, $\sigma_M + \Delta\sigma/2$ als Oberspannung σ_O und $\sigma_M - \Delta\sigma/2$ als Unterspannung σ_U dieses Belastungsfalls. Ist die Mittelspannung so gewählt, dass sowohl Druck- als auch Zugspannung im Zyklus auftritt, spricht man von *Wechselbeanspruchung*. Ist die Mittelspannung dagegen so hoch, dass die Belastung ausschließlich im Druck oder Zug erfolgt, wählt man die Bezeichnung *Schwellbeanspruchung*. Alternativ charakterisiert der sogenannte R-Wert den Belastungstyp. Er ist wie folgt definiert:

$$R = \frac{\sigma_U}{\sigma_O}. \tag{10.36}$$

Bei $R = -1$ wird eine *Wechselfestigkeit* ermittelt, bei $R = 0$ eine *Zugschwellfestigkeit*.

Die Belastungen im Versuch bleiben unterhalb der Zugfestigkeit R_m des Materials, in der Regel sogar deutlich unterhalb der Fließgrenze $R_{p0,2}$ und trotzdem versagen die Proben. Offensichtlich ist die dynamische Belastung schwerer zu ertragen als die statische; man benutzt für dieses Phänomen den Begriff *Werkstoffermüdung*. Im Laborversuch wird die Zahl der Lastwechsel, die ja sehr schnell vonstatten gehen, mit einem Zählwerk ermittelt. Sobald Bruch eintritt, schaltet sich die Prüfmaschine ab, und die *Bruchlastspielzahl* N wird abgelesen. Natürlich überlebt die Probe um so weniger Lastzyklen, je höher die Belastungsamplitude ist (für $\Delta\sigma/2 = R_m$ muss $N = 1$ sein). Das Ergebnis einer großen Zahl von Dauerschwingversuchen mit abnehmender Amplitude wird als *Wöhler-Kurve* graphisch dargestellt, Abb. 10.30 (N-Maßstab ist logarithmisch). Die Abszisse ist also nicht die Zeit, sondern die Zahl der Lastwechsel!

Abb. 10.30 Wöhler-Kurve für die Ermüdungsfestigkeit metallischer Werkstoffe (englisch „S-N curve")

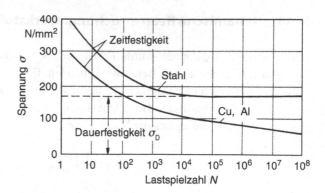

Will man verstehen, welche Vorgänge zur Materialermüdung führen, muss man zwischen HCF- und LCF-Beanspruchung unterscheiden. *HCF* steht für *High Cycle Fatigue* (Hoch-Lastwechsel-Ermüdung) und bedeutet, dass der Ermüdungsbruch bei einer großen Zahl von Lastwechseln eintritt ($N > 10^5$). Bei *LCF, Low Cycle Fatigue*, versagt die Probe dagegen nach vergleichsweise wenigen Zyklen ($N < 10^5$). Ein Beispiel für eine HCF-Beanspruchung liefert eine Komponente wie der Kolben in einem Verbrennungsmotor, der bei 3500 h Laufleistung und Drehzahl 3000 min^{-1} $N = 6{,}3 \cdot 10^8$ Zyklen erreicht. Eine Turbinenschaufel in einem Gaskraftwerk sieht dagegen eine LCF-Beanspruchung. Beim An- und Abfahren werden Wärmespannungen und Fliehkräfte periodisch auf- und abgebaut. Bei einer Lebensdauer von 20.000 h und Betriebsperioden von 10 h gelangen wir zu $N = 2 \cdot 10^3$.

Wegen der geringen Spannungen im HCF-Beanspruchungsfall wird ein Großteil der Lebensdauer dazu gebraucht, überhaupt einen Anriss zu schaffen. In technischen Werkstoffen geschieht das beispielsweise durch Ablösen größerer Fremdphasen von der Matrix (Sulfide in Stählen, intermetallische Phasen in Aluminiumlegierungen). Auch an Poren können sich Risse bilden[3]. Bei der Schärfung einer Schwachstelle im Gefüge zu einem Anriss spielt immer auch plastische Verformung im Mikrobereich unter dem Einfluss von Spannungskonzentrationen eine Rolle. Deshalb erhöht man die HCF-Festigkeit eines Werkstoffs, indem man den Verformungswiderstand steigert. Es gilt die Faustformel für die Wechselfestigkeit

$$\sigma_W = (0{,}2 \ldots 0{,}5)\, R_m. \tag{10.37}$$

Bei LCF-Beanspruchung und den hier vorliegenden höheren Spannungen kommt es bereits in den ersten Zyklen zur Anrissbildung (<10 % der Lebensdauer). Der Großteil der Lebensdauer wird jetzt zur Rissausbreitung benötigt. Indikatoren für hohe Ermüdungslebensdauer bei LCF-Beanspruchung sind deshalb hohe Bruchdehnungen im Zugversuch oder hohe K_{Ic}-Werte des Werkstoffs.

---

[3] Wie bricht eigentlich eine Probe, die keine Schwachstellen enthält, weil sie aus einem Modellwerkstoff besteht (Reinkupfer, . . .) oder kleines Volumen aufweist? Hier bilden sich „Mikrokerben" an der Oberfläche durch asymmetrische Betätigung von Gleitbändern (Intrusionen und Extrusionen in permanenten Gleitbändern).

Abb. 10.31 Bruchfläche in Ermüdung (G-AlSi7Mg, $N = 7 \cdot 10^5$). Der Bruch ging von einer Erstarrungspore aus, die an Hand ihrer freiliegenden Dendritenarme gut erkennbar ist. Rissausbreitung bei dynamischer Beanspruchung führt wegen der geringen Anteile von plastischer Verformung zu sehr glatten Bruchflächen

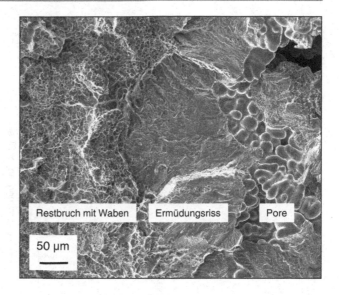

Die in Abb. 10.30 für Stahl angegebene Wöhler-Kurve zeigt für Lastspielzahlen oberhalb von 10^6 bis 10^7 einen horizontalen Verlauf, $\sigma_D = $ const. Dies bedeutet: Für Schwingungsbelastungen unterhalb σ_D tritt auch nach beliebig hohen Lastspielzahlen kein Bruch auf. In diesem Fall darf die ertragbare Spannungsbelastung als *Dauerfestigkeit* bezeichnet werden (bei $\sigma_M = 0$ als *Wechselfestigkeit*). Ein Werkstoff, bei dem die ertragbare Belastung mit der Zyklenzahl immer weiter abfällt, kennt nur eine *Zeitfestigkeit* und keine Dauerfestigkeit. Eine Dauerfestigkeit wird nur bei ganz bestimmten krz. Stählen und Titanlegierungen beobachtet. Hier kommt es durch interstitiell gelöste Fremdatome zu einer vollständigen Blockade der Mikroplastizität, während normalerweise auch bei sehr geringer Belastung aber hoher Zyklenzahl eine gewisse Versetzungsaktivität nicht auszuschließen ist.

Bei der Analyse von Schadensfällen unterscheidet sich der langsam fortschreitende *Schwingbruch* (oder *Dauerbruch*), Abb. 10.31, deutlich von dem spontan verlaufenden *Gewaltbruch*: Die geringe Zerklüftung des Schwingbruchs spiegelt die geringe Belastungshöhe wider, welche starke makroskopische plastische Verformung und häufige Riss-Richtungswechsel verhindert. Ein weiteres charakteristisches Merkmal der Schwingbruchfläche sind die mehr oder weniger konzentrisch kreisförmig verlaufenden Linien, die *Schwingstreifen* und *Rastlinien,* welche die Position der Rissfront zu einem gegebenen Zeitpunkt nachzeichnen. Die Schwingstreifen sind eng benachbart und markieren den Längenzuwachs des Risses pro Zyklus (je nach Belastungshöhe 0,1 … 1 µm). Rastlinien haben größere Abstände und entsprechen deutlichen Belastungsänderungen, beispielsweise bei Abschalt- und Wiederanfahrvorgängen. Im Zentrum der Schwingstreifen und Rastlinien liegt der Anriss. Irgendwann ist das Bauteil durch den fortschreitenden Ermüdungsriss so geschwächt, dass der Restquerschnitt spontan im Gewaltbruch versagt.

Abb. 10.32 Rissfortschrittskurve

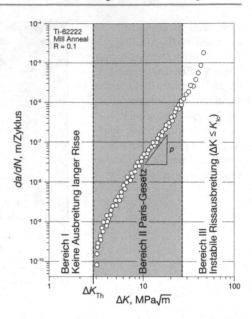

Schwingbrüche mit ihrem geringen Belastungsniveau finden konsequent die schwächste im Bauteil vorhandene Stelle. Sie nehmen ihren Ausgang häufig von Spannungskonzentrationen der Probenoberfläche. Die Vorsorge gegen Schwingbruch besteht also aus
möglichst perfekter Oberflächengüte der beanspruchten Teile einschließlich Freiheit von
konstruktiv bedingten Kerben (Löchern, Nuten, scharfkantigen Querschnittsübergängen).
Hochglanzpolierte Teile, deren Oberflächenzonen evtl. noch durch Verformung (Kugelstrahlen) unter Druckspannung gehalten werden, dämmen die Anrissbildung ein (Abschn. 13.5.2).

In Abschn. 10.7.4 wurde gezeigt, wie bei statischer Belastung mit bruchmechanischer
Auslegung in Sicherheitsbauteilen verhindert wird, dass sich lange Risse (Länge $\gg$ Korngröße) ausbreiten. Bei dynamischer Belastung wachsen lange Risse auch bei Belastungs-
niveaus unterhalb K_{Ic}. Zur Bestimmung der *Rissfortschrittskurve* (Abb. 10.32) verwendet
man CT-Proben wie bei der Ermittlung des K_{Ic}-Kennwerts (Abb. 10.17), nur dass die Last
jetzt periodisch wechselt. Die Rissausbreitungsgeschwindigkeit $\mathrm{d}a/\mathrm{d}N$[4] wird gemessen
und über dem zyklischen Spannungsintensitätsfaktor ΔK aufgetragen. ΔK ist wie folgt
definiert:

$$\Delta K = \Delta \sigma \sqrt{\pi a} = (\sigma_O - \sigma_U) \sqrt{\pi a}. \tag{10.38}$$

Wie man in Abb. 10.32 sieht, wachsen Risse erst, wenn eine Schwelle ΔK_{Th} der Belastung
überschritten wird (Th steht für Threshold). Im mittleren Bereich der Rissfortschrittskurve

---

[4] Rissverlängerung pro Zyklus, Einheit µm.

gilt das *Paris-Gesetz*:

$$\frac{da}{dN} = C(\Delta K)^p. \tag{10.39}$$

Mit Annäherung der Belastung an ΔK_{Ic} wird die Rissausbreitung instabil und geht in den Restgewaltbruch über.

Durch Integration der Rissfortschrittskurve kann man die Lebensdauer eines Bauteils vorhersagen, die aus dem Wachstum eines Risses von einer gegebenen Anfangsgröße auf eine noch unschädliche Endgröße resultiert. Die Anfangsgröße wählt man wieder so, dass durch Zerstörungsfreie Prüfung mit Sicherheit die Existenz noch längerer Risse ausgeschlossen werden kann. Die Endgröße ergibt sich aus dem ΔK_{Ic}-Wert. Die Inspektionsintervalle müssen entsprechend an die berechnete Lebensdauer angepasst werden. So gelangt man zu einem „fail save design" für den dynamischen Belastungsfall (vgl. Abschn. 10.7.4 für den statischen Fall).

Mechanische Wechselbeanspruchung führt zur Ermüdung des Werkstoffs. Trotz Belastung weit unterhalb der (statischen) Streckgrenze kommt es an Fehlern (Einschlüsse, Poren, ...) oder groben Ausscheidungen (Sulfide in Stählen, intermetallische Phasen in Aluminiumlegierungen, ...) zur Bildung von Anrissen. Dabei spielt plastische Verformung im Mikrobereich unter dem Einfluss von Spannungskonzentrationen eine wichtige Rolle.

Im HCF-Bereich wird der Großteil der Lebensdauer benötigt, um Anrisse zu bilden. Im LCF-Bereich geschieht die Anrissbildung in den ersten Zyklen ($< 10\,\%$) und die Lebensdauer wird durch die Rissausbreitung bestimmt. Entsprechend sind die Strategien zur Auswahl und Entwicklung geeigneter Werkstoffe unterschiedlich.

Eine bruchmechanische Auslegung im dynamischen Belastungsfall beruht auf Rissfortschrittskurven (Abb. 10.32).

10.11   Viskoses Fließen. Viskoelastisches Verhalten

10.11.1   Vorbemerkung und Beispiele

Amorphe Stoffe folgen in ihrem Fließverhalten anderen Gesetzen als kristalline Festkörper. Am anschaulichsten wird dies am Verhalten von sirupartigen Flüssigkeiten sowie von Pasten und Formmassen, wie sie der Keramiker oder Kunststoffingenieur verarbeitet. Die laminare (wirbelfreie) Strömung einer Flüssigkeit in einem Rohr ist ein weiteres, allgemeines Beispiel. Für diesen Bewegungszustand verwendet man die Bezeichnung „zähflüssig", gleichbedeutend mit „viskos". Die praktische Bedeutung des Fließverhaltens amorpher Stoffe wird aus folgenden *Beispielen* deutlich

- Metallschmelzen (Formfüllungsvermögen beim Gießen),
- Schlacken (Reaktionsgeschwindigkeit bei der Raffination flüssiger Metalle mit über-
  schichteten Schlacken),
- Glas (Formgebung durch Blasen, Gießen, Ziehen),
- keramische Massen (Transport und Formgebung vor dem Brennen: Strangpressen,
  Töpferscheibe),
- Kunststoffe (Formgebung durch Extrudieren, Streckziehen usw.),
- Bitumen (Herstellung von Straßenbelägen und Flachdachisolierungen, Gebrauchsei-
  genschaften),
- Eis (Fließen von Gletschern, arktischen Eismassen),
- Erdmantel (Tektonik, seismische Unruhe, Kontinentaldrift),
- Sand, Kies, Beton (Vergießen und Verdichten des Frischbetons vor dem Abbinden,
  Stabilität von Fundamenten im Tiefbau, Bergbau),
- Schmierstoffe (Verhalten zwischen zwei aufeinander gleitenden Oberflächen).

10.11.2 Grundmechanismus. Viskositätsdefinition

Eine viskose Masse fließt oder verformt sich, indem jeweils benachbarte Schichten aneinander vorbeiströmen und sich dabei gegenseitig „mitnehmen". In der Regel bildet sich so
eine ortsabhängige Strömung aus, gekennzeichnet durch Vektoren $v(r)$. An Wandungen
von Rohren, Tauchkörpern usw. ist die Relativgeschwindigkeit in der viskosen Masse bei
guter Benetzung und Haftung oft gleich Null, siehe Abb. 10.33.

Der Schlepp- oder Mitnahmeeffekt benachbarter Schichten – die um Δr gegeneinander versetzt sein mögen – drückt sich als Geschwindigkeitszuwachs Δv aus. Um einen
großen Betrag von $\Delta v/\Delta r$ bzw. im Grenzübergang von $(dv/dr) = \operatorname{grad} v$ zu erzielen,
müssen die benachbarten Schichten durch große Kräfte bzw. Schubspannungen τ übereinander geschoben (geschert) werden. Als einfachsten funktionalen Zusammenhang findet
man Proportionalität $\tau \sim (dv/dr)$. Vergleicht man verschiedene viskose Massen, so
unterscheiden sie sich durch den erforderlichen Schubspannungsbetrag für vorgegebene
Gradienten: Je fester die Schichten miteinander „verhakt" sind, je zähflüssiger (viskoser)
also die Masse ist, desto mehr Kraft ist aufzuwenden. Dies beschreibt man durch die

Abb. 10.33 Strömungsverhältnisse in einer viskosen
Schmelze

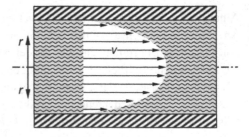

Beziehung

$$\tau = \eta \, \frac{\mathrm{d}v}{\mathrm{d}r}. \tag{10.40}$$

Man erkennt, dass die *Viskosität* η in $\mathrm{N}\,\mathrm{s}/\mathrm{m}^2$ zu messen ist. Beachtet man, dass unter Einführung der Scherung γ (s. Tab. 10.1)

$$\frac{\mathrm{d}v}{\mathrm{d}r} = \frac{\mathrm{d}}{\mathrm{d}r}\left(\frac{\mathrm{d}x}{\mathrm{d}t}\right) = \frac{\mathrm{d}}{\mathrm{d}t}\left(\frac{\mathrm{d}x}{\mathrm{d}r}\right) = \frac{\mathrm{d}\gamma}{\mathrm{d}t}, \tag{10.41}$$

dass also der Geschwindigkeitsgradient mit einer Scherungsgeschwindigkeit gleichbedeutend ist, so kann man auch schreiben

$$\dot{\gamma} = \frac{1}{\eta}\tau \tag{10.42a}$$

Hieraus ergibt sich für das makroskopisch beobachtbare Fließverhalten die Gleichung des *Newton'schen Fließens*

$$\dot{\varepsilon} = \frac{1}{\eta}\sigma = \phi\sigma. \tag{10.42b}$$

Die lineare Spannungsabhängigkeit nach (10.42) ist ein Grenzfall des Potenzgesetzes (10.31).

Die Viskosität η oder ihr Kehrwert, die Fluidität ϕ ist eine Stoffkonstante, welche den „Verhakungsgrad" benachbarter Strömungselemente misst und daher stark vom atomaren Aufbau der Stoffe abhängt (siehe auch Abschn. 10.8.2). Außerdem nimmt sie – wegen der allgemeinen Lockerung aller Bindungen durch die thermische Unruhe – mit steigender Temperatur ab, häufig wie

$$\eta(T) = \eta_0 \exp\frac{+\Delta H}{RT}. \tag{10.43}$$

Die Aktivierungsenergie ΔH erinnert an die T-Abhängigkeit des Diffusionskoeffizienten $D(T)$, siehe (6.15). Sie hat in der Tat etwa dieselbe Größe. Viskosität und Diffusionsvermögen in einem Stoff mit Newton'schem Verhalten sind verwandt:

$$\eta \sim kT/D \tag{10.44}$$

Tab. 10.5 gibt einige typische Werte für η, Abb. 10.34 vermittelt anhand von Zahlenwerten von Gläsern einen Eindruck von der starken Temperaturabhängigkeit.

In Analogie zu anderen Transportphänomenen (Diffusion, (6.2) und Wärmeleitung, (6.18)) kann man die Viskosität auch als eine Kenngröße verstehen, die das Vermögen beschreibt, Impuls entlang eines Geschwindigkeitsgradienten zu transportieren. Um dies zu verdeutlichen, führen wir den Begriff der „kinematischen Viskosität" ν ein, $\nu = \eta/\rho$;

Tab. 10.5 Typische Werte der dynamischen Viskosität in N s/m^2

Stahlwerksschlacke bei 1700 °C	0,2
Geräteglas beim Arbeitspunkt	10^3
Bitumen bei 20 °C	$3 \cdot 10^8$
Bitumen bei 40 °C	$6 \cdot 10^4$
Bitumen bei 60 °C	10^3
Wasser bei 20 °C	0,1
Flüssiges Eisen bei 1700 °C	0,002

sie wird in m^2/s gemessen. Zur Unterscheidung wird die durch (10.40) oder (10.42) definierte Viskosität η oft als „dynamische Viskosität" bezeichnet. Aus (10.40) folgt dann mit der Impulsdichte (ρv) für die *Impulsflussdichte* j_V in Richtung von r,

$$j_V = \tau = v \frac{d(\rho v)}{dr}. \tag{10.45}$$

In Tab. 10.6 sind die verschiedenen Transportgleichungen einander gegenübergestellt. Die drei Beispiele beschreiben die Vorgänge Diffusion, Wärmeleitung und Viskosität in Form einfacher linearer Transportgleichungen. Für den Transport elektrischer Ladung gilt zwar auch eine lineare Beziehung, das Ohm'sche Gesetz, (11.5), aber mit anderem Aufbau: Ein elektrischer Strom fließt in einem Leiter auch dann, wenn keinerlei Gradient der elektrischen Ladungsdichte vorliegt – ein Leiter ist auf seiner ganzen Länge neutral. Hier wird vielmehr eine äußere Triebkraft vorgegeben.

Abb. 10.34 Temperaturabhängigkeit der Viskosität von Glasschmelzen

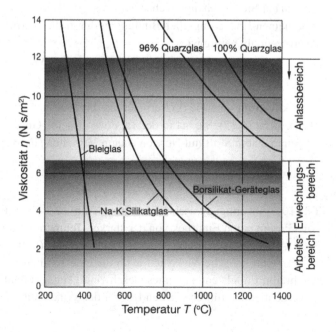

Tab. 10.6 Analoge Formeln für verschiedene Transportströme

Beispiel	Formel	Transportgröße	Einheit von Z/V
Allgemein	$j_Z = \left(\frac{\mathrm{d}Z}{\mathrm{d}t}\right)\left(\frac{1}{F}\right) = K\left(\frac{m^2}{s}\right)\mathrm{grad}\left(\frac{Z}{V}\right)$		
Diffusion	$j_C\left(\frac{mol}{m^2 s}\right) = D\left(\frac{m^2}{s}\right)\mathrm{grad}\,c$	Anteil chem. Element	mol/m^3
Wärmeleitung	$j_Q\left(\frac{J}{m^2 s}\right) = k\left(\frac{m^2}{s}\right)\mathrm{grad}(\rho c T)$	Wärmeenergie	J/m^3
Viskosität	$j_V\left(\frac{N\,s}{m^2 s}\right) = \nu\left(\frac{m^2}{s}\right)\mathrm{grad}(\rho v)$	Impuls	$N\,s/m^3$

10.11.3 Viskoelastische Modelle

In Abschn. 10.3 ist bereits gezeigt worden, wie das ideale elastische Verhalten beeinflusst wird, wenn sich – insbesondere bei höherer Temperatur – zeitabhängige Prozesse überlagern: Es kommt zu *anelastischem Verhalten* – mit elastischer Nachwirkung, Dämpfung von Schwingungen usw. Jetzt gehen wir gedanklich den umgekehrten Weg. Wir starten bei hoher Temperatur mit dem viskosen Fließen einer Schmelze und überlegen, dass zunehmende Zähigkeit – etwa bei fallender Temperatur oder bei zunehmender Polymerisation – mit zunehmender „Verhakung" der mikroskopischen Fließelemente gleichbedeutend ist. Zunehmende Querverbindung führt aber notwendig zu elastischen Anteilen der Dehnung unter Spannung. So gelangen wir nun von der anderen Seite zu einem gemischten Verhalten, welches allgemein als *Viskoelastizität* bezeichnet wird. Abb. 10.35 fasst die zwei Betrachtungsweisen zusammen.

Während Grenzfälle wie das rein elastische und das rein viskose Verhalten relativ einfach zu beschreiben und zu verstehen sind, bringen die gemischten Fälle meist einen erheblichen Zuwachs an Komplexität mit sich. Dies gilt auch für das viskoelastische

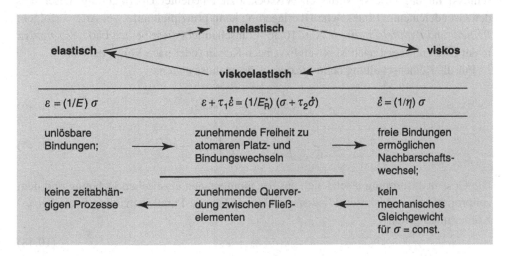

Abb. 10.35 Anelastisches Verhalten beim Aufheizen, bzw. viskoelastisches Verhalten beim Abkühlen

Abb. 10.36 Reihen- und Parallelschaltung von elastischen
und viskosen Komponenten
eines Stoffs mit viskoelasti-
schem Verhalten (Maxwell-
bzw. Kelvin-Körper)

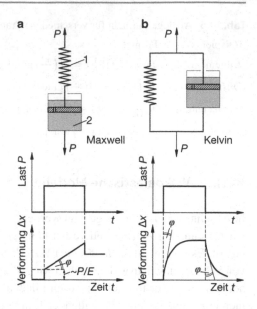

Verhalten. Gleichwohl ist es insbesondere für die Charakterisierung des mechanischen
Verhaltens von polymeren und keramischen Massen von großer praktischer Bedeutung.
Daher sind intensive Bemühungen unternommen worden, um unter vorläufigem Verzicht
auf volle atomistische Interpretation wenigstens eine formal korrekte Beschreibung der
viskoelastischen Phänomene zu geben.

Die viskoelastische Beschreibungsweise geht folgerichtig von den beiden Grenzfäl-
len aus, die durch zwei bekannte Konstruktionselemente symbolisiert werden: Eine *Feder*
für das elastische und einen *Dämpfer* (Ölzylinder mit Kolben und einstellbarem Neben-
schluss) für das viskose Verhalten. Viskoelastizität bedeutet Überlagerung dieser beiden Grundelemente. Eine solche Überlagerung kann prinzipiell auf zwei Arten erfolgen:
Reihen- und *Parallelschaltung*. Abb. 10.36 veranschaulicht diese beiden Fälle. Sie werden
in der Literatur meist nach Maxwell bzw. nach Kelvin (oder nach Voigt) benannt.

Für die Reihenschaltung beim *Maxwell*-Körper muss gelten:

$$\sigma_1 = \sigma_2, \quad \varepsilon = \varepsilon_1 + \varepsilon_2, \tag{10.46}$$

$$\varepsilon = \frac{\sigma}{E} + \int \frac{\sigma}{\eta} \, dt = \frac{\sigma}{E} \left[1 + \frac{E}{\eta} t \right]. \tag{10.47}$$

Die Gesamtverformung ε setzt sich aus der momentanen elastischen Dehnung und dem
zeitproportionalen viskosen Fließen zusammen. Für die Parallelschaltung beim *Kelvin*-
Körper muss gelten

$$\varepsilon_1 = \varepsilon_2 = \varepsilon, \tag{10.48}$$

Abb. 10.37 Spannungsrelaxation von E-Kupfer und von
einer Cu-1,9-Be-Legierung
als Funktion der Zeit bei verschiedenen Temperaturen. Die
Anti-Relaxationswirkung des
Beryllium-Zusatzes ist deutlich erkennbar. (Empirische
Auftragung ohne Bezug auf
Gl. 10.53)

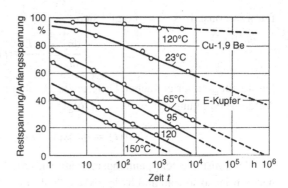

$$\varepsilon = \frac{\sigma_1(t)}{E} + \frac{1}{\eta} \int \sigma_2(t)\mathrm{d}t, \qquad (10.49)$$

$$\sigma_1(t) + \sigma_2(t) = \sigma_\mathrm{A} = \mathrm{const.} \qquad (10.50)$$

Beim Einsetzen der Belastung spricht hier zunächst der „Dämpfer" an, so dass sich der
Körper viskos verlängert. Durch diese Verlängerung ε nimmt die „Feder" im starr verbun-
denen, anderen Zweig des Modells einen zunehmenden Lastanteil $\sigma_1 = E\varepsilon$ auf. Je mehr
Last von der Feder übernommen wird, desto weniger Triebkraft steht für den viskosen
Teilvorgang zur Verfügung, so dass dieser immer langsamer wird: Der Körper nähert sich
asymptotisch einem mechanischen Gleichgewicht, bei dem $\sigma_1 = E\varepsilon = \sigma_\mathrm{A}$ und $\sigma_2 = 0$ ist.

Bei Wegnahme der Belastung geht die Verformung wegen der in der Feder gespeicherten elastischen Energie wieder zurück. Im Augenblick des Abschaltens wirkt daher
wiederum die volle Last σ_A, nur diesmal in Rückwärtsrichtung, auf das Dämpfungsglied.
Zunehmende Rückverformung entspannt die Feder, so dass $\dot\varepsilon$ kleiner wird und der Körper
asymptotisch in seine Ausgangsform zurückkehrt.

Wir diskutieren nun noch einmal den Maxwell-Körper, weil er ein anderes technisch
wichtiges Phänomen verdeutlicht: die *Spannungsrelaxation* (vgl. auch Abschn. 10.9.2).
Bringt man das System durch Anlegen der äußeren Spannung $\sigma = E\varepsilon$ momentan auf
die Dehnung ε, so liegt zunächst die gesamte Spannung an der Feder, weil der Dämpfer
zu träge ist. Beobachtet man aber weiter ($t > 0$), so beginnt auch der viskose Teilpro-
zess anzusprechen. Durch seine Dehnung entlastet er die Feder, wodurch seine Fließgeschwindigkeit zurückgeht. Das Fließen verlängert dabei nicht die fest eingespannte Probe,
sondern es baut lediglich den elastischen Spannungszustand ab, indem es elastische Deh-
nungsanteile in plastische Verformung umsetzt. Es resultiert eine Abklingkurve wie in
Abb. 10.37, die man auch leicht berechnen kann. Aus (10.47) folgt nämlich

$$\dot\varepsilon(t) = \frac{\dot\sigma}{E} + \frac{\sigma(t)}{\eta}. \qquad (10.51)$$

Für $\varepsilon = $ const, bzw. $\dot{\varepsilon} = 0$ ergibt sich

$$\frac{d\sigma}{dt} = -\frac{E}{\eta}\sigma(t). \tag{10.52}$$

Die Lösung dieser einfachen Differenzialgleichung ist eine Exponentialfunktion. Mit der Anfangsbedingung $\sigma(t = 0) = \sigma_0$ folgt

$$\sigma(t) = \sigma_0 \exp(-t/\tau), \quad \tau = \eta/E. \tag{10.53}$$

Die Zeitkonstante der Spannungsrelaxation im Modell des viskoelastischen Maxwell-Körpers wird also sowohl durch die Viskosität als auch durch den Elastizitätsmodul bestimmt. Je zäher der Stoff ist, desto länger dauert der Relaxationsprozess. Wenn σ in dieser Weise zeitabhängig wird, beeinflusst das auch die einfache Definition von „Moduln" in Tab. 10.1. Mit

$$M(t) = \sigma(t)/\varepsilon \tag{10.54}$$

erhalten wir zeitabhängige Moduln. In Abb. 10.37 geht M sogar gegen Null, wenn man lange genug wartet. In vielen realen Fällen bleibt allerdings eine Restspannung σ_∞ zurück, so dass $M(t)$ nicht gegen Null, sondern gegen $M_R = \sigma_\infty/\varepsilon$ – den *relaxierten Modul* – strebt. In jedem Fall ist der unrelaxierte, auf rein elastische Dehnung zurückzuführende Modul der Maximalwert; durch zeitabhängige Prozesse kann er nur abgebaut werden.

Die Zeitkonstante τ der Relaxationsvorgänge, (10.53), ist stark *temperaturabhängig* – nach (10.43) etwa so wie die Viskosität $\eta(T)$, denn die schwache Temperaturabhängigkeit von E kann hier vernachlässigt werden. Die Messung viskoelastischer Funktionen wie $M(t)$ bei verschiedenen Temperaturen liefert wichtige Aufschlüsse über die Struktur des untersuchten Stoffs. Sie ist daher ein besonders wichtiges Prüfverfahren auf dem Sektor der polymeren Werkstoffe. Dabei wird meist nicht die Relaxation des mit Längenänderung verknüpften Elastizitätsmoduls, sondern die des Schubmoduls G gemessen. Dies lässt sich experimentell am besten mit einem *Torsionspendel* durchführen, bei dem die drahtförmige Probe an ihrem unteren Ende ein hantelförmiges Pendel trägt, das zu Eigenschwingungen angeregt werden kann. Die Dämpfung dieser Schwingungen ist ein Maß für die zeitabhängige Relaxation.

1. Beim viskosen Fließen schieben sich atomar bzw. molekular kleine Stoffbereiche unter der Wirkung äußerer Kräfte aneinander vorbei. Dabei müssen die Wechselwirkungskräfte zwischen ihnen (der Fließwiderstand) überwunden werden. Kristallographische Gleitsysteme sind dazu nicht erforderlich. Viskoses Fließen ist daher typisch für amorphe Stoffe, wie z. B. zähflüssige Schmelzen, Gläser, teigähnliche Massen und Pasten, weiche Kunststoffe.
2. Die Messgröße Viskosität η (in $N\,s/m^2$) ist ein Maß für die Schubkraft, die erforderlich ist, um zwischen benachbarten Schichten einen Geschwindigkeitszuwachs dv zu erzielen. $\tau = \eta\,\mathrm{grad}\,v$.

3. Die Viskosität hängt mit dem Diffusionskoeffizienten wie $\eta \sim kT/D$ zusammen. Dies zeigt sich vor allem in der Temperaturabhängigkeit.

4. Rein viskoses Verhalten bedeutet, dass ein Körper auf Scherbeanspruchungen linear reagiert: $\dot{\gamma} = (1/\eta)\tau$. Dies wird auch als Newton'sches Fließen bezeichnet.

5. Je stärker bei hoher Viskosität die intermolekularen Verknüpfungen wirksam werden, desto stärker macht sich zusätzliches elastisches Verhalten bemerkbar: Viskoelastizität.

6. Viskoelastisches Verhalten lässt sich modellmäßig durch Parallel- und Reihenschaltung von rein viskosen und rein elastischen Strukturelementen beschreiben: Kelvin-, Maxwell-Körper.

10.12 Maßnahmen zur Optimierung der Steifigkeit

In Abschn. 10.2 hatten wir den Widerstand gegen elastische Formänderung, der durch die Moduln E und G gekennzeichnet wird, direkt auf die Gitterpotenziale und atomaren Bindungsstärken zurückgeführt. Was kann nun der Werkstoffingenieur tun, dem die Aufgabe gestellt wird, die Steifigkeit eines Werkstoffs zu steigern? Je höher innerhalb einer Stoffklasse der Schmelzpunkt ist, desto höher wird in aller Regel auch der Modul sein, wie in 10.2 erläutert. Leider bringt das Zulegieren kleiner Mengen von Atomen eines anderen, evtl. hochschmelzenden Elements wenig Erfolg: E und G sind Ausdruck der *mittleren* Bindungsfestigkeit des Gitters – man kann daher nicht erwarten, dass diese Größen auf wenige Prozent Änderung der Zusammensetzung stärker reagieren.

Im wesentlichen gibt es zwei Möglichkeiten, die Steifigkeit anzupassen, die wir in den nächsten Abschnitten besprechen wollen.

10.12.1 Verbesserung der Steifigkeit durch Texturen

Im Einkristall variieren die elastischen Eigenschaften stark mit der Richtung, weil die Abstände und Anordnungen im Atomgitter unterschiedlich sind. Trotzdem sind unsere technischen Werkstoffe, die ja normalerweise Polykristalle darstellen, isotrop in ihren elastischen Eigenschaften. Dies liegt an der statistisch regellos verteilten Orientierung der Körner. Man kann aber Umform- und Gießprozesse so führen, dass Vorzugsorientierungen entstehen, sogenannte *Texturen*. Ein Beispiel wird in Abb. 12.14 gezeigt. Durch Texturen lässt sich die Steifigkeit in bestimmten Richtungen erhöhen, in anderen erniedrigen.

Bekanntestes Beispiel ist die gerichtete Erstarrung von Turbinenschaufeln. Während normalerweise hohe Steifigkeiten angestrebt werden, nutzt man hier den geringen E-Modul, der sich im kubischen Gitter in Erstarrungsrichtung einstellt (siehe Abschn. 7.4.4). Die niedrige Steifigkeit ist vorteilhaft bei Wärmespannungen im Betrieb, weil in diesem Fall durch Temperaturunterschiede aufgeprägte Dehnungen in geringe

Spannungen umgesetzt werden:

$$\sigma = E\varepsilon = E\alpha\Delta T. \tag{10.55}$$

α ist der Ausdehnungskoeffizient. Der E-Modul polykristalliner Nickellegierungen ohne Textur liegt bei 200 GPa. In der [100]-Richtung, die sich bei gerichteter Erstarrung als Vorzugsorientierung ausbildet, sinkt der E-Modul auf 125 GPa, d. h. die Spannungen nach (10.55) werden um 40 % reduziert![5]

Ein Beispiel für Texturen mit dem Ziel hoher Steifigkeit sind Extrusionsprofile, bei denen die Strangpressbedingungen so gewählt werden, dass entsprechend günstige Vorzugsorientierungen in Längsrichtung entstehen.

10.12.2 Erhöhung der Steifigkeit durch Fasern. Verbundwerkstoffe

Keramische oder intermetallische Phasen weisen entsprechend ihrer Bindungsstärke sehr hohe Steifigkeiten auf. Bringt man diese Phasen in eine elastisch weichere Matrix ein, entsteht ein *Verbundwerkstoff* mit – gegenüber dem Matrixmaterial – stark erhöhter Steifigkeit. Bekannte Beispiele sind *CFK* und *GFK*, mit Kohlenstofffaser oder Glasfaser verstärkte Kunststoffe. Verstärkungsphasen in Faserform sind besonders effizient.

Die Verstärkungswirkung hängt entscheidend davon ab, wie die Verstärkungsphase in Bezug auf die angreifende Last angeordnet ist. Hohe Verstärkungswirkung erreicht man bei *Parallelschaltung* in Bezug auf die angreifende Kraft, siehe Abb. 10.38a. Um ihre Wirkung zu entfalten, muss die Verstärkungsphase an der Grenzfläche stoffschlüssig mit der Matrix verbunden sein. Bei Belastung entwickeln sich dann gleich große elastische Dehnungen in der Matrix (Index M) und der Verstärkungsphase (Index V). Außerdem

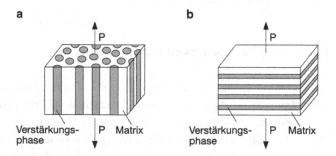

Abb. 10.38 Unterschiedliche Verstärkungswirkung in Verbundwerkstoffen je nach Orientierung der Verstärkungsphase (*dunkel*) zur angreifenden Spannung. **a** Parallelschaltung, Verstärkungsphase mit Fasergeometrie, **b** Reihenschaltung, Verstärkungsphase mit Platten- oder Schichtgeometrie

---

[5] In der [111]-Richtung steigt der E-Modul allerdings auf 300 GPa. Im Fall der Turbinenschaufel ist der Vorteil, dass die entscheidenden Wärmespannungen in Richtung [100], der Schaufelblattlängsachse, orientiert sind.

entstehen in Matrix und Verstärkungsphase entsprechend dem Hooke'schem Gesetz unterschiedliche Spannungen:

$$\varepsilon_V = \varepsilon_M, \quad \sigma_V \neq \sigma_M. \tag{10.56}$$

Für die Spannung im Verbundwerkstoff gilt die Mischungsregel

$$\sigma = \sigma_V f_V + \sigma_M f_M \tag{10.57}$$

mit dem Volumenanteil f jeder Phase. Aus (10.57) folgt mit (10.56) und dem Hooke' schem Gesetz

$$E = E_V f_V + E_M f_M = E_M \left[1 + f_V \left(\frac{E_V}{E_M} - 1 \right) \right]. \tag{10.58}$$

Bei der *Reihenschaltung* von Matrix und Verstärkungsphase entsprechend Abb. 10.38b gilt:

$$\sigma_V = \sigma_M, \quad \varepsilon_V \neq \varepsilon_M. \tag{10.59}$$

Die Dehnung in Richtung der angreifenden Kraft ergibt sich aus der Mischungsregel:

$$\varepsilon = \varepsilon_V f_V + \varepsilon_M f_M. \tag{10.60}$$

Mit der Bedingung aus (10.59) und dem Hooke'schen Gesetz lässt sich (10.60) umformen zu:

$$\frac{1}{E} = \frac{f_V}{E_V} + \frac{f_M}{E_M}, \quad \text{bzw.} \quad E = \frac{E_M}{1 + f_V \left(\frac{E_M}{E_V} - 1 \right)}. \tag{10.61}$$

Während bei der Parallelschaltung der E-Modul mit dem Volumenanteil der Verstärkungsphase stark ansteigt, fällt die Verbesserung im Fall der Reihenschaltung deutlich geringer aus. Erzeugt man die Verstärkungsphase über Phasenumwandlung, d. h. über legierungstechnische Maßnahmen und nicht über das Einbringen von Fasern, so lässt sich eine teilweise Reihenschaltung nicht vermeiden. Die gleiche Situation entsteht, wenn faserverstärkte Werkstoffe nicht ausschließlich in Faserrichtung belastet werden.

Wie (10.58) zeigt, „lebt" der Verbundwerkstoff vom hohen E-Modul der Verstärkungsphase. In Tab. 10.7 sind einige Werte aufgelistet. Allerdings benötigt man nach (10.58) auch gewisse Volumenanteile der Verstärkungsphase, wenn man größere Effekte erreichen will. Wegen der Sprödigkeit der Verstärkungsphasen müssen deshalb Verluste an Duktilität in Kauf genommen werden.

Durch Einlagerung sehr steifer Verstärkungsphasen können Verbundwerkstoffe mit hoher Steifigkeit geschaffen werden. Insbesondere bei Kunststoffen ist die Faserverstärkung ein wichtiges Prinzip zur Verbesserung der mechanischen Eigenschaften. Der E-Modul wird nach der Mischungsregel berechnet (10.58).

Tab. 10.7 Elastizitätsmodul und Bruchfestigkeit von Verstärkungsphasen in Verbundwerkstoffen bei Raumtemperatur

Verstärkungsphase	E (in GPa)	σ_B (in MPa)
Kohlenstofffaser HT (Standard/hochfest)	225	3400
Kohlenstofffaser HM (hochmodulig)	390	2450
Diamant	800	
Graphen	1000	
Glasfaser	70	2000
Aramidfaser (Kevlar®) (Standard)	70	2800
Aramidfaser HM (hochmodulig)	130	2800
Wolframdraht	400	
Al$_2$O$_3$-Faser	380	3100
SiC-Faser	190	2700

10.13   Maßnahmen zur Steigerung des Widerstands gegen plastische Formänderung

Hier sind vor allem die Metalle zu diskutieren, die sich durch plastische Verformbarkeit bei Gebrauchstemperatur auszeichnen. Den Formänderungswiderstand kennzeichnen wir durch $R_{p0,2}$, also diejenige Beanspruchung, bei der die rein elastische Verformung in plastisches Fließen übergeht. Da die Verformung der Metalle von Versetzungen getragen wird, muss jede Bemühung um Festigkeitssteigerung bei diesen Gitterfehlern ansetzen, vgl. Abschn. 10.8. Aus der Sicht des Versetzungsmechanismus ist R_p diejenige Beanspruchung, bei der in günstig zur Beanspruchungsrichtung orientierten Gleitsystemen des Werkstoffs die kritische Schubspannung τ_c überschritten wird. Kritisch heißt τ_c deshalb, weil für $\tau = \tau_c$ das Niveau der bewegungshindernden *inneren Spannungen* überwunden wird: $\tau_c = \tau_i$. Will man also verhindern, dass eine äußere Spannung eine großräumige Versetzungsbewegung und damit eine makroskopisch messbare Verformung hervorruft, so muss man die inneren Gegenspannungen so groß wie möglich machen, siehe (10.26) in Abschn. 10.8.1.

10.13.1   Erhöhung der Festigkeit durch Versetzungshindernisse. Versetzungs-, Mischkristall- und Teilchenhärtung

Abb. 10.39 zeigt die Bewegung einer Versetzung in einer Gleitebene durch ein Feld von Hindernissen. In diesem Fall handelt es sich um Teilchen einer zweiten Phase, wie wir unten noch genauer sehen werden. Die Hindernisse könnten aber auch Fremdatome sein oder Schnittpunkte mit Versetzungen in anderen Gleitebenen. Die Versetzung wird an den Hindernissen festgehalten; die Hindernisse üben Rückhaltekräfte P_R aus. Andererseits treibt die Kraft P die Versetzung vorwärts. Die Versetzung versucht, so weit wie möglich zwischen den Hindernissen hindurchzuquellen. Dabei setzt aber die Linienener-

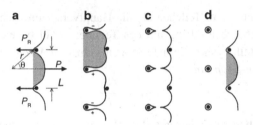

Abb. 10.39 Härtung durch nichtschneidbare Teilchen (Orowan-Umgehung). Die Teilbilder **a** bis **d** zeigen unterschiedliche Zeitpunkte. Die anliegende Spannung τ ist in Teilbild **a** und **d** kleiner als in Teilbild **b** und **c**, wo die Umgehung stattfindet. Die anziehende Kraft zwischen den Versetzungssegmenten ist durch $+$ und $-$ markiert. Um die Teilchen bleiben Versetzungsringe zurück, die Orowan-Ringe

gie der Versetzung Grenzen. Die entstehende Ausbauchung in Form von Kreissegmenten stellt gerade die Konfiguration dar, bei der dem größten Betrag an Abgleitung die kleinste Linienverlängerung gegenüber steht.

Für die vorwärtstreibende Kraftkomponente gilt:

$$P = Lb\tau. \tag{10.62}$$

Dabei ist L die Länge des abgleitenden Liniensegments der Versetzung, hier identisch mit der freien Passierlänge zwischen den Hindernissen. Für die rücktreibende Kraft auf Grund der Linienspannung (siehe (10.23)) setzt man an

$$P_\mathrm{R} = 2U_\mathrm{V} \sin \theta = Gb^2 \sin \theta. \tag{10.63}$$

Der Winkel θ ist in Abb. 10.39a definiert. Durch Gleichsetzen von (10.62) und (10.63) ergibt sich

$$\tau = \frac{Gb}{L} \sin \theta. \tag{10.64}$$

Steigert man bei gegebenem Hindernisabstand die Spannung schrittweise, bauchen die Versetzungen immer weiter aus, d. h. es vergrößert sich allmählich der Winkel θ und es verkleinert sich der Radius r der Versetzungskreissegmente. Gleichzeitig wächst die Kraft, die auf das Hindernis ausgeübt wird. Je nach Hindernisstärke werden die Hindernisse früher oder später versagen; man kann den Wert $\sin \theta$ als Maß für die Hindernisstärke auffassen. Bei $\sin \theta = 1$ erreicht das Versetzungssegment die Halbkreisform. Hier kann die Versetzung das Hindernis durch *Umgehen* überwinden, auch ohne Versagen des Hindernisses. Die Abb. 10.39b bis d zeigen, wie Umgehen funktioniert. Die um ein Teilchen herumgeschlungenen Teilstücke einer Versetzungslinie sind so weit ausgebaucht, dass sie „sich sehen": Die einander gegenüberliegenden Segmente haben entgegengesetztes Vorzeichen und ziehen sich an, um sich anschließend auszulöschen. Die „Schlinge" schnürt sich ein und reißt hinter dem Teilchen ab, die Hauptversetzung schnappt nach vorn, der abgerissene Rest legt sich als Ring um das Teilchen. Man bezeichnet diesen Vorgang nach dem frühen Metallphysiker Egon Orowan als *Orowan-Mechanismus*, die zugehörige Spannung als *Orowan-Spannung*:

$$\tau_{Or} = \frac{Gb}{L} \qquad (10.65)$$

Die Betrachtungen oben haben gezeigt, dass Hindernisse über erzwungene Linienverlängerungen Gegenspannungen verursachen, die überwunden werden müssen, um plastische Verformung fortzusetzen. Auf der Basis von (10.64) können die *Härtungsbeiträge* formuliert werden, wobei wir nach Hindernistyp unterscheiden.

$$\Delta R_p = \Delta\sigma_1 \sim Gb\sqrt{\rho} \qquad \textit{(Versetzungshärtung, Verformungsverfestigung)}, \qquad (10.66)$$

$$\Delta R_p = \Delta\sigma_2 \sim Gb\sqrt{c} \qquad \textit{(Mischkristallhärtung)}, \qquad (10.67)$$

$$\Delta R_p = \Delta\sigma_3 \sim \frac{Gb}{L} \qquad \textit{(Teilchenhärtung)}, \qquad (10.68)$$

mit ρ Versetzungsdichte, c Konzentration der Fremdatome, L Teilchenabstand.

Entscheidend für die verfestigende Wirkung ist der *Hindernisabstand*; $\sqrt{\rho}$, $\sqrt{c}$ und $1/L$ kennzeichnen die freien Passierlängen (zu $\sqrt{\rho}$ vgl. (10.22)). Als zweites ist die *Hindernisstärke* wichtig. Setzt man Werte in die Formeln ein, kann man sehen, dass die Hindernisabstände nicht viel größer sein dürfen als 100 nm, um technisch interessant zu sein. Im Falle der Teilchenhärtung ist das ein anspruchsvoller Wert. Inkohärente Ausscheidungen, die bei Phasenumwandlungen entstehen, haben größere Abstände. Das gleiche gilt für nicht benetzbare keramische Teilchen, die in Schmelzen eingerührt werden. Man sieht außerdem aus den Gleichungen oben, dass der elastische Modul auch eine wichtige Rolle beim Verformungswiderstand spielt. Das macht beispielsweise verständlich, warum die Absolutwerte der Festigkeit von Stählen und Aluminiumlegierungen so weit auseinander liegen (Abb. 15.2). Es erklärt auch, warum Praktiker mit der Faustformel $R_p \approx E/100$ erfolgreich arbeiten können.

Im folgenden wollen wir die Natur der Hindernisstärke genauer betrachten. Die mikrostrukturelle Ursache der *Versetzungshärtung* nach (10.66) hatten wir in Abschn. 10.8 als „Verfilzung" des Versetzungsnetzwerks bezeichnet. Versetzungen der Dichte ρ (in m/m^3) rufen bei statistisch ungeordneter Verteilung einen Beitrag zur inneren Gegenspannung hervor, der mit ihrem mittleren Abstand $\sqrt{\rho}$ zunimmt. Die physikalische Quelle dieser härtenden inneren Spannungen liegt einmal in weitreichenden elastischen Verzerrungsfeldern, welche die Versetzungslinien umgeben; zum anderen sind es die Kräfte, die zum Durchschneiden quergestellter Versetzungslinien benötigt werden. Hohe Versetzungsdichte erzeugt hohen Verformungswiderstand. Bei der Bauteilherstellung durch Umformprozesse optimiert man die Versetzungshärtung, indem man die Kaltumformung an die Warmumformung anschließen lässt. Bei der Kaltumformung werden höhere Versetzungsdichten generiert (Abschn. 13.2.5).

Abb. 10.40 Unterschiedliche Härtungswirkung verschiedener Legierungsatome in Kupfer

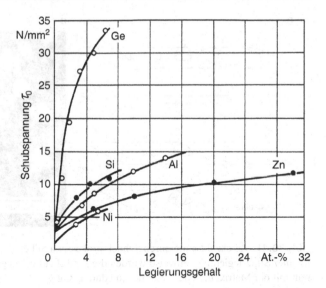

Bei der *Mischkristallhärtung* nach (10.67) wird ausgenutzt, dass Fremdatome schon in sehr geringen Mengen ausreichen, um Versetzungslinien wirkungsvoll zu verankern, siehe Abb. 10.40. Fremdatome wirken aus zwei unabhängigen Ursachen als Hindernisse: Sie können von unterschiedlicher Größe bezüglich der Atome des Grundgitters sein, oder sie können unterschiedliche Bindungskräfte zu den Nachbaratomen haben (gleichbedeutend mit unterschiedlichem Schubmodul). In jedem Fall ergibt sich eine für die betreffende Atomsorte charakteristische Hindernisstärke oder Rückhaltekraft auf die Versetzungslinie. Besonders wirksam hinsichtlich Hindernisstärke sind Zwischengitteratome wie C und N in α-Fe, weil in ihrer atomaren Umgebung das Grundgitter sehr stark verzerrt ist. Allerdings ist wegen der starken Gitterverzerrung die Löslichkeit dieser Atome viel geringer als die „harmloser" Fremdatome mit schwacher Wechselwirkung: Bei Löslichkeiten von C im Eisengitter im Bereich von 0,1 At.-% ist mit dem Term $\sqrt{c}$ „kein Staat zu machen". Häufig sind deshalb in der Praxis „mittelstarke" Fremdatome die beste Wahl, die relativ hohe Löslichkeit haben. Ein Beispiel ist Mg in Aluminiumlegierungen.

Bei der *Teilchenhärtung* entsprechend (10.68) muss unterschieden werden, ob die Teilchen geschnitten werden können oder nicht. *Schneiden* ist in Abb. 10.41 dargestellt. Es setzt Kohärenz voraus, d.h. die Gleitsysteme der Matrix müssen sich im Teilchen fortsetzen. Kohärente Teilchen können im Zuge von Ausscheidungsprozessen entstehen, Abschn. 7.5.2 und 7.5.3.

Wieso bilden schneidbare Teilchen überhaupt Hindernisse für Versetzungen? Zunächst einmal wirkt jedes von ihnen wie ein sehr großes Fremdatom – Gitterabstände und Bindungen (G!) werden innerhalb des Teilchens und in seiner nahen Umgebung verschieden von den Matrixwerten sein. Hinzu kommt, dass das Schneiden eines Teilchens neue Grenzfläche schafft (Abb. 10.41). Jeder Schneidvorgang kostet also Grenzflächenenergie. Und schließlich zerstört das Durchlaufen einer Versetzungslinie durch eine Phase mit gea   b

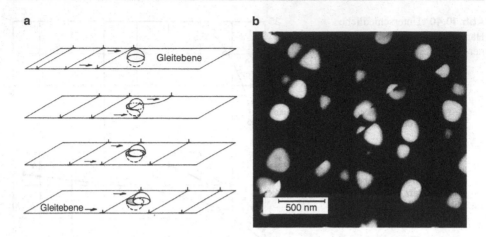

Abb. 10.41 Teilchenhärtung durch Schneidprozesse; **a** Schema, **b** TEM-Aufnahme von γ'-Teilchen in einer Superlegierung, teilweise wurden die Ausscheidungen geschnitten. γ'-Teilchen sind kohärent mit der Matrix; die Gleitsysteme sind durchgängig

ordneter Struktur (z. B. γ', siehe Abschn. 15.6) die strenge Ordnung bzw. ABCABC... Atomlagen-Reihenfolge – und auch das kostet Energie.

Nicht schneidbare Teilchen bilden sich ebenfalls als Ergebnis von Ausscheidungsreaktionen (z. B. NbC in legierten Stählen) oder bei eutektischer Kristallisation (Si in Al-Si-Legierungen).

10.13.2 Erhöhung der Festigkeit durch Korngrenzen. Feinkornhärtung

Makroskopische Verformung von Metallen ist das Ergebnis weiträumiger Versetzungsbewegung. Ein schwer überwindliches Hindernis für die Abgleitprozesse bilden die Korngrenzen, weil dort die Gleitebenen aufhören müssen. Damit die Verformung weiter gehen kann, müssen neue Gleitsysteme im Nachbarkorn angeworfen werden. Dabei helfen *Spannungskonzentrationen* an vor der Korngrenze aufgestauten Versetzungen. Man kann zeigen, dass kleine Körner die *Aufstaulänge* begrenzen und die Spannungskonzentration senken. Genaue Behandlung führt zu einer einfachen Gleichung, der sog. *Hall-Petch-Beziehung*:

$$\Delta R_\mathrm{p} = \Delta\sigma_4 \sim \frac{Gb}{\sqrt{L_\mathrm{K}}}, \tag{10.69}$$

mit der Korngröße L_K. Gegenüber dem Einkristall ($L_\mathrm{K} \to \infty$) hat also ein polykristallines Gefüge mit der Korngröße L_K eine erhöhte Fließgrenze, und der Erhöhungsbetrag wächst wie der Kehrwert der Wurzel aus der Korngröße (Abb. 10.42). Wie schon in Abschn. 10.13.1 bringt die Formulierung der Gl. (10.69) nicht zum Ausdruck, dass die Hindernisstärken unterschiedlich sein können. Die Feinkornhärtung ist deutlich schwä-

Abb. 10.42 Gültigkeit der Hall-Petch-Beziehung für die Festigkeit von Werkstoffen gleicher Zusammensetzung, aber unterschiedlicher Korngröße L_K entspr. (10.69)

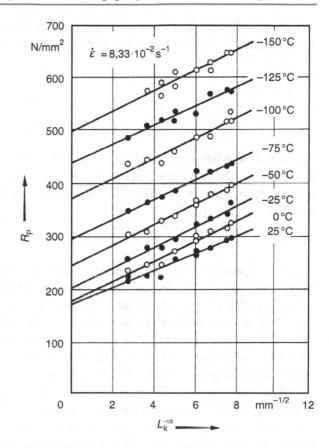

cher ausgeprägt in kfz. Gittern als in krz. und hdp. Strukturen. Dies wird mit der hohen Anzahl von Gleitsystemen in kfz. Gittern in Verbindung gebracht, welche ein Anwerfen von neuen Gleitsystemen erleichtert.

Im Interesse hoher Festigkeit muss bei der Herstellung und Verarbeitung metallischer Werkstoffe ein feines Korn angestrebt werden. Ein Mittel sind rasche Erstarrung beim Gießen, am besten Pulvermetallurgie. Rekristallisationsprozesse in der Umformtechnik müssen so geführt werden, dass feines Korn entsteht. Jede Grobkornbildung ist zu vermeiden. Vor allem beim Lösungsglühen ist diese Gefahr beträchtlich.

10.13.3 Erhöhung der Festigkeit durch Fasern. Verbundwerkstoffe

In Abschn. 10.12.2 haben wir bereits die Wirkung von eingelagerten Fasern auf die Steifigkeit besprochen. Jetzt geht es um die Steigerung der Zugfestigkeit. Wir betrachten wieder den Fall der Parallelschaltung, Abb. 10.38a. Aufgrund der festen Anbindung der Matrix an die Faser ist die Dehnung in Faser (Index F) und Matrix (Index M) gleich und es entwickeln sich unterschiedliche Spannungen in beiden Komponenten entsprechend dem

Hooke'schen Gesetz. Die Gesamtspannung im Faserverbundwerkstoff ergibt sich aus den Volumenanteilen der Komponenten f nach der *Mischungsregel*:

$$\varepsilon_F = \varepsilon_M, \quad \sigma_F \neq \sigma_M, \tag{10.70}$$

$$\sigma_F = E_F\varepsilon, \quad \sigma_M = E_M\varepsilon, \tag{10.71}$$

$$\sigma = \sigma_F f_F + \sigma_M f_M. \tag{10.72}$$

Auf Grund ihres hohen E-Moduls entwickeln sich höhere Spannungen in der Faser als in der Matrix. Die Faser trägt – die Matrix wird entlastet. Der Bruch wird im allgemeinen durch Versagen der Faser bei Erreichen der Faserfestigkeit σ_{BF} ausgelöst. In dieser Situation folgt aus (10.72):

$$R_m = \sigma_{BF} f_F + \sigma_M f_M \approx \sigma_{BF} f_F. \tag{10.73}$$

σ_M ist die Spannung in der Matrix zum Zeitpunkt des Bruchs der Faser. σ_M ist klein im Vergleich zu σ_{BF} und der Matrixterm kann in der Gleichung vernachlässigt werden.

Faserverstärkte Werkstoffe weisen überragende Festigkeiten aus. Wie man aus (10.73) sieht, liegt das an der hohen Festigkeit der Faser. Tatsächliche praktische Werte für Faserfestigkeiten sind in Tab. 10.7 angegeben; für Verbundwerkstofffestigkeiten vermittelt Abb. 15.2 einen Eindruck. Wieso sind Fasern eigentlich so viel fester als die Grundwerkstoffe, aus denen sie gemacht werden? Manche sprechen sogar von einem „*Faserparadoxon*". Die hohe Faserfestigkeit begründet sich einerseits aus den Produktionsverfahren, bei denen ausgeprägte Vorzugsorientierungen eingestellt werden können, so dass Richtungen mit hoher Bindungsstärke in der Faserachse liegen. Zum anderen handelt es sich hier um keramische Materialien mit einer Volumenabhängigkeit der Fehlergröße, (10.21). Man ist überrascht, wenn man ausrechnet, wie gering die Volumina der sehr dünnen Fasern sind (Durchmesser Kohlenstofffaser typisch 5 µm, Menschenhaar 50 µm).

Nachteilig bei Faserverbundmaterialien sind die sehr hohen Kosten, siehe Abschn. 13.2.9 und 15.9.2, was auf hohen Faserkosten und Herstellprozessen mit langer Taktzeit und mangelnder Automatisierbarkeit beruht. Wegen der noch einmal schwierigeren Herstellung als bei Polymeren wurde bei Metallen das Prinzip der Faserverstärkung bislang noch relativ selten genutzt. Eine Ausnahme stellt das Space Shuttle dar, wo Aluminium-Streben mit Bor-Endlosfaserverstärkung zum Einsatz kamen. Günstiger wird die fertigungstechnische Situation bei Verstärkung mit Kurz- oder Langfasern an Stelle von Endlosfasern. Hier sinken aber die erreichbaren Festigkeiten, weil ein Teil der Faserlänge zur Krafteinleitung benötigt wird und nicht voll mitträgt. Dieser nichttragende Anteil macht sich bei Kurzfasern im Gegensatz zu Endlosfasern in der Festigkeit bemerkbar.

Faserverbundwerkstoffe eignen sich vor allem für Bauteile mit wenigen Belastungsrichtungen. Man kann zwar mit Methoden der Textilindustrie sehr komplexe Faserformkörper herstellen, bei denen Fasern in drei und mehr Raumrichtungen zeigen. Der Volumenanteil an Fasern, der für jede Raumrichtung zur Verfügung steht, sinkt aber dramatisch, wenn man zu mehr als zweidimensionaler Anordnung übergeht.

Eine andere Herausforderung ist die Duktilität. Da Fasern spröde sind und da man nach (10.73) größere Volumenanteile benötigt, sind Duktilitätseinbußen unvermeidlich.

Für die Verbesserung des Widerstands gegen plastische Verformung stehen dem Werkstoffingenieur vielfältige Möglichkeiten zur Verfügung. Sie umfassen

1. Versetzungshärtung
2. Mischkristallhärtung
3. Teilchenhärtung
4. Feinkornhärtung
5. Faserverstärkung

Bei den Verfahren nach 1. bis 3. ist entscheidend, den Passierabstand der Versetzungen auf Werte von 100 nm und weniger zu drücken. Bei Teilchenhärtung ist dies schwierig. Bei der Mischkristallhärtung besteht die Herausforderung darin, Atome mit hoher Hinderniswirkung und gleichzeitig hoher Löslichkeit zu finden. Bei allen Härtungsbeiträgen ist die Festigkeitssteigerung proportional zum Elastizitätsmodul.

Die Faserverstärkung ist heute hauptsächlich bei den Kunststoffen üblich. Sie hat hohes Potenzial, wenn es gelingt, günstigere Herstellverfahren für Fasern und Bauteile zu finden.

10.14 Maßnahmen zur Steigerung der Warmfestigkeit

Plastische Verformung über Versetzungsbewegung verläuft bei erhöhter Temperatur ganz anders als bei Raumtemperatur. Die wichtigsten Merkmale haben wir in Abschn. 10.9 behandelt. Sieht man von der Wirkung von Korngrenzen wegen des Korngrenzengleitens einmal ab, gilt aber grundsätzlich das in Abschn. 10.13 dargelegte auch für erhöhte Temperatur. Durch Versetzungshindernisse werden *innere Spannungen* oder *Rückspannungen* σ_R erzeugt, welche die Kriechrate reduzieren. In Analogie zu (10.25) kann man (10.31) umschreiben und gelangt zu

$$\dot{\varepsilon}_S(\sigma, T) = \dot{\varepsilon}_0(\sigma - \sigma_R)^n \exp\left(\frac{-Q_K}{RT}\right) \qquad (10.74)$$

$$\sigma_R = \sum_{k=1}^{n} \sigma_{Rk} = \sigma_{R1} + \sigma_{R2} + \sigma_{R3} + \dots \qquad (10.75)$$

Wie in (10.66) bis (10.68) können Versetzungen, Fremdatome und Teilchen als Hindernisse wirksam werden.

Bei erhöhter Temperatur treten aber auch bedeutende Unterschiede auf, was die Versetzungshindernisse angeht. Das betrifft einmal die Hindernisstärke. Nicht schneidbare

Teilchen können wegen der schnellen Diffusion von der Versetzung überklettert werden und die Orowan-Spannung wird nicht mehr erreicht. Fremdatome können mitgeschleppt werden. Die andere Schwierigkeit liegt in der Stabilität der Hindernisse. Härtende Ausscheidungen vergröbern rasch, Abschn. 8.7. Außerdem nimmt der Volumenanteil entsprechend dem Zustandsdiagramm ab, bzw. die Ausscheidungen gehen ganz in Lösung.

Der Erfolg der Superlegierungen, Abschn. 15.6, beruht zum großen Teil darauf, dass die härtenden γ'-Ausscheidungen wegen geringer Grenzflächenenergie und geringer Diffusionskoeffizienten sehr langsam vergröbern. Eine Alternative sind *ODS-Werkstoffe*, bei denen über pulvermetallurgische Verfahren wie *mechanisches Legieren* inerte Teilchendispersionen eingeführt werden. Wir haben dies bereits in Abschn. 8.7 behandelt. Für den Erfolg der ODS-Werkstoffe war verantwortlich, dass es mit ihrer komplexen Herstelltechnik wirklich gelang, extrem feine Dispersionen mit $L < 100$ nm zu erzeugen, und das bei 2,5 Vol.-% Teilchen! (Siehe hierzu die Diskussion von (10.78) im nächsten Abschnitt.)

> Die Rückhaltekräfte, die Versetzungshindernisse ausüben, führen zur Verlängerung der Versetzungslinienlänge gegen die Wirkung der Linienenergie. Das Ergebnis sind innere Spannungen oder Rückspannungen σ_R. Dieses Konzept ist auch bei erhöhter Temperatur wirksam.

10.15 Maßnahmen zur Steigerung der Duktilität

Ziel der Entwicklung neuer Materialien ist im allgemeinen die Erhöhung der Festigkeit, also der Streckgrenze oder Zugfestigkeit. Wie wir im Abschn. 10.7 „Bruchvorgänge" gesehen haben, ist das damit einhergehende *höhere Spannungsniveau nicht zuträglich für die Duktilität*. Wie immer müssen wir zwei Fälle unterscheiden, je nachdem ob lange Risse von vornehrein vorhanden sind im Werkstoff oder nicht. Bei der *Ausbreitung langer Risse* existiert in den typischen technischen metallischen Werkstoffen eine ausgeprägte plastische Zone an der Rissspitze in der die Spannungskonzentration auf das Niveau der Streckgrenze abgebaut wird. Erhöhung der Streckgrenze verhindert den Spannungsabbau; *der K_{Ic}-Wert sinkt*, Abb. 10.19.

Sind keine langen Risse vorhanden, kommt es zu duktilem Bruch mit Bildung von Hohlräumen und (im Endstadium) Waben, siehe Abb. 10.11b und 10.12a. Ausgangspunkt für die Hohlräume sind *Mikrorisse*, die durch Matrixablösung oder Brechen größerer Fremdphasen im Zuge der plastischen Verformung entstehen. Eine Steigerung des Spannungsniveaus in einem festeren Werkstoff hätte hier zu Folge, dass Schwachstellen, die bei niedrigerem Spannungsniveau noch ungefährlich waren, jetzt zu Mikrorissen und Bruchauslösern mutieren. Die *größere Anzahl von Mikrorissen und ihr damit reduzierter Abstand* führen dann zur *Abnahme der Bruchdehnung*. Teilchen einer zweiten Phase sind nicht die einzigen Schwachstellen, die im Zuge der plastischen Verformung für Mikrorissentstehung in Frage kommen. An ihre Stelle können auch Poren treten, Oxidfilme oder Einschlüsse.

Durch Verbesserung der Prozesstechnik ist es möglich, Schwachstellen im Werkstoff zu vermeiden oder zu verkleinern, insbesondere wenn höhere Kosten in Kauf genommen werden. Fremdphasen können beispielsweise durch raschere Erstarrung in der Größe reduziert werden. Gießen aus dem fest-flüssig-Intervall senkt Erstarrungs- und Gasporosität. Sorgfältige Schmelzeraffination vermeidet Oxidhäute. Im Ergebnis kann es dadurch gelingen, die Duktilitätsabnahme wegen der Festigkeitssteigerung in Grenzen zu halten.

Es ist auch wichtig, wie eine Festigkeitssteigerung im Detail erreicht wird. Wie wir gesehen haben, kommt es beim Einbau von Hindernissen für die Versetzungsbewegung darauf an, kleine Passierabstände von typisch 100 nm zu erreichen. Bei einer Teilchendispersion besteht ein Zusammenhang zwischen Zahl der Teilchen pro Fläche n, Volumenanteil f und Radius r:

$$n = \frac{f}{\pi r^2}. \tag{10.76}$$

Der Passierabstand zwischen den Teilchen L ist gegeben durch:

$$L = \frac{1}{\sqrt{n}} - 2r. \tag{10.77}$$

Durch Einsetzen von (10.77) in (10.76) erhält man:

$$f = \left(\frac{r \sqrt{\pi}}{2r + L} \right)^2 \tag{10.78}$$

Nach (10.78) kann ein Abstand von 100 nm bei Radius 15 nm mit 4 Vol.-% Teilchen erreicht werden, bei Radius 1 µm benötigt man für das gleiche Ergebnis 70 Vol.-%! Es ist klar, dass *mit den groben Teilchen und hohen Volumenanteilen die Bruchdehnung negativ beeinflusst* wird, mit der feinen Dispersion dagegen nicht im gleichen Maße.

Eine Ausnahme bezüglich der Verschlechterung der Duktilität bei Festigkeitssteigerung stellt die *Feinkornhärtung* dar. Eine Verkleinerung der Korngröße steigert nicht nur den Verformungswiderstand sondern kann zusätzlich die Bildung von Mikrorissen zurückdrängen. Auch Korngrenzen sind Schwachstellen in dem Sinne der Diskussion, die oben geführt wurde. Die Spannungskonzentration durch Rückstau von Versetzungslinien vor der Korngrenze führt leicht zur Bildung keilförmiger Anrisse (Abb. 10.43). Das feine Korn vermeidet diese Art der Spannungskonzentration und unterdrückt diesen Mechanismus der Mikrorissbildung.

Im übrigen gelingt es den Maschinenkonstrukteuren immer besser, auch wenig duktile Materialien zu beherrschen. Das zeigt der zunehmende Einsatz von TiAl-Legierungen oder CFK. Eine mögliche Maßnahme beim Umgang mit einem spröden Material ist der Einsatz duktiler Komponenten im gleichen Lastpfad. Überbeanspruchung wird dann zu-

Abb. 10.43 Bildung eines keilförmigen Anrisses durch Versetzungsaufstau an einer Korngrenze. Die kritische Spannung für Rissbildung ist hier kleiner als die kritische Spannung für Aktivierung des entlastenden Gleitsystems im Nachbarkorn

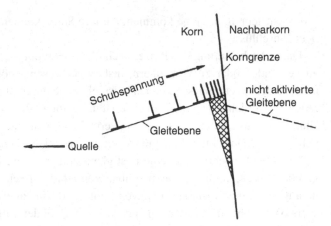

verlässig und ungefährlich durch die duktile Komponente signalisiert. Ein anderer Weg ist sehr genaue mechanische Bearbeitung um enge Toleranzen einzuhalten und Anpassungsverformungen bei Betriebsanlauf in der spröden Komponente zu vermeiden. Die Anpassungsverformung kann auch anderen Komponenten oder Beilegeplättchen überlassen werden, die duktil sind.

> Gewinn an Festigkeit (R_p) kostet meist Verlust an Duktilität (Spannungsintensitätsfaktor K_{Ic}, Bruchdehnung A). Mit geeigneten prozesstechnischen Maßnahmen, die Gefügeschwachstellen eliminieren, kann der Duktilitätsverlust aufgefangen werden. Es kommt auch darauf an, wie die Festigkeitssteigerung genau bewerkstelligt wurde. Feinkornhärtung kann gleichzeitig die Duktilität verbessern. Für Teilchenhärtung gilt in diesem Zusammenhang: Grobe Dispersionen sind schlechte Dispersionen.

Elektrische Eigenschaften

11

11.1 Vorbemerkung über Werkstoffe der Elektrotechnik

Die elektrischen Eigenschaften von Werkstoffen beschreiben das Verhalten dieser Festkörper in statischen oder wechselnden elektrischen *Feldern* bzw. zwischen den Polen einer *Spannungsquelle*.

Spannungsquellen liegen als *Batterien* (für Gleichspannung) oder als *Generatoren* (für Wechselspannung) vor. Batterien (oder Akkumulatoren) sowie Brennstoffzellen wandeln gespeicherte chemische Energie in elektrische Energie um. Generatoren (oder Dynamomaschinen) setzen mechanische Energie in elektrische Energie um. Die von ihnen erzeugte Wechselspannung kann durch *Gleichrichter* in Gleichspannung umgesetzt werden. Weitere Quellen für die Bereitstellung elektrischer Spannung und Energie sind das Licht (Photo-, Solarzelle), Temperaturdifferenzen (Thermoelemente), Druck (Piezoquarze).

Elektrische Energie kann durch *Stromtransport* in Netzwerken, die aus Freileitungen und Kabeln bestehen, zu den Verbrauchern geleitet werden. Im Bereich kleiner Energien genügen hierfür auch sich frei ausbreitende oder (durch Antennen) gerichtete elektromagnetische Wellen („drahtlose" Nachrichtenübermittlung, WLAN, Radar, Garagentore). Näheres s. Lehrbücher der Elektrotechnik.

Werkstoffe mit sehr unterschiedlicher Aufgabenstellung sind im Bereich der Elektrotechnik von großer Bedeutung für

- Maschinen zur Erzeugung elektrischer Energie,
- Leitungen und Kabel zum Transport elektrischer Energie,
- Leitungen zur Übertragung von Nachrichten und Steuerimpulsen,
- Isolatoren,
- Transformatoren (Umformer),
- Kontakte zur Unterbrechung von Stromkreisen,
- Überstromsicherungen, Überlastschütze,
- Messwiderstände, Kondensatoren,

© Springer-Verlag GmbH Deutschland 2016
B. Ilschner, R.F. Singer, *Werkstoffwissenschaften und Fertigungstechnik*,
DOI 10.1007/978-3-642-53891-9_11

- Halbleiterbauelemente für zahlreiche Funktionen,
- Bauelemente der Hochfrequenz- und Mikrowellentechnik,
- Bauelemente der Elektroakustik,
- Elektrowärmetechnik für Haushalt und Industrie,
- Elektroden der Schweißtechnik.

Alle diese Anwendungen umfassen etwa 9 Größenordnungen auf der Strom- und Spannungsskala. Es verwundert daher nicht, dass „Werkstoffe der Elektrotechnik" ein an vielen Hochschulen vertretenes eigenes Lehrgebiet ist.

11.2 Stromtransport in metallischen Leitern

11.2.1 Definitionen und Maßeinheiten

Damit in einem elektrischen Leiter ein Strom fließt, müssen zwei Voraussetzungen gegeben sein

- Ein *Potenzialgradient* als Triebkraft,
- *bewegliche Ladungsträger*.

Ursache des Stromflusses an einem beliebigen Punkt des Leiters ist stets ein Potenzialgradient $dU/dx = \text{grad}\, U$. Er wird auch als *Feldstärke E* bezeichnet. Seine Maßeinheit ist V/m. Grad $U = E$ hat Vektorcharakter und gibt die Richtung an, in die der Strom fließt.

Ermöglicht wird die Stromleitung durch Ladungsträger. In Metallen sind dies die Leitungselektronen mit der Ladung $e = 1{,}6 \cdot 10^{-19}$ As, gleichbedeutend mit $\mathcal{F} = N_A e = 96.500$ As/mol. In Ionenleitern sind Ionen mit der Ladung ze (z: Wertigkeit) die vorherrschenden Ladungsträger, s. Abschn. 11.5.4. Wir bezeichnen im Folgenden die Dichte der Ladungsträger in einem Leiter mit n_e (bzw. n_i), gemessen in $1/m^3$.

Ladungsträger können nur dann zum Stromtransport beitragen, wenn sie nicht an Gitterpunkten fixiert, sondern im elektrischen Feld beweglich sind. Ein Maß für die *Beweglichkeit* μ_e der Ladungsträger ist die Geschwindigkeit v, die sie in einem Potenzialgradienten der Stärke 1 V/m einnehmen würden. Es gilt also

$$v = \mu_e \, \text{grad}\, U = \mu_e E \quad (\text{m/s}). \tag{11.1}$$

(Hieraus folgt als Maßeinheit der Beweglichkeit 1 m^2/Vs). Damit können wir eine Formel für die *Stromstärke I* (A) bzw. die auf den Leiterquerschnitt bezogene *Stromdichte j* (A/m^2) angeben, welche obige Überlegungen zusammenfasst:[1]

$$j = n_e e v \quad (\text{A/m}^2). \tag{11.2}$$

---

[1] Man kann sich (11.2) veranschaulichen, wenn man an die Transportleistung eines Eisenbahnzuges mit der Geschwindigkeit v und n_e Waggons mit der Ladekapazität e denkt!

Durch Einsetzen von (11.1) folgt

$$j = n_e e \mu_e \operatorname{grad} U. \tag{11.3}$$

Wenn der Stromleiter den gleichmäßigen Querschnitt A hat, was z. B. bei einem Draht der Fall ist, so ist definitionsgemäß der Gesamtstrom $I = jA$. Ferner gilt dann grad $U = U/L$, wobei U die Spannungsdifferenz zwischen den Leiterenden und L die Länge des Leiters bezeichnet. Es ergibt sich dann aus (11.3)

$$I = (n_e e \mu_e) (A/L) U. \tag{11.4}$$

Dies ist nichts anderes als das *Ohm'sche Gesetz*

$$I = U/R \quad \text{mit } R = (L/A) (1/n_e e \mu_e). \tag{11.5}$$

Wir erkennen, dass sich der *Widerstand* des Leiters, R, aus zwei Faktoren zusammensetzt: Der eine, L/A, ist geometriebedingt, der andere, $(n_e e \mu_e)^{-1}$ ist stoffbedingt. Den stoffbedingten Faktor drückt man üblicherweise wie folgt aus:

Bezeichnung	Symbol, Faktoren	Maßeinheiten[a]
Spezifische elektrische Leitfähigkeit	$\sigma = n_e e \mu_e$	$A/Vm = (\Omega m)^{-1} = S/m$
Spezifischer elektrischer Widerstand	$\rho = 1/n_e e \mu_e$	$Vm/A = \Omega m$

(e: elektrische Elementarladung, n_e: Dichte der Ladungsträger, μ_e: Beweglichkeit der Ladungsträger)
[a] Die SI-Basiseinheit $1\,V/A$ wird allgemein als $1\,\Omega$ (Ohm), ihr Kennwert als $1\,S$ (Siemens) bezeichnet.

Für den spezifischen Widerstand der Metalle wird häufig auch die Einheit $1\,\mu\Omega cm = 10^{-4}\,\Omega m$ verwendet, um das Hinschreiben vieler Zehnerpotenzen zu vermeiden, vgl. Tab. 11.1. Auch $1\,\Omega mm^2/m = 1\,\mu\Omega m = 100\,\mu\Omega cm$ ist gebräuchlich.

11.2.2 Angaben zu wichtigen Metallen und Legierungen

Tab. 11.1 gibt einen Überblick über die elektrischen Kenngrößen wichtiger metallischer Werkstoffe.

Man erkennt: Die höchste Leitfähigkeit aller Metalle hat *Silber*. Es leitet etwa 60-mal besser als Quecksilber oder als eine typische Chromnickellegierung (für Widerstände). Normales E-Kupfer (s. Fußnote a zu Tab. 11.1) leitet etwa 10 % weniger gut als Silber, Aluminium hat nur ca. 60 % der Leitfähigkeit von Kupfer. Berücksichtigt man jedoch das spezifische Gewicht (die Dichte) beider Metalle, so ergibt sich der in Tab. 11.2 dargestellte Sachverhalt: Vom Gewicht her ist Aluminium also der günstigere Leiterwerkstoff,

Tab. 11.1 Spezifische Leitfähigkeit (σ) und spezifischer Widerstand (ρ) bei Raumtemperatur

Werkstoff	σ (in 10^6 S/m)	ρ (in $\mu\Omega$cm)
Rein-Silber	63	1,59
Reinst-Kupfer	59,9	1,67
E-Kupfer, weich[a]	$\geq$57	$\leq$1,75
Reinst-Aluminium	37,7	2,65
E-Aluminium, weich[b]	$\geq$36	$\leq$2,78
Reineisen	10,3	9,71
Quecksilber	1,04	96
NiCr 8020	0,93	108

[a] E-Kupfer oder E–Cu heißt „Kupfer für die Elektrotechnik" und beinhaltet nach VDE 0201 die angegebene Mindestleitfähigkeit, s. Abschn. 15.7.
[b] Definition wie E–Cu: Leitfähigkeits-Aluminium gem. VDE 0202, s. Abschn. 15.3.

obwohl größere Leiterquerschnitte erforderlich sind. Deswegen und auch aus Gründen der Materialkosten wird Aluminium vielfach und zunehmend in der Elektrotechnik eingesetzt. Problematisch ist allerdings, dass Aluminiumteile sich nicht so einfach leitend verbinden lassen, wie das beim Kupfer durch Löten möglich ist, s. Kap. 13.

Eisen ist, wie Tab. 11.1 zeigt, ein schlechter Stromleiter. In der Elektrotechnik spielt es daher eine Rolle als Legierungsbestandteil von Magnetwerkstoffen, nicht als Leiter.

Die in der letzten Zeile der Tabelle aufgeführte Legierung aus 80 % Nickel, 20 % Chrom ist eine typische Widerstandslegierung. Man setzt sie dort ein, wo für Mess- und Steuerzwecke hohe Widerstände mit wenig Materialeinsatz erreicht werden müssen.

Für die Erzeugung von Elektrowärme (in einer Heizwendel) ist ein hoher spezifischer Widerstand ebenfalls erwünscht: Er erlaubt es, bei gegebener Spannungsdifferenz U (z. B. 220 V) eine bestimmte Joule'sche Wärmeleistung N_J mit einem größeren Drahtquerschnitt A zu erzeugen – und das ist wegen der Haltbarkeit (Lebensdauer) des Drahtes wichtig

$$N_J = I U = U^2/R = (U^2/L)(A/\rho). \tag{11.6}$$

Die Oberflächenbelastung in J/m^2 des Heizleiters darf nämlich eine gewisse Grenze nicht überschreiten; anderenfalls wird der Draht zu heiß und infolgedessen sehr schnell oxidiert (s. Abschn. 9.5).

11.2.3 Temperaturabhängigkeit und Legierungseinflüsse

Der Stromtransport durch Elektronen ist auch bei guten Leitern relativ langsam. Er wird durch die ständige Wechselwirkung der Elektronen mit den Atomrümpfen behindert. Mit steigender Temperatur nimmt die Wärmebewegung der Gitterbausteine zu und erhöht dadurch den „Reibungswiderstand" der Leitungselektronen. Die Temperaturabhängigkeit des spezifischen Widerstandes der metallischen Leiter lässt sich recht einfach beschreiben.

Tab. 11.2 Vergleich von Aluminium und Kupfer als Leiterwerkstoffe

Werkstoff			Al	Cu
	Dichte	ρ_M (g/m^3)	$2{,}70 \cdot 10^6$	$8{,}93 \cdot 10^6$
	Spezifische Leitfähigkeit	σ (S/m^3)	$36 \cdot 10^6$	$57 \cdot 10^6$
Für gleichen Widerstand R und gleiche Länge L	Leiterquerschnitt, bezogen auf Cu = 100	$A = L/R\sigma$	160	100
	Leitergewicht, bezogen auf Cu = 100	$M = LA\rho_M$	48 (!)	100

Wenn man einen verstärkten Anstieg im Bereich kurz oberhalb des absoluten Nullpunktes vernachlässigt, so gilt in guter Näherung die lineare Beziehung

$$\rho(T) \cong \rho_0(1 + \alpha T) \quad \text{für } T \gtrsim 50\,\text{K}. \tag{11.7}$$

Wie Abb. 11.1 zeigt, gilt diese Näherung bei $T \approx 0\,\text{K}$ nicht mehr. Es stellt sich dort vielmehr ein *Restwiderstand* ρ_R ein, der etwas höher liegt als die formale Größe ρ_0 aus (11.7), welche nur einen Achsenabschnitt darstellt und auch negativ sein kann. Der Restwiderstand ist angenähert proportional zum Gehalt an Verunreinigungen (Fremd- und Legierungsatomen) und Gitterdefekten (Versetzungen, Leerstellen) – d. h. aller Strukturelemente, welche die ideale Periodizität des Raumgitters stören. Infolgedessen benutzt man die Messung des Restwiderstands bei der Herstellung von Reinstmetallen und Einkristallen als Test auf die Perfektion des Gitters.

Die Kurvenschar in Abb. 11.1 vermittelt einen Eindruck vom Einfluss geringer Legierungsgehalte auf den spezifischen Widerstand des Kupfers am Beispiel von Nickelzusätzen. Auch Eisen (das bei großtechnischen Herstellungsprozessen schwer auszuschließen ist) und Sauerstoff, der im Kupfergitter gelöst ist, senken die Leitfähigkeit des Kupfers ab. Für höchste Qualitätsansprüche wird daher durch aufwendige Prozesstechnik (Vakuumschmelzen) der Sauerstoffgehalt des E-Kupfers auf minimale Werte heruntergedrückt. Man spricht dann von sauerstofffreiem „OF-Kupfer" (vgl. Abschn. 15.7).

Bei höheren Legierungsgehalten – etwa im System Cu–Zn oder in der lückenlosen Mischkristallreihe Cu–Ni – ändert sich die Leitfähigkeit in komplexerer Weise, weil sowohl die Beweglichkeit der Elektronen als auch ihre Dichte vom Legierungsgehalt abhängen: Die mittlere *Valenzelektronen-Konzentration* (VEK) in der Legierung hängt ja von der Zahl der Elektronen ab, die von den unterschiedlich strukturierten Atomen der verschiedenen Legierungsmetalle beigesteuert werden. Einen Eindruck vermittelt Abb. 11.2.

Wir kehren zum Temperaturkoeffizienten α zurück: Er ist im „normalen" Temperaturbereich vor allem von den thermischen Gitterschwingungen verursacht und daher weitgehend unempfindlich gegen die kleinen Effekte von Verunreinigungen und Störstellen, die sich auf den Restwiderstand so stark auswirken. $\alpha = $ const ist die Aussage der sog. *Matthiessen'schen* Regel.

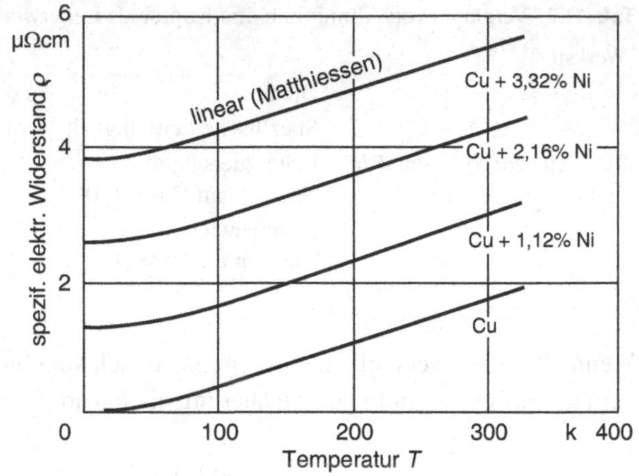

Abb. 11.1 Temperaturabhängigkeit des spezifischen
elektrischen Widerstands für
reines Kupfer und für Kupfer mit Nickelzusätzen (als
Beispiel für die Gültigkeit der
Matthiessen'schen Regel)

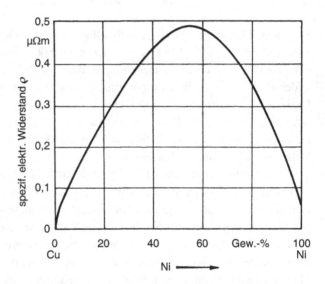

Abb. 11.2 Konzentrationsabhängigkeit des spezifischen
elektrischen Widerstands am
Beispiel der Mischkristallreihe
Cu–Ni

Wichtig ist der Zahlenwert von α. Er beträgt bei Kupfer und den meisten anderen Metallen im Bereich der Raumtemperatur rund 0,4 % pro Grad Temperaturänderung. Schwankungen der Umgebungstemperatur je nach Jahreszeit zwischen $-20\,°C$ und $+30\,°C$ verändern also den Widerstand einer Kupferwicklung bereits um rd. 20 %. Eine Temperaturerhöhung von Raumtemperatur auf $150\,°C$ – durchaus übliche Betriebstemperatur eines Elektromotors – bedeutet, dass der spezifische Widerstand des Kupfers von ca. $1{,}7 \cdot 10^{-4}\,\Omega m$ um $0{,}75 \cdot 10^{-4}\,\Omega m$ ansteigt. Dies ist ein Verlust an Leitfähigkeit von 30 %. Der Widerstand einer Heizwendel aus Molybdän steigt zwischen Raumtemperatur und $1000\,°C$ auf das 5-fache an, derjenige eines Heizelementes aus der Verbindung $MoSi_2$ mit 10 % Keramikzusatz sogar auf das 8,5-fache. Diese Faktoren müssen bei der Auslegung von Elektrowärme-Anlagen unbedingt berücksichtigt werden. Einen wesentlich niedrigeren Temperaturkoeffizienten weist der spezifische Widerstand von Ni–Cr-Legierungen auf: ρ von Ni80Cr20 (genauer: 78,5 % Ni, 20 % Cr, 1,5 % Si, letzteres als zusätzlicher Oxidationsschutz) ist bei 1100 °C nur rd. 7,5 % höher als bei Raumtemperatur.

Für Mess- und Steuerzwecke sind derart starke Temperatureinflüsse nicht tolerierbar. Man hat daher spezielle Legierungen entwickelt, deren Temperaturkoeffizient α wenigstens innerhalb eines begrenzten Temperaturbereichs (z. B. 20 bis 100 °C) nahezu Null ist. Ein Beispiel ist die Legierung „Manganin" (84 % Cu, 12 % Mn, 4 % Ni), die bei 25 °C weniger als 10^{-4} % Widerstandsänderung je Grad aufweist.

Auf der anderen Seite kann man die Temperaturabhängigkeit des spezifischen Widerstands auch zu Messzwecken ausnutzen. Dieser Gedanke führt auf das Widerstandsthermometer (s. auch Abschn. 4.5.3). Hier strebt man wegen der erwünschten Messgenauigkeit einen hohen Wert von α an. Für das üblicherweise verwendete Platin gilt

$$\alpha = 3,56 \cdot 10^{-3} \, \text{K}^{-1} \quad \text{(Mittelwert zwischen 0 und 200 °C).}$$

11.2.4 Einflüsse durch elastische und plastische Verformung

Wird ein Draht aus einer Widerstandslegierung um den Bruchteil ε seiner Länge elastisch gedehnt, so verringert sich infolge der Querkontraktion sein Querschnitt um $\Delta A/A_0 = -2\varepsilon\nu$ (Querkontraktionszahl $\nu \sim 0,3$). Allein aufgrund der Längenzunahme und Querschnittsverminderung nimmt der Widerstand R des Leiters um rd. $2,5\varepsilon$ % zu. Dadurch, dass die Metallatome in den Gitterebenen quer zur Zugrichtung enger zusammenrücken, wird außerdem noch die Elektronenbeweglichkeit in Richtung der Zugspannung herabgesetzt. Durch das Zusammenwirken beider Effekte ergibt sich ein kleiner, aber gut messbarer Widerstandsanstieg des Drahtes. Er wird messtechnisch in *Dehnungsmessstreifen* (DMS) zur elektrischen Registrierung kleiner elastischer Dehnungen ausgenutzt: Ein sehr dünner Draht aus Manganin oder Konstantanlegierung (zur Verminderung der Temperatureinflüsse, s. Abschn. 11.2.3) wird mäanderförmig in einen Kunststoffträger eingebettet (Abb. 11.3). Träger und Messstrecke werden auf das zu prüfende Bauteil aufgeklebt, und die beiden Stromzuführungen werden mit einer Widerstandsmessbrücke verbunden. Auf diese Weise können lokale Verzerrungen ε und die ihnen wegen des Hooke'schen Gesetzes zugeordneten Eigenspannungen σ gemessen werden:

$$\Delta R/R = K\varepsilon = (K/E)\sigma. \tag{11.8}$$

Der *K-Faktor* gibt die Empfindlichkeit des DMS an. Bei metallischen Leiterbahnen beträgt er etwa 2 bis 4; Halbleiter-DMS auf Si-Basis erreichen wesentlich höhere Empfindlichkeiten ($K \approx 100$).

Plastische Verformung eines duktilen Werkstoffs erzeugt eine erhöhte Versetzungsdichte. Wenn auch der mittlere Abstand paralleler Versetzungsabschnitte in verformten Proben immer noch rd. 50 Gitterabstände und mehr beträgt, so ist dies doch eine erhebliche Störung der Gitterperiodizität. Sie macht sich als Widerstandserhöhung um bis zu 5

Abb. 11.3 Dehnungsmessstreifen; Ausnutzung der Erhöhung des elektrischen Widerstands eines Drahtes durch elastische Dehnung

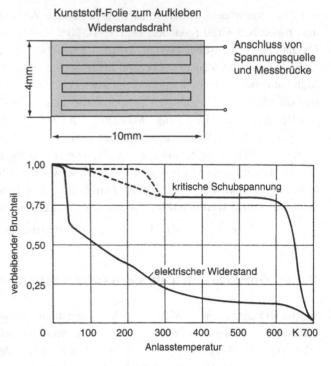

Abb. 11.4 Ausnutzung der Abhängigkeit des elektrischen Widerstands von der Fehlstellenkonzentration zur Messung der Kinetik von Ausheilvorgängen (hier: Ausheilung von Strahlenschäden)

oder 10 % des Widerstands von unverformtem Material bemerkbar. Die in Tab. 11.1 angegebenen Werte der spezifischen Leitfähigkeit gelten daher auch nur für weichgeglühten, d. h. erholten oder rekristallisierten Werkstoff (Abschn. 10.9.1). Kaltgezogener Draht oder walzhartes Band haben höhere Widerstandswerte bzw. geringere Leitfähigkeit.

In der experimentellen Forschung setzt man daher Präzisionswiderstandsmessungen dazu ein, um Gitterfehler aller Art zu erfassen. Vor allem im Bereich sehr tiefer Temperaturen (nahe dem Restwiderstand) erreichen solche Messverfahren hohe Genauigkeit. Absolutmessungen sind dennoch schwierig zu deuten, da eine Abweichung vom Sollwert des defektfreien Reinststoffs mehrere Ursachen haben kann. Die Kinetik der „Ausheilung" solcher Gitterdefekte kann jedoch als Relativmessung $R(t)/R(t_0)$ gut verfolgt werden. Wir denken dabei etwa an die Erholung von Versetzungsstrukturen nach Verformung, an die Ausheilung von Strahlungsschäden oder an den Abbau von Leerstellenübersättigung, die durch Abschrecken von hohen Temperaturen eingefroren wurde (Abb. 11.4).

11.3 Supraleitung

Bei Normalleitern geht der spezifische Widerstand mit fallender Temperatur erst linear (11.7), dann langsamer gegen einen Restwiderstand ρ_R von der Größenordnung $10^{-11}\,\Omega\text{m}$. Supraleiter hingegen sind durch eine *Sprungtemperatur* T_c ausgezeichnet:

Tab. 11.3 Sprungtemperaturen supraleitender Stoffe in K

Al	Sn	Pb	MgB_2	Nb	NbN	Nb_3Sn
1,2	3,7	7,2	39	9,2	14,7	18,3

Abb. 11.5 Temperaturabhängigkeit des kritischen Wertes der magnetischen Feldstärke, oberhalb dessen der supraleitende Zustand nicht mehr stabil ist

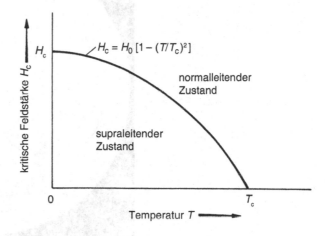

Sobald $T < T_c$, springt der spezifische Widerstand auf Null. Anders ausgedrückt: Die Leitfähigkeit des Supraleiters ist praktisch unendlich hoch. Leider liegen diese Temperaturen meist so tief, dass sie nur durch Kühlung mit verflüssigtem Helium erreicht werden können. Der hierfür erforderliche Aufwand begrenzt die technische Anwendung der Supraleitung. Die Sprungtemperaturen einiger Elemente und intermetallischer Verbindungen gibt Tab. 11.3 an.

Andere Metalle (z. B. Fe, Ni, Ag, Au) zeigen keine Supraleitfähigkeit, also auch keinen Sprungpunkt. Supraleiter sind nicht einfach extrem gute metallische Leiter; vielmehr befindet sich der Werkstoff bezüglich seiner Elektronenverteilung bei $T < T_c$ in einem ganz anderen physikalischen Zustand. Diese Hintergründe können hier allerdings nicht behandelt werden. Man erkennt den besonderen Zustand auch daran, dass unterhalb T_c magnetische Felder aus dem Supraleiter hinausgedrängt werden (Meissner-Ochsenfeld-Effekt).

Starke *äußere Magnetfelder* können allerdings den magnetischen Fluss wieder in den Werkstoff hineinzwingen – und damit den Zustand der Supraleitfähigkeit zerstören. Je näher man mit von 0 K an steigender Temperatur an den Sprungpunkt herankommt, desto leichter ist es, die Supraleitung durch ein äußeres Magnetfeld zu zerstören (Abb. 11.5). Die Temperaturabhängigkeit der kritischen Feldstärke ist

$$H_c = H_{co}\left[1 - (T/T_c)^2\right].\tag{11.9}$$

Diese kritische Feldstärke, die auch die Stromtragfähigkeit begrenzt, ist eine weitere Beschränkung der technischen Anwendung der Supraleitung. Es ist jedoch gelungen, *harte Supraleiter* (oder auch Hochfeldsupraleiter) zu entwickeln, bei denen der supraleitende

Abb. 11.6 Querschnitt eines
Multifilament-Supraleiters

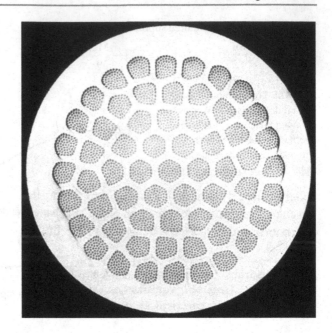

Zustand erst oberhalb 10^6 A/m zerstört wird, während hierfür bei „weichen" Supraleitern bereits etwa 1000 A/m genügen. Werkstofftechnische Maßnahmen wie das Einbringen sehr fein verteilter Teilchen oder von Versetzungsanordnungen erhöhen die Beständigkeit des Supraleiters gegen das Eindringen äußerer Magnetfelder. Sie „härten" also den Supraleiter ähnlich wie bei der Erhöhung der mechanischen Festigkeit (Abschn. 10.12.2).

In der Technik haben sich besonders Supraleiter aus NbTi-Mischkristallen und aus der intermetallischen Phase Nb_3Sn bewährt. Man kann solche Leiter aus Nb-Drähten herstellen, indem man sie mit Zinn beschichtet und die Phase $NbSn_3$ durch zylindersymmetrisches Eindiffundieren erzeugt. Da die entstehende Verbindung spröde ist, bettet man Drahtbündel aus Nb_3Sn in Kupfer ein (sog. Multifilamentleiter, Abb. 11.6). So erhält man einen flexiblen Leiter, den man z. B. zu Spulen wickeln kann.

Das Kupfer erfüllt dabei einen weiteren Zweck: Sollte an irgendeiner Stelle des Supraleiters, der ja sehr hohe Ströme transportiert, die Supraleitfähigkeit zusammenbrechen (z. B. durch lokalen Temperaturanstieg über T_c), so wird ein endlicher spezifischer Widerstand wirksam, welcher große Beträge an Joule'scher Wärme erzeugt ($\approx \rho I^2$). Diese Wärmeentwicklung würde den Supraleiter aufschmelzen und zerstören, bevor ein Notschalter wirksam werden könnte. Der Kupfermantel des Multifilamentleiters hingegen kann elektrischen Strom und Joule'sche Wärme bis zum Ansprechen des Ausschalters tragen.

Seit 1986 kennt man auch die *Hochtemperatur-Supraleiter*. Dies sind keramische Substanzen, mit der Kristallstruktur des Minerals Perowskit. Ihre Basis ist Kupferoxid in Verbindung mit Barium und Seltenen Erden. Ihr Hauptmerkmal sind sehr hohe Sprungtemperaturen, nahe der Temperatur flüssigen Stickstoffs. Deswegen werden sie auch als

„HTC-Supraleiter" bezeichnet. Durch die hohe Sprungtemperatur wird das Problem der notwendigen Kühlung bereits sehr erleichtert, was in der Anwendung zu weitreichenden Konsequenzen führen könnte.

Seit einiger Zeit ist es gelungen, trotz der Sprödigkeit der keramischen Materialien, erste supraleitende Drähte und Bänder herzustellen. Man bettet dazu das supraleitende Material in einen gut verformbaren Silbermantel ein. Ein weiteres Problem stellen die ausgesprochen geringen kritischen Stromdichten und Magnetfeldstärken dar, die verlangen, dass der Leiter texturiert werden muss (möglichst keine Korngrenzen in Richtung des Stromflusses). Immerhin läuft seit 2014 in der Stadt Essen ein Pilotprojekt mit einem 1 km langen Erdkabel im Mittelspannungsnetz mit 10 kV. Es ersetzt eine klassische 110 kV-Erdleitung.

Supraleitung

- *Sprungtemperatur T_c:*
  $\rho = 0$ für $T < T_c$. Höchste z. Z. bekannte Werte nahe 20 K, flüssiges He als Kühlmittel. (Ausnahme: keramische Hochtemperatur-Supraleiter bis 200 K).
- *Kritische Feldstärke H_c:*
  Magnetfeld $H > H_c$ zerstört Supraleitung auch für $T < T_c$.
- *Harte Supraleiter:*
  Vertragen hohe Magnetfelder bis zu rd. 10^6 A/m.
- NbTi, Nb_3Sn:
  Technisch bewährte Supraleiter (als Drahtstrang in Cu eingebettet).

11.4 Nichtleiter, Isolierstoffe

11.4.1 Technische Isolierstoffe[2]

Isolierstoffe erfüllen den Zweck, den Stromfluss zwischen Leitern in elektrischen Schaltkreisen zu verhindern und den Menschen vor der Berührung mit stromführenden Anlagen zu schützen. Man benötigt daher Stoffe mit sehr hohem spezifischen Widerstand – im Allgemeinen oberhalb von 10^6 Ωm; beste Isolatoren, wie Glimmer, erreichen 10^{15} Ωm. Welche Stoffklassen eignen sich für diese Zwecke?

Nach (11.2) ergibt sich ein hoher spezifischer Widerstand dann, wenn der Werkstoff keine oder extrem wenig bewegliche Ladungsträger enthält. Daraus ergibt sich als Antwort auf obige Frage nach guten Isolatoren:

---

[2] Der Ausdruck „Isolierstoffe" ist dem früher gebräuchlichen „Isolator" vorzuziehen, denn letzterer kennzeichnet ein Bauelement – etwa für eine Hochspannungsleitung – der aus einem Isolierstoff gefertigt wird.

- Hochvakuum (denn wo keine Materie ist, sind auch keine Ladungsträger);
- Gase, z. B. Luft (im Hinblick auf die Durchschlagfeldstärke, s. u., ist gasförmiges Schwefelhexafluorid, SF_6, der Luft überlegen);
- Porzellan und andere Keramik (z. B. Aluminiumoxid oder Steatit, ein in der Natur vorkommendes Mg-Hydrosilicat, Talk);
- Asbest (faseriger Naturstoff ähnlicher Zusammensetzung wie Steatit);
- Glimmer (leicht spaltbares, chemisch kompliziert aufgebautes, Al-haltiges Schicht-Silicat);
- Naturstoffe und daraus hergestellte Produkte wie Seide, Gummi, Papier;
- Kunststoffe wie Phenolharze, Schichtpressstoffe auf Melamin-Basis, Silikone, hochpolymere Werkstoffe wie PTFE, PMMA, PET.

Die Bedeutung der letzteren Gruppe nimmt zu, da sie ausgezeichnete Isolationseigenschaften mit guter Verarbeitbarkeit vereint. Ihre Schwäche liegt in der mangelnden Temperatur- und Witterungsbeständigkeit. Kabelbrände mit entsprechender Rauchentwicklung sind eine häufige Unglücksursache.

Ein erhebliches Problem für alle Isolierstoffe stellt der elektrische *Durchschlag* dar. Bei gegebener Schichtdicke d der Isolierschicht erzeugt die Spannungsdifferenz U zwischen Ober- und Unterseite eine elektrische Feldstärke $E = U/d$. Auch wenn der Isolierstoff im Prinzip ein Nichtleiter ist, so enthält er als realer Festkörper doch an einzelnen Stellen in sehr geringer Anzahl Ionen und Elektronen, die von der Feldstärke E beschleunigt werden. Oberhalb eines Grenzwertes E_D, der Durchschlagfeldstärke, führt diese Beschleunigung vereinzelter Ladungsträger durch Stoßprozesse zu lawinenartigem Anschwellen, wobei immer mehr Ladungsträger freigesetzt werden. Derartige Durchschläge müssen natürlich vermieden werden – bauseitig durch Vermeidung hoher Feldstärken, werkstoffseitig durch Auswahl bzw. Entwicklung von Isolierstoffen hoher Durchschlagfestigkeit. Luft von 5 bar Druck hat ein E_D von rd. 10 kV/mm, SF_6 den dreifachen Wert, Kunststoff (0,5 mm dick) rd. 50 kV/mm und höher.

11.4.2 Elektrische Polarisation

Auch wenn ein Isolierstoff in einem elektrischen Feld keinen Strom leitet, so hat das Feld doch eine Wirkung auf den Festkörper: Durch Verschiebung der Ladungsschwerpunkte von Elektronenhüllen und Atomkernen bzw. von Ionen unterschiedlicher Ladung, bilden und „spreizen" sich atomare Dipole, wobei sie sich zum Feldvektor ausrichten. Dies bedeutet eine Verschiebung von positiven und negativen Ladungen mit dem Ergebnis, dass auf den Begrenzungsflächen Flächenladungen entstehen. Diesen Vorgang, der aus einem neutralen, isotropen Medium ein polares Medium $(+/-)$ erzeugt, nennt man (elektrische) Polarisation. Die Stärke dieser Polarisation drückt man durch die eben erwähnten Flächenladungen aus oder – was dasselbe ist – durch die Ladungsmenge (in As), die als Folge des Polarisationsprozesses durch eine gedachte Ebene im Inneren des Nichtleiters verschoben wird. Man bezieht diese Ladungsmenge auf die Flächeneinheit und bezeichnet sie als

Verschiebungsdichte D. Sie nimmt in erster Näherung proportional zur Feldstärke zu:

$$D = \varepsilon_0 \varepsilon_r E \quad (As/m^2). \tag{11.10}$$

Hier ist E die Feldstärke in V/m, ε_0 die allgemeine Dielektrizitätskonstante oder elektrische Feldkonstante, $8{,}9 \cdot 10^{-12}$ As/Vm. ε_r, die relative Dielektrizitäts-Kennzahl (DEK), ist ein Materialkennwert. Zum Beispiel gilt für die üblichen Porzellanisolatoren $\varepsilon_r \approx 6$, für gute Glimmersorten $\varepsilon_r \approx 8$, für Kunststoffe $\varepsilon_r \approx = 2 \ldots 5$. Je höher ε_r, desto höher ist die Kapazität C eines Kondensators, zwischen dessen Platten ein Dielektrikum eingebettet ist. Als Polarisation im engeren Sinne definiert man die Größe

$$P = D - \varepsilon_0 E = \varepsilon_0 (\varepsilon_r - 1). \tag{11.11}$$

Da die Ladungen an materielle Träger gekoppelt sind, erfolgt ihre Verschiebung während des Polarisationsvorganges nicht trägheitslos. Bei hochfrequenten Feldern hinkt daher die Verschiebungsdichte $D(t)$ hinter dem Erregerfeld $E(t)$ nach. Dementsprechend wird das Verhältnis $D/E = \varepsilon_0 \varepsilon_r$ zeit- und frequenzabhängig, und es treten dielektrische Verluste auf. Diese Fragen wollen wir jedoch an dieser Stelle nur vormerken, um sie in Abschn. 12.3.4 in Zusammenhang mit den magnetischen Verlusten im Wechselfeld näher zu behandeln. Dort werden wir auch eine zu (11.10) ganz analoge Gleichung antreffen.

Isolierstoffe

Merkmale:

- hoher spezifischer Widerstand $10^6 \ldots 10^{16}$ Ωm,
- hohe Durchschlagsfestigkeit $10 \ldots 100$ kV/mm,
- elektrische Polarisation = Ladungsverschiebung im Feld

$$D = cE, \quad \varepsilon = 10^{-10} \text{ As/Vm}$$

Werkstoffgruppen:
Glas, Porzellan, Keramik, Asbest, Gummi, Seide, Papier, Öl, Hochpolymere, Gase, Vakuum.

11.5 Halbleiter

11.5.1 Definition, Kennzeichen, Werkstoffgruppen

Ein Halbleiter ist in erster Näherung ein Nichtleiter, der aufgrund bestimmter Störungen seines Gitteraufbaus eine sehr geringe Anzahl von Ladungsträgern und dadurch eine sehr geringe Leitfähigkeit aufweist. Zunächst werden Halbleiter mit elektronischen Ladungsträgern behandelt, Ionenleiter später in Abschn. 11.5.4.

Tab. 11.4 Typische Kennwerte für Metalle und Halbleiter

Größe	Spezifische Leitfähigkeit	Elementar-ladung	Träger-dichte	Beweglichkeit	Temperatur-koeffizient (ρ)
Symbol	σ	e	n_e	μ	α
Einheit	$(\Omega m)^{-1}$	As	m^{-3}	m^2/Vs	K^{-1}
Metall	10^7	10^{-19}	10^{-29}	10^{-3}	$+4 \cdot 10^{-3}$
Halbleiter	$10^{-7} \ldots 10^{-1}$	10^{-19}	$10^{-13} \ldots 10^{-20}$	10^{-1}	$-\alpha(T)$

Wir rufen uns noch einmal den Zusammenhang zwischen der spezifischen Leitfähigkeit, der Ladungsträgerdichte und der Elektronenbeweglichkeit aus Abschn. 11.1 in Erinnerung und vergleichen beide Stoffklassen (Tab. 11.4).

Als erstes Merkmal ergibt sich, dass der Hauptunterschied zwischen metallischen Leitern und Halbleitern in der äußerst geringen Trägerdichte der letzteren liegt. Dafür ist die Beweglichkeit der Ladungsträger im Halbleiter größer als im Metall („geringe Verkehrsdichte erlaubt hohe Geschwindigkeit").

Wir erkennen aus Tab. 11.4 als zweites Merkmal der Halbleiter, dass sie ein sehr breites Spektrum unterschiedlicher Trägerkonzentrationen aufweisen. Es ist abhängig vom Halbleitertyp und von seiner Vorbehandlung, insbesondere der Dotierung (s. Abschn. 11.5.3).

Ein drittes Merkmal ist der negative Temperaturkoeffizient des elektrischen Widerstands, d. h. die mit steigender Temperatur fallende Leitfähigkeit (s. Abschn. 11.5.2).

Bei den Halbleitern unterscheidet man vor allem zwei Werkstoffgruppen:

- *Elementhalbleiter* (Si, Ge, Se),
- *Verbindungshalbleiter* (InSb, GaAs usw., Cu_2O, CdS usw.).

Die größte technische Bedeutung hat das Silicium erlangt (Weltjahresproduktion >5000 t). Si und Ge sind wie C in der IV. Hauptgruppe des periodischen Systems der Elemente (PS) angeordnet. InSb, GaAs usw. gehören zur Gruppe der *III–V-Halbleiter*; mit dieser Bezeichnung wird ebenfalls auf das PS Bezug genommen. Sie besitzen die Struktur der Zinkblende ZnS, die derjenigen des Diamantgitters verwandt ist, Abb. 5.11. Cu_2O hat im Kupferoxydulgleichrichter, CdS und CdSe sowie ZnS in Photowiderständen von Belichtungsmessern sowie als Zählkristalle in Strahlungsdetektoren eine traditionelle Rolle. Man könnte diese Stoffe nach dem PS als II–VI-Halbleiter bezeichnen. Dies ist jedoch nicht üblich.

11.5.2 Leitungsmechanismus

Der idealisierte, fremdatomfreie Halbleiterkristall am absoluten Nullpunkt ist ein Nichtleiter: Alle seine Valenzelektronen sind in festen Positionen – bei Ionenkristallen in den Elektronenhüllen der Anionen, bei kovalenten Kristallen in lokalisierten Elektronenpaaren. Es gibt hier keine frei beweglichen Ladungsträger.

Aus diesem perfekten Isolator wird dadurch ein Halbleiter, dass Elektronen aus Bindungszuständen durch Energiezufuhr freigesetzt werden, und zwar

- durch thermische Energie (kT),
- durch Energie elektromagnetischer Strahlung,
- durch ionisierende Stöße von Teilchen (Elektronen, Protonen, Neutronen, α-Teilchen).

Der für die Freisetzung erforderliche Energiebetrag kann wesentlich herabgesetzt werden, wenn man vom Reinststoff abgeht und in das Gitter des Festkörpers in gezielter Weise Fremdatome anderer Wertigkeit einbaut. Diesen Vorgang bezeichnet man als *Dotierung*. Durch Dotierung (oder durch unbeabsichtigte Verunreinigung) bewirkte Leitfähigkeit bezeichnet man als *Fremdleitfähigkeit* (extrinsische Leitfähigkeit); die allein durch thermische Anregung des reinen Stoffes bewirkte Leitfähigkeit heißt *Eigenleitfähigkeit* (intrinsische Leitfähigkeit).

Der Übergang vom Nichtleiter zum Halbleiter erfolgt also in Freisetzungsreaktionen für gebundene Elektronen. Dabei entsteht jeweils ein frei bewegliches Leitungselektron – und zurück bleibt ein Elektronenloch. Das „Loch" ist eine Stelle im sonst neutralen Gitter, an der eine negative Ladung fehlt – es zählt also wie eine positive Ladung. Daher wird das Loch mit e^+ oder p, das negative Leitungselektron mit e^- oder n bezeichnet. Es ist sehr wichtig, dass man die Bedeutung der Löcher für die Leitfähigkeit begreift. Im Prinzip ist das Loch natürlich ein „Nichts". Aber in einer Elektronenanordnung, in der jeder Platz besetzt ist, so dass kein Elektron auf einen Nachbarplatz springen kann, bedeutet jeder unbesetzte Platz eine entscheidende Bewegungsmöglichkeit: In jedes Loch kann ja ein Nachbarelektron hineinspringen – und dies ist gleichbedeutend mit einem Ladungstransport. Wir sehen also, dass nicht nur die aus dem Bindungszustand freigesetzten, in den Leitungszustand gehobenen Elektronen zum Strom beitragen, sondern auch die (in exakt gleicher Anzahl) zurückbleibenden Löcher. Man spricht daher auch von Löcherleitung oder *p-Leitung*. Während tatsächlich Elektronen die Plätze wechseln, sieht es „von weitem" so aus, als ob die Löcher – in entgegengesetzter Richtung – driften. Die Analogie zum Stofftransport durch Leerstellendiffusion liegt auf der Hand, s. Abb. 6.7.

Analogie zwischen Ionen- und Elektronenfehlordnung

Ion auf Gitterplatz + Energie → Zwischengitterion + Leerstelle

Valenzelektron + Energie → Leitungselektron + Elektronenloch

Man kann sich die Verhältnisse am Beispiel eines Brettspiels veranschaulichen (Abb. 11.7). Das untere Brett stellt das Energieniveau der Valenzelektronen dar. Obwohl sie nur in flachen Mulden fixiert sind, kann man keine der Kugeln („Elektronen")

Abb. 11.7 Mechanisches Modell der Energieterme und Ladungsbeweglichkeiten in einem Halbleiter

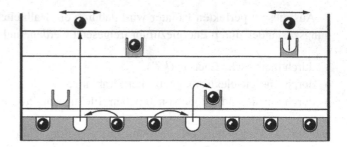

verschieben: Die Leitfähigkeit ist gleich Null. Hebt man jedoch (Energiezufuhr proportional zum Abstand) „Elektronen" auf das obere Brett, so sind sie dort leicht beweglich: Es entsteht Leitfähigkeit. Auch auf dem unteren Brett kann man nun mit Hilfe unbesetzter Löcher Elektronen verschieben.

11.5.3   Dotierung, Bändermodell

Nach dieser Vorbereitung lässt sich auch das Prinzip der *Dotierung* verstehen: Bringt man etwa ein As-Atom, das 5-wertige Ionen bildet, auf einen Gitterplatz des 4-wertigen Siliciums, so kann dies mit geringem Energieaufwand ein 5. Elektron abgeben – aber wohin? Da alle Valenzzustände bereits besetzt sind, gelangt das zusätzliche Elektron in einen frei beweglichen Zustand, ein Leitungsniveau. Arsen und andere Dotierungselemente der V. Gruppe des PS geben also Elektronen ab, sie wirken als *Donatoren*.

Elektronische Störstellen in Si, Ge (M_{IV})

Neutrales Fremdatom	Ion gemäß periodischem System	Notwendige Valenzelektronen im M_{IV}-Gitter	Kompensierende elektronische Störstelle	Gesamt-Ladung
$M_V \rightarrow$	M^{5+}	$4e^-$	e^- (n-Leitung)	± 0
$M_{III} \rightarrow$	M^{3+}	$4e^-$	e^+ (p-Leitung)	± 0

Dotiert man hingegen ein In-Atom in das Si-Gitter, so fehlt in den bindenden Zuständen ein Elektron, weil Indium zur III. Hauptgruppe des PS gehört und nur 3-wertige Ionen bildet. Woher kann das fehlende Elektron beschafft werden? Es kann praktisch nur aus dem Bestand an Valenzelektronen entnommen werden – wobei es dort notwendig ein Loch hinterlässt. In, Ga und andere Elemente der III. Hauptgruppe des PS nehmen also Valenzelektronen des 4-wertigen Grundgitters auf, sie heißen daher *Akzeptoren*.

Die hier behandelten Zusammenhänge werden üblicherweise im sog. *Bändermodell*, Abb. 11.8, dargestellt. Es ist dies eine abstraktere Fassung des oben vorgestellten Brett-

Abb. 11.8 Graphische Darstellung des Bändermodells von Halbleitern mit Donator- und Akzeptortermen

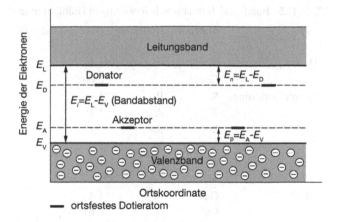

spiels, und es hat eine exakte quantenmechanische Grundlage. Es geht davon aus, dass den N Elektronen eines vor uns liegenden Kristalls (N ist eine sehr große Zahl, z. B. 10^{24}) auch N Energiezustände zugeordnet sind. Diese Niveaus – sehr dicht beieinander liegend, aber dennoch scharf separiert – sind zu „Bändern" gebündelt. Die Bänder bzw. die in ihnen enthaltenen Zustände werden von unten nach oben – d. h. von dem niedrigsten Niveau aus ansteigend – mit Elektronen aufgefüllt. Die Zahl der Plätze in jedem Band ist dabei genau abgezählt.

Im nicht dotierten Halbleiter – es ist zweckmäßig, wieder an einen Si-Kristall zu denken – bilden die den Valenzelektronen zugeordneten Energieniveaus das *Valenzband*. Sofern der Stoff chemisch absolut rein und die Temperatur nahe 0 K ist, ist das Valenzband lückenlos aufgefüllt. Da die kovalente Bindung des Si-Kristalls sehr fest ist (Schmelzpunkt 1420 °C), können wir uns schon denken, dass recht hohe Energiebeträge notwendig sind, um Valenzelektronen freizusetzen. Die nächst höheren frei beweglichen Zustände – im *Leitungsband* gebündelt – werden daher durch einen relativ großen energetischen Abstand vom Valenzband getrennt sein. Der *Bandabstand* gibt diejenige Energie an, die aufgewandt werden muss, um ein Elektron von der Oberkante des Valenzbandes in das Leitfähigkeitsband zu heben.

Wie stellen sich Donatoren und Akzeptoren in diesem graphischen Schema dar? Donatoren sind Fremdatome, die leicht Elektronen abgeben. Ihre Energieniveaus liegen knapp unterhalb der Unterkante des Leitfähigkeitsbandes. Entsprechend liegen die den Akzeptoren zugeordneten Energieterme kurz oberhalb der Oberkante des Valenzbandes. Beide Typen gehören zu Fremdatomen, die in sehr hoher Verdünnung, also auch mit sehr großen Abständen, im Gitter fest lokalisiert sind. Dies wird auch graphisch angedeutet, Abb. 11.8.

Tab. 11.5 vermittelt einen Eindruck von den Energiebeträgen, welche die Bänderstruktur wichtiger Halbleiterwerkstoffe kennzeichnen.

Je größer der Bandabstand E_1 ist, desto mehr thermische Energie muss aufgewendet werden, um eine merkliche Eigenleitung zu erzeugen.

Tab. 11.5 Band- und Termabstände in wichtigen Halbleitern in eV, 1 eV entspricht $1{,}6 \cdot 10^{-19}$ J

Typ	Material	Dotierung	Bandabstand E_i	Donatorabstand E_n	Akzeptorabstand E_p
IV	Si	–	1,1	–	–
	Ge	–	0,68	–	–
IV mit Dotierung	Si	P	1,1	0,044	–
	Si	As	1,1	0,049	–
	Si	Sb	1,1	0,039	–
	Si	B	1,1	–	0,045
	Si	Al	1,1	–	0,057
	Si	Ga	1,1	–	0,067
III–V	GaAs	–	1,4	–	–
	GaSb	–	0,67	–	–
	InSb	–	0,18	–	–
II–VI	CdSe	–	1,7	–	–
	CdS	–	2,4	–	–

Vielfach ist dies gar nicht erwünscht: Man verwendet Halbleiter ja nicht in erster Linie zum Stromtransport, sondern zum Steuern und Regeln, und das wird über Dotierung, also p- und n-Leitungsphänomene, erreicht. Man möchte den Halbleiter also im Fremdleitungsbereich betreiben, und das Auftreten von Eigenleitung bei erhöhter Temperatur stört nur, weil es die Unterschiede von p- und n-dotiertem Material verwischt. Dies ist einer der Gründe, warum Silicium sich in der technischen Anwendung besser durchgesetzt hat als Germanium: Während sich die Eigenleitung von Si erst ab etwa 250 °C störend bemerkbar macht, ist dies bei Ge schon ab ca. 100 °C der Fall – zu niedrig für den Betrieb vieler elektrischer Anlagen.

Die Leitfähigkeit und ihre Temperaturabhängigkeit lässt sich ohne viele Voraussetzungen quantitativ behandeln. Wir gehen dazu von dem Reaktionsgleichgewicht für intrinsische Leitfähigkeit aus:

$$\text{Valenzelektron} \rightleftarrows n + p.$$

Hierfür formulieren wir das Massenwirkungsgesetz:

$$n_n n_p = K(T) = n_0^2 \exp(-E_i/kT). \tag{11.12}$$

Die Bedeutung von E_i geht aus Abb. 11.8 hervor. n_0 in (11.12) ist eine Konstante (die Konzentration der Valenzelektronen ist wegen der geringen Störstellenzahl in beliebig guter Näherung konstant). Wegen der erforderlichen Ladungsneutralität des Gesamtkörpers muss $n_n = n_p$ sein. Die Fehlstellenkonzentration kann daher ein gemeinsames Symbol $n_i = n_n = n_p$ erhalten (i für intrinsisch). Durch Wurzelziehen folgt aus (11.12):

$$n_i(T) = n_0 \exp(-E_i/2kT). \tag{11.13}$$

Abb. 11.9 Temperaturabhängigkeit der Anteile von Fremd- und Eigenleitung in einem Halbleiter

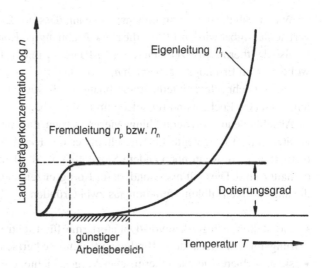

Auch die an Donatoren gekoppelten Elektronen müssen im Prinzip thermisch in das Leitungsband „geliftet" werden, so wie auch die Akzeptoren nur mit Hilfe von kT Valenzelektronen aufnehmen können. (Bei 0 K sind die Donatorterme besetzt, die Akzeptorterme leer). Aber: Da $E_n \ll E_i$ und auch $E_p \ll E_i$ (s. Tab. 11.5), spielt dies wirklich nur bei sehr tiefen Temperaturen eine Rolle. Dort gilt dann

$$n_p = ac_A \exp(-E_p/kT),$$
$$n_n = bc_D \exp(-E_n/kT),$$

(11.14)

wobei c_A und c_D die Konzentration der Akzeptoratome bzw. der Donatoratome ist. Im Bereich der Raumtemperatur kann man davon ausgehen, dass alle Dotierungsatome voll ionisiert sind – sie sind bezüglich der Hergabe weiterer Störstellen „erschöpft" (daher spricht man vom „Erschöpfungsbereich"). Die Zahl der Elektronenstörstellen n, p ist dann also gar nicht mehr temperaturabhängig, sondern konstant – und gleich der chemisch nachweisbaren Konzentration der verursachten Fremdatome. Dies ist der Temperaturbereich, in dem Halbleiter mit überwiegender n- und p-Leitung vorzugsweise betrieben werden, s. auch Abb. 11.9.

Aus der Trägerdichte ergibt sich die Gesamtleitfähigkeit für p-Leiter zu

$$\sigma = e\left[n_p\mu_p + n_i(\mu_p + \mu_n)\right],$$

für n-Leiter zu

$$\sigma = e\left[n_n\mu_n + n_i(\mu_p + \mu_n)\right]$$

(11.15)

(hierin kennzeichnet der erste Term in der eckigen Klammer die Fremdleitung durch Dotierung, der zweite Term die Eigenleitung).

Wie erwähnt, strebt man üblicherweise an, dass der Eigenleitungsanteil betragsmäßig vernachlässigbar wird. $n_i(T)$ ist die stark T-abhängige Konzentration intrinsischer Defekte, also der thermisch erzeugten (e^-/e^+)-Paare; n_p und n_n haben die vorherige Bedeutung, wobei wir im Erschöpfungsbereich $n_n = c_D$ und $n_p = c_A$ annehmen dürfen.

Die nur sehr schwach temperaturabhängige Beweglichkeit μ ist für Elektronen im Valenzband (via Löcher) und für solche im Leitungsband naturgemäß verschieden.

Abschließend muss darauf hingewiesen werden, dass der durch sehr kleine Fremdatomzusätze (ppm) festgelegte Leitungscharakter der Halbleiter unübersichtlich und unkontrollierbar wird, wenn noch andere Störstellen als die Dotierungsatome im Kristallgitter enthalten sind. Dies gilt insbesondere für Korngrenzen und für Versetzungen. Beide stören die angestrebte Halbleiterfunktion aus zwei Gründen:

- Sie stellen selbst Akzeptor-/Donatorterme für Elektronen dar, weil in ihren Verzerrungsfeldern abgeänderte Bindungsverhältnisse herrschen;
- sie adsorbieren, je nach thermischer Vorgeschichte, die zugesetzten Fremdatome (Abschn. 8.2), schaffen also eine inhomogene Fremdatomverteilung.

Eine erfolgreiche Entwicklung von Halbleiterwerkstoffen und Halbleiterbauelementen mit kontrollierten Eigenschaften setzt daher voraus, dass diese Stoffe

- als Grundkristall von höchster Reinheit sind;
- ihre Dotierungselemente in genau kontrollierter Menge und völlig homogener Verteilung eingebaut haben;
- frei von Korngrenzen, also Einkristalle sind;
- praktisch versetzungsfrei sind, insbesondere keine durch Wärmespannungen bei der Abkühlung aus der Schmelze verursachten Versetzungsanordnungen aufweisen.

Dies sind extreme Forderungen an den Werkstoff, wie sie niemals zuvor gestellt wurden. Die hervorragende Bedeutung der Halbleitertechnik wurde daher erst möglich, nachdem in langer Vorarbeit eine Halbleiter-Technologie entwickelt worden war, welche diesen extremen Anforderungen genügte. Hierher gehört das Zonenschmelzen, Verfahren zum Züchten von Einkristallen, zum Abscheiden und Eindiffundieren kleiner Fremdstoffmengen usw. Außerdem hängt der Stand der Halbleitertechnik weitgehend von der Präzision analytischer Mikromethoden und von der Fähigkeit zur Massenfertigung unter strengsten Sauberkeitsbedingungen ab.

Die Funktionsweise von Halbleiterbauelementen kann in diesem werkstoffwissenschaftlichen Einführungslehrbuch nicht behandelt werden.

11.5.4 Ionenleiter

Bei hohen Temperaturen tritt zur elektronischen Leitfähigkeit die Ionenleitung hinzu. Als diffusionsähnlicher Platzwechselvorgang wurde sie bereits in Abschn. 6.2 behandelt. In einigen Stoffen mit hoher Ionenfehlordnung und geringer Elektronenbeweglichkeit kann Ionenleitung sogar zum dominierenden Leitfähigkeitsmechanismus werden. Ein wichtiges Beispiel ist *Glas*. In seinem amorphen $Si-O-Si$-Gerüst (Abschn. 5.4.2) haben die als Netzwerkunterbrecher wirkenden Kationen wie Na^+, K^+, Mg^{++}, Ca^{++} eine hohe Beweglichkeit. Sie verleihen Glas bei genügend hoher Temperatur eine beachtliche Leitfähigkeit. Ein anderes Beispiel ist Zirkondioxid, ZrO_2, ein stark fehlgeordnetes Gitter mit ausgeprägter Sauerstoffionenleitung. In der Frühzeit der Elektrotechnik konstruierte man daraus einen Beleuchtungskörper („Auer'scher Glühstrumpf"), der durch die Joule'sche Stromwärme in Weißglut gehalten wurde. Heute dienen ZrO_2-Ionenleiter als Messsonden für den Sauerstoffpartialdruck oder als Festkörperelektrolyte für Brennstoffzellen, s. Abschn. 9.6.

Halbleiter
1. Die wichtigsten Halbleiterwerkstoffe sind Si und Ge, die III–V-Verbindungen wie GaAs, InSb, ferner CdS, ZnS, Cu_2O.
2. Halbleiter sind primär Nichtleiter. Sie enthalten nur eine sehr geringe Anzahl Ladungsträger (Leitungselektronen und Defektelektronen, typisch 10^{10} mal weniger als Metalle). Diese werden entweder durch Energiezufuhr (Wärme, Strahlung) innerhalb der Grundsubstanz geschaffen (= intrinsische Leitfähigkeit), oder sie werden durch Dotierung mit Fremdatomen niedriger/höherer Wertigkeit eingeführt (= extrinsische Leitfähigkeit).
3. Das Bändermodell der Halbleiter beschreibt die Energiezustände der Elektronen (Abb. 11.8). Angefangen bei den niedrigsten Energien folgen aufeinander: Valenzband – Akzeptorterme – Donatorterme – Leitungsband.
4. Die intrinsische Leitfähigkeit oder Eigenleitfähigkeit nimmt mit steigender Temperatur zu, weil die Zahl der Ladungsträger zunimmt.
5. Praktische Ausnutzung der Halbleitereigenschaften setzt exakte Kontrolle von Art und Anzahl aller Störstellen/Gitterdefekte voraus. Dafür ist höchstentwickelte Halbleitertechnologie ausschlaggebend: Zonenreinigung – Einkristallzüchtung – Dotierung durch Diffusion.
6. Ionenleiter sind Halbleiter, in denen Stromtransport durch Ionen den durch Elektronen überwiegt: enger Zusammenhang mit Diffusion. Wichtige Beispiele: Glas, ZrO_2, $\beta - Al_2O_3$, sämtlich bei erhöhten Temperaturen.

Magnetismus und Magnetwerkstoffe 12

12.1 Magnetische Felder, Definitionen

Elektrische Felder erstrecken sich zwischen elektrischen *Ladungen*, z. B. solchen, welche die gegenüberliegenden Platten eines Plattenkondensators belegen. *Magnetische* Felder erstrecken sich zwischen magnetischen *Polen* (Nordpol/Südpol), z. B. eines ringförmig gebogenen *Magneten* (Abb. 12.1).

Elektrische Felder können aber nicht nur durch ruhende Ladungen, sondern auch „dynamisch" erzeugt werden: Durch ein zeitlich veränderliches Magnetfeld, z. B. durch rotierende Magnetpole (Dynamomaschine). Analog können magnetische Felder dynamisch erzeugt werden, in diesem Fall durch bewegte Ladungen, insbesondere durch Ringströme bzw. Spulenströme. Ein elektrischer Strom der Stärke I, der durch eine Spule mit n Wicklungen und der Länge l fließt, erzeugt im Inneren dieser Spule ein weitgehend homogenes Magnetfeld. Seine Stärke – die magnetische *Feldstärke* – gibt man an als

$$H = I(n/l) \quad (\text{A/m}). \tag{12.1}$$

Räumlicher Verlauf und Feldstärke des magnetischen Feldes lassen sich durch Bündel von magnetischen *Feldlinien* darstellen. Das Feld erzeugt messbare Wirkungen. Zieht man z. B. einen ringförmigen Leiter (also eine Messspule mit einer Windung) durch das Magnetfeld hindurch, so wird in dieser Messspule ein Spannungsstoß $U(t)$ hervorgerufen – seine Größe ist ein Maß für die Anzahl der Feldlinien, die beim Durchziehen durch das

Abb. 12.1 Vergleich: Elektrische Feldlinien zwischen Ladungen auf den Platten eines Kondensators – magnetische Feldlinien zwischen Polen eines ringförmigen Dauermagneten

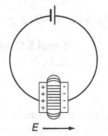

$E \longrightarrow$ $H \longrightarrow$

© Springer-Verlag GmbH Deutschland 2016
B. Ilschner, R.F. Singer, *Werkstoffwissenschaften und Fertigungstechnik*,
DOI 10.1007/978-3-642-53891-9_12

Feld geschnitten werden. Bildet man das Zeitintegral über den gesamten Spannungsverlauf

$$\int U\,\mathrm{d}t = \Phi \quad (\mathrm{V\,s}),^1 \tag{12.2}$$

so hat man alle Feldlinien, also den gesamten *magnetischer Fluss* Φ erfasst. Bezieht man Φ noch auf die Flächeneinheit der Messspule, so erhält man die magnetische *Flussdichte*

$$B = \Phi/A \quad (\mathrm{V\,s/m^2}).^2 \tag{12.3}$$

Kenngrößen elektrischer und magnetischer Felder und ihrer Wechselwirkung mit Materie

Elektrische *Feldstärke E* (V/m)   Magnetische *Feldstärke H* (A/m)
Elektrische *Flussdichte D* (As/m^2)   Magnetische *Flussdichte B* (Vs/m^2)

Im Vakuum gilt

$$D_0 = \varepsilon_0 E \qquad\qquad B_0 = \mu_0 H$$

↑   ↑

elektrische *Feldkonstante*   magnetische *Feldkonstante*
$\varepsilon_0 = 8{,}9 \cdot 10^{-12}$ As/Vm $\mu_0 = 1{,}257 \cdot 10^{-6}$ Vs/Am

An Materie gilt

$$D = \varepsilon_r\,\varepsilon_0 E \qquad\qquad B = \mu_r\,\mu_0 H$$

↑   ↑

Dielektrizitätszahl ε_r *Permeabilitätszahl* μ_r

oder

$$P = D - D_0 = (\varepsilon_r - 1)\varepsilon_0 E \qquad J = B - B_0 = (\mu_r - 1)\mu_0 H$$

↑   ↑

elektrische *Polarisation P*   magnetische *Polarisation J*

Abkürzung:

$$\varepsilon_r - 1 = \chi \qquad \mu_r - 1 = \kappa$$

↑   ↑

elektrische *Suszeptibilität* χ magnetische *Suszeptibilität* κ

2-mal 5 Größen zum Merken:
$E, D, P, \varepsilon_0, \varepsilon_r \quad H, B, J, \mu_0, \mu_r$

---

[1] Als Einheit des magnetischen Flusses wird im SI-System auch 1 Wb (Weber) aufgeführt.
[2] Als Einheit der magnetischen Flussdichte ist im SI-System auch 1 T (Tesla) gebräuchlich. Die heute nicht mehr zulässige ältere Einheit ist 1 G (Gauß) $= 10^{-4}$ T.

Die Flussdichte entspricht also der Anzahl magnetischer Feldlinien je Flächeneinheit quer zur Feldrichtung. Sie ist sicher umso höher, je höher die Feldstärke H ist. Im einfachsten Fall (z. B. im Vakuum) ist $B \sim H$. Man schreibt (für Vakuum)

$$B_0 = \mu_0 H \quad (\text{V s/m}^2) \tag{12.4}$$

und definiert auf diese Weise die *magnetische Feldkonstante* μ_0. Sie verknüpft die dynamisch messbare Flussdichte B (in V s/m^2) mit der von einer Spule erzeugten Feldstärke H (in A/m) und hat daher die Einheit V s/Am. Ihr Zahlenwert ist

$$\mu_0 = 4\pi \cdot 10^{-7} \, \text{V s/Am} = 1,257 \cdot 10^{-6} \, \text{V s/Am}. \tag{12.4a}$$

Wirkt die Feldstärke H statt auf ein Vakuum auf einen mit Materie erfüllten Raum, so ist der Zusammenhang wegen der Wechselwirkung mit den Materiebausteinen nicht mehr so einfach. Das Verhältnis B/H weicht von μ_0 ab und ist auch nicht unbedingt konstant. Es ist zweckmäßig, die Abweichung durch einen Zahlenfaktor, die *Permeabilitätszahl* μ_r (r für „relativ") zu kennzeichnen:

$$B = \mu H = \mu_0 \mu_r H \quad (\text{V s/m}^2). \tag{12.4b}$$

Die Größe μ bezeichnet man als *Permeabilität* des Mediums, in dem das Feld sich befindet. Um den Unterschied zwischen dem „reinen" Feld (das im Vakuum herrschen würde) und dem Feld im stofflichen Medium herauszustellen, bildet man oft auch die Differenz

$$J = B - B_0 = (\mu_r - 1)\mu_0 H = \kappa \mu_0 H \quad (\text{V s/m}^2) \tag{12.5}$$

und bezeichnet sie als Magnetisierung oder magnetische *Polarisation*. Der dimensionslose Faktor $\mu_r - 1 \cong \kappa$ gibt an, ob das stoffliche Medium durch das Feld H zu einem stärkeren (>0) oder schwächeren (<0) Fluss erregt wird als im Vakuum. Sie heißt *Suszeptibilität*. Durch Vergleich mit Abschn. 11.4.2 stellen wir die hier eingeführten Größen und ihre Maßeinheiten gegenüber.

12.2 Dia- und Paramagnetismus

Sobald das erregende Magnetfeld H durch Materie fließt, findet Wechselwirkung mit den Gasmolekülen, Gitteratomen usw. statt. Die einfachste Wechselwirkung wird von den atomaren Ringströmen hervorgerufen, d. h. von den auf quantenhaft geordneten Bahnen umlaufenden Hüllenelektronen. Die Elektrodynamik lehrt (*Lenz'sche* Regel), dass ein äußeres Magnetfeld auf die Elektronen als Träger des umlaufenden Stroms beschleunigend oder auch bremsend wirkt – und zwar so, dass eine das erregende Feld *schwächende* Magnetfeldkomponente aufgebaut wird. Das erregende Magnetfeld bremst sich gewissermaßen selbst durch diese atomare Wechselwirkung, und die nachweisbare Flussdichte B

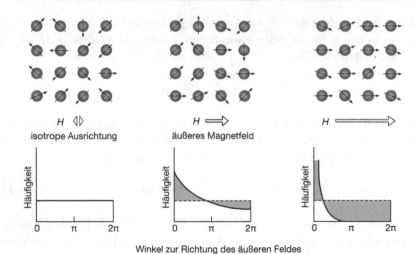

Winkel zur Richtung des äußeren Feldes

Abb. 12.2 Mit zunehmender Feldstärke nimmt der Grad der Ausrichtung der atomaren Dipole eines paramagnetischen Stoffes relativ zum äußeren Feldvektor zu

ist *kleiner* als im Vakuum. Zahlenwertmäßig ist der Effekt allerdings sehr schwach – in der Regel ist $\mu_{\mathrm{r}} < 10^{-5}$. Dieses Verhalten bezeichnet man als *Diamagnetismus*.

Die Situation ändert sich, wenn die atomaren Bausteine magnetische Dipolmomente enthalten. Dies ist in der Regel dann der Fall, wenn das betreffende Atom ungepaarte Elektronen in seinen Elektronenzuständen hat, wie z. B. die Alkalimetalle mit ihrem einen Valenzelektron in der äußeren s-Schale. Solche atomare Dipole treten mit dem erregenden Feld H in eine Wechselwirkung, die eine Ausrichtung parallel zum Feldvektor H anstrebt. Dies ist die wesentliche Ursache des *Paramagnetismus*.

Im Normalzustand sind die atomaren Dipole freilich hinsichtlich ihrer Richtungen im Raum statistisch verteilt. Die Wärmebewegung der Atome sorgt dafür. Legt man aber ein äußeres Feld an, so wird eine mit zunehmender Feldstärke zunehmende Ausrichtung der Atome gegen die thermische Unordnung bewirkt. Im Prinzip kann durch extrem hohe Felder eine völlige Parallel-Ausrichtung erzwungen werden (Abb. 12.2). Auf diese Weise wird ein atomares Zusatzfeld erzeugt, welches das erregende Feld verstärkt. Man findet also eine größere Flussdichte B vor als im Vakuum, und die Suszeptibilität ist positiv.

Der Zahlenwert der paramagnetischen Suszeptibilität ist bei Raumtemperatur auch nicht größer als im Fall des Diamagnetismus (ca. 10^{-5}). Mit steigender Temperatur wird er sogar noch kleiner, weil die thermische Unordnung sich stärker durchsetzt und die Ausrichtung der atomaren Dipole durcheinander bringt:

$$\kappa(T) = C/T. \tag{12.5a}$$

Wenn Ferromagnetismus vorliegt (s. Abschn. 12.3), wird der Paramagnetismus bedeutungslos. Erst oberhalb der Curie-Temperatur T_{C} (s. Abschn. 12.3.1.), d. h. nach Verschwinden des Ferromagnetismus, macht er sich bemerkbar. Die Temperaturabhängigkeit

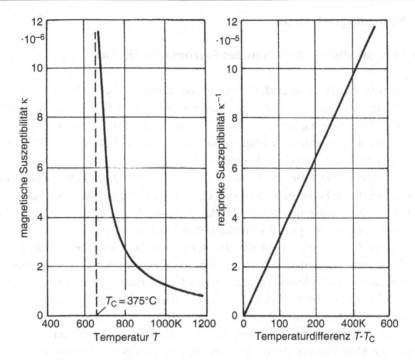

Abb. 12.3 Temperaturabhängigkeit der magnetischen Suszeptibilität in einem paramagnetischen Werkstoff entsprechend dem Gesetz von Curie-Weiß (Nickel)

der Suszeptibilität entspricht dann (12.5a), wenn man die Temperatur von T_C an zählt, Abb. 12.3 (Gesetz von *Curie-Weiß*):

$$\kappa(T) = C/(T - T_C). \tag{12.5b}$$

Dia- und Paramagnetismus

	Diamagnetismus	Paramagnetismus
Beschreibung	Verringerte Flussdichte gegenüber Vakuum durch induktive Wechselwirkung atomarer Ringströme mit erregendem Feld	Erhöhte Flussdichte gegenüber Vakuum durch Ausrichten atomarer Dipole (ungepaarte Elektronen!) im erregendem Feld
Kennwerte	$B < B_0$ $\mu < \mu_0$, d. h. $\mu_r < 1$ $\kappa < 0$ (max. 10^{-5}) κ nicht T-abhängig	$B > B_0$ $\mu > \mu_0$, d. h. $\mu_r > 1$ $\kappa > 0$ (max. 10^{-5}) κ ist T-abhängig ($\sim 1/T$)

12.3   Ferromagnetismus

12.3.1   Physikalische Ursachen des Ferromagnetismus

Die im letzten Abschnitt behandelten para- und diamagnetischen Werkstoffe sind nur dann magnetisch, wenn sie sich in einem äußeren erregenden Feld befinden, welches ihre atomaren Elementarmagnete ausrichtet. Ferromagnetisch nennt man hingegen einen Stoff dann, wenn seine atomaren Magnete auch *ohne* äußeres Feld ausgerichtet sind. Man spricht daher auch von „spontaner Magnetisierung".

Woher kommt diese Ausrichtung, wenn kein außen angelegtes Feld sie bewirkt? Zur Beantwortung dieser Frage muss man sich ein „inneres magnetisierendes Feld" vorstellen, d. h. eine zwischenatomare Wechselwirkung. Tatsächlich wird der Ferromagnetismus durch die Wechselwirkung der Elektronenhüllen benachbarter Gitteratome hervorgerufen. Diese Wechselwirkung ergibt sich aus der teilweisen räumlichen Überlappung der Wellenfunktionen. Sie wird als *Austauschwechselwirkung* bezeichnet. Austauschwechselwirkung benachbarter Elektronenzustände ist auch die Ursache der metallischen Bindung (Abschn. 5.2). Warum besitzen dann aber nur so wenige Metalle (vor allem Fe, Ni und Co) ferromagnetische Eigenschaften?

Diejenige Austauschwechselwirkung, welche eine parallele Ausrichtung der atomaren magnetischen Momente und damit die spontane Magnetisierung bewirkt, wird nicht von allen, sondern nur von bestimmten Untergruppen der Hüllenelektronen getragen, den sog. 3d-Elektronen. Sie gehören zur 3. Schale (Hauptquantenzahl $n = 3$), welche in die Untergruppen s, p, d ... unterteilt ist (vgl. Physik-Lehrbücher).

In den einzelnen, von der Quantenmechanik zugelassenen Elektronenzuständen können jeweils zwei Elektronen – ein Elektronenpaar – untergebracht werden. Sie besitzen gleiche Energie, aber entgegengesetzten Spin. Der Spin ist als atomares Drehmoment mit einem magnetischen Moment gleichbedeutend. Man weiß heute, dass es die *ungepaarten 3d-Elektronen* sind (s. Tab. 12.1), deren Austauschwechselwirkung eine parallele Ausrichtung aller Elementarmagnete im gesamten Gitter des Eisens hervorruft. Anders ausgedrückt: Die Austauschenergie dieser Elektronen erreicht ein Minimum, sobald die atomaren magnetischen Momente restlos ausgerichtet sind. Über solche ungepaarten 3d-Elektronen verfügen nur wenige Elemente (Fe, Ni, Co, Mn).

Tab. 12.1 Elektronenkonfiguration des Eisens (in Summe 26 Elektronen)

Hauptquantenzahl	Nebenquantenzahl		
n	s (2)	p (6)	d (10)
1	(↑↓)	nicht zulässig	–
2	(↑↓)	(↑↓) (↑↓) (↑↓)	nicht zulässig
3	(↑↓)	(↑↓) (↑↓) (↑↓)	(↑↓) (↑0) (↑0) (↑0) (↑0)
4	(↑↓)	frei	frei

Abb. 12.4 Magnetische
Ausrichtung in einem ferromagnetischen Kristall unter-
und oberhalb der Curie-Temperatur T_C

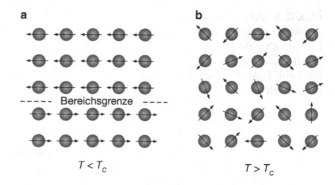

Die kompakte Ausrichtung sehr vieler atomarer magnetischer Momente erzeugt natürlich sehr viel magnetischen Fluss in einem ferromagnetischen Werkstoff. Es verwundert
nicht, dass auf diese Weise relative Permeabilitäten der Größenordnung 10^6 auftreten (zu
vergleichen mit 10^{-5} bei dia/paramagnetischen Stoffen). Eine Elementarzelle von α-Eisen
(Abb. 5.8), welche $(1 + 8/8) = 2$ Fe-Atome enthält, hat die Kantenlänge 0,286 nm. In
$1\,\mathrm{cm}^3$ Eisen sind also

$$2 \cdot 10^{-6}/(0,286 \cdot 10^{-9})^3 = 8,6 \cdot 10^{22} \text{ Atome}$$

enthalten, von denen nach obigem Schema jedes die magnetischen Momente von 4 ungepaarten 3d-Elektronen beiträgt.

Die ausrichtende Kraft der Austauschwechselwirkung ist allerdings nicht sehr stark.
Sie wird schon durch die thermische Gitterbewegung gestört, schließlich sogar beseitigt
(Abb. 12.4). Diejenige Temperatur, bei welcher die inneratomare magnetische Ausrichtung und damit der Ferromagnetismus zusammenbricht, heißt *Curie-Temperatur*, T_C. Für
$T > T_C$ ist der Werkstoff also nur noch paramagnetisch (und damit als Magnetwerkstoff
uninteressant). Der Curie-Punkt von Eisen liegt bei 768 °C, der von Nickel bei 360 °C.

Die ferromagnetische Ausrichtung ist, wie sich leicht denken lässt, eine *anisotrope* Eigenschaft, die sich an kristallographischen Vorzugsrichtungen des Gitters orientiert. Bei
Eisen z. B. erfolgt die Ausrichtung bevorzugt parallel zu den Würfelkanten ⟨100⟩ der
Elementarzelle, beim Nickel entlang der Raumdiagonalen ⟨111⟩. Will man die Magnetisierungsrichtung in eine andere Orientierung drehen, so muss man zusätzliche Energie
aufwenden (die Anisotropieenergie).

Nach dem bisher Gesagten ist es gar nicht so schwierig, verständlich zu machen,
warum ein ferromagnetischer Werkstoff eine sehr starke spontane Magnetisierung zeigt.
Eigentlich ist es schwieriger zu verstehen, wieso Eisen trotz der Ausrichtungseffekte auch
unmagnetisch vorliegen kann (unser von Eisen und Stahl geprägtes Alltagsleben wäre gar
nicht vorstellbar, wenn alles Eisen magnetisch wäre). Weiß kam (1907) auf die Idee, dies
durch die Existenz von *magnetischen Elementarbereichen* zu klären. Nach ihm werden
sie oft auch als *Weiß'sche Bezirke* bezeichnet. Ihre Längenabmessungen liegen zwischen
0,1 und 0,5 mm. Während nun jeder einzelne Elementarbezirk mit allen atomaren magne-

Abb. 12.5 Bei geeigneter Anordnung der magnetischen
Elementarbezirke verhält
sich der ferromagnetische
Werkstoff makroskopisch unmagnetisch

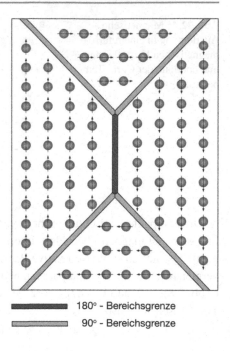

                          ▬▬▬▬▬ 180° - Bereichsgrenze
                          ▬▬▬▬▬ 90° - Bereichsgrenze

tischen Momenten in sich ausgerichtet ist (also einen pfefferkorngroßen Minimagneten
darstellt), lassen sich Konfigurationen wie in Abb. 12.5 angeben, in denen die makroskopische Magnetisierung Null ist. Jeder Elementarbereich findet einen gleich großen,
entgegengesetzt magnetisierten Bereich neben sich vor.

Heute sind solche Bereichsstrukturen keine theoretischen Gebilde mehr. Sie lassen sich
vielmehr sehr anschaulich experimentell nachweisen, indem man eine Suspension feins-
ter Teilchen von Magnetit (Fe_3O_4) auf die polierte Werkstoffoberfläche bringt. Infolge
lokaler magnetischer Wechselwirkungen lagern die Magnetitteilchen sich bevorzugt an
den Grenzen zwischen den Weiß'schen Bezirken ab und machen diese sichtbar (sog. *Bitter-Streifen*). Auf diese Weise lassen sich auch komplexere Strukturen nachweisen, wie
in Abb. 12.6. Die „Zipfelmützen" in Abb. 12.6a um einen nichtmagnetischen Einschluss
herum erfüllen die Aufgabe, magnetische Flusslinien daran zu hindern, auf die Grenze

Abb. 12.6 „Zipfelmützen" (**a**)
und „Zwickel" (**b**) sorgen für
einen ununterbrochenen und
daher energiesparenden Verlauf magnetischer Flusslinien

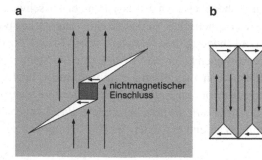

Abb. 12.7 Innerhalb einer Be-
reichsgrenze (Bloch-Wand)
drehen sich die Magnetisierungsvektoren kontinuierlich
zwischen zwei energetisch
günstigen Lagen, die von der
Kristall-Anisotropie vorgegeben werden

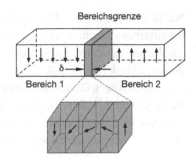

zu einer nichtmagnetischen Phase zu stoßen und dort Magnetpole mit entsprechenden
Streufeldern zu bilden. Die „Zipfelmütze" lenkt die Flusslinien um das Hindernis herum.
Analog dienen die „Zwickel" in Abb. 12.6b dazu, das Austreten von Flusslinien aus der
Probenoberfläche zu vermeiden und damit Energie eines äußeren Magnetfeldes einzuspa-
ren, das sich sonst ausbilden würde.

Durch Einteilung in Bereiche kann also magnetische Energie eingespart werden. Ande-
rerseits kosten die *Bereichsgrenzen* (oder auch *Bloch-Wände*) als Grenzflächen auch eine
Energie, die in Ws/m^2 zu messen und mit der Energie von Korngrenzen vergleichbar ist.
Woher kommt diese Energie?

Da im Eisen – dem wichtigsten Magnetwerkstoff – die Vorzugsmagnetisierungs-Rich-
tung ⟨100⟩ ist, erwarten wir in der Regel Bereichsgrenzen, an denen die Magnetisierungs-
richtungen entweder um 90° oder um 180° gegeneinander gedreht sind. In jedem Fall stellt
die Nachbarschaft einer Grenze einen Eingriff in die Parallelausrichtung der Elementarmagnete dar und verursacht somit einen Aufwand an Austauschenergie. Dieser Aufwand
kann dadurch vermindert werden, dass sich Bloch-Wände mit endlicher Breite bilden,
Abb. 12.7: Wenn etwa die 180°-Wendung der Magnetisierungsvektoren zwischen zwei

Abb. 12.8 Die Dicke δ^* der
Bloch-Wand als Ergebnis ei-
nes Kompromisses zwischen
Austauschwechselwirkung und
Anisotropieenergie

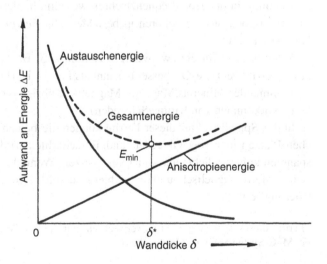

Nachbarbereichen auf 100 Atomlagen zu jeder Seite der Grenze verteilt wird, so sind alle unmittelbar benachbarten Lagen bis auf den minimalen Unterschied von ca. 1° praktisch parallel ausgerichtet, sodass der Aufwand an Austauschenergie gering wird. Freilich sind diesem „Trick" dadurch Schranken gesetzt, dass alle Magnetisierungsvektoren im Bereich der ausgedehnten Grenze im Hinblick auf die Kristallanisotropie ungünstige Lagen haben, da sie ja weder [100] noch [010] sind. Jeder mm^2 dieser Zwischenlagen kostet also Anisotropieenergie. Aus dem Gegeneinander dieser beiden energetischen Beiträge resultiert die optimale Dicke δ^* der Bloch-Wand (Abb. 12.8).

12.3.2 Antiferro- und Ferrimagnetismus

Bei ferromagnetischen Werkstoffen führt die Austauschwechselwirkung zu paralleler Ausrichtung aller atomaren Momente. In anderen Stoffen wie Mn und Cr bewirkt sie das Gegenteil: Eine *antiparallele* Ausrichtung benachbarter Elementarmagnete. Man bezeichnet diese Stoffe sinngemäß als *antiferromagnetisch*. Die resultierende Magnetisierung eines endlichen Volumens ist unter diesen Umständen natürlich gleich Null, sodass diese Stoffklasse (zu der auch Nichtmetalle wie MnO, NiO, MnS gehören) keine technische Bedeutung als Magnetwerkstoff hat.

In einer weiteren Klasse nichtmetallisch-anorganischer Stoffe stellt sich ein *Teil* der magnetischen Momente der beteiligten Kationen durch Austauschwechselwirkung antiparallel ein, liefert also keinen Beitrag zur makroskopischen Magnetisierung. Ein anderer Teil hingegen bleibt parallel ausgerichtet und unkompensiert. Er beherrscht daher das magnetische Verhalten des Werkstoffs. Diese Kombination von ferromagnetischer und antiferromagnetischer Ausrichtung innerhalb eines Kristalls wird als *ferrimagnetisch* bezeichnet. Diese Stoffklasse besitzt nun sehr große technische Bedeutung, denn sie repräsentiert Werkstoffe, die magnetisch *und* nichtleitend sind. Letztere Eigenschaft ist für die Anwendung in der Hochfrequenztechnik wesentlich, siehe Abschn. 12.3.5. Zu den ferrimagnetischen Stoffen gehören insbesondere die *Ferrite*[3] mit der Formel $MO \cdot Fe_2O_3$ bzw. $M^{2+}Fe_2^{3+}O_4^{2-}$.

M steht dabei für ein zweiwertiges Kation, z. B. Ba^{2+}, Sr^{2+}, Co^{2+}, Fe^{2+}, Zn^{2+}. Der „Eisenferrit" $FeO \cdot Fe_2O_3$, besser bekannt als Fe_3O_4, ist Hauptbestandteil des in der Natur vorkommenden Minerals Magnetit. Magnetit ist übrigens eines der wichtigsten Eisenerze (z. B. Vorkommen von Kiruna/Schweden).

In der Spinellstruktur dieser Ferrite können die beiden Fe^{3+}-Ionen auf unterschiedlichen Plätzen (den sog. Oktaeder- und Tetraederlücken) des von Sauerstoffionen aufgespannten kubisch-dichtgepackten Gitters sitzen. Wenn dies der Fall ist, kompensieren sie sich antiferromagnetisch, und die verbleibenden M^{2+}-Ionen legen die Größe der Magnetisierung fest.

---

[3] Ferrite dieses Typs sind nicht zu verwechseln mit dem Gefügebestandteil Ferrit (krz. Phasen in Fe–M–C-Systemen), vgl. Abschn. 4.6.3.

Auch diese Art von magnetischer Ausrichtung durch Austauschwechselwirkung der 3d-Elektronen konkurriert mit der Wärmebewegung des Gitters und kommt oberhalb einer kritischen Temperatur nicht mehr zustande. Diese – zur Curie-Temperatur analoge – Temperatur heißt *Néel-Temperatur*.

Ferromagnetismus

- Im atomaren Maßstab:
  Parallele Ausrichtung aller atomaren magnetischen Momente durch Austausch-wechselwirkung ungepaarter 3d-Elektronen.

- Im mikroskopischen Maßstab:
  Unterteilung in Elementarbereiche (Weiß'sche Bezirke), die durch Bereichs-grenzen (Bloch-Wände) getrennt sind. Bereichsstrukturen streben Minimum der Gesamtenergie an, u. a. durch Vermeidung des Austretens von Flusslinien in nichtmagnetische Umgebung.

- Im makroskopischen Maßstab:
  Trotz vollständiger Ausrichtung sind durch geeignete Umordnung der Bereichs-struktur alle Werte der Magnetisierung zwischen Null und Sättigung einstellbar.

- Kristallstruktureinfluss:
  Magnetische Ausrichtung bevorzugt ausgewählte Richtungen, z. B. $\langle 100 \rangle$ in Eisen. In jeder anderen Richtung ist Parallelstellung der atomaren Magnete erschwert. Nebenfolge: Dilatation/Kontraktion der Vorzugsrichtungen im Ma-gnetfeld → Magnetostriktion.

- Temperatureinfluss:
  Ferromagnetische Ausrichtung wird durch ungeordnete thermische Gitterbewe-gung gestört, verschwindet bei Curie-Temperatur vollständig. Oberhalb T_C ist der Werkstoff paramagnetisch.

- Ferrimagnetismus:
  Tritt in Oxidwerkstoffen, insbesondere den Ferriten $MO \cdot Fe_2O_3$, durch Antiparal-lelausrichtung eines Teils der atomaren Momente der Kationen, Parallelstellung des übrigen Teils auf.

12.3.3 Magnetostriktion

Die Ausrichtung der atomaren magnetischen Momente in ferro- und ferrimagnetischen Stoffen bewirkt nicht nur eine magnetische Anisotropie. Vielmehr bewirkt die Ausrich-tung der Elementarmagnete z. B. parallel zu $\langle 100 \rangle$ zusätzlich eine – wenn auch geringe – Anisotropie der Bindungskräfte und damit eine Vorzugsrichtung der Gitterkonstanten. Dies wirkt sich makroskopisch als Längenänderung in der Magnetisierungsrichtung aus.

Bei voller Ausrichtung längs [100] wird die entsprechende Würfelkante um rd. $2 \cdot 10^{-3}$ % $(2 \cdot 10^{-5})$ verlängert.

Dies bezeichnet man als *magnetostriktive Dehnung*. Umgekehrt wird durch einachsige elastische Dehnung/Stauchung eines solchen Werkstoffs eine entsprechende Magnetisierung bewirkt.

Eine wichtige Anwendung dieses Effekts besteht darin, durch Wechselfelder eine periodisch wechselnde Magnetisierung in einem Stab zu induzieren und dadurch den Stab über den magnetostriktiven Effekt zu mechanischen Longitudinalschwingungen zu erregen: Man erzeugt so einen „magnetostriktiven Schwinger" für elektroakustische Anwendungen.

Magnetostriktion ist die Ursache warum bestimmte Ni-Basis-Superlegierungen und insbesondere die Legierung FeNi36 (*Invar*) keine oder sehr geringe Wärmedehnung aufweisen (Abschn. 5.4.4). Man setzt Invar für Substrate in der Mikroelektronik ein, wo seine metallische Natur für schnelle Wärmeableitung sorgt. Gleichzeitig verhindert die geringe Wärmedehnung Spannungen in den keramischen Bauelementen. Invar wird auch für Werkzeuge in der Formgebung von Kunststoffen verwendet. Nach dem vorher gesagten ist klar: Der Effekt der niedrigen Wärmedehnung geht bei T_C verloren.

12.3.4 Magnetisierungskurve. Hysterese

Für die Beurteilung des Verhaltens und der Qualität ferromagnetischer Werkstoffe hat die Aufnahme der *Magnetisierungskurve* dieselbe überragende Bedeutung wie die Aufnahme der Spannungs-Dehnungs-Kurve für die Beurteilung der mechanischen Eigenschaften.

Die Magnetisierungskurve stellt die magnetische Flussdichte B in dem zu untersuchenden Werkstoff als Funktion der erregenden Feldstärke H dar. Sie ist also eine $B(H)$-Kurve entsprechend (12.4b).

Ihre Messung erfolgt durch Ausnutzung von (12.2): Zwar kann man keine Messspule durch den Prüfkörper ziehen, wohl aber kann man den Fluss Φ im Prüfkörper erfassen, indem man H schrittweise um ΔH_1, ΔH_2, ΔH_3 usw. ändert: Der dadurch bewirkte Zuwachs an magnetischem Fluss $\Delta \Phi_1$, $\Delta \Phi_2$, ... kann jedes Mal als Spannungsstoß $\int U \, dt$ gemessen werden – z. B. mit einem ballistischen Galvanometer oder einem entsprechenden elektronischen Messgerät (Flussmesser). Das erregende Feld H wird gemäß (12.1) durch einen genau bekannten Spulenstrom I erzeugt. Man benötigt also eine Primärwicklung, die an einer Stromquelle liegt und H erzeugt, sowie eine Sekundärwicklung, in welcher der Spannungsstoß $\int U \, dt$ gemessen wird (Abb. 12.9). Den Prüfkörper kann man als geschlossenen Ring oder als Rechteckrahmen gestalten, damit er beide Wicklungen in definierter Weise aufnimmt. Schneller, wenn auch weniger genau, kann man H und B über einen Oszillographen ermitteln, wobei I aus dem Primärkreis und U aus dem Sekundärkreis an die Ablenkplatten gelegt werden.

Beginnt man die Messung mit Material im unmagnetischen Zustand (oberhalb Curie-Temperatur wärmebehandelt), so findet man die *Neukurve* (oder jungfräuliche Kurve)

Abb. 12.9 Messanordnung zur
Bestimmung von Magnetisie-
rungskurven

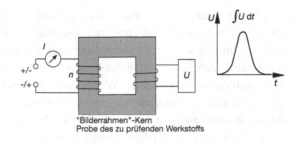

"Bilderrahmen"-Kern
Probe des zu prüfenden Werkstoffs

(Abb. 12.10a). Ihr Verlauf ist nichtlinear. Entsprechend ist die Permeabilität keine Konstante[4] (Abb. 12.10b). Vielmehr nimmt sie ausgehend von der *Anfangspermeabilität* bis zur *Maximalpermeabilität* zu, um dann wieder abzufallen. Dem entspricht ein zunächst beschleunigter Anstieg der Magnetisierungskurve, der sich dann abflacht und in eine *Sättigung* übergeht. Mit Rücksicht auf den Sättigungsbereich kann es zweckmäßig sein, anstelle der $B(H)$- eine $J(H)$-Kurve zu zeichnen, weil die Polarisation $J(H) = J_s$ konstant wird (also parallel zur Abszisse läuft), während $B(H) = J_s + \mu_0 H$ noch geringfügig (wie im Vakuum) ansteigt.

Die Betrachtungen des letzten Abschnitts erlauben es, den einzelnen Bereichen der Neukurve bestimmte materielle Vorgänge zuzuordnen: Im unmagnetischen Zustand sind die Weiß'sche Bezirke so angeordnet, dass ihre Magnetisierungsvektoren sich gegenseitig kompensieren. Legt man jetzt ein (zunächst schwaches) äußeres Feld H an, so entsteht in dem Werkstoff dadurch eine makroskopische Flussdichte B, dass durch *Wandverschiebung* diejenigen Elementarbereiche vergrößert werden, deren Magnetisierung günstig (d. h. möglichst parallel) zum erregenden Feld liegt – auf Kosten der ungünstig orientierten, die verkleinert werden.

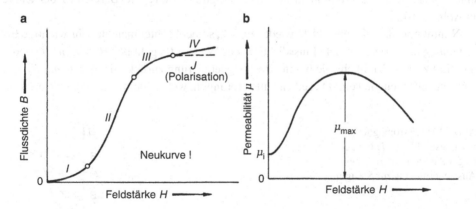

Abb. 12.10 Abhängigkeit **a** von der magnetischen Flussdichte B und **b** der Permeabilität μ von der erregenden Fehlstärke H (Neukurve)

---

[4] In der Praxis wird die Permeabilität meist als $\mu_r = (1/\mu_0)B(H)/H$ ermittelt, also nicht als $\mu_r = (1/\mu_0)\mathrm{d}B/\mathrm{d}H$.

Die Bewegung oder Verschiebung der Bereichsgrenzen (Bloch-Wände) erweist sich also als entscheidender Mechanismus zur Magnetisierung eines ferromagnetischen Festkörpers. Im Prinzip können Bereichsgrenzen, die ja nur mit Elektronenzuständen zusammenhängen, sehr leicht durch das Kristallgitter laufen. Im realen Gitter eines technischen Werkstoffs jedoch werden die Wände durch *Gitterstörungen* – Korngrenzen, Versetzungen, Einschlüsse, Ausscheidungen – festgehalten. Die Kraftwirkung *kleiner* Magnetfelder reicht nicht aus, um die Bloch-Wände über diese Hindernisse hinwegzubringen. Die Bereichsgrenzen werden daher lediglich zwischen ihren Verankerungen „elastisch" durchgebogen und ziehen sich beim Abschalten des Feldes sofort wieder gerade – der Anfangsbereich der Neukurve, Bereich *I* in Abb. 12.10, ist Ausdruck einer *reversiblen Wandverschiebung.*

Legt man stärkere Magnetfelder an (Bereich II in Abb. 12.10), so reicht der Energiegewinn durch Ausdehnung günstig orientierter Elementarbereiche aus, um die Wände sprunghaft über die strukturellen Hindernisse hinwegzuziehen – erst über die schwächsten, bei steigender Feldstärke über immer stärkere Hindernisse. Diese sprunghaften Wandverschiebungen, welche Zug um Zug die magnetische Flussdichte B bzw. die Magnetisierung M_s ansteigen lassen, werden als *Barkhausen-Sprünge* bezeichnet.

Mit weiter steigender Feldstärke tritt allerdings die Situation ein, dass sämtliche ungünstigen Elementarbereiche von „günstigen" Bereichen durch Wandverschiebungen aufgezehrt sind. Auf diese Weise kann also keine weitere Magnetisierung erreicht werden. Um auch den letzten Rest an magnetischer Ausrichtung aus dem Probekörper herauszuholen, können jedoch durch hohe Felder die atomaren Momente noch aus ihren kristallographischen Vorzugsrichtungen herausgedreht werden. Diese *Drehprozesse* charakterisieren den flachen Anstieg im Bereich III der Magnetisierungskurve (Abb. 12.10). Sind schließlich sämtliche Elementarmagnete parallel zum erregenden Feld gedreht, so ist eine weitere Magnetisierung nicht möglich: Sättigung ist erreicht (Bereich IV der Kurve in Abb. 12.10).

Nimmt man das Magnetfeld H wieder zurück, so beobachtet man die sehr wichtige Erscheinung der *Hysterese:* Die Flussdichte B des Werkstoffs geht bei $H = 0$ *nicht* wieder auf Null zurück. Vielmehr bleibt eine Restmagnetisierung zurück, die *Remanenz* B_r. Die Ursache dafür leuchtet ein: Dieselben Gitterstörungen, welche beim Aufmagnetisieren die

Abb. 12.11 Ferromagnetische Hystereseschleife; *1:* bei geringer Aussteuerung, *2:* bei Aussteuerung bis zur Sättigung

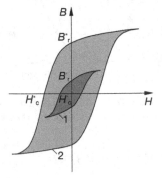

Abb. 12.12 Unterschiedliche Formen der Hystereseschleife

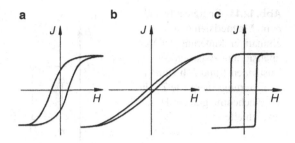

Verschiebung der Bereichsgrenzen behindern, verankern diese auch beim Abmagnetisieren und hindern sie daran, ihre Ausgangslagen wieder einzunehmen. Infolgedessen kommt es nicht zur völligen Kompensation der mit den Weiß'schen Bezirken verbundenen Magnetisierung, und B wird nicht völlig abgebaut.

Um B nun doch auf Null zurückzubringen, muss ein Feld in der Gegenrichtung angelegt werden. Diejenige Feldstärke, welche die Bloch-Wände wieder so weit über die strukturellen Hindernisse hinwegzieht, dass $B = 0$ erreicht wird, heißt *Koerzitivfeldstärke* H_c. Auf diese Weise entsteht das typische Bild einer ferromagnetischen Hystereseschleife in vier Quadranten (Abb. 12.11). Ihre Ausdehnung und Gestalt hängt von der Aussteuerung $\hat{B}$ ab, d. h. davon, wie weit der Werkstoff magnetisiert wird. Auch bei völliger Aussteuerung (bis zur Sättigung) treten unterschiedliche Formen der Schleife auf (Abb. 12.12).

12.3.5 Ummagnetisierungsverluste

Die „Bauchigkeit" einer Hystereseschleife weist darauf hin, dass die Flussdichte B bzw. die Magnetisierung M des betreffenden Werkstoffs dem erregenden Feld H nur verzögert und unvollständig folgt, weil die Wandverschiebungen durch Gitterstörungen behindert sind.

Behinderung einer von außen aufgezwungenen Bewegung durch statistisch verteilte Hindernisse bedeutet ganz allgemein *Reibung*, und Reibung ist stets verbunden mit *Reibungswärme*. Reibungswärme aber wird unwiederbringlich zerstreut (dissipiert), und die zu ihrer Erzeugung verbrauchte Arbeit ist nicht mehr verwertbar. Reibungswärme jeder Art muss also als *Verlust* gebucht werden. Aus diesem Grunde verursacht auch die Reibung der Bloch-Wände im Gefüge eines Magnetwerkstoffs einen Energieverlust, den *Hystereseverlust*.

Kann man diesen Energieverlust aus der Hysteresekurve ablesen? Um diese Frage zu beantworten, muss man beachten, dass der Flächeninhalt unter jedem Teilstück einer Magnetisierungskurve die Energie darstellt, welche aufgewendet werden muss, um die Magnetisierung des Werkstoffs zu ändern. Um etwa die Induktion B von B_1 auf B_2 zu erhöhen, wird die Energie

$$\Delta w = \int_{H_1}^{H_2} B(H) \mathrm{d}H \quad (\text{VAs/m}^3 \quad \text{oder} \quad \text{Ws/m}^3) \qquad (12.6)$$

Abb. 12.13 Energieaufwand beim Magnetisieren; **a** bei einmaliger Änderung der Magnetisierung zwischen den Zuständen *1* und *2*, **b** Ummagnetisierungsenergie je Zyklus als Flächenintegral der Hystereseschleife

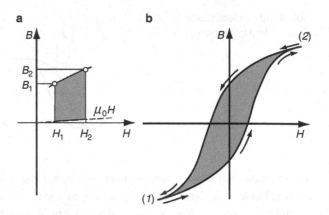

aufgenommen. Sie entspricht graphisch dem Flächeninhalt der Fläche unter der Magnetisierungskurve $B(H)$ (Abb. 12.13) – als Bezugsgröße wird in Abb. 12.13 die Flussdichte des leeren Raums $B = \mu_0 H$ verwendet. Vergleich der Maßeinheiten von B, H und w bestätigt, dass das Integral eine Energie – genauer: eine Energiedichte – darstellt.

Bei völlig reibungsfreier (reversibler) Wandverschiebung würde dieser Energiebetrag beim Zurücknehmen des Feldes von H_2 auf H_1 auch wieder zurückgewonnen, analog zur potenziellen Energie eines reibungsfrei gelagerten Pendels oder einer ideal elastischen Feder. Im realen Fall aber liegt die Kurve der Entmagnetisierung höher als die der Aufmagnetisierung (s. Abb. 12.11). Man muss also Energie in den Werkstoff hineinstecken, um einen vollständigen Magnetisierungszyklus bzw. eine geschlossene Hystereseschleife zu durchfahren. Das Experiment lehrt, dass die Hystereseschleife ihre Form nicht verändert, wenn man n (sehr viele) solche Zyklen durchfährt. Die hineingesteckte Energie kann also nicht irgendwie im Werkstoff gespeichert sein, sie muss vielmehr wieder nach außen abgegeben sein. Es ist klar, dass genau diese Differenz den Ummagnetisierungsverlusten entspricht und als Wärme abgegeben wird.

Graphisch gesehen ist die in einem Zyklus umgesetzte Energie gleich der Differenz der beiden Flächeninhalte gemäß (12.6) für Auf- und Abmagnetisierung. Diese Flächendifferenz ist aber nichts anderes als der Flächeninhalt der in einem Zyklus 1–2–1 geschlossenen Hystereseschleife selbst, siehe Abb. 12.13b:

$$P' = \oint B \, \mathrm{d}H \quad (\mathrm{Ws/m^3}). \tag{12.7}$$

Dieses Umlaufintegral kennzeichnet die Ummagnetisierungsverluste je Zyklus – es kann durch einfaches Ausplanimetrieren der Hystereseschleife bestimmt werden. In der technischen Praxis werden die Verluste meist auf die Gewichts- und nicht auf die Volumeneinheit bezogen. Und noch etwas: Technisch bedeutsam sind die Ummagnetisierungsverluste dann, wenn sehr viele Zyklen hintereinander durchfahren werden, d. h. in Wechselstromnetzen. Wir denken dabei vor allem an ein typisches Massenprodukt, nämlich den *Transformator*. Daher bezieht man die Verluste auch nicht auf einen Zyklus, sondern auf die

Zeiteinheit bei gegebener Frequenz f. Man gibt also *Verlustleistung* und nicht Verlustar-beit an. Ist f die Frequenz des magnetischen Wechselfeldes in Hz (s^{-1}) und ϱ_m die Dichte des Werkstoffs in g/cm^3, so wird die Verlustleistung

$$P = P'f/\varrho_m = 10^{-3}(f/\varrho_m) \oint B\,dH \quad \text{(W/kg)} \tag{12.8}$$

(der Faktor 10^{-3} dient zur Anpassung der Maßeinheiten).

Die Ummagnetisierungsverluste P hängen also von Werkstoffeigenschaften, aber auch von äußeren Vorgaben wie der Frequenz des Wechselfeldes und auch der Aussteuerung $\hat{B}$ ab, denn letztere gibt den Rahmen für die Hystereseschleife ab. Die für die Verlustwir-kung maßgebende Werkstoffeigenschaft ist die „Bauchigkeit" der Hysteresekurve, die bei gegebener Aussteuerung durch B_r und H_c gekennzeichnet werden kann. Üblicherweise werden Verlustfaktoren für 50 Hz und $\hat{B} = 1$ T (1 Tesla) angegeben. Für normale Trafo-bleche kann man $P \approx 1$ W/kg ansetzen. Ein Transformator wird daher im Dauerbetrieb warm und muss gegebenenfalls gekühlt werden.

Die Ummagnetisierungsverluste haben außer den auf Wandverschiebung zurückzufüh-renden Hystereseverlusten noch eine zweite sehr wichtige Ursache: die Wirbelstromver-luste. Sie erklären sich so: Im magnetischen Wechselfeld $H(t)$ ändert sich an jeder Stelle ständig die Feldstärke, wobei $\Delta H/dt$ offensichtlich proportional zur Frequenz des erre-genden Feldes ist (z. B. 50 Hz). Nach den Gesetzen der Elektrodynamik bewirkt Magnet-feldänderung einen Spannungsstoß, siehe (12.2). Wir kennzeichnen den Spannungsstoß kurz durch einen Mittelwert U. In einem Leiter werden nun durch den Spannungsstoß gemäß dem Ohm'schen Gesetz Stromstöße erzeugt – Ströme aber erzeugen Joule'sche Wärme, also Verluste. In einem Material mit dem spezifischen Widerstand ϱ_e gilt dann angenähert

$$P_w \sim IU \sim U^2/\varrho_e \sim H^2/\varrho_e \sim f^2/\varrho_e. \tag{12.9}$$

Magnetisierungskurve $B(H)$

- Die *Neukurve* ist eindeutig, beginnt bei $B = 0$, $H = 0$ und kann nur einmal durchfahren werden. Die *Hystereseschleife* hat zwei Äste (Auf/Ab) und kann be-liebig oft durchfahren werden.
- *Kennzeichnend für die Neukurve* ist die erzielbare *Sättigung* (angebbar als Po-larisation J_s oder Magnetisierung M_s, angenähert auch als Induktion B_s) sowie der Verlauf der *Permeabilität*[5] μ mit H, insbesondere μ_i und μ_{max}. Die Permea-bilität besagt, welche Flussdichte mit einem vorgegebenen Feld erreicht werden kann.
- *Kennzeichnend für die Hystereseschleife* sind die drei Werte: Sättigung M_s (s. o.), Remanenz B_r, Koerzitivfeldstärke H_c[6].

- *Ummagnetisierungsverluste* setzen sich hauptsächlich aus den Hysterese- und den Wirbelstromverlusten zusammen. Sie sind der Fläche der Hystereseschleife proportional. Wirbelstromverluste steigen mit der Frequenz. Oberhalb der Grenzfrequenz f_w werden sie technisch untragbar. f_w ist proportional zu ϱ_e/d^2 (ϱ_e: spezifischer Widerstand, d: Blechdicke).
- *Bereiche der Magnetisierungskurve:*
  I. Reversible Wandverschiebung.
  II. Irreversible Wandverschiebung durch *Barkhausen-Sprünge* (Hinderniswirkung von Gitterstörungen).
  III. *Drehprozesse* aus den kristallographischen Vorzugsrichtungen in die Richtung des angelegten Feldes.

Die Wirbelstromverluste nehmen also quadratisch mit der Frequenz und umgekehrt proportional zum spezifischen Widerstand des Werkstoffs zu. Im Niederfrequenzbereich sind sie noch unbedeutend. Wegen der f^2-Abhängigkeit werden sie aber oberhalb von etwa 10 kHz bedeutend, wenn nicht untragbar. Ein metallischer Magnetkern verhält sich dann gewissermaßen wie in einem Mikrowellenherd.

Durch Anwendung eines „Tricks" lassen sich metallische Magnetwerkstoffe dennoch bis zu relativ hohen Frequenzen verwenden: Man unterbindet die Erzeugung der Wirbelströme, indem man keine massiven Kerne verwendet, sondern den Magnetwerkstoff in dünne, voneinander sorgfältig isolierte Schichten quer zur Ebene der Wirbelströme, also in Richtung des Feldes H unterteilt: Man verwendet dünne Magnet*bleche*, die zu Paketen gestapelt werden. Je höher die angestrebte Frequenz f, desto dünner muss das Blech sein. Umgekehrt gibt es zu jeder verfügbaren Blechdicke d eine *Grenzfrequenz* f_w, oberhalb der der technische Einsatz nicht mehr vertretbar ist. Das Bestreben, metallische Magnetwerkstoffe bis zu möglichst hohen Frequenzen einzusetzen, hat zur Entwicklung besonderer Walzverfahren geführt, mit denen extrem dünne Bänder bis herab zu 3 μm wirtschaftlich gefertigt werden können.

Damit lässt sich der Anwendungsbereich einiger Legierungen in der Tat bis in das MHz-Gebiet vorschieben. Die Grenzfrequenz f_w wächst proportional zu ϱ_e/d^2 mit fallender Blechdicke. Bei noch höheren Frequenzen, vorwiegend also im Bereich der Mikrowellentechnik, muss man zu nichtmetallisch-anorganischen Magnetwerkstoffen übergehen, die sehr hohe spezifische Widerstände haben: Nach (12.9) geht ja $P_w \rightarrow 0$ für $\varrho_e \rightarrow \infty$.

Eine andere Art, Ummagnetisierungsverluste eines Werkstoffs zu kennzeichnen, ist der *Verlustwinkel* δ bzw. $\tan \delta$ (in der Starkstromtechnik wird $\tan \delta$ als Verlustfaktor bezeich-

---

[5] In der Praxis wird unter Permeabilität stets die relative Permeabilität $\mu_r = (1/\mu_0)B/H$ verstanden, also eine dimensionslose Zahl. Anfangspermeabilität und Maximalpermeabilität sind herausgehobene Messwerte.

[6] Normalerweise werden die Werte von H_c und B_r angegeben, die sich bei voller Aussteuerung (bis zur Sättigung) ergeben. Bei verringerter Aussteuerung ergeben sich entsprechend kleinere Werte.

net). Der Kehrwert des Verlustfaktors, $1/\tan\delta$, ist die *Güte* Q des Magnetwerkstoffs. Um diese Kennzeichnung zu verstehen, stellt man sich eine zunächst leere Spule vor, in der durch ein Wechselfeld ein Fluss $H_0(t)$ erzeugt wird. Diese Spule wirkt elektrisch als Induktivität L und verursacht einen entsprechenden komplexen Widerstand proportional zu fL. Diesem Widerstand entspricht die sog. Blindleistung. Steckt man nun in die Spule einen Kern aus einem Magnetwerkstoff, so erhöht sich der Leistungsverbrauch um die eben behandelten Verluste. Das Verhältnis dieser „Wirkleistung" (mit Magnetwerkstoff) zur Blindleistung (leere Spule) ergibt sich als $\tan\delta$, wobei δ als Phasenwinkel zu verstehen ist, um den $B(t)$ infolge der zeitabhängigen „Reibungsprozesse" bzw. Wirbelströme hinter $H(t)$ nachhinkt. Im Extremfall $\delta = 90°$ wird $\tan\delta = \infty$, d. h. $Q = 0$.

12.4 Technische Magnetwerkstoffe

12.4.1 Allgemeine Einteilung

Magnetwerkstoffe werden nach ihren magnetischen Eigenschaften in hartmagnetische und weichmagnetische Werkstoffe, nach ihrer chemischen Stoffklasse in metallische und oxidische Werkstoffe eingeteilt.

Weichmagnetisch nennt man Werkstoffe, die leicht zu magnetisieren und ebenso leicht umzumagnetisieren sind. Diese Eigenschaften können durch Permeabilitäten von 10^3 bis 10^5 und Koerzitivfeldstärken unter $100\,\text{A/m}$ gekennzeichnet werden. Die hohe Permeabilität sagt auch aus, dass der Werkstoff auf kleine Feldänderungen mit hohen Magnetisierungsänderungen reagiert. Die Ummagnetisierungsverluste sind dank der geringen H_c-Werte gering. Daher werden solche Werkstoffe auch bei Hochfrequenz in allen Bereichen der Nachrichtentechnik eingesetzt: als Übertragerkerne, Magnetköpfe, Speicherkerne usw., andererseits dienen sie in der Starkstromtechnik als Kernmaterial für Transformatoren, Drosselspulen, Schaltrelais usw.

Hartmagnetisch nennt man Werkstoffe, die schwer umzumagnetisieren sind und bei Abschalten des äußeren Feldes eine hohe Restmagnetisierung besitzen. Diese Eigenschaften werden durch große Koerzitivkräfte (über $10.000\,\text{A/m}$) und durch Remanenzwerte über $1\,\text{T}$ charakterisiert. Hartmagnetische Werkstoffe sind daher geeignet für alle Arten von Dauermagneten.

Wenn man Zahlenwerte von J_s, B_r, H_c und μ_i bzw. μ_{max} verschiedener Werkstoffe miteinander vergleicht, so fällt auf, dass die Sättigungspolarisationen aller dieser Werkstoffe im Wesentlichen zwischen 1 und 2,5 T liegen, sich also nur geringfügig unterscheiden; nur die oxidmagnetischen Ferrite mit 0,2 bis 0,4 T liegen wegen der „magnetischen Verdünnung" durch das Sauerstoff-Teilgitter etwas niedriger. Dieser Befund ist leicht zu verstehen, denn die Sättigungswerte entsprechen der Ausrichtung aller atomaren Elementarmagnete, und weder deren Zahl pro Volumeneinheit noch deren atomare Magnetisierung kann durch werkstofftechnische Maßnahmen wesentlich verändert werden – ebenso wenig wie z. B. Elastizitätsmoduln oder spezifische Wärmen.

Völlig anders liegen die Dinge bei der Koerzitivfeldstärke und daher auch bei der Permeabilität (die Maximalpermeabilität kann in grober Näherung als $\mu_{max} \approx (1/\mu_0)$ $(J_s/H_c) \approx 10^6 J_s/H_c$ dargestellt werden). Diese Kenngröße hängt, wie wir gesehen haben, mit der Behinderung der Bloch-Wandverschiebung durch Gefügehindernisse zusammen; sie kann daher durch werkstofftechnische Maßnahmen drastisch reduziert, aber auch verstärkt werden. So ist es nicht verwunderlich, dass die Skala der Koerzitivfeldstärken technischer Werkstoffe von 10^{-1} bis 10^6 A/m reicht, also 7 Zehnerpotenzen überstreicht. Dies ist qualitativ vergleichbar mit den Unterschieden in der Fließgrenze zwischen weichgeglühten Reinsteisen-Einkristallen und kaltgezogenen hochfesten Stahldrähten, die ebenfalls durch Fehlstellen und Gefügebestandteile bedingt sind.

12.4.2   Weichmagnetische Werkstoffe

An sich ist *Eisen* der klassische weichmagnetische Werkstoff und wird auch heute noch für bestimmte Anwendungen eingesetzt. Das Wort „Eisen" umfasst dabei ein Spektrum von Eisenwerkstoffen unterschiedlicher Reinheit. Zwar liegt die Sättigungspolarisation J_s bei allen Eisensorten nahe bei 2,15 T (wir haben bereits im letzten Abschnitt erörtert, warum dieser Wert unempfindlich gegen Gitterdefekte und Fremdatome ist). Andererseits zeigt technisches Eisen mit Kohlenstoffgehalten um 0,1 % und anderen Verunreinigungen Koerzitivkräfte bis zu 100 A/m; sog. Reineisen mit 0,05 % C weist immer noch ein H_c von 12 A/m auf. Senkt man den Kohlenstoffgehalt auf 0,03 %, so bekommt man H_c auf 6 A/m herunter, und der „Rekord" mit zonengereinigtem Eisen liegt nahe 1 A/m. Um niedrige Koerzitivkräfte zu erhalten, ist die weitgehende Entfernung des Kohlenstoffs Voraussetzung, denn C behindert auch im gelösten Zustand über die von ihm erzeugte elastische Verzerrung im Mikrobereich die Wandverschiebung wirkungsvoll.

Preiswerter erreicht man niedrige Koerzitivkräfte mit Zusätzen von 2 bis 3 % Silicium in Verbindung mit einer entkohlenden Glühung in Wasserstoff. Der genannte Si-Zusatz hat noch eine andere sehr wichtige Auswirkung: Er erhöht den spezifischen Widerstand des Werkstoffs von 0,1 μΩm auf etwa das Vierfache. Dadurch werden die Wirbelstromverluste wesentlich verringert; zusammen mit den verringerten Hystereseverlusten reduziert dies die gesamten Ummagnetisierungsverluste von 10 W/kg bei technischem Eisen auf ca. 1 W/kg bei warmgewalztem Silicium-Eisen.

Noch bessere Ergebnisse erzielt man, wenn man das Blech durch Kaltwalzen unter überlagerter Zugspannung und anschließende Wärmebehandlung (Rekristallisation) in einen Zustand mit ausgeprägter *Textur* bringt. In diesem Gefügezustand sind alle Körner gleich orientiert – und zwar so, dass die Würfelkanten [100] der Elementarzellen in dieselbe Richtung weisen. Man kann erreichen, dass in einem solchen Band alle Körner mit ihren [100]-Richtungen parallel zur Walzrichtung orientiert sind, wobei die {110}-Ebenen parallel zur Blechrichtung liegen; dies ist die sog. *Goss-Textur*, siehe Abb. 12.14. Wie wir in Abschn. 12.3.1 gesehen haben, ist [100] eine kristallographisch „leichte" Magnetisierungsrichtung. Wenn man also z. B. den Transformatorkern aus Paketen von

Abb. 12.14 Magnetbleche mit Vorzugsorientierung; **a** Goss-Textur, **b** Würfel-Textur. (Vorzugsrichtung durch die Lage kubischer „Elementarzellen" symbolisch angedeutet)

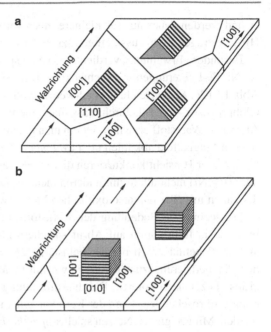

Texturblechen so aufbaut, dass die Walzrichtung mit der beabsichtigten Magnetisierungsrichtung übereinstimmt, so kann magnetische Sättigung praktisch allein durch Wandverschiebung, fast ohne Drehprozesse der Bereichsdipolmomente, erzeugt werden. Dadurch ergibt sich eine hohe Anfangspermeabilität $\mu_i \approx 2000$ (bei $H = 0{,}4\,\mathrm{A/m}$) und eine besonders schmale, steil bis nahe an den Sättigungsbereich ansteigende Hystereseschleife, siehe Abb. 12.12b. Die Ummagnetisierungsverluste können auf $0{,}3\,\mathrm{W/kg}$ gesenkt werden. Insoweit ist die Erfindung der „*kornorientierten*" Texturbleche aus Fe–Si einer der wichtigsten Beiträge zur Magnetwerkstoffentwicklung; riesige Energieverluste konnten auf diese Weise weltweit vermieden werden. Allerdings ist solches Material *quer* zur Walzrichtung ungünstig, weil dort die magnetisch „harten" [110]-Richtungen liegen.

Nach der produzierten Menge sind zwar die Eisen-Silicium-Bleche die technisch bedeutsamsten Magnetwerkstoffe, qualitätsmäßig stellen aber die *Magnetlegierungen auf Nickelbasis* eine wesentliche Konkurrenz dar. Ein typischer Vertreter dieser Legierungsgruppe ist unter der Bezeichnung *Permalloy* bekannt; seine Zusammensetzung ist 79 % Ni, 21 % Fe. Der Werkstoffname deutet bereits darauf hin, dass das Gütemerkmal dieser Werkstoffe ihre hohe Permeabilität ist; sie beruht auf der besonders hohen Beweglichkeit (d. h. leichten Verschiebbarkeit) der Bloch-Wände, die in diesem Material sehr diffus aufgebaut sind und sich nicht straff zwischen Mikrohindernisse spannen.

Zwar liegt die Sättigungspolarisation von Permalloy mit $0{,}8\,\mathrm{T}$ weniger als halb so hoch wie die von Eisen oder Fe–Si. Aufgrund der hohen Wandbeweglichkeit werden jedoch bei Werkstoffen dieses Typs sehr niedrige Koerzitivfeldstärken von etwa $0{,}4\,\mathrm{A/m}$ und extreme Permeabilitäten von 150.000 und mehr erreicht. Die Ummagnetisierungsverluste lassen sich damit auf $0{,}05\,\mathrm{W/kg}$ drücken. Hier hat man die magnetisch weichsten Werkstoffe, die es gibt. Allerdings sind sie wegen des hohen Ni-Gehalts auch sehr teuer und werden daher nur für kleinere, hochwertige Bauteile wie Messwandler, NF- und HF-Übertrager, Relais usw. eingesetzt.

Besondere Erwähnung verdient noch eine spezielle Untergruppe dieser Werkstoffklasse: Ni–Fe-Legierungen mit rechteckförmiger Hystereseschleife (kurz: *Rechteckschleife*), Abb. 12.12c. Man erreicht dies entweder durch Herstellung von Texturen über Walz- und Glühprozesse – oder dadurch, dass man eine magnetische Ausrichtung der Ni- bzw. Fe-Atome im Werkstoff erzwingt, indem man ihn unterhalb seiner Curie-Temperatur in einem starken Magnetfeld abkühlen lässt (*Magnetfeldabkühlung*).

In dieser Hinsicht konkurrieren die Ni–Fe-Legierungen (mit 80, mit 65, aber auch mit nur 50 % Ni) nicht allein mit anderen metallischen Werkstoffen (z. B. 50 % Co–Fe), sondern auch mit *Ferriten*, also oxidischen Magnetwerkstoffen.

Die technische Bedeutung der Werkstoffe mit Rechteckschleife liegt vor allem darin, dass sie Information auf Abruf speichern können: Ein Ringkern aus einem solchen Werkstoff befindet sich bei der Feldstärke $H = 0$ in einem von zwei klar beschriebenen Magnetisierungszuständen, die wir mit $(+M)$ und $(-M)$, aber auch mit „Null" und „Eins" bezeichnen können. Durch Aufbringung sehr kurzer Schaltimpulse (Größenordnung: Mikrosekunden) kann der Kern von einem in den anderen Zustand ummagnetisiert werden. Mit geeigneten Netzen solcher *Speicherkerne* lassen sich auch komplizierte Informationen ebenso „einschreiben" wie „herauslesen". Speicherkerne mit Rechteckschleife sind daher ein entscheidender Bauteil für moderne Elektronenrechner geworden.

Abschließend ist noch darauf hinzuweisen, dass die *amorphen Metalle* (oder *metallischen Gläser*) mit Zusammensetzungen des Typs $Me_{80}X_{20}$ sehr gute weichmagnetische Werkstoffe darstellen (s. Abschn. 7.4.6). Beim derzeitigen Entwicklungsstand entsprechen die Permeabilitäten, Koerzitivfeldstärken und Sättigungsmagnetisierungen der amorphen Metalle etwa denjenigen der 50 %igen Ni–Fe-Legierungen – mit dem vorteilhaften Unterschied, dass sie infolge des Nichtmetallgehalts ca. 20 % weniger wiegen, einen etwa viermal höheren spezifischen Widerstand (also geringere Verluste) aufweisen und in naher Zukunft voraussichtlich billiger hergestellt werden können als die konventionellen Werkstoffe. Erste Anwendung: Warensicherungsetiketten.

12.4.3 Hartmagnetische Werkstoffe

Hartmagnetische Werkstoffe dienen zur Anfertigung von Dauermagneten, die in Motoren, Messsystemen, Lautsprechern usw. eingesetzt werden. Der technische Zweck eines Dauermagneten besteht darin, ein Magnetfeld möglichst hoher Feldstärke bzw. hoher Flussdichte in einen konstruktiv vorgegebenen Raum außerhalb des eigentlichen Magneten bereitzustellen: Ein Dauermagnet als geschlossener Ring würde nach außen kaum eine Wirkung zeigen und technisch ziemlich uninteressant sein – als Ring mit einem Luftspalt, als Hufeisen-, Topf- oder Stabmagnet kann er jedoch wichtige Aufgaben erfüllen.

Vom technischen Zweck her hat ein Dauermagnet also „offene Enden". Ein solcher Magnet kommt vorerst unmagnetisch aus der Fertigung und wird dann durch ein äußeres Feld möglichst weit (bis zur Sättigung) aufmagnetisiert. Das äußere Feld H_a induziert einen Fluss $B(H)$, und dieser erzeugt an den offenen Enden *magnetische Pole* (Nordpol, Südpol). Von diesen Polen gehen einmal Feldlinien in den Luftraum; zum anderen erzeugen sie ein inneres Feld, das der Magnetisierung M proportional, aber entgegengesetzt gerichtet ist:

$$H_- = -NM = -NJ/\mu_0. \tag{12.10}$$

Man bezeichnet es als das *entmagnetisierende Feld* und den Proportionalitätsfaktor N als *entmagnetisierenden Faktor*. N liegt zwischen 0 und 1 und hängt von der Geometrie des Magneten ab; für einen kreisförmigen Ringkern mit der mittleren Eisenweglänge l_{Fe} und mit der Luftspaltlänge l_L ist der entmagnetisierende Faktor durch (12.11) gegeben:

$$N/(1 - N) = l_L/l_{Fe}. \tag{12.11}$$

Für kleine Luftspalte mit $l_L \cong l_{Fe}$ vereinfacht sich diese Beziehung zu $N \approx l_L/l_{Fe}$.

Wir wenden uns nun einem Dauermagneten zu, der soeben magnetisiert worden ist und nun die Fertigung verlässt, damit aber auch aus dem erregenden Feld herausgenommen wird: $H_a = 0$. Wäre er ein geschlossener Ring, so hätte dieser Dauermagnet jetzt noch eine Flussdichte vom Betrag der Remanenz B_r. Da es aber ein technischer Dauermagnet ist, besitzt er einen Luftspalt, also Pole: Auch bei $H = 0$ verbleibt daher ein entmagnetisierendes Feld der Größenordnung $(-NB_r/\mu_0)$. Dadurch wird der „Arbeitspunkt" des Magneten auf der Hysteresekurve nach links ($H < 0$) verschoben und zwar um so mehr, je größer der Luftspalt ist.

Für einen technisch brauchbaren Dauermagneten ist daher nicht nur die Remanenz ein Gütekriterium, wie man es auf den ersten Blick denken könnte. Ebenso wichtig ist vielmehr, wie viel Flussdichte man gegenüber B_r durch die Einführung eines Luftspalts (oder einer anderen „offenen" Bauweise) verliert, genau dies kann man aus dem Verlauf der Hysteresekurve im zweiten Quadranten ablesen – dem für Dauermagnete wichtigsten Teil dieser Kurve; er wird auch als *Entmagnetisierungskurve* bezeichnet (s. Abb. 12.15). Die Forderung nach „möglichst viel Flussdichte auch bei hohen entmagnetisierenden Feldern" lässt sich in die Forderung kleiden, dass das *Energieprodukt BH* (in Ws/m^3) des Dauermagneten einen möglichst hohen Wert erreicht. Offensichtlich ist $BH = 0$ für $H = 0$ und für $H = -H_c$ (weil dort $B = 0$); zwischen diesen beiden Nullstellen liegt ein Maximum. Dieser Maximalwert $(BH)_{max}$ kennzeichnet die bei optimaler Auslegung technisch nutzbare magnetische Energiedichte.

Welche werkstofftechnischen Prinzipien und Strategien werden bei der Entwicklung hochwertiger Magnetwerkstoffe verfolgt? Im Gegensatz zu den weichmagnetischen Werkstoffen muss man alles tun, damit Ummagnetisierungsprozesse erschwert werden, sodass B_r möglichst wenig unter die Sättigungsmagnetisierung absinkt. Eine „bauchige", im günstigsten Fall rechteckige Hystereseschleife ist ebenfalls erstrebenswert, um $(BH)_{max}$ zu erhöhen. Zunächst einmal geht es also darum, Bloch-Wandverschiebungen wirkungsvoll zu behindern, ferner darum, die Kristallanisotropie auszunutzen, um Drehprozesse zu erschweren. Ummagnetisierungsverluste spielen, im Gegensatz zu den weichmagnetischen Werkstoffen, bei Dauermagneten natürlich keine Rolle.

Abb. 12.15 Entmagne-
tisierungskurve eines
Dauermagneten; das maximale
Energieprodukt ist schraffiert
eingezeichnet

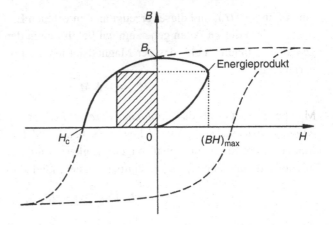

Ausgehend vom *Eisen*, welches magnetisch (wie auch mechanisch) zu „weich" ist,
kommt man zu den Eisen-Kohlenstoff-Legierungen mit feinem *martensitischem* Gefüge
(Abschn. 7.6): Die starke Gitterverzerrung durch die zahlreichen Martensitplatten und
durch die übersättigt eingelagerten Kohlenstoffatome verankert die Bereichswände tatsächlich wirkungsvoll. Weitere Verbesserungen sind durch Legierungszusätze, z. B. von
Cr, Co, V möglich – auch dies sind gewissermaßen klassische Magnetwerkstoffe. Ein
wesentlicher Vorteil dieser Werkstoffe ist ihre Verformbarkeit.

Wesentlich schwieriger herzustellen ist die zweite wichtige Gruppe hartmagnetischer
Werkstoffe, die unter der Kurzbezeichnung AlNiCo bekannt ist. Diese Bezeichnung weist
auf die Zusammensetzung hin, die zwar für verschiedene Anwendungsgebiete in weiten
Grenzen variiert wird, aber doch durch 10 Al–20 Ni–20 Co–50 Fe charakterisiert werden
kann (meist mit Zusätzen von Ti und Cu). Dieses Material muss durch eine Gießtechnik
oder pulvermetallurgisch hergestellt werden, es lässt sich nicht walzen. Seine magnetische
Härte verdankt es einem extrem feinen nadeligen Gefügeaufbau, der durch spinodale Entmischung erzielt wird (s. Abschn. 7.5.5). Auf diese Weise entstehen magnetische Mikro-
phasen, die zu klein sind, als dass sie sich noch durch Bloch-Wände in Elementarbereiche
aufspalten könnten. AlNiCo-Magnete können also nur durch Drehprozesse entmagneti-
siert werden. Durch Magnetfeldabkühlung kann man zusätzlichen Ummagnetisierungswi-
derstand erzeugen, indem die erwähnten Mikrophasenbereiche schon bei ihrer Entstehung
mit ihren langen Achsen parallel ausgerichtet werden. Spitzenwerte von $(BH)_{max}$ von
über 80.000 Ws/m^3 lassen sich erzeugen, wenn man durch gerichtete Erstarrung aus der
Schmelze bereits ein ausgerichtetes Kristallgefüge herstellt, bevor bei weiterer Abkühlung
die spinodale Entmischung im Magnetfeld einsetzt. Im Grunde dasselbe Prinzip wird auch
mit einer anderen Technologie verfolgt: Permanentmagnete aus feinsten Magnetpulverteilchen, die „Einbereichsteilchen" sind, also ebenfalls keine Bloch-Wände enthalten.

Die höchsten z. Z. erzielbaren Koerzitivfeldstärken (über 10^7 A/m) und $(BH)_{max}$-Wer-
te bis zu 180.000 Ws/m^3 erreicht man mit einem ebenfalls neuen Werkstofftyp, den *SE-
Co-Magneten*; dabei steht SE für die als „Seltene Erden" bezeichneten Elemente des

periodischen Systems; der typischste Vertreter dieser Klasse ist $SmCo_5$. Bei der Erzeugung dieser Werkstoffe spielt eine gesteuerte, sehr feinkristalline eutektische Erstarrung eine große Rolle. Auch diese „Supermagnete" sind mechanisch leider sehr spröde.

Schließlich müssen noch die *hartmagnetischen Ferrite* als oxidkeramische Werkstoffe für preiswerte Dauermagnete erwähnt werden. Während die in Abschn. 12.4.2 erwähnten „Weich-Ferrite" dem kristallographischen Spinelltyp entsprechen und kubische Struktur besitzen, sind die „Hart-Ferrite" hexagonal. Die beiden wichtigsten sind Bariumferrit ($BaO \cdot 6Fe_2O_3$) und Strontiumferrit ($SrO \cdot 6Fe_2O_3$). Ihre hohe einachsige Anisotropie, die mit der hexagonalen Kristallstruktur zusammenhängt, wird durch spezielle keramische Techniken ausgenutzt.

Technische Magnetwerkstoffe

Weichmagnetische Werkstoffe
- Leicht umzumagnetisieren, weil niedriges $H_c < 100\,\text{A/m}$.
- Reagieren auf kleine ΔH mit hohen ΔB, weil $\mu > 10^3$.
- Geringe Verluste, weil Hystereseschleife schmal.
- Entwicklungsprinzip: Beseitigung aller Hindernisse für Wandverschiebung wie z. B. interstitielle Atome, Einschlüsse, Versetzungen.

Werkstoffgruppen:
- FeSi (3 %) für Trafobleche. Si-Zusatz erhöht Widerstand, vermindert Wirbelstromverluste. Entkohlende Glühung erzielt niedriges H_c (0,4 A/m) und geringe Verluste (0,3 W/kg). Walztextur (Kornorientierung) macht Drehprozesse unnötig und ermöglicht steile Schleifen mit $\mu_i \approx 2000$.
- Permalloy und andere Werkstoffe auf Basis Ni–Fe. Höchste Permeabilitäten bis 150.000, niedrigste Verluste bis 0,05 W/kg.
- (Oxidische) Ferrite wie Mn, Zn-Ferrit (kubisch): fast nichtleitend, daher HF-geeignet.
- Amorphe Metalle (Typ $Fe_{80}B/C_{20}$): Relativ junge Entwicklung.
- Sonderfall Rechteckschleife: Herstellbar mittels Walztexturen oder Magnetfeldabkühlung. Wichtig für Speicherkerne mit „Null-Eins"-Funktion.

Hartmagnetische Werkstoffe
- Schwer umzumagnetisieren, weil großes $H_c > 10.000\,\text{A/m}$.
- Große nutzbare Energie im Luftspalt durch hohe Remanenz und bauchige Gestalt der Entmagnetisierungskurve, charakterisiert durch hohes Energieprodukt BH.
- Entwicklungsprinzip: Behinderung der Bloch-Wandbewegung durch Fremdatome, Versetzungswände und feindisperse Mehrphasengefüge; Erschwerung von Drehprozessen durch Ausnutzung der Kristallanisotropie.

Werkstoffgruppen:

- Fe–(Cr, Co, V)-Legierungen, z. T. martensitisch.
- AlNiCo-Gusswerkstoffe mit sehr hohen $(BH)_{max}$ bis 80.000 Ws/m^3, z. T. magnetfeldabgekühlt.
- SE-Co, höchste H_c mit 10^7 A/m, $(BH)_{max}$ bis 180.000 Ws/m^3.
- Hartmagnetische Ferrite (hexagonal): Ba- und Sr-Ferrit.

Herstellungs- und verarbeitungstechnische Verfahren

13

13.1 Vom Rohstoff zum Werkstoff

13.1.1 Aufbereitung der Erze und Reduktion zu Metallen

Die Rohstoffe zur Metallherstellung sind die *Erze*. Sie werden überwiegend im Tagebau (Eisenerz in Schweden, Steiermark), selten im Untertagebau (Silber und Kupfer seit dem Mittelalter), in Zukunft vielleicht auch vom Meeresboden gefördert (Tiefsee-Manganknollen). Die Technologie der Abbau- und Förderprozesse gehört in den Bereich der Bergbautechnik.

Erze enthalten das gewünschte Metall nicht in metallischer Form, sondern in Form chemischer Verbindungen: Oxide, Sulfide, Hydrate, Carbonate, Silicate, siehe Tab. 13.1. Eine Ausnahme bilden lediglich die Edelmetalle, die in der Natur auch „gediegen" vorkommen.

Nur sehr selten bestehen Erze allein aus den in Tab. 13.1 genannten Verbindungen. Vielmehr liegen selbst in „reichen" Erzen die metalltragenden Verbindungen neben unverwertbaren Mineralstoffen (Gangart: Quarz, Kalkstein usw.) vor. Bei „armen" Erzen ist es oft sogar so, dass die metalltragende Komponente neben dem „tauben Gestein" nur wenige Prozent ausmacht.

Tab. 13.1 Wichtige Erze und ihre metalltragenden Bestandteile

Metall	Mineralogische Bezeichnung des Erzes	Metalltragendes Oxid usw.	Tatsächlicher Metallgehalt des Erzes (Gew.-%)
Eisen	Hämatit, Roteisenstein	Fe_2O_3	40...60
	Magnetit, Magneteisenstein	Fe_3O_4	45...70
	Limonit, Brauneisenstein	$2\,Fe_2O_3 \cdot 3\,H_2O$ u. ähnl.	30...45
	Spateisenstein	$FeCO_3$	25...40
Aluminium	Bauxit	$Al(OH)_3$	20...30
Kupfer	Chalcocit, Pyrit	Cu_2S, $CuFeS_2$	0,5...5
Titan	Rutil	TiO_2	40...50

© Springer-Verlag GmbH Deutschland 2016
B. Ilschner, R.F. Singer, *Werkstoffwissenschaften und Fertigungstechnik*,
DOI 10.1007/978-3-642-53891-9_13

Hier setzt die *Aufbereitung* der Erze ein. Das geförderte Erz wird zunächst durch Brechen und Mahlen der *Zerkleinerung* unterworfen: uralte Technologien, die heute durch wissenschaftliche Erkenntnisse optimiert werden, um Energieaufwand und Werkzeugverschleiß zu verringern. Das zerkleinerte Erz kann nun *Trennprozessen* zugeführt werden, welche die metalltragende Komponente und die meist nicht verwertbaren Mineralbestandteile so weit als möglich separieren, um eine *Anreicherung* zu erzielen. Die Möglichkeit zur Trennung beruht auf Unterschieden der Stoffeigenschaften beider Komponenten. Man kann u. a. ausnutzen:

- unterschiedliche Dichte (Trennung durch Schwerkraft),
- unterschiedliche magnetische Eigenschaften (bei Eisenerzen),
- unterschiedliche Löslichkeit in Säuren, Laugen usw. (Cu, Edelmetalle, Bauxit),
- unterschiedliches Benetzungsverhalten in organischen Flüssigkeiten.

Das letztgenannte Prinzip liegt dem großtechnisch sehr wichtigen Prozess der *Flotation* zugrunde: Das zerkleinerte Roherz wird in einen Schaum aus der organischen Flüssigkeit und Luft eingetragen und man lässt es sich dort absetzen. Die metallführenden Komponenten benetzen oft schlechter, bleiben deshalb an den Luftbläschen hängen und reichem sich so in der Schaumzone an, während die Gangart (z. B. Quarzteilchen) gut benetzt und absinkt.

Eisenerze, welche Sulfide, aber auch Hydrate oder Carbonate enthalten, werden durch Erhitzen an Luft (Rösten) in Oxide überführt, wobei SO_2 bzw. H_2O bzw. CO_2 frei werden (SO_2 wird abgebunden oder verwertet).

Um in anschließenden Verfahrensschritten gute Handhabbarkeit, optimale Reaktionskinetik und gleichmäßigen Verfahrensablauf zu erreichen, muss das Erz nach der Zerkleinerung und Anreicherung wieder *agglomeriert*, d. h. in eine geeignete Form und Größe gebracht werden. In vieler Hinsicht ist die Form von Kugeln (Pellets) mit Durchmessern von 10 bis 20 mm optimal. *Pelletisieren* ist daher ein großtechnisch sehr wichtiger Aufbereitungsprozess: Aus dem angefeuchteten und mit einem Bindemittel versehenen Feingut bilden sich die Pellets durch Rollbewegungen auf einer mit schräger Achse rotierenden Scheibe. Sie werden zur Verfestigung noch gebrannt. Alternativ kann das Feingut durch *Sintern* (Abschn. 8.5) agglomeriert werden. Die erforderliche Temperatur von ca. 1000 °C wird großtechnisch dadurch erzeugt, dass dem Erz feinstückige Kohle zugemischt und das Ganze gezündet wird. Auf sogenannten Bandsinteranlagen kann dieser Prozess kontinuierlich durchgeführt werden.

Die eigentliche Reduktion, das *Verhütten*,[1] kann hier nur anhand von drei wichtigen Beispielen erörtert werden: Fe, Al und Ti. In allen Fällen muss die Bindung zwischen

---

[1] Als Hütte (Aluminium-, Eisen-, Kupferhütte usw.) bezeichnet man traditionsgemäß ein Werk, welches Erz zu Metall reduziert. Die Eisen- und Metallhüttenleute haben eigene Fachverbände und Hochschulstudiengänge. Ein alternativer Ausdruck für Hüttenwesen ist Metallurgie.

Metall und Sauerstoff aufgebrochen werden. Der Reduktionsvorgang:

$$M_xO_y \rightarrow xM + (y/2)O_2 - \Delta G_M \tag{13.1}$$

erfordert die Zufuhr der Bildungsenergie des Oxids, genauer: der Freien Enthalpie der Bildung, ΔG_M (Zahlenwerte s. Tab. 1.3 und Abb. 4.16). In der Bereitstellung dieses Energiebetrages liegt das zentrale technische und auch energiewirtschaftliche Problem der Erzreduktion. Die eingeschlagenen Lösungswege lassen sich in zwei Verfahrensgruppen einteilen: Einsatz *chemischer Reduktionsmittel* und Einsatz *elektrischer Energie*.

Das Prinzip der Anwendung von Reduktionsmitteln („R") besteht darin, den aus der Reaktion (13.1) freiwerdenden Sauerstoff zu binden, wobei ein Energiebetrag ΔG_R frei wird, dessen Betrag größer als der von ΔG_M sein muss:

$$zR + (y/2)O_2 \rightarrow R_zO_y + \Delta G_R. \tag{13.2}$$

Die Summe der beiden Reaktionsgleichungen (13.1) und (13.2) ist:

$$M_xO_y + zR \rightarrow xM + R_zO_y + \underbrace{(\Delta G_R - \Delta G_M)}_{<0}. \tag{13.3}$$

Technisch sinnvoll sind solche Prozesse natürlich nur dann, wenn ein in ausreichender Menge verfügbares, preisgünstiges Reduktionsmittel vorhanden ist. Für die *Eisenoxide* bietet sich als ideales, auch in Zukunft ausreichend vorhandenes Reduktionsmittel die Kohle bzw. der *Koks*[2] an.

Die Bruttoreaktion kann in Anlehnung an (13.3) für den Fall von Magnetiterzen so geschrieben werden:

$$Fe_3O_4 + 2\,C \rightarrow 3\,Fe + 2\,CO_2 + (\Delta G_R - \Delta G_M). \tag{13.4}$$

Die Vorstellung, dass die Reduktion durch direkten Kontakt von Erz und Kohlenstoff tatsächlich so abläuft, hat zu dem Ausdruck *direkte Reduktion* geführt. In Wirklichkeit findet sie unterhalb 1100 °C nicht statt, weil das gebildete Eisenmetall die beiden Reaktionspartner voneinander trennen würde. Der überwiegende Vorgang ist vielmehr eine zweifache Gas-Feststoff-Reaktion, in der ein CO/CO_2-Gemisch die Rolle des Sauerstoffüberträgers von „M" auf „R" spielt:

$$
\begin{array}{l}
Fe_3O_4 + 4CO \rightarrow 3Fe + 4CO_2 \\
2CO_2 + 2C \rightarrow 4CO
\end{array}
\tag{13.5}
$$

---

[2] Koks wird aus bestimmten natürlichen Kohlesorten durch Verkokung hergestellt, indem bei hoher Temperatur unter Luftabschluss die gasförmigen und flüssigen Bestandteile (bis zu 20 % H_2O, Kohlenwasserstoffe von CH_4 bis Teer) ausgetrieben werden.

Die Summe beider Reaktionen liefert wieder die Bruttoreaktion (13.4). Der Übersicht-lichkeit wegen haben wir hier die Tatsache vernachlässigt, dass in beiden Teilreaktionen Gemische aus CO und CO_2 auftreten. Durch die teilweise Rückreaktion von CO_2 mit fes-tem Kohlenstoff wird das für die Reduktion benötigte gasförmige Kohlenmonoxid immer wieder nachgeliefert (*„Kohlevergasung"*). Die Reaktionsfähigkeit des Kokses mit CO_2 ist daher für die Erzreduktion mit fester Kohle genauso wichtig wie die Reaktionsfähig-keit des Erzes mit CO. Porosität und Korngröße, aber auch katalytische Effekte sind von großer Bedeutung: „Kohle ist nicht gleich Kohle". Die kombinierte Reaktion (13.5 oberer und unterer Teil) bezeichnet man auch als *indirekte Reduktion* von Erz mit Kohle.

Der Hochofen ist ein Schachtofen nach dem Prinzip des Gegenstromreaktors. Er hat zwei Aufgaben:

- Reduktion des Eisenoxids
- Überführung der Gangart in flüssige Schlacke und Abtrennung vom Eisen.

Das Produkt des Hochofens ist Roheisen, das sich von Stahl durch sehr hohen C-Gehalt (etwa 4 %) und Verunreinigungen (Si, Mn, P, S) unterscheidet.

Wie wird diese Reaktion großtechnisch verwirklicht? Das am besten bewährte Aggre-gat, welches heute noch bis auf wenige Prozent die gesamte Produktion der Welt liefert, ist der *Hochofen*. Ein moderner Hochofen erzeugt im ununterbrochenen Betrieb pro Tag ca. 7000 t Roheisen (RE), größte Aggregate über 10.000 t. Je Tonne RE werden dabei rd. 1,7 t Erz eingesetzt, und es werden durchschnittlich 450 kg Koks sowie 50 kg Erdöl verbraucht; der Anfall an Schlacke beträgt 350 kg/t RE.

Nachfolgend wird die Arbeitsweise des Hochofens in Stichworten gekennzeichnet, sie-he auch Abb. 13.1.

- *Feststoffe* (Erz, Koks, Zuschlagstoffe) werden oben (an der Gicht) aufgegeben und sin-ken im Schacht von oben nach unten.
- *Gase* (CO, CO_2, N_2 aus der Verbrennungsluft) steigen im Schacht von unten nach oben. Sie werden als Gichtgas abgezogen und verwertet.
- Am Unterende des Schachts wird vorerhitzte Verbrennungsluft (Heißwind) zugeführt, um aus der Verbrennung von Kohle sowohl Wärme als auch CO für die Reduktion im Schacht nach (13.5 oberer Teil) zu gewinnen.
- Die hierbei erzeugte *Wärme* wird einerseits zum Aufschmelzen und damit Abtrennen des erzeugten Fe-Metalls benötigt, andererseits, um eine für den Ablauf der Reduktion nach (13.5 oberer Teil) ausreichende Temperatur des Erz-Koks-Gemisches im Schacht zu erzeugen.

Abb. 13.1 Reduktion von Eisenerzen im Hochofen

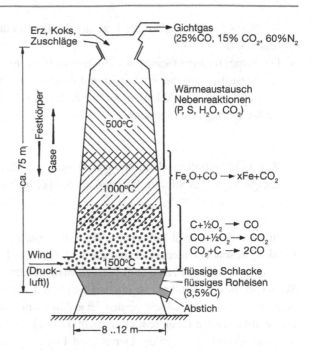

- Der unmittelbare Kontakt zwischen Koks und Eisen im unteren Teil (Gestell) führt gemäß Zustandsdiagramm Fe–C (Abb. 4.12) zur *Aufkohlung* der Fe-Schmelze bis auf etwa 4,3 Gew.-% (= 17 At.-%) C. Dadurch sinkt ihr Schmelzpunkt von 1530 °C auf 1150 °C, was technologisch ein großer Vorteil ist.
- Die C-gesättigte Eisenschmelze sammelt sich aufgrund ihres spezifischen Gewichts im untersten Teil des Hochofens und wird dort intervallweise als *Roheisen* abgestochen. Roheisen ist vor allem mit Mn, Si, P, S verunreinigt.
- Gangartbestandteile und Verunreinigungen des Erzes bilden mit den geeignet gewählten Zuschlagstoffen eine bis herab zu ca. 1000 °C flüssige *Schlacke* (ähnlich wie Lava). Diese schwimmt auf dem Roheisen, wird beim Abstich nach diesem abgezogen und verwertet (Isolierstoffe, Pflastermaterial, Zement usw.)
- Die Bedeutung der *Zuschläge* besteht darin, den tiefen Schmelzpunkt der Schlacke von 1000 °C sicherzustellen. Der tiefe Schmelzpunkt entspricht der Existenz eines Calcium-Aluminium-Silicats mit ca. 50 % CaO, 10 % Al_2O_3 und 40 % SiO_2. Handelt es sich bei den Erzen um tonerde- und kieselsäurehaltige Gangarten (Al_2O_3, SiO_2) so setzt man kalkhaltige Bestandteile zu (CaO). Umgekehrt werden bei kalkhaltiger Gangart tonerde- und kieselsäurehaltige Zuschläge zugegeben.
- Für die Funktionsfähigkeit des Hochofens ist eine gute *Gasdurchlässigkeit* der Schüttung der Einsatzstoffe die unabdingbare Voraussetzung. Die Verwendung von teurem Koks statt Kohle im Hochofenprozess hat deshalb neben der schon angesprochenen Reaktivität ihren Grund in der hohen mechanischen Festigkeit bei hoher Temperatur.

Auch das Stückigmachen der Erze durch Sintern oder Pelletieren dient der Gasdurchlässigkeit.

- Die birnenförmige *Gestalt* des Hochofens trägt der Tatsache Rechnung, dass sich die
  Einsatzstoffe zunächst erwärmen und ausdehnen. Später führt dann die Bildung einer
  Schmelze und das Ablaufen der Schmelze durch die Schüttungszwischenräume zur
  Verkleinerung des Volumens.

> Kokskohle erfüllt im Hochofen vier Funktionen: Als Reduktionsmittel, als Wärme-
> energieträger, als Stützstruktur und als Aufkohlungsmittel für flüssiges Fe.

In neuerer Zeit sind zahlreiche *Alternativverfahren zum Hochofenprozess* entwickelt
worden. Besonders interessant sind die Verfahren der *Direktreduktion*, bei denen Eisenerze mit Gas oder Kohle zu einem porigen Eisenpulver, *Eisenschwamm*, reduziert werden.
Wieso an diesen Verfahren so intensiv gearbeitet wird, soll im Abschn. 13.1.2 „Stahlerzeugung" genauer behandelt werden. Eine Abtrennung der Gangart ist bei der in der festen
Phase ablaufenden Direktreduktion nicht möglich und es muss deshalb mit angereicherten Erzen gearbeitet werden. Der Begriff Direktreduktion spiegelt noch die Ursprünge
der Verfahrensentwicklung wieder. Er wird aber heute für alle zum Endprodukt Eisenschwamm führenden Prozesse verwendet ohne detaillierte Überprüfung des Reaktions-
mechanismus.

Marktführer bei der Eisenschwammerzeugung ist das Midrex-Verfahren mit einer Jah-
resproduktion von etwa 15 Mt. In diesem Prozess werden Eisenerze in einem Schachtofen
nach dem Gegenstromprinzip mit einem Gasgemisch reduziert. Das Reduktionsgas wird
durch Spaltung von CH_4 hergestellt. Der Eisenschwamm muss vor dem Austrag abgekühlt
und anschließend unter kontrollierten Bedingungen gelagert werden, um eine Reoxidation
zu vermeiden.

Bei *Aluminium* ist der Energiebetrag $|\Delta G_M|$ mit $920\,kJ/mol$ so hoch, dass er aus
der Kohleverbrennung nicht mehr gedeckt werden kann (s. Abschn. 4.7). Hier hilft nur
elektrische Energie, d. h. die Trennung von Al^{3+} und O^{2-} durch eine Potenzialdifferenz
$\Delta U > |\Delta G_M|/z\mathcal{F}$. Eine solche Gleichspannung (ca. 6 V) ist leicht herzustellen. Aber
zur Elektrolyse gehört ein Elektrolyt, und das Problem ist den Rohstoff Al_2O_3 in eine
für Elektrolyse geeignete flüssige Form zu bringen. Al_2O_3 löst sich weder in Wasser
noch in anderen Lösungsmitteln. Der Schmelzpunkt von Al_2O_3 liegt mit $2030\,°C$ viel
zu hoch für einen großtechnisch durchführbaren Prozess. Glücklicherweise gelingt es,
ca. 5 % Aluminiumoxid in einer Schmelze aus Kryolith (Na_3AlF_6) zu lösen, sodass eine
Schmelzflusselektrolyse bereits bei ca. $950\,°C$ durchgeführt werden kann (Abb. 13.2).

Die Anoden bestehen aus verdichteter und in hochleitfähigen Graphit umgewandelter
Kohle (Graphitelektroden). Anodisch entsteht Sauerstoff, der mit der Elektrodenkohle zu
CO_2 reagiert und diese damit verzehrt. Der Vorgang ist jedoch nicht unerwünscht, denn er
liefert Wärme zum Auflösen des Al_2O_3 in der Elektrolytschmelze und Reduktionsenergie

Abb. 13.2 Aluminiumgewinnung durch Schmelzflusselektrolyse von Aluminiumoxid

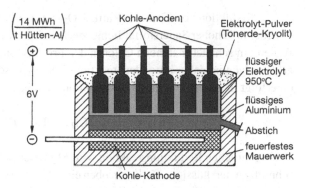

ΔG_R, welche elektrische Energie einspart. Kathodisch bildet sich flüssiges (Roh-)Aluminium, welches sich am Boden der Zelle sammelt, wo es vor Oxidation geschützt ist (Abb. 13.2). In einer Aluminiumhütte sind eine Vielzahl solcher Elektrolysezellen in Reihe geschaltet. Typische Werte sind Tagesproduktion 1000 t, Stromverbrauch 13 MWh je t Aluminium-Metall, Kohleverbrauch 0,5 t je t Al.

Das wesentlichste wirtschaftliche Merkmal der Gewinnung von Aluminium ist natürlich der *hohe Verbrauch an elektrischer Energie*. Geht man von Stromgestehungskosten von 0,03 €/kWh aus, so ergibt sich eine Belastung für die Herstellung des Al-Rohmetalls von 0,40 €/kg. Dies übertrifft die Gesamtkosten der Erzeugung von Stählen. Die Aluminiumherstellung wird dadurch zu einer Domäne von Ländern, die über kostengünstige elektrische Energie verfügen, entweder aus Wasserkraft wie in Kanada und Norwegen oder aus billiger Kohle wie in Australien.

Auch *Magnesium* wird durch Schmelzflusselektrolyse gewonnen. Obwohl die zur Reduktion des Oxides benötigte Energie sogar etwas niedriger liegt als bei Aluminium, fällt die Gesamtbilanz von Energie und Kosten wesentlich ungünstiger aus. Dies liegt daran, dass die Suche nach einem geeigneten Elektrolyten bislang weniger erfolgreich verlaufen ist als bei Aluminium. MgO muss nach dem Stand der Technik in $MgCl_2$ überführt werden, was den Energieverbrauch und die Kosten in etwa verdoppelt.

> Aluminium wird aus Aluminiumoxid bei 950 °C durch Schmelzflusselektrolyse eines niedrigschmelzenden Al_2O_3-Kryolith-Gemischs hergestellt. Die Elektroden und die Wannenauskleidung bestehen aus Kohle.

Einen weiteren Verfahrensweg von grundsätzlicher Bedeutung schlägt man bei der Herstellung von Metallen ein, die wie Titan, Zirkonium, Uran sehr hohe Affinität zum Sauerstoff besitzen (also mit Kohle allein nicht reduziert werden können) und die außerdem im geschmolzenen Zustand sehr korrosiv wirken. Ihre Reaktion mit Tiegelwänden und Apparateteilen muss daher vermieden werden.

Zur Reduktion von *Titanerz* (Rutil, TiO_2) verwendet man Magnesium (also ein Metall mit ebenfalls hoher Sauerstoffaffinität) zusätzlich zum Kohlenstoff (sog. Kroll-Verfahren). Außerdem schaltet man noch Chlor in den Prozess ein; dadurch bilden sich flüssige bzw. gasförmige und daher besonders reaktionsfähige Zwischenprodukte. Die erste Teilreaktion erfolgt in einem Wirbelschicht-Reaktionsgefäß:

$$TiO_2 + 2\,C + 2\,Cl_2 \rightarrow TiCl_4\,(fl) + 2\,CO\uparrow . \tag{13.6}$$

Zur eigentlichen Reduktionsreaktion wird Mg unter Schutzgas in einem Stahlbehälter geschmolzen und flüssiges $TiCl_4$ von oben eingeleitet. Auf der Mg-Badoberfläche bildet sich bei etwa 850 °C Titan nach folgender Reaktionsgleichung:

$$Ti^{4+} + 2\,Mg \rightarrow Ti + 2\,Mg^{2+}, \tag{13.7}$$

bzw.

$$TiCl_4 + 2\,Mg \rightarrow Ti + 2\,MgCl_2. \tag{13.8}$$

Wegen der niedrigen Temperatur fällt das Titan (Schmelzpunkt 1670 °C) nicht als Schmelze, sondern als fester *Titanschwamm* an, vgl. auch Eisenschwamm (s. o.).

Das als Reduktionsmittel verbrauchte Magnesiummetall wird ebenso wie das verbrauchte Chlorgas praktisch vollständig zurückgewonnen, indem das $MgCl_2$ entweder elektrolytisch oder thermisch in die Elemente zerlegt wird. Letztlich verbraucht die Herstellung von Titan nach dem Kroll-Prozess also nur den Kohlenstoff aus der Reaktion (13.6) und Energie – davon allerdings sehr viel, vgl. Tab. 1.3.

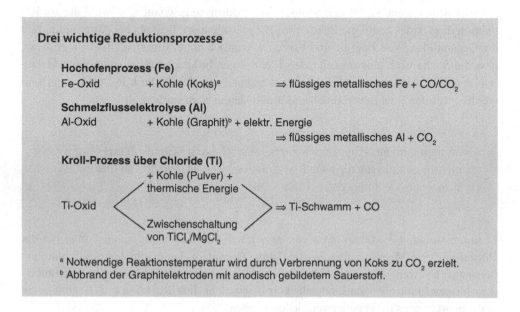

Drei wichtige Reduktionsprozesse

Hochofenprozess (Fe)
Fe-Oxid   + Kohle (Koks)[a]   ⇒ flüssiges metallisches Fe + CO/CO_2

Schmelzflusselektrolyse (Al)
Al-Oxid   + Kohle (Graphit)[b] + elektr. Energie
                                                     ⇒ flüssiges metallisches Al + CO_2

Kroll-Prozess über Chloride (Ti)

Ti-Oxid $\Bigg\langle$ + Kohle (Pulver) + thermische Energie / Zwischenschaltung von $TiCl_4/MgCl_2$ $\Bigg\rangle$ ⇒ Ti-Schwamm + CO

[a] Notwendige Reaktionstemperatur wird durch Verbrennung von Koks zu CO_2 erzielt.
[b] Abbrand der Graphitelektroden mit anodisch gebildetem Sauerstoff.

13.1.2 Stahlherstellung. Reinheitssteigerung der Metalle

Roheisen, Eisenschwamm, Rohkupfer, Hüttenaluminium usw. sind typische Vorprodukte. Ihr Gehalt an Verunreinigungen ist hoch und schwankt, ihre technologischen Eigenschaften sind unbefriedigend und unzuverlässig. Um Werkstoffe zu erhalten, die technischen Ansprüchen genügen, wendet man daher Raffinationsprozesse an.

Bei der *Stahlerzeugung* konkurrieren verschiedene Raffinationslinien miteinander, die unterschiedliche Einsatzstoffe verwenden. Die zwei wichtigsten Prozessrouten sind in Abb. 13.3 vereinfacht dargestellt. Das *Blasstahlverfahren*, das von flüssigem *Roheisen* ausgeht, dominiert den Markt. Etwa 30 % des Stahls wird aber heute bereits nach dem *Elektrostahlverfahren* hergestellt, das *Schrott* oder *Eisenschwamm* einsetzt. Ältere Prozesse, wie das Siemens-Martin-Verfahren und das Thomas-Verfahren haben keine Bedeutung mehr. Je nach Marktsituation und Eigenschaftsanforderung kann es im übrigen günstig sein, auch in der Blasstahllinie größere Mengen Schrott oder Eisenschwamm zu verwenden oder in der Elektrostahllinie Roheisen.

Roheisen, das Ausgangsprodukt in der *Blasstahlroute*, enthält Verunreinigungen wie Mn, Si, P, S, welche die Duktilität herabsetzen. Außerdem liegt der Kohlenstoffgehalt bei etwa 4 %, was bei der Erstarrung 65 Vol.-% spröden Zementit (Fe_3C) liefert. Ziel bei der Herstellung von Stahl aus Roheisen ist die Verbesserung der mechanischen Eigenschaften durch Entfernen der Verunreinigungen und Herabsetzen des C-Gehaltes auf etwa 0,2 %. Man leitet dazu Sauerstoff in die Roheisenschmelze ein, der die unerwünschten Begleitelemente in Oxidationsprodukte umwandelt, die leicht entfernt werden können. Im Falle

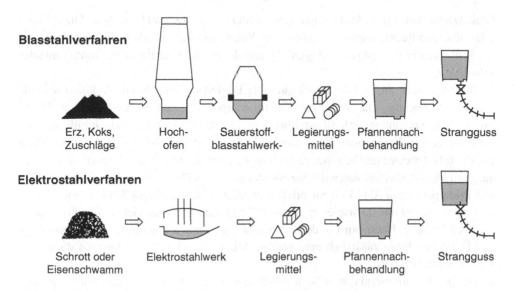

Abb. 13.3 Die zwei wichtigsten Verfahrensrouten zur Stahlerzeugung

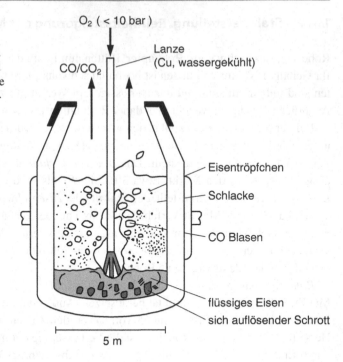

Abb. 13.4 Sauerstoff-Aufblaskonverter für die Stahlherstellung aus flüssigem Roheisen. Das Metallbad wird durch den Gasstrahl in lebhafte Konvektion versetzt. Verunreinigungen werden „verbrannt"

des Kohlenstoffs bildet sich ein flüchtiges Gas gemäß

$$C + \tfrac{1}{2} O_2 \rightarrow CO \uparrow . \tag{13.9}$$

Gleichzeitig wird Mn zu MnO oxidiert, Si zu SiO_2, S zu SO_2 und P zu P_2O_5. Diese festen oder flüssigen Reaktionsprodukte, die in der Eisenschmelze unlöslich sind, lagern sich in die Schlacke ein, die CaO und SiO_2 enthält und die auf der Oberfläche des Roheisenbades schwimmt.

Der technische Prozess der Beseitigung der Begleitelemente durch Oxidation wird als *Frischen* bezeichnet. Das Roheisen wird im schmelzflüssigen Zustand aus dem Hochofenwerk in das naheliegende Blasstahlwerk gebracht. Zur eigentlichen Durchführung des Frischprozesses dienen große Konverter; ein Beispiel ist in Abb. 13.4 gezeigt. Sie fassen bis zu 500 t Roheisen und bestehen aus einem Stahlgefäß, das mit einem feuerfesten Futter ausgekleidet ist. Das Einblasen des Sauerstoffs geschieht über eine wassergekühlte Lanze. Die Prinzipskizze in Abb. 13.4 entspricht weitgehend dem traditionellen *LD-* oder *Sauerstoffaufblasverfahren*, so wie es erstmals 1952 in Linz in Österreich in der Produktion eingesetzt wurde. Heute wird in der Regel mit sogenannten *kombinierten Blasverfahren* gearbeitet bei denen zusätzlich eine geringe Menge Sauerstoff und Inertgas durch den Boden eingeleitet wird.

Da die Oxidationsreaktionen beim Frischen stark exotherm verlaufen, muss teilweise gekühlt werden, was durch Zugabe von Schrott geschieht. Außerdem ist darauf zu achten, dass es zu keiner Rückoxidation des Eisens kommt, nachdem die Begleitelemente mit höherer Affinität zu Sauerstoff abreagiert sind.

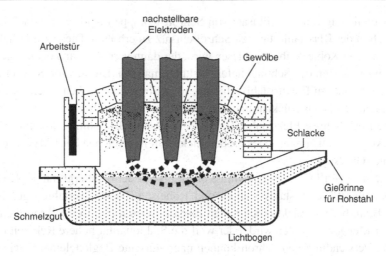

Abb. 13.5 Elektrolichtbogenofen für die Stahlherstellung aus Schrott oder Eisenschwamm. Die festen Einsatzmaterialien werden aufgeschmolzen und gereinigt

Schrott und Eisenschwamm, die Einsatzstoffe beim *Elektrostahl*, können je nach Herkunft sehr unterschiedliche Zusammensetzungen aufweisen. Im Allgemeinen geht es aber auch hier zunächst darum, unerwünschte Begleitelemente durch Oxidation zu entfernen. Außerdem liegt das Ausgangsprodukt in fester Form vor und muss in die flüssige Phase überführt werden. Die Aufgaben des Einschmelzens und des Frischens übernimmt bei dieser Prozessroute der *Elektrolichtbogenofen*, Abb. 13.5. Das Ofengefäß ist kreisrund und feuerfest ausgemauert. Die größten Öfen erreichen Einsatzgewichte von 300 t. Der die Wärme liefernde Lichtbogen brennt zwischen den Kohleelektroden. Die Zuführung des Sauerstoffs, der für das Frischen benötigt wird, geschieht durch Aufblasen wie im Konverter oder durch Zugabe von Erz.

Wieso hat in der jüngsten Vergangenheit die *Bedeutung der Stahlerzeugung aus Schrott im Elektrolichtbogenofen* ständig zugenommen? Diese Route – wegen der im Vergleich zu der Route Hochofen/Blasstahlwerk wesentlich kleineren Werksgrößen spricht man auch von „Mini-Mill"-Route – hat den Vorteil größerer Wirtschaftlichkeit und größerer Umweltfreundlichkeit:

- Beim Schrott/Elektrostahlverfahren sind die spezifischen Kapitalkosten (€/t) wesentlich niedriger, da kein Hochofen benötigt wird. Durch die kleinere Anlagengröße (0,5 Mt/a) ist es zudem leichter, den Marktbewegungen genau zu folgen.
- Der Energieverbrauch ist beim Einsatz von Schrott wesentlich geringer (ca. 30 %), da der Vorgang der Reduktion des Oxids ((13.4) und Tab. 1.3) entfällt.
- Die Umweltbilanz fällt ungleich günstiger aus. Dies liegt vor allem an dem kleineren CO_2-Ausstoß, wenn Schrott verarbeitet und die Erzreduktion im Hochofen eingespart wird (13.4). Ein weiterer Faktor ist der Wegfall der Emissionen im Zusammenhang mit der Koksproduktion und der Erzaufbereitung.

Da die Vorteile eng mit dem Einsatz von Schrott gekoppelt sind, wird zunehmend versucht, auch in der Blasstahlroute den Schrotteinsatz zu erhöhen. Dies ist möglich, indem in den Konverter Kohlestaub eingeblasen wird, der dann verbrennt und die nötige Energie für das Einschmelzen des Schrotts liefert. Addiert man den Einsatz von Schrott im Blasstahlverfahren und im Elektrostahlverfahren, so ergibt sich, dass heute bereits über 40 % des gesamten Stahls aus Rücklaufmaterial gewonnen werden (Tab. 1.2).

Nachteil des Schrott/Elektroofen-Verfahrens ist seine Kopplung an elektrische Energie. Die Anschlussleistungen eines großen Elektroofens erreichen bei 1 MW/t schnell die Werte einer Großstadt.

Das Interesse am *Eisenschwamm* muss ebenfalls vor dem Hintergrund der Konkurrenz zwischen Schrott/Elektrostahlverfahren und Roheisen/Blasstahlverfahren gesehen werden. Die Betreiber von Elektroöfen setzen Eisenschwamm ein, weil Schrott nicht in ausreichender Menge angeboten wird, oder weil die Stahlqualität höhere Reinheit erfordert. Durch die Verwendung von Schrott können unerwünschte Begleitelemente wie Cu oder Sn eingeschleppt werden, die nicht entfernt werden können und die es gilt, durch „Verdünnen" unwirksam zu machen. Das Potenzial zur Wirtschaftlichkeit bei der Herstellung von Eisenschwamm mit Direktreduktion im Vergleich zu Roheisen aus dem Hochofen beruht im übrigen vor allem auf der Einsparung von Koks, der relativ hohe Kosten verursacht.

Aus dem oben gesagten wird deutlich, dass der Einsatz des Elektrolichtbogenofens im Laufe der Zeit einen erheblichen Wandel erfahren hat. Während man diesen Ofen, der sehr hohe Schmelzetemperaturen erreichen kann und die Gefahr der unbeabsichtigten Oxidation von Legierungselementen minimiert, früher vor allem zur Erzeugung besonders hochwertiger hochlegierter Stahlsorten eingesetzt hat, benutzt man ihn heute im Rahmen der „Mini-Mills" zur Herstellung von Massenstählen.

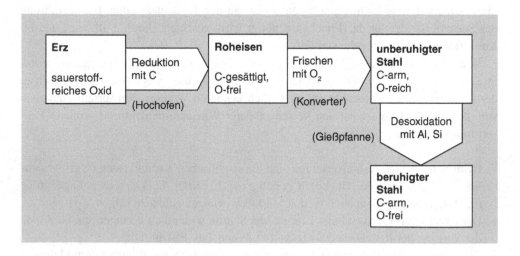

An das Frischen des Stahls schließen sich eine Reihe von *Nachbehandlungen* an. Damit aus den Vorprodukten Roheisen und Eisenschwamm Stahl wird, müssen nicht nur Verunreinigungen entfernt und der C-Gehalt reduziert werden, sondern auch *Legierungselemente zugesetzt* werden. Ein anderes Beispiel der Nachbehandlung ist die *Desoxidation*. Bei den hohen Prozesstemperaturen im Konverter oder Elektroofen wird eine beträchtliche Menge Sauerstoff im flüssigen Stahl gelöst. Der Sauerstoff muss entfernt werden, um eine Versprödung des Stahls zu verhindern. Dies geschieht über die Zugabe von Desoxidationsmitteln, d. h. Stoffe mit hoher Affinität zu Sauerstoff wie Si oder Al. Es entsteht flüssiges SiO_2, bzw. festes Al_2O_3, das sich an die Schlacke anlagert. Je nach dem Grad der erfolgten Desoxidation spricht man auch von *besonders beruhigten, beruhigten* oder *unberuhigten* Stählen. Diese Ausdrucksweise bezieht sich auf eine starke Kochbewegung mit stürmisch aufsteigenden Gasblasen, die bei der Erstarrung nicht desoxidierter Schmelzen auftritt. Sie wird dadurch verursacht, dass der bei Abkühlung übersättigt vorliegende Sauerstoff mit Kohlenstoff reagiert und CO bildet gemäß

$$\underline{C} + \underline{O} \to CO \uparrow .$$ (13.10)

Vorteil der unberuhigten Stähle ist, dass die im ganzen Volumen auftretenden Gasblasen die Erstarrungsschrumpfung kompensieren, so dass kein Blocklunker auftritt. Die Gasblasen werden beim nachfolgenden Walzen zugedrückt und verschweißt.

Während früher die Nachbehandlungen in der Regel im Stahlerzeugungsgefäß (Konverter, Elektroofen) durchgeführt wurden, besteht zunehmend die Tendenz, sie auf eine getrennte Pfannenbehandlung zu verlagern. Dadurch werden die Prozesszeiten im Stahlerzeugungsgefäß verkürzt und es eröffnen sich Möglichkeiten für Sonderverfahren wie die *Vakuumbehandlung*.

Ein wichtiges Thema bei der Reinheitssteigerung aller Metalle ist die *Entfernung von Gasen*, die in der Schmelze gelöst sind. Gase, die in Frage kommen, sind Sauerstoff, Stickstoff und Wasserstoff. Bei sinkender Temperatur, insbesondere bei der Erstarrung, reduziert sich die Löslichkeit. Je nach Metall entstehen Ausscheidungen (Oxide, Nitride, Hydride, ab einer gewissen Größe spricht man von Einschlüssen) oder die Gasatome werden in das Kristallgitter eingebaut oder es bilden sich mit Gas gefüllte Poren. Fast immer sind die Folgen unerwünscht, insbesondere weil die Duktilität und Wechselfestigkeit stark abnehmen. Wenn die negative Wirkung vermieden werden soll, gilt es, die Übersättigung rechtzeitig zu beseitigen. Die in der Schmelze übersättigt gelösten Gasatome können über Diffusion und Konvektion zur Oberfläche transportiert werden. Ein weiterer Mechanismus zum Entfernen gelöster Gase ist die Bildung von Gasblasen, die aufgrund ihres Auftriebs zur Oberfläche steigen und dort zerplatzen. Der letztere Mechanismus ist sehr effizient, aber in Metallschmelzen durch den hohen metallostatischen Druck und die hohe Grenzflächenspannung behindert. Damit eine Gasblase existieren kann, muss der Druck des Gases in der Pore, p_G, dem Umgebungsdruck p_0, dem metallostatischen Druck $\varrho g h$ und der Grenzflächenspannung $2\gamma / r$ die Waage halten

$$p_G = p_0 + \varrho g h + \frac{2\gamma}{r} .$$ (13.11)

Der *Einsatz eines Vakuums* bei der Schmelzenbehandlung hilft auf zweierlei Weise. Zum einen wird durch eine Reduktion des Drucks von z. B. 1 bar auf 0,01 bar[3] die Gleichgewichtslöslichkeit nach dem Sieverts'schen Gesetz (5.6) um den Faktor 10 abgesenkt. Zum anderen wird der Abtransport beschleunigt, da die Konzentrationsgradienten vergrößert und die nötigen Drucke für Gasblasenbildung (13.11) verkleinert werden. Ein anderes wichtiges Mittel, um übersättigt gelöste Gase abzutransportieren, ist das *Einleiten von Spülgasen* in die Schmelze. Die Gasatome können sich in diesem Fall an die hochsteigenden Gasblasen anlagern und „im Huckepack" zur Oberfläche mitnehmen lassen.

Steht bei den Stählen die Entfernung von Sauerstoff im Vordergrund, der aus dem Frischen stammt, geht es bei *Aluminium* vor allem um *Wasserstoff*. Da Wasserdampf (aus der Luftfeuchtigkeit) mit Aluminiumschmelze unter Bildung von Aluminiumoxid und Wasserstoff reagiert, ist Wasserstoff in der Umgebung einer Aluminiumschmelze immer reichlich vorhanden. Außerdem ist die Abnahme der Löslichkeit von Wasserstoff bei der Erstarrung von Aluminium wesentlich größer als bei anderen Metallen. Wenn es nicht gelingt, den Wasserstoff rechtzeitig zu entfernen, bilden sich in einem Al-Würfel mit der Kantenlänge 1 cm Poren mit einem Gesamtvolumen von über 10 mm^3. Die Entfernung von Wasserstoff aus Aluminiumschmelzen geschieht heute meist über eine Spülung mit Stickstoff oder Argon. Chlorzusätze verbessern das Ergebnis, vermutlich weil eine den Blasen anhaftende Oxidhaut reduziert wird, die den Eintritt von Atomen aus der Schmelze verhindert. Chlor ist aber giftig.

Wie bei Stahl hat auch bei Aluminium der Anteil von eingesetztem *Schrott* steigende Tendenz. Er liegt heute insgesamt bei etwa 50 %. Bei bestimmten Produkten, wie z. B. Getränkedosen oder Druckgussteilen für die Automobilindustrie, werden höhere Anteile erreicht. Für den aus Alt- und Abfallmaterial hergestellten Werkstoff hat sich der Begriff *Sekundäraluminium* eingebürgert, im Gegensatz zum *Primäraluminium* oder *Hüttenaluminium* aus der Elektrolyse. Die Problematik zu hoher Gehalte an Legierungselementen wird häufig durch Verdünnen mit Reinaluminium gelöst.

Bei den Raffinationsprozessen für *Titan* steht wieder der Gasgehalt im Vordergrund. Titan nimmt bereits im festen Zustand bei erhöhter Temperatur begierig große Mengen an Sauerstoff, Stickstoff und Wasserstoff auf, die den Werkstoff extrem spröde machen. Der Durchbruch in der Titanerzeugung war deshalb die Einführung des *Vakuum-Lichtbogen-Umschmelzens* (VLU), Abb. 13.6, durch das erst ausreichende Duktilitäten erzielt werden konnten. Zunächst wird eine Abschmelzelektrode aus *Titanschwamm* (s. o.) hergestellt. Dies geschieht durch Pressen des Titanschwammpulvers zu Blöcken („Briketts"), die dann aneinandergesetzt und zu langen Elektroden verschweißt werden. Da Titan mit allen keramischen Tiegelmaterialien reagiert, weil sie Sauerstoff oder Kohlenstoff enthalten, wird ein sogenannter *kalter Tiegel* verwendet. Er besteht aus Kupfer, das auf der Rückseite intensiv mit Wasser gekühlt wird. Durch die Kühlung ist sichergestellt, dass

---

[3] Man spricht in der Technik bereits von Vakuum, wenn nur verminderter Druck vorliegt. 0,01 bar sind noch relativ einfach zu verwirklichen. Dabei ist zu beachten, dass für die Qualität des Vakuums nicht nur der Druck, sondern auch die Leckagerate wichtig ist. Durch starke Pumpen können auch bei hoher Leckage des Reaktionsgefäßes niedrige Drucke erreicht werden.

Abb. 13.6 Vakuum-Licht-bogen-Umschmelzen einer Titanschwamm-Elektrode. Einschlüsse und Gase werden durch diesen relativ aufwendigen Prozess wirkungsvoll entfernt

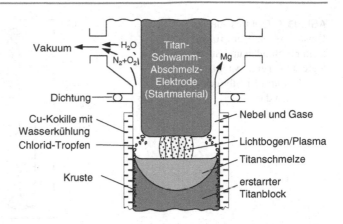

zu keinem Zeitpunkt der Schmelzpunkt des Kupfers überschritten wird (Cu: 1083 °C, Ti: 1670 °C), allerdings unter Hinnahme enormer Wärmeverluste. Bei Prozessbeginn wird ein Lichtbogen zwischen Abschmelzelektrode und Tiegel gezündet. Durch die Wärme des Lichtbogens wird die Titanschwammelektrode am unteren Ende abgeschmolzen und Titan tropft in den kalten Tiegel, wo es sofort reaktionslos an der Kupferwand erstarrt. Die weiter nachtropfende Schmelze kristallisiert dann auf einer Unterlage, die bereits aus Titan besteht. Man spricht deshalb auch von „tiegelfreiem Schmelzen".

Der Prozess wird in der Praxis zwei- bis dreimal wiederholt. Während der Verweilzeit im flüssigen Zustand wird der Werkstoff aufgrund des anliegenden Vakuums, des starken Rührens durch den Lichtbogen und der großen Oberfläche im Vergleich zum Schmelzvolumen sehr wirkungsvoll entgast. Einschlüsse werden zur Oberfläche des Schmelzbades getragen und weggeschwemmt. Außerdem werden Reste eventuell noch vorhandenen Mg-Chlorids aus dem Krollprozess verdampft.

Das Vakuum-Lichtbogen-Umschmelzen wird auch für *sehr hochwertige Stähle und Superlegierungen* verwendet, die in der Energietechnik oder der Luft- und Raumfahrt eingesetzt werden, wo die Duktilitätsanforderungen besonders hoch sind. Wenn vor allem die Entfernung von Einschlüssen im Vordergrund steht und weniger die Entfernung von Gasen, stellt das *Elektroschlacke-Umschmelzen* (ESU) eine zumindest gleichwertige Alternative dar. Abb. 13.7 zeigt diesen Prozess. Die Anordnung ist ähnlich zum Vakuum-Lichtbogen-Umschmelzen. Die Erwärmung erfolgt aber durch den elektrischen Widerstand der Schlacke. Die abgeschmolzenen Tröpfchen sinken durch die Schlacke, was eine intensive Reaktion und wirksame Elimination der Einschlüsse möglich macht. Der Prozess unterstreicht nochmals die wichtige Rolle der Schlacken in der Raffination von Metallen, die nicht einfach Abfallprodukte sondern gezielt eingesetzte Reaktionspartner darstellen. Da im ESU-Prozess kein Vakuum anliegt, werden Gase nicht entfernt; es kann sogar der Gasgehalt ansteigen.

Beide oben vorgestellten Prozesse, VLU und ESU, verbessern die Duktilität zusätzlich über eine Verfeinerung der Korn- und Dendritenstruktur und eine Reduktion der Seigerungen durch die relativ rasche Erstarrung im kalten Tiegel.

Abb. 13.7 Elektroschlacke-
Umschmelzen. Der Prozess
stellt bei Stählen und Superlegierungen eine Alternative
zum Vakuum-Lichtbogen-Um-
schmelzen dar

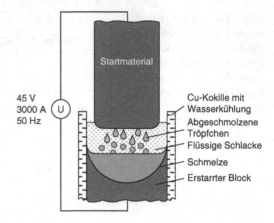

Besonders hohe Reinheitsanforderungen werden an *Werkstoffe der Elektrotechnik* gestellt. Im Fall des *Kupfers* erweist sich die *Elektrolyse* als wirksames Raffinationsverfahren
(Abb. 13.8). Das Rohkupfer wird anodisch aufgelöst, und durch genaue Kontrolle der
Elektrolytzusammensetzung und der Potenzialdifferenz kann erreicht werden, dass sich
kathodisch nur Kupfer – das hochwertige *Elektrolytkupfer*[4] – abscheidet. Unedle Verunreinigungen bleiben in Lösung, Edelmetalle wie Ag und Au werden auf dem Weg von
der Anode zur Kathode auf Kosten der Auflösung von Kupfer ausgefällt (zementiert) und
finden sich zur weiteren Verwertung im *Anodenschlamm*.

Noch weitere Reinheitssteigerung – wie für die Halbleiterherstellung erforderlich –
lässt sich durch *Zonenschmelzen* erzielen, siehe Abschn. 7.4.2. Durch vielfach wiederholtes Durchziehen einer schmalen Schmelzzone durch einen Stab aus Vormaterial werden
die Verunreinigungen, die sich in der Schmelze leichter lösen als im kristallinen Festkörper, schließlich an einem Stabende (welches abgetrennt wird) angesammelt. Die Möglichkeiten dieses Verfahrens zur Herstellung von Reinststoffen gehen heute z. T. über die
Möglichkeiten der analytischen Chemie zum Nachweis der Verunreinigungen weit hinaus.

Abb. 13.8 Herstellung von
Elektrolytkupfer aus Rohkupfer durch Elektrolyse

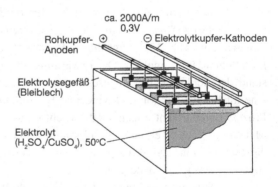

---

[4] Die Reinheit von Kupfer wird häufig in „Neunern" angegeben: „5-Neuner-Kupfer" hat mindestens
99,999 % Cu.

Metallurgische Maßnahmen zur Reinheitssteigerung

- *Chemische Einbindung in Schlacken:* Stoffaustausch zwischen zwei nichtmischbaren Schmelzen. Da Schlacken Ionenschmelzen sind, ist vorherige Oxidation von M zu M^{z+} erforderlich, z. B. durch Einwirkung von Sauerstoff oder durch Reduktion von Fe^{3+}.
  Beispiele: Konverterschlacken bei Stahlherstellung; ESU.
- *Aufsammeln in Restschmelzen:* Kristallisationsfront schiebt Verunreinigungen vor sich her (n-mal wiederholbar).
  Beispiel: Zonenschmelzen von Silicium für Halbleiter.
- *Entgasen in Vakuum:* Absenkung der gelösten Gasmenge wie beim Öffnen einer Flasche Mineralwasser gemäß $c \propto \sqrt{p}$ (Sieverts).
  Beispiele: Entfernung von O_2, N_2, H_2 aus Stahl, Ti, Cu u. a.; VLU

Abschließend sei bemerkt, dass die metallurgische Prozesstechnik in den letzten 20 Jahren in außerordentlich hohem Maße durch die Kombination von präziser Sensorik (Temperatur, Gaszusammensetzung, ...) mit rechnergestützter Überwachung und Regelung verändert worden ist. Daneben ist durch numerische Simulation das wissenschaftliche Verständnis der Prozesse wesentlich verbessert worden. Die sehr hohen Investitionskosten, der harte Wettbewerb und die große ökologische Bedeutung rechtfertigen hohen Mess- und Computeraufwand, sobald der Prozess selbst wissenschaftlich und technisch beherrscht ist.

13.1.3 Herstellung keramischer Werkstoffe

Ein wesentlicher Unterschied zwischen der Technologie der Metalle und der Keramik besteht darin, dass Metalle nicht „gediegen" in der Natur vorkommen. Sie müssen also erst durch Reduktion aus Erzen hergestellt werden, ehe man daran gehen kann, aus ihnen Formteile aller Art herzustellen, Abschn. 13.2.1. Die typischen Komponenten keramischer Werkstoffe hingegen finden sich in der Natur, und es können daraus ohne weitere Stoffumwandlungen Formteile hergestellt werden (z. B. in der Töpferwerkstatt).

Diese Aussage erfordert jedoch zwei Einschränkungen:

1. Die in der Natur zu findenden Rohstoffe genügen hinsichtlich Reinheit und Gleichmäßigkeit oft nicht den heutigen Anforderungen technischer Keramik. Daraus ergibt sich die Notwendigkeit zur *industriellen Herstellung hochwertigerer Rohstoffe* durch Einsatz chemischer Reaktionen und physikalischer Umwandlungen. Dies trifft vor allem für die Oxidkeramik (Al_2O_3, MgO, ZrO_2 usw.), für die nichtoxidischen Sonderwerkstoffe (SiC, Si_3N_4 usw.), für Elektrokeramik (Ferrite, Granate usw.) sowie für hochfeuerfeste Materialien zu.

2. Die meisten Werkstoffe der „klassischen" Keramik (technisches und Haushaltspor-
zellan, Steinzeug, Fayencen, aber auch Mauerziegel) erhalten ihre charakteristischen
Eigenschaften durch spezielle Anordnungen keramischer Phasen in einem Gefüge,
welches nicht der natürlichen Anordnung entspricht („in der Natur gibt es kein Porzellan"). Der endgültige Werkstoffzustand erfordert daher Reaktionen und Umlösungen,
also *Stoffumwandlungen bei hoher Temperatur*. Diese werden aber nicht in einem se-
paraten Prozess durchgeführt. Sie spielen sich vielmehr während des Brennens der
Keramik ab, also während jenes Vorgangs, welcher der Formgebung nachgeschaltet
ist, um Formstabilität zu erzielen (s. Abschn. 13.2.6).

Hierzu noch einige Ergänzungen:

Zu (1) Typische Verfahrensbeispiele für technisch verfeinerte Rohstoffe sind: calcinierte
Tonerde durch Aufschluss von Bauxit (vgl. Al-Herstellung) mit NaOH; Elektrokorund,
Schmelzmagnesia, hergestellt durch Aufschmelzen von Vormaterial im Lichtbogenofen
mit nachfolgender Kristallisation bei langsamer Abkühlung.

Zu (2) Die wichtigsten keramischen Werkstoffe bilden sich aus dem *Rohstoffdreieck*
Quarz-Tonerde-Feldspat, entsprechend dem Dreistoffsystem SiO_2-Al_2O_3-K_2O; auch die
Dreistoffsysteme, in denen Na_2O, CaO oder MgO die Stelle des Kaliumoxids einnehmen,
haben große praktische Bedeutung. – Die oben erwähnten Stoffumwandlungen während
des Brennens bestehen beim Aufheizen in der Bildung einer zähflüssigen Glasphase aus
K_2O und SiO_2 und der Bildung von Mullit ($3\,Al_2O_3 - 2\,SiO_2$) durch eine Festkörperreaktion aus den Komponenten der eingebrachten Tonerde (Kaolinit: $Al_2O_3 \cdot 2\,SiO_2 \cdot 2\,H_2O$).
In der Glasphase löst sich auch Al_2O_3 auf. Der so entstehende Verbund aus festem Quarz
und Mullit in einer viskosen Glasmatrix ist diejenige Masse, die sich beim Brennen des
Porzellans durch Flüssigphasensintern (Abschn. 8.5) verdichtet. Beim Abkühlen tritt eine
Übersättigung der Glasphase an Al_2O_3 ein, das sich als nadelförmiger Mullit ausscheidet
und die Festigkeit des Werkstoffs beeinflusst.

Aus den erwähnten Bestandteilen wird der vorgeschriebene *Versatz* hergestellt und mit
einer genau definierten Menge Wasser zu einer bei Raumtemperatur knetbaren Masse,
evtl. auch zu einem dünnflüssigen *Schlicker* verarbeitet. Diese Massen bzw. Schlicker sind
die Basis der keramischen Formgebungsprozesse, Abschn. 13.2.6.

13.1.4 Herstellung von Glas

Die amorphe Struktur von Glas wurde bereits in Abschn. 5.3 erläutert. Daraus ergibt
sich, dass zur Herstellung von Glas mindestens SiO_2 als Netzwerkbildner und Na_2O/K_2O
als Netzwerkunterbrecher erforderlich sind. Zur Beeinflussung der Viskosität (d. h. der
Verarbeitungsmöglichkeiten) sowie zur Verbesserung der optischen, elektrischen, mechanischen und korrosionschemischen Eigenschaften des fertigen Werkstoffs werden aber
noch mehrere andere Oxide zugesetzt. Tab. 13.2 gibt einige typische Glaszusammensetzungen an.

Tab. 13.2 Typische Glaszusammensetzungen in Gew.-%

Glastyp	SiO_2	Na_2O/K_2O	CaO/MgO	Sonstiges
Fensterglas	72	15	12	1 Al_2O_3
Glas für Laborgeräte	80	5	2	10 B_2O_3, 3 Al_2O_3
optisches Glas	28	2	–	70 PbO
grünes Flaschenglas	65	12	14	6 Al_2O_3, 1 Cr_2O_3, 1 MnO, 1 Fe_2O_3

Die Farbgebung von Glas erfolgt durch Zusatz von Mengen von Kationen wie Cr^{3+} (grün), Fe^{3+} (gelb), Co^{2+} (blau), kolloidalem Au oder CdSe (rot)

Alle genannten Stoffe finden sich auch in der Natur. Zweifellos waren im Erdinneren bzw. in vulkanischen Gesteinsbildungsperioden auch die zur Glasschmelzenbildung erforderlichen Temperaturen gegeben. Dennoch findet sich in der Natur nur sehr selten mineralisches Glas, und zwar deshalb nicht, weil die geologischen Abkühlgeschwindigkeiten derart langsam sind, dass es zur Kristallisation der metastabilen Glaszustände (Abschn. 7.4.6) gekommen ist. Nur bei Ergussgesteinen, die durch eruptive Prozesse an die Erdoberfläche gelangten und dort erkaltet sind, finden sich glasartige „Steine", z. B. Obsidian.

Technisch findet die Glasbildung aus den Rohstoffen Sand, Kalkstein, Dolomit, Feldspat (für SiO_2, CaO, MgO, Al_2O_3) sowie Soda und Pottasche (für Na_2O/K_2O) bei 1300 bis 1600 °C statt. Es werden öl- oder gasbeheizte *Wannenöfen* verwendet, die bis zu 1000 t Glasmasse fassen, eine Herdfläche von 300 m² aufweisen und bis zu 600 t Glas pro Tag erzeugen. Das eingebrachte Gemenge gibt mit steigender Temperatur zunächst H_2O, CO_2 und SO_2 aus Hydraten, Carbonaten und Sulfaten ab. Bei höheren Temperaturen bilden sich dann wie beim Porzellanbrand vorübergehend kristalline Silicate, die schließlich aufschmelzen und die noch festen Reststoffe auflösen. Oberhalb 1200 °C ist die ganze Masse aufgeschmolzen. Moderne Wannenöfen arbeiten kontinuierlich d. h. an ihrer Arbeitsseite wird laufend fertiges Glas abgezogen, an der anderen Seite werden die Ausgangsstoffe zugegeben, welche sich in der schon geschmolzenen Masse lösen.

An das Aufschmelzen schließt sich die *Läuterung* des Glases an. Sie entspricht den *Raffinationsverfahren* der Metallurgie. Ziel der Läuterung ist die Homogenisierung der Schmelze und die Beseitigung von Gasblasen, gegebenenfalls auch die Entfärbung. Die Läuterung erfolgt einerseits durch Abstehenlassen bei erhöhter Temperatur, andererseits durch Zugabe chemischer Hilfsstoffe, welche entfärbend wirken oder Gase binden. An die Läuterung schließt sich die Formgebung an, siehe Abschn. 13.2.7.

Hinweis. Die Technologie der Herstellung von *Kunststoffen*, z. B. in der Form von Granulaten für die Weiterverarbeitung, gehört in den Bereich der organischen technischen Chemie und wird in diesem Buch nicht behandelt. Formgebungsprozesse für Kunststoffe siehe Abschn. 13.2.8.

13.2   Vom Werkstoff zum Werkstück (Formgebung)

13.2.1   Fertigungsverfahren im Überblick

In vorausgehenden Abschnitt wurde die Herstellung von Werk*stoffen* behandelt; im folgenden Abschnitt geht es um die Herstellung von Werk*stücken* aus diesen Werkstoffen. Man spricht alternativ auch von Halbzeugen, Formteilen oder Bauteilen, je nachdem welcher Aspekte besonders betont werden soll. Dabei stehen in Abschn. 13.2 die Metalle im Vordergrund; keramische Werkstoffe, Gläser und Kunststoffe werden speziell in den Abschnitten Formgebung von Keramik bis Formgebung von Kunststoffen allgemein behandelt.

Werkstücke sind feste Körper mit definierter Geometrie. Die Herstellung von Werkstücken durch schrittweises Verändern der Form ist die Aufgabe der Fertigungstechnik. Die dort übliche Einteilung der Fertigungsverfahren, der wir in den folgenden Abschnitten folgen werden, zeigt die Tab. 13.3. Nach der Norm DIN 8580 werden 6 Hauptgruppen von Verfahren unterschieden, nämlich *Urformen, Umformen, Trennen, Fügen, Beschichten* und *Stoffeigenschaft ändern.* Zum *Urformen* gehören das Gießen und die pulvermetallurgische Herstellung, d. h. Verfahren durch die aus den noch formlosen Stoffen Schmelze und Pulver zum ersten Mal ein Formkörper (eine Urform) geschaffen wird. Zur Verfahrensgruppe *Umformen* zählt beispielsweise das Schmieden. Der Begriff Umformen bezeichnet Verfahren zur Veränderung der Form unter *Beherrschung der Geometrie* und unterscheidet sich damit von dem in den Werkstoffwissenschaften vielgebrauchten Begriff Verformen. Die Verfahrensgruppe *Trennen* beinhaltet u. a. die mechanische Bearbeitung durch Drehen, Fräsen, Bohren, etc. … Zu *Stoffeigenschaft ändern* gehören die Wärmebehandlungen, deren Grundlagen in Kap. 7 besprochen wurden. Die Begriffe *Fügen* und *Beschichten* sind selbsterklärend und müssen hier nicht weiter erläutert werden.

13.2.2   Urformen zu Vorprodukten durch Gießen

Metallische Werkstoffe liegen nach der Erzeugung (Abschn. 13.1) verfahrensbedingt meistens im schmelzflüssigen Zustand vor. Sie werden dann zunächst zu einfachen Formen vergossen. Dies können *Blöcke* sein – ein leicht zu lagerndes Vorprodukt einfacher Geometrie, welches bei Bedarf auf Schmiede-, Press- oder Walztemperatur neu erwärmt

Tab. 13.3   Einteilung der Fertigungsverfahren nach DIN 8580

Schaffen der Form	Ändern der Form				Ändern der Stoffeigenschaften
Haupt-gruppe 1	Haupt-gruppe 2	Haupt-gruppe 3	Haupt-gruppe 4	Haupt-gruppe 5	Haupt-gruppe 6
Urformen	Umformen	Trennen	Fügen	Beschichten	Stoffeigenschaft ändern

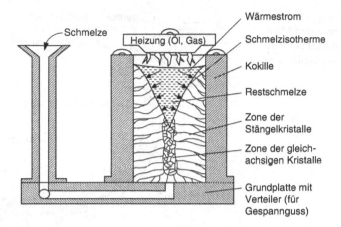

Abb. 13.9 Blockguss mit „Hot-topping". Verlauf der Erstarrungsfront (Schmelzisotherme) und Ausbildung des Korngefüges. Die *schwarzen Pfeile* zeigen die Größe und Richtung des Wärmeflusses, bzw. des Temperaturgradienten. Durch den Temperaturgradienten wird die Bildung von Keimen vor der Erstarrungsfront verhindert. Die Körner hinter der Erstarrungsfront wachsen deshalb immer weiter und nehmen stängelförmige Gestalt an

und durch Umformen weiterverarbeitet werden kann. Rechteckige Blöcke mit einer Breite, die mindestens der doppelten Dicke entspricht, nennt man *Brammen*, runde Blöcke *Bolzen*. Für die Weiterverarbeitung durch Wiedereinschmelzen und Formguss bevorzugt man kleinere leicht handhabbare Barren, die als *Masseln* bezeichnet werden.

Flüssiges Metall wird vergossen zu Vorprodukten

- Blöcke oder Brammen zur Weiterverarbeitung durch Schmieden oder Warmwalzen
- Bolzen (rund) zur Weiterverarbeitung durch Strangpressen
- Masseln (leicht handhabbare Barren) zum Wiederaufschmelzen und Vergießen in Formen

Beim klassischen *Blockguss* wird das schmelzflüssige Metall aus der Gießpfanne in Kokillen vergossen, die meistens aus Gusseisen gefertigt sind und mehrere Tonnen Metall aufnehmen (Abb. 13.9). Im einfachsten Fall wird die Schmelze von oben („fallend") in die Kokille gegossen. Durch Spritzer, die beim Aufprall auf die kalte Kokillenwand erstarren, kann die Oberfläche rauh und unregelmäßig ausfallen. Beim Gespannguss (s. Abb. 13.9) werden mehrere Kokillen gleichzeitig langsam und ruhig von unten gefüllt. Durch die Kokillenwand wird der Wärmeinhalt der Schmelze an die Umgebungsluft abgeführt. Die *Kristalle* wachsen in Richtung des Temperaturgradienten, was ihnen ihre typische *stängelige Form* verleiht. Dreht sich der Gradient im Laufe der Erstarrung, dreht sich auch

Abb. 13.10 Strangguss. Durch Abziehen des erstarrten Materials nach unten wird aus dem Blockguss ein kontinuierliches Verfahren

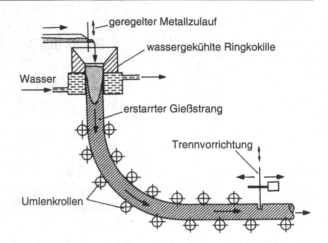

die Wachstumsrichtung der Stängelkristalle (siehe Abb. 3.9 und Abschn. 7.4). Mit fortschreitender Erstarrung wird der Temperaturgradient immer kleiner, weil die Temperatur der Schmelze sinkt. Dadurch entsteht vor der Erstarrungsfront eine immer größere Zone, in der die Schmelze konstitutionell unterkühlt ist. In diesem Bereich ist die Bildung neuer Kristallkeime möglich, so dass im Innern des Blocks die stängelkristalline Erstarrung in *gleichachsige Erstarrung* umschlägt. Das Gefüge ist außerdem im Block durch *Mikro- und Makroseigerungen* gekennzeichnet. Durch die Heizung der Kokille von oben während der Erstarrung soll erreicht werden, dass die *Erstarrung gelenkt* von unten nach oben verläuft, d. h. die Schmelzisotherme würde im Idealfall waagrecht und nicht mehr V-förmig verlaufen. Der Vorteil der gelenkten Erstarrung ist der Wegfall des Blocklunkers. Das Abziehen der Kokille vom erstarrten Gussblock wird durch eine geringfügig konische Form erleichtert.

Der Blockguss ist heute fast vollständig verdrängt durch den *Strangguss*, der in Abb. 13.10 zeigt wird. An die Stelle der Stahlkokille tritt eine rechteckförmige, unten offene, wassergekühlte Kupferkokille. Den fehlenden Boden ersetzt bei Gießbeginn ein auf einem absenkbaren Gießtisch befestigtes Bodenstück, später der bereits erstarrte Metallstrang. Er wird im gleichen Tempo nach unten abgesenkt, in dem die gekühlte Kokille durch Wärmeentzug Schmelze erstarren lässt. Den „Pegelstand" der Schmelze über dem Kopf des Stranges hält man über eine Füllvorrichtung konstant. Um die Einrichtung sehr tiefer Absenkschächte unter der Stranggießanlage zu vermeiden, wird der noch heiße und entsprechend verformbare Strang durch Rollen in die Horizontale umgelenkt. Er kann dann von mitfahrenden („fliegenden") Sägen bzw. Schneidbrennern in die gewünschten Blocklängen aufgeteilt werden.

Der Strangguss hat im Vergleich zum Blockguss wirtschaftliche und qualitative Vorteile. Die nachfolgende Verformungsarbeit ist beim Strangguss geringer als beim Blockguss, weil dünnere und längere, und damit näher am gewünschten Endprodukt liegende Formate gegossen werden können. Außerdem ist die Ausbringung höher, da nur einmal, bei

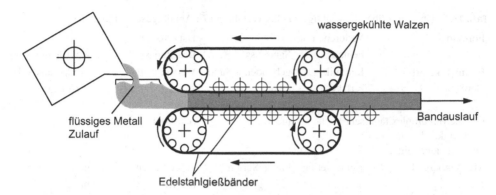

wassergekühlte Walzen

flüssiges Metall
Zulauf

Bandauslauf

Edelstahlgießbänder

Abb. 13.11 Bandguss (System Hazelett). Durch spezielle Ausbildung der Gießkokille kann ein dünnes breites Band statt eines rechteckigen Strangs gegossen werden. Gegenwärtig konkurrieren noch zahlreiche Verfahren miteinander

Gießbeginn, ein Kopfstück entsteht. Die Erstarrung in der wassergekühlten Kupferkokille verläuft rascher, d. h. das Gefüge ist feinkörniger und die Dendritenarmabstände sind kleiner. Wegen kürzerer Diffusionswege können Seigerungen leichter durch Wärmebehandlung eliminiert werden.

Das Stranggießen wurde zunächst für Aluminium und Kupfer entwickelt, da hier die technischen Schwierigkeiten wegen des niedrigeren Temperaturniveaus geringer waren. Erst später gelang die Übertragung auf Stähle. Das gleiche gilt für das *Dünnbandgießen*, einer konsequenten Weiterentwicklung des Stranggusses. Durch das Gießen dünner Bänder können Produktionsstufen im Walzwerk eingespart werden. Um auch bei Formaten mit wenigen mm Dicke noch ausreichende Produktionsleistungen zu erreichen, muss man sehr hohe Gießgeschwindigkeiten verwirklichen. Dies wird durch lange, mitlaufende Kokillen möglich. Abb. 13.11 zeigt eine Bandgießmaschine nach Hazelett, die für Zink, Aluminium und Kupfer kommerziell eingesetzt wird. Als „Kokille" dient hier ein gekühltes Stahlband.

Die Weiterentwicklung von Blockguss für kontinuierliche Fertigung von Vormaterial aus Metallschmelzen ist der Strangguss und der Bandguss.

13.2.3 Urformen zu Endprodukten durch Gießen

Der *Formguss* stellt den kürzesten Weg dar, um aus einem metallischen Vormaterial, dessen Herstellung im vorausgegangenen Abschnitt beschrieben wurde, zu einem nahezu fertigen Bauteil zu gelangen. Das Vormaterial wird zunächst wieder aufgeschmolzen und

Tab. 13.4 Überblick über die wichtigsten Gießverfahren ($\dot{T}$: Abkühlgeschwindigkeit)

Formart	Verlorene Formen		Dauerformen	
	Feinguss	Sandguss	Druckguss	Kokillenguss
Formwerkstoff	Keramik	gebundener Sand	Werkzeugstahl	Werkzeugstahl
Gewicht	$\leq 10\,kg$	keine Beschränkung	$\leq 50\,kg$	$\leq 100\,kg$
Geometriekomplexität/ Genauigkeit/ Oberflächenqualität	sehr hoch	niedrig	sehr hoch	hoch
Mengenbereich	kleine Serien	kleine Serien	große Serien	große Serien
Kosten	hoch	niedrig	niedrig	mittel
Werkstoff	Super- legierungen	Gusseisen	Al, Mg, Zn	Leichtmetalle, Gusseisen
Gefüge	kleines $\dot{T}$, Grobkorn	kleines $\dot{T}$, Grobkorn	großes $\dot{T}$, Feinkorn, hohe Gasaufnahme	großes $\dot{T}$, Feinkorn

dann nach einem der in Tab. 13.4 genannten Verfahren in einen Formhohlraum gefüllt, in dem es erstarrt. Man unterscheidet Verfahren, die mit Dauerformen arbeiten und Verfahren, die eine verlorene Form einsetzen. *Dauerformen* bestehen aus Stahl, Gusseisen oder Graphit und werden immer wieder verwendet. Ein Stahlwerkzeug für Aluminiumschmelzen kann beispielsweise 100.000 Abgüsse erreichen. *Verlorene Formen* werden aus Sand oder Keramik hergestellt und nach dem Abguss beim Entformen des jeweiligen Gussteils zerstört.

Ein besonders wichtiges Gießverfahren ist der *Druckguss*, der in Abb. 13.12 dargestellt ist. Das flüssige Metall wird in die Gießkammer eingefüllt und durch die Bewegung eines hydraulisch angetriebenen Kolbens in den Formhohlraum gedrückt. Nach der Erstarrung öffnet sich das Gießwerkzeug, das aus zwei Hälften besteht, und das Gussstück wird ausgeworfen. Der ganze Vorgang geht extrem schnell; der Gießer spricht vom „Schuss": Der Gießkolben fährt mit einer Geschwindigkeit von mehreren Metern pro Sekunde und die Form wird selbst bei sehr großen Teilen in Zehntelsekunden gefüllt. Beim Abbremsen des Gießkolbens und in der Nachverdichtungsphase treten hohe Drucke auf (2000 bis 3000 bar) und die Werkzeuge müssen mit sehr großen Kräften ($\leq 45\,MN$) geschlossen gehalten werden, um ein Herausspritzen des flüssigen Metalls aus der Werkzeugteilung zu verhindern. Ein Beispiel für ein erfolgreich serienmäßig gefertigtes Druckgussteil zeigt Abb. 13.13.

Die Stückgewichte beim Druckguss (siehe Tab. 13.4) sollten nicht zu hoch sein, da sonst keine geeigneten Maschinen zur Verfügung stehen, obwohl in den letzten Jahren die Anlagengröße immer weiter zugenommen hat. Im Druckguss können *sehr komplexe Geometrien* hergestellt werden, insbesondere *sehr dünnwandige Teile* mit *hoher Oberflächenqualität*. Die extrem hohen Geschwindigkeiten und Drucke bei der Formfüllung verhindern, dass die Schmelze vorzeitig erstarrt und ein Teil des Formhohlraums ungefüllt

Abb. 13.12 Druckguss. Die Füllung des Gießwerkzeugs aus Stahl geschieht in Zehntelsekunden, wobei Gase aus dem Formhohlraum in die Schmelze eingewirbelt werden können

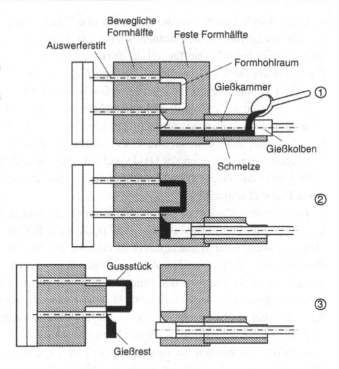

bleibt. Durch die kurzen Taktzeiten im Minutenbereich ist Druckguss *das wirtschaftlichste aller Gießverfahren*. Voraussetzung ist aber eine *ausreichende Seriengröße*, um die Werkzeugkosten, die sehr hoch sein können, entsprechend umlegen zu können. Komplizierte Druckgießwerkzeuge erreichen Preise von 500.000 € und mehr. Druckguss kann nur eingesetzt werden, wenn der *Schmelzpunkt der Werkstoffe so niedrig* liegt, *dass Stähle für die Maschinenkomponenten geeignet* sind, d. h. nur für *Zn, Mg* und *Al*. Durch die rasche Erstarrung im (trotz Anwärmung) relativ kalten Stahlwerkzeug sind die Gefüge sehr feinkörnig.

Abb. 13.13 Im Druckguss hergestellte Rückwand eines Kraftfahrzeuges aus der Magnesiumlegierung *AM 60*. Dieses Bauteil dient der Versteifung der Karosserie sowie der Abtrennung zwischen Kofferraum und Rückbank. Die Wandstärken liegen bei 1,5 bis 2 mm trotz der beachtlichen Bauteilgröße von über 1,5 m Breite. (Quelle: Siedersleben, Aluminium 74 (1998) 113)

Oben wurde bereits auf die extrem rasche Formfüllung im Druckguss hingewiesen. Die kinetische Energie des dünnen Schmelzestrahles, der aus dem Anguss[5] austritt, ist so hoch, dass er beim Auftreffen auf die Formwand regelrecht zerstäubt wird. Dies führt zur *Einwirbelung von Luft sowie von Gasen aus Formtrennstoffbestandteilen* in die Schmelze. Die Gase können wegen ihrer geringen Löslichkeit entweder mit dem Metall reagieren, z. B. zu Oxiden, oder sie bilden Blasen und Poren. Wegen der hohen Gießdrucke gelingt es im allgemeinen, die entstandenen Blasen und Poren zu schließen. Spätestens bei der Wärmebehandlung oder beim Schweißen entstehen sie aber von neuem. Die Duktilität von Druckgussteilen ist wegen der Oxide und eingeschlossenen Gase generell eher niedriger als bei anderen Verfahren und Druckgussteile gelten im allgemeinen als nicht wärmebehandelbar und schweißbar.

Die Problematik der Gasaufnahme und der Oxideinschlüsse im Druckguss hat zur Entwicklung einer Fülle von Verfahren geführt, die diese Schwierigkeiten zu lösen versuchen, ohne die überlegene Wirtschaftlichkeit einzubüßen. So kann z. B. die Formkammer vor dem Schuss evakuiert werden. Alternativ wird versucht, eine geschlossene Füllfront auszubilden und die Luft vor der Schmelze herzuschieben, indem von unten steigend mit großem Anguss langsam gefüllt wird (*Flüssigpressen, Squeeze Casting*). Die geschlossene Füllfront kann auch erreicht werden, indem teilerstarrte Schmelzen mit höherer Viskosität vergossen werden (fest-flüssig-Phasengemisch). Mit geeigneten Rührprozessen, die hohe Scherkräfte produzieren, müssen in diesem Fall die dendritisch wachsenden Primärkristalle „eingeformt" werden, um ausreichende Fließfähigkeit der Schmelze sicher zu stellen (*Thixocasting*).

Der Druckguss hat sich ursprünglich aus dem *Kokillenguss* (Tab. 13.4) entwickelt. Die Formfüllung geschieht hier unterstützt durch Schwerkraft oder Niederdruck (ca. 1 bar Überdruck mit Druckluft). Es wird zwar die Problematik der Einwirbelung von Gasen vermieden, aber es werden auch die Vorzüge kurzer Taktzeit, großer Geometriekomplexität und hoher Oberflächengüte nicht erreicht.

Beim *Sandguss* (Abb. 13.14) wird von einem vielfach wiederverwendbaren Modell (Dauermodell) aus Holz, Kunststoff oder Metall ausgegangen. Als Formstoff dient Quarzsand, der mit einem geeigneten anorganischen oder organischen Bindemittel versetzt ist. Das Modell wird in einen Formenkasten eingelegt und mit Formstoff umgeben. Dieser Vorgang kann in Formmaschinen automatisiert durchgeführt und durch mechanische Verdichtung über einen Druckluftimpuls unterstützt werden. Der Formenkasten ist geteilt, wodurch es möglich wird, nach dem Aufbau der Form diese zu öffnen und das Modell wieder zu entnehmen. Die Form wird durch den Einguss mit Metallschmelze gefüllt. Dabei entweicht die Luft durch den Speiser, der außer dieser Funktion die Aufgabe hat, wie der Anschnitt als Metallreservoir zu dienen und die Erstarrungsschwindung auszugleichen. Voraussetzung dafür ist allerdings, dass die thermischen Massen und Wärmeströme

---

[5] Man unterscheidet bei der Anschnitttechnik, d. h. der Technik der Schmelzezuführung in der Gießform, zwischen Einguss, Gießlauf und eigentlichem Anschnitt oder Anguss.

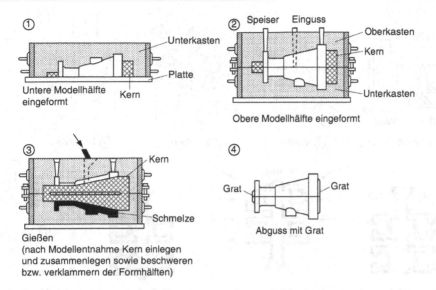

Abb. 13.14 Sandguss. Die Form besteht aus gebundenem Quarzsand und wird nur einmal verwendet

so ausgelegt sind, dass die Erstarrung gelenkt zu Speiser und Anschnitt hin erfolgt. Ein wichtiges Hilfsmittel bei der Auslegung der Formen und Anschnittsysteme stellt deshalb heute die numerische Simulation dar.

Mit Sandguss können *sehr hohe Stückgewichte* verwirklicht werden (Tab. 13.4), wie sie z. B. bei Gehäusen von Großturbinen gefordert sind, da Formenherstellung und Handhabung kaum Beschränkungen auferlegen. Die Anforderungen an Geometriekomplexität, Genauigkeit und Oberflächenqualität dürfen aber nicht zu hoch sein. Es wird drucklos in kalte Formen gefüllt, deren mechanische Belastbarkeit begrenzt ist. Die Formen sind vor allem bei kleinen Serien sehr kostengünstig, da die *Initialisierungsaufwendungen gering* bleiben. Ein ganz wichtiger Vorteil des Sandgusses besteht darin, dass die *thermische Belastbarkeit der Formen sehr hoch* ist durch das Material Quarzsand. Sie prädestiniert das Verfahren für den Abguss von Gusseisen. Die Wärmeleitung der Sandformen ist gering, weshalb die Abkühlgeschwindigkeiten langsam ausfallen und die Gefüge entsprechend grob ausgebildet werden.

Besonders wichtige Gießverfahren für die Herstellung von Formteilen sind:

- Das Druckgießen wegen seiner Eignung für geringe Wandstärken und, bei großen Stückzahlen, seiner überlegenen Wirtschaftlichkeit. Es werden Stahlwerkzeuge verwendet, weswegen das Verfahren vor allem für niedrigschmelzende Werkstoffe wie *Mg*, *Al* und *Zn* in Frage kommt.

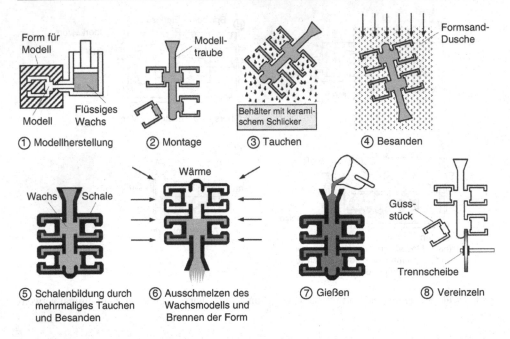

Abb. 13.15 Feinguss. Hochwertige Keramikformen machen dieses Verfahren geeignet für komplexe Teile aus reaktiven hochschmelzenden Metallen

- Das Sandgießen wegen seiner Flexibilität. Da die Formen aus Quarzsand bestehen, eignet es sich auch für hochschmelzende Werkstoffe wie Gusseisen.

Anstelle von Dauermodellen können auch Modelle aus Kunststoff-Hartschaum eingesetzt werden, die durch die Hitzeeinwirkung der Schmelze verbrennen oder vergasen. Dieses Verfahren bezeichnet man als *Vollformguss*. Vorteil ist, dass kein Gießgrat mehr entsteht, da ungeteilte Formen eingesetzt werden können, und dass die stark belastende Putzarbeit entfällt.

Vom Verfahrensablauf her existieren Parallelen zwischen Sandguss und *Feinguss*, Abb. 13.15. Bei letzterem sind die Modelle allerdings aus Wachs und werden durch Ausschmelzen aus der Form entfernt. Außerdem wird statt der Sandform eine hochwertige Keramikform eingesetzt, die bis zu extrem hohen Temperaturen (1500 °C) formstabil bleibt. Diese hochwertigen Formen werden um das Wachsmodell herum aufgebaut, indem es immer wieder abwechselnd in einen keramischen Schlicker getaucht und anschließend „besandet" wird. Nach dem Trocknen und Entwachsen wird die Schale bei sehr hoher Temperatur gebrannt. Zusammensetzung von Schlicker, der Binder- und Füllerkomponenten enthält, und von Besandung wechseln von außen nach innen in der Formschale und hängen von der jeweiligen Anwendung ab. Im allgemeinen hat der Binder SiO_2-Basis, für Füller und Besandung können Al- oder Zr-Silikate verwendet werden. Durch die Beimengung gröberer Aggregate gelingt es, eine hohe Porosität einzustellen, was geringe Schwindung beim Brand und sehr gute Thermowechselbeständigkeit zur Folge hat.

Die in der Herstellung sehr aufwändigen Keramikformschalen eignen sich nicht für sehr hohe Bauteilgewichte, Tab. 13.4. Ansonsten erfüllt Feinguss *höchste Anforderungen in bezug auf Geometriekomplexität, Genauigkeit und Oberflächenqualität.* Da die Formschalen bis auf Schmelzetemperatur vorgeheizt werden können, ist ein Abguss unter isothermen Anfangsbedingungen möglich, so dass komplizierteste Geometrien gefüllt werden. Dies gilt *selbst für Werkstoffe wie Superlegierungen,* die aufgrund ihrer Zusammensetzung zu Reaktionen mit Formstoffen neigen. Bei isothermer Ausgangssituation verbunden mit gerichteter Abkühlung und Erstarrung können gezielt stängelkristalline oder *einkristalline Gefüge* eingestellt werden, die bei Hochtemperaturbelastung besonders gute Eigenschaften aufweisen. Diese Verfahrensvariante wird für Turbinenschaufeln aus Superlegierungen eingesetzt. Hauptschwierigkeit des Verfahrens Feinguss ist der sehr hohe Preis der keramischen Formschalen, der durch entsprechende Vorteile in der Geometriekomplexität oder den Werkstoffeigenschaften gerechtfertigt werden muss.

Im weiteren Verlauf dieses Abschnitts zur Herstellung von Formteilen mittels Gießverfahren wollen wir diskutieren, wodurch sich ein *gut gießbarer metallischer Werkstoff* auszeichnet. Natürlich könnte man hierzu eine Vielzahl von Eigenschaften nennen. Aus der Diskussion der Verfahren ist aber bereits deutlich geworden, dass den Gießer zunächst einmal vor allem die Frage beschäftigt, ob die Schmelze überhaupt in der Lage ist, die Form zu füllen. Durch geeignete Verfahrenstechnik lässt sich hier sehr viel erreichen. Aber auch der Werkstoff spielt eine Rolle. Man bezeichnet die Werkstoffeigenschaft, um die es hierbei geht, als *Fließvermögen.*

Zur Messung des Fließvermögens dient z. B. die Gießspirale, Abb. 13.16. In einem geeigneten Formenwerkstoff wird ein Gießkanal konstanten Querschnitts ausgebildet. Die Schmelze wird über ein trichterförmiges Eingusssystem in den Gießkanal eingeleitet. Beim Einfließen der Schmelze in den Gießkanal wird ihr ständig Wärme entzogen, so dass sich eine erstarrte Randschale bildet, wie in Abb. 13.16 dargestellt. In der Nähe des Eingusses ist die Erstarrung am weitesten fortgeschritten, weil die Erstarrung dort am frühesten begonnen hat. Nach einer Zeit t_S berühren sich die Erstarrungsfronten und der Schmelzefluss kommt zum Stillstand. Die zu diesem Zeitpunkt erreichte Spirallänge L ist ein Maß für das Fließvermögen der Legierung.

Wir gehen davon aus, dass die Schmelze nicht überhitzt ist, d. h. sie befindet sich auf Schmelztemperatur T_S. Damit die Erstarrung fortschreiten kann, muss die pro Zeiteinheit freiwerdende Erstarrungswärme q über die Kanalwandfläche A abgezogen werden:

$$\frac{Q}{A} = -h(T_S - T_0) \tag{13.12}$$

Dabei ist h die Wärmeübergangszahl und T_0 die Temperatur der Umgebung. Die Größe der Erstarrungswärme hängt ab von der Dicke des erstarrten Querschnitts s, der

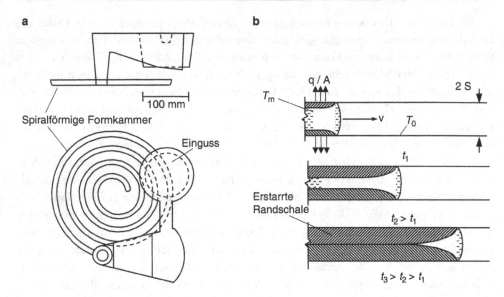

Abb. 13.16 Test des Fließvermögens von Metallschmelzen durch Gießen einer Spirale. **a** Geometrie der Gießspirale, **b** zunehmende Blockierung des Gießkanals durch Erstarrung, die von der kalten Kanalwand ausgeht und zur Mitte hin fortschreitet

Schmelzwärme H und der Dichte ρ gemäß

$$\frac{Q}{A} = -\rho \Delta H_S \frac{ds}{dt}. \tag{13.13}$$

Gleichsetzen von (13.12) und (13.13) und integrieren ergibt

$$t_S = \frac{\rho \Delta H_S S}{h(T_S - T_0)}, \tag{13.14}$$

mit S als dem halben Kanaldurchmesser. Fließt die Schmelze mit der Geschwindigkeit v so gilt für die erreichbare Spirallänge L

$$L = t_S v = \frac{\rho \Delta H_S S v}{h(T_S - T_0)}. \tag{13.15}$$

Gl. (13.15) zeigt, dass sich eine Reihe von Faktoren positiv auf die Formfüllung auswirken, u. a. eine hohe Fließgeschwindigkeit der Schmelze, eine große Erstarrungswärme, ein großer Kanaldurchmesser und eine gute Formenisolation. Nicht zum Ausdruck kommt in (13.15) der unterstützende Einfluss einer Überhitzung der Schmelze, da von $T = T_S$ ausgegangen wurde. Die Geschwindigkeit v ist bei gegebenem Druck umgekehrt proportional zur Dichte (Bernoullische Gleichung), so dass sehr leichte Metalle wie Mg die Form besonders schnell füllen. Tatsächlich erreicht man auch in der Praxis mit Mg noch einmal deutlich geringere Wandstärken als mit Al.

Abb. 13.17 Fließvermögen
von Legierungen unterschiedlicher Zusammensetzung im
System Blei-Zinn. Zur Messung dient die Gießspirale.
(Quelle: Ragone et al. Trans
AFS 64 (1956) 640 und 653)

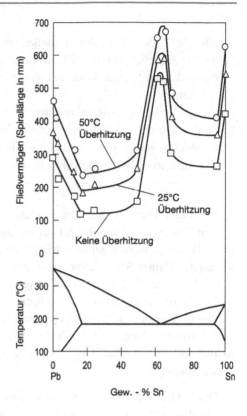

Messungen der Spirallänge für unterschiedliche Schmelzen ergeben ein *besonders
gutes Fließvermögen von eutektischen Zusammensetzungen*, Abb. 13.17. Dies hat zwei
Gründe:

- Das Erstarrungsintervall ist klein. Ein kleines Erstarrungsintervall vermeidet konstitutionelle Unterkühlung und dendritische Erstarrungsfronten (Abschn. 7.4.3). Die sich
daraus ergebenden „rauen" Oberflächen des Schmelzekanals zusammen mit in der
Schmelze schwimmenden abgebrochenen Dendritenarmen würde die Fließgeschwindigkeit v in (13.15) verlangsamen.
- Die Schmelztemperatur ist niedrig. Der Wärmeabfluss wird dadurch verlangsamt
(Gln. (13.12) und (13.15)).

Die eutektische Zusammensetzung hat neben dem guten Fließvermögen noch einen
weiteren Vorteil. Durch die niedrige Schmelztemperatur werden Schmelztiegelmaterialien
und Gießwerkzeuge geschont.

Für die Verarbeitung durch Gießen geeignete Metalle heißen Gusslegierungen, für die Verarbeitung durch Umformen geeignete Knetlegierungen. Eine Ausnahme bildet das System Eisen wo man stattdessen die Begriffe Gusseisen und Stahl verwendet.

Gusslegierungen liegen zusammensetzungsmäßig immer in der Nähe des Eutektikums. Durch das kleine Schmelzintervall und den tiefen Schmelzpunkt ist hier das Fließvermögen besonders gut. Zusätzlich werden durch den tiefen Schmelzpunkt Gießformen und Schmelztiegel geschont.

Nach dem oben Gesagten ist es nicht überraschend, dass die wichtigsten Gusslegierungen Zusammensetzungen aufweisen, die in der Nähe des Eutektikums liegen. Dies gilt z. B. für Gusseisen genauso wie für *Al-Si*-Legierungen. Reine Metalle besitzen zwar wegen des kleinen Schmelzintervalles auch gutes Fließvermögen, haben aber ungünstigere mechanische Eigenschaften und neigen zur Kontamination. Der höhere Schmelzpunkt wirkt sich zudem ungünstig auf die Formen und Tiegel aus.

Das Gießen steht als Herstellverfahren für Bauteile in Konkurrenz mit dem Umformen und pulvermetallurgischen Methoden. Im folgenden sind die wesentlichen Gründe aufgeführt, die im Einzelfall *Gießen als günstigstes Formteilfertigungsverfahren* erscheinen lassen können:

- Durch Gießen können Geometrien hergestellt werden, die durch große Fließwege bei gleichzeitig kleinen Wandstärken gekennzeichnet sind. Gießen ist bei diesen Geometrien dem Umformen überlegen, da dort bei dieser Parameterkombination hohe Reibungskräfte auftreten.
- Gießen gestattet insbesondere die Fertigung sehr komplexer Geometrien. Dazu zählen Hinterschnitte, Hohlräume und Bohrungen, die bei anderen Verfahren unmöglich sind.
- Das Potential für Kosteneffizienz beruht insbesondere auf dem hohen Integrationsgrad durch die oben genannte Fähigkeit zu komplexen Geometrien und der kurzen Prozesskette.
- Gussgefüge besitzen sehr gute mechanische Eigenschaften bei sehr hohen Einsatztemperaturen. Dies hängt mit dem groben Korn zusammen. Durch geeignete Prozessführung sind stängel- und einkristalline Strukturen möglich, die das Hochtemperaturpotential noch weiter verbessern.

13.2.4   Urformen durch Pulvermetallurgie

Die Pulvermetallurgie befasst sich mit der Gewinnung von Pulvern aus Metallen und ihrer Verarbeitung zu Vorprodukten und Formteilen. Wir wollen bei der Erläuterung dieser Technik zwischen einer kostenoptimierten und einer leistungsoptimierten Verfahrensvariante unterscheiden.

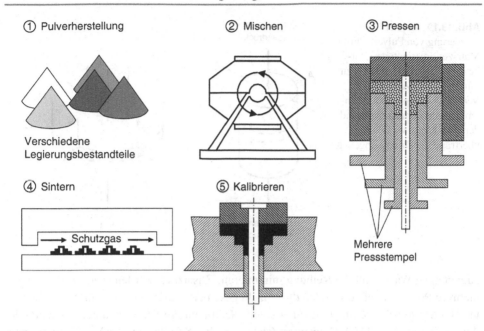

Abb. 13.18 Kostenoptimierte pulvermetallurgische Herstellung von Formteilen

Bei der *kostenoptimierten Route*, Abb. 13.18, geht es insbesondere um die Herstellung von Bauteilen auf Eisenbasis, wie z. B. weniger stark beanspruchte Zahnräder, Hebel und andere Kleinteile für die Automobilindustrie. Diese Route macht mengenmäßig den bei weitem überwiegenden Anteil der pulvermetallurgischen Produkte aus. Im Vergleich zu anderen Formteiltechniken wie Umformen und Gießen ist das Produktionsvolumen allerdings immer noch klein.

Ausgangsprodukt bei der kostenoptimierten Route sind wasserverdüste Eisenpulver. Sie werden dadurch hergestellt, dass ein frei fallender Schmelzestrahl in einer Ringdüse von konzentrisch angeordneten Wasserstrahlen mit hohem Druck (100 bar) getroffen wird. Der Schmelzestrahl wird in feine Tröpfchen (100 μm) zerrissen, die wegen der Ausbildung einer Oxidhaut und der schnellen Abkühlung keine Gleichgewichts-Kugelgestalt annehmen können und „spratzig" erstarren. Eisenschwamm, der noch kostengünstiger wäre, kann leider bei höheren Anforderungen an die Eigenschaften nicht verwendet werden. Nach der Herstellung wird das Eisenpulver mit Metallpulvern und Prozesshilfsmitteln (Wachs) gemischt. Es folgt das Pressen in Matrizen zu Grünlingen. Die spratzige Form der Eisenpulver macht sich jetzt positiv bemerkbar, da stärkere lokale Verformung und Verklammerung und höhere Grünfestigkeit resultiert als bei sphärischen Pulvern. Der Pressvorgang ist technologisch aufwändig, da möglichst gleichmäßige Verdichtung der Pulver erreicht werden muss. Gelingt dies nicht, so sintert später der Grünling ungleichmäßig und es entstehen Spannungen, Verzug und Risse. Die gleichmäßige Verdichtung ist deshalb so schwierig, weil durch Reibung zwischen den Pulverteilchen und Reibung zwischen Werkzeug und Pulver sehr inhomogene Spannungsverteilungen entstehen. Das

Abb. 13.19 Bei der Kompaktierung von Pulvern durch Matrizenpressen treten starke Reibungskräfte auf, die zu inhomogener Verdichtung, Verzug und Rissen beim Sintern führen können. An Hand der Abbildung werden die übertragenen Drucke abgeleitet

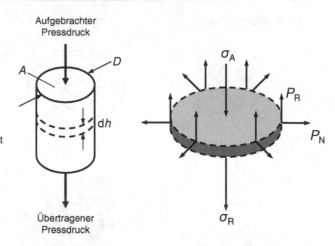

zugegebene Wachs soll die Reibung minimieren. Zusätzlich werden (wie in Abb. 13.18) mehrere Pressstempel verwendet, die einzeln gesteuert werden können, um bei Höhenunterschieden gleiche Verdichtung zu erhalten. Nach dem Pressen wird unter reduzierender Atmosphäre bei ca. 1150 °C gesintert (siehe Abschn. 8.5). Neben der Verdichtung findet beim Sintern auch die Legierungsbildung statt. Der letzte Schritt der Herstellung ist der Kalibrierschlag, durch den eine Umformung im Oberflächenbereich stattfindet und das Sinterteil zum einbaufertigen Genauteil wird.

An Hand von Abb. 13.19 wollen wir das Problem der *inhomogenen Spannungen* beim Pulverpressen etwas genauer untersuchen. Die Abbildung zeigt einen zylindrischen Pulverpressling mit der Höhe h, dem Durchmesser D und der Fläche A. Auf der Stirnfläche wird ein Pressdruck σ_A aufgebracht. Wegen der Reibungskraft P_R, die auf die Mantelfläche des Zylinders wirkt, nimmt der aufgebrachte Pressdruck mit zunehmendem Abstand von der Stirnfläche auf einen Wert σ_R ab. Die Reibungskraft ist über den Reibungskoeffizienten μ mit der auf die Mantelfläche wirkenden Normalkraft P_N verknüpft, die wiederum einen Bruchteil z des aufgebrachten Drucks σ_A darstellt:

$$P_R = \mu P_N \tag{13.16}$$

und

$$P_N = z \sigma_A \pi D\, \mathrm{d}h. \tag{13.17}$$

Für das Kräftegleichgewicht in Pressrichtung gilt:

$$\sum P = 0 = A(\sigma_A - \sigma_R) - \mu P_N. \tag{13.18}$$

Damit folgt für die Druckabnahme in Pressrichtung

$$\mathrm{d}\sigma = \sigma_A - \sigma_R = -\frac{\mu P_N}{A} = \frac{-4\mu z \sigma_A\, \mathrm{d}h}{D} \tag{13.19}$$

und nach Integration

$$\int_{\sigma_0}^{\sigma_x} \frac{d\sigma}{\sigma} = \int_0^x \frac{-4\mu z}{D} dh, \tag{13.20}$$

bzw.

$$\sigma_x = \sigma_0 \exp\left(\frac{-4\mu zx}{D}\right). \tag{13.21}$$

Der Pressdruck fällt also exponentiell mit dem Abstand x vom Stempel. Bei großen Reibzahlen und kleinen Durchmessern geschieht der Abfall schneller. Die beim Pressen erreichte Gründichte hängt natürlich vom Pressdruck ab. Gl. (13.21) beschreibt daher nicht nur die Inhomogenität der Spannungsverteilung, sondern auch die Inhomogenität der erreichbaren Gründichte. Die Betrachtung macht zudem deutlich, warum in der Praxis in der Regel zweiseitig gepresst wird. Man erkennt weiterhin, dass die Verhältnisse bei einer dünnen Platte mit großem Durchmesser noch am günstigsten sind. In der Realität muss allerdings außer der Reibung an der Zylindermantelfläche noch die Reibung an der Stirnfläche berücksichtigt werden. Potentielle Maßnahmen zur Verringerung der Reibung sind die Erhöhung des Wachsanteils oder der Übergang von Matrizenpressen zu isostatischem Pressen (in Flüssigkeit mit elastischer Form statt Gesenk). Beim isostatischen Pressen muss allerdings die größere Homogenität mit geringerer Geometriegenauigkeit erkauft werden.

Die für die kostenoptimierte pulvermetallurgische Herstellroute geeigneten Fe-Legierungen bezeichnet man als *Sinterstähle*. Besonders häufig trifft man auf Cu-haltige Sorten, wie z.B. *Fe-2Cu*. Cu hat die Eigenheit, dass der Mischkristall FeCu ein größeres Volumen aufweist als die atomaren Einzelkomponenten. Beim Sintern wird deshalb ein Teil der Volumenabnahme beim Auffüllen der Poren durch die Mischkristallbildung kompensiert. Außerdem bilden sich keine schwer zu reduzierenden Oxidschichten, wie es bei anderen typischen Stahllegierungselementen der Fall wäre. Bei der Verwendung von Kohlenstoff als Legierungselement müsste die Atmosphäre beim Sintern sorgfältig kontrolliert werden, so dass keine Aufkohlung oder Entkohlung auftritt.

Der Prozess wird in der Regel so geführt, dass eine *Restporosität* von mehreren Prozent im fertigen Bauteil in Kauf genommen wird. Die mechanischen Eigenschaften, vor allem die *Wechselfestigkeit*, sind in diesem Fall *Stahlteilen unterlegen* und erreichen eher die Werte einfacher Gussqualitäten. Der Vorteil besteht aber in den vergleichsweise *niedrigen Kosten*. Die kostenoptimierte pulvermetallurgische Herstellung von Eisenbasisteilen profitiert im Grunde davon, dass beim Konkurrenten Gusseisen ein Gießverfahren für Kleinteile in hohen Stückzahlen mit hoher Genauigkeit und geringen Kosten (wie z.B. Druckguss) nicht zur Verfügung steht.

Es wurde oben schon darauf hingewiesen, dass die kostenoptimierte Herstellroute in der Regel zu porösen Teilen führt. Durch entsprechende Verfahrensvarianten, wie z.B. Flüssigphasensintern (beschleunigtes Verdichten durch Teilchenumlagerung, vgl. Abschn. 8.5.3) oder Sinterschmieden (Heißverdichten durch Warmumformung) kann die

Dichte grundsätzlich bis auf 100 % der theoretischen Werte gesteigert werden. Eine Dimensionskontrolle über Kalibrieren ist dann aber nicht mehr möglich und ein Teil des Kostenvorteils geht verloren.

Eine wichtige neuere Erweiterung der kostenoptimierten Route besteht im *PM-Spritzguss* (PM steht für Pulvermetallurgie). Bei diesem Verfahren werden besonders feine Eisenpulver (<20 μm) mit sehr hohen „Schmiermittelanteilen" (40 %) versetzt und in den aus der Kunststofftechnik bekannten Spritzgießmaschinen verarbeitet. Vorteil des Verfahrens ist die deutliche Steigerung der Geometriekomplexität. So können Teile mit Hinterschneidungen hergestellt werden. Als nicht ganz einfach erweist sich die Entfernung des hohen organischen Anteils. Bei einer thermischen Entbinderung, d. h. der Zersetzung organischer Anteile im Zuge eines Erwärmungsprozesses, nimmt die Legierung Kohlenstoff und Stickstoff auf. Diese Schwierigkeit kann aber durch vorgeschaltete Lösungsmittelentbinderung vermieden werden. Hier wird der organische Anteil bei Raumtemperatur durch Lagerung der Grünlinge in Azeton oder Wasser entfernt.

Traditionell geht man davon aus, dass sich die bei Sinterstählen so erfolgreiche kostenoptimierte pulvermetallurgische Route nicht auf andere Metalle übertragen lässt. Magnesium, Aluminium und Superlegierungen bilden Oxidschichten, die kaum reduziert werden können, und die ein erfolgreiches Sintern verhindern. Titan ist als relativ reines Pulver ohne Gasaufnahme nur mit großem Aufwand herstellbar und wirkt als Getter für Verunreinigungen. Für Magnesium und Aluminium stehen dann auch wegen der tieferen Schmelzpunkte konkurrierende günstige Gießverfahren zur Verfügung; Kupfer weist sehr gute Duktilität auf und kann sehr gut umgeformt werden. Die traditionelle Sicht der „Nichtsinterbarkeit" muss allerdings heute in Frage gestellt werden. Über entsprechend hohe Flüssigphasenanteile und sehr feine Pulver scheint ausreichende Verdichtung nach neuen Forschungsergebnissen grundsätzlich doch erreichbar zu sein. Die Flüssigphasenanteile lassen sich durch *„Supersolidus Liquid-Phase Sintering"* (*SLPS*) einstellen, d. h. Sintern im Fest-Flüssig-Intervall der Legierung. Die geringen Pulverdurchmesser benötigt man beim PM-Spritzguss ohnehin aus verarbeitungstechnischen Gründen.

In der Pulvermetallurgie werden Formteile aus Pulvern hergestellt. Dabei gibt es zwei unterschiedliche Richtungen:

- In großen Serien gefertigte Teile auf Eisenbasis, die durch Sintern verdichtet werden. Sie haben zwar in der Regel noch hohe Restporosität, aber niedrige Kosten.
- Schlüsselkomponenten aus Hochleistungswerkstoffen, bei denen Heißpressen zur Verdichtung benutzt wird. Sie weisen 100 % relative Dichte auf, aber die Kosten sind relativ hoch. Pulvermetallurgie wird eingesetzt, weil andere Verfahren nicht zum Erfolg führen, z. B. weil die Schmelzpunkte sehr hoch sind oder weil die Komponenten sich in der Schmelze entmischen oder weil die Werkstoffe beim Abguss zu grobem Korn und Seigerungen neigen.

Neben dem kostenoptimierten Vorgehen gibt es in der Pulvermetallurgie eine zweite wichtige Verfahrenskette, die wir im folgenden als *leistungsoptimierte Route* bezeichnen. Nach dieser Route werden z. B. Bauteile aus Superlegierungen oder Refraktärmetallen (*W, Mo, Nb, Ta*) hergestellt. Stellvertretend wird hier das Vorgehen für Turbinenscheiben in Flugtriebwerken beschrieben. In diesem Fall wird von schutzgasverdüsten Superlegierungspulvern ausgegangen. Da sich keine ausgeprägte Oxidhaut ausbilden kann, entstehen sphärische Partikel. Dies ist bei der leistungsoptimierten Route erwünscht, denn im Vordergrund stehen jetzt nicht mehr die Kosten und die Grünfestigkeit, sondern die Kontamination und die Schüttdichte. Die Pulver werden in eine Stahlkapsel gefüllt und durch langsames Heizen und Evakuieren entgast. Das Verdichten erfolgt nicht durch Sintern sondern Strangpressen oder Heißisostatisches Pressen. Während des Pressens bei hoher Temperatur und hohem Druck (z. B. 1100 °C, 200 MPa) verformen sich die Pulverteilchen plastisch und gleiten aufeinander ab. Die Oxidhäute brechen auf und es kommt zum Verschweißen der Pulverteilchen. Poren werden zugequetscht, d. h. die relative Dichte beträgt nach dem Pressen 100 %. Die Endgeometrie wird in anschließenden Prozessschritten durch Warmumformung und mechanische Bearbeitung erreicht.

Die Motivation für die leistungsoptimierte pulvermetallurgische Herstellung liegt in der Tatsache begründet, dass auf diese Weise *Hochleistungswerkstoffe* geschaffen werden, für die es *keine andere geeignete Herstellroute* gibt. Bei dem oben beschriebenen Beispiel Superlegierungen wird es durch die rasche Erstarrung der Pulverpartikel möglich, sehr stark ausscheidungsgehärtete Sorten extrem homogen und feinkörnig herzustellen, und ihnen damit die für die Umformung und Anwendung nötige Zähigkeit zu geben.

Ein anderes Beispiel sind *ODS-Superlegierungen*, bei denen eine feinste Verteilung inerter Oxidpartikel eingebracht wird um die Hochtemperatur-Kriechfestigkeit zu steigern (vgl. Abschn. 8.7 und 10.14). Würde man versuchen, die Oxidpartikel in eine Schmelze einzurühren, entstünden aufgrund mangelnder Benetzung Agglomerate. Die beim Rühren einer Metallschmelze erzeugten Scherkräfte reichen nicht aus, die Haftkräfte zu überwinden. Grobe Dispersionen sind schlechte Dispersionen in Bezug auf die Härtungswirkung. Beim pulvermetallurgischen Weg verwendet man stattdessen Hochenergiemahlprozesse. In großen, bzw. schnell laufenden Kugelmühlen werden Legierungs- und Dispersionspulver miteinander vermahlen. Durch Kontrolle von Temperatur und Atmosphäre sorgt man für ein Gleichgewicht von Verschweiß- und Brechprozessen bei den Legierungspulvern, das zu einem Einarbeiten der Oxidteilchen führt. Weil man so auch Legierungen herstellen kann, ohne über Schmelzen zu gehen, nennt man den Prozess *Mechanisches Legieren*.

Bei den Refraktärmetallen ist der alternative Weg über die Schmelze wegen der sehr hohen Temperaturen (Wolfram hat einen Schmelzpunkt von 3370 °C) ungünstig. Hier werden auch die Pulver nicht durch Verdüsen einer Schmelze erzeugt. Stattdessen stellt man sie bei tieferer Temperatur in der festen Phase durch Reduktion der Oxide und Mahlen her.

13.2.5 Umformen

Aufgabe der Umformtechnik ist es, in einer Stufenfolge von Prozessen aus Vormaterial, wie es die Gießerei anliefert, geformte Produkte herzustellen. Dabei wird die Eigenschaft der Metalle ausgenutzt, im festen Zustand durch plastisches Fließen die Form ändern zu können. Vor allem im Druck ist dies möglich, ohne dass Bruch eintritt.

Es ist üblich, die Umformverfahren in die Gruppen Massivumformung und Blechumformung zu unterteilen. Bei der *Massivumformung* (Beispiele Schmieden, Fließpressen) wird von räumlich zu beschreibenden Rohteilen ausgegangen und der Stofffluss geschieht in alle Raumrichtungen. Bei der *Blechumformung* (Beispiele Biegen, Tiefziehen) stehen flächenhaften Teile am Anfang und die Rohteildicke bleibt im Umformprozess im wesentlichen erhalten.

Ein besonders wichtiges Verfahren der Massivumformung ist das *Gesenkschmieden* oder *Gesenkformen*, das in Abb. 13.20 dargestellt ist. Ein meist angewärmtes Rohteil wird in ein geteiltes Werkzeug (Gesenk) eingelegt, das die Geometrie des zu fertigenden Teils als Negativform abbildet. Durch Herunterfahren des Pressenstößels wird das Gesenk geschlossen; der Werkstoff fließt plastisch und nimmt die durch das Werkzeug vorgegebene Form an. In der Praxis herrscht das Gesenkformen *mit Grat* vor, d. h. das Rohteil hat ein geringfügig größeres Volumen als zum Füllen der Gravur benötigt wird. Das überschüssige Material wird in den Gratspalt des Werkzeugs verdrängt. Ohne diese Maßnahme bestünde die Gefahr, dass bei Schwankungen im Volumen des Rohteils oder in seiner Positionierung Material im Endteil fehlen könnte.

Werden beim Schmieden keine Werkzeuge verwendet, die an die Endform des Werkstücks gebunden sind, spricht man von *Freiformschmieden*. Ein Beispiel ist das Stauchen

Abb. 13.20 Gesenkformen. Das Verfahren nutzt die Fähigkeit der Metalle zum plastischen Fließen im festen Zustand

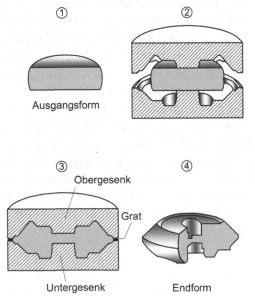

① ②

Ausgangsform

③ ④

Obergesenk

Grat

Untergesenk   Endform

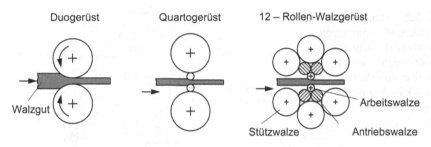

Abb. 13.21 Walzen. Durch kleine Walzendurchmesser werden die Reibungskräfte reduziert, was vor allem bei dünnen Folien wichtig ist. Die Arbeitswalzen müssen abgestützt werden, um Durchbiegung zu vermeiden. Reibungskräfte können aber auch positiv wirken. Durch Reibung wird das Walzgut in den Walzspalt gezogen

mit ebenen Stauchbahnen. Das Werkstück wird mit der Zange oder einem mechanischen Manipulator gefasst und zwischen den einzelnen Hüben des Gesenks gedreht und verschoben, so dass die gewünschte Umformung erreicht wird.

Beim *Walzen* drehen sich die Werkzeuge und das Walzgut wird senkrecht zur Drehachse in den Walzspalt gezogen, Abb. 13.21. Am verbreitetsten ist das Flachwalzen zu Blechtafeln und –bändern mit glatten Walzen. Es werden aber auch Profilwalzen eingesetzt. Mit abnehmender Dicke des Walzgutes steigen die Reibungskräfte sehr stark an (siehe unten). Um die Reibung zu reduzieren, verwendet man Arbeitswalzen mit verkleinertem Durchmesser. Ihre verringerte Steifigkeit muss dann aber durch Anbringen von Stützwalzen kompensiert werden. Dies führt bei dünnen Folien zu 12- oder 20-Rollen-Walzgerüsten.

Abb. 13.22 zeigt das Umformverfahren *Strangpressen*. Ein Block wird in einen Rezipienten eingelegt und durch die Bewegung eines hydraulisch angetriebenen Pressstempels durch ein düsenähnliches Werkzeug (Matrize) durchgedrückt. In der Regel werden die Blöcke auf hohe Temperatur vorgewärmt. Zwischen Block und Aufnehmer treten wegen der hohen Flächenpressungen sehr hohe Reibungskräfte auf. Sie werden bei der Verfahrensvariante des Rückwärts-Strangpressens vermieden, bei welcher der Block in Ruhe bleibt. Der Pressstempel ist als Hohlstempel ausgebildet und trägt an seinem vorderen Ende die Strangpressmatrize. Der Pressstrang tritt durch den hohl ausgeführten Pressstempel nach rückwärts aus. (Der Begriff „rückwärts" ist hier im Sinne der Wirkrichtung der Maschine zu verstehen.) So elegant die Idee des Rückwärts-Strangpressens auch ist, so hat sie doch den Nachteil, dass die Hohlstempelkonstruktion nicht die gleichen hohen Presskräfte zulässt wie beim Vorwärts-Strangpressen.

Während Walzen und Schmieden für alle metallischen Werkstoffen von großer Bedeutung sind, hat sich das Strangpressen vor allem für Aluminiumlegierungen durchgesetzt. Dies hängt mit den für das Verpressen von Stählen nötigen höheren Temperaturen und dem dadurch verursachten höheren Verschleiß der Werkzeuge zusammen. Aus Aluminiumlegierungen können insbesondere auch *komplizierte Hohlprofile* gefertigt werden, Abb. 13.23. In mehrteilig aufgebauten Werkzeugen, Abb. 13.24, wird der Pressstrang in

Abb. 13.22 Strangpressen.
Beim Rückwärts-Strangpressen sind die Reibungskräfte
gegenüber dem Vorwärts-
Strangpressen reduziert, weil
der Block im Rezipienten nicht
bewegt wird

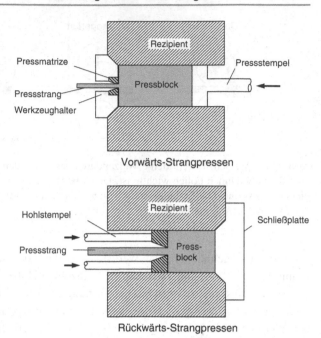

Teilströme zerlegt, die einen Werkzeugeinsatz umfließen, der einen hohlraumbildenden
kurzen Dorn trägt. Im endformgebenden Bereich der Matrize werden die verschiedenen Teilströme zum austretenden Hohlprofil verschweißt. Dies gelingt sehr gut, weil die
Drucke und Temperaturen im Werkzeug hoch sind und die Kontamination durch die Atmosphäre zuverlässig vermieden wird.

Da beim Strangpressen vor allem Druckspannungen auftreten, eignet sich dieses Verfahren auch für die *erstmalige Verformung von spröden Werkstoffen* nach ihrer Herstellung. Beispiele sind Superlegierungen oder Supraleiter. Mit dem Strangpressen erzielt
man infolge des Durchknetens eine Gefügeverbesserung und nachfolgende Umformschritte können dann durch andere Verfahren erfolgen, die höhere Anforderungen an die Duktilität des Werkstoffs stellen. Um diesen speziellen Vorteil des Strangpressens noch zu
verstärken, wurde die Verfahrensvariante des *hydrostatischen Strangpressens* entwickelt.

Abb. 13.23 Durch Strangpressen hergestelltes Hohlprofil aus
AlMgSi0,7 für die Seitenwand
von ICE-Eisenbahnwaggons. Die Gesamtlänge beträgt
29,5 m. (Quelle: Werksfoto
Alusingen GmbH)

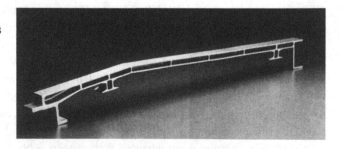

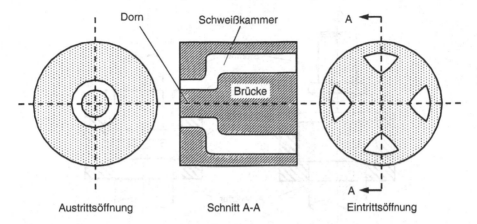

Dorn   Schweißkammer   A

Brücke

Austrittsöffnung   Schnitt A-A   Eintrittsöffnung

Abb. 13.24 Kammermatrize für das Herstellen von Hohlprofilen. Der Pressstrang wird in Teilströme zerlegt und wieder verschweißt. Das Verfahren ist vor allem für Aluminium geeignet, weil bei Stählen der Verschleiß der Werkzeuge zu hoch ist

Pressbolzen und Pressstrang befinden sich hierbei in einer Flüssigkeit, die einen hohen hydrostatischen Druck erzeugt und die Reibungskräfte reduziert. Mit einem derartigen Verfahren soll es möglich sein, selbst Marmor zu extrudieren. Die Druckaufbringung über eine Flüssigkeit mit ihren spezifischen Vorteilen wird im übrigen auch bei modernen Blechumformverfahren wie dem *Innenhochdruckumformen* genutzt.

Ein Verfahren, dass dem Strangpressen verwandt ist, aber vor allem in der Kaltmassivumformung von Stahl eingesetzt wird, ist das *Fließpressen*. Nach der Richtung des Stoffflusses wird zwischen Vorwärts- und Rückwärts-Fließpressen unterschieden. Außerdem unterteilt man im Hinblick auf die Werkstückgeometrie in Voll-, Hohl- und Napf-Fließpressen. Abb. 13.25 zeigt als besonders wichtiges Beispiel das Napf-Rückwärts-Fließpressen, mit dem z. B. Innensechskantschrauben gefertigt werden.

Als letztes Umformverfahren soll hier noch das *Drahtziehen* erwähnt werden. Die grundsätzliche Anordnung ist ähnlich dem Strangpressen und Fließpressen, aber die Art der Krafteinleitung und der Spannungszustand unterscheiden sich. Das Werkstück wird nicht durch die Matrize gedrückt sondern gezogen und aus dem Druckspannungszustand wird ein Zugdruckspannungszustand. Entsprechend höher sind die Anforderungen an die Duktilität des Werkstoffs, um Drahtrisse beim Ziehen zu vermeiden.

Besonders wichtige Verfahren der Warmumformung sind Schmieden, Walzen und Strangpressen. Besonders wichtige Verfahren der Kaltumformung sind Walzen, Fließpressen und Drahtziehen. Da die Duktilität der Metalle mit zunehmender Verformung gesteigert wird, stehen am Anfang der Stufenfolge Verfahren mit hoher Umformtemperatur und geringem Zugspannungsanteil. Kaltumformung wird am

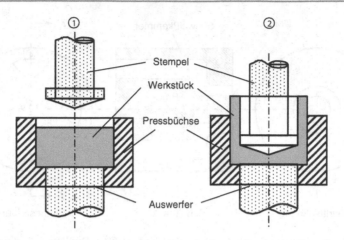

Abb. 13.25 Napf-Rückwärts-Fließpressen. Wegen der kurzen Taktzeiten wird dieses Verfahren für Massenteile aus Stahl in der Automobilindustrie eingesetzt

Ende der Prozesskette eingesetzt, wenn Oberflächenqualität, Genauigkeit und Materialendfestigkeit im Vordergrund stehen.

Durch Gesenkformen und Fließpressen können ähnliche Werkstückformen hergestellt werden wie durch Gießverfahren. Vorteil der umformtechnischen Verfahren ist die hohe Produktivität und die gute Gefügequalität (keine Poren, Seigerungen, groben Körner). Vorteil der Gießverfahren ist die erreichbare Geometriekomplexität und die Flexibilität.

Nach dieser exemplarischen Darstellung einiger besonders wichtiger Umformverfahren (insgesamt gibt es etwa 200 verschiedene) wollen wir nun versuchen, einige gemeinsame Grundsätze herauszuarbeiten. Dazu gehört zunächst einmal, dass alle *Umformverfahren relativ schnell* arbeiten. Die Taktzeiten beim Kalt-Fließpressen liegen im Bereich von Sekunden. Beim Druckguss, dem Gießverfahren mit der höchsten Produktivität, ist zwar die Formfüllung sehr rasch, aber wegen des zusätzlichen Zeitaufwandes für Dosierung der Schmelze, Einfüllen in die Gießkammer, Abkühlen des Teiles im Werkzeug zum Erreichen der Entnahmestabilität, etc., liegen vergleichbare Werte um ein Vielfaches höher. Auch andere Umformverfahren zeichnen sich durch hohe Geschwindigkeit aus. Die Austrittsgeschwindigkeiten beim Strangpressen gut umformbarer Legierungen betragen 1 m/s. Am Ausgang der Walzstraße erreichen Bänder Geschwindigkeiten von über 50 km/h, Drähte sogar über 100 km/h.

Ein anderes Merkmal von Umformverfahren sind die *großen Kräfte*, die beherrscht werden müssen. Natürlich hängen sie vom jeweiligen Verfahren und vom Werkstoff ab. Es können aber durchaus Spannungen von 2500 MPa erreicht werden und es gibt Gesenkschmiedepressen mit bis zu 650 MN Presskraft! Berücksichtigt man die hohen Anforderungen, die gleichzeitig an Geschwindigkeit, Steifigkeit und Steuerbarkeit gestellt werden, so versteht man, warum Umformmaschinen zu den Spitzenprodukten des Maschinenbaus zählen. Aus allem resultiert allerdings auch ein hoher finanzieller Aufwand für Werkzeuge und Maschinen, der sich nur bezahlt machen kann, wenn ihm entsprechend *große Stückzahlen* gegenüberstehen.

Wieso sind die beim Umformen auftretenden Spannungen eigentlich so hoch? Natürlich muss zunächst einmal die Fließspannung des Werkstoffs überschritten werden. Zusätzlich wirken aber noch *Reibungsspannungen*, die oft ein Vielfaches der Fließspannungen betragen. Deswegen spielt auch die Reibung bei der Auswahl und der Entwicklung von Umformverfahren eine große Rolle und Schmiermitteluntersuchungen gehören zum Tagesgeschäft eines Schmiedebetriebs. Ein entscheidender Schritt bei der Entwicklung der Umformung der Stähle war die Einführung des Zinkphosphatierens, weil hierdurch ein idealer Haftgrund für Schmiermittel geschaffen wurde.

Wir benutzen eine stark vereinfachte Ableitung nach Ashby und Jones, um die Bedeutung der Reibungsspannung beim Umformen zu demonstrieren. Die grundsätzliche Anordnung zeigt Abb. 13.26. Ein Stempel verformt eine Platte mit der Dicke d und der Länge L. Der Stofffluss geschieht zweidimensional in der Zeichenebene. Um die an der Stirnfläche am Punkt x wirkende Normalspannung σ berechnen zu können, stellen wir uns gedanklich das Werkstück zerlegt vor in vier Segmente. Die Arbeit, die geleistet wird, um den Stempel nach unten zu bewegen, muss gleich groß sein wie die Arbeit um die Segmente a und b gegen die auf den Flanken wirkende Scherspannung τ zu verschieben, die in ihrer Größe der Schubfließgrenze τ_F des Materials entspricht. Die Arbeit am Stempel beträgt $P\,u$, mit P als wirkender Kraft und u als Dickenabnahme. Die Fläche der Flanken ergibt sich zu $(\sqrt{2})(d/2)L$. Die Verschiebung der Segmente an den Flanken geschieht um den Betrag $(\sqrt{2})u$, d. h. die an den Flanken geleistete Arbeit ist $\tau_F(\sqrt{2})(d/2)L(\sqrt{2})u$. Berücksichtigt man, dass es zwei Stempel und vier Flanken gibt, so erhält man folgende Energiebilanz

$$2Pu = 4\tau_F\sqrt{2}(d/2)L\sqrt{2}u = 4dL\tau_F u, \tag{13.22}$$

oder

$$P = 2dL\tau_F. \tag{13.23}$$

Die Druckspannung auf der Stirnfläche σ beträgt dann

$$\sigma = \frac{P}{dL} = 2\tau_F = k_f. \tag{13.24}$$

Dabei ist k_f[6] die Fließspannung des Materials. Als nächstes wollen wir die Reibung an der Stirnfläche des Körpers c in Abb. 13.26 berücksichtigen. Wir gehen davon aus, dass diese Reibung so groß ist, dass die Schubfließgrenze des Werkstücks τ_F erreicht wird. Dies ist

---

[6] In der Umformtechnik wird die im einachsigen Zug- oder Druckversuch gemessene Fließgrenze als k_f bezeichnet.

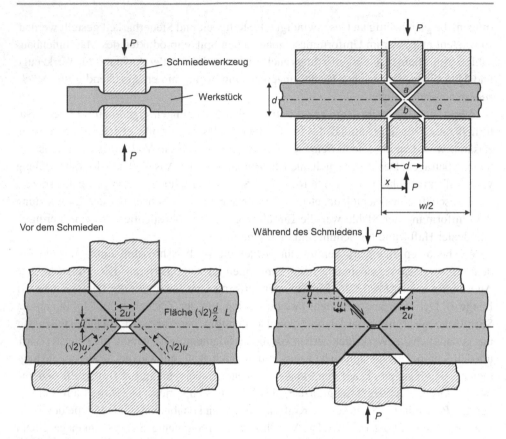

Abb. 13.26 Ableitung der für das Umformen benötigten Kräfte. Um die Kraft an der Stelle x berechnen zu können, stellen wir uns vereinfacht vor, die Umformoperation bestünde im Verschieben der Segmente a und b gegen die auf den Flanken wirkende Schubfließspannung τ_F. (Quelle: Ashby und Jones, Engineering Materials, Oxford 1986)

der unter dem Gesichtspunkt der Reibung ungünstigste Zustand, der auch als Haftreibung bezeichnet wird. Die Annahme der Haftreibung ist aber nicht unrealistisch, da wegen der starken Zunahme der Oberfläche bei der Umformung der Schmierfilm abreißen kann. Die Fläche, auf der diese Reibung zwischen Stempel und Körper c wirkt, ist gegeben durch

$$2\left\{\left(\frac{w}{2}\right) - \left(x + \frac{d}{2}\right)\right\} L = (w - 2x - d)L. \tag{13.25}$$

Dabei ist w die Breite der ebenen Stauchbahnen in Abb. 13.26. Die Distanz, um die der Körper c verschoben wird, beträgt $2u$. Die dadurch verbrauchte Energie beträgt

$$(w - 2x - d)L\tau_F 2u. \tag{13.26}$$

Abb. 13.27 Die zum Umformen nötigen Spannungen als Funktion des Ortes für das in Abb. 13.26 gezeigte Beispiel. Wegen der Reibung zwischen Gesenk und Werkstück sind sehr viel höhere Spannungen nötig als es die Fließgrenze des Werkstoffs k_f erwarten lässt

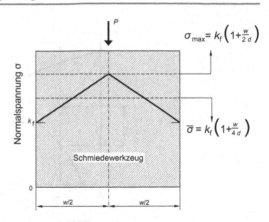

Die Segmente a und b werden um die Distanz u bewegt. Die dazu gehörige Energie beträgt

$$2dL\tau_F u. \tag{13.27}$$

Dies ergibt jetzt eine Energiebilanz

$$2Pu = 4dL\tau_F u + 2(w - 2x - d)L\tau_F u + 2dL\tau_F u \tag{13.28}$$

oder

$$P = 2L\tau_F\left(d + \frac{w}{2} - x\right). \tag{13.29}$$

Die zum Umformen nötige Druckspannung ist damit

$$\sigma = \frac{P}{dL} = k_f\left\{1 + \frac{(w/2) - x}{d}\right\}. \tag{13.30}$$

In Abb. 13.27 ist (13.30) graphisch dargestellt. Der Wert für das Spannungsmaximum beträgt

$$\sigma_{max} = k_f\left(1 + \frac{w}{2d}\right). \tag{13.31}$$

Gl. (13.31) verdeutlicht zwei Dinge. Zum einen sieht man, dass durch Reibung die Umformspannungen tatsächlich sehr groß werden können. Setzt man z. B. $w/d = 10$ ein, so erhält man $\sigma_{max} = 6k_f$. Deswegen gelingt es nicht, dünne Bleche durch Stauchen weiter zu verformen. Zum anderen zeigt die Gleichung, dass Walzen wesentlich günstigere Verhältnisse schafft als Stauchen, weil sozusagen w kleingehalten wird. Dies gilt natürlich insbesondere dann, wenn die Walzendurchmesser klein sind.

Ein *gut umformbarer Werkstoff* sollte neben einer *tiefen Fließgrenze* ein *gutes Formänderungsvermögen* aufweisen. Der letztere Begriff bezeichnet den beim Bruch erreichten Umformgrad. Zur Messung werden Zugversuche oder Zylinderstauchversuche durchgeführt. Der Zylinderstauchversuch hat den Vorteil, dass wegen des Druckspannungs-

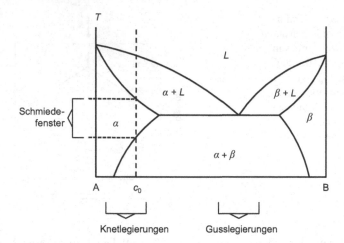

Abb. 13.28 Bevorzugter Bereich der Zusammensetzungen von Guss- und Knetlegierungen. Für eine Legierung mit der Zusammensetzung c_0 ist das Schmiedefenster, der Temperaturbereich der besten Umformbarkeit, eingezeichnet

zustandes höhere Dehnungen erreicht werden können. Die Bedingungen kommen deshalb dem eigentlichen Umformprozess näher. Die Risse entstehen im übrigen im Zylinderstauchversuch unter dem Einfluss von Umfangszugspannungen, die ausgebildet werden, sobald sich wegen der Reibung an den Stirnflächen die charakteristische „Tonnenform" entwickelt hat.

Umformbare Sorten oder *Knetlegierungen* findet man in fast allen metallischen Werkstoffsystemen. In Abschn. 13.2.3 wurde erläutert, dass Gusslegierungen in der Regel Zusammensetzungen aufweisen, die nahe dem Eutektikum liegen. Knetlegierungen weisen dagegen meistens deutlich *geringere Konzentrationen an Legierungselementen* auf, siehe Abb. 13.28. Sehr vereinfacht lässt sich das folgendermaßen erklären: Im einphasigen Zustand ist die Umformbarkeit am besten. Das Auftreten einer zweiten Phase (Schmelze L oder feste Phase β in der Abbildung) wirkt sich negativ aus. Anschmelzungen wirken wie Risse. Wenn die feste Phase grob verteilt und spröde ist, unterstützt sie die Anrissbildung. Ist sie fein verteilt, steigt die Fließspannung an, was bei der Umformung ebenfalls unerwünscht ist. Das Temperaturfenster, das bei der jeweiligen Zusammensetzung für die Umformung am besten geeignet ist, wird manchmal als Schmiedefenster bezeichnet. Bei zu hoher Konzentration an Legierungselementen schließt sich das Schmiedefenster.

Das Formänderungsvermögen der Werkstoffe steigt im allgemeinen mit der Temperatur, weil Ausscheidungen in Lösung gehen (siehe oben) oder weil durch die größere Versetzungsbeweglichkeit die Fließspannungen sinken und Rissöffnung erschwert wird (vgl. die Diskussion in Abschn. 10.15). Einen sehr wichtigen Einfluss hat außerdem der Spannungszustand. Sehr positiv wirken sich hohe hydrostatische Druckspannungsanteile aus, wie sie beim Rundhämmern, Walzen und Strangpressen auftreten. Sie behindern die Rissöffnung aber nicht den Fließbeginn.

Eine wichtige Entscheidung, die bei Auswahl und Optimierung des jeweiligen Umformverfahrens zu treffen ist, betrifft die Umformtemperatur. Wird das Rohteil vor der Umformung angewärmt, spricht man von *Warmumformung*, unterbleibt eine Anwärmung, bezeichnet man den Vorgang als *Kaltumformung*[7]. Während des Umformvorgangs ändert sich die Temperatur des Werkstücks. Einerseits verliert das Werkstück Wärme an die umgebende Luft und an das Werkzeug. Andererseits wird durch die geleistete Umformarbeit Wärme erzeugt.

Für die adiabatische Temperaturerhöhung in der Umformzone ΔT_U gilt

$$\Delta T_U = \frac{\beta w}{\rho c_P V} = \frac{\beta \int \sigma \, d\varepsilon}{\rho c_P}. \tag{13.32}$$

Dabei ist w die Umformarbeit, ρ die Dichte, c_P die spezifische Wärme, V das Volumen, σ der Umformwiderstand (siehe Abb. 10.8 und Abb. 13.27). Die Größe β bezeichnet den Anteil der mechanischen Energie, der in Wärme umgewandelt und nicht in Form von Gitterbaufehlern im Werkstoff gespeichert wird. Typisch gilt $\beta = 0{,}95$. ΔT_U kann je nach Reibungsverhältnissen und Fließspannung des Werkstoffs sehr unterschiedliche Werte annehmen, übliche Werte liegen zwischen 30 und 50 °C.

Da Wärmeabfuhr und Wärmeerzeugung im Werkstück lokal sehr unterschiedlich verlaufen, entwickeln sich relativ *inhomogene Temperaturfelder*. Dies gilt vor allem für das Warmumformen und ist bei der Interpretation der entstehenden Gefüge und Werkstoffeigenschaften entsprechend zu berücksichtigen.

Im allgemeinen bestehen die Werkzeuge in der Umformtechnik aus verschleißbeständigen Stählen. Wenn die Abmessungen nicht zu groß sind, können auch Hartmetalle eingesetzt werden (z. B. für Ziehsteine). Dadurch, dass die Werkzeuge kalt bleiben, aber das Werkstück angewärmt wird, können Werkstoffe umgeformt werden, die bei gleicher Temperatur höhere Festigkeit haben als das Werkzeugmaterial.

Knetlegierungen, d. h. für Umformung geeignete Werkstoffe, gibt es praktisch in allen metallischen Systemen. Sie dürfen in der Regel nicht zu hoch legiert sein, sonst verschlechtert sich die Umformbarkeit, d. h. die Duktilität sinkt und der Fließwiderstand steigt. Durch Druckspannungen und erhöhte Temperatur wird das Formänderungsvermögen der Werkstoffe verbessert.

Sowohl Kaltumformung als auch Warmumformung haben spezifische Vorteile und Anwendungsbereiche. Bei der *Warmumformung* können wegen der besseren Umformbarkeit

---

[7] Früher wurde bei der Definition von Warm- und Kaltumformung auf die Rekristallisationstemperatur des Werkstoffs Bezug genommen. Dies führt dann beispielsweise dazu, dass eine Umformung von Molybdän bei 800 °C als Kaltumformung zu bezeichnen ist. Diese Bezeichnungsweise ist zwar im Hinblick auf die physikalischen Mechanismen nicht ohne Berechtigung, hat sich in der Praxis aber nicht durchgesetzt.

des Werkstoffs größere Hübe pro Arbeitsspiel erreicht werden. Es gelingt außerdem besser, die für Gussgefüge typischen unerwünschten Gefügemerkmale zu beseitigen. Dazu gehören Seigerungen, Poren und grobes Korn. Bei der hohen Temperatur laufen Diffusionsvorgänge schneller ab und der Werkstoff rekristallisiert. Vorteil der *Kaltumformung* sind homogenere Eigenschaften wegen der homogeneren Temperaturverteilung und höhere Festigkeit nach der Umformung durch die Kaltverfestigung. Außerdem können engere Toleranzen eingehalten werden, da keine Wärmedehnung berücksichtigt werden muss. Bei Raumtemperatur wird eine negative Beeinflussung der Oberfläche durch Oxidation, Entkohlung, etc. vermieden. Sehr häufig wird so vorgegangen, dass zunächst warmumgeformt wird, um das Gussgefüge aufzubrechen und hohe Umformgrade zu erreichen. Danach wird kaltumgeformt, damit das Endteil gute Oberfläche, große Genauigkeit und hohe Festigkeit aufweist. Zwischen den einzelnen Arbeitsschritten werden Erholungsglühungen durchgeführt, um dem Werkstoff sein Formänderungsvermögen zurückzugeben. Außerdem wird vor jeder Prozessstufe Schmierstoff neu aufgebracht, um die Reibungskräfte zu begrenzen.

Einen Spezialfall der Warmumformung bildet das *Presshärten* oder *Formhärten* mit dem man bessere Festigkeiten als bei der klassischen Kaltumformung von Blechen bei vergleichbarer Maßhaltigkeit erreicht. In diesem Verfahren, das im Leichtbau mit Stahl eine zunehmende Rolle spielt, werden Platinen aus Endlosband ausgeschnitten, auf oberhalb Ac_3-Temperatur (Abschn. 7.6) erhitzt und zu dreidimensionalen Bauteilen umgeformt. An die Warmumformung schließt eine schnelle Abkühlung *im Werkzeug* an, bei der sich ein martensitisches Gefüge mit sehr hoher Festigkeit ausbildet. Durch das Halten im Werkzeug bei der Abkühlung ist die Geometriekontrolle gewährleistet.

Einen anderen Spezialfall der Warmumformung stellt das *Isotherme Umformen* dar. Hierbei wird ausgenutzt, dass sich sehr feinkörnige Werkstoffe bei bestimmten Verformungsgeschwindigkeiten und Temperaturen *superplastisch* verhalten. Unter Superplastizität versteht man einen bestimmten Verformungsmechanismus, der durch Korngrenzengleiten und hochwirksame Akkommodationsprozesse gekennzeichnet ist und der zu sehr geringen Fließspannungen und sehr hoher Duktilität führt.[8] Aus der Sicht der Umformtechnik sind vor allem die *niedrigen Umformkräfte* interessant. Sie gestatten es beispielsweise, ansonsten hochfeste Titanlegierungen mit Gasdruck umzuformen. Mit Gasdruck können keine großen Kräfte ausgeübt werden, da sonst wegen der großen Kompressibilität und großen gespeicherten Energie Sicherheitsprobleme entstehen. Gasdruck hat aber den Vorteil, dass die Reibungskräfte ausgeschaltet werden, und er gestattet deshalb sehr komplexe Blechumformoperationen (großes w/d in (13.31)). Das Vorgehen ähnelt in gewisser Weise dem Vakuumtiefziehen von Kunststoffen, das in Abschn. 13.2.8 besprochen wird (Abb. 13.36). Durch isothermes Umformen mit Gasdruck werden heute industriell vor allem große Strukturbauteile für die Luft- und Raumfahrt hergestellt.

---

[8] Der Weltrekord, der auch im Guinness Book of World Records verzeichnet wird, steht bei 8800 % Bruchdehnung im Zugversuch.

Leider ist der Verformungsmechanismus der Superplastizität durch niedrige Spannungsexponenten *n* gekennzeichnet (siehe (10.31)) und ist deshalb nur bei niedrigen Verformungsraten wirksam. Die *niedrige Umformgeschwindigkeit* verlangt, dass die Werkzeuge auf Werkstücktemperatur aufgeheizt werden, um Abkaltung zu vermeiden (daher der Ausdruck „isotherm"). Dies wiederum erzwingt den Einsatz von Werkstoffen für die Werkzeuge, die a priori fester sind als die Werkstoffe, die umgeformt werden sollen. Im Falle von hochwarmfesten Titanlegierungen und Superlegierungen bleibt als einzige Lösung, die Werkzeuge aus Refraktärmetallen (Mo-Legierung TZM) zu fertigen, was eine Vielzahl von Schwierigkeiten aufwirft. Das andere Problem bei der Nutzung der Superplastizität sind die *sehr geringen Korngrößen* (unter 10 µm), welche die Voraussetzung für diesen speziellen Verformungsmechanismus darstellen. Es gelingt normalerweise nicht, Rekristallisationsprozesse so zu führen, dass derartig feine Korngrößen resultieren und man muss deshalb auf extrem rasche Erstarrung ausweichen, wie sie bei Pulvern vorliegt, die durch Verdüsung einer Schmelze hergestellt wurden (siehe Abschn. 13.2.4). Jedes Schmelzetröpfchen ist ein „Miniaturgussstück" mit sehr großer Oberfläche im Verhältnis zum Volumen, weshalb die Abkühlungsgeschwindigkeit sehr hoch ist, und Korngrößen im geforderten Bereich ohne weiteres erreicht werden. Leider geht ein Teil des feinen Gefüges bei der Konsolidierung der Pulver zu Halbzeug wieder verloren. Die Herstellung eines feinen Korngefüges gelingt dagegen vergleichsweise einfach in Systemen wie Titan und Eisen, die eine allotrope Umwandlung aufweisen, die zur Einstellung eines feinen Korngefüges ausgenutzt werden kann.[9]

Zum Abschluss des Kapitels wollen wir nochmals die alternativen Formgebungsverfahren Umformen und Gießen vergleichen. Wenn das *Umformen bei der Formteilherstellung bevorzugt* wird gegenüber dem Gießen, so ist dies in der Regel durch die hohe Produktivität und die guten Materialeigenschaften bedingt. Beides wurde oben bereits ausführlich diskutiert. Abgesehen von einigen wenigen Anwendungen bei extrem hoher Temperatur besitzen umgeformte Gefüge höhere Festigkeit in der Anwendung, insbesondere bei dynamischer Beanspruchung.

13.2.6 Formgebung von Keramik

In der Keramik liegen die Rohstoffe im allgemeinen als Pulver vor. Wie in Abschn. 13.1.3 beschrieben, kann dieses Pulver beispielsweise aus natürlichen Vorkommen durch Reinigungs- und Mahlprozesse gewonnen werden. Die Weiterverarbeitung zu Formteilen

---

[9] Die am weitesten verbreitete Titanlegierung, TiAl6V4, zeigt bereits nach Standardwärmebehandlung superplastisches Verhalten. Das gleiche gilt für viele Stähle, sofern genügend Korngrenzenausscheidungen vorhanden sind, welche rasches Kornwachstum bei der Umformung verhindern. Wegen der im allgemein guten Umformbarkeit der Stähle ist die Bedeutung der Superplastizität allerdings bislang beschränkt geblieben. Angeblich soll aber bereits bei der Herstellung der berühmten Damaszener Klingen superplastisches Verhalten ausgenutzt worden sein.

geschieht nach den Verfahren der Urformtechnik. Die Pulver werden dazu mit Wasser und Prozesshilfsmitteln versetzt. Je nach Rezeptur („Versatz") entsteht ein körniger, pastöser oder flüssiger Zustand.

Im ersten Fall, dem *körnigen Zustand*, ähnelt das Vorgehen, das als *Trockenpressen* bezeichnet wird, sehr stark dem kostenoptimierten Prozess in der Pulvermetallurgie, der in Abschn. 13.2.4 dargestellt wurde. Die Pulver werden durch geeignete Techniken in ein rieselfähiges Granulat überführt, zu Formteilen gepresst und gesintert. Vor dem Sintern müssen die Prozesshilfsmittel entfernt werden („Entbindern"). Besonders kostengünstig im Sinne der Pulvermetallurgie ist die Route allerdings nicht, da die keramischen Teile natürlich viel zu spröde sind um sie mit einem Kalibrierschlag auf Endgeometrie zu bringen. Genauteile müssen deshalb durch mechanische Bearbeitung hergestellt werden, was zu hohem Aufwand führt.

Durch höhere Feuchtigkeit wird in der Pulvermasse ein *pastöser Zustand* erreicht. Das mechanische Verhalten solcher Massen ist als viskoelastisch einzustufen, siehe Abschn. 10.11.3. Die Verarbeitung ist jetzt z. B. durch Drehformen (ähnlich Töpferscheibe) oder Strangpressen möglich.

Bei keramischen Formteilen geht man in der Regel von Pulvern aus. Durch Versatz mit Wasser und Prozesshilfsmitteln entstehen körnige, pastöse oder flüssige Zustände, die entsprechend durch Matrizenpressen, Strangpressen oder Gießen verarbeitet werden.

Nach der Formgebung wird der Grünkörper getrocknet, bzw. entbindert, und gebrannt.

Bei 30 bis 55 Vol.-% Feuchte entsteht ein *flüssiger Zustand*; man bezeichnet eine derartige Suspension als „Schlicker". Zur Formgebung eignen sich jetzt Gießverfahren. Man benutzt poröse Formen aus Gips ($CaSO_4 \cdot 2H_2O$), die der Suspension Wasser entziehen (*Schlickerguss*). Ausgehend von der Formwand bildet sich eine relativ feste Schicht, der „Scherben". Die Scherbendicke wächst erwartungsgemäß proportional zu $\sqrt{t}$, weil die Diffusion von Wasser die Geschwindigkeit kontrolliert. Bei Erreichen der gewünschten Enddicke wird der Schlickerrest einfach ausgegossen. Beim Trocknen schwindet der Scherben. Er löst sich dadurch von der Gipsform und kann leicht entnommen werden.

Ein besonders wichtiger Prozess zur Verarbeitung von keramischen Schlickern ist das *Foliengießen*, siehe Abb. 13.29. Mit diesem Verfahren werden u. a. Substrate für die Mikroelektronik hergestellt. Die Suspension wird auf ein sich bewegendes Stahlband gegossen. Zur Kontrolle der Schichtdicke verwendet man einen Gießkasten mit klingenförmigen Werkzeugen. Der Abstand zwischen Klinge und Stahlband bestimmt die Foliendicke. Statt Wasser wird im Schlicker eine organische Flüssigkeit mit niedrigem Dampfdruck verwendet. Nach Verdampfen der Flüssigkeit entsteht eine Grünfolie mit 0,2 bis 1,5 mm Stärke, die gut handhabbar ist und die geschnitten, gestanzt, geprägt oder gestapelt werden kann. Es wurden schon Folien mit einer Breite von über einem Meter erfolgreich hergestellt. Bei dünnen Folien beträgt die Produktionsgeschwindigkeit über 15 m/min. Wegen des hohen organischen Anteils wird für ein erfolgreiches Entbindern und Brennen ohne Verzug oder Risse allerdings entsprechendes technologisches Wissen benötigt.

Bezüglich der bevorzugten Einsatzfelder der verschiedenen Verfahren gilt, dass das Trockenpressen von Pulvern vor allem für hohe Stückzahlen geeignet ist, während die Gießverfahren vor allem sehr komplexe Geometrien verwirklichen können. Die höhere Feuchtigkeit bei pastösen Massen und Schlickern hat natürlich den Nachteil, dass die aus ihnen hergestellten Grünkörper vor dem Brennen sorgfältig getrocknet werden müssen.

Während die klassische Formteiltechnik von pulverförmigen keramischen Rohstoffen ausgeht, wird gegenwärtig in der Forschung an Verfahren gearbeitet, bei denen stattdessen Prekursor-Substanzen eingesetzt werden. Bei den Prekursoren kann es sich z. B. um organische Verbindungen handeln, die bei einer späteren Wärmebehandlung durch entsprechende Reaktionen in keramische Stoffe überführt werden. Vorteil dieser Route ist die Möglichkeit einfacherer Formteilherstellung, im beschriebenen Fall durch Verfahren der Kunststoffverarbeitung. Meistens ist die Keramisierung allerdings mit einer sehr starken Schwindung verknüpft, die durch geeignete Maßnahmen beherrscht werden muss.

13.2.7   Formgebung von Glas

Die Formgebung von Glas wird durch die sehr stark temperaturabhängige Viskosität dieses Werkstoffs (vgl. Abb. 10.34) geprägt. Seine Sprödigkeit bei tiefer Temperatur verbietet jede Kaltformgebung. Oberhalb der Arbeitstemperatur jedoch, die durch eine Viskosität von etwa 10^3 Pa · s definiert ist und für normales Glas bei rund 1100 °C liegt, erlaubt die nachlassende Zähigkeit die plastische Formgebung bis zu äußerst hohen Umformgraden bei sehr geringem Kraftaufwand (z. B. der Lungenkraft eines Glasbläsers). Sie erlaubt ferner leichtes und spurloses Verschweißen mehrerer Teile.

Man unterscheidet hinsichtlich der Formgebung von Glas zwischen *Hohlglas* und *Flachglas*. Ersteres, d. h. Glasbehälter und -gefäße, insbesondere Flaschen, wird im technischen Maßstab zwar durch automatisierte Hochleistungsmaschinen, aber im Prinzip nach der Verfahrensweise des Glasbläsers gefertigt: Eine von der Schmelzwanne kommende, zähflüssige Portion Glas wird zunächst durch Drücken so verformt, daß eine Höhlung entsteht, die von außen festgespannt werden kann. Danach wird die Glasmasse von der Höhlung ausgehend durch Druckluft in eine Hohlform hinein geblasen.

Flachglas wird in älteren Anlagen als breite Bahn durch einen Schwimmer mit schlitzförmiger Öffnung hindurch gleichmäßig nach oben aus der Schmelzwanne gezogen. Durch die Abkühlung an Luft oberhalb der Schmelze erreicht die Bahn hinreichende Zugfestigkeit bzw. Tragfähigkeit. Für Qualitätsglas mit sehr planer Oberfläche (Spiegel, Schaufenster, Vitrinen) hat sich fast vollständig das *Floatglas*-Verfahren durchgesetzt,

Abb. 13.29 Foliengießen.
Mit diesem Verfahren können
dünne Platten aus keramischen
Werkstoffen hergestellt werden

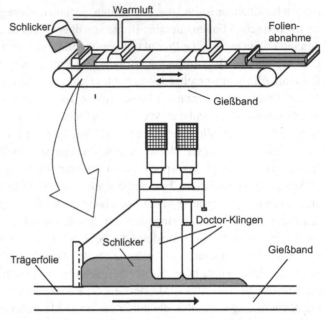

bei dem die zunächst noch heiße und nachgiebige Glasbahn über Ablenkrollen horizontal aus der Schmelzwanne heraufgeführt wird und dann auf einer beheizten Schicht
aus flüssigem Zinn (schwerer als Glas) vollständig erstarrt. Da die Metalloberfläche von
der Schwerkraft sehr genau plan gehalten wird, erreicht auch die aufliegende bzw. auf-
schwimmende Glasoberfläche eine hohe Güte. Die Glasbahnen können 4 m breit sein; die
Produktionsleistung beträgt ca. 1 t/h.

Schalenförmig oder becherförmig geöffnete Teile (z. B. Haushaltsgeschirr, Laborgerät,
Scheinwerferscheiben) können preisgünstig durch Preßvorgänge gefertigt werden (*Press-
glas*). Diese Verfahren haben Ähnlichkeit mit dem Druckguß der Metalle – nur ist die
Viskosität des Glases um mehrere Zehnerpotenzen höher als die einer Metallschmelze.
Auch zum *Strangpressen* (z. B. von Stangen und Rohren) eignet sich Glas. Durch sehr
feine Spinndüsen lassen sich Endlosglasfasern hindurchdrücken, wie sie für moderne
Nachrichtenübertragungssysterne und Glasfaseroptik benötigt werden. Solche Spinndüsen werden, um Verunreinigung der Glasfaseroberfläche durch Korrosionsprodukte zu
vermeiden, in der Regel aus Platin-Iridium-Legierungen hergestellt.

Allen Formgebungsverfahren für Glas ist die Notwendigkeit zu kontrollierter *Abkühlung* unterhalb der Arbeitstemperatur gemeinsam. Da die Wärmeleitfähigkeit λ von Glas
mit ca. 1 W/mK sehr gering ist (Vergleichswerte: Eisen 80 W/mK, Kupfer 400 W/mK),
kühlt die Oberfläche eines Teils aus Glas wesentlich schneller ab als das Innere, welches
noch plastisch bleibt, wenn die Oberflächenschicht bereits spröde erstarrt ist.

Durch die verzögerte Abkühlung entstehen Temperaturunterschiede, die wegen der
thermischen Ausdehnung bestrebt sind, sich in Ausdehnungsunterschiede umzusetzen.

Sobald aber die gesamte Glasmasse erstarrt ist, kann die unterschiedliche thermische Kontraktion sich nur noch in Form elastischer Spannungen auswirken (Abschn. 6.2.2 und 10.2)

$$\sigma = E\varepsilon = E\alpha\Delta T = E\alpha \left(\frac{-j}{\lambda} \right) \Delta x. \tag{13.33}$$

Hierbei bezeichnet α den Wärmeausdehnungskoeffizient, j die Wärmestromdichte (W/m^2), die durch die Kühlung abgeführt wird. Man muß also j und damit die Abkühlgeschwindigkeit klein halten, um den Aufbau rissauslösender Spannungskonzentrationen zu vermeiden. Bei der Herstellung von technischem Hohl- oder Flachglas sind daher Abkühlzeiten bei mittleren Temperaturen vorzusehen (so dass Spannungsrelaxation erfolgen kann) bzw. Abkühlstrecken für langsame Abkühlung bei kleinen Wärmestromdichten j_Q.

Bei geschickter Prozessführung kann die kontrollierte Abkühlung sogar ausgenutzt werden, um Druckspannungen in Glasoberflächen zu erzeugen (siehe Abb. 13.56). Wichtig ist in diesem Fall, dass bei Absinken der Oberflächentemperatur und Auftreten von thermischen Spannungen das Innere noch plastisch fließt und die Spannungen im gesamten Querschnitt abbaut. Bei weiterer Abkühlung erstarrt jetzt ein durch Fließen „zu kleiner" Kern in einem „zu großen" Mantel. Der Kern gerät dadurch unter Zugspannungen, die Oberfläche unter Druckspannungen. Da Risse vor allem an der Oberfläche infolge von Beschädigungen auftreten, wirken sich Oberflächendruckspannungen sehr günstig auf die Gebrauchseigenschaften aus.

13.2.8   Formgebung von Kunststoffen allgemein

In diesem Abschnitt besprechen wir zunächst die allgemeinen Grundlagen der Formgebung von Polymerwerkstoffen. Faserverstärkte Kunststoffe werden im Abschn. 13.2.9 gesondert behandelt.

Die Vorprodukte zur Herstellung von Formteilen oder Halbzeugen werden dem Kunststoffverarbeiter gebrauchsfertig von der chemischen Industrie angeliefert. Sie können als Pulver, Granulat oder Flüssigkeit vorliegen. Besonders häufig eingesetzte *Urformverfahren* sind das Spritzgießen und das Extrudieren, die unten beschrieben werden. Bei der Kunststoffgruppe der Thermoplaste ist, wie auch ihr Name zum Ausdruck bringt, bei erhöhter Temperatur ($0{,}8T_G < T < T_S$ (Abschn. 7.4.6 und 10.8.2)) ein plastisches Fließen möglich. Bei diesen Kunststoffen sind deshalb auch *Umformprozesse* zur Formteilherstellung geeignet. Als Beispiel für ein Umformverfahren wird im folgenden das Warmformen behandelt.

Auf Grund des unterschiedlichen molekularen Aufbaus unterscheidet man drei Gruppen von Kunststoffen: *Thermoplaste, Duroplaste und Elastomere* (Abschn. 5.6). Bei den *Thermoplasten* werden die organischen Makromoleküle, aus denen alle Kunststoffe bestehen, nur durch zwischenmolekulare Kräfte zusammengehalten. Beim Erwärmen nimmt die Beweglichkeit der verknäulten Makromoleküle zu und der Werkstoff kann plastisch verformt werden. Am Schmelzpunkt werden die zwischenmolekularen Bindungen ganz

Abb. 13.30 Spritzguss von Kunststoffen. Die Formfüllung geschieht durch axiales Verschieben der Schnecke nach Art eines Kolbens. 1: Dosiervorgang beendet, Werkzeug geschlossen, 2: Düse angefahren, Formmasse eingespritzt, Spritzgießteil unter Nachdruck abgekühlt, 3: Düse abgefahren, Werkzeug geöffnet, Spritzgießteil ausgeworfen

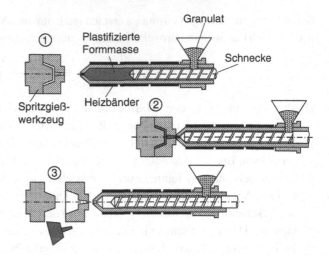

gelöst. Durch die Länge der Makromoleküle (bis zu 10^6 Atome) bleibt die Molekülbeweglichkeit aber eingeschränkt und die Viskosität der Schmelze ähnelt der von Honig. Solange eine Überhitzung der Schmelze und Zersetzung der Makromoleküle vermieden wird, können die verschiedenen Zustände reversibel durchlaufen werden. Der Schmelzpunkt ist bei den Kunststoffen nicht scharf ausgebildet, d. h. das Schmelzen geschieht nicht bei einer Temperatur sondern verteilt sich über ein Temperaturintervall. Dies hängt mit der lokal unterschiedlichen Moleküllänge und Verschlaufung zusammen. Bei der Verarbeitung durch Gießen oder Umformen benötigt man zur Entnahme aus dem Werkzeug eine gewisse Formstabilität des Werkstoffs. Sie kann bei den Thermoplasten durch Abkühlen und Erstarrung erreicht werden.

Bei den *Duroplasten und Elastomeren* sind die Makromoleküle räumlich vernetzt. Sie durchlaufen bei Erwärmung keinen Erweichungs- und Schmelzbereich bevor sie sich zersetzen. Ein Warmumformen ist deshalb unmöglich. Zur Herstellung von Formteilen werden Gießverfahren verwendet, die von Vorprodukten ausgehen, die sich entsprechend verarbeiten lassen. Der eigentliche Werkstoff und die Fixierung der Geometrie für die Ausformung entsteht bei der Abkühlung durch exotherme Vernetzungsreaktionen.

Gießverfahren auf der Grundlage von Duroplasten führen zwangsläufig zu langen Zykluszeiten, weil die Reaktionswärme im schlecht leitenden Polymerwerkstoff abgeführt werden muss. Besonders bei Großserienfertigung stellt dies eine Herausforderung dar. Andererseits kann man nicht ohne weiteres auf Thermoplaste ausweichen. Durch ihre hohe Viskosität in der Schmelze ist die Gefahr von Schädigungen der Verstärkungsphasen bei der Verarbeitung größer. Ihre schwächere Vernetzung resultiert außerdem in stärkerer Wämeausdehnung, was in einigen Anwendungen nicht zulässig ist.

Die Herstellung von Formteilen aus Kunststoffen durch *Spritzgießen* zeigt schematisch Abb. 13.30. Granulat oder Pulver wird über einen Trichter der Einspritzeinheit zugeführt. Eine sich drehende Schnecke fördert die Formmasse zur Schneckenspitze. Dabei wird

Abb. 13.31 Formfüllung im Druckguss von Metallen (**a**) und im Spritzguss von Kunststoffen (**b**). In (b) ist in Angussnähe der Quellfluss angedeutet, siehe die Erklärung im Text (Quelle: W. Knappe, Grundlagen der Verarbeitung, in: B. Carlowitz (Hrsg.), Die Kunststoffe, Band 1, München 1990)

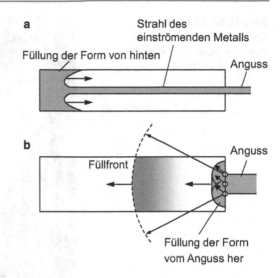

das Material erwärmt und in den flüssigen Zustand überführt. Übliche Verarbeitungstemperaturen liegen bei 150 bis 300 °C. Während des Fördervorgangs muss die Schnecke zurückweichen, um an der Schneckenspitze Platz für die Formmasse zu schaffen. Zur Formfüllung stoppt die Schneckendrehung, die Einspritzeinheit fährt gegen den Anguss und die Schnecke verschiebt sich wie ein Kolben in axialer Richtung. Eine *Rückstromsperre* verhindert dabei einen Rückfluss der Formmasse in die Schneckengänge. Während das Werkstück im Werkzeug abkühlt und seine Formstabilität gewinnt, wird der Druck aufrechterhalten, um die Schwindung des Werkstoffs auszugleichen.

Das Verfahren ähnelt in gewisser Weise dem Druckguss von Metallen, der in Abschn. 13.2.3 besprochen wurde. Die Einspritzgeschwindigkeiten müssen beim Spritzguss nicht ganz so hoch sein wie beim Druckguss, da die Abkühlung der Schmelze langsamer verläuft. Dies liegt an der unterschiedlichen Wärmeleitfähigkeit der Schmelze und der anderen Art der Formfüllung. Beim Spritzgießen ist durch die höhere Viskosität die Strömung laminar und die Füllfront bleibt geschlossen. Die Formfüllung geschieht vom Anguss her, wobei sich die Fließfront als Einhüllende aller Kreise ergibt, deren Mittelpunkte auf der Grenze zwischen Anguss und Formhohlraum liegen, siehe Abb. 13.31. Wegen der entstehenden quellenartigen Strömungsbewegung mit starken Komponenten senkrecht zur Hauptfließrichtung spricht man vom Quellfluss. Im Gegensatz dazu erfolgt die Formfüllung beim Druckguss turbulent, spritzend und von der Rückwand der Kavität zum Anguss hin.

Im Vergleich zum Druckguss bei den Metallen ist der Spritzguss bei den Kunststoffen sehr weit entwickelt. Dies beweisen die komplexen Werkzeuge beim Spritzguss mit *Dreiplattensystemen* (zwei Trennebenen statt einer) und *Heißkanal* (beheizter und abschließbarer Teil des Angusses in dem die Schmelze fließfähig bleibt). Dies zeigen außerdem „supergroße" Maschinen mit *80 MN Schließkraft*, die eine komplette Fahrzeugkarosserie herstellen können, Abb. 13.32.

Abb. 13.32 Werkzeug zum Spritzgießen einer kompletten Automobilkarosserie (Quelle: Werksfoto Fa. Husky)

Einen weiteren Beleg für den hohen Entwicklungsstand des Spritzgießens und seine rasche Weiterentwicklung heute liefert der *Mehrkomponentenspritzguss*. Man unterscheidet zahlreiche Verfahrensvarianten. Beim *Überspritzen* (*Overmolding*) wird im gleichen Werkzeug ein erstes Spritzteil hergestellt und anschließend mit einer zweiten Formmasse überspritzt. Die Kavität für die zweite Komponente wird durch Öffnen eines Schiebers geschaffen und durch das Werkzeug und die erste Komponente begrenzt. Man benötigt für diese Technik zwei unabhängig voneinander ins gleiche Werkzeug fördernde Spritzaggregate. Durch Überspritzen können mehrfarbige Teile hergestellt werden oder bewegliche Gelenkverbindungen (Luftausströmer im Pkw, Spielzeugfiguren mit beweglichen Armen, etc.).

Beim *Coinjektionsverfahren* wird eine Struktur geschaffen die aus einer außenliegenden Haut einer ersten Komponente und einer darunter liegenden Kernlage einer zweiten Komponente besteht. Die jeweiligen Komponenten werden direkt nacheinander in die Form eingespritzt, wobei die zuerst eingespritzte Komponente die Haut und die zweite den Kern bildet. Grundlage für den Erfolg dieses Verfahrens ist der Quellfluss, der oben beschrieben wurde, bei dem sich die Fließfront in jedem Zeitpunkt der Formfüllung durch Kreisbogen beschreiben lässt, deren Mittelpunkte im Anschnitt liegen (Abb. 13.31). Die eingespritzte Schmelze fließt in die Breite und erstarrt an den kälteren Werkzeugwänden und die nachfolgende heiße Schmelze strömt durch einen sich immer weiter verengenden Kanal. Anwendungsgebiete für das Coinjektionsverfahren sind Computergehäuse, Gartenstühle, Kotflügel, usw.

Das *Extrudieren* ist ein Verfahren, das dem Spritzgießen verwandt ist. Wie beim Spritzgießen wird über die Drehbewegung einer Schnecke in einem beheizbaren Zylinder eine plastifizierte Masse hergestellt. Im Gegensatz zum Spritzgießen handelt es sich aber um ein kontinuierliches Verfahren, das vor allem zur Herstellung von Halbzeug benutzt wird.

Abb. 13.33 Rinnenmodell für die Strömung im Schneckenkanal. Durch die Haftung der Formmasse an der Zylinderwand und der Schnecke entsteht eine Scherströmung, die als Schleppströmung bezeichnet wird, und es kommt zur Förderung des Granulats

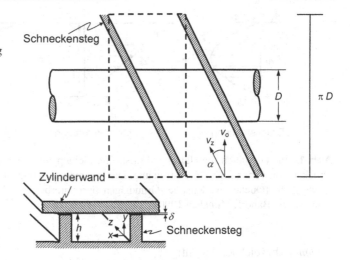

Die Formmasse wird mit Hilfe des von der Schnecke aufgebauten Drucks durch eine formgebende Matrize gedrückt. Den austretenden Strang ergreift eine Spannvorrichtung und zieht ihn zur Erstarrung durch eine Kühlvorrichtung.

Die große technische Bedeutung der Kunststoffe beruht zum großen Teil auf ihrer leichten Verarbeitbarkeit zu Formteilen. Der Vorteil im Vergleich zu den Metallen besteht in der niedrigeren Verarbeitungstemperatur. Besondere Bedeutung bei den Kunststoffen haben die Urformverfahren Spritzgießen und Extrudieren.

Wegen der *großen Bedeutung der Schneckensysteme* sollen im folgenden die Vorgänge in der Schnecke noch etwas genauer betrachtet werden. Wieso fördert eigentlich die Schnecke die Formmasse zur Schneckenspitze, wenn sie sich dreht? Zur Erläuterung dient das sogenannte *Rinnenmodell*, das in Abb. 13.33 dargestellt ist. Der Schneckengang ist hier als in die Ebene abgewickelte Rinne gezeichnet. Die Stege der Schnecke bilden mit der Senkrechten zur Schneckenachse den Winkel α, der auch als Steigungswinkel bezeichnet wird. Da die Formmasse an der sich drehenden Schnecke und am stehenden Zylinder haftet, entsteht eine Scherströmung mit der Geschwindigkeit $\mathrm{d}\gamma_0/\mathrm{d}t$ parallel zur Drehrichtung der Schnecke,

$$\frac{\mathrm{d}\gamma_0}{\mathrm{d}t} = \frac{v_0}{h} = \frac{N\pi D}{h},\tag{13.34}$$

mit Umfangsgeschwindigkeit der Schnecke v_0, Ganghöhe h, Schneckendrehzahl N, Schneckendurchmesser D (siehe auch Abschn. 10.11.2). Typische Werte in der Praxis liegen bei 30 bis 150 s^{-1}. Die parallel zur Rinne orientierte Komponente der Strömung γ_Z, bzw. v_Z, sorgt für die Förderung der Formmasse. Sie wird deshalb auch als *Schlepp-*

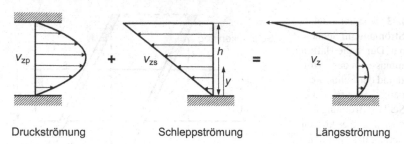

Druckströmung   Schleppströmung   Längsströmung

Abb. 13.34 Der durch die Haftung verursachten Schleppströmung überlagert sich die durch den Druckaufbau verursachte Druckströmung. Die Summenströmung ist für die Gesamtförderung verantwortlich. (Quelle: W. Knappe, Grundlagen der Verarbeitung, in: B. Carlowitz (Hrsg.), Die Kunststoffe, Band 1, München 1990)

strömung bezeichnet. Es gilt:

$$\frac{d\gamma_Z}{dt} = \frac{v_Z}{h} = \frac{N\pi D}{h}\sin\alpha. \tag{13.35}$$

Insbesondere in der Einzugszone ist es möglich, dass die Reibung an der Zylinderwand nicht ausreicht. Dann dreht sich das Granulat im Gang mit, und zwar im Kreis um die Schneckenachse, und es kommt zu keiner Förderung. Durch Axialnuten („fördersteife Einschneckenextruder") oder Kühlung (Vermeidung lokalen Aufschmelzens an der Zylinderwand) wird die Reibung vergrößert und das Problem vermieden.

Durch die Förderung der Formmasse in den abgeschlossenen Schneckenvorraum baut sich dort ein Druck auf. Es entsteht ein Druckgefälle zwischen Schneckenvorraum und Granulateinzugsbereich. Dieses Druckgefälle trägt erstens zur *Entgasung der Schmelze* bei. Zweitens bedingt es eine Strömung, die *Druckströmung*, welche der Schleppströmung entgegengerichtet ist, siehe Abb. 13.34. Der Druck im Schneckenvorraum kann über den Schneckenrücklauf bei der Plastifizierung, bzw. den Hydraulikdruck im Einspritzsystem, geregelt werden.

Es gibt noch eine weitere Strömungskomponente, die für den Prozess von Bedeutung ist. Durch die geringen Spalte zwischen Stegoberkante und Zylinder (Symbol δ in Abb. 13.33) fließt eine *Leckströmung*, die hilft, ein Fressen der Stahlkomponenten zu verhindern.

Die komplexen Strömungsverhältnisse in der Schnecke bewirken zusätzlich, dass an der Zylinderwand aufgewärmtes Material nach innen transportiert wird. Gleichzeitig wird die beim Durchkneten auf Grund des Formänderungswiderstandes und der Reibung geleistete Arbeit als Wärme frei. Beide Vorgänge zusammen sorgen für eine *schnelle Aufheizung der Formmasse*. Wegen der schlechten Wärmeleitfähigkeit der Kunststoffe ist dies von erheblicher Bedeutung und begründet letztendlich die bedeutende Rolle, welche Schneckensysteme in der Verarbeitung der Kunststoffe spielen. Die geringe Wärmeleitfähigkeit behindert im übrigen nicht nur die Aufheizung, sondern auch die Abkühlung.

Abb. 13.35 Kalandrieren. Mit Hilfe dieses Verfahrens werden Folien aus Kunststoffen hergestellt oder Trägermaterialien mit Kunststoffen beschichtet

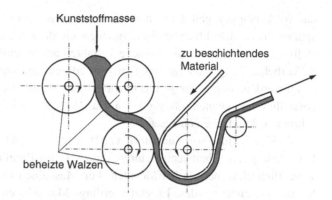

Wandstärken weit oberhalb 5 mm sind in der Kunststoffverarbeitung praktisch unmöglich, weil die Abkühlung zum Erreichen der Formstabilität zu lange dauern würde.

Natürlich gibt es noch zahlreiche andere Verfahren der Formteilherstellung als Spritzgießen und Extrudieren. Kunststofffolien für den Verpackungsbereich werden durch *Kalandrieren* hergestellt, Abb. 13.35. Das Verfahren ähnelt dem von den Metallen her bekannten Walzen. Es wird allerdings nicht von einem geformten Vormaterial ausgegangen, sondern einer formlosen Kunststoffmasse im vorgewärmten und vorplastifizierten Zustand. Der Prozess gehört deshalb zu den Urformverfahren und nicht den Umformverfahren. (Eine analoge Beziehung besteht übrigens zwischen dem oben erwähnten Extrudieren und dem von den Metallen bekannten Strangpressen.) In leichter Abwandlung kann das Kalandrieren auch zur Beschichtung von Trägerbahnen eingesetzt werden.

Als Beispiel für das Umformen von Kunststoffen zeigt Abb. 13.36 das *Vakuumtiefziehen*. Durch Infrarotstrahlung wird ein Plattenzuschnitt erwärmt und durch Unterdruck in

Abb. 13.36 Vakuumtiefziehen von Kunststoffen

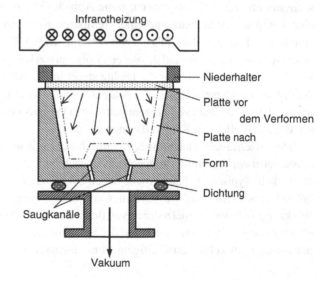

das Werkzeug gezogen. Es ist bemerkenswert, dass so niedrige Drucke (maximal Atmosphärendruck, d. h. 1 bar) bereits ausreichen, um die gewünschte Umformung zu bewerkstelligen. Bei Metallen sind ähnliche Verfahren nur durchführbar, wenn durch aufwendige Vorbehandlung und angepasste Prozessbedingungen superplastische Eigenschaften erzeugt werden. Wegen der geringen Kräfte beim Vakuumtiefziehen sind Werkzeuge leicht herstellbar und können sehr groß sein. Das Verfahren wird z. B. zur Fertigung von Kühlschrankauskleidungen eingesetzt.

Die Verarbeitung von Kunststoffen zu Halbzeugen und Formteilen ist durch die wesentlich niedrigeren Arbeitstemperaturen, die zwischen Raumtemperatur und 400 °C liegen, wesentlich einfacher als bei Metallen. Für Maschinen und Werkzeuge können übliche Stähle verwendet werden. Es sind allerdings Maßnahmen zum *Schutz gegen Verschleiß* notwendig, wie Oberflächenhärten (beispielsweise Nitrieren) oder Beschichten.

Ein für die Bauteileigenschaften von Kunststoffen wichtiger Effekt besteht in der *Orientierung der Molekülketten in Fließrichtung* bei Ur- und Umformverfahren. Der Effekt ist auf Thermoplaste beschränkt, da sich bei Duroplasten die Molekülstrukturen erst nach der Herstellung bilden. Die Orientierung der Moleküle bedeutet eine Steigerung von Festigkeit und E-Modul in Fließrichtung, eine Schwächung quer dazu. Der Grund für die Steigerung der Eigenschaften ist die größere Anzahl von Ketten je Querschnittsfläche in Fließrichtung. Die Effekte sind nicht einfach vorherzusagen. Zum einen kommt es zu einer Entorientierung, sobald die Fließbewegung aufhört. Die Molekülketten nehmen wieder ihre thermodynamisch wahrscheinlichste, verknäulte Gestalt an. Wie weit diese Rückbildung geht, hängt von der Beweglichkeit der Moleküle ab, bzw. der Abkühlgeschwindigkeit. Zum anderen sind die Fließbewegungen sehr kompliziert und stellen an der Füllfront keine einfache Scherströmung dar.

Eine Technik, die im Kunststoffbereich eine viel größere Rolle spielt als bei metallischen oder keramischen Werkstoffen, ist das *Schäumen*. Man unterscheidet Integralschäume und Sandwichstrukturen, siehe Abb. 13.37. In beiden Fällen weist das Bauteil eine kompakte Außenhaut und einen zellularen Kern auf, was zu besonders guten mechanischen Eigenschaften führt, siehe Abschn. 15.9.3. Beim *Integralschaum* besteht das gesamte Bauteil aus ein- und demselben Polymerwerkstoff, ist in ein- und demselben Prozess hergestellt worden, aber die Dichte steigt in der Nähe der Oberfläche auf 100 % an. Beim *Sandwichbauteil* besteht die Außenhaut aus einem unterschiedlichen Material, z. B. Metall. Die Außenhaut ist in einem getrennten Prozess gefertigt und durch eine Fügetechnik mit dem zellularen Kern verbunden worden.

Integralschäume können im Spritzguss hergestellt werden. Einer Thermoplast-Formmasse wird ein Treibmittel zugegeben, das sich bei Erwärmung zersetzt und ein Treibgas entwickelt. Typische Schäumdrucke liegen bei 15 bar. Solange der Druck in der Schmelze höher ist als 15 bar, wird ein Schäumen verhindert. Beim Einspritzen der Schmelze in das Werkzeug fällt der Schmelzedruck von den 1000 bis 2000 bar der Vorkammer schlagartig ab auf nahezu Umgebungsdruck und der Schäumprozess wird eingeleitet, vergleichbar einer Flasche mit kohlensäurehaltigem Mineralwasser, bei der man schüttelt und dann den

Abb. 13.37 Schaumstrukturen
mit kompakter Außenhaut

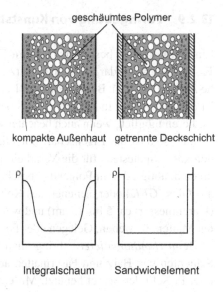

Deckel abschraubt. Die Schmelze kühlt beim Einspritzen im Kontakt mit den Werkzeug-wänden schneller aus als im Innern. Deshalb steigt dort die Zähigkeit und der Widerstand gegen das Schäumen und es entsteht eine kompakte Außenhaut.

In Abschn. 15.9.3 wird erläutert, warum zellulare Strukturen bei Bauteilen Eigen-schaftsvorteile bringen. Es sei noch darauf hingewiesen, dass ein *Spritzgießen mit Treib-mitteln* auch *unter fertigungstechnischen Gesichtspunkten Vorzüge* aufweist. Der Druck, den das sich in der Formmasse entwickelnde Treibgas aufbaut, wirkt sich nämlich posi-tiv in Bezug auf die Formfüllung aus. Einfallstellen werden vermieden. Mit geschäumten Strukturen entfällt auch die oben angesprochene Limitierung auf 5 mm maximale Wand-stärke durch die Abkühlung.

Eine Schwierigkeit beim Spritzgießen mit Treibmittel sind die oftmals unruhigen und rauen Oberflächen mit Silberschlieren. Sie entstehen, weil sich an der Fließfront Blasen bilden, die dann an die Werkzeugwand gedrückt werden. Die vorzeitige Blasenbildung kann durch einen Gegendruck verhindert werden. So wird beim *Gasgegendruckverfahren* mit komprimierter Luft ein Druck von etwa 40 bar in der Kavität aufgebaut. Eine andere Möglichkeit ist die Verwendung von *Tauchkantenwerkzeugen*[10], die sich nach abgeschlos-sener Formfüllung teilweise öffnen und erst dann den Schäumprozess auslösen.

---

[10] Normal liegt die Trennebene bei Werkzeugen senkrecht zur Öffnungsrichtung. Bei Tauchkanten-werkzeuge verläuft die Trennebene zunächst ein Stück in Öffnungsrichtung. Dadurch wird bei leicht geöffnetem Werkzeug immer noch gedichtet.

13.2.9 Formgebung von Kunststoffen mit Faserverstärkung

Eine für Polymere besonders bewährte Technik stellt die Eigenschaftsverbesserung durch *Faserverstärkung* dar. Es können Kurz-, Lang- oder Endlosfasern verwendet werden (siehe Abschn. 15.9.2). Bei Kurzfasern (Länge bis 5 mm) und Langfasern (Länge bis 50 mm) ist der Einsatz der in Abschn. 13.2.8 beschriebenen Verfahren wie Spritzgießen und Extrudieren möglich, wenn auch beachtet werden muss, dass es im Prozess zu Faserbrüchen kommt, so dass das Eigenschaftspotential der Fasern nicht vollständig ausgeschöpft werden kann. Spätestens für die Verarbeitung von Endlosfasern werden aber spezielle Techniken benötigt, die im Folgenden beschrieben sind. Die Fasern bestehen bei Kunststoffen aus Glas (*GFK*) oder, seltener, aus Kohlenstoff (*CFK*). Die Einzelfasern sind sehr dünn (Durchmesser: ca. 5 bis 15 µm) und werden nach Verfahren der Textiltechnik zu geeigneten Matten, Geweben, Gelegen oder Formkörpern verarbeitet.[11]

Beim *Handlaminieren*[12] bringt man auf ein Werkzeug (z. B. aus Holz) nacheinander Schichten von Harz und Fasermatten auf. Zum Auftragen des Harzes werden Sprühpistole, Pinsel oder Spatel benutzt. Mit einer Rolle arbeitet man das Harz ein und entfernt eingeschlossene Luft. Nach ausreichender Härtung wird das Teil entformt und getempert. Handlaminieren ist ein eher handwerkliches Verfahren, das sich wegen der geringen Werkzeugkosten für Teile eignet, die in kleinen Stückzahlen hergestellt werden, wie Segelflugzeuge oder Sportboote.

Für Teile mit höheren Ansprüchen an Qualität und Automatisierbarkeit eignet sich die *Prepregverarbeitung*. Prepregs sind mit Matrixmaterial vorimprägnierte Faserhalbzeuge. Sie können mit einem Tape-Leger (Portalroboter) auf einer Form abgelegt werden. Danach wird das Teil mit einer Folie überzogen, evakuiert und in einem Autoklaven unter Druck und erhöhter Temperatur ausgehärtet. Die *Prepregverfahren* auf der Basis von CFK mit duroplastischer Matrix (Epoxidharz) werden sehr stark im Flugzeugbau eingesetzt, beispielsweise für Verkleidungen von Rumpf und Tragflächen, Leitwerke, etc. (siehe Abschn. 15.9.2).

Ein anderes gut automatisierbares Verfahren speziell zur Herstellung von Hohlkörpern ist das *Faserwickeln*. Faserrovings werden durch ein Tränkbad geleitet, in dem sie Matrixmaterial aufnehmen und auf einem sich drehenden Wickelkern abgelegt. Durch Steuerung des die Rovings führenden Fadenauges kann die Faserlage verändert werden. Die Fadenspannung bestimmt den Fasergehalt des Bauteils. Bei der *Pultrusion* werden

---

[11] Üblich ist die Zusammenbindung von zehn bis zu mehreren tausend Einzelfasern zu Strängen oder Bündeln, die als *Rovings* bezeichnet werden. Liegen die Fasern in einer zweidimensionalen, regellosen Anordnung vor, spricht man von *Matten*. Im Gegensatz dazu sind *Gewebe* auf Webmaschinen hergestellte zweidimensionale Anordnungen mit rechtwinklig zueinander liegenden Rovings. Gewebe haben den Nachteil welliger Faserorientierung mit der Folge mehrachsiger Kraftverläufe und Harzanhäufungen an den Kreuzungspunkten. Diese Nachteile vermeiden *Gelege*, bei denen die zweidimensionale Anordnung über einen Nähfaden stabilisiert wird.
[12] Von lateinisch „lamina" dünne Platte, Scheibe, Schicht. Durch *Laminieren* werden *Laminate* hergestellt. Die Begriffe beziehen sich also auf den schichtweisen Aufbau des Werkstoffs.

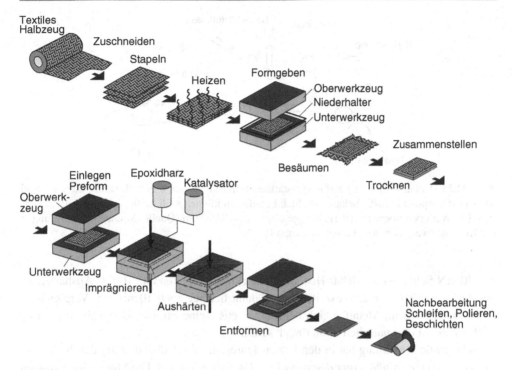

Abb. 13.38 Herstellung von Faserverstärkten Kunststoffteilen im Harzinjektionsverfahren (Resin Transfer Moulding, RTM)

faserverstärkte Endlosprofile hergestellt indem man getränkte Faserrovings durch ein beheiztes Düsenwerkzeug zieht.

Harzinjektionsverfahren kommen im Vergleich zu den Prepregverfahren zum Einsatz, wenn die Stückzahlen steigen und der Wunsch nach kurzer Taktzeit und Automatisierbarkeit stärker im Vordergrund steht. Die genaue Kontrolle der Faserlage ist allerdings schwieriger. Die englische Bezeichnung für Harzinjektionsverfahren lautet „*Resin Transfer Moulding*", *RTM*. Abb. 13.38 zeigt das Prinzip. Man geht anders als oben beschrieben von trockenen, d. h. ungetränkten textilen Halbzeugen aus. Fasergewebe oder -gelege werden zugeschnitten, mit Binder versehen, gestapelt, vorgewärmt und zu dreidimensionalen Fasergebilden (Preforms) verpresst. Durch Verkleben können aus mehreren textilen Vorformlingen noch komplexere Geometrien erzeugt werden. Die Preforms legt man in ein geteiltes Werkzeug ein und infiltriert sie mit der polymeren Matrix, meist Epoxidharz. Bei erhöhter Temperatur und unter Nachdruck härtet das Harz aus. Die Zykluszeiten für den Imprägniervorgang liegen im konventionellen Prozess im Bereich von Stunden.

Insbesondere die Automobilindustrie, die zunehmend CFK-Bauteile einsetzen will, unternimmt größte Anstrengungen, um die Taktzeiten im Vergleich zum Stand der Technik weiter zu verkleinern. Der Weg führt über höhere Drücke, um die Harzinjektionsphase abzukürzen, höhere Temperaturen, um die Aushärtung zu beschleunigen, und neu entwickelte Harze. Bei BMW in der i3 und i8-Fertigung werden entsprechend Hydraulische Pressen

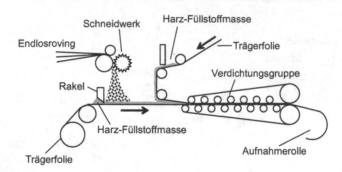

Abb. 13.39 Herstellung von langfaserverstärkten Halbzeugen durch eine Technik, die als Sheet Molding Compound (SMC) bekannt ist. Statt Langfasern können auch Endlosfasern zugeführt werden. Die Weiterverarbeitung der Halbzeuge erfolgt durch Pressen (Quelle: Michaeli, Einführung in die Kunststoffverarbeitung, Hanser, München 1999)

mit 30 MN Schließkraft, 40 bar-Hochdruck-Injektionseinheiten und 100 °C Aushärtetemperatur eingesetzt. Die Zykluszeiten liegen dann bei nur noch 10 min. Im Vergleich zu den Zykluszeiten im Metallbereich beim Druckguss (eine Minute) und Kaltumformung (Sekunden) ist dies natürlich immer noch sehr lang.

Sehr große Bedeutung hat in den letzten Jahren die Bauteilherstellung durch *Pressen faserverstärkter großflächiger dünnwandiger Halbzeuge* erlangt. Die Stückzahlen können hier noch einmal höher sein als beim RTM-Verfahren, allerdings müssen die Anforderungen an Geometriekomplexität und Faserpositionierbarkeit zurückgeschraubt werden. Man unterscheidet die Techniken SMC und GMT.

Beim *Sheet Molding Compound (SMC)* wird das Halbzeug hergestellt, indem zunächst eine duroplastische Formmasse auf eine Trägerfolie aufgerakelt wird, Abb. 13.39. Die Trägerfolie wird dann unter einem Schneidwerk durchgeführt, das Rovings in 10 bis 50 mm lange Stücke zertrennt. Die Stücke fallen in Folge ihrer Schwerkraft auf die Trägerfolie und bilden dort ein statistisch gleichmäßiges Gelege. Alternativ verzichtet man auf das Zerschneiden und legt die Rovings als Endlosfasergelege auf der Trägerfolie ab. In einem letzten Schritt wird eine zweite berakelte Folie von oben zugeführt und an die Trägerfolie angedrückt, wobei Harz das Fasergelege intensiv durchtränkt. Die Formmassen sind so konzipiert, dass sie in einer folgenden Lagerung eindicken und eine lederartige, nicht fädenziehende Matte entsteht. Die Dicke der SMC-Matten liegt bei 2 bis 3 mm.

Glasmattenverstärkte Thermoplaste (GMT) sind ein ähnliches Produkt. Als Matrix wird aber keine duroplastische Formmasse, sondern thermoplastisches PP (Polypropylen) verwendet.

Vor dem Pressvorgang werden die Halbzeuge zugeschnitten und gestapelt. Dabei ist zu berücksichtigen, dass bestimmte Wandstärken erreicht werden müssen und dass die Fließwege durch die Massenverteilung im Zuschnittpaket festgelegt werden. Die Temperaturführung beim Pressen unterscheidet SMC und GMT entsprechend der duroplastischen oder thermoplastischen Natur der Halbzeuge. Bei SMC wird das kalte Zuschnittpaket in ca. 150 °C heiße Presswerkzeuge eingelegt, wo das Harz im Kontakt mit den Werkzeugen zuerst dünnflüssig wird, verformt werden kann, und später vernetzt und aushärtet. Bei GMT wird das Zuschnittpaket außerhalb der Presse auf Temperaturen oberhalb der Schmelztemperatur aufgeheizt und kühlt in der Presse bei Werkzeugtemperaturen um 80 °C ab. Eine Gefügeaufnahme eines mit Hilfe der SMC-Technik hergestellten Werkstoffs zeigt Abb. 15.10 in Abschn. 15.9.2.

13.2.10 Spanen und Abtragen

In diesem Abschnitt werden Verfahren zur Formgebung wie das Spanen behandelt, die darauf beruhen, dass mit einem Werkzeug nach und nach kleine Stoffteilchen (im Falle des Spanens die Späne) vom Werkstück abgetrennt werden. In der Fertigungstechnik werden die entsprechenden Verfahren unter dem Oberbegriff *Trennen* zusammengefasst (siehe Tab. 13.3). Der geringe Raum, der hier diesen Techniken gewidmet wird, und die fast vollständige Beschränkung auf den Prozess des Spanens ist nur aus dem Blickwinkel des Werkstoffwissenschaftlers zu verstehen und täuscht über die große technische Bedeutung des Gebietes Trennen hinweg. So ist der Umsatz allein an *spanenden* Werkzeugmaschinen in vielen Jahren schon doppelt so hoch wie der an allen *umformenden* Werkzeugmaschinen zusammen. Das Spanen ist deshalb so wichtig, weil es zu sehr hohen Geometriegenauigkeiten führt und deshalb bei den meisten Werkstücken (mehr als 80 %) am Ende der Fertigungskette steht.

Man unterscheidet das Spanen mit geometrisch bestimmter Schneide und mit unbestimmter Schneide. Die grundsätzliche Anordnung beim *Spanen mit geometrisch bestimmter Schneide* zeigt Abb. 13.40. Die Spitze eines Schneidwerkzeugs dringt in den Werkstoff ein und hebt einen Span ab, der über die Spanfläche abläuft. Als Span-

Abb. 13.40 Spanbildung

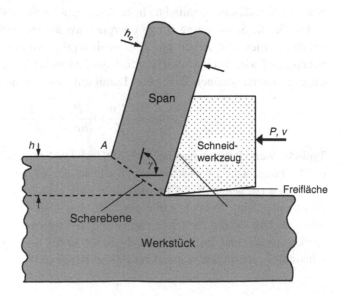

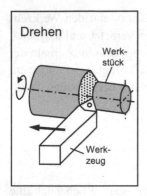
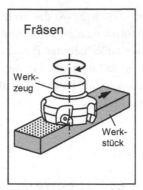
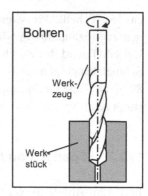

Abb. 13.41 Verfahren des Spanens mit geometrisch bestimmter Schneide

fläche bezeichnet man die dem Span zugewandte Oberfläche des Schneidwerkzeugs. Beispiele für spanabhebende Prozesse sind *Drehen, Fräsen und Bohren*, Abb. 13.41.

Thermodynamisch betrachtet müsste beim Abheben des Spans nur die Energie zur Schaffung der neuen Grenzflächen aufgebracht werden. Dieser Betrag ist aber vernachlässigbar klein im Vergleich zu dem *sehr hohen Energieaufwand* der in Wirklichkeit *mit der Spanbildung verbunden* ist. Der größte Betrag (ca. 70 %) wird für die *plastische Verformung* des Werkstoffs im Span benötigt. Um einen Span wie in Abb. 13.40 mit der Dicke h zu erzeugen, muss ein Materialvolumen mit der Dicke h_c entlang der Ebene A-B unter dem Winkel γ geschert werden. Da die Scherungen sehr stark sind (zwischen 0,8 und 4,0) und die Schergeschwindigkeiten sehr groß ($10^4\,\mathrm{s}^{-1}$), resultieren sehr hohe Fließspannungen und Verformungsenergien. Ein weiterer großer Energiebetrag ergibt sich aus der *Reibung* an der Spanfläche und Freifläche des Schneidwerkzeuges. Die Reibung ist sehr stark, da frische, nicht oxidierte Metallflächen vorliegen und da das beim Spanen eingesetzte Kühlschmiermittel nicht genügend gut an die Reibflächen gelangt.

Die für die Spanbildung nötige Energie muss als mechanische Arbeit von außen zugeführt werden. Die Arbeit pro Zeiteinheit ergibt sich aus der Schnittkraft P und der Schnittgeschwindigkeit v als $P v$. Mit b als Spanbreite beträgt das pro Zeiteinheit abgetragene Materialvolumen $Z = bh_c v$. Damit gilt für die Schnittarbeit pro Volumen w_Z:

$$w_Z = \frac{P v}{Z} = \frac{P v}{bh_c v} = \frac{P}{bh_c}. \tag{13.36}$$

Typische Werte für w_Z liegen bei $3000\,\mathrm{MN/m}^2$. Die Schnittarbeit w_Z wird durch Scherung und Reibung an der „Wirkstelle" (der Stelle des Trennprozesses) fast vollständig in Wärme umgesetzt, wodurch die Temperaturen stark ansteigen. Gleichzeitig wird aber auch Wärme abgeführt. In erster Linie geschieht dies über die Späne und das Kühlschmiermittel, welche ständig nach außen abtransportiert werden. Zusätzlich wird Wärme an den Werkzeughalter und das Werkstück abgeleitet. In der Bilanz können bei hohen Schnittgeschwindigkeiten im Schneidwerkzeug *Temperaturen bis etwa 1000 °C* auftreten.

Energieumsatz bei spanender Formgebung

Antriebsleistung der Maschine	Schnittkraft[a] mal Schnittgeschwindigkeit	Schnittbildung Spanumformung Reibung	Wärmeproduktion ($\leq$ 100 %)
kW	kN · (m/s)		kJ/s

[a] Kraft, mit der der Werkzeughalter das Schneidewerkzeug gegen das Werkstück drückt.

Die starke thermische und mechanische Belastung führt zu einer hohen *Verschleiß-beanspruchung der Werkzeuge*. Dementsprechend werden für die Schneidwerkzeuge vor allem sehr harte Werkstoffe eingesetzt. Da der Schneidvorgang aber zeitlich veränderlich abläuft und die Wiederbelastung des Werkzeugs oft schlagartig erfolgt, wird vom Werkzeugmaterial neben der Härte auch eine gewisse Bruchzähigkeit verlangt. Da härtere Werkstoffe im allgemeinen weniger zäh sind, müssen je nach Anwendung unterschiedliche Kompromisse eingegangen werden. Nach *steigender Härte* und *fallender Zähigkeit* geordnet, sind folgende *Schneidstoffe* im Einsatz:

- *Schnellarbeitsstähle* (Beispiel S 6-5-2 mit 6 % W, 5 % Mo, 2 % V, 4 % Cr, 0,9 % C). Der hohe Gehalt an Kohlenstoff und Karbidbildnern bedingt die hohe Härte dieser Stähle.
- *Hartmetalle*. Bei dieser Werkstoffgruppe handelt es sich um Verbunde aus Karbid (z. B. Wolframkarbid WC) und einer zähen Bindephase (z. B. 6 % Co).
- *Schneidkeramiken* (z. B. Al_2O_3 mit 10 bis 15 % ZrO_2, Si_3N_4) und *Hochharte Schneidstoffe* (z. B. Diamant).

Etwa 90 % des Marktes an Schneidstoffen entfällt auf Schnellarbeitsstähle und Hartmetalle, da diese Materialien durch Beschichtung nahezu die Härte der keramischen Werkstoffe erreichen können. Die Schichtaufbauten sind äußerst komplex, um Abplatzen zu vermeiden. TiN ist nicht nur optisch besonders eindrucksvoll wegen seiner goldgelben Farbe sondern auch hoch funktionell.

Am Ende der Fertigungskette fast aller Bauteile steht die spanabhebende Bearbeitung durch Drehen, Fräsen oder Bohren, weil mit diesen Verfahren sehr hohe Genauigkeiten erzielt werden können.

Werkstoffe mit hoher Festigkeit sind in der Regel schwer zerspanbar, da das Schneidwerkzeug thermisch und mechanisch hoch belastet wird.

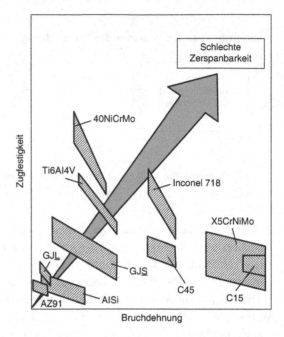

Abb. 13.42 Die Zerspanbarkeit von Werkstoffen verbessert sich mit sinkender Festigkeit und Duktilität. (Quelle: Arnold et al., 14. Plansee-Seminar 1997)

Die Hauptaufgabe des schon erwähnten *Kühlschmierstoffes* ist der *Schutz der Werkzeuge vor Adhäsionsverschleiß*. Dies geschieht insbesondere dadurch, dass der Kühlschmierstoff vermeidet, dass sich sogenannte Aufbauschneiden bilden. Sie entstehen, wenn Werkstück und Werkzeug bei hoher Temperatur und hoher Flächenpressung aufeinander abgleiten und lokal verschweißen. Bei der periodischen Abwanderung der Aufbauschneiden werden Stoffpartikel aus dem Werkzeug herausgerissen. Kühlschmierstoffe sind kompliziert zusammengesetzte Flüssigkeiten auf Öl- oder Wasserbasis mit verschiedenen Additiven. Die Entwicklung in der spanabhebenden Bearbeitung zielt auf eine Reduktion des Einsatzes an Kühlschmierstoffen, da ihre Entsorgung die Umwelt belastet.

Wenn sich ein Werkstoff leicht bearbeiten lässt, spricht man von guter *Zerspanbarkeit*. Im einfachsten Fall lässt sich die Zerspanbarkeit auf zwei Werkstoffeigenschaften zurückführen, die Zugfestigkeit und die Bruchdehnung. Niedrige Zugfestigkeit und Dehnung wirken sich positiv auf die Standzeit der Schneidwerkzeuge aus, da sie dazu führen, dass wenig Verformungsarbeit geleistet werden muss und die Schnittkräfte und Temperaturen niedrig bleiben. Eine geringe Duktilität hat zusätzlich Vorteile für die Zerspanbarkeit, da sie für kurze Späne sorgt. Lange Späne (der Fachmann spricht von Bandspänen und Wirrspänen) sind wegen des begrenzten Arbeitsraums und der hohen Geschwindigkeit des Prozesses schwierig abzuführen. In Abb. 13.42 sind für eine Reihe von Werkstoffen die Zugfestigkeiten und Bruchdehnungen gegeneinander aufgetragen. Ein ideal gut zerspanbarer Werkstoff läge im Bild in der linken unteren Ecke.

Abb. 13.42 vernachlässigt wichtige zusätzliche Einflussgrößen, wie z. B. die unterschiedliche Verschweißneigung der Werkstoffe oder ihr Gehalt an abrasiv wirkenden Teilchen oder Einschlüssen. Deswegen sind AlSi-Legierungen auch nicht ganz so gut zerspanbar wie Abb. 13.42 andeutet. Abb. 13.42 zeigt aber sehr richtig, dass in der Entwicklung von Werkstoffen ein Widerspruch besteht zwischen guten mechanischen Eigenschaften für den Einsatz und guter Zerspanbarkeit für die Fertigung. Im einen Fall werden hohe Festigkeiten und Duktilitäten angestrebt, im anderen Fall niedrige. Der Konflikt wird auch an folgendem Beispiel deutlich: Stählen, die besonders gut zerspanbar sein sollen, setzt man Elemente zu, die sonst als Verunreinigungen vermieden werden, wie P, S und Pb.

Da Spanen hohe Kosten verursacht, versucht man durch Verwendung anderer vorgeschalteter Formgebungstechniken (Umformen, Gießen, Pulvermetallurgie, ...) seinen Einsatz zu begrenzen. Dabei ist nicht nur das zu zerspanende Volumen wichtig für die Wirtschaftlichkeit. Besonders große Einsparungen werden erzielt, wenn bestimmte Flächen am Werkstück völlig unbearbeitet bleiben können, weil dann die mit jeder Zerspanungsoperation auftretenden Neben- und Rüstzeiten entfallen.

Bei den oben besprochenen spanabhebenden Verfahren mit geometrisch bestimmter Schneide sind Form der Schneiden und Lage der Schneiden zum Werkstück bekannt und beschreibbar. Beim *Spanen mit geometrisch unbestimmter Schneide* ist dies nicht der Fall. Zu dieser Verfahrensgruppe gehört z. B. das *Schleifen*. Als Werkzeug dient in diesem Fall eine Schleifscheibe, die aus Hartstoffkörnern (SiC, Al_2O_3, Diamant) und Binder (meist keramischer Binder, manchmal Kunstharz) aufgebaut ist. Die Schneiden werden von den Hartstoffkörnern gebildet. Durch Abstumpfen und Ausbrechen der Körner geht mit der Zeit die Schneidfähigkeit und die Geometriegenauigkeit verloren und muss durch Abrichten wiederhergestellt werden. Das Abrichten geschieht indem die Schleifscheibe gegen ein mit Diamantkörnern belegtes Abrichtwerkzeug läuft.

Beim Schleifen werden nicht die gleichen hohen Spanungsleistungen erreicht wie bei den entsprechenden Verfahren mit geometrisch bestimmter Schneide. Schleifen wird vor allem wegen der hohen Oberflächengüte und der engen Toleranzen eingesetzt.

Zum Schluss dieses Abschnitts soll noch das Verfahren des *Funkenerosiven Abtragens* behandelt werden. Unter Abtragen versteht man Abtrennen von Stoffteilchen vom Werkstück auf nichtmechanischem Wege. Im Falle der Funkenerosion werden Werkzeug und Werkstück als Elektroden geschaltet und in eine elektrisch nicht leitende Flüssigkeit (Dielektrikum) eingetaucht. Werkzeug und Werkstück werden dann soweit einander angenähert, dass bei Aufbau der elektrischen Spannung die Durchbruchfeldstärke des Dielektrikums erreicht wird und kurzzeitig ein Lichtbogen entsteht. Im Lichtbogen schmilzt und verdampft ein kleines Materialvolumen, bevor er durch Abschalten der Spannung wieder gelöscht wird. Die Frequenz der Einzelentladungen liegt in einem Bereich zwischen 0,2 und 500 kHz, der Arbeitsspalt beträgt ca. 0,005 bis 0,5 mm. Als Dielektrikum kann Petroleum verwendet werden. Das abgetragene Material wird durch das strömende Dielektrikum weggespült.

Das Funkenerosive Abtragen existiert in zwei Verfahrensvarianten. Beim *Senkerodieren* ist das Werkzeug eine Elektrode aus Kupfer oder Graphit mit der Negativform der zu erzeugenden Gravur, Abb. 13.43. Beim *Schneiderodieren* wird eine drahtförmige Elektrode durch das Werkstück bewegt.

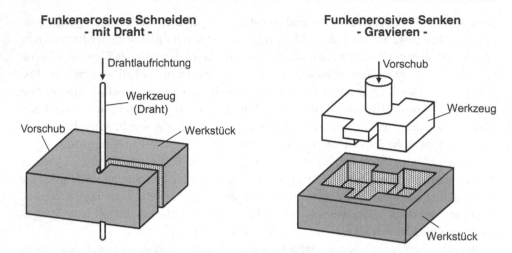

Funkenerosives Schneiden
- mit Draht -

Funkenerosives Senken
- Gravieren -

Abb. 13.43 Funkenerosives Abtragen. Mit diesem Verfahren können auch Werkstoffe hoher Festigkeit leicht bearbeitet werden

Das Verfahren der Funkenerosion hat in den letzten zwanzig Jahren stark an Bedeutung gewonnen. Vorteilhaft ist, dass die Abtragsraten von der mechanischen Festigkeit unabhängig sind und dass sich deshalb schwer zerspanbare Werkstoffe wie Hartmetalle oder Superlegierungen mit diesem Verfahren leicht bearbeiten lassen. Es muss allerdings beachtet werden, dass sich wegen der thermischen Natur des Abtragprozesses eine Art „Brennhaut" ausbildet, die durch Rauhigkeit, Mikrorisse und ungünstige Eigenspannungszustände gekennzeichnet sein kann. Außerdem müssen die Werkstücke elektrisch leitend sein. Die Leitfähigkeit bestimmter SiC-Sorten reicht im übrigen für eine Bearbeitung mit Funkenerosion noch aus.

13.2.11   Additive Fertigung

Die Verfahren der *Additiven Fertigung* haben in den letzten Jahren wegen ihres großen Zukunftspotenzials enorme Aufmerksamkeit gefunden. Unter dem Begriff Additive Fertigung fasst man die unterschiedlichsten Methoden zusammen. Allen gemein ist die Tatsache, dass ein Werkstück frei im Raum schichtenweise aufgebaut wird. Wir wollen uns im Folgenden auf eine Verfahrensvariante beschränken, die wegen der genauen Kontrolle der Prozessbedingungen und der Geometrie im Vordergrund steht. Es handelt sich um die Additive Fertigung mit *Selektivem Strahlschmelzen aus dem Pulverbett*. Abb. 13.44 zeigt das Prinzip.

Das Bauteil, das wir herstellen wollen, hat im Beispiel der Abb. 13.44 eine bizarre Geometrie mit Hinterschnitten, die eine Fertigung mit Umformung oder Gießen mehr oder weniger verunmöglichen. Wir versuchen nun nicht wie üblich, die Geometrie in möglichst einem Schritt aus Schmelze, Pulver oder Halbzeug zu erzeugen, sondern wir fertigen das Bauteil Schicht für Schicht. Dazu wird mit einem Rakel eine dünne Lage

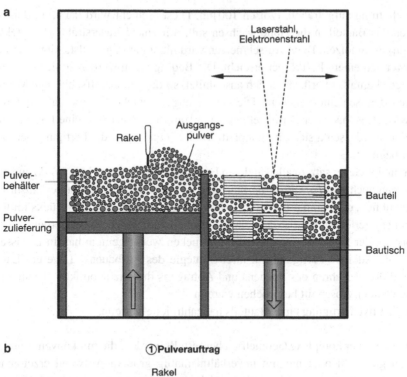

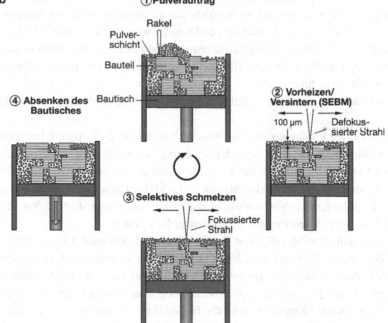

Abb. 13.44 Additive Fertigung eines Werkstücks „Schicht für Schicht" aus dem Pulverbett. Pulverschichten werden aufgerakelt, mit einem Laser- oder Elektronenstrahl aufgeschmolzen und mit der Unterlage stoffschlüssig verbunden. **a** Übersicht Gesamtanlage, **b** Abfolge der Fertigungsschritte für die Fertigstellung einer Schicht. Der Vorheizschritt 2 ist typisch für das Arbeiten mit Elektronenstrahl (SEBM, Selective Electron Beam Melting)

Pulverschüttung aufgetragen, typisch 100 µm. Diese Schicht wird dann, an den Stellen, an denen das Bauteil in die Höhe wachsen soll, mit einem Laserstrahl oder Elektronenstrahl aufgeschmolzen. Beim Aufschmelzen wird nicht nur eine vollständige Verdichtung des Pulvers zu einem Festkörper erreicht. Die Bedingungen werden so gewählt, dass die Unterlage ebenfalls oberflächlich anschmilzt, so dass eine stoffschlüssige Verbindung zwischen den Schichten entsteht. Die neu erzeugte Schicht, um die das Bauteil in die Höhe wächst, ist nach der Fertigstellung ca. 50 µm dick. Nachdem eine Lage erfolgreich produziert wurde, senkt sich die Blauplattform nach unten und die Fertigung der nächsten Schicht beginnt.

Da man im Gegensatz zu allen anderen Formgebungsverfahren kein Werkzeug braucht, spricht man auch von *Formloser Formgebung*. Bei Nichtfachleuten ist der Ausdruck *3D-Drucken* üblich, der daran erinnern soll, dass hier ein Modell des Werkstücks im Rechner in Schichten zerlegt wird, die dann einzeln nacheinander „gedruckt" werden, auch wenn der Vorgang der Schichtfertigung real mit Drucken wenig gemein hat. In gewisser Weise stellt die Additive Fertigung mit ihrer Strategie des Aufbauens „Lage um Lage" das Gegenteil der Verfahren des Spanens und Abtragens dar, die subtraktiv arbeiten und im vorausgehenden Abschnitt besprochen wurden.

Die Additive Fertigung eines Bauteils hat zahlreiche Vorteile:

- Es können sehr komplexe Geometrien hergestellt werden, die mit konventionellen Verfahren gar nicht oder nur mit unverhältnismäßig großem Aufwand erzeugbar sind. Beispiel sind bionische und zellulare Leichtbaustrukturen, siehe Abb. 13.45.
- Die zusätzlichen Geometriemöglichkeiten erlauben stärkere funktionale Integration, d. h. Baugruppen, die heute aus 10 oder 20 Einzelteilen bestehen, werden zu einem einzigen Teil „verschmolzen".
- Bei sehr kleinen Stückzahlen entstehen Kostenvorteile durch Wegfall von Werkzeugen.

Zu den frühesten Produkten, die bei Metallen mit Additiver Fertigung hergestellt wurden, zählen Implantate im Dentalbereich (Legierung CoCr). Bei den Kunststoffen standen am Anfang Funktionsprototypen für die Automobilindustrie im Vordergrund (Polyamid PA 12). In beiden Fällen kommt das Argument der kleinen Stückzahlen zum Tragen, weil es sich um Einzelanfertigungen handelt. In Zukunft erwartet man aber das Vordringen der Additiven Fertigung in den Bereich zunehmender Losgrößen.

Die Verarbeitung von Metallen und Kunststoffen mit Selektivem Laserstrahlschmelzen sieht auf den ersten Blick fast gleich aus. Es gibt aber bedeutende Unterschiede. Zum einen betrifft das die Materialauswahl. Bei Metallen lassen sich grundsätzlich fast alle Legierungen verarbeiten, weil die Pulverherstellung über Gasverdüsung keine Beschränkung auferlegt. Bei den Kunststoffen ist die Herstellung von geeigneten Pulvern dagegen auf wenige Sorten beschränkt, bei denen eine Ausfällung aus Lösungen möglich ist.

Ein anderer Unterschied ist die Abkühlgeschwindigkeit, was an unterschiedlichen Prozessstrategien und unterschiedlicher Wärmeleitfähigkeit liegt. Bei Metallen ist die Abkühlgeschwindigkeit durch Selbstabschreckung extrem hoch. Dies führt zu sehr feinem Korn und weitgehender Freiheit von Seigerungen, d. h. potenziell sehr guten mechani-

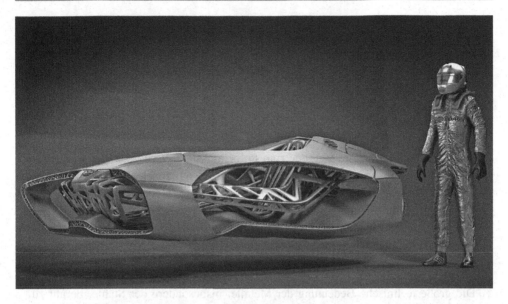

Abb. 13.45 Design-Studie EDAG Genesis: Beispiel für Automobil-Karosserie auf der Basis bionischer Gestaltung und Additiver Fertigung. (Quelle EDAG)

schen Eigenschaften. Bei den Kunststoffen ist die Abkühlgeschwindigkeit dagegen sehr niedrig. Am Ende des Bauprozesses befindet sich der größte Teil des Werkstücks noch oberhalb der Schmelztemperatur. Die Folge ist ein hoher und einheitlicher Kristallisationsgrad, auch was Randbereiche angeht, was zusammen mit den niedrigen inneren Spannungen wieder zu sehr guten mechanischen Eigenschaften führt. Eine Schwierigkeit bei den Kunststoffen besteht allerdings in der fehlenden Ausrichtung der Molekülketten in Fließrichtung, die in Abschn. 13.2.8 beschrieben wurde.

13.3 Verbinden von Werkstücken

Das Verbinden von Werkstücken wird nach der Norm DIN 8580 auch als Fügen bezeichnet, siehe Tab. 13.3. Zu den Fügeverfahren gehören Methoden, die zu *lösbaren Verbindungen* von Werkstücken führen, wie *Schrauben und Nieten*, sowie Methoden, die zu *nicht lösbaren Verbindungen* führen, wie *Schweißen, Löten und Kleben*. Wir beschränken uns im folgenden auf die zweite Gruppe, da hier die Werkstoffgesichtspunkte stärker im Vordergrund stehen.

Bei fast allen Fertigungsverfahren spielen Prozesshilfsmittel eine wichtige Rolle: Beim Löten das Flussmittel, beim Schweißen die Elektrodenumhüllung, beim Spanen der Kühlschmierstoff, beim Gießen der Formtrennstoff, bei der Umformung der

Schmierstoff, bei der Pulvermetallurgie und der keramischen Formgebung Wachse, Binder und Schlickeradditive.

13.3.1 Schweißen

Schweißen ist die wichtigste Methode zum stoffschlüssigen Verbinden von Werkstücken. Wie in den anderen Abschnitten wollen wir zuerst exemplarisch einige Verfahrensvarianten beschreiben und danach besonders wichtige Aspekte zu den Verfahrensgrenzen und zur Werkstoffeignung herausarbeiten. Man unterscheidet zwischen *Schmelzschweißen* und *Pressschweißen*, je nachdem ob die Fügung durch zusätzlichen Druck unterstützt wird. Wir beginnen mit den Schmelzschweißverfahren.

Die große technische Bedeutung der Metalle, insbesondere der Stähle, beruht zu einem erheblichen Teil darauf, dass mit dem Schweißen eine einfache Verbindungstechnik für Bauteile zur Verfügung steht. Die Schweißeignung der Aluminiumlegierungen ist durch leichtere Rissbildung bereits deutlich eingeschränkt gegenüber den Stählen.

Lichtbogenhandschweißen ist wegen seiner Einfachheit trotz des geringen Automatisierungsgrades das am häufigsten eingesetzte Schweißverfahren, Abb. 13.46. Es wird eine Stabelektrode verwendet, die aus Kerndraht und Umhüllung besteht.[13] Stabelektrode und Werkstück sind als entgegengesetzte Pole eines Stromkreises geschaltet. Durch tupfendes Aufsetzen und Wiederabheben der Elektrode wird der Stromkreis geschlossen und ein Lichtbogen gezündet. Die Flanken der Nahtfuge, die meist V-förmig gestaltet sind, schmelzen infolge des Energieeintrags durch den brennenden Lichtbogen auf. Gleichzeitig wird durch Abschmelzen des Kerndrahts Zusatzwerkstoff zugeführt, der die Nahtfuge auffüllt. Der von der Elektrode abtropfende Zusatzwerkstoff wird durch die Lorentz-Kraft in Richtung Werkstück beschleunigt, d. h. es kann in dem Prozess auch gegen die Schwerkraft gearbeitet werden. Die verdampfende Elektrodenumhüllung entwickelt Gase, die den Lichtbogen stabilisieren und das Schmelzbad vor der umgebenden Luft abschirmen.

Um den spezifischen Nachteilen des Lichtbogenhandschweißens zu begegnen, wurden das UP-Schweißen und das WIG-Schweißen entwickelt. Beim *UP-Schweißen* (Unterpulver-Schweißen) wird der Kerndraht der Stabelektrode durch einen endlos von der Rolle ablaufenden Nacktdraht ersetzt. An die Stelle der Umhüllung tritt eine getrennt über ein Zuführrohr aufgebrachte Pulverschüttung. UP-Schweißen erlaubt wesentlich größere Schweißleistungen als Lichtbogenhandschweißen und wird für lange Nähte in dicken Ble-

---

[13] Die Schweißelektroden werden in einer Größenordnung von 100.000 t/Jahr hergestellt. Dies gibt einen Eindruck von der Bedeutung des Schweißens in der Technik.

Abb. 13.46 Lichtbogenhandschweißen, das am häufigsten
eingesetzte Verfahren zum
Verbinden von metallischen
Bauteilen

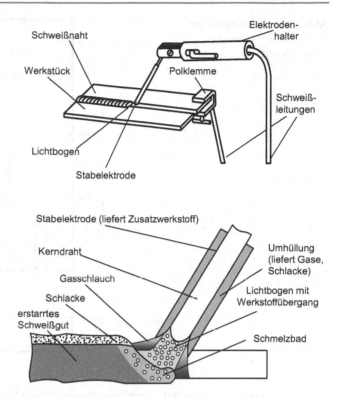

chen im Großbehälterbau und Schiffsbau eingesetzt. Der Grund für die höheren Schweißleistungen ist der kontinuierliche Charakter des Verfahrens, bei dem Elektrodenwechsel
unnötig sind. Außerdem kann mit hohen Stromstärken gefahren werden, da kein Abplatzen der Umhüllung der Stabelektrode befürchtet werden muss.

Beim *WIG-Schweißen* (Wolfram-Inertgas-Schweißen) wird die Stabelektrode durch
einen „Brenner" ersetzt. Der Lichtbogen brennt zwischen einer nicht abschmelzenden
Wolfram-Elektrode und dem Werkstück. Konzentrisch um die Elektrode tritt ein Schutz-
gasstrom aus dem Brenner aus (meist Argon). Das WIG-Verfahren bietet keine Vorteile in
der Schweißleistung, da auch hier die Elektrode vor Überlastung geschützt werden muss.
Die Überlegenheit des WIG-Schweißens beruht auf dem sehr guten Schutz des Schmelzbades vor der Atmosphäre.

Es gibt noch zahlreiche weitere Schmelzschweißverfahren, die sich vor allem in der
Art der eingesetzten Wärmequelle unterscheiden. In Abb. 13.47 sind Beispiele genannt
und entsprechend ihrer *Leistungsdichte* eingeordnet. Die Leistungsdichte ist ein *entschei-
dendes Charakteristikum* eines Schmelzschweißverfahrens. Sie bestimmt die *Schweißgeschwindigkeit*, die *Größe der Wärmeeinflusszone* und den *Verzug*. Gesucht wird nach
Verfahren mit möglichst hoher Leistungsdichte, da dann schnell und wirtschaftlich geschweißt werden kann, weil die Schmelztemperatur des Werkstoffs in kurzer Zeit erreicht
wird. Außerdem ist bei hoher Leistungsdichte die Wärmeeinflusszone klein, weil die
Schmelztemperatur erreicht wird, bevor durch Ableitung der Energie ins Werkstück ein

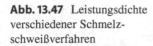

Abb. 13.47 Leistungsdichte verschiedener Schmelz- schweißverfahren

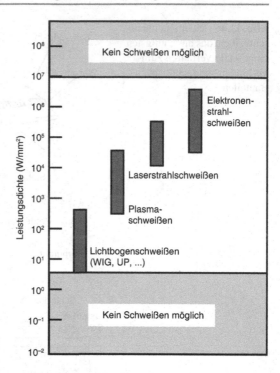

großes Werkstückvolumen aufgeheizt worden ist. Eine kleine Wärmeeinflusszone kann sich positiv auf die Eigenschaften auswirken. Als drittes ist die hohe Leistungsdichte günstig in Bezug auf den Verzug beim Schweißen. Eine wichtige Größe, die den Verzug bestimmt, ist das aufgeheizte Volumen. Ein kleines aufgeheiztes Volumen führt im Allgemeinen auch zu wenig Verzug. Abb. 13.47 zeigt zusätzlich, dass nur ein gewisser Leistungsdichtenbereich überhaupt zum Schweißen geeignet ist. Ist die Leistungsdichte zu groß, wird Schweißen unmöglich, weil der Werkstoff verdampft statt zu schmelzen. Ist die Leistungsdichte zu klein, kann auch nicht geschweißt werden, da die Wärme zu schnell abfließt und kein Aufschmelzen mehr erreicht wird.

Aus dem oben zur Leistungsdichte gesagten wird deutlich, woher moderne Verfahren wie das *Laserstrahlschweißen* oder *Elektronenstrahlschweißen* ihre Attraktivität beziehen. Allerdings sind bei diesen Verfahren auch die Gerätekosten sehr hoch, was bei Wirtschaftlichkeitsüberlegungen berücksichtigt werden muss. Für das Elektronenstrahlschweißen ist zusätzlich zu berücksichtigen, dass eine Vakuumkammer benötigt wird.

Moderne Schweißverfahren mit hoher Leistungsdichte wie das Laserstrahlschweißen haben das Potential für hohe Schweißgeschwindigkeit, kleine Wärmeeinflusszone und geringen Verzug.

Als nächstes wollen wir die Eigenschaften und die Mikrostruktur in der Schweißnaht diskutieren. In vielen Fällen werden die *mechanischen Eigenschaften des Grundwerkstoffs nicht erreicht*. Eine Ursache liegt darin, dass durch das Schweißen in das Werkstoffgefüge massiv eingegriffen wird. Hinzu kommen die durch das Schweißen erzeugten Eigenspannungen. Wegen der reduzierten Eigenschaften ist der Konstrukteur bemüht, Schweißnähte in weniger stark belastete Bereiche der Bauteile zu legen. Ein anderer Ansatz besteht darin, Belastungsarten zu vermeiden, bei denen die Verschlechterung in den mechanischen Eigenschaften besonders sichtbar wird, wie z. B. dynamische Beanspruchung.

Bei den *Gefügeveränderungen* ist zwischen der Schmelzzone und der Wärmeeinflusszone zu unterscheiden. In der *Schmelzzone* (der eigentlichen Schweißnaht, man spricht auch vom „Schweißgut") ist die Zusammensetzung durch den Zusatzwerkstoff verändert. Es liegt ein Gussgefüge mit seinen typischen ungünstigen Merkmalen vor. Dazu gehören stängelkristalline Kornausbildung, Gas- und Erstarrungsporosität, Seigerungen, Einschlüsse. In der Regel bleiben die Eigenschaften noch hinter denen vergleichbarer Gussstücke zurück, da übliche Maßnahmen der Schmelzenraffination nicht ergriffen werden können und die Konzentration an übersättigt gelösten Gasen hoch ist. Verfahren wie das Elektronenstrahlschweißen oder das WIG-Schweißen haben hier Vorteile, da mit Vakuum oder Schutzgasatmosphäre gearbeitet wird.

In der *Wärmeeinflusszone* wird das Gefüge des Werkstücks durch die Temperaturbelastung gestört. Kaltverfestigung wird durch Erholung und Rekristallisation abgebaut. Ausscheidungshärtung wird durch Überalterung reduziert. Im Prinzip könnte ein Teil der Gefügeveränderung durch erneute Wärmebehandlung des geschweißten Bauteils rückgängig gemacht werden. Dies aber meist nicht praktikabel.

Noch schwerwiegender als die Gefügeveränderungen sind meistens die durch das Schweißen eingeführten *Eigenspannungen*. Beim Aufheizen entstehen starke thermische Spannungen durch die Inhomogenität der Temperaturverteilung. Da die Schweißnahtzone stärker erwärmt wird als der Rest des Werkstücks steht sie zunächst unter Druckspannung (das restliche Werkstück unter Zug). Die Fließgrenze wird in der Schweißnahtzone überschritten und das Material fließt plastisch. Dadurch wird die Schweißnahtzone zu klein und gerät beim Abkühlen unter Zugspannungen (das restliche Werkstück unter Druck). Abb. 13.48 zeigt als Beispiel die Eigenspannungsverteilung in einer Platte aus S235. Es ist durchaus typisch, dass die Zugeigenspannungen in longitudinaler Richtung beinahe die Streckgrenze erreichen. Bei mechanischer Belastung überlagern sich die außen anliegenden Spannungen den Eigenspannungen und es kommt rasch zum Versagen in der Schweißnaht.

Durch *Anwärmen* des Werkstücks werden die Temperaturunterschiede und die Abkühlgeschwindigkeiten verkleinert. Dies wirkt sich zwar positiv auf die Spannungen aus, erschwert aber die Arbeit des Schweißers. Eine andere Maßnahme besteht darin, durch nachträgliches *Spannungsarmglühen* die Eigenspannungen auf die Streckgrenze der jeweiligen Glühtemperatur zu reduzieren. Auch dies stellt aber einen zusätzlichen Arbeitsgang dar. Außerdem entsteht beim Spannungsabbau durch plastische Verformung Verzug.

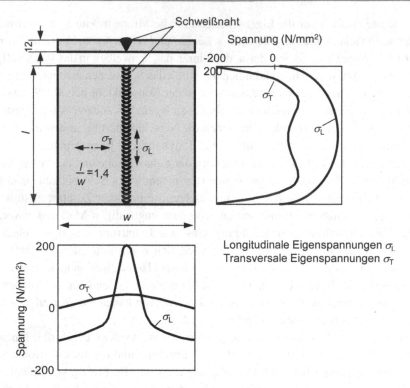

Abb. 13.48 Longitudinale und transversale Eigenspannungen in einer Platte aus S235 mit zentraler Schweißnaht. Nach dem Schweißen können hohe Zugspannungen vorliegen, fast in der Höhe der Streckgrenze. (Quelle: Radaj, Heat Effects of Welding, Berlin 1992)

Im folgenden wollen wir die *Schweißeignung* verschiedener Werkstoffe besprechen. Ein Werkstoff mit guter Schweißeignung lässt sich ohne besondere Vorkehrungen mit gutem Ergebnis schweißen. Etwas vereinfacht wird mit der Schweißeignung insbesondere die Neigung der Werkstoffe angesprochen, beim Abkühlen von der Schweißtemperatur *Risse* zu bilden. Es kann sich um Heißrisse oder Kaltrisse handeln.

Heißrisse entstehen oberhalb der Solidustemperatur im Endstadium der Erstarrung, wenn dünne Flüssigkeitsfilme die Körner trennen, Abb. 13.49. Wirken in diesem Stadium Zugspannungen durch die Schrumpfung des Systems beim Abkühlen, können sich Risse öffnen. Werkstoffe mit kleinem Schmelzintervall ΔT_0 sind weniger anfällig für Heißrisse, weil hier bei gegebenem Temperaturgradienten G ein kleineres Flüssig-Fest-Volumen und damit ein kleinerer gefährdeter Bereich vorliegt ($\Delta T_0 / G = \Delta x$, mit Δx Länge des gefährdeten Zweiphasenbereichs). Außerdem besteht bei kleinem Schmelzintervall eine größere Wahrscheinlichkeit, dass durch Nachspeisung von Schmelze die Rissöffnung vermieden werden kann (siehe die Diskussion über Gießbarkeit und Fließvermögen in Abschn. 13.2.3). Heißrisse können nicht nur bei Erstarrung der Schmelzzone sondern auch durch Überhitzung in der Wärmeeinflusszone entstehen, wenn es dort durch

Abb. 13.49 Bildung von Stängelkristallen und Heissrissen bei der Erstarrung in der Schweißnaht

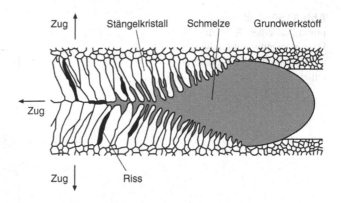

Seigerungen zu lokalen Anschmelzungen kommt. Besonders gefährlich sind Gehalte an Phosphor und Schwefel in Stählen, weil sie die Solidustemperatur stark absenken.

Kaltrisse entstehen unterhalb der Solidustemperatur im Zuge der Abkühlung[14], wenn das Formänderungsvermögen des Werkstoffs überschritten wird. Gefährdet sind vor allem Werkstoffe mit kleiner Bruchdehnung. Die Situation ist beim Schweißen besonders kritisch, weil relativ häufig *Wasserstoffversprödung* infolge Aufnahme von Wasserstoff in der Schmelze beobachtet wird.

Unlegierte und niedriglegierte Stähle sind im allgemeinen sehr gut schweißbar. Ihre breite Anwendung beruht zum großen Teil auf dieser Eigenschaft. Mit steigendem Gehalt an Kohlenstoff und anderen Legierungselementen, welche die Härtbarkeit verbessern, verschlechtert sich die Schweißeignung. Dies liegt an der Gefahr von Kaltrissen, die dadurch hervorgerufen wird, dass sich bei Abkühlung mehr und mehr und immer härterer Martensit bildet und die Bruchdehnung abnimmt. Durch Vorwärmen oder entsprechend angepasste Legierungssysteme kann Abhilfe geschaffen werden.

Austenitische Stähle sind relativ schlecht schweißbar wegen der großen Wärmedehnung, die zu hohen Spannungen führt. Außerdem löst das kubisch-flächenzentrierte Gitter weniger P und S, d. h. die Restschmelze weist höhere Konzentrationen an P und S auf und die Heißrissgefahr wächst. Als Lösung verwendet man Zusatzwerkstoffe mit ferritischem Anteil (10 %) und hohem Mn-Gehalt, da Mn S abbindet.

Auch *Aluminiumlegierungen* stellen höhere Anforderungen an das Geschick des Schweißers, sind aber durchaus noch beherrschbar. Die hohe Wärmeleitfähigkeit, der große Volumensprung beim Erstarren und die große Wärmedehnung können zu ausgedehnten Wärmeeinflusszonen und Rissen führen. Durch Legierungsauswahl unter dem Gesichtspunkt der Optimierung des Schmelzintervalls lässt sich die Heißrissgefahr re-

---

[14] Kaltrisse können also nach dieser Definition bei relativ hohen Temperaturen entstehen, z. B. im Fall von Stählen bei 800 °C. Um Missverständnisse zu vermeiden, ist auch der Ausdruck Spannungsrisse üblich. Häufig bilden sich Kaltrisse in Temperaturintervallen, in denen durch fortgeschrittene Abkühlung die Spannungen bereits sehr groß geworden sind und in denen der Werkstoff ein Duktilitätsminimum aufweist.

Abb. 13.50 Widerstands-
punktschweißen. Bei den
Pressschweißverfahren wird
die Fügung durch Druck unterstützt

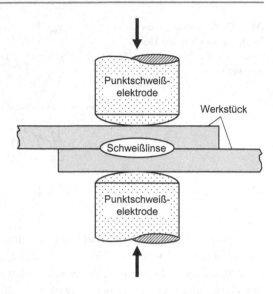

duzieren. Wegen der großen Reaktivität der Schmelze (Oxide) sind Schutzgasverfahren
vorzuziehen (WIG).

Neben den Schmelzschweißverfahren haben auch die Pressschweißverfahren, bei denen das Fügen durch Druck unterstützt wird, große Bedeutung erlangt. Das *Widerstands-
Punktschweißen*, das in Abb. 13.50 gezeigt wird, benutzt man in großem Umfang in der
Automobilindustrie im Karosseriebau. Die flächig aufeinanderliegenden Blechteile werden durch Elektroden zusammengepresst. Ein kurzer Stromstoß zwischen den Elektroden
führt zur Wärmeerzeugung nach dem Joule'schen Gesetz

$$Q = \int I^2(t)R(t)\mathrm{d}t \tag{13.37}$$

Es ist wichtig, dass der Übergangswiderstand zwischen den zu fügenden Blechen größer ist als der zwischen Blech und Elektrode. In diesem Fall wird die meiste Wärme am
Kontaktpunkt zwischen den Blechen erzeugt und es bildet sich dort eine linsenförmigen
Schmelzzone. Die Schweißelektroden sind im Übrigen hoch beansprucht. Sie bestehen in
der Regel aus Kupfer und sind wassergekühlt. Das Verfahren ist sehr gut automatisier-
bar und wird von Schweißrobotern durchgeführt. Allerdings entsteht nur eine punktuelle
Fügung, so dass die Steifigkeit und Wechselfestigkeit der Verbindung begrenzt ist.

Einige Pressschweißverfahren eignen sich auch zum *Verbinden von Kunststoffen*. Auf
Grund des in Abschn. 13.2.8 zur Formgebung von Kunststoffen gesagten ist offensichtlich,
dass nur Thermoplaste für diese Verfahren in Frage kommen. Als Wärmequelle dienen
Heizelemente, angewärmte Gase oder Reibung. Verfahren wie Reibschweißen oder Ultra-
schallschweißen werden sowohl bei Metallen als auch bei Kunststoffen eingesetzt. Beim
Schweißen von Kunststoffen muss beachtet werden, dass die Wärmeausdehnungskoeffizi-
enten zehnmal größer sind als bei Metallen, dass also hohe Spannungen auftreten können.

13.3.2 Löten

Löten ist ein stoffschlüssiges Verbinden von Werkstücken mit Hilfe eines geschmolzenen Zusatzmetalls, dem Lot. Die Schmelztemperatur des Lotes liegt *unter* der Schmelztemperatur der zu verbindenden Grundwerkstoffe. Das Lot wird in Form dünner Drähte oder Folien appliziert. Danach bringt man Lot und Werkstück auf Arbeitstemperatur T_A, z. B. indem man sie in einen Ofen legt oder indem man sie mit einer Gasflamme erwärmt. Je nach Höhe der Arbeitstemperatur unterscheidet man *Hartlöten* ($T_A > 450\,°C$) und *Weichlöten* ($T_A < 450\,°C$). Typische Hartlote basieren auf Ag und Cu, Weichlote auf Pb und Sn.

Das geschmolzene Lot wird durch *Kapillarkraft* (Abschn. 8.4) in den Lötspalt gezogen, der die zu verbindenden Teile trennt. Voraussetzung für erfolgreiches Löten ist deshalb, dass das Lot den Grundwerkstoff benetzt. Metallschmelzen benetzen im allgemeinen Metalle (auch andersartige), aber nicht Oxide. Deshalb müssen Oxidschichten, die sich auf der Oberfläche der zu verbindenden Teile befinden, vor dem Löten zuverlässig entfernt werden. Diese Aufgabe übernimmt das *Flussmittel*. Das Flussmittel wird als Flüssigkeit oder Paste auf die Lötstelle aufgebracht. Es enthält Salze oder Säuren, welche beim Aufheizen auf die Arbeitstemperatur die Oxide lösen und blanke Metalloberflächen schaffen. Das Flussmittel deckt außerdem die Lötstelle ab und verhindert dadurch die Reoxidation. Das unter der Wirkung der Kapillarkraft in den Lötspalt vordringende Lot verdrängt das Flussmittel. Die meisten Flussmittel wirken korrosiv und verbleibende Reste müssen nach dem Löten sorgfältig entfernt werden. Als Alternative zu Flussmitteln können in manchen Systemen auch Vakuumatmosphären oder reduzierende Schutzgase eingesetzt werden.

Der *Lötspalt* muss sehr genau auf ein Maß von 0,1 bis 0,2 mm eingestellt werden. Der kapillare Fülldruck (hydrostatischer Druck im flüssigen Lot) p_K beträgt

$$p_K = \rho_{Lot} g h \tag{13.38}$$

Eingesetzt in (8.6) ergibt dies

$$p_K = \frac{2(\gamma_{\alpha\beta} - \gamma_{\alpha O})}{\delta}. \tag{13.39}$$

Der Ausdruck ($\gamma_{\alpha\beta} - \gamma_{\alpha O}$) wird auch als Haftspannung bezeichnet. Nach (13.39) ist also der Kapillardruck p_K umgekehrt proportional zur Spaltbreite δ. Größere Spalte als 0,2 mm können in der Regel nicht mit Lot gefüllt werden, da die Kapillarwirkung nicht ausreicht. Bei engeren Lötspalten als 0,1 mm ist zwar der Kapillardruck sehr hoch, aber es kann nicht genügend Flussmittel im Spalt untergebracht werden.

Löten ist wegen der hohen Anforderungen an die Vorbereitung der Teile (Geometriegenauigkeit, Reinigung der Oberfläche) *kein sehr kostengünstiges Verfahren*. Bei der mechanisierten Lötung in Durchlauföfen wird zudem eine große Zahl temperaturbeständiger Werkzeuge benötigt. Löten wird deshalb vor allem dann eingesetzt, wenn die Grundwerkstoffe für Schweißen nicht geeignet sind. Dies gilt für *sehr schlecht schweißbare Metalle* wie Superlegierungen oder *Metall-Keramik-* oder *Keramik-Keramik-Verbindungen*. Im

Abb. 13.51 Wellenlöten von
Leiterplatten

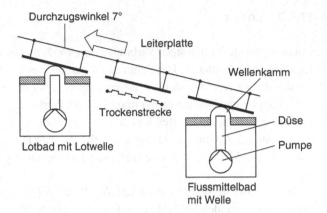

letzteren Fall verwendet man auch sogenannte *Aktivlote*, die aufgrund sehr reaktiver Legierungselemente wie *Ti*, *Zr* und *Hf* Benetzung und Haftung verbessern.

Erfolgreicher als im Maschinenbau ist der Einsatz des Lötens in der Elektronik. *Wellenlöten* und *Reflow-Löten* sind Standardverfahren bei Leiterplatten zur Verbindung der *Cu*-Anschlusselemente von elektronischen Bauelementen und *Cu*-Leiterbahnen. Die Lote basieren in der Regel auf *Sn*. Wie Abb. 13.51 zeigt, wird beim Wellenlöten mittels Pumpe und Düse eine Lotwelle erzeugt. Beim Durchleiten des Bauteils wird gleichzeitig das Lot appliziert und auf Arbeitstemperatur erwärmt. Durch Steuerung der Benetzung auf der Leiterplatte („Lötstop") kann erreicht werden, dass Lot nur an den richtigen Stellen aufgebracht wird. Beim Reflow-Löten bringt man das Lot in einem getrennten Arbeitsgang über Siebdruck auf und erwärmt danach auf Arbeitstemperatur.

13.3.3 Kleben

Beim Kleben werden die Werkstücke durch einen polymeren Klebstoff stoffschlüssig verbunden, z. B. durch Epoxidharz. Der Klebstoff wird in einem Zustand niedriger Viskosität aufgetragen und anschließend ausgehärtet. Das Abbinden kann chemisch durch Reaktionen oder physikalisch durch Verdunsten oder Abkühlen erfolgen. Die konstruktive Gestaltung von Klebungen ist sehr wichtig. Da die erreichbaren Adhäsionskräfte nicht allzu hoch liegen, müssen die Klebflächen genügend groß sein. Außerdem müssen Schälbeanspruchungen wegen ihrer hohen lokalen Zugspannungen vermieden werden.

Für den Erfolg des Klebens ist die *Vorbehandlung* der Fügeflächen *entscheidend*. Um gute Adhäsion des Klebstoffs zu erreichen, muss die Oberfläche gereinigt und aufgeraut werden. Beim Reinigen wird anhaftender Staub, Fett, etc. entfernt. Das Aufrauen vergrößert die Fügefläche und führt – bei geschickter Ausführung – zu einer mechanischen Verklammerung durch Mikrohinterschnitte. Metalle müssen außerdem von den immer auf ihrer Oberfläche vorhandenen Oxidschichten befreit werden. Man verwendet sowohl mechanische Verfahren zum Aufrauen und metallisch blank machen (z. B. Sandstrahlen, Schleifen) als vor allem auch chemische (Beizen).

Das Kleben wird relativ stark im Bereich der Metalle für *Aluminiumlegierungen* eingesetzt. Im zivilen Flugzeugbau werden über 50 % der Verbindungen geklebt. Durch den vermehrten Einsatz von Aluminium im Automobilbau tritt diese Fügetechnik auch dort stärker in den Vordergrund. Vorteil beim Kleben im Vergleich zum Schweißen ist, dass der Grundwerkstoff in seinem Gefüge unbeeinflusst bleibt und dass kein Verzug durch Wärmespannungen auftreten kann. Im Vergleich zum Nieten wird Gewicht eingespart und es werden Spannungskonzentrationen vermieden. Schwicrigkeiten bereiten in der Anwendung die Temperaturbeständigkeit und die Alterung bei Umwelteinflüssen. Die Prozesse benötigen außerdem viel Zeit und die Oberflächenvorbereitung ist wegen Sicherheits- und Umweltauflagen aufwendig.

Auch bei Bauteilen aus *Kunststoffen* hat Kleben große Bedeutung. Ein wichtiger Grund dafür ist, dass das Schweißen der Kunststoffe auf Thermoplaste beschränkt ist. Außerdem kommt dem Kleben bei den Kunststoffen zu gute, dass die Festigkeitswerte des Grundwerkstoffs im allgemeinen um eine Größenordnung niedriger liegen. Es gibt aber auch Eigenschaften der Kunststoffe, die ein Kleben im Vergleich zu den Metallen komplizieren. Dazu gehört die kleinere Oberflächenenergie, welche die Benetzung verschlechtert (Oberflächenenergie von Al $1200\,mN/m$, Epoxidharz $50\,mN/m$).

13.4 Beschichten von Werkstücken

Unter Beschichten versteht man das Aufbringen einer fest haftenden Schicht aus einem formlosen Ausgangsstoff auf ein Werkstück. Dabei kommt in der industriellen Praxis eine Vielzahl von Methoden zur Anwendung und es werden die unterschiedlichsten Ziele verfolgt. Tab. 13.5 nennt einige Beispiele. Die große technische Bedeutung von Beschichtungen ist darauf zurückzuführen, dass sie eine *Funktionstrennung* von Volumen und Oberfläche ermöglichen: Der Bauteilkörper kann beispielsweise ganz auf seine tragenden Funktionen hin optimiert werden, während die Schicht den Oberflächenschutz übernimmt. Während dann im Inneren des Bauteils Festigkeit und Zähigkeit im Vordergrund stehen, geht es an der Oberfläche um Verschleiß und Korrosion. Die Funktionstrennung kann auch so aussehen, dass die Oberfläche, die der Nutzer sieht und berührt, aus einem hochwertigen und teuren Material besteht, während für das Volumen ein kostengünstiges und leicht verarbeitbares Material verwendet wird. Ganz besonders groß ist die Bedeutung von Beschichtungen im Bereich der Elektronik, wo verschiedenste Bauelemente wie Leiterbahnen, Dioden, Kondensatoren und Widerstände durch Beschichten von Substraten gefertigt werden.

In der Fertigungstechnik unterscheidet man die Beschichtungsverfahren nach dem Aggregatszustand des aufzubringenden formlosen Stoffes. Im folgenden werden wir Beispiele für das *Beschichten aus dem flüssigen, festen, gasförmigen und ionisierten Zustand* vorstellen.

Tab. 13.5 Beispiele für Beschichtungsverfahren

Aggregatzustand beim Beschichten	Verfahren	Schicht	Dicke	Anwendung
Flüssigkeit	Lackieren	Polyurethan-Binder	35 μm 3 Schichten	Korrosionsschützende und dekorative Schicht bei Stählen (Automobilkarosserie)
	Abscheiden aus der metallischen Schmelze, Feuerverzinken	Zn	10 μm	Korrosionsschutzschicht bei Stahl
Pulver, Paste	Thermisches Spritzen	NiCrAlY	100 μm	Heißgaskorrosionsschutzschicht auf Superlegierungen (Turbinenschaufeln)
		ZrO_2		Wärmedämmschicht auf Superlegierungen
	Emaillieren	Glas	250 μm	Dekorative und verschleißschützende Schicht bei Stählen
	Siebdruck	Au, Cu, Ni	100 μm	Leiterbahnen und Widerstände in der Mikroelektronik (Dickschichttechnik)
Gas	Physikalische Gasphasenabscheidung, PVD	TiN	5 μm	Hartstoffschicht auf Hartmetall und Schnellarbeitsstählen (Bohrer, Wendeschneidplatten, Umformwerkzeuge)
		In_2O_3/SnO_2		Wärmedämmschicht (Reflexion im Infrarot) auf Architekturglas
		MoS_2		Trockenschmiermittelschicht auf Stahl (verschleißbeanspruchte Maschinenelemente)
		Al		Diffusionssperrschicht auf Polymerfolien
		Cr, Al		Metallisierung von Kunststoffen zur Dekoration oder Erhöhung von Reflexion und Leitfähigkeit
		Al, Cu, Ni, W		Leiterbahnen und Widerstände in der Mikroelektronik (Halbleiterchips, Dünnschichttechnik)

Tab. 13.5 Fortsetzung

Aggregatzustand beim Beschichten	Verfahren	Schicht	Dicke	Anwendung
Gas	Chemische Gasphasenabscheidung, CVD	TiC	5 μm	Hartstoffschicht auf Hartmetall und Schnellarbeitsstählen (Bohrer, Wendeschneidplatten, Umformwerkzeuge)
		Si, SiO$_2$, Si$_3$N$_4$		Halbleiter- und Isolationsschichten in der Mikro- und Optoelektronik, Solarzellen
Ionen	Galvanisches Abscheiden	Cu, Ni, Zn, Cr	20 μm	Leiterbahnen auf Leiterplatten, Korrosionsschutzschicht bei Stahl (Verzinken, Verchromen)
	Außen-stromlos Abscheiden	Ni, Cu	20 μm	Dekorschicht bei Schmuck, Leiterbahnen
	Anodische Oxidation, Eloxieren	Al$_2$O$_3$	20 μm	Korrosionsschützende und (nach Einfärben) dekorative Schicht auf Al

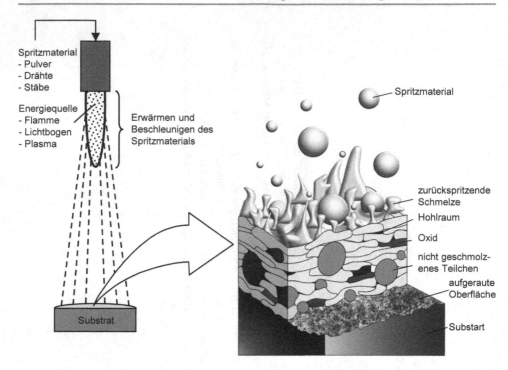

Abb. 13.52 Beschichten durch thermisches Spritzen. Das *rechte Teilbild* verdeutlicht den Prozess der Schichtbildung durch teilweise flüssige Partikel, die mit hoher Energie auf dem Substrat auftreffen (Quelle rechtes Teilbild: In Anlehnung an Herman, Spektrum der Wissenschaft (1988) 11)

Das mengenmäßig mit großem Abstand bedeutendste Beschichtungsverfahren überhaupt stellt das *Lackieren* dar. Da im flüssigen Zustand gearbeitet wird, sind Spritzen oder Tauchen übliche Aufbringtechniken. Durch angelegte elektrische Felder kann der Beschichtungserfolg noch vergrößert werden, z. B. bei der Elektrotauchlackierung mit ionisierten Lackmolekülen im Automobilbau. Der wichtigste Bestandteil des Lacks ist der Filmbildner, ein synthetisches Harz wie Polyurethan, das den Zusammenhalt und die Haftung der Schicht gewährleistet. Dem Filmbildner sind Farbstoffe, Additive und Lösungsmittel zugesetzt. Das Lösungsmittel macht mengenmäßig 50 bis 70 % aus und verdampft während der Filmbildung. Aus Umweltschutzgründen wird versucht, den Lösemittelanteil so weit wie möglich zu reduzieren und organische Lösungsmittel durch Wasser zu ersetzen.

Zur Verfahrensgruppe des Beschichtens aus dem festen Zustand gehört das *thermische Spritzen*. Der Schichtwerkstoff wird in Form von Pulver oder Draht einer energiereichen Wärmequelle zugeführt und darin an- oder aufgeschmolzen. Die so entstandenen Partikel werden durch einen Gasstrom mit hohem Druck in Richtung auf das Werkstück beschleunigt, wo sie sich niederschlagen und eine Schicht bilden, siehe Abb. 13.52. Auf Grund der verwendeten Wärmequelle unterscheidet man Flammspritzen, Plasmaspritzen und Lichtbogenspritzen. Im einfachsten Falle, beim Flammspritzen, ist die Wärmequelle eine Gasflamme und als Trägergasstrom für die beschleunigten Teilchen dient Druckluft. Die Teilchengeschwindigkeiten erreichen, je nach Verfahren, Werte zwischen 100 und 800 m/s. Die mit hoher Energie auftreffenden, großenteils aufgeschmolzenen Partikel verformen sich beim Aufprall auf das Substrat, wodurch sich eine typische lamellare Struktur ausbildet, wie sie in Abb. 13.52 gezeigt ist. Durch Einsatz von Inertgas als Trägergas und einer Vakuumkammer kann Oxidation und Porosität weitgehend vermieden werden. Allerdings bildet der Gasverbrauch dann einen wesentlichen Kostenfaktor. Mit der geeigneten Wärmequelle können auch keramische Pulver verarbeitet werden. Die thermische Belastung des Substrats bleibt beim thermischen Spritzen trotzdem gering; mit entsprechender Vorsicht gelingt es sogar, Papier zu beschichten. Die Spritzleistungen sind extrem hoch; typische Werte liegen bei 30 kg/h. Durch thermisches Spritzen können deshalb auch großvolumige Bauteile aufgebaut werden.

Ein anderes wichtiges Verfahren, das von festen Beschichtungsstoffen ausgeht, ist der *Siebdruck*. Ein Rakel wird über eine Schablone aus Gaze oder Drahtnetz geführt und drückt die in Form von Pulvern oder Pasten vorliegenden Schichtwerkstoffe durch diejenigen Flächenbereiche, deren Maschen offen sind. Durch eine anschließende Sinterung wird aus dem aufgebrachten Pulver bzw. der Paste die angestrebte Beschichtung. Der Vorteil des Verfahrens, das vor allem in der Mikroelektronik verwendet wird, besteht in der einfachen geometrischen Strukturierbarkeit der Schicht.

Für die *Physikalische Gasphasenabscheidung*, die wir als nächstes diskutieren wollen, wird häufig auch die englische Bezeichnung PVD verwendet, die für „Physical Vapour Deposition" steht. Man unterscheidet die drei Verfahrensgrundtypen *Bedampfen*, *Sputtern* und *Ionenplattieren*, die in Abb. 13.53 schematisch dargestellt sind. Grundsätzlich geschieht die Beschichtung bei PVD-Verfahren dadurch, dass der Beschichtungswerkstoff durch Energiezufuhr verdampft und nach Transport durch die Gasphase auf dem kalten Substrat kondensiert. Um Reaktionen und Kollisionen während des Transports zu vermeiden, muss der Prozess im Hochvakuum durchgeführt werden. Vor Prozessbeginn wird deshalb die sehr gut abgedichtete Beschichtungsanlage mit leistungsfähigen Pumpensystemen evakuiert und mehrmals mit Schutzgas gespült. PVD-Verfahren sind apparativ aufwendig.

Beim ersten der drei PVD-Verfahrenstypen, dem *Bedampfen*, wird die Überführung des Beschichtungswerkstoffs in die Dampfphase über Widerstandsheizer oder Elektronenkanonen erreicht. Man verwendet das Verfahren insbesondere in der Kunststofftechnik zur Metallisierung von Formteilen. Im folgenden wollen wir zeigen, warum die genaue Temperaturkontrolle für den Prozess von großer Bedeutung ist.

Die Anzahl der die Oberfläche des Verdampfers verlassenden Teilchen pro Zeiteinheit und Flächeneinheit ist proportional zum Sättigungsdampfdruck, für den die Gleichung von Clausius-Clapeyron gilt

$$\frac{\mathrm{d}p_\mathrm{D}}{\mathrm{d}T} = \frac{\Delta Q_\mathrm{D}}{T(V_\mathrm{G} - V_\mathrm{F})} \tag{13.40}$$

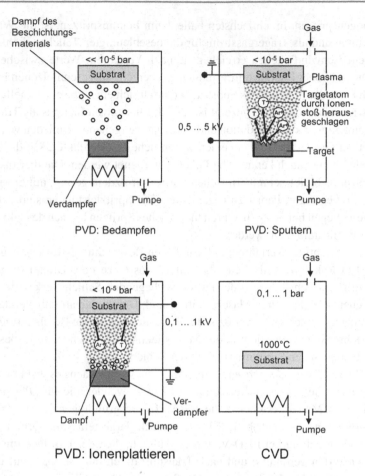

Abb. 13.53 Beschichten aus der Gasphase durch PVD- und CVD-Verfahren

mit p_D Sättigungsdampfdruck, T Verdampfertemperatur, ΔQ_D Verdampfungswärme, V_G Molvolumen des Dampfes, V_F Molvolumen des Stoffes vor Verdampfung. Da V_F klein ist im Vergleich zu V_G und da in guter Näherung das Gesetz für ideale Gase anwendbar ist, erhält man:

$$V_G - V_F \cong V_G = \frac{RT}{p_D}. \tag{13.41}$$

Gl. (13.41) in (13.40) eingesetzt ergibt

$$\frac{dp_D}{p_D} = \frac{\Delta Q_D dT}{RT^2} \tag{13.42}$$

oder nach Integration

$$d\,(\ln p_D) = -\frac{\Delta Q_D}{R}d\left(\frac{1}{T}\right) \tag{13.43}$$

und Umformen (s. auch Abschn. 7.3)

$$p_D \propto \exp\left(-\frac{\Delta Q_D}{RT}\right). \tag{13.44}$$

Aus (13.44) folgt, dass der Dampfdruck, und damit die Konzentration der Dampfteilchen, stark mit der Temperatur variiert. Da die Kondensationsrate von der Konzentration der Dampfteilchen abhängt, und da eine konstante Kondensationsrate eine Voraussetzung für die Gleichmäßigkeit der Schicht darstellt, muss die Temperatur in den Verdampfern sehr genau konstant gehalten werden.

Das Fenster für die Wahl der optimalen Verdampfertemperatur ist verhältnismäßig klein. Wird die Temperatur zu niedrig gewählt, ist die Beschichtungsdampfkonzentration relativ klein im Vergleich zur Restgaskonzentration in der Anlage. Unter Restgas versteht man trotz Hochvakuum in der Anlage noch vorhandene Restmengen von Sauerstoff und Stickstoff. Es kommt zu Reaktionen und Verunreinigung der abgeschiedenen Schichten. Ist die Temperatur und damit nach (13.44) die Dampfkonzentration zu hoch, gelangen die Teilchen nicht mehr stoßfrei zum Substrat. Sie werden in andere Richtungen gestreut und kehren zum Teil zur Verdampferquelle zurück; die Effektivität des Prozesses sinkt.

Beim *Sputtern* (Kathodenzerstäuben) wird der Rezipient nach dem Evakuieren mit einem Prozessgas, normalerweise Argon, gefüllt ($\leq 10^{-5}$ bar). Die mittlere freie Weglänge der Teilchen beträgt jetzt nicht mehr einige Meter wie beim Bedampfen, sondern nur noch einige Millimeter. Zwischen Substrat und Target (so nennt man beim Sputtern die Quelle für den Schichtwerkstoff) wird außerdem eine Hochspannung (mehrere kV) angelegt, so dass ein Plasma entsteht. Die im Plasma vorhandenen Ar^+-Ionen werden auf Grund ihrer Ladung in Richtung Target beschleunigt und schlagen dort durch Impulsübertragung Atome aus der Oberfläche heraus, die anschließend auf der Substratseite abgeschieden werden. Durch zusätzlich angelegte Magnetfelder kann das Plasma vor dem Target konzentriert werden, was die Sputterraten vergrößert und hilft, das Substrat kalt zu halten (Magnetronsputtern). Die typischen Substrattemperaturen liegen bei 100 bis 250 °C. Die Sputtertargets, einige Millimeter dicke Platten, sind mechanisch hoch beansprucht und müssen mit großer Sorgfalt hergestellt werden. Wegen der hohen Geschwindigkeit der Beschichtungsatome sind beim Sputtern bessere Haftfestigkeiten erreichbar als beim Bedampfen. Zur guten Haftung trägt außerdem bei, dass durch geeignete Führung des elektrischen Feldes erreicht werden kann, dass das Substrat vor oder während der Beschichtung von einer gewissen Anzahl Ar^+-Ionen getroffen und gereinigt wird. Neben der Haftung besteht der Vorzug des Sputterns in der nahezu unbeschränkten Auswahl von Stoffen, die abgeschieden werden können, da die durch die thermische Verdampfung auferlegten Grenzen wegfallen. Zu den Vorzügen des Sputterns gehören auch die sehr sauberen Randbedingungen, die eine Verschmutzung der Substrate und damit einhergehende Reproduzierbarkeitsprobleme ausschließen. Gerade das letzte Argument hat zur großen Verbreitung der PVD-Prozesse in der Mikroelektronik geführt.

Eine nochmalige Steigerung der Haftfestigkeit und zusätzlich der Beschichtungsrate gelingt bei dem dritten Verfahrenstyp der PVD-Gruppe, dem *Ionenplattieren*. Der Argon-Arbeitsdruck liegt ähnlich hoch wie beim Sputtern. Der Beschichtungsstoff wird aber nicht durch Ionenbeschuss sondern durch Widerstandsheizer, Elektronenstrahlkanonen, etc. in die Gasphase überführt. Die Hochspannung kann deshalb in umgekehrter Richtung angelegt werden wie beim Sputtern. Dies hat zur Folge, dass die Ar^+-Ionen aus dem Plasma jetzt statt in Richtung Target in Richtung Substrat geschleudert werden, was die Substratoberfläche reinigt, anätzt und aktiviert. Außerdem wird ein Teil der Atome des Beschichtungsstoffes durch Stoßprozesse ionisiert und dadurch zusätzlich in Richtung Substrat beschleunigt.

Die *Chemische Gasphasenabscheidung* (CVD, „Chemical Vapour Deposition") beruht auf chemischen Reaktionen von Gasen durch die der Beschichtungsstoff auf der Oberfläche des Substrates gebildet wird, siehe Abb. 13.53. Als Beispiel soll hier die Abscheidung von *TiC* dienen:

$$TiCl_4 \text{ (Gas)} + CH_4 \text{ (Gas)} \xrightarrow{900\,°C} TiC \text{ (fest)} + 4\,HCl \text{ (Gas)} \tag{13.45}$$

Durch Kontrolle der Temperatur des Substrates muss gewährleistet werden, dass die Abscheidung am richtigen Ort passiert. So stellt man bei exothermer Abscheidereaktion die Substrattemperatur kälter ein als die Reaktorwandtemperatur; bei endothermer Reaktion verfährt man umgekehrt. Im Vergleich zu PVD ist die Temperaturbelastung des Substrates bei CVD ganz allgemein deutlich höher (700 bis 1500 °C). Dadurch verändert sich in manchen Systemen die Mikrostruktur des Substrats oder es entstehen starke Spannungen zwischen Schicht und Substrat beim Abkühlen. Durch Koppelung des Prozesses mit einer Plasmaentladung wird bei CVD versucht, niedrigere Substrattemperaturen zu erreichen. Eine andere Schwierigkeit besteht bei CVD darin, dass für jeden abzuscheidenden Werkstoff erst die passende Precursorsubstanz (im Beispiel oben das Gas $TiCl_4$) entwickelt werden muss. In vielen Fällen sind die Ausgangsmaterialien giftig und die Abfallprodukte korrosiv. Andererseits haben CVD-Verfahren den Vorteil, dass die Abscheidung ohne Richtungsabhängigkeit stattfindet (keine Abschattungseffekte), da die für die Diffusion zur Oberfläche benötigte Zeit normalerweise kurz ist im Vergleich zur Zeit für die Abscheidungsreaktion. Zusätzlich ermöglichen die hohen Prozesstemperaturen intensive Reaktionen zwischen Schichtatomen und Substrat, so dass Schichten erzeugt werden, deren Haftfestigkeit größer ist als bei allen anderen Beschichtungsverfahren.

Zum Abschluss dieser Übersicht der Beschichtungsverfahren wollen wir noch die *galvanisch abgeschiedenen Metallschichten* als ein Beispiel für das Beschichten aus dem ionisierten Zustand erwähnen. Es wird eine geeignete Metallsalzlösung hergestellt und das Werkstück als Kathode gepolt. In Umkehrung der Korrosionsreaktion (Abschn. 9.2.2 und 9.2.5) läuft folgende Reaktion ab:

$$M^{n+} + ne^- \rightarrow M \quad \text{(Kathode, Werkstück)}. \tag{13.46}$$

Auf der Anodenseite muss zwischen löslichen und unlöslichen Elektroden unterschieden werden:

$$M \rightarrow M^{n+} + ne^- \quad \text{(lösliche Anode)}, \tag{13.47}$$

$$A^{m-} \rightarrow A + me^- \quad \text{(unlösliche Anode)}. \tag{13.48}$$

Dabei steht M für das abzuscheidende metallische Element und A für ein im Elektrolyten als Anion vorliegendes Element. Im Normalfall wird eine lösliche Anode eingesetzt, d. h. das abzuscheidende Metall wird als Anode verwendet, geht dort in Lösung nach (13.47), wandert im elektrischen Feld zur Kathode, und wird abgeschieden nach (13.46). Der Beschichtungsprozess läuft in diesem Fall analog ab wie die weiter oben bereits beschriebene Raffination von Kupfer (Abschn. 13.1.2, Abb. 13.8). Fast alle Metalle und viele Legierungen sind galvanisch abscheidbar. Besondere Bedeutung hat die Cu-Abscheidung in der Elektronik erlangt (Leiterplatten). Ein anderes wichtiges Beispiel stellt die Zn-Abscheidung dar, die als Korrosionsschutz für Stähle eingesetzt wird (Automobilkarosserie). Eine gewisse Gefahr bedeutet der auf der Kathodenseite mitabgeschiedene Wasserstoff, der zu einer Versprödung metallischer Werkstücke führen kann. Außerdem ist die Umweltbelastung bei vielen galvanischen Verfahren hoch.

> Beschichtungen gestatten eine Funktionstrennung zwischen Oberfläche und Volumen des Werkstücks. Besonders wichtige Verfahren sind: Lackieren (höchste Verbreitung überhaupt), Thermisches Spritzen (höchste Beschichtungsgeschwindigkeit), physikalische Gasphasenabscheidung (größte Variabilität und Reproduzierbarkeit) und chemische Gasphasenabscheidung (höchste Haftfestigkeit).

Ein zentrales Problem aller Beschichtungen ist die Gefahr des *mechanischen Versagens*. Schichten können reißen oder, insbesondere bei größerer Dicke, abplatzen. Werden die Schichten bei hoher Temperatur aufgebracht, so stellt das Abkühlen auf Raumtemperatur oft schon den ersten harten Test dar für Festigkeit und Haftvermögen der Schicht.

Häufig beruht das Versagen der Schicht auf *Eigenspannungen*, die nach der Herstellung vorhanden sind. Man unterscheidet zwischen intrinsischen und thermischen Anteilen. *Intrinsische Spannungen* liegen bereits nach abgeschlossener Beschichtung vor, noch bevor die Schicht von Prozesstemperatur auf Raumtemperatur abgekühlt wurde. Ursache für intrinsische Spannungen kann z. B. eine Fehlpassung zwischen Schichtgitter und Substratgitter sein, falls die Schicht *epitaktisch* aufwächst. *Thermische Spannungen* entstehen durch Differenzen im thermischen Ausdehnungskoeffizienten zwischen Schicht und Substrat. Geht man von einem ebenen Spannungszustand aus und von einem unendlich dicken Substrat[15] so gilt:

$$\sigma_S = \frac{E_S}{1-\nu} \Delta\alpha (T_B - T) \tag{13.49}$$

Dabei ist σ_S die (homogene) Spannung in der Schicht, E_S der Elastizitätsmodul der Schicht, ν die Querkontraktionszahl, $\Delta\alpha$ die Differenz der Ausdehnungskoeffizienten,

---

[15] Die Normalspannungen senkrecht zur Substratoberfläche sind gleich Null. Es entsteht ein isotroper ebener Spannungszustand. Bei dünnen Substraten kommt es zur Durchbiegung und die Schichtspannungen sind nicht homogen sondern variieren linear mit der Dicke in der für Biegeproben charakteristischen Form. Im folgenden gehen wir von einem unendlich dicken Substrat und homogener Spannung aus.

T_B die Beschichtungstemperatur und T die Temperatur auf die abgekühlt worden ist. (Wenn man ν gleich Null setzt in (13.49), kommt man zurück zum einachsigen Fall, s. (13.33) und Abschn. 10.2.) Die thermischen Spannungen können sehr hohe Werte annehmen, insbesondere bei keramischen CVD-Schichten, die bei hoher Temperatur abgeschieden wurden, einen hohen E-Modul aufweisen und sehr fest sind, so dass die Spannungen auch nicht durch plastische Verformung abgebaut werden können. Spannungen in Höhe von mehreren GPa sind in solchen Fällen keine Seltenheit.

Nach dem oben Gesagten ist klar, dass in der Schicht sowohl Druck- als auch Zugspannungen auftreten können. Im Falle von Zugspannungen reißt die Schicht in sich auf, im Falle von Druckspannungen kommt es zum Aufwölben und Abplatzen von der Unterlage. Druckspannungen sind typisch für keramische Schichten auf metallischen Substraten, da sie kleinere Ausdehnungskoeffizienten aufweisen als die Unterlage.

Bei der Ablösung der Schicht von der Unterlage relaxieren die Spannungen und es wird die gespeicherte elastische Energie w_F frei. Voraussetzung für ein Abplatzen der Schicht ist, dass die frei werdende Energie w_F größer ist als die für die Ausbreitung eines Risses entlang der Grenzfläche zwischen Schicht und Substrat benötigte Energie w_B. Für die pro Einheitsfläche *freiwerdende Energie* gilt

$$w_F = \frac{1}{2}\sigma_S\varepsilon_S h_S + \frac{1}{2}\sigma_U\varepsilon_U h_U = \frac{\sigma_S^2 h_S}{2E_S} + \frac{\sigma_U^2 h_U}{2E_U}. \tag{13.50}$$

Dabei ist h die Dicke und ε die Dehnung; der Index S steht für die Schicht, U für die Unterlage. Wegen des Kräftegleichgewichts gilt:

$$\sigma_S h_S = \sigma_U h_U \tag{13.51}$$

In (13.50) eingesetzt ergibt

$$w_F = \frac{\sigma_S^2 h_S}{2E_S}\left[1 + \left(\frac{h_S}{h_U}\right)\left(\frac{E_S}{E_U}\right)\right] \cong \frac{\sigma_S^2 h_S}{2E_S} \tag{13.52}$$

Gl. (13.52) zeigt, dass bei dickeren Schichten größere Energien gespeichert sind, die bei Ablösung freigesetzt werden, und erklärt, *warum dickere Schichten leichter abplatzen.*

Über die für Rissausbreitung *benötigte Energie* w_B liegen noch nicht sehr viele Informationen vor. Es ist offensichtlich, dass die Rauheit des Substrats und die Details des Übergangs von Substrat zu Schicht hier eine wichtige Rolle spielen. Vorbehandlungen und Beschichtungsbedingungen, welche die Ausbildung chemischer Bindungen und Interdiffusionsvorgänge verstärken, wirken sich auf das Haftvermögen positiv aus.

Bei großer Dicke der Beschichtung wird ein Versagen durch Abplatzen immer wahrscheinlicher, weil Schichten Eigenspannungen aufweisen und weil in dicken Schichten mehr elastische Energie gespeichert ist, welche für Rissausbreitung zur Verfügung steht.

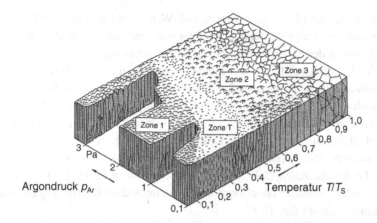

Abb. 13.54 Kornstruktur in Schichten, die durch Sputtern hergestellt wurden. Die Struktur ändert sich in Abhängigkeit von der Substrattemperatur T und dem Ar-Druck p_{Ar} (T_S ist die Schmelztemperatur des Schichtwerkstoffs). Die Zonen 1, T und 2 sind durch stängelkristalline Strukturen gekennzeichnet. Mit steigender Temperatur werden die Zonen 1, T und 2 nacheinander durchlaufen wobei durch immer höhere Diffusionsgeschwindigkeit die Korngröße wächst und die Anzahl schlauchartiger Poren auf den Korngrenzen abnimmt. Erhöhung des Drucks wirkt wie Temperatursenkung, da die kinetische Energie der eintreffenden Partikel durch Kollisionen gesenkt wird (Quelle: Thornton, Ann. Rev. Mater. Sci. 7 (1977) 239-60)

Ein weiterer Gesichtspunkt, der beim Versagen von Beschichtungen zu berücksichtigen ist, besteht in der *Abstützung der Schicht durch die Unterlage*. Werden sehr dünne harte Schichten auf weiche Unterlagen aufgebracht, so versagen sie frühzeitig. Bei Belastung gibt einfach die Unterlage nach und die Schicht bricht durch.

Die *Kornstrukturen in Schichten* können sehr vielfältig sein und reichen von amorph über polykristallin zu stängelkristallin und einkristallin (letzteres bei epitaktischem Wachstum auf einkristalliner Unterlage). Abb. 13.54 zeigt die beim Sputtern entstehenden Strukturen in Abhängigkeit von der homologen Temperatur T/T_S und dem Argon-Druck p_{Ar}. Vorherrschend sind *stängelkristalline Strukturen*. Ähnliche Beobachtungen werden bei Schichten gemacht, die mit CVD-Verfahren oder galvanischer Abscheidung hergestellt wurden. Die stängelkristalline Form kommt dadurch zustande, dass die Hauptwachstumsrichtung durch den Materieantransport vorgegeben ist und die Wachstumsbedingungen Neukeimbildung von Körnern behindern, bzw. ausschließen. Die gleichachsigen Kornstrukturen, die beim Sputtern bei hohen Abscheidetemperaturen auftreten, werden auf Rekristallisation ursprünglich stängelkristalliner Strukturen zurückgeführt.

13.5 Stoffeigenschaft ändern

Bei der Fertigung von Werkstücken durch Urformen und Umformen laufen vielfältige Gefügeveränderungen ab. Der Werkstoff verfestigt und rekristallisiert; es kommt zu Kornwachstum. Legierungselemente werden eingebracht oder entfernt, sie verteilen sich um;

Phasen bilden sich und lösen sich wieder auf. Wenn diese Gefügeveränderungen überhaupt kontrolliert und nicht einfach unbeachtet gelassen werden, dann in der Regel unter dem Gesichtspunkt der besseren Verarbeitbarkeit. Zum Beispiel wird nach Umformungsschritten eine Erholungsglühung zwischengeschaltet, um die Verfestigung abzubauen und gute Umformbarkeit wiederherzustellen. Die Verarbeitbarkeitseigenschaften sind aber oft den Gebrauchseigenschaften eines Werkstoffs gerade entgegengesetzt. Beim Umformen hilft eine niedrige Fließspannung, im Gebrauch wünscht man aber das Gegenteil. Gute Zerspanbarkeit ist guter Festigkeit und Duktilität entgegengerichtet. Es ist also offensichtlich, dass an einer geeigneten Stelle am Ende der Prozesskette eine *Behandlung* stehen muss, *welche die optimalen Gebrauchseigenschaften einstellt*. In der Fertigungstechnik werden die im folgenden beschriebenen Verfahren unter dem Begriff *Stoffeigenschaft ändern* zusammengefasst (Tab. 13.3).

13.5.1   Verbesserung der Volumeneigenschaften von Werkstücken

Die wichtigsten Wärmebehandlungen zur Volumenhärtung beruhen auf der martensitischen Umwandlung, die bei Stählen und Titanlegierungen ausgenutzt wird, und der diffusionsgesteuerten Bildung von Ausscheidungen, welche die Grundlage der Eigenschaftseinstellung bei Aluminiumlegierungen und Superlegierungen darstellt. In Abschn. 7.5 und 7.6 sind diese Verfahren bereits behandelt worden. Beiden Verfahrenstypen ist gemeinsam, dass nach einer Glühung bei hoher Temperatur rasch abgekühlt werden muss, in der Regel durch *Einleiten des Werkstücks in ein Öl- oder Wasserbad*. Wer dieses Abschrecken nur an Kleinstproben aus dem Labor kennt, übersieht leicht, welche Komplikationen in der Praxis entstehen können.

Zunächst einmal ist wichtig, dass die Abkühlkurve keineswegs immer die natürliche Exponentialform aufweist (Gl. (4.25)) und dass sie auch nicht überall am Bauteil gleich verläuft. Abb. 13.55 soll dies illustrieren. Beim Einbringen des Werkstücks in ein Öl- oder Wasserbad bildet sich eine Dampfhaut (*Leydenfrost'sches Phänomen*) welche die Abkühlungsgeschwindigkeit herabsetzt, da der Wärmetransport durch die Dampfphase über Leitung und Strahlung erfolgen muss und nur relativ langsam vonstatten geht. Nach einiger Zeit ist das Werkstück soweit abgekühlt, dass keine ausreichende Verdampfung des Kühlmittels mehr erfolgen kann. Die kontinuierliche Dampfhaut bricht zusammen und es bilden sich nur mehr vereinzelte Blasen. In dieser sogenannten Kochphase ist die Abkühlgeschwindigkeit besonders hoch, weil die aufsteigenden Blasen rasch Wärme abtransportieren und außerdem zur Konvektion des Bades beitragen. Erst nach Abschluss der Kochphase folgt die normale Abkühlung durch Wärmeabtransport im Kühlbad über Konvektion und Leitung. In der Praxis besteht die abzuschreckende Charge oft aus einem großen Gestell auf dem viele komplex geformte Werkstücke gestapelt sind und das im Abschreckbad bewegt wird. Man kann sich vorstellen, dass die Abkühlkurven für jeden Ort in der Charge sehr unterschiedlich verlaufen können.

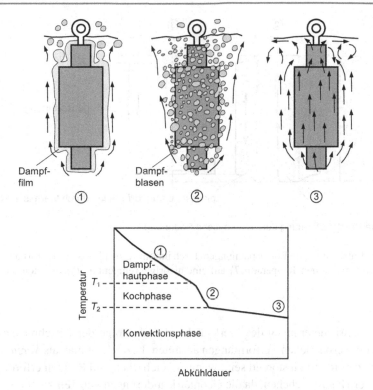

Abb. 13.55 Durch Dampfbildung beim Abschrecken wird die Abkühlgeschwindigkeit wesentlich beeinflusst (Quelle: Eckstein, Technologie der Wärmebehandlung von Stahl, Leipzig 1977)

Andere wichtige Phänomene beim Abschrecken von Werkstücken sind die Bildung von Eigenspannungen, Verzug und Rissen. Abb. 13.56 beschreibt die Entstehung von *Eigenspannungen* an Hand eines einfachen Zylinders, der von einer hohen Temperatur T_1 auf eine niedrigere Temperatur T_2 abgeschreckt wird. Bei der hohen Temperatur war der Zylinder spannungsfrei. Beim Abschrecken erreicht der Mantel des Zylinders bereits die Temperatur T_2 während der Kern noch die Temperatur T_1 aufweist. Durch die tiefere Temperatur kontrahiert der Mantel und es entwickeln sich thermische Spannungen. Der Mantel steht unter Zug, der Kern unter Druck. Jetzt gibt es zwei Möglichkeiten. Übersteigen die thermischen Spannungen die Streckgrenze nicht, kühlt auch der Kern auf die Manteltemperatur ab und der Zylinder ist wieder spannungsfrei. Übersteigen die thermischen Spannungen dagegen die Streckgrenze, verformt sich der Zylinder plastisch und es entstehen Eigenspannungen nach Abkühlung des Kerns. Durch die plastische Zugverformung im Mantel und plastische Druckverformung im Kern ist der Kern nach Abkühlung zu klein für den Mantel; deshalb finden wir Druckeigenspannungen im Mantel, und Zugeigenspannungen im Kern. Die Eigenspannungen können hohe Beträge aufweisen (Maximalwert: Streckgrenze). Sie überlagern sich den Betriebsbelastungen und müssen in der Auslegung von Bauteilen berücksichtigt werden.

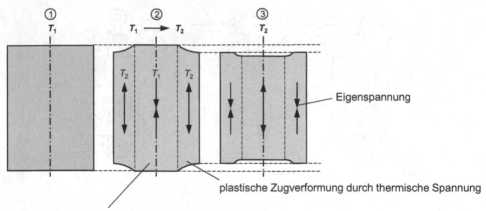

plastische Zugverformung durch thermische Spannung

plastische Druckverformung durch thermische Spannung

Abb. 13.56 Entstehung von Eigenspannungen durch inhomogene plastische Verformung beim Abschrecken von eine hohen Temperatur T_1 auf eine niedrige Temperatur T_2 bei einem zylindrischen Bauteil

Die Geometrieänderungen des Werkstücks, die als Folge der Abschreckspannungen und der damit verbundenen Verformungen auftreten, bezeichnet man als *Verzug*. Der Verzug kann außerordentlich störend sein, wenn er Nacharbeit und Richten erfordert. Häufig muss dies per Hand geschehen, da die Geometrieänderungen von Teil zu Teil nicht streng reproduzierbar auftreten. Manchmal kommt es erst bei der abschließenden mechanischen Bearbeitung zu Verzug, weil durch das Entfernen von Volumenelementen das Kräftegleichgewicht der Eigenspannungen gestört wurde. Teilweise spannt man die Werkstücke beim Abschrecken in sogenannten Härtemaschinen ein, um Verzug zu verhindern.

Sind die plastischen Verformungen, die als Folge des Abschreckens auftreten, so groß, dass die Bruchdehnung überschritten wird, entstehen *Risse*.

Die Einstellung der Gebrauchseigenschaften bei Metallen durch martensitische Härtung oder Ausscheidungshärtung erfordert ein Abschrecken glühender Werkstücke in Öl oder Wasser. Die dabei auftretenden thermischen Spannungen können zu Eigenspannungen, Verzug und Rissen führen.

13.5.2 Verbesserung der Randschichteigenschaften von Werkstücken

Bei der Verbesserung der Randschichteigenschaften geht es in der Regel um den Verschleißschutz (Randschichthärten von Stählen) oder die Schwingfestigkeit (Erzeugung von Druckspannungen in der Randschicht durch plastisches Verformen von Metallen).

Wie schon im Abschnitt Beschichtung erläutert, steht dabei wieder der Gedanke der Funktionstrennung zwischen Oberfläche und Volumen im Vordergrund.

Die einfache Möglichkeit zum *Randschichthärten* ist einer der vielen Vorteile, denen Stähle ihre große Bedeutung in der Technik verdanken. Die Härtung der Randschicht kann über *selektive Erwärmung* oder selektive *Veränderung der Zusammensetzung* erreicht werden. Im ersteren Fall wird einfach so vorgegangen, dass bei der Härtung durch martensitische Umwandlung nur ein begrenzter Randbereich auf die notwendige Austenitisierungstemperatur erwärmt wird. Nur dort bildet sich dann beim anschließenden Abschrecken das entsprechende sehr harte und verschleißfeste Gefüge. Je nach der verwendeten Wärmequelle unterscheidet man *Flammhärten, Induktionshärten und Laserstrahlhärten*. Die Einhärtungstiefe reicht von weniger als 0,1 mm mit dem Laser bis zu 30 mm mit Induktion.

Die zwei wichtigsten Verfahren zum Randschichthärten mit selektiver Änderung der Zusammensetzung sind das Einsatzhärten und das Nitrieren. Beim *Einsatzhärten* wird der C-Gehalt c_C in der zu härtenden Randschicht so weit erhöht, dass sich dort bei der anschließenden Vergütungswärmebehandlung des Werkstücks die gewünschte hohe Härte einstellt. Typische Werte in der zu härtenden Randschicht liegen bei $c_C = 0,9\,\%$. Zur Erhöhung des C-Gehaltes werden die Werkstücke in Anwesenheit kohlenstoffhaltiger Gase bei ca. 900 °C geglüht. Über Reaktionen vom Typ

$$2\,CO \to \underline{C} + CO_2 \qquad (13.53)$$

und

$$CH_4 \to \underline{C} + 2\,H_2 \qquad (13.54)$$

wird die Kohlenstoffaktivität und -konzentration an der Werkstückoberfläche festgelegt und die Eindiffusion von Kohlenstoff veranlasst ($\underline{C}$ bedeutet ein C-Atom auf einem Gitterplatz, siehe auch Abschn. 9.5). Der Zeitbedarf, um eine angestrebte Eindringtiefe x zu erreichen, ist nach Abschn. 6.1.3 durch folgende Beziehung gegeben:

$$t(x) \propto x^2/D_C \qquad (13.55)$$

mit D_C als dem Diffusionskoeffizienten von C. Da die Geschwindigkeit der Diffusion mit der Temperatur zunimmt, würde man nach (13.55) bevorzugt sehr hohe Glühtemperaturen wählen. Dem steht allerdings die Gefahr des Kornwachstums entgegen. Einhärtetiefen von 10 mm sind in der Praxis trotzdem erreichbar, z. B. in großen Zahnrädern. Früher wurde das Einsatzhärten so durchgeführt, dass man die Werkstücke in eiserne Kästen mit rotglühender Holzkohle als Lieferant kohlenstoffabgebender Gase „einsetzte" – daher der Ausdruck „Einsatzhärten".

Beim *Nitrieren* wird über Glühen in Anwesenheit stickstoffabgebender Mittel eine harte geschlossene Nitridschicht am Rand des Werkstücks erzeugt. An die Nitridschicht schließt sich nach innen noch eine ebenfalls härtend und auch stützend wirkende Diffusionszone mit ausgeschiedenen Nitriden an. Da die Nitriertemperaturen durch die sich ausbildenden Phasen auf etwa 550 °C begrenzt sind und die Stickstoffdiffusion im Nitrid nur relativ langsam vor sich geht, können nur Schichttiefen bis etwa 0,5 mm erreicht werden. Der Vorteil des Nitrierens gegenüber dem Einsatzhärten besteht andererseits in der höheren erreichbaren Härte und dem Wegfall des Abschreckens.

Große Bedeutung in der Verbesserung der Randschichteigenschaften bei Metallen hat das *Druckumformen* der Oberfläche. Durch eine örtlich begrenzte plastische Verformung wird der Werkstoff verfestigt und es werden Druckeigenspannungen eingebracht, was sich insbesondere auf die Schwingungsfestigkeit positiv auswirkt, weil bei dynamischer Beanspruchung die Risse im allgemeinen von der Oberfläche ausgehen. Die Druckumformung kann über Festwalzen oder Kugelstrahlen erreicht werden.

Wichtige Verfahren zur Verbesserung der Verschleißbeständigkeit von metallischen Werkstücken sind Induktionshärten, Einsatzhärten und Nitrieren. Zur Verbesserung der Schwingungsfestigkeit wird das Druckverformen der Oberfläche angewendet.

Zerstörungsfreie Werkstoffprüfung 14

14.1 Definition. Zuverlässigkeit und Sicherheit

Zuverlässigkeit ist in jüngster Zeit mehr und mehr zum Wertmaßstab technischer Produkte aller Art – von der Haushaltsmaschine bis zur Kraftwerksturbine, vom Personenkraftwagen bis zum Großraum-Passagierflugzeug – geworden. Die Forderung nach Zuverlässigkeit richtet sich an verschiedenartige Träger von Verantwortung:

- den Konstrukteur: verantwortlich für einwandfreien Entwurf, z. B. richtige Berechnung einer Brücke;
- den Fertigungsingenieur: verantwortlich für gezielte Formgebung von Werkstücken;
- den Werkstoffingenieur: verantwortlich für die Einhaltung zugesagter Festigkeitswerte und anderer Materialkenngrößen;
- den Betreiber: verantwortlich für sachgerechten und vorschriftsmäßigen Betrieb der fertigen Anlage, Vermeidung von Überschreitungen der Soll-Belastungen, und einwandfreie Wartung, gegebenenfalls gemeinsam mit dem Hersteller.

Entsprechend unterscheidet man in Unglücks- und Versagensfällen zwischen *Konstruktionsfehlern, Herstellungsfehlern, Materialfehlern, Bedienungsfehlern*. Aus Unterlagen von Versicherungsgesellschaften geht hervor, dass die Materialfehler unter diesen Kategorien technischen Versagens eine untergeordnete Rolle spielen. Angesichts der möglichen schwerwiegenden Folgen einzelner Schadensfälle entbindet diese statistische Argumentation den Werkstoffingenieur jedoch nicht von der Pflicht zu größter Sorgfalt.

Wir diskutieren den Begriff der Zuverlässigkeit anhand des wichtigsten Anwendungsfalls, der Festigkeit. In Kap. 10 haben wir gesehen, dass die Festigkeit eines Werkstoffs durch bestimmte Kennwerte, z. B. die Zugfestigkeit R_m oder die Fließgrenze $R_{p0,2}$, charakterisiert werden kann. Diesen Wert legt der Konstrukteur seinen Berechnungen zugrunde. Wie sicher ist er aber, dass unter der sehr großen Anzahl gleichartiger Bauteile,

© Springer-Verlag GmbH Deutschland 2016
B. Ilschner, R.F. Singer, *Werkstoffwissenschaften und Fertigungstechnik*,
DOI 10.1007/978-3-642-53891-9_14

z. B. für Kraftfahrzeuge, nicht 5 % oder noch mehr unterhalb des zugesagten $R_{p0,2}$-Wertes liegen? Welche Sicherheit hat der Benutzer einer alpinen Großkabinen-Seilbahn, dass 7000 m Tragseil, die im Sommer 2000 eingebaut wurden, auch 20 Jahre später nach ständig wechselnder Belastung in Wind und Wetter noch dieselben Festigkeitswerte besitzen, von denen seinerzeit die baustatische Berechnung ausging? Die Angaben von Werkstoffhandbüchern und Firmenlisten über durchschnittliche bzw. angestrebte Werte sind für diese Fragestellung nicht sehr hilfreich.

Veranlassung für Werkstoffprüfung am Bauteil

	Risikobehaftete Einzelanlagen	Preisgünstige Massenprodukte
Abnahme- bzw. Zulassungsprüfung	ist praktisch stets zwingend vorgeschrieben (TÜV)	erfolgt in der Regel als Stichprobe
Wiederholungsprüfung nach vorgegebener Nutzungsdauer	gewinnt zunehmende Bedeutung	wird in der Praxis eher selten durchgeführt, z. B. Pkw

Bei der Bewertung des Risikos und der Schwankungsbreite von Messergebnissen muss man von dem Sachverhalt ausgehen, dass selbst kleinste Fehlstellen im Material wie Mikrorisse, Porenansammlungen, Seigerungen, Korngrenzenausscheidungen, lokale Eigenspannungsmaxima zu sehr starken Festigkeitsverlusten führen können. Wir haben gesehen, wie man mit mikroskopischen Gefügeuntersuchungen (Kap. 3) derartige Fehler nachweisen kann und ferner, wie man u. a. im Zugversuch (Kap. 10) ihren Einfluss auf die Festigkeit prüfen kann. Wir haben auch die Prinzipien der Bruchmechanik kennengelernt, die die Stabilität von Rissen bzw. ihre langsame Ausbreitung bis hin zu kritischen Werten regieren. Diese Verfahren sind aber für die hier gestellte Aufgabe nicht wirklich brauchbar, denn sie erfordern die Bereitstellung von metallographischen Proben, von Zugproben, von bruchmechanischen Proben usw. – und dies von verschiedenen Stellen jedes zu prüfenden Bauteils. Abgesehen vom Arbeits- und Kostenaufwand ist gerade dieses Vorgehen jedoch unzulässig, denn derartige Probenahmen würden in aller Regel das Bauteil unbrauchbar machen, d. h. *zerstören*.

Gesucht sind also *zerstörungsfreie Verfahren*, die am Bauteil während und nach der Fertigung bzw. der Montage oder während einer Inspektion (Wartung) durchgeführt werden können. Je nach dem erforderlichen und zugleich vertretbaren Prüfaufwand geht es dabei oft nur um die einfache Feststellung, ob das Bauteil im Sinne eines geeigneten Kriteriums als „sicher" bezeichnet werden kann oder nicht („Go-No Go"-Entscheidung); oder es geht um die Feststellung der Art, der Größe und der Lage fehlerhafter Stellen im Bauteil. Letztgenannte Aussagen erleichtern es zum einen, die Gefährlichkeit einer Fehlstelle richtig zu beurteilen, und zum anderen, Abhilfemaßnahmen bzw. Reparaturen einzuleiten. Dabei ist auch die Voraussage, ob im nächsten Inspektions-Intervall ein heute noch harmloser Anriss vielleicht eine nicht tolerierbare Tiefe erhalten kann, von Bedeutung.

Wie in der Medizin, so ist auch hier die richtige Diagnose die Voraussetzung zu einer erfolgreichen Therapie.

Für diesen Aufgabenbereich sind unter der Bezeichnung zerstörungsfreie Prüfverfahren (ZfP) zahlreiche und vielseitige Methoden entwickelt worden. Ihre Anwendung und Weiterentwicklung stellt einen wesentlichen Anteil der Tätigkeit sehr vieler Werkstoffingenieure in der beruflichen Praxis dar. Mehrere große Spezialinstitute, von denen hier nur die Bundesanstalt für Materialprüfung in Berlin oder das Fraunhofer-Institut für zerstörungsfreie Werkstoffprüfung in Fürth und Saarbrücken genannt werden sollen, befassen sich mit der Forschung und Entwicklung auf diesem Gebiet.

Die nachfolgend behandelten Methoden beruhen auf der Verwertung von Phänomenen, die in den früheren Kapiteln dieses Lehrbuchs behandelt wurden. Natürlich gibt es mehr und ständig neue Prüfverfahren, die aber hier nicht alle erörtert werden können.

14.2 Flüssigkeitseindringverfahren

Eine wesentliche Aufgabe der zerstörungsfreien Prüfung besteht darin, sehr feine *Oberflächenrisse* ohne mikroskopische Untersuchung und die dazugehörige Präparation zu entdecken, insbesondere auch an nichtebenen Oberflächen. Um dies zu erreichen, kann man u. a. die *Kapillarwirkung* ausnutzen, Abschn. 8.4. Die zu prüfende Oberfläche wird in eine gut benetzende Flüssigkeit eingetaucht, welche in eventuell vorhandene feine Risse eindringt. Dabei wird die im Riss noch enthaltene Luft durch den Kapillardruck komprimiert, Abb. 14.1a und b. Streift oder wischt man anschließend den die Oberfläche bedeckenden Film ab, so tritt ein Teil der Flüssigkeit aus dem Riss wieder aus, um die leere Oberfläche zu beiden Seiten des Risses zu benetzen; dadurch entsteht auf der Werkstückoberfläche eine *Spur*, die wesentlich breiter ist als der Riss selbst. Um sie mit dem Auge noch besser erkennen zu können, fügt man der Eindringflüssigkeit als Verstärker etwa einen Fluoreszenzfarbstoff bei, der in einer abgedunkelten Inspektionskabine bei Beleuchtung mit einem Ultraviolettstrahler hell aufleuchtet. Ein verwandtes Verfahren besteht darin, die Eindringflüssigkeit anzufärben und die Oberfläche nach dem Abstreifen des Hauptfilms mit einem saugfähigen weißen Pulver zu bestreuen: dieses saugt infolge seiner viel größeren spezifischen Oberfläche die Farblösung aus dem Spalt heraus und bildet so ebenfalls eine breite, visuell gut erkennbare Spur.

Flüssigkeitseindringverfahren erfordern sehr wenig apparativen Aufwand, ihre Ergebnisse sind leicht zu interpretieren; sie eignen sich auch zur Prüfung größerer Stückzahlen.

Flüssigkeitseindringverfahren

Wirkungsweise:
Kapillarkraft saugt Detektorflüssigkeit in offene Risse, erzeugt im zweiten Schritt

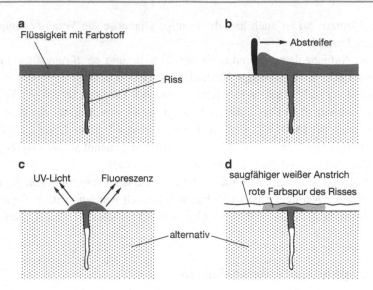

Abb. 14.1 Prinzip der Erkennung von Oberflächenrissen durch das Flüssigkeitseindringverfahren mit nachfolgender Verstärkung

eine breite Spur auf der Oberfläche; Verstärkung durch Anfärben/Fluoreszenz der Detektorflüssigkeit.

Anwendung:
Ermittlung von Rissen in Oberflächen bei geringem Prüfaufwand; Risse müssen zur Oberfläche hin offen sein.

14.3 Magnetpulververfahren

Magnetpulververfahren sind nur auf ferromagnetische Werkstoffe anwendbar; dazu gehören allerdings die mengenmäßig bedeutendsten Werkstoffe überhaupt, nämlich die unlegierten und die niedriglegierten ferritischen Stähle.

Mikroskopisch feine Risse (bis zu wenigen Mikrometern breit) können in solchen Werkstoffen durch die *magnetischen Streufelder* (Abschn. 12.3) sichtbar gemacht werden, die sich ausbilden, wenn ein äußeres Erregerfeld senkrecht zur Rissebene angelegt wird (Abb. 14.2). In diesem Streufeldbereich, der wieder wesentlich größere Ausdehnung hat als der Riss selbst (Verstärkungseffekt), sammeln sich wegen der Kraftwirkung der steilen Feldgradienten, die von den aus der Oberfläche austretenden stark gekrümmten Feldlinien erzeugt werden, feine Magnetpulverteilchen an, die auf die Probe aufgestreut

Abb. 14.2 Fehlererkennung mit Magnetpulver: Aufgestreute Pulverteilchen sammeln sich an Inhomogenitäten der Feldlinienverteilung

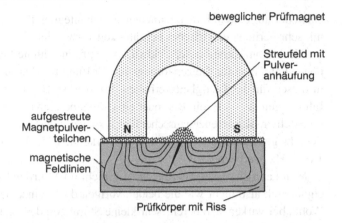

beweglicher Prüfmagnet

Streufeld mit Pulveranhäufung

aufgestreute Magnetpulverteilchen

magnetische Feldlinien

Prüfkörper mit Riss

bzw. in Form einer leichtflüssigen Emulsion aufgetragen werden. Das Verfahren wurde übrigens schon in Abschn. 12.3.1 im Zusammenhang mit der Sichtbarmachung von ferromagnetischen Bereichsgrenzen erwähnt („Bitter-Streifen").

Der Effekt lässt sich noch verstärken, wenn man das Magnetpulver anfärbt – z. B. wieder mit einem Fluoreszenzfarbstoff (UV-Beleuchtung erforderlich). Wie man sich leicht überlegt, reagiert das Magnetpulververfahren auch auf Fehlstellen, die dicht *unterhalb der Oberfläche* liegen, ohne dass sie zur Oberfläche hin offen sind.

Magnetpulververfahren

Wirkungsweise:
Ein von außen angelegtes Magnetfeld wird durch Inhomogenitäten in Oberflächennähe gestreut; das Streufeld, welches die Oberfläche durchdringt, führt zur sichtbaren Anhäufung von Magnetpulverteilchen; Verstärkung durch Anfärben/Fluoreszenz.

Anwendung:
Anrisse und oberflächennahe Fehler in ferromagnetischen Werkstoffen; Fehler muss quer zur Richtung des Magnetfeldes liegen.

14.4 Wirbelstromverfahren

Im Zusammenhang mit den Verlusten beim Einsatz von Magnetwerkstoffen in der Hochfrequenztechnik hatten wir in Abschn. 12.3 auch die Wirbelstromverluste erwähnt. Die Wechselwirkung eines HF-Feldes mit einem guten Leiter führt zur Konzentration der induzierten elektrischen Wirbelströme auf eine dünne oberflächennahe Schicht („Skin") des Leiterwerkstoffs. Dies ist der Grund, warum man für Magnete im Hochfrequenzbereich entweder aus extrem feinen Lamellen aufgebaute metallische Magnete oder Oxidmagnete mit sehr geringer elektrischer Leitfähigkeit verwendet.

Diese Konzentration der Feldwirkung auf eine dünne Schicht unter der Bauteiloberfläche kann man für die zerstörungsfreie Prüfung nutzbar machen: Befindet sich nämlich in dieser für das Festigkeitsverhalten des Werkstoffs besonders kritischen Schicht eine Inhomogenität – z. B. ein Riss oder ein Gefügebereich mit veränderter Leitfähigkeit (Härtungsfehler, Korngrenzenausscheidung), so verändert sich die elektrische Reaktion der Schicht gegenüber dem Feld einer einwirkenden Hochfrequenz-Spule. Meist wird mit 1 bis 5 Hz gearbeitet.

Man kann diese Veränderungen zwar nicht im Mikromaßstab erkennen; das Verfahren eignet sich also nicht wie die beiden vorigen dazu, einzelne Fehler sichtbar zu machen. Wohl aber wirken sich bereits sehr kleine Störungen des Verlaufs der induzierten Wirbelströme in der Oberflächenschicht der Probe auf die Feinabstimmung des Schwingkreises aus, der von der Probe und der Erregerspule gebildet wird. Die Spannungs-Zeit-Verläufe in der Erregerspule, die man etwa auf einem Oszillographen abbilden kann, reagieren empfindlich auf solche Störungen. Man erhält also nicht wie bei den zuvor behandelten Verfahren ein „Bild", sondern vielmehr einen Messwert, der als *Warnsignal* aufgefasst werden muss.

Dieses Signal, welches auf die Existenz einer Fehlstelle hinweist, kann nun entweder als Veranlassung zu einer genauen Prüfung (z. B. mit Röntgenstrahlen, siehe Abschn. 14.5) gewertet werden oder auch zur Entscheidung zwischen „noch brauchbar" und „schon Ausschuss" aufgrund vorher empirisch erprobter Kriterien. Es können z. B. mit zwei identischen Messspulen und einer völlig einwandfreien Vergleichsprobe Gut-Schlecht-Entscheidungen bei sehr großen Stückzahlen vollautomatisch durchgeführt werden.

Wirbelstromprüfung

Wirkungsweise:
Ausnutzung des Skin-Effektes bei der Einwirkung eines HF-Feldes: Kennwerte der elektrischen Kopplung zwischen Erregerspule und Prüfkörper werden durch oberflächennahe Veränderungen des Werkstoffs empfindlich gestört.

Anwendung:
Anrisse und Härtungsfehler, auch unterhalb der Oberfläche; reagiert auf Zusammensetzungsunterschiede (Diffusionszonen); geeignet zur vollautomatischen Ausschussermittlung bei Teilen der Massenfertigung.

14.5   Durchleuchtung mit Röntgen- und Gammastrahlen

Die Anwendung von Durchstrahlungsverfahren oder die *Radiographie* für die ZfP beruht auf der Messung der *Absorption,* d. h. der Schwächung von kurzwelliger elektromagnetischer Strahlung beim Durchgang durch den Prüfkörper. Die Intensität I eines auf das Werkstück auffallenden Strahls wird in jeder Schicht der Dicke dx um den gleichen Prozentsatz geschwächt; diese Aussage führt auf einen exponentiellen Abfall der Intensität mit der Eindring- bzw. Durchstrahlungstiefe X:

$$I = I_0 \exp(-\mu X). \tag{14.1}$$

Der Schwächungskoeffizient μ hängt von zwei Faktoren ab: einmal vom Absorptionsvermögen der Atomsorten des betreffenden Werkstoffs (er nimmt mit steigender Atomnummer zu) und zum anderen von der Energie der zur Durchleuchtung verwendeten elektromagnetischen Strahlung.[1] Je härter, d. h. kurzwelliger die verwendete Strahlung ist, desto weniger wird sie im Werkstoff absorbiert, desto geringer ist also der anzuwendende Wert von μ.

Radiographische Verfahren registrieren die unterschiedliche *Massendichte*, welche ein Strahl beim Durchlaufen des Werkstücks an verschiedenen Stellen erfährt. Unterschiedliche Massendichte kann zurückzuführen sein auf

- unterschiedliche Dicke (Anwendung zur berührungslosen Banddickenmessung),
- Auftreten von Hohlräumen (Lunker, Poren),
- Auftreten von Zusammensetzungsunterschieden (Seigerungen).

In der Durchstrahlungsrichtung ausgedehnte Fehler sind also das schwerpunktmäßige Anwendungsgebiet – nicht hingegen Risse, die geschlossen sind, bzw. nicht klaffen. Die große Tiefenwirkung (bis 50 cm Stahl) ist der besondere Vorteil der Radiographie mit harter Gammastrahlung. Er muss allerdings mit einer aufwendigen Ausrüstung bezahlt werden.

Radiographie mit Röntgen- und Gammastrahlen
Die Anordnung zur zerstörungsfreien Prüfung besteht aus Strahlenquelle, durchstrahlter Probe, Registriereinrichtung.

Die Strahlenquelle ist im Regelfall eine *Röntgenröhre*. Ihren Aufbau verdeutlicht Abb. 14.3. Ein Elektronenstrahl, dessen Stromstärke im mA-Bereich liegt, wird von

---

[1] Energie ist gleichbedeutend mit Frequenz f, denn $E = hf$ (h: Planck'sches Wirkungsquantum). Frequenz f und Wellenlänge λ sind durch die Beziehung $\lambda f \approx c$ gekoppelt (c: Lichtgeschwindigkeit).

Abb. 14.3 Aufbau einer
Röntgenröhre für Grobstruk-
turuntersuchungen

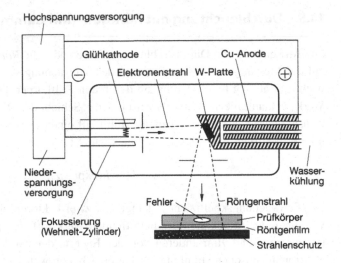

einem glühenden Draht (mit eigener Heizstromversorgung) emittiert und durch ein Hoch-
spannungsfeld (10 kV bis 1000 kV = 1 MV) auf die metallische *Anode* hin beschleunigt.
Diese besteht zumeist aus *Wolfram*, welches die auf der kleinen Fläche des Brennflecks
auftreffende Strahlenergie von 0,1 bis 10 kW wegen seines hohen Schmelzpunktes bei
relativ guter Wärmeleitfähigkeit am besten bewältigt. – Zur Ableitung der Wärmeenergie ist die *Anode* oder Antikathode als Wolframscheibchen ausgebildet und in einen
wassergekühlten Kupferkörper eingelötet. Das Anodenplättchen ist um etwa 20° aus
der Strahlachse herausgedreht, sodass ein intensiver und gut begrenzter Röntgenstrahl
die Röhre senkrecht zur Elektronenstrahlrichtung verlässt und durch das zu prüfende
Werkstück hindurch auf die Registriereinrichtung geleitet werden kann.

Erzeugt wird diese Röntgenstrahlung durch atomare Quantenprozesse im Anodenwerk-
stoff. Die Ausbeute in Bezug auf die Primärenergie ist allerdings gering, vor allem bei
langwelliger, „weicher" Strahlung. Sie beträgt im Bereich von 100 bis 200 kV Elektro-
nenstrahlspannung nur knapp 1 %, bei 1 MV auch erst 7 %, bei 5 MV immerhin 27 %;
die übrige Primärenergie wird jeweils in Wärme umgesetzt und bedingt den erheblichen
Aufwand für die Kühlung der Anode.

Die an der Anode erzeugte Röntgenstrahlung besitzt keine einheitliche Wellenlänge,
sondern ähnlich wie weißes Licht ein kontinuierliches Spektrum. Sein kurzwelliges, d. h.
energiereiches Ende ist durch die Beziehung

$$\lambda_{min} = 1240/U \quad (nm) \tag{14.2}$$

gekennzeichnet, wobei U die Spannung an der Röntgenröhre (in V) ist. Trotz der Spektralverteilung kann der Wert aus (14.2) in erster Näherung zur Kennzeichnung der „Härte"
einer bestimmten Strahlung bzw. ihrer Durchdringungsfähigkeit für Werkstoffe verwendet werden. Wenn oben gesagt wurde, dass der Absorptionskoeffizient μ in (14.1) von der
Wellenlänge λ abhängt, so können wir mit (14.3) feststellen: Die für die Durchstrahlbar-

Abb. 14.4 Durchstrahlbare Dicke von Stahlblech als Funktion der Spannung an der Röntgenröhre

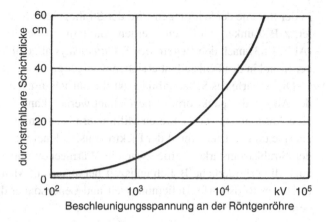

keit kennzeichnende Werkstoffdicke X^*, bei der die Strahlintensität I von I_0 auf $(1/e)I_0$, d. h. auf 37 % des Ausgangswertes geschwächt ist, liegt bei

$$X^* = 1/\mu = f_1(\lambda) = f_2(V). \tag{14.3}$$

Die durchstrahlbare Schichtdicke kann so als Funktion der Spannung an der Röntgenröhre dargestellt werden, siehe Abb. 14.4. Natürlich spricht die größere Durchstrahlbarkeit dafür, umso härtere Röntgenstrahlung einzusetzen, je dicker die Wandstärke der zu prüfenden Werkstücke ist, zumal dann auch die Röntgenausbeute (s. o.) und die Bildschärfe zunehmen. Dem steht aber der zunehmende technische Aufwand und das zunehmende *Risiko der Strahlenschädigung* für das Bedienungspersonal entgegen. Bei Durchstrahlungsanlagen der Werkstoffprüfung müssen die Vorschriften des Strahlenschutzes mit größter Sorgfalt beachtet werden.

Bei etwa 1000 kV sind der Röntgenstrahlerzeugung mit normalen Röntgenröhren und Hochspannungstransformatoren technische Grenzen gesetzt; man muss dazu übergehen, den hochenergetischen Elektronenstrahl in einem elektrostatischen oder in einem induktiven Elektronenbeschleuniger (*Betatron*) zu erzeugen. Mit einem Betatron kann man Strahlspannungen bis zu 20 MV erreichen, womit sich Werkstücke aus Stahl bis zu 50 cm Dicke bei akzeptablen Belichtungszeiten durchstrahlen lassen. Ein solches Großgerät erfordert allerdings eine eigene Werkhalle.

Weniger aufwendig ist die Verwendung der Gammastrahlung von künstlich erzeugten *radioaktiven Isotopen*, einem Nebenprodukt der Kerntechnik. Das Isotop Co-60 ist besonders häufig in Gebrauch. Die von ihm emittierten und zur Werkstoffprüfung eingesetzten γ-Strahlen entsprechen einer Beschleunigungsspannung der Elektronen von 1,17 bzw. 1,32 MV. Sie können Stahlteile bis zu etwa 20 cm Dicke durchdringen.

Im Probenwerkstoff finden unterschiedliche Arten von Wechselwirkungsprozessen der elektromagnetischen Strahlung mit den Legierungsatomen statt, die im Rahmen dieses Buches nicht behandelt werden können. Durch sie wird die Energie des auftreffenden Strahls z. T. in Wärme umgesetzt, z. T. als Streustrahlung in andere Richtungen gelenkt.

In der Summe der Wirkungen wird der Strahl geschwächt, woraus sich (14.1) ergibt. Fehler, z. B. Lunker und Poren, werden von dem aus der Röntgenröhre austretenden Strahl (Abb. 14.3) nach den Regeln des *Schattenwurfs* abgebildet – mit dem Unterschied, dass der Strahl in den Fehlstellenbereichen weniger geschwächt wird als im übrigen Werkstoff.

Die Schärfe des Schattenbildes wird natürlich umso besser, je eher der Brennfleck auf der Anode als „punktförmig" bezeichnet werden kann. Traditionell muss der Brennfleck eine Ausdehnung von mehreren Millimetern besitzen, weil er sonst durch den in Wärmeenergie umgesetzten Anteil der Elektronenstrahlenergie überhitzt würde (s. o.). Absenken der Strahlstromstärke würde zwar die Wärmeerzeugungsrate verringern, zugleich aber auch die erforderliche Belichtungszeit heraufsetzen. Man muss also einen Kompromiss zwischen Bildschärfe, Belichtungszeit und Lebensdauer der kostspieligen Anode schließen.

Trotz der oben beschriebenen Beschränkungen ist es gerade in den letzten Jahren gelungen, die Detailerkennbarkeit wesentlich zu steigern. Man spricht von *Mikro-, Nano-* und *Feinfokus-Röntgenprüfung*. Den Hintergrund bilden spezielle Röntgenröhren, die einen besonders kleinen Brennfleck besitzen und dadurch höhere Auflösung erreichen. In der Forschung wird auch schon mit ersten Linsen für Röntgenstrahlung gearbeitet.

Die Bildaufzeichnung hinter dem durchstrahlten Werkstoff erfolgte in der Vergangenheit überwiegend mit Röntgenfilmen, deren Empfindlichkeit dem Spektrum der verwendeten Röntgenstrahlung angepasst war. Durch Variation des Abstandes zwischen Strahlenquelle, Werkstück und Film lassen sich Vergrößerungseffekte erzielen. Allerdings muss man bedenken, dass mit steigendem Abstand L die auf den Film gelangende Intensität wie $1/L^2$ abnimmt, die Belichtungszeit also entsprechend zunimmt. Auch hier waren Kompromisse erforderlich.

Einen großen Fortschritt für die Radiographie stellt deshalb die Anwendung der elektronischen Bildaufzeichnung dar. Hierbei wird ein CCD array eingesetzt, d. h. ein Silicium-Chip mit entsprechender lokal auflösender Strahlungsempfindlichkeit. Wenn man das zu prüfende Objekt während der Beobachtung bewegt (z. B. langsam rotiert) und dort, wo man eine kleine Schwächung konstatiert, die Fortbewegung reduziert, erhält man mit der *Computer-Tomographie* eine komplette Beschreibung der Mikrostruktur im Probenvolumen. Es lassen sich Schnitte durchs Gefüge in beliebigen Richtungen rekonstruieren. Das Verfahren stellt ein Analogon dar zu der vergleichbaren, nur bezüglich des Absorptionsvermögens des durchleuchteten Objekts angepassten Methode in der Humanmedizin.

Abschließend sollte darauf hingewiesen werden, dass auch weitere methodische Querverbindungen zu Anwendungen der Röntgen- und Gammastrahlung außerhalb der zerstörungsfreien Werkstoffprüfung bestehen. In Abschn. 5.4.5 haben wir sie bereits als Hilfsmittel zur Analyse der Struktur atomarer Raumgitter kennengelernt. Ferner wird die charakteristische Röntgenstrahlung, die beim Auftreffen einer Primärstrahlung auf eine Probenoberfläche von den Legierungsatomen emittiert wird, nach spektraler Zerlegung zur quantitativen Schnellbestimmung der chemischen Zusammensetzung von Werkstoffen verwendet. Gemeinsamkeiten finden sich auch in der Bildauswertung und natürlich dem Strahlenschutz. Man unterscheidet also

- *Röntgen-Feinstrukturanalyse* (Stichwort: Raumgitter),
- *Röntgen-Grobstrukturanalyse* (Stichwort: Werkstoffprüfung),
- *Röntgen-Fluoreszenzanalyse* (Stichwort: chemische Zusammensetzung).

Röntgendurchstrahlung

Wirkungsweise:
Durchstrahlung des Prüfkörpers und Intensitätsmessung; erhöhte Intensität = verringerte Absorption = verringerte Massendichte: Hinweis auf Lunker, Poren usw.; Bildaufzeichnung mit Röntgenfilm oder elektronisch

Anwendung:
Zuverlässige Fehleraufdeckung im Inneren von Bauteilen mittlerer Wandstärke, insbesondere an Schweißnähten von Blechen, Rohren, Behältern; Durchstrahlbarkeit dicker Körper und Auflösungsvermögen für kleine Fehler begrenzt; Apparatur aufwendig und relativ schwerfällig, Notwendigkeit sorgfältigen Strahlenschutzes. Gepäckkontrolle im Luftverkehr. Aufdeckung von Fälschungen von Banknoten und Kunstwerken.

Entwicklung in der Zukunft:
Durch Verfahren wie Mikro- oder Nano-CT ist die Röntgenprüfung heute in starker Bewegung. Hintergrund sind bessere Detailerkennbarkeit durch kleineren Brennfleck, Linsen und Computertomographie.

14.6 Ultraschallprüfung

Bei diesem Verfahren wird die Durchleuchtung durch eine „Durchschallung" ersetzt, wobei Schallwellen mit Frequenzen zwischen 1 und 25 Hz angewendet werden. Analog zu der für elektromagnetische Strahlung geltenden Beziehung ist hier

$$\lambda f = v \tag{14.4}$$

wobei f die Frequenz, λ die Wellenlänge und v die Geschwindigkeit des Schalls im Prüfkörper ist. Für Stahl gilt $v = 6000\,\text{m/s}$ verglichen mit $1500\,\text{m/s}$ in Wasser und $330\,\text{m/s}$ in Luft. Mit $f = 10\,\text{Hz}$ ergibt sich hieraus die Wellenlänge zu $\lambda = 0{,}6\,\text{mm}$. Die zu prüfenden Werkstücke müssen groß gegen diesen Wert sein, die zu entdeckenden Fehler etwa von gleicher Größenordnung.

Während bei der Durchleuchtung mit Röntgen- oder Gammastrahlen die Absorption im massiven Werkstoff (gegenüber der Null-Absorption in einer Fehlstelle) zur Fehlererkennung dient, ist es bei der Prüfung mit Ultraschall überwiegend die *Reflexion* der in das Werkstück eingeleiteten Schallwellen an Grenzflächen gegenüber Luft, Vakuum, Wasser,

Keramik oder Kunststoff. Derselbe Lunker, der bei Röntgendurchstrahlung als Aufhellung erscheint, weil er weniger Strahlung absorbiert als der massive Werkstoff, würde im „Durchschallungsbild" dunkel erscheinen, weil seine der Schallquelle zugewandte Grenzfläche den größten Teil der Schallintensität nicht durchlässt, sondern zurückwirft.

Die geringe Schwächung der Schallwellenintensität im Werkstoff des Prüfkörpers gestattet große Eindringtiefen. 30 cm dicke Platten können routinemäßig geprüft werden, während Stangen und Rohre (aus deren Mantelflächen der longitudinal eingeführte Schall nicht austreten kann) in Längen bis zu 10 m durchschallt werden können, auch bei gekrümmtem Verlauf.

Wir müssen etwas einschränken: Auch ein Schallfeld erfährt im Festkörper Absorption, und es gilt eine zu (14.1) analoge Beziehung. Schwächung einer Schallwelle ist gleichbedeutend mit Dämpfung einer mechanischen Schwingung (s. Abschn. 10.3). Gusseisen und Gussgefüge aus Cu und Zn zeigen eine besonders starke akustische Dämpfung – bei Walzstahl und Aluminiumblech ist sie besonders gering. Es liegt auch keine reine Totalreflektion an den äußeren bzw. inneren Grenzflächen vor; eine in Aluminium laufende Schallwelle, die am Ende auf eine Grenzfläche gegenüber Wasser stößt, wird zu 71 % reflektiert, 29 % der Schallintensität gehen durch die Grenzfläche hindurch.

Trotz dieser Einschränkungen gilt, dass zur Fehlersuche mit Ultraschall (US) vor allem die *Echos* der aufgegebenen Schallimpulse, die an den Grenzflächen von Fehlern entstehen, zur Auswertung herangezogen werden und nicht die Schallschwächung durch Absorption (Dämpfung). Das am meisten angewendete Verfahren ist das *Impulsecho-Verfahren*, das anschließend beschrieben wird, vgl. Abb. 14.5.

Zwischen 60 und 2000 Schallimpulse pro Sekunde im oben genannten Frequenzbereich um 10 Hz herum werden von einem Signalgeber ausgelöst. Mit Hilfe eines Piezoquarzes oder eines magnetostriktiven Schwingers (Abschn. 12.3.3) werden diese elektrischen Impulse in elastische (akustische) Schwingungen umgesetzt. Über eine Koppelflüssigkeit (Wassertank, Ölfilm u. ä.) werden die so erzeugten Schallimpulse durch die Oberfläche des Prüfkörpers hindurch in diesen eingeleitet. Jedes Mal, wenn eines der Wellenpakete den Schallgeber verlassen hat – wenn also „Sendepause" herrscht –, beginnt eine elektronische Echtzeit-Uhr zu laufen, und das Schwinger-Verstärker-System wird elektronisch „auf Empfang gestellt". Es wartet nun auf das Eintreffen des Echos, während die elektronische Uhr die Laufzeit der Schallwellenfront bzw. des Echos zählt. Wegen

$$t_L = 2X/v \qquad\qquad (14.5)$$

kann aus der gemessenen Laufzeit t_L und der Schallgeschwindigkeit v die Entfernung X der reflektierenden Grenzfläche von der Einstrahlungsebene ermittelt werden. Im allgemeinen läuft ein Teil der eingestrahlten Schallwelle seitlich an den Fehlern vorbei und wird an der Rückwand des Prüfkörpers reflektiert. Da die Probendicke bekannt ist, erlaubt die Messung der Laufzeit des *Rückwandechos* die präzise Eichung von v zum Einsetzen in (14.5). Die *Intensität* des Echos kann als Maß für die Größe des Hindernisses ausgewertet werden.

Abb. 14.5 Messanordnung für das Ultraschall-Impulsecho-Verfahren

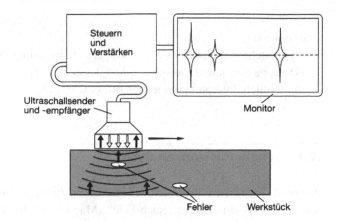

Oft liegen die Verhältnisse weniger einfach – insbesondere dann, wenn die echoerzeugende Grenzfläche der Fehlstelle nicht senkrecht zur einfallenden Wellenfront liegt: Dann gelangt das Echo nämlich nicht direkt, sondern erst nach Mehrfachreflektion an den womöglich kompliziert geformten Wänden des Prüfkörpers an den Empfänger – entsprechend geschwächt und verspätet. Die Anzeige der elektronischen Uhr liefert dann natürlich ebenso wenig ein brauchbares Maß für die Lage des Fehlers wie die Echointensität für seine Größe. Man erkennt hieraus, dass die Auswertung von Impulsecho- und anderen US-Messwerten große Erfahrung und Sorgfalt erfordert, und dass die Heranziehung von Eichproben (d. h. Platten mit künstlich eingebrachten Bohrungen in verschiedener Lage, die genau vermessen wurden) unerlässlich ist. Das Impulsecho-Verfahren liefert eben primär kein „Bild", sondern Signale, welche möglichen Fehlertypen und Fehlerlagen zugeordnet werden müssen. Das Einleiten der Schallwelle von verschiedenen Positionen, d. h. unter verschiedenen Winkeln, ist dabei ein wesentliches Hilfsmittel.

Unter Beachtung der Einschränkungen, die durch Schrägreflektion und Mehrfachechos bedingt sind, ist im Prinzip auch ein zeilen- oder flächenförmiges *Abrastern* („Scanning") der Werkstoffoberfläche durch mechanische Verschiebung des Schallgebers möglich. Im Impulsechobetrieb – also mit einem Schallkopf – kann über einer Verschiebungskoordinate auf dem Bildschirm immer dann ein Signal aufgezeichnet werden, wenn ein Echo vor dem Rückwandecho eintrifft, und aus der Laufzeit kann die Tiefe abgeleitet und als z-Koordinate dargestellt werden. Besser gelingen solche Rasterverfahren, wenn man die Schwächung der primären Schallintensität beim Durchtritt durch den Prüfkörper mit einer empfindlichen Messanordnung bestimmt. Das erfordert natürlich die gleichzeitige Verschiebung von Sender (Vorderseite) und Empfänger (Rückseite) relativ zum Prüfkörper.

Ultraschallprüfung

Wirkungsweise:
Akustisches Analogon zur Durchstrahlung, jedoch werden Messwerte nicht aus Absorption, sondern aus der Laufzeit der am Fehler reflektierten Schallwellen ermittelt.

Anwendung:
Fehlersuche in dickwandigen Prüfkörpern, da Eindringtiefe 30 cm und mehr. Da die Messapparatur leicht transportabel ist, kann Prüfung auch „vor Ort" erfolgen; sehr empfindlich, Interpretation jedoch oft schwierig; Eichproben erforderlich.

14.7 Schallemissionsanalyse

Während die meisten Verfahren der zerstörungsfreien Werkstoffprüfung Fehler dadurch ermitteln, dass ein äußeres „Such-Feld" (Magnetfeld, Hochfrequenzfeld, Röntgenstrahlung, Ultraschallwelle) auf den Prüfkörper einwirkt und die Veränderung dieses Such-Feldes durch Poren, Risse u. ä. in Absorption oder Reflexion analysiert wird, arbeitet die Schallemissionsanalyse (SEA) nach einem anderen Prinzip: Sie registriert die hochfrequenten Schallsignale, welche von Mikrorissen und ähnlichen Fehlern ausgehen, sobald diese sich unter der Einwirkung einer äußeren Last verändern.

Warum senden solche Fehler Schallsignale aus? Wie die Bruchmechanik zeigt (Abschn. 10.7.4), baut sich in der Umgebung einer Rissfront bei Belastung eine starke Verzerrungszone im Mikromaßstab auf. Diese gespeicherte Energie kann sich unter äußerer Arbeitsleistung bzw. unter Abgabe von Wärme dadurch „entladen", dass der Riss weiterwächst, oder auch dadurch, dass er seine Gestalt durch plastisches Fließen ändert, z. B. die Rissspitze abrundet.

Die experimentelle Erfahrung zeigt, dass *Risswachstum* kein kontinuierlicher, sondern *ein ruckartiger Vorgang* ist: Erst wenn ein Schwellenwert an gespeicherter Energie überschritten ist, löst sich die Rissfront ab und läuft mit hoher Geschwindigkeit weiter. Dadurch verbraucht sie aber ihre eigene Triebkraft, denn der elastisch verspannte Körper wird entlastet. Der Riss bleibt also nach einer kurzen Laufstrecke stehen, und zwar so lange, bis wieder genügend elastische Energie für einen weiteren Durchbruch angesammelt ist.

Die lokal stark konzentrierte Freisetzung elastischer Energie innerhalb des sehr kurzen Zeitraums eines Rissfront-Vorwärtssprungs äußert sich als *akustische Schockwelle*, die von der Rissfront nach allen Seiten ausgestrahlt wird und infolge der Dämpfung im Werkstoff zu einem akustischen Wellenpaket mit einem Spektrum von Frequenzen und mit abklingenden Amplituden auseinander läuft. Wenn die Reizschwelle des menschlichen Ohrs niedrig genug wäre, würde man es jedes Mal „knacken" oder „knistern" hören, wie z. B. bei der Phasenumwandlung von Zinn bei Temperaturen unter dem Gefrierpunkt, dem „Zinngeschrei".

Diese Schallwellenpakete sind die akustische Emission. Sie kann mit empfindlichen Sensoren (meist piezoelektrischer Keramik) und nachgeschalteter elektronischer Signalverarbeitung auf Intensität und Spektralverteilung analysiert werden, und man kann sie als Impulshäufigkeit (je Sekunde) oder auch als insgesamt während eines Belastungsschrittes abgegebene Impulssumme registrieren. Verwendet man drei oder mehr Sensoren, die an verschiedenen Stellen des Prüfkörpers angebracht sind, so kann man durch Laufzeitmessung und Triangulation auch den Ursprung der Schallwelle, d. h. den verursachenden Fehler, orten.[2]

Man sieht, dass die Schallemissionsanalyse grundsätzlich nur solche Defekte anzuzeigen vermag, die sich *unter Last verändern*. Sie sagt weder etwas über Fehler in unbelasteten Proben aus, noch registriert sie Fehler, die sich aufgrund ihrer Größe, Lage und Orientierung bei der gegebenen Belastung nicht verändern. Die Änderungen der Rissgeometrie, die durch die aufgebrachte Prüflast verursacht werden, sind irreversibel: Entlastet man die Probe nach der Messung und bringt dieselbe Prüflast nochmals auf, so erfolgt die Schallemission nicht zum zweiten Mal – die beim ersten Versuch aktivierten Fehler haben sich „totgelaufen". Erst wenn man eine höhere Prüflast aufbringt, treten sie akustisch wieder in Erscheinung. Man kann also einwenden, dass während der SEA-Prüfung als Folge der angewandten Prüflast zuvor unterkritische Risskeime überkritisch werden und zum Bruch führen können, dass also die Prüfung den Werkstoff schädigt.

Das Gegenargument ist: Wenn die Prüflast merklich höher als die vorgesehene Nutzlast gewählt wird, so werden mit ausreichender Sicherheit alle bei der Nutzlast aktivierbaren Risse zur Vergrößerung angeregt und damit desaktiviert werden. Unter der Wirkung der vorgesehenen Nutzlast sollte also in dem geprüften Werkstoff kein erweiterungsfähiger Anriss mehr vorhanden sein. Diese Methode der Überlastprüfung des Einzelteils nennt man auch *Proof-testing*. Anhand der Intensität der Schallemission während der Prüfung kann der Werkstoffingenieur außerdem entscheiden, ob das betreffende Bauteil dem allgemeinen Qualitätsstandard entspricht.

Die Bewertung von Schallemissionsspektren ist allerdings nicht immer einfach, wie schon die Diskussion der Ultraschallprüfung in Abschn. 14.6 gezeigt hat: Die Eigendämpfung im Werkstoff und Mehrfachreflektionen an inneren und äußeren Grenzflächen verändern das primäre Wellenpaket und erschweren die Deutung. Wird die Belastung durch eine mechanische Prüfmaschine aufgebracht, so muss mit erheblichen „Geistersignalen" gerechnet werden, die von der Reibung beweglicher Maschinenteile oder von den Probenhalterungen stammen und mit der Qualität des Prüfkörpers gar nichts zu tun haben. Obwohl ein Teil dieser Störeffekte durch geschickte elektronische Schaltungen eliminiert werden kann, ist zur korrekten Bewertung von SEA-Resultaten sehr große Erfahrung erforderlich.

Wenn bisher der Einsatz von SEA zur *einmaligen Prüfung* von Bauteilen auf Materialfehler diskutiert wurde, so muss nun darauf hingewiesen werden, dass das Verfahren sich auch besonders gut zur *laufenden Überwachung* von unter Last stehenden Anlagen eignet, z. B. von Druckbehältern. Eine im Dauerbetrieb auftretende anomale Emissionsaktivität kann als Warnsignal zur Veranlassung von Gegenmaßnahmen herangezogen werden. Gefahrenquellen können durch Triangulation mit mehreren Sensoren geortet werden.

---

[2] Das Prinzip der SEA ist den geophysikalischen Methoden zur Analyse von seismischen Schockwellen, die von diskontinuierlichen Verschiebungen im Erdinneren ausgelöst werden, sehr ähnlich.

Schallemissionsanalyse

Wirkungsweise:
Der Prüfkörper wird über die Nutzlast hinaus belastet, sodass vorhandene Anrisse wachsen; ruckartige Risserweiterung führt zur Emission von Schockwellen, die von Sensoren der Messapparatur registriert und analysiert werden.

Anwendung:
Auffindung sonst nicht sichtbar zu machender Risskeime in dickwandigen Werkstücken; laufende Überwachung dauerbelasteter Strukturteile, insbesondere von Druckbehältern.

14.8   Optische Holographie

Mit diesem Verfahren, das auf der Interferenz kohärenter Lichtstrahlbündel beruht, lassen sich kleinste Unregelmäßigkeiten der *Oberflächengestalt eines Prüfkörpers* aufdecken, die für das bloße Auge unsichtbar sind. Solche „Mikro-Ausbeulungen" entstehen insbesondere bei der Erwärmung oder mechanischen Beanspruchung von plattierten oder beschichteten Bauteilen, wenn *Bindefehler* zwischen den Schichten vorliegen. Sie entstehen ferner als Schwingungsbäuche stehender Wellen durch unerwartete (und daher gefährliche) Resonanzen in periodisch belasteten Bauteilen, z. B. Triebwerksschaufeln. Eine weitere Anwendung sind die anomalen elastischen Verzerrungen in der Nähe eines Risses in einem gleichmäßig oder periodisch belasteten Körper. Aus diesen Beispielen lässt sich das Einsatzgebiet der optischen Holographie in der Werkstoffprüfung ableiten.

Zum Verständnis des Verfahrens stellt man sich einen Gegenstand vor, der von einer Lampe beleuchtet wird; das von ihm reflektierte Licht enthält prinzipiell alle Informationen über die Gestalt dieses Körpers. Das menschliche Gehirn kann daraus gewohnheitsmäßig die Gestalt rekonstruieren, ohne dass der Körper mechanisch abgetastet wird. Eine gewöhnliche Fotografie des Gegenstandes speichert nur einen Teil der Information des von dem beleuchteten Gegenstand diffus zurückgestreuten Lichts – nämlich denjenigen Teil, der in den Hell-/Dunkel-Unterschieden aufgrund unterschiedlicher Reflexion der einzelnen Flächenelemente enthalten ist. Dies reicht zur Rekonstruktion der wahren räumlichen Gestalt nicht aus. Beleuchtet man aber den Gegenstand mit kohärentem Licht aus einer Laserquelle, so enthält das von ihm reflektierte Licht wesentlich mehr Information, und zwar die Laufzeitunterschiede bzw. Phasenverschiebungen, welche die Oberflächengestalt im Maßstab der Lichtwellenlänge abbilden.

Wie kann man dieses komplexe Raster unterschiedlicher Phasenverschiebungen für Prüfzwecke auswerten bzw. festhalten? Die Holographie löst diese Aufgabe dadurch, dass sie aus dem primären Laserstrahl, der den Prüfkörper beleuchten soll, einen Referenzstrahl abzweigt und über ein Spiegelsystem wieder mit dem Anteil des Objektstrahls zur

Abb. 14.6 Holographische
Echtzeit-Interferometrie. An
der Stelle des belasteten Prüfkörpers befindet sich zugleich
das vorher aufgenommene Bild
des unbelasteten Bauteils

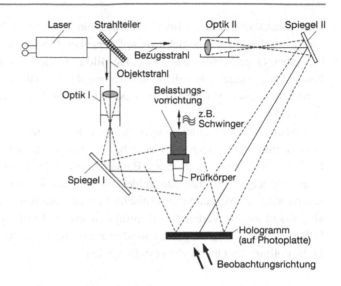

Interferenz bringt, der von dem beleuchteten Gegenstand in die holographische Kamera reflektiert wird (das sind nur ca. 3 % des einfallenden Lichts). Die Interferenzen entstehen in der Schnittebene des vom Gegenstand reflektierten Strahls und des Referenzstrahls – und genau in diese Ebene wird eine hochauflösende Fotoplatte gelegt. Sie registriert die komplexen Interferenzmuster und damit den vollständigen „Laufzeit-Steckbrief" des reflektierten Lichts.

Nachdem die Platte entwickelt und fixiert ist, kann das auf ihr aufgezeichnete sog. Hologramm zur *Rekonstruktion* der räumlichen Gestalt des abgebildeten Gegenstandes verwendet werden. Hierzu wird es in derselben optischen Anordnung wie zuvor bei der Aufnahme mit demselben Referenzstrahl aus demselben Laserlicht angestrahlt. Das Hologramm wirkt nun als Beugungsgitter und erzeugt ein *dreidimensionales virtuelles Bild* des Gegenstandes an der Stelle, an der zuvor der Gegenstand selber gestanden hatte.

Dieses „im Raum schwebende" dreidimensionale Bild ist für sich allein natürlich kein Verfahren der Werkstoffprüfung. Ein solches wird aber daraus, wenn man die Probenhalterung für die holographische Aufnahme mit einer *Belastungsvorrichtung* verbindet, welche kleinste (elastische) Formänderungen des Prüfkörpers bewirkt. Eine solche Belastung kann durch lokale Erwärmung, durch konzentrierte Schallwellen oder auch durch rein mechanische Zug- oder Biegekräfte erfolgen. Das Hologramm wird nun von dem unbelasteten Prüfkörper aufgenommen. Mit seiner Hilfe wird ein dreidimensionales Bild des unbelasteten Körpers exakt an der Stelle erzeugt und beobachtet, an der sich der Gegenstand in der Belastungsvorrichtung befindet (Abb. 14.6). Belastet man nun den Prüfkörper, der weiterhin mit kohärentem Laserlicht beleuchtet wird, so liegen der minimal deformierte „echte" Gegenstand und sein undeformiertes holographisches Bild direkt übereinander, und jede Ungleichmäßigkeit wird als Interferenzmuster zwischen beiden Objekten deutlich sichtbar – z. B. eine Ausbeulung aufgrund der Ausdehnung einer Luftblase durch Wärmeeinwirkung in einer nicht voll verschweißten Beschichtung. Hierbei

spricht man von Echtzeit-Interferometrie; ein alternatives Verfahren, die Doppelbelich-
tungs-Interferometrie, wertet zwei auf derselben Platte übereinander fotografierte Bilder
desselben Gegenstandes aus – das eine Bild registriert den unbelasteten, das andere den
belasteten Zustand. – Für die Untersuchung des Verhaltens periodisch belasteter Körper
(Ermüdungstests, Abschn. 10.10) muss man stroboskopische Beleuchtung mit Laserlicht
verwenden.

Leider lässt es sich nicht umgehen, von jedem einzelnen zu prüfenden Gegenstand ein
Hologramm anzufertigen – also auch bei 1000 gleichen Turbinenschaufeln; die fertigungs-
bedingten Maßabweichungen von Bauteil zu Bauteil wären größer als die fehlerbedingten
Unregelmäßigkeiten, die man aufdecken möchte. Trotz des somit erforderlichen Auf-
wands wird das Verfahren für kritische Bauteile, die werkstoffmäßig komplex aufgebaut
sind (nicht zuletzt Verbundwerkstoffe), eingesetzt. Dafür spricht auch, dass es für ganz
beliebige Werkstoffe eingesetzt werden kann und keinerlei Anforderungen an die Güte
(z. B. Politur) der Oberfläche gestellt werden.

Optische Holographie

Wirkungsweise:
Durch Interferenz kohärenter Lichtwellen aus einer Laserquelle wird ein dreidimensionales virtuelles Bild des unbelasteten Objekts erzeugt; dieses wird mit dem
Belastungszustand desselben Bauteils verglichen: Kleinste Gestaltsänderungen werden deutlich sichtbar.

Anwendung:
Aufdeckung submikroskopischer Veränderungen der Bauteiloberfläche durch elas-
tische Verspannungen, z. B. bei Bindungsfehlern von Beschichtungen oder bei
Schwingungszuständen.

Methoden der zerstörungsfreien Werkstoffprüfung

Markierung von Anrissen an der Oberfläche	→	Eindringen und Wieder-austreten einer gefärbten Flüssigkeit	Anhäufen eines Ferro-magnetischen Pulvers an Streufeldern
Warnsignal bei nicht ein wandfreier Oberfläche	→	Ankopplung von HF-Feldern im Skin-Bereich (Wirbelstrom)	
Lokalisierung von Fehlern in dicken Prüfkörpern	→	Abbildung mittels Durch-strahlung (Röntgen, Gamma)	Laufzeitanalyse von Im-pulsechos (Ultraschall)
Entdeckung sehr kleiner Fehler unter Last	→	Hologramm der Oberflä-che	Schallemission wachsen-der Risse im Innern

Ausgewählte Werkstoffsysteme mit besonderer Bedeutung für den Anwender 15

In den vorausgegangenen Kapiteln stand das grundlegende Verständnis von Materialien im Vordergrund. Es ging dabei um das allgemeine und verbindende, das werkstoffklassenübergreifende. Im folgenden Kapitel wollen wir einige konkrete Werkstoffsorten und Legierungen herausgreifen und an Beispielen die jeweilige Mikrostruktur, das sich daraus ergebende Eigenschafts- und Anwendungspotenzial und die zugehörige Prozesstechnik diskutieren. Die ausgewählten Werkstoffe zeichnen sich dadurch aus, dass sie heute von besonderer Bedeutung für den Anwender sind oder dass sie über ein besonders großes Entwicklungspotenzial verfügen. Die Diskussion der Einzelbeispiele soll einerseits als erste Orientierungshilfe für die Aufgabe dienen, den geeigneten Werkstoff für eine bestimmte technische Anforderung auszuwählen. Andrerseits soll dieses Kapitel die Verbindung zwischen den Grundlagen und der Anwendung herstellen. Es soll gezeigt werden, wie Grundlagenwissen bei der Anwendung und der Weiterentwicklung von Werkstoffen genutzt werden kann.

15.1 Stähle

Als *Stähle* werden nach der Norm Eisenlegierungen bezeichnet, die weniger als 2 % Kohlenstoff enthalten und die für eine Warmumformung geeignet sind. Der zweite Teil der Definition bringt zum Ausdruck, dass es sich bei Stählen um Knetlegierungen handelt. Die Gusslegierungen auf der Basis von Eisen enthalten mehr als 2 % Kohlenstoff und werden als *Gusseisen* bezeichnet. *Unlegierte Stähle* unterscheiden sich von *legierten Stählen* dadurch, dass die Gehalte an Legierungselementen unterhalb bestimmter Grenzwerte liegen, siehe Tab. 15.1. Es ist außerdem üblich, in *Grundstähle*, *Qualitätsstähle* und *Edelstähle* einzuteilen, je nach dem Gehalt an Verunreinigungen (Phosphor, Schwefel) und dem Gehalt an Legierungselementen. Grund- und Qualitätsstähle sind nicht zum Vergüten geeignet.

© Springer-Verlag GmbH Deutschland 2016
B. Ilschner, R.F. Singer, *Werkstoffwissenschaften und Fertigungstechnik*,
DOI 10.1007/978-3-642-53891-9_15

Tab. 15.1 Unterscheidung zwischen legierten und unlegierten Stählen nach der Norm DIN EN 10 020. Überschreitet ein Element den angegebenen Grenzwert, spricht man von legiertem Stahl (Zur Erklärung der Kurzbezeichnungen siehe Anhang A.3)

Unlegierte Stähle	$Mn < 1{,}65\%$, $Cu < 0{,}4\%$, $Cr < 0{,}3\%$, $Ni < 0{,}3\%$, ...	Beispiel: S235, C35
Legierte Stähle	Wenigstens ein Element oberhalb des Grenzwertes für unlegierte Stähle	Beispiel: 42CrMo4, X5CrNi18-10

Stähle bilden wohl die wichtigste Werkstoffgruppe der Technik überhaupt. Es gibt mehrere tausend genormte Stahlsorten. Weltweit werden im Jahr etwa $790 \cdot 10^6$ t Stahl hergestellt, weit mehr als von jedem anderen technischen Material.[1] Führende Produktionsländer sind heute China und Japan (s. Abschn. 1.1.1).

Ihre herausragende Stellung verdanken die Stähle folgenden Merkmalen:

- *Günstiger Preis*. Massenstähle in einfachen Geometrien kosten oft nur 0,25 €/kg. Im Vergleich zu anderen metallischen Werkstoffgruppen ist der Energieverbrauch bei der Erzeugung gering und die Rezyklierquote hoch, siehe Abschn. 1.2, 1.3, 13.1.1.
- *Hohe Steifigkeit*. Der hohe E-Modul von 210 GPa spiegelt die hohe Bindungsstärke und den hohen Schmelzpunkt wieder, siehe Abschn. 10.2.
- *Hohe Duktilität*. Bei gleicher Festigkeit haben Stähle oft höhere K_{Ic}-Werte und Bruchdehnungen als andere Werkstoffe. Dies hängt damit zusammen, dass bei Stählen durch die allotrope γ/α-Umwandlung sehr feines Korn eingestellt werden kann und dass Stähle arm sind an unerwünschten Begleitelementen oder Einschlüssen, siehe Abschn. 10.7.4 und Abb. 10.19.
- *Sehr gute Schweißbarkeit*. Unlegierte Stähle stellen die Werkstoffgruppe dar, die sich am besten für das Verbinden durch Schweißen eignet, siehe Abschn. 13.3.1.
- *Sehr gute Härtbarkeit*, insbesondere auch selektiv an der Oberfläche, siehe Abschn. 13.5.

Andrerseits haben Stähle eine relativ hohe Dichte von $7{,}8\,\mathrm{g/cm^3}$. Stähle geraten dadurch ins Hintertreffen, wenn Bauteile nicht nur auf Steifigkeit oder Streckgrenze ausgelegt werden, sondern auch auf Gewicht. Die Abb. 15.1 und 15.2 zeigen eine Zusammenstellung der Werte für unterschiedliche Werkstoffgruppen.

Sollen verschiedene Werkstoffe hinsichtlich ihres *Leichtbaupotenzials* miteinander verglichen werden, muss zunächst die Beanspruchungsart festgelegt werden. Je nach Beanspruchungsart ist eine andere Leistungskenngröße maßgebend, siehe Tab. 15.2. Anhand des Beispiels einer auf homogenen Zug beanspruchten Stange wollen wir kurz zeigen,

---

[1] Wirtschaftliche Vergleiche sind unsicher, da die Abgrenzung der Werkstoffklassen und der Produktformen schwierig ist. Der Verkaufswert aller Metalle weltweit beträgt etwa 750 Mia. € im Jahr, davon die Hälfte Stahl. Zum Vergleich: Kunststoffe 100 Mia. €, Technische Keramik 4 Mia. €.

Abb. 15.1 Elastizitätsmodul in Abhängigkeit von der Dichte für verschiedene Werkstoffe. Bei gewichtsoptimierter Bauweise sind in bestimmten Belastungssituationen (z. B. Biegung einer Platte) Stähle anderen Werkstoffen wie Aluminium, Magnesium, Faserverbundwerkstoffen und keramischen Werkstoffen unterlegen. Dies zeigt ein Vergleich unter Zuhilfenahme der eingetragenen gestrichelten Hilfslinien (s. Text). Bei faserverstärkten Materialien muss die Anisotropie der Eigenschaften berücksichtigt werden

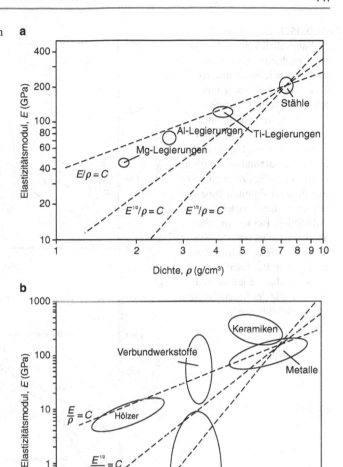

wie man diese Leistungskenngrößen ableitet. Die Masse m eines Stabes aus einem Material mit der Dichte ϱ, der Länge L und der Querschnittsfläche A beträgt

$$m = AL\varrho. \tag{15.1}$$

Für die elastische Dehnung ε unter der Wirkung einer Spannung σ, bzw. einer Kraft P gilt

$$\varepsilon = \frac{\sigma}{E} = \frac{P}{AE}. \tag{15.2}$$

Abb. 15.2 Zugfestigkeit in Abhängigkeit von der Dichte für verschiedene Werkstoffe. Bei gewichtsoptimierter Bauweise sind in bestimmten Belastungssituationen (z. B. Biegung einer Platte) Stähle anderen Werkstoffen wie Aluminium, Magnesium, Faserverbundwerkstoffen unterlegen. Dies zeigt ein Vergleich unter Zuhilfenahme der eingetragenen gestrichelten Hilfslinien. Bei keramischen Werkstoffen ist statt der Zugfestigkeit die Biegefestigkeit angegeben. Bei faserverstärkten Materialien muss die Anisotropie der Eigenschaften berücksichtigt werden

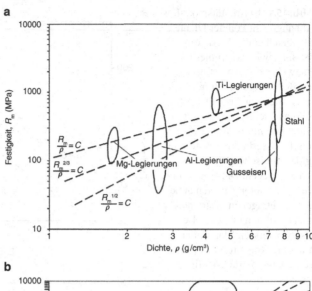

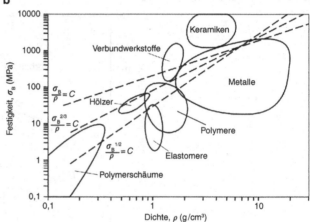

Die Masse eines Zugstabes mit gegebener elastischer Dehnung beträgt dann

$$m = \frac{PL}{\varepsilon} \cdot \frac{\varrho}{E}. \tag{15.3}$$

Wenn der Zugstab bei gegebener Dehnung möglichst leicht sein soll, muss also E/ρ möglichst groß sein.

In den Abb. 15.1 und 15.2 sind Geraden eingezeichnet, entlang derer die jeweilige Leistungskenngröße einen konstanten Wert aufweist. Die Geraden sind so eingetragen, dass die Datenpunkte für Stähle auf den Geraden liegen. Alle Werkstoffe, die gleich gut sind wie Stahl, liegen dann auf der gleichen Geraden, Werkstoffe, die besser sind, liegen oberhalb der Geraden. Man sieht, dass Aluminium- oder Magnesiumlegierungen in

Tab. 15.2 Zu maximierende Leistungskenngröße, damit ein Bauteil bei gegebener Beanspruchung möglichst geringes Gewicht aufweist

Lastfall	Maximiere für optimale Steifigkeit	Maximiere für optimalen Widerstand gegen Verformung und Bruch
Stange auf Zug	E/ρ	R_m/ρ
Balken auf Biegung	$E^{1/2}/\rho$	$(R_m)^{2/3}/\rho$
Platte auf Biegung	$E^{1/3}/\rho$	$(R_m)^{1/2}/\rho$

bestimmten Belastungssituationen wesentlich günstiger abschneiden als Stahl, genauso Verbundwerkstoffe.

Ein Bereich, in dem das Bauteilgewicht eine große Rolle spielt, ist der Fahrzeugbau. Da die Gewichtseinsparung auch finanziell immer höher bewertet wird, haben die Stähle Marktanteile verloren. Dies gilt für hochwertige Automobile und Hochgeschwindigkeitszüge. In Flugzeugen besteht nur noch das Fahrwerk aus Stahl, wo in Notsituationen die Temperaturen sehr hoch werden können.

Stähle sind Eisenbasislegierungen, die zur Formgebung durch Umformung bestimmt sind. Besonders wichtige Legierungselemente sind Kohlenstoff und Chrom. Kohlenstoff kontrolliert die Festigkeit in den Allgemeinen Baustählen über Menge und Eigenschaften des Perlits. In Vergütungsstählen sorgt Kohlenstoff für Durchhärtbarkeit und erhöht die Festigkeit des Martensits, bzw. des Vergütungsgefüges. Chrom verbessert ebenfalls die Durchhärtbarkeit und Festigkeit von Vergütungsstählen. Es steigert die Zunderbeständigkeit bei warmfesten Stählen und ist Träger des Korrosionswiderstandes bei nichtrostenden Stählen.

Tab. 15.3 listet zusammenfassend einige der Werkstoffe auf, die im vorliegenden Kapitel besprochen werden. Die Regeln für die Kurzbezeichnungen der Stähle sind im Anhang A.3 zusammengefasst.

Um die Orientierung bei der Vielzahl der Stahlsorten zu erleichtern, fasst man die verschiedenen Stähle zu Gruppen *entsprechend ihrer Anwendung* zusammen, wie *Baustähle*, *Werkzeugstähle*, *Warmfeste Stähle*, *Rostbeständige Stähle*, usw. Die *Bau*stähle bilden die Basiswerkstoffe für den Konstrukteur, mit ihnen *baut* man Maschinen, Anlagen, Fahrzeuge, Brücken, also alles, solange keine höheren Anforderungen zum Einsatz speziellerer Materialien zwingen. Aus Werkzeugstahl stellt man Werkzeuge für die Formgebung her, d. h. Werkzeuge zum Umformen, zum Gießen oder zum Spanen. Warmfeste Stähle sind für den Einsatz bei hoher Temperatur gedacht, also etwa in Kraftwerken. Auch die Normen folgen häufig der Einteilung der Stahlsorten nach Verwendungszweck. Dieses Einteilungsprinzip ist vor allem auf die Bedürfnisse des Anwenders ausgerichtet. Es soll ihm ermöglichen, auch ohne allzu große metallkundliche Detailkenntnisse den richtigen Werkstoff für die gegebene Anwendung zu finden. Die Einteilung nach Verwendungszweck

Tab. 15.3 Einige Beispiele für Stähle mit besonders großer technischer Bedeutung. Die Angaben wurden vereinfacht, entsprechen aber weitgehend den Normen. (Zur Erklärung der Kurzbezeichnungen siehe Anhang A.3)

Kurzname des Werkstoffs	Altern. Bezeichn.	Werkstoffgruppe	C	Cr	Besonders wichtige weitere Legierungselemente	Mikrostruktur	Streckgrenze	Anwendungsbeispiele
S235	früher: St 37	Baustahl nicht zur Wärmebehandlung bestimmt, Allgemeiner Baustahl	0,20 % (Max)		Mn 1,40 % (Max)	Perlit in ferritischer Grundmasse	235 MPa (Minimum)	Stahlbau
S460	früher: St E 460	Baustahl nicht zur Wärmebehandlung bestimmt, Feinkornbaustahl	0,20 % (Max)	0,30 % (Max)	Mn 1,00–1,70 %, Nb und Ti 0,05 % (Max), V 0,20 % (Max)	Perlit in ferritischer Grundmasse, Ferrit ausscheidungsgehärtet	460 MPa (Minimum)	Kranbau, Offshore-Plattformen
42CrMo4		Baustahl zur Wärmebehandlung bestimmt, Vergütungsstahl	0,38 bis 0,45 %	0,90 bis 1,20 %	Mo 0,20 %	Ferrit und Carbide (angelassener Martensit bzw. Bainit)	900 MPa (Minimum)	Pleuel, Kurbelwellen
X5CrNi18-10	ähnlich: „18-8", „V2A"	Nichtrostender Stahl	0,07 % (Max)	17,0 bis 19,5 %	Ni 8,0–10,5 %	Austenit	210 MPa (Minimum)	Essbesteck, Waschmaschinentrommeln, Nahrungsmittelindustrie, Chemische Anlagen und Apparate

Tab. 15.3 Fortsetzung

Kurzname des Werkstoffs	Altern. Bezeichn.	Werkstoffgruppe	C	Cr	Besonders wichtige weitere Legierungselemente	Mikrostruktur	Streckgrenze	Anwendungsbeispiele
X20CrMoV12-1	„12 %-Cr-Stahl"	Hochwarmfester Stahl	0,17 bis 0,23 %	10,2 bis 12,5 %		Ferrit und Carbide (angelassener Martensit)	490 MPa (Minimum)	Heißdampfleitungen, Dampfturbinenschaufeln, Gasturbinenrotoren, Kraftwerksbau
X6CrNi17-12-2	316 (USA, früher: GB)	Hochwarmfester Stahl	0,07 % (Max)	16.5 bis 18,5 %	Ni 10,0 bis 13,0 %, Mo 2,0 bis 2,5 %	Austenit und Carbide	210 MPa (Minimum)	Chemische Anlagen und Apparate
Incoloy 800	ca.: X5NiCr AlTi30-20	Hochwarmfester Stahl	0,10 % (Max)	19,0 bis 23,0 %	Ni 30,0 bis 35,0 % Al und Ti 0,15 bis 0,60 %	Austenit und γ'	250 MPa	Kraftwerksbau, Kohlevergasung, Petrochemie
HS6-5-2		Werkzeugstahl, Schnellarbeitsstahl	0,82 bis 0,92 %	3,5 bis 4,5 %	W 5,70 bis 6,70 %, Mo 4,60 bis 5,30 %, V 1,70 bis 2,20 %	Ferrit und Carbide (angelassener Martensit)		Sägeblätter, Stanzwerkzeuge, Bohrer, Fräser, Drehmeißel

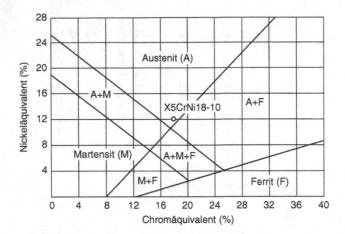

Abb. 15.3 Schaeffler-Diagramm für CrNi-Stähle. Das Diagramm zeigt die nach schneller Abkühlung auf Raumtemperatur vorliegenden Phasen an. Über die Definition eines Chromäquivalents (% Cr + 1,4 · % Mo + 0,5 · % Nb + 1,5 · % Si + 2 · % Ti) und eines Nickeläquivalents (% Ni + 30 · % C + 0,5 · % Mn + 30 · % N$_2$) können auch komplexe Zusammensetzungen erfasst werden. Die Abkühlgeschwindigkeit, für die das Diagramm gilt, muss jeweils angegeben werden. Ursprünglich wurden Schaeffler-Diagramme für Schweißgut entwickelt

führt allerdings dazu, dass sich in den einzelnen Gruppen Stähle finden, die vom Gefüge und der Verarbeitung her vollkommen unterschiedlich sind. Andererseits gibt es Stähle, die unterschiedlichen Gruppen angehören, die sich aber metallkundlich kaum unterscheiden.

Der Werkstofffachmann bevorzugt in vielen Fällen eine Einteilung der Stähle nach gemeinsamen metallphysikalischen Merkmalen. Eine Möglichkeit ist die *Einteilung nach den Gefügen*, die nach Abkühlung auf Raumtemperatur vorliegen:

- *Martensitischer Stahl,*
- *Ferritisch-perlitischer Stahl,*
- *Ferritischer Stahl,*
- *Austenitischer Stahl.*

Ferritische und Austenitische Stähle sind sogenannte *umwandlungsfreie Stähle*, d. h. durch die Wirkung bestimmter Legierungselemente wird bei diesen Stählen das α-, bzw. γ-Feld im Zustandsdiagramm so erweitert, dass zwischen Raumtemperatur und Schmelzpunkt nur noch eine Phase, nämlich die α-, bzw. γ-Phase vorliegt (s. Abschn. 4.6.3).

Bei einfachen unlegierten Stählen ist es in der Regel auf Grund von Zustands- und ZTU-Diagrammen möglich, eine Voraussage zu treffen, zu welchem Stahltyp ein bestimmter Werkstoff gehört (s. Abschn. 4.6.3, 7.5). Bei komplexen hochlegierten Stählen kann man sich mit Hilfe eines *Schaeffler-Diagramms* eine Übersicht verschaffen, siehe Abb. 15.3.

15.1.1 Baustahl – nicht zur Wärmebehandlung bestimmt

Als erstes wollen wir eine Gruppe von Stählen behandeln, die als *allgemeine Baustähle*, *unlegierte Baustähle* oder *normalfeste Baustähle* bezeichnet werden. Auf sie entfällt unter allen Stahlsorten die größte Erzeugungsmenge. Der bekannteste Vertreter der Gruppe ist der Stahl *S235* mit maximal 0,20 % C und 1,40 % Mn (s. Tab. 15.3). Die allgemeinen Baustähle weisen nach der Herstellung ein ferritisch-perlitisches Gefüge auf, siehe Abb. 15.4. Das Gefüge bildet sich bei der Abkühlung an Luft von der Warmwalztemperatur am Ende der Walzstraße im Stahlwerk. Voraussetzung ist allerdings, dass die Warmumformung so geführt wird, dass im letzten Stich durch Rekristallisation ein hinreichend feinkörniger Austenit entsteht („*normalisierendes Walzen*").

Die allgemeinen Baustähle werden eingesetzt, wenn keine besonderen Forderungen an die Eigenschaften notwendig sind außer einer gewissen nicht allzu hohen *statischen Festigkeit* (d. h. Festigkeit, wie sie im Zugversuch gemessen werden kann) und guter *Schweißbarkeit*. Dem Anwender, der den Stahl S235 vom Stahlhersteller unter Bezug auf die gültige Norm DIN EN 10 025 erwirbt, ist eine Mindeststreckgrenze von 235 N/mm^2 garantiert (was dem Stahl seinen Namen „235" gibt). Anwendungsgebiete für allgemeine Baustähle sind Rahmen, Gestelle, Hebel, Wellen und Stangen im Anlagen- und Maschinenbau.

Allgemeine Baustähle sollen nicht und müssen nicht vom Anwender wärmebehandelt werden. Sie sollen nicht wärmebehandelt werden, weil ihre Zusammensetzungsgrenzen nach der Norm relativ weit gefasst sind. Eine erfolgreiche Wärmebehandlung benötigt daher entsprechende Vorversuche oder Detailkenntnisse. Sie müssen nicht wärmebehandelt werden, weil die Wärmebehandlung in den Herstellprozess integriert ist und der Hersteller eine gewisse Festigkeit bereits gewährleistet.

Die verschiedenen Vertreter der Gruppe der allgemeinen Baustähle unterscheiden sich vor allem durch ihren Kohlenstoffgehalt. Durch Steigerung des C-Gehalts erhöht sich die Festigkeit und aus einem S235 wird ein S275 oder S355. Wie das im Einzelnen

Abb. 15.4 Gefüge des allgemeinen Baustahls S235. Rasterelektronenmikroskopische Aufnahme. Perlitkörner in ferritischer Grundmasse. Der Perlit ist an den parallel gewachsenen Carbidplatten zu erkennen, die hier unter verschiedenen Winkeln angeschnitten werden

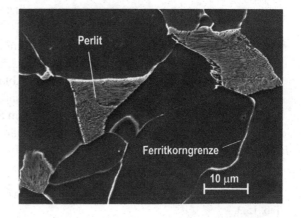

Abb. 15.5 Festigkeitssteigernde Mechanismen und ihr Beitrag zur Streckgrenze in ferritisch-perlitischen Stählen. Schematische Darstellung auf Grund einer semi-empirischen Gleichung unter der Annahme konstanter Ferritkorngröße und konstanten Perlit-Lamellenabstands (Quelle: in Anlehnung an Pickering, Physical Metallurgy and the Design of Steels, London 1978)

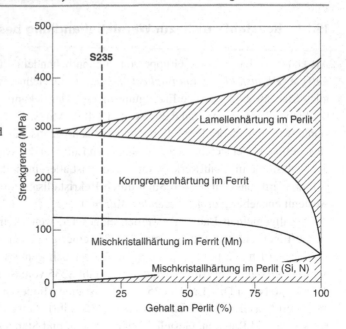

funktioniert, zeigt Abb. 15.5. Bei niedrigen C-Gehalten ist der Perlitgehalt noch gering. Die Festigkeit wird durch den Ferrit bestimmt, wobei die Korngrenzenhärtung im Ferrit einen größeren Beitrag liefert als die Mischkristallhärtung. Dies ist typisch für kubisch-raumzentrierte Kristallgitter wegen der geringen Zahl von Gleitsystemen (großer Vorfaktor k in der Hall-Petch-Gleichung ((10.69) in Abschn. 10.13.2). Die Steigerung des C-Gehaltes führt zu einer Zunahme der Perlitmenge, wie sich aus dem Zustandsdiagramm Fe-C (Abb. 4.12) quantitativ ablesen lässt.[2] Die Perlitkörner haben einen hohen Widerstand gegen plastische Verformung, weil sich die Versetzungen an den α/Fe$_3$C-Lamellengrenzen aufstauen – ein ähnlicher Effekt wie bei der Korngrenzenhärtung. Für die Zunahme der Streckgrenze des Perlits ΔR_p mit dem Lamellenabstand S gilt analog zu (10.69)

$$\Delta R_p = k S^{-1/2} \tag{15.4}$$

Eine Erhöhung des C-Gehaltes hat neben der Erhöhung des Perlitgehaltes noch weitere festigkeitssteigernde Wirkungen, die in Abb. 15.5 noch nicht berücksichtigt sind. Der höhere C-Gehalt führt tendenziell bei gegebener Abkühlgeschwindigkeit zu feinerem Ferritkorn und zu feinstreifigerem Perlit, was sich zusätzlich positiv auswirkt.

Bei Kohlenstoffgehalten über 0,23 %, was einem S355 entspricht, ist mit dem Konzept der C-Gehalts-Erhöhung die für allgemeine Baustähle kennzeichnende gute Schweißbarkeit nicht mehr gewährleistet. Es entsteht beim Abkühlen von der Schweißtemperatur zu

---

[2] Nach dem Hebelgesetz beträgt der Perlitanteil MP 25 % in einem S235 mit 0,20 % C (MP = (0,20/0,80) · 100 %); 29 % in einem S355 mit 0,23 % C. 0,20 % C ist der Höchstgehalt nach Tab. 15.3.

viel und zu spröder Martensit und es bilden sich Kalt- oder Spannungsrisse. Baustähle für sehr hohe Festigkeiten sind deshalb anders aufgebaut als S235 und seine Verwandten. Der Kohlenstoffgehalt wird zurückgenommen, um die Schweißbarkeit weiter zu gewährleisten. Dafür werden bis etwa 0,1 % Nb, V und Ti zulegiert, was zu Ausscheidungshärtung mit Carbiden, Nitriden und Carbonitriden führt und was die nötige Festigkeit gewährleistet. Die Ausscheidungen helfen außerdem, ein sehr feines Korn zu erzeugen, was zusätzlich zur Festigkeitssteigerung beiträgt. Man spricht von perlitarmen mikrolegierten *Feinkornbaustählen* (englisch „HSLA-Steels", „High Strength Low Alloy Steels", „Microalloyed Steels") (s. auch Abschn. 10.13.1).

> Stähle sind die wichtigsten Konstruktionswerkstoffe. Sie sind kostengünstig, in nahezu beliebigen Abmessungen und Formen verfügbar, und bei hoher Zugfestigkeit sehr duktil. Nur bei besonderen Anforderungen werden ihnen andere Werkstoffe vorgezogen, und zwar beim Gewicht die Leichtmetalle und Kunststoffe, bei der Hitzebeständigkeit die Superlegierungen, bei der Härte die Hartmetalle und keramische Werkstoffe wie Si_3N_4 und SiC.
>
> Um unter den vielen tausend Stahlsorten die richtige für eine bestimmte Anwendung zu finden, benutzt man die Normen oder andere Nachschlagewerke wie den „Stahlschlüssel", die speziell für diesen Zweck entwickelt wurden. Dort sind die Stähle nach Anwendungsgebieten geordnet. Metallphysikalisch verwandte Stahlsorten erkennt man an der Zusammensetzung und der Ähnlichkeit des Kurznamens.
>
> Wenn bekannt ist, dass eine bestimmte Stahlsorte besonders häufig eingesetzt wird, so ist dies eine sehr wichtige Information. Ein derartiger Werkstoff ist kostengünstiger, weil er in großen Mengen hergestellt und aus zahlreichen Quellen bezogen werden kann. Bei der Bestellung ist wichtig, neben der Werkstoffbezeichnung die jeweils gültige Norm zu nennen. Nur so werden Unklarheiten bezüglich der Lieferbedingungen vermieden.

15.1.2 Baustahl – zur Wärmebehandlung bestimmt

Eine besonders wichtige Gruppe der zur Wärmebehandlung bestimmten Baustähle stellen die *Vergütungsstähle* dar.[3] Ein besonders markanter Vertreter dieser Gruppe ist der Stahl *42CrMo4* mit typisch 0,42 % C und 1 % Cr. Wie der Name schon sagt, werden diese Stähle im vergüteten Zustand eingesetzt, d. h. der Stahl wird austenitisiert, abgeschreckt und angelassen. Nach dem Abschrecken besteht das Gefüge aus Martensit, nach dem Anlassen aus Ferrit mit eingelagerten sehr feinen Carbiden.

---

[3] Andere Werkstoffgruppen sind Höchstfeste Stähle (einschließlich martensitaushärtender Stähle), Nitrierstähle, Einsatzstähle, ...

Haupteinsatzgebiet der Vergütungsstähle sind Komponenten des Maschinenbaus mit besonders hoher Beanspruchung. Beispiele sind Pleuel oder Kurbelwellen in Verbrennungsmotoren.

Vergütungsstähle können und müssen durch den Anwender wärmebehandelt werden. Sie können wärmebehandelt werden, weil bei Bestellung nach der Norm (DIN EN 10 083) die Zusammensetzung einschließlich des Gehalts an Verunreinigungen in engen Grenzen definiert ist. Sie müssen wärmebehandelt werden, da das Vergüten keinen integralen Bestandteil der Herstellung im Stahlwerk darstellt und sie deshalb ohne spezielle Vereinbarung im Anlieferungszustand noch nicht so wärmebehandelt sind, dass ihr Eigenschaftspotential ausgeschöpft werden kann. Entsprechend werden die Vergütungsstähle an Stelle der allgemeinen Baustähle oder Feinkornbaustähle gewählt, wenn die Prozesskette der Bauteilherstellung beim Anwender ohnehin noch weitere Wärmebehandlungen einschließt. Dies ist beispielsweise der Fall, wenn das Material nach Lieferung beim Anwender zunächst weiter umgeformt werden soll oder wenn bei ihm ein Randschichthärten vorgesehen ist.[4]

Nicht nur Fragen der Wärmebehandlung bestimmen die Wahl von Vergütungsstählen. Sie werden außerdem den allgemeinen Baustählen und Feinkornbaustählen vorgezogen, wenn deren mechanische Festigkeiten nicht ausreichen. Dies ist vor allem bei den *dynamischen Eigenschaften* häufig der Fall, d. h. bei schwingender Beanspruchung. Da die Carbide des Vergütungsgefüges wesentlich feiner sind als die relativ groben plattenförmigen Carbide des Perlits im ferritisch-perlitischen Gefüge, erreicht man mit Vergütungsstählen bei gleicher Festigkeit sehr viel bessere Duktilität und Schwingfestigkeit.

Beim Vergleich der Vergütungsstähle mit den allgemeinen Baustählen und Feinkornbaustählen ist zu berücksichtigen, dass die Vergütungsstähle nicht nur die besseren Eigenschaften aufweisen, sondern auch teurer sind. Dies liegt an dem höheren Gehalt an Legierungselementen und der aufwändigen Wärmebehandlung. Auch die engere Spezifikation der Zusammensetzung trägt zu den Kosten bei.

Die Gruppe der Vergütungsstähle umfasst zahlreiche Sorten, die sich durch ihren Gehalt an Legierungselementen (C, Cr, Mo, V, Ni, ...) unterscheiden. Der höhere Legierungsgehalt verbessert die Durchhärtbarkeit. Er ermöglicht außerdem eine höhere Festigkeit ohne Verlust an Duktilität. In vergüteten Gefügen spielen verschiedenste festigkeitssteigernde Mechanismen eine Rolle. Die extrem feinen Ferritnadeln oder -platten, die aus dem Martensit hervorgegangen sind, weisen eine starke Korngrenzenhärtung auf. Durch hohe Versetzungsdichten, die durch die Anpassungsverformung bei martensitischer Umwandlung entstanden sind, wird eine Versetzungshärtung erzeugt. Kohlenstoff bewirkt eine Ausscheidungshärtung oder Mischkristallhärtung, je nachdem ob er noch übersättigt im Mischkristall oder bereits ausgeschieden als Carbid vorliegt. Höhere Legierungsgehalte führen neben der Mischkristallhärtung zu feineren Carbiden und feinerem Korn und verbessern die Festigkeit. Höhere Gehalte an Legierungselementen erhöhen aber auch die Kosten, vor allem im Fall von Ni, V und Mo.

---

[4] Schweißen zählt in diesem Sinne ausnahmsweise nicht als Wärmebehandlung!

15.1.3 Nichtrostende Stähle

Kennzeichen aller Stähle mit hohem Widerstand gegen Korrosion durch wässrige Lösungen ist ein *hoher Chromgehalt von mehr als 12%*. Durch den hohen Cr-Gehalt entsteht an der Oberfläche eine submikroskopisch dünne Schicht aus Chromoxid, welche passivierend wirkt und die chemische Beständigkeit erhöht (s. Abschn. 9.2.6 und 9.3.3).

Haupteinsatzgebiete für die nichtrostenden Stähle sind Großanlagen der chemischen Industrie, der Meerestechnik und des Umweltschutzes (Rauchgasreinigung). Nichtrostenden Stähle gehören aber auch zu unserem täglichen Umfeld (Küchenutensilien, Auskleidung der Geschirrspülmaschine).

Es gibt *austenitische, martensitische* und *ferritische nichtrostende Stähle*. Die größte Bedeutung haben wegen ihrer besonderen Beständigkeit die *austenitischen CrNi-Stähle*. Am bekanntesten unter ihnen ist der Stahl *X5CrNi18-10* mit 0,05% C, 18% Cr und 10% Ni.

Austenitische Stähle wie der X5CrNi18-10 weisen nur eine geringe Härte und Streckgrenze auf, weil sie umwandlungsfrei sind und nicht gehärtet werden können. Sie verdanken ihre Festigkeit vor allem der Mischkristallhärtung mit Cr und C. Martensitische nichtrostende Stähle besitzen eine hohe Härte und Streckgrenze, bewegen sich aber immer an der Grenze der Beständigkeit gegen Korrosionsangriff. So sind zum Ärger des Hobbykochs gerade die schärfsten Messer oft am anfälligsten für Rostflecken in der Geschirrspülmaschine. Dies liegt daran, dass zur Ausbildung der Passivschicht 12% *freies* Chrom benötigt wird, d.h. Cr, das im Mischkristall gelöst und nicht als Carbid ausgeschieden ist. Wegen der geringen Löslichkeit für Cr im Gleichgewicht mit Chromcarbid im α-Gitter und der hohen Diffusionsgeschwindigkeit im α-Gitter bewegt man sich bei den martensitischen nichtrostenden Stählen immer an der Resistenzgrenze. Um den Gehalt an freiem Chrom so hoch wie möglich zu halten, wird auch X5CrNi18-10 bevorzugt im Zustand „lösungsgeglüht und abgeschreckt" eingesetzt.

Nickel und Chrom sind teure Legierungselemente, deren Einsatz nach Möglichkeit begrenzt wird. Der Stahl X5CrNi18-10 verdankt seine große Bedeutung der Tatsache, dass er die Stahlzusammensetzung darstellt, die mit dem geringsten Gehalt an Ni und Cr auskommt und doch zuverlässig austenitisches Gefüge aufweist. Man erkennt seine Vorzugsstellung aus dem Schaeffler-Diagramm, Abb. 15.3. Er entspricht im Übrigen weitgehend den ersten austenitischen nichtrostenden Stählen, die 1912 von Maurer und Strauss bei Krupp entwickelt und patentiert wurden und als „18-8-Stähle" oder „V2A-Stähle" bekannt sind. In manchen Branchen ist es üblich, von „Edelstahl" zu sprechen, wenn Stähle vom Typ X5CrNi18-10 gemeint sind (vergleiche den in der Werbung propagierten Begriff „Edelstahl – rostfrei"). Nach der Norm DIN EN 10 020 hat der Begriff Edelstahl eine wesentlich umfassendere Bedeutung und bezieht sich allgemein auf Stähle, die zur Wärmebehandlung bestimmt sind und über besondere Reinheit verfügen. X5CrNi18-10 ist zwar ein Edelstahl; es gibt aber auch Edelstähle, die keineswegs rostfrei sind.

15.1.4 Warmfeste Stähle

Chrom ist ein kennzeichnendes Legierungselement bei den *warmfesten Stählen*, da es durch Bildung dichter und festhaftender Oxidschichten die Korrosionsgeschwindigkeit in heißen Gasen reduziert (s. Abschn. 9.5.2). Um so mehr Chrom der Stahl enthält, desto höher ist seine Zunderbeständigkeit. Der maximal mögliche Chromgehalt ist in jedem Legierungssystem anders; er wird durch die Bildung versprödender Cr-haltiger Ausscheidungen festgelegt (σ-Phase: FeCr). Wie immer bei Phasenumwandlungen, welche diffusionsgesteuert über Keimbildung und Wachstum ablaufen, gibt es eine bestimmte Temperatur, bei der die Reaktion am schnellsten abläuft (s. Abschn. 7.5.4). Unglücklicherweise liegt diese Temperatur in der Regel nicht weit weg von der Einsatztemperatur der warmfesten Stähle.

Die warmfesten Stähle lassen sich vereinfacht in zwei Gruppen einteilen. Bei nicht allzu hoher Temperatur ($<600\,°C$, die genaue Temperatur hängt ab von der Einsatzdauer) werden *CrMoV-Vergütungsstähle* verwendet. Seit 50 Jahren bekannt und bewährt ist der *X20CrMoV12-1* („12 % Cr-Stahl"), der die höchste Warmfestigkeit aller Nichtaustenite aufweist.

Reicht die Warmfestigkeit des X20CrMoV12-1 nicht mehr aus ($>600\,°C$), so muss auf die zweite Gruppe, die *austenitischen Stähle*, übergangen werden, wie X6CrNi18-11 oder X6CrNiMo17-12-2 (Bezeichnung 304 und 316 in USA). Diese Stahlgruppe hat sich aus den nichtrostenden „18-8-Stählen" entwickelt, wobei mit der Zeit der Ni-Gehalt erhöht und der Cr-Gehalt reduziert wurde, um die Stabilität gegen Sprödphasen zu verbessern. Austenitische Stähle haben grundsätzliche Vorteile, wenn es um Warmfestigkeit geht. Ursache ist die niedrigere Stapelfehlerenergie und Diffusionsgeschwindigkeit der dichtest gepackten γ-Phase gegenüber der α-Phase. Andererseits ist der Übergang zum Austenit mit einem Verlust an Streckgrenze, Schweißbarkeit, Temperaturwechselbeständigkeit und Umformbarkeit verbunden, weshalb er in der Praxis möglichst lange vermieden wird. Die Rotoren von Großgasturbinen werden immer noch aus Vergütungsstählen hergestellt. Die schlechte Temperaturwechselbeständigkeit der Austenite hängt mit der schlechten Wärmeleitfähigkeit und der hohen Wärmedehnung zusammen (zur Schweißbarkeit s. Abschn. 13.3.1).

Für die Festigkeit der warmfesten Vergütungsstähle und Austenite spielen die ausgeschiedenen Carbide eine große Rolle. Wegen der langsamen Diffusion der Legierungselemente (Cr, Mo, ...) bilden sich zunächst eisenreiche $(Fe, Cr)_3C$-Carbide. Während längerer Auslagerungszeiten im Betrieb kommt es dann zur sekundären Ausscheidung legierungselementreicherer Carbide, wie Cr_7C_3, $Cr_{23}C_6$. Außerdem vergröbert die Carbidpopulation nach den Mechanismen der Ostwald-Reifung (s. Abschn. 8.7).

Erhöht man bei den austenitischen Stählen den Gehalt an Ni, Cr und Al und reduziert dafür den Gehalt an Fe so gelangt man zu den Superlegierungen, den warmfestesten Werkstoffen überhaupt (s. Abschn. 15.6). Die höhere Warmfestigkeit dieser Werkstoffe ist aber auch mit einem Verlust an Umformbarkeit verbunden. Die maximalen Blockabmessungen bei den für die Umformung geeigneten Superlegierungen sind deshalb begrenzt. Aus diesen Gründen hat die Legierung *Incoloy 800* eine ganz besondere Bedeutung erlangt.

Sie steht mit einem Anteil von nur noch knapp 50 % Fe auf der Grenze der austenitischen Stähle zu den Superlegierungen. Sie ist wie die anderen Stähle noch in großen Abmessungen verfügbar, erreicht aber schon fast die Festigkeit und Zunderbeständigkeit einfacher Superlegierungen.

15.1.5 Werkzeugstähle

Die wichtigsten Gruppen von Stählen unter dieser Überschrift sind die *Kaltarbeitsstähle* (für Umformwerkzeuge bis etwa 250 °C), *Warmarbeitsstähle* (für Umformwerkzeuge oberhalb etwa 250 °C und für Druckgießwerkzeuge) und *Schnellarbeitsstähle*[5] (für spanende Werkzeuge). Ein bekannter Vertreter der letzten Gruppe ist der *HS6-5-2* mit 6 % W, 5 % Mo, 2 % V (daher der Name) und 4 % Cr, der im vergüteten Zustand eingesetzt wird.

Als neue Werkstoffeigenschaft, die bei den vorher besprochenen Stahlgruppen noch nicht im Vordergrund stand, kommt bei den Werkzeugstählen die *Verschleißbeständigkeit* hinzu. Um die Härte der Werkstoffe und damit die Verschleißbeständigkeit zu steigern, verwendet man hohe Carbidgehalte. HS6-5-2 weist deshalb neben einem hohen Anteil an carbidbildenden Elementen einen übereutektoiden Gehalt an Kohlenstoff auf. Zur Austenitisierung muss bei Temperaturen nahe der Solidustemperatur geglüht werden, um die hohen Carbidgehalte möglichst weitgehend in Lösung zu bringen, siehe Abb. 15.6. We-

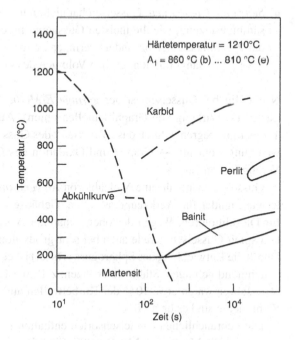

Abb. 15.6 ZTU-Diagramm für die Wärmebehandlung des Schnellstahls HS6-5-2

---

[5] Der Name erinnert an die besonders hohen Schnittgeschwindigkeiten beim Spanen, die mit diesen Werkstoffen erreicht werden können.

gen des hohen Gehalts an Legierungselementen genügt eine relativ langsame Abkühlung in einem Warmbad von 500 °C, gefolgt von einer Luftabkühlung zur Durchhärtung. Bei 500 °C können Werkzeuge nochmals gerichtet werden, falls Verzug aufgetreten ist. Wegen des hohen C-Gehaltes zeigt das ZTU-Diagramm keine Ferrit- sondern eine Carbidnase, d. h. es kommt bei der Abkühlung zur Ausscheidung von Primärcarbiden. Außerdem wird beim Anlassen der Härteverlust durch die Entspannung des Martensits überkompensiert durch den Härtegewinn durch Ausscheidung von Sekundärcarbiden – man spricht von *Sekundärhärte*.

Die Schnellarbeitsstähle erreichen zwar nicht ganz die hohen Härten und Verschleißbeständigkeiten der Hartmetalle, haben diesen aber eine höhere Zähigkeit voraus.

15.2 Gusseisen

Als *Gusseisen* werden Eisenbasislegierungen bezeichnet, die für die *Formgebung durch Gießen* bestimmt sind. Sie weisen folgende besonders attraktive Eigenschaften auf:

- *Sehr günstiger Preis*. Gusseisen ist der billigste Konstruktionswerkstoff überhaupt. Die Zusammensetzung liegt in der Nähe von Roheisen (s. Abschn. 13.1.1 und 13.1.2), aus dem es durch Wiederaufschmelzen gewonnen werden kann. (Heute ist allerdings die Herstellung aus Schrott üblich.)
- *Sehr gute Gießbarkeit*. Gusseisen hat nicht nur eine dem Eutektikum naheliegende Zusammensetzung, wie die meisten Gusslegierungen (s. Abschn. 13.2.3), sondern weist darüber hinaus einen besonders geringen Schwund bei der Erstarrung auf (lediglich ca. 1 %). Dies hängt mit dem großen Volumen des Graphits zusammen.

Nachteilig bei Gusseisen ist der *geringe E-Modul* durch Mikroplastizität bei geringen Lasten (s. Wirkung von Graphitlamellen unten). Außerdem ist der Einsatz bei erhöhter Temperatur begrenzt durch das „*Wachsen*" des Gusseisens (Volumenzunahme durch Umwandlung Zementit → Graphit und Oxidation des Graphits, die bis zu Rissbildung und Verzug führen kann.)

Gusseisen wird für eine Vielzahl von *Anwendungen* eingesetzt. Typisch sind Bauteile wie Ständer für Werkzeugmaschinen, Gehäuse für Dampfturbinen oder Motorblöcke für Dieselmotoren. Wegen der oben genannten Vorteile hinsichtlich Preis und Gießbarkeit spielt Gusseisen gerade auch bei sehr großvolumigen Bauteilen eine wichtige Rolle. Durch die Entwicklung des Sphärogusses (s. u.) ist es Gusseisen in den letzten Jahrzehnten zunehmend gelungen, Stähle zu ersetzen, z. B. bei Kurbelwellen im Fahrzeugbau. In den 70er-Jahren waren etwa 10 % der Kurbelwellen aus Sphäroguss statt aus geschmiedetem Stahl, heute sind es über 70 %.

Die gebräuchlichen Gusseisensorten enthalten grob etwa 3 % Kohlenstoff, 2 % Silizium und große Mengen an Mn, P und S. Ein wichtiger Vertreter ist *GJS-600* mit 600 MPa Zugfestigkeit, siehe Tab. 15.4 (G: Guss, J: Eisen, S: Sphäroguss, 600: Zugfestigkeit). Ist

Tab. 15.4 Einige Beispiele für metallische Werkstoffe mit besonders großer technischer Bedeutung (für Stähle s. Tab. 15.3). Bei Gusslegierungen beziehen sich Eigenschaftsangaben in der Regel auf getrennt gegossene Probestäbe. In Bauteilen können die Eigenschaften wegen ungünstigerer Erstarrungsbedingungen ohne weiteres 20 bis 25 % schlechter sein. Bezüglich der Bezeichnungsweise siehe Anhang A.3, bzw. die Fußnoten im Text

Kurzname des Werkstoffs	Alternative Bezeichnung	Werkstoffgruppe	Basiselement	Besonders wichtige weitere Legierungselemente	Mikrostruktur	Streckgrenze	Anwendungsbeispiele
GJS-600	früher: GGG 60	Gusseisen, Sphäroguss	Fe		Perlitische Grundmasse mit kugeligem Graphit	ca. 400 MPa	Kurbelwellen, Zahnräder
2024	AlCu4Mg1	Aushärtbare Aluminium-Knetlegierung	Al	Cu 3,8–4,9 %, Mg 1,2–1,8 %, Si 0,5 (Max), Fe 0,5 (Max)	Al-Mischkristall mit feinen metastabilen AlCu-Ausscheidungen	ca. 380 MPa	Träger und Beplankungen für Flugzeuge, Komponenten für Mountainbike
AlSi9Cu3	ähnlich: A 380, bzw. 380.2 in USA	Aluminium-Gusslegierung	Al		Al-Mischkristall mit eutektisch ausgeschiedenem Si	ca. 135 MPa	Getriebegehäuse, Ölwannen, Elektromotorenteile
AZ91	MgAl9Zn1	Magnesium-Gusslegierung	Mg	Al 8,5–9,5 %, Zn 0,45–0,9 %, Mn 0,17–0,40 %	Mg-Mischkristall mit groben Ausscheidungen der Gleichgewichtsphase β ($Mg_{17}Al_{12}$)	ca. 120 MPa	Kettensägengehäuse, Laptop-Gehäuse
TiAl6V4	IMI 318	Titan-Knet- und Gusslegierung	Ti		primäres und sekundäres α in β-Grundmasse	ca. 1000 MPa	Verdichter in Gasturbinen (Schaufeln, Scheiben, Ringe)
MM 247	CM 247	Nickelbasis-Gusslegierung für stängelkristalline Erstarrung (Superlegierung)	Ni	Cr 8,4 %, Mo 0,16 %, W 10 %, Al 5,5 %, Ti 1 %, Ta 3 %, Hf 1,4 %	Ni-Mischkristall mit feinen γ'-Ausscheidungen	ca. 1000 MPa	Schaufeln in Gasturbinen

die Zusammensetzung korrekt auf die Wandstärke des Bauteils und die Abkühlgeschwindigkeit abgestimmt, so weist das Gefüge des GJS-600 nach der Erstarrung eine *perlitische Grundmasse* auf, die aus den in der Schmelze primär erstarrenden γ-Kristallen entstanden ist. Ein großer Teil des Kohlenstoffs ist in Form von kugelförmigem *Graphit* ausgeschieden, also der Gleichgewichtsphase des Fe-C-Zustandsdiagramms, siehe Abb. 3.12a. (In Stählen liegt der Kohlenstoff in der Regel in Form von Carbiden vor. Dies liegt teilweise daran, dass die Zeiten nicht ausgereicht haben, um die thermodynamisch stabilere Konfiguration des Graphits auszubilden. Zum anderen gilt, dass bei vielen komplex zusammengesetzten Stählen nicht mehr Graphit sondern Carbid die Gleichgewichtsphase darstellt.)

Bei der Ausscheidung des Graphits ist die Anlagerungsgeschwindigkeit in der Basisebene des hexagonalen Gitters wesentlicher größer als senkrecht dazu. Der Graphit wächst deshalb normalerweise in Form von Plättchen oder, genauer gesagt, in Gestalt der vom Frühstück bekannten Cornflakes. Im zweidimensionalen Gefügebild erscheinen die Plättchen als Lamellen, siehe Abb. 3.12b. Man spricht von *Gusseisen mit Lamellengraphit*, (*Grauguss*[6], GJL, L steht für lamellaren Graphit). Durch Zugabe von Mg oder Ce in geringer Konzentration kann erreicht werden, dass der Graphit nicht lamellar sondern kugelförmig wächst, man erhält *Gusseisen mit sphärolithischem Graphit* (*Sphäroguss*, GJS, S steht für sphärolithischen oder „radialstrahlig gewachsenen" Graphit; bei geringerer Mg-Ce-Dosis entsteht Gusseisen mit vermicularem oder „wurmförmigen" Graphit, GJV). Die Graphitkugeln beim Sphäroguss bestehen aus einer Vielzahl von Graphitkristallen, die von einem Punkt aus radial nach außen wachsen, wobei jetzt die Hauptwachstumsrichtung senkrecht zur Basisebene liegt (s. Abschn. 8.3).

Da die Graphitlamellen wegen der geringen Festigkeit und schlechten Anbindung des Graphits keine Zugkräfte übertragen, wirken sie wie Hohlräume und rufen an ihren Rändern Spannungskonzentrationen hervor. Mit der sphärolithischen Graphitgeometrie sind die inneren Kerben vermieden und es wird eine Steigerung der Duktilität erreicht – die Eigenschaften des Gusseisens werden stahlähnlich.

Trotz der großen Erfolge des *Sphärogusses* in den letzten Jahren auf Grund seiner guten mechanischen Eigenschaften hat auch der *Grauguss* weiter wichtige *Anwendungsfelder* vorzuweisen. Sein Vorteil liegt in der besseren Gießbarkeit, den guten Dämpfungseigenschaften (mikroplastische Verformung an den Lamellenspitzen, s. Abschn. 10.3), der hohen Wärmeleitfähigkeit (Lamellen aus gut leitendem Kohlenstoff wirken als Wärmebrücken) und der guten Zerspanbarkeit (Lamellen wirken spanbrechend).

Der Kohlenstoff kann im Gusseisen bei hoher Abkühlgeschwindigkeit und geringen C- oder Si-Gehalten statt als Graphit auch als Zementit ausgeschieden werden. Wegen des veränderten Aussehens des Bruchbilds spricht der Fachmann dann von *weißer Erstarrung* im Unterschied zur *grauen Erstarrung*. Fe_3C ist im Gegensatz zu Graphit sehr spröde und wird in großen Mengenanteilen gebildet (65 %). Die Zugfestigkeit des Guss-

---

[6] Die Graphitlamellen bewirken ein besonders dunkles Bruchbild, daher der Name Grauguss.

eisens sinkt rapide. Im allgemeinen wird deshalb die Ausscheidung des Kohlenstoffs als Graphit angestrebt. Wegen der großen Härte ist die weiße Erstarrung aber zur Bildung von verschleißfesten Oberflächen interessant.

Eine dritte sehr interessante Möglichkeit der Gefügesteuerung bei Gusseisen ergibt sich durch das Zulegieren geringer Mengen von *Kupfer*. Über den Cu-Anteil kann gesteuert werden, ob die *Grundmasse* bei der Erstarrung *rein perlitisch*, *perlitisch-ferritisch* oder *vorwiegend ferritisch* ausgebildet wird. Aus der Reaktion Austenit → Perlit wird mit sinkendem Cu-Gehalt eine Reaktion Austenit → Ferrit + Graphit. Mit der Zunahme des Anteils an weichem Ferrit wandeln sich die Eigenschaften von einem GJS-700 (0,9 % Cu) über einen GJS-600 (0,8 % Cu) zu einem GJS-400 (0,1 % Cu). Aus der gleichen Schmelze stellt der Gießer so auf bequeme Art durch geringe Änderungen der Rezeptur eine ganze Palette unterschiedlicher Werkstoffe her.

> Gusseisen mit Kugelgraphit (Sphäroguss) ist ein preisgünstiger und gut gießbarer Werkstoff mit stahlähnlichen Eigenschaften, der zunehmend Gusseisen mit Lamellengraphit (Grauguss) und Stähle verdrängt.

15.3 Aluminium und Aluminiumlegierungen

Die jährliche Erzeugung von *Aluminium*, die auf Länder mit kostengünstiger elektrischer Energie konzentriert ist (s. Abschn. 1.3 und 13.1.1), liegt zwei Größenordnungen niedriger als die von Stahl. Andererseits ist Aluminium der zweitwichtigste metallische Werkstoff und der Aluminiumverbrauch nimmt ständig zu. In den letzten 15 Jahren ist beispielsweise der Al-Einsatz im Automobil von 60 auf 100 kg/Fahrzeug gestiegen.

Aluminium hat die folgenden Vorteile:

- *Geringe Dichte (2,7 g/cm³)*. Aluminiumlegierungen erreichen die Festigkeit von allgemeinen Baustählen bei einem Drittel der Dichte. Aluminium ist deshalb der klassische Leichtbauwerkstoff, der zur Reduktion großer und stark beschleunigter Massen in der Technik eingesetzt wird. In Abschn. 15.1 wurde dies bereits erläutert.
- *Gute elektrische und thermische Leitfähigkeit*. Aluminium weist zwar nur etwas weniger als die halbe Leitfähigkeit von Kupfer auf, aber dies kann durch einen größeren Querschnitt ausgeglichen werden, wenn genügend Raum zur Verfügung steht. Beim Vergleich zweier elektrischer Leiter aus Aluminium und Kupfer mit gleichem Widerstand schneidet Al in Bezug auf Gewicht, Festigkeit und Kosten besser ab (Tab. 11.2). Bei Anwendungen in Verbrennungsmotoren, einer anderen klassischen Domäne von Al-Legierungen, führt die gute thermische Leitfähigkeit zu besonders geringen Materialtemperaturen.

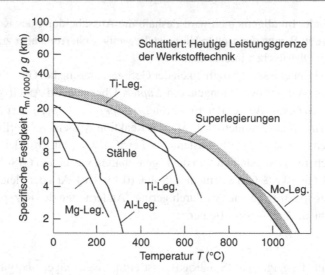

Abb. 15.7 Spezifische Festigkeit verschiedener metallischer Werkstoffe als Funktion der Temperatur. Als Maß für die spezifische Festigkeit wird hier die 1000 h-Zeitstandfestigkeit bezogen auf die Dichte verwendet. Die Begründung dafür wurde in der Erklärung zu Tab. 15.2 gegeben. Durch Multiplikation mit der Gravitationskonstante g erhält die physikalische Größe die Einheit einer Länge und wird auch als Reißlänge bezeichnet. Anschauliche Bedeutung: Ein Stab aus einem Material mit der Länge der Reißlänge würde – an einem Ende aufgehängt – unter seinem Eigengewicht reißen. Das Bild ist entstanden indem einzelne besonders feste Legierungen in ihrem Verlauf eingezeichnet und die entstehenden Einzelsegmente durch eine Linie verbunden wurden, welche dann die Legierungsgruppe repräsentiert

- *Gute Verarbeitbarkeit*. Auf Grund des niedrigeren Schmelzpunktes und dadurch allgemein niedrigeren Temperaturniveaus sind die Werkzeuge wesentlich weniger beansprucht als bei Stählen, was Umformprozesse und, mehr noch, Urformprozesse erleichtert. Die Bauteilfertigung durch Gießen erreicht bei Aluminium einen Anteil von 30 %, deutlich höher als bei Eisenbasiswerkstoffen. Davon entfallen mehr als 60 % auf den besonders wirtschaftlichen Druckguss, mit steigender Tendenz. Ein für Aluminium besonders geeigneter Umformprozess ist das Strangpressen (s. Abschn. 13.2.5), der bei Stählen wegen der hohen Werkzeugbelastungen unüblich ist.

Nachteilig für Aluminium ist der *höhere Preis* im Vergleich zu Stahl. Bezogen auf das Gewicht geht es um einen Faktor 4, bezogen auf das Volumen (die relevantere Größe) um einen Faktor 1,5. Nur in seltenen Fällen gelingt es, den höheren Basismaterialpreis durch die bessere Verarbeitbarkeit auszugleichen. Ein weiteres Problem von Aluminium ist der *schnelle Abfall der Festigkeit mit der Temperatur*, siehe Abb. 15.7. Dieses Verhalten ist wieder eine Konsequenz des niedrigen Schmelzpunktes. Raumtemperatur entspricht bei diesem Werkstoff bereits $\approx 0{,}3 T_S$, also einer Temperatur, ab der mit zeitabhängigen Verformungen gerechnet werden muss (s. Abschn. 10.9.2).

15.3.1 Aluminium-Knetlegierungen

Reinaluminium, d. h. nicht legiertes Aluminium mit Reinheitsgraden von 99,0 bis 99,9 %, wird in großem Umfang als *Folie im Verpackungsbereich* eingesetzt. Im Vergleich zu beschichteten Kunststofffolien liegen zwar die Kosten höher, aber die Gasdurchlässigkeit ist geringer. Die Folien werden durch gleichzeitiges Kaltwalzen zweier Folien hergestellt, was zu einer glatten Seite (im Kontakt mit den polierten Stahlwalzen) und einer matten Seite (im Kontakt mit der zweiten Folie) führt. Man erreicht wegen der guten Umformbarkeit von Aluminium Foliendicken von unter 10 µm.

Reinaluminium wird außerdem für *Leitzwecke in der Elektrotechnik* verwendet. Leitaluminium ist durch ein „E" gekennzeichnet und enthält besonders geringe Beimengungen an bestimmten Elementen, welche die Leitfähigkeit besonders stark herabsetzen. Anwendungsbeispiele für E-Al sind Freileitungsseile in Überlandleitungen oder Erdverkabelungen. Wegen des geringeren Gewichts und der höheren spezifischen Festigkeit der Seile benötigt man bei Aluminium weniger Masten als bei Kupfer, was für die Kosten entscheidend ist. Aus Gründen der Prozesstechnik bestanden in der Vergangenheit auch die Leiterbahnen in integrierten Schaltkreisen aus Aluminium, wobei hier der Wechsel zu Kupfer gegenwärtig vollzogen wird.

Für mittlere Anforderungen werden besonders häufig Legierungen aus den Systemen *AlMg* (*5000er Serie*[7]) oder *AlMgSi* (*6000er-Serie*) eingesetzt. Besonders bekannt ist die Legierung *6063* (AlMg0,7Si). Mg ist der geeignetste Mischkristallhärter in Aluminium, weil es nicht nur einen deutlichen Effekt bezogen auf die gelöste Menge hervorruft, sondern weil es auch in relativ großen Mengen löslich ist. AlMg-Legierungen sind praktisch gar nicht, AlMgSi-Legierungen nur mit geringem Effekt ausscheidungshärtbar. Wesentlicher Vorzug beider Legierungssysteme ist die gute Umformbarkeit. Außerdem sind sie sehr korrosionsbeständig und gut eloxierbar. Die weicheren AlMg-Legierungen werden für gewalzte Flachprodukte eingesetzt, die etwas festeren AlMgSi-Legierungen für Strangpressprofile. Anwendungsbeispiele sind Fensterfassaden, Automobilkarosserien oder Wagenkästen des ICE.

Bei hohen Anforderungen sind *AlCuMg-Legierungen* (*2000er-Serie*) von besonderer Bedeutung, z. B. die Legierung *2024* (*AlCu4Mg1*), siehe Tab. 15.4. Die Legierungsgruppe wurde 1906 gemeinsam mit dem Aushärtungseffekt durch Wilm[8] entdeckt („Duraluminium" AlCu3,5Mg0,5Mn). Die Aushärtung kommt durch eine extrem feine Verteilung von kohärenten GP-Zonen oder teilkohärenten θ'-Ausscheidungen zustande, siehe Abb. 3.13 und Abschn. 7.5.3. Die freien Passierlängen für Versetzungen liegen in diesen Legierungen unter 100 nm. Ergebnis sind hohe Streckgrenzen von fast 400 MPa. In AlZnMg-Legierungen werden sogar noch höhere Festigkeiten erreicht, aber um den Preis geringerer

---

[7] Im Bereich Aluminium ist es üblich, die vierstelligen Kennziffern für Knetlegierungen des Internationalen Legierungsregisters der Aluminum Association in Washington, USA, zu verwenden.

[8] Alfred Wilm war Ingenieur bei den Dürener Metallwerken. Der Name Duraluminium erinnert an den Ort der Erfindung, Düren.

Temperaturbeständigkeit und größerer Spannungsrisskorrosionsanfälligkeit. Die Legierung 2024 spielt eine große Rolle im Flugzeugbau. Derzeit sind neue Zusammensetzungen mit Sc oder Li in der Entwicklung, bzw. Produkteinführung. Sc verbessert die Schweißbarkeit[9], Li die Dichte und Steifigkeit.

Ein Merkmal aller Aluminiumlegierungen sind *grobe intermetallische Phasen*, die aus Elementen bestehen, die in festem Aluminium nicht oder nur sehr beschränkt löslich sind, und die am Ende der Erstarrung aus der Restschmelze auf den Korngrenzen ausgeschieden werden. Häufig enthalten sie Fe und Si, typische Verunreinigungen des Primäraluminiums. Beispiele für Zusammensetzungen sind Al_3Fe, $Al_6(Fe,Mn)$, Al_8Fe_2Si, Al_7Cu_2Fe, ... Die spröden intermetallischen Phasen werden beim Umformen zerkleinert, zeilenförmig angeordnet und rundlich eingeformt. Sie verschlechtern insbesondere die Zähigkeit, die Wechselfestigkeit und die Korrosionsbeständigkeit. Aus Kostengründen wird aber in der Regel darauf verzichtet, die überflüssigen Elemente aus dem Werkstoff zu entfernen.

15.3.2 Aluminium-Gusslegierungen

Die wichtigsten Gusslegierungen des Aluminiums stammen aus dem *System AlSi* und liegen von der Zusammensetzung her in der Nähe des *Eutektikums bei 12 % Si*. Die Löslichkeit von Si in Al ist sehr gering (1 %) und Si wird bei der Erstarrung praktisch als reines Si ausgeschieden. Si ist hart und spröde. Durch Zusätze von Sr oder Na kann Keimbildung und Wachstum so gesteuert werden, dass die Si-Phase sich fein ausbildet und eine Versprödung des gesamten Werkstoffs verhindert wird („*Veredeln*"). Je nach dem genauen Mg- und Cu-Gehalt ist eine Aushärtung möglich. Sie spielt aber in der Praxis keine besonders große Rolle, da viele Teile im Druckguss hergestellt werden, was wegen der eingewirbelten Gase eine Lösungsglühung verbietet. Die Härtesteigerung ist bei den gut gießbaren Varianten auch nicht sehr hoch.

Besondere Bedeutung hat die Legierung *AlSi9Cu3*, die in etwa ein Viertel des Gesamtmarktes ausmacht. Bei der Legierung AlSi9Cu3 wurde gegenüber der eutektischen Zusammensetzung der Si-Gehalt etwas reduziert, was die Gießbarkeit verschlechtert, aber die Zerspanbarkeit verbessert. Die Si-Phasen wirken abrasiv. Bei Druckgusslegierungen (Bezeichnung AlSi9Cu3(Fe)) wird der Eisengehalt erhöht, um den Angriff auf die Werkzeuge zu unterdrücken. Anwendungsbeispiele für AlSi9Cu3 sind Getriebegehäuse oder Ölwannen.

Si in hohen Konzentrationen erhöht die Verschleißbeständigkeit und reduziert die Wärmedehnung. Hoch Si-haltige AlSi-Legierungen werden deshalb trotz schlechter Gießbarkeit und Bearbeitbarkeit für Kolben und Kurbelgehäuse eingesetzt. Technisch besonders

---

[9] Sc führt zur Ausscheidung von sehr feinen, kohärenten und stark verspannten Al_3Sc-Teilchen mit enormem Härtungseffekt. Besonders interessant ist, dass die Aushärtung unmittelbar nach dem Laserstrahlschweißen wie bei naturharten Legierungen erreicht werden kann, d. h. ohne erneute Lösungsglühung und Abschrecken.

anspruchsvoll ist die Erzeugung einer geeigneten Oberflächenstruktur in der Zylinderlauf-fläche. Durch spezielle Bearbeitungsverfahren wird hier die Al-Matrix zurückgesetzt, so dass der Kolben gegen die wie mikroskopische Tafelberge aus der Lauffläche herausragen-den Si-Phasen läuft. Die Täler zwischen den Tafelbergen wirken als Schmierstoffreservoir.

Im Aluminium-Formguss wird in der Regel mit *Sekundär-* oder *Umschmelzaluminium* gearbeitet. Im Gegensatz zu Primär- oder Hüttenaluminium wird Umschmelzaluminium aus Schrott hergestellt. Durch höhere Gehalte an Begleitelementen (Fe, Cu, Zn, ...) kann es zu einer Verschlechterung von Duktilität und Korrosionsbeständigkeit kommen. Beim Formguss wird die Duktilität in der Regel durch die Gießbedingungen dominiert (Poren, Oxidhäute), sodass mit Umschmelzaluminium gleichwertige Ergebnisse wie mit Hüttena-luminium erreichbar sind.

Metallische Werkstoffe mit einer Dichte $<5\,\text{g/cm}^3$ bezeichnet man als Leichtme-talle. Zu den Leichtmetallen gehören Aluminium, Magnesium und Titan. Alumi-niumlegierungen verdanken ihre hohe Festigkeit der Ausscheidungshärtung über sehr feine metastabile Phasen, z. B. θ' im System AlCu. Ein wichtiger Mischkris-tallhärter ist Mg. Wegen des niedrigen Schmelzpunkts nimmt die Festigkeit der Aluminiumlegierungen bereits bei etwa 200 °C stark ab.

15.4 Magnesium und Magnesiumlegierungen

Der Verbrauch von *Magnesiumlegierungen* für Konstruktionszwecke beträgt nur etwas mehr als 100.000 t/a. Ein Vielfaches dieser Menge wird zum Legieren von Al, zum Ent-schwefeln von Stahl und für pharmazeutische Zwecke eingesetzt. Mg als Konstrukti-onswerkstoff hat aber in den letzten 10 Jahren eine „Renaissance" erlebt mit jährlichen Zuwachsraten von 15 %. Ursachen liegen in der gestiegenen Bedeutung des Leichtbaus, genauso wie bei Fortschritten in der Legierungsentwicklung und der Verarbeitungstech-nik. Über die größten Kapazitäten zur Mg-Gewinnung verfügt heute China, wo nicht nur klassisch mit Elektrolyse (s. Abschn. 13.1.1) sondern auch mit dem Pidgeon-Verfahren ge-arbeitet wird, und zwar im Chargenbetrieb in zahlreichen Klein- und Kleinstunternehmen. Das Reduktionsmittel beim Pidgeon-Verfahren ist Silizium in der Form des Ferrosiliziums (FeSi-Legierung).

Die Verwendung von Magnesium beruht auf folgenden Vorzügen:

- *Geringe Dichte.* Mit einer Dichte von $1{,}7\,\text{g/cm}^3$ ist Magnesium ein Drittel leichter als Aluminium.
- *Sehr gute Verarbeitbarkeit.* Magnesium ist hervorragend für die Verarbeitung im Druckguss geeignet, weshalb heute fast 90 % aller Formteile mit diesem Verfahren hergestellt werden. Wegen seiner besonders hohen Fließgeschwindigkeit (s. Ab-

schn. 13.2.3) gestattet Mg deutlich geringere Wandstärken als Al (typisch 0,8 mm minimale Wandstärke statt 1 mm). Wegen des geringeren Wärmeinhalts sind die Taktzeiten kürzer. Außerdem greift flüssiges Mg Stähle nicht an, weshalb in Eisentiegeln geschmolzen werden kann und Werkzeuge höhere Standzeiten erreichen. Bei spanenden Verarbeitungsverfahren werden doppelt so hohe Schnittgeschwindigkeiten wie bei Al erreicht, bei längerer Werkzeugstandzeit.

- *Bessere Eigenschaften als Polymere.* Magnesium übertrifft bei ähnlicher Dichte gängige Polymerwerkstoffe in der Steifigkeit, Leitfähigkeit, Temperaturbeständigkeit und Rezyklierbarkeit.

Im Vergleich zu anderen Metallen sind die Gebrauchseigenschaften von Magnesium allerdings eher schlecht. Dies gilt insbesondere für *Steifigkeit* und *Temperaturbeständigkeit.* Magnesium ist außerdem ein sehr unedles Metall. Bei geringem Gehalt an Verunreinigungen können trotzdem wegen der sich ausbildenden schützenden Oxidschicht gute Korrosionsbeständigkeiten ähnlich wie bei schwächeren Aluminiumlegierungen (AlSi9Cu3) erreicht werden. Eine *Kontaktkorrosion* in Verbindung mit Stahlbauteilen muss aber unbedingt verhindert werden. Um sie bei Schraubverbindungen zu vermeiden, wurden speziell Aluminium-Schrauben entwickelt. Wegen der hexagonalen Kristallstruktur und der geringen Zahl von Gleitsystemen ist außerdem *Kaltumformung* nur sehr begrenzt möglich. Warmumformung ist kein Problem, weil zusätzliche Gleitsysteme anspringen. Große Vorsicht erfordert der Umgang mit Schmelzen und Spänen wegen der *Entzündungsgefahr.* Mg ist wesentlich *teurer in der Erzeugung* als Al, nur in manchen Fällen kann dies über die bessere Verarbeitbarkeit wettgemacht werden.

Typische Anwendungsgebiete für Magnesium sind Getriebegehäuse, Instrumententräger, Laptop-Gehäuse.

Im System Magnesium werden im Wesentlichen zwei Legierungen eingesetzt, *AZ91*[10] mit 9 % Al und 0,7 % Zn, sowie *AM60*, mit 6 % Al und 0,3 % Mn. Al sorgt für gute Gießbarkeit in Mg-Legierungen, ähnlich Si in Al-Legierungen und C in Gusseisen. Die eutektische Zusammensetzung bei 33 % Al wird allerdings bei weitem nicht erreicht, weil eine zu starke Ausscheidung der β-Phase $Mg_{17}Al_{12}$ vermieden werden muss. Diese Phase versprödet die Werkstoffe und verringert auch – aus noch nicht ganz verstandenen Gründen – die Warmfestigkeit. AZ91 ist deshalb die Standardlegierung bei Magnesium; AM60 mit reduziertem Al-Gehalt wird bei höheren Anforderungen an die Duktilität unter Inkaufnahme verschlechterter Gießbarkeit eingesetzt. Auf eine Aushärtungswärmebehandlung verzichtet man im Allgemeinen. Sie führt nur zu relativ geringem Festigkeitsanstieg und verträgt sich nicht mit der Verarbeitung im Druckguss.

Für Mg mit seiner hexagonalen Kristallstruktur ist die *Korngrenzenhärtung* ein wichtiger Faktor. Kornfeinungsmittel spielen deshalb beim Gießen eine wichtige Rolle. Leider kann Zirkon, mit dem sich sehr gute Ergebnisse bei Mg erzielen lassen, in Systemen mit

---

[10] Bei Mg werden im Allgemeinen die US-amerikanischen ASTM-Bezeichnungen verwendet. Die zwei wichtigsten Elemente werden durch Buchstaben gekennzeichnet. A steht für Al, Z für Zn, M für Mn, ... Den chemischen Symbolen folgen die gerundeten Mengenangaben.

Al und Mn nicht eingesetzt werden, da es Verbindungen eingeht, die es seiner Wirksamkeit berauben. Den Schmelzen werden deshalb organische Substanzen zugegeben, die sich zersetzen und Al_4C_3 und AlN bilden, welche dann als Keime wirken.

15.5 Titan und Titanlegierungen

Titan ist der jüngste unter den klassischen metallischen Konstruktionswerkstoffen. Im Korea-Krieg wurden zum ersten Mal Kampfflugzeuge eingesetzt, die zum großen Teil aus Titan bestanden. Mit der Öffnung der Grenzen in Europa hat sich die Versorgungssituation für Titan gewandelt. Titan kommt heute häufig aus Russland und die Preise sind nicht mehr ganz so hoch wie früher.

Titan, bzw. Titanlegierungen haben die folgenden besonderen Merkmale:

- *Niedrige Dichte* (4,5 g/cm^3) *bei hoher Festigkeit* (1100 MPa – ähnlich Vergütungsstählen). Die spezifische Festigkeit von Titan (die Reißlänge) ist die höchste aller metallischen Konstruktionswerkstoffe. Sie wird erst bei relativ hohen Temperaturen von Superlegierungen übertroffen, siehe Abb. 15.7.
- *Hohe Beständigkeit gegen wässrige Korrosion.* Titan ist chemisch gesehen ein sehr unedles Metall, fast so unedel wie Magnesium (s. Abschn. 9.2). Es bildet aber eine außerordentlich gut schützende Passivschicht aus, so dass es unter den meisten Bedingungen nur noch von Gold und Platin im Korrosionswiderstand übertroffen wird. Die hohe Korrosionsbeständigkeit führt auch zu der ausgezeichneten Biokompatibilität des Titans und stellt den Grund dar, warum Titan bevorzugt als Implantatwerkstoff im menschlichen Körper eingesetzt wird.

Andrerseits ist Titan immer noch ein außerordentlich *teures Material* (massebezogen 10-mal höherer Preis als Aluminium, volumenbezogen 50-mal höher). Es lässt sich wegen seiner hohen Festigkeit außerdem nur *schwer umformen und zerspanen.* Insbesondere Kaltumformen ist wegen der hexagonalen Kristallstruktur nur in sehr engen Grenzen möglich. Gießverfahren zur Formteilherstellung spielen praktisch keine Rolle (unter 2 % aller Teile), weil wegen der hohen Temperatur und *großen Reaktivität der Schmelze* keine geeigneten Tiegel- und Formenmaterialien zur Verfügung stehen, bzw. Reaktionsschichten nach dem Guss abgearbeitet werden müssen. Ein interessanter Prozess zum Gießen von Titan, der Reaktionen vermeidet, ist das Erschmelzen im wassergekühlten Cu-Tiegel gefolgt von Schleuderguss (s. auch die Raffination von Titan, Abschn. 13.1.2). Der Energieverbrauch bei dieser Technik ist allerdings außerordentlich hoch und es können keine starken Überhitzungen erreicht werden, die für das Füllen komplexer Formen notwendig sind.

Die oben erwähnte hohe Reaktivität begrenzt den Einsatz von Titan bei hohen Temperaturen. Es bildet sich eine *spröde Oberflächenschicht* aus, die „α-case"[11] genannt wird

---

[11] Von dem englischen Wort „case". Auf deutsch könnte man sagen „α-Hülle", also eine Hülle aus α-Phase, die das Bauteil umgibt.

und welche die mechanischen Eigenschaften des Bauteils stark verschlechtert. Titan kann bei hoher Temperatur große Mengen an Sauerstoff und Stickstoff im Zwischengitter lösen (bis zu 30 At-.% Sauerstoff im α-Mischkristall!). Der gelöste Sauerstoff und Stickstoff stabilisiert die hexagonale α-Phase, die sich deshalb in einer das gesamte Bauteil umgebenden Randzone bildet. Die α-Phase, die ohnehin relativ hart ist, versprödet in Folge der Gasaufnahme vollständig.

Titan hat für ein Metall eine vergleichsweise geringe elektrische und thermische Leitfähigkeit. Es fühlt sich deshalb relativ warm an, in der Werbung spricht man sogar vom *„lederartigen Griff"*. Zusammen mit seiner biologischen Inertheit macht dies Titan zu einem bevorzugten Material für Dinge, die der Mensch häufig anfasst, wie eine Uhr oder den Griff eines Werkzeugs.

Wichtigstes Einsatzgebiet der Titanlegierungen ist wegen der hohen spezifischen Festigkeit der Zellenbau in der Luft- und Raumfahrt und der Turbinenbau; eine besonders große Bedeutung haben Verdichterschaufeln und -scheiben. Titan ist wegen seiner Biokompatibilität für medizinische Anwendungen von großer Wichtigkeit, wie Zahnimplantate, Hüftgelenksprothesen oder künstliche Herzklappen. Wegen der Korrosionsbeständigkeit wird es auch im chemischen Apparatebau eingesetzt. In den letzten Jahren ist in den USA als neuer wichtiger Markt die Produktion von Golfschlägerköpfen entstanden. 25 % des Titanverbrauchs liegen heute in diesem Bereich.

Titan weist wie Eisen *mehrere Modifikationen* auf: Bei tiefen Temperaturen die hdp. α-Phase, bei hohen Temperaturen die krz. β-Phase. Auf Grund ihrer Gitterstruktur ist die α-Phase relativ fest und spröde, die β-Phase relativ weich und duktil. Die minimale Temperatur, bei der eine Titanlegierung noch zu 100 % aus β-Phase besteht, bezeichnet man als β-Transus-Temperatur. Bei reinem Ti liegt die β-Transus-Temperatur bei 885 °C, durch Legierungselemente wird sie nach oben oder unten verändert. Bei rascher Abkühlung wandelt die β-Phase in plattenförmigen Martensit um, der als α' bezeichnet wird.[12] Wegen des Auftretens verschiedener Modifikationen und der martensitischen Umwandlung gibt es viele Gemeinsamkeiten in der Legierungsentwicklung und Wärmebehandlung von Titan und Stählen.

Ein häufig eingesetzter Werkstoff ist *Reintitan* („cp-Ti", „commercial purity titanium"). In Wirklichkeit handelt es sich um eine Legierung mit Sauerstoff – das Thema Gasaufnahme und die mischkristallhärtende Wirkung wurden bereits angesprochen. Reintitan weist bei Raumtemperatur die α-Phase auf. Reintitan gehört deshalb zur Gruppe der sogenannten α-Legierungen.

Die mit großem Abstand wichtigste Titanlegierung heißt *TiAl6V4* (über 50 % Marktanteil). Vanadium stabilisiert die β-Phase und TiAl6V4 besteht deshalb bei Raumtemperatur sowohl aus α- als auch aus β-Phase (Abb. 15.8). Die Legierungen, bei denen wie bei TiAl6V4 beide Phasen gemeinsamen auftreten, werden als α-β-Legierungen bezeichnet.

---

[12] Bei langsamerer Abkühlung findet eine diffusionsgesteuerte Umwandlung statt, die zu einem Gefüge führt, das sich in seinem Erscheinungsbild und den Eigenschaften nur relativ wenig unterscheidet.

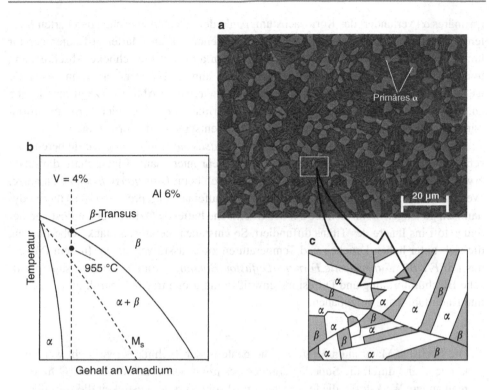

Abb. 15.8 Wärmebehandlung von TiAl6V4. **a** Gefüge nach der Wärmebehandlung, lichtmikroskopische Aufnahme. **b** Quasibinäres Zustandsdiagramm Ti-V für 6 % Al. **c** Gefügeausschnitt bei sehr viel höherer Vergrößerung als Teilbild **a**, schematisch. Das gleichachsige primäre α ist wegen der hohen Vergrößerung in Teilbild **c** nicht mehr sichtbar. Neben dem harten sekundären plattenförmigen α oder α' existiert auch noch weiches restlich verbliebenes β. Die Größe der Platten liegt im Bereich µm

Die β-Phase hat den Vorzug, dass sie mit ihrer geringeren Festigkeit die Warmumformung erleichtert. Der β-Anteil führt aber zu einem Verlust an Kriechfestigkeit. Neben Vanadin enthält TiAl6V4 Aluminium, das als starker Mischkristallhärter im α-Gitter wirkt.

Die guten Eigenschaften von TiAl6V4 rühren generell daher, dass im wärmebehandelten Zustand die α- und β-Phase dank der allotropen Umwandlung sehr fein verteilt ist. Die Wärmebehandlung folgt der Sequenz „Lösungsglühen – Abschrecken – Aushärten", ganz analog zu den Vergütungsstählen mit „Austenitisieren – Abschrecken – Anlassen". Beim Lösungsglühen wird das Gefüge in β-Phase umgewandelt. Beim Abschrecken bilden sich α'-Martensit-Platten, die von den β-Korngrenzen ausgehend mit Schallgeschwindigkeit durch das Korn wachsen. Beim Aushärten bei ca. 600 °C wird aus dem übersättigten Martensit feine β-Phase ausgeschieden.

Im Vergleich zu den Stählen gibt es bei Titan aber auch einige Besonderheiten. Da die Kornvergröberung in der β-Phase außerordentlich rasch abläuft, wird knapp unterhalb der β-Transus-Temperatur geglüht, siehe Abb. 15.8. Die dann noch vorhandene α-Phase (primäres α) verhindert das Kornwachstum. Außerdem bleiben zwischen den harten Martensitplatten immer noch weiche β-Restanteile stehen, da die Martensit-Endtemperatur unter Raumtemperatur liegt. Häufig wird bei Titan auch auf die schnelle Abschreckung und das Aushärten verzichtet (Bezeichnung „mill annealed"). Der Verlust an Festigkeit ist nicht dramatisch. Die Gleichachsigkeit des primären α in Abb. 15.8 zeigt im Übrigen an, dass das Material rekristallisiert wurde. Da normal im $\alpha + \beta$-Gebiet warmumgeformt wird, müsste die α-Phase sonst die dem Stofffluss entsprechende Form zeigen.[13]

Die gute Eignung von TiAl6V4 für die *superplastische Umformung* wurde bereits beschrieben (s. Ende Abschn. 13.2.5). Eine zweite sehr interessante Eigenschaft, die schon erwähnte hohe Löslichkeit für Gase, macht man sich beim *Diffusionsschweißen* zu nutze. Werden Bleche im Vakuum bei hoher Temperatur aufeinandergepresst, so ist es thermodynamisch günstiger, wenn sich die auf der Oberfläche haftende Oxidschicht auflöst und der Sauerstoff ins Innere des Titans diffundiert. So entstehen metallisch blanke Oberflächen, die sich unter hohen Drucken und Temperaturen zuverlässig verbinden. In dem Prozess des *„SPF/DB" „Superplastic Forming/Diffusion Bonding"* kombiniert man superplastische Blechumformung und Diffusionsschweißen um große tragende Strukturen für Luft- und Raumfahrzeuge aufzubauen.

Die höchsten Materialtemperaturen, die heute in der Technik verwirklicht werden können, sind durch die Superlegierungen bestimmt. Unterhalb etwa 650 °C findet man andere Werkstoffe, die fester sind: im Absolutwert der Festigkeit die warmfesten Stähle, auf der Grundlage der gewichtsspezifischen Festigkeit, der Reißlänge, die Titanlegierungen.

15.6   Nickel und Nickellegierungen

Der größte Teil des *Nickels*, das jährlich erzeugt wird, dient als Legierungselement der Herstellung austenitischer Stähle. Nur etwa 10 % werden für Nickelbasislegierungen verwendet. Man nennt diese Werkstoffe auch Superlegierungen – eine Übersetzung des englischen Begriffs „superalloys", die wegen des anderen Klangs der Vorsilbe „super" im Englischen und Deutschen nicht sehr elegant wirkt. Das Wort soll ausdrücken, dass diese Werkstoffe alle anderen in ihrer Leistungsfähigkeit übertreffen. Tatsächlich stellen die Superlegierungen die warmfestesten Konstruktionswerkstoffe dar, die wir kennen. Durch ständige rasche Weiterentwicklung ist es ihnen gelungen, diese Spitzenstellung seit über

---

[13] Es gibt bei Titanlegierungen auch noch eine alternative Strategie, bei der im β-Gebiet umgeformt und lösungsgeglüht wird. Das dann entstehende gröbere Korn und α' führt zu einem Verlust bei Duktilität und Festigkeit, aber gesteigerter Kriechbeständigkeit und Bruchzähigkeit.

50 Jahren zu verteidigen, seit der Entdeckung des Werkstoffsystems im Zusammenhang mit der Erfindung der Gasturbine.

Superlegierungen weisen folgende Vorzüge auf:

- *Sehr hohe Warmfestigkeit.* Wie Abb. 15.7 zeigt, übertreffen Superlegierungen ab etwa 650 °C Titanlegierungen.
- *Sehr hoher Widerstand gegen Hochtemperaturkorrosion.* Superlegierungen enthalten Cr und Al als Legierungselemente, die sehr gut schützende Al_2O_3- oder Cr_2O_3-Deckschichten bilden (s. Abschn. 6.1.4 und 9.5). Nickelbasislegierungen zeigen außerdem einen höheren Widerstand gegen Sauergarkorrosion, Aufkohlen und Aufsticken als Eisenbasislegierungen.
- *Gute Duktilität.* Superlegierungen weisen ähnliche Bruchdehnungen auf wie andere metallische Werkstoffe, was bei ihrer hohen Festigkeit besonders bemerkenswert ist. Duktilität ist zwar kein Auslegungskriterium einer technischen Anlage, aber sie erleichtert den Umgang mit einem Werkstoff ungemein. Bei einem duktilen Werkstoff können Spannungsspitzen, die beispielsweise durch Maßschwankungen in der Fertigung oder durch inhomogene Temperaturfelder entstehen, durch plastische Verformung abgebaut werden.
- *Möglichkeit der Fertigung komplexer Geometrien.* Der Feinguss von Superlegierungen ist eine hoch entwickelte Technik, mit der Turbinenschaufeln mit einkristalliner Struktur und filigranen Kühlkanälen gegossen werden können (s. Abschn. 13.2.3). Die Schmelzetemperaturen sind bei Superlegierungen mit 1500 °C rund 200 °C niedriger als bei Titan und es gibt keramische Formschalen, die nicht angegriffen werden. Die Umformung von Superlegierungen ist dagegen schwieriger als bei Titan und Stählen, wenn Sorten mit hoher Festigkeit verarbeitet werden sollen. Superlegierungen sind auch als großformatige Bleche und schwere Schmiedestücke verfügbar, allerdings nicht in den Abmessungen von Stählen und Gusseisen.

Limitierend für Superlegierungen wirkt der *hohe Preis* (aufs Gewicht bezogen doppelt, aufs Volumen bezogen viermal so teuer wie Titan). Ein weiteres Problem ist der *niedrige Schmelzpunkt* (1492 °C für Reinnickel) und die *hohe Dichte* (ähnlich Stahl).

Anwendungen für Superlegierungen findet man, wie schon erwähnt, in Gasturbinen, die als Antrieb in Flugzeugen oder Kraftwerken eingesetzt werden. Durch die Entwicklung von *Gaskraftwerken*, in denen Gas- und Dampfturbinen in Kombination arbeiten, und mit denen Strom sehr umweltfreundlich und kostengünstig hergestellt werden kann, hat gerade die zweite Anwendung in den letzten 10 Jahren sehr an Bedeutung gewonnen. Andere wichtige Einsatzgebiete finden Superlegierungen im chemischen Anlagenbau.

Auf Grund der oben erwähnten besonderen Vorteile der Superlegierungen sind bislang alle Versuche gescheitert, sie durch keramische Hochleistungswerkstoffe oder andere Materialien zu ersetzen. Dies gilt selbst für Turbolader-Turbinenräder, bei denen die Erfolgschancen der Keramik besonders gut waren, weil das Volumen klein ist, die Struk-

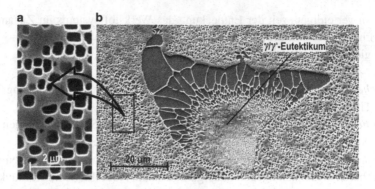

Abb. 15.9 γ'-Ausscheidungsstruktur in einer Superlegierung vom Typ MM 247 mit extrem hohem Ausscheidungsvolumenanteil. Rasterelektronenmikroskopische Aufnahme. **a** Feinverteiltes γ' nach Wärmebehandlung. **b** Grobes interdendritisches γ/γ'-Eutektikum, ausgeschieden am Ende der Erstarrung aus der Restschmelze

turen nicht gekühlt werden und die Serienproduktion schon begonnen hatte. Die Situation sieht anders aus, wenn auf Hochtemperaturkorrosionsbeständigkeit und komplexe Geometrien verzichtet werden kann. In diesem Fall werden CFC (mit C-Fasern verstärkter Kohlenstoff) und Refraktärmetalle (W, Mo, TZM, ...), die Superlegierungen in der Hitzebeständigkeit übertreffen, erfolgreich eingesetzt.

Eine besonders bekannte *Nickelbasis-Gusslegierung* ist *MM 247*[14], siehe Tab. 15.4 und Abb. 15.9. Die hohe Festigkeit verdankt diese Legierung einerseits der Ausscheidungshärtung durch γ', andererseits der Mischkristallhärtung. Die γ'-bildenden Elemente sind Al, Ti, Ta, die mischkristallhärtenden W, Mo, Cr. Die Legierung MM 247 steht am Ende einer Kette immer festerer Legierungen, die in einem Jahrzehnte dauernden Prozess entwickelt wurden. Es galt dabei den Anteil der verfestigenden Elemente zu steigern, ohne dass Instabilität eintritt. Unter Instabilität versteht man die Ausscheidung großer versprödender Teilchen wie der plattenförmigen σ-Phase. Moderne hochfeste Superlegierungen wie MM 247 enthalten bis zu 70 Volumen-% härtende γ'-Phase bei 15 At-.% mischkristallhärtenden Elementen, die sich sehr stark in der Matrix anreichern. Bei solch hohen Ausscheidungsgehalten sind im Übrigen die einfachen Modelle, die hinter (10.68), bzw. (10.74) zur Berechnung des Teilchenhärtungsbeitrags stehen, nicht mehr anwendbar. Gegenwärtig kommen neue Legierungsgenerationen auf den Markt, die relativ hohe Re-Anteile enthalten. Re ist ein besonders starker Mischkristallhärter.

Die maximalen Einsatztemperaturen der Nickelbasis-Gusslegierungen, gemessen an der homologen Temperatur T/T_S, liegen höher als bei jedem anderen Werkstoffsystem.

---

[14] Im Bereich der Superlegierungen werden meistens Bezeichnungen verwendet, die auf den ursprünglichen Entwickler der Legierung zurückgehen. Sie bestehen aus einer Abkürzung des Firmennamens, gefolgt von einer Laufnummer. IN: International Nickel Comp., CM: Cannon-Muskegon Corp., MAR-M oder MM: Martin Marietta Corp.

Daraus ist immer wieder gefolgert worden, der γ'-Härtung müsse eine Besonderheit anhaften und Legierungsentwickler haben versucht, in anderen Systemen ähnliche Ausscheidungen zu finden. Tatsächlich verläuft der Festigkeitsabfall der Superlegierungen aber nicht viel anders mit der Temperatur als der anderer stark ausscheidungsgehärteter Systeme. Man sieht dies, wenn man in einer Auftragung analog Abb. 15.7 Nickel und Aluminium vergleicht und als Abszisse die homologe Temperatur wählt. Der Grund für die hohen Einsatztemperaturen liegt also einfach im Fehlen von geeigneten Werkstoffkonkurrenten.

Zur Erzeugung gleichmäßig feiner Ausscheidungen müssen Superlegierungen wie üblich lösungsgeglüht, abgeschreckt und ausgelagert werden. Ungewohnte technische Schwierigkeiten bereitet hier jedoch die Lösungsglühung bei den Systemen mit extrem hohem γ'-Anteil. Der hohe Gehalt von γ' führt dazu, dass direkt bei der Erstarrung der Legierung ein Teil des γ' eutektisch aus der Restschmelze ausgeschieden wird. Dieses grobe γ' muss in Lösung gebracht werden, damit es im Zuge des Abschreckens und Auslagerns fein ausgeschieden und für die Aushärtung nutzbar gemacht werden kann. Durch die Mikroseigerung ist aber der Schmelzpunkt der Legierungen soweit abgesenkt, dass dies nicht gelingt. Es haben sich deshalb sehr lange dauernde Lösungsglühungen (bis 50 h) dicht am Schmelzpunkt eingebürgert, mit stufen- oder rampenartig ansteigendem Temperaturverlauf, die dazu dienen, zunächst die Mikroseigerung abzuschwächen und den Schmelzpunkt zu erhöhen, um dann γ' möglichst vollständig in Lösung zu bringen.

Auch die Entwicklung von Bauteilen mit einkristalliner Erstarrungsstruktur findet ihre Begründung in der Schwierigkeit der Lösungsglühung. Bei einem Einkristall kann auf korngrenzenverfestigende Elemente wie C, B oder Zr verzichtet werden. Die Folge ist ein Anstieg des Schmelzpunktes der Legierung, was wiederum eine Erhöhung der Lösungsglühtemperatur zulässt.

Bei den *Knetlegierungen* auf Nickelbasis muss gewährleistet werden, dass ein Schmiedefenster zur Verfügung steht, in dem eine ausreichende Umformbarkeit gegeben ist (Abb. 13.28). Dies führt zu einer starken Begrenzung des Gehalts an Legierungselementen und des γ'-Gehalts. In der Praxis werden in Knetlegierungen Volumenanteile von maximal 20 % γ' erreicht, bei Legierungen für Flachprodukte noch wesentlich weniger. Entsprechend ist die Hochtemperaturfestigkeit stark reduziert. Besonders bekannte Knetlegierungen sind *IN 617* und *IN 718*. Durch Pulvermetallurgie gelingt es, auch Legierungen mit höherem γ'-Anteil umzuformen, Abschn. 13.2.4.

Die jährliche Erzeugung von Magnesium, Titan und Nickellegierungen für Strukturzwecke liegt in der Größenordnung 100.000 t. Sie ist damit zwei Größenordnungen kleiner als die von Aluminium und vier Größenordnungen kleiner als die von Stahl.

Die Eignung für Gießverfahren nimmt in der Reihenfolge Ti $\rightarrow$ Ni $\rightarrow$ Fe $\rightarrow$ Al $\rightarrow$ Mg zu. Während bei Titan gegossene Formteile die Ausnahme darstellen, sind sie bei Magnesium die Regel. Die Gründe liegen im Vorhandensein geeigneter Gusslegierungssysteme, in der Höhe der Schmelztemperatur und der teilweise damit zusammenhängenden Reaktivität der Schmelze mit Atmosphäre, Formschale und Werkzeug.

Bei der Eignung für die Warmumformung sind die Unterschiede geringer als bei der Gießbarkeit. Grundsätzlich erleichtert das wesentlich geringere Temperaturniveau in der Gruppe Al, Mg die Arbeit im Vergleich zur Gruppe Ni, Fe, Ti. Dies gilt insbesondere in Bezug auf die Werkzeuge. Die Kaltumformung von α- und α-β-Titanlegierungen ist wegen der hxp. Kristallstruktur außerordentlich schwierig. Das gleiche gilt für Magnesium.

Bei der Wärmebehandlung und den Härtungsmechanismen sind zwei Gruppen zu unterscheiden: Erstens, die Systeme Fe und Ti, bei denen eine allotrope Umwandlung auftritt und die Einstellung hoher Festigkeit durch sehr feine Kornstrukturen ermöglicht, zweitens, die Systeme Al, Mg, und Ni, bei denen keine allotrope Umwandlung auftritt und sehr hohe Festigkeit nur über Ausscheidungshärtung erreicht werden kann.

15.7 Kupfer und Kupferlegierungen

In Abschn. 1.6 wurde bereits auf die besondere kulturgeschichtliche Bedeutung von *Kupfer* und seinen Legierungen hingewiesen („Bronzezeit"). Seine schöne rötliche Farbe schlägt sich in Bezeichnungen nieder, die man heute seltener hört, wie Buntmetall oder Rotguss.[15] Die rötliche Farbe rührt von einer dünnen Schicht Cu_2O her. Mit der Zeit entsteht an Luft eine hellgrüne Patina aus Kupfersulfat, -carbonat und -chlorid, in manchen Fällen auch aus giftigem Kupferazetat. Durch Legieren mit Zn oder Al ändert sich die Farbe von Kupfer von rötlich nach gelb und goldgelb, mit Ni nach silberweiß.[16]

Kupfer weist folgende besonderen Eigenschaften auf:

- *Hohe elektrische und thermische Leitfähigkeit.* Nur Silber, das wesentlich teurer ist, übertrifft Kupfer geringfügig (s. Abschn. 11.2.2).
- *Hohe Korrosionsbeständigkeit.* Die besondere Beständigkeit beruht in erster Linie auf dem edlen Charakter des Kupfers (Position in der elektrochemischen Spannungsreihe) und erst in zweiter Linie auf sich ausbildenden Passivschichten. In begrenztem Maße kommt Kupfer in der Natur sogar gediegen vor.

---

[15] Als Buntmetalle bezeichnet man die Nichteisen-Schwermetalle und ihre Legierungen, d. h. Kupfer, Messing, Bronze, Nickel, Zink, ... Rotguss ist Guss aus Mehrstoffzinnbronzen.

[16] Aus Aluminiumbronze mit 5 % Al hat man früher Imitate für Eheringe hergestellt. Sie haben die gleiche Farbe wie 18-karätiges Gold und hinterlassen im kurzzeitigen Gebrauch keine Korrosionsspuren am Finger. Silberglänzende Münzen sind in der Regel Ni-Cu-Legierungen.

- *Sehr gute Umformbarkeit.* Bei der Warmumformung des weichen, kfz. Metalls werden sogar Schieber eingesetzt und Teile mit Hinterschnitt geschmiedet.

Die *Kosten* von Kupfer sind höher als die von Stählen (ähnlich Aluminium, s. Tab. 1.2), weshalb Kupferverarbeiter auf ihren Rechnungen den Metallpreis getrennt vom Umarbeitungspreis aufführen und die Bewegungen an der Metallbörse in London besonders sorgfältig verfolgen.

70 % allen Kupfers wird in der Elektrotechnik für *Leitzwecke* eingesetzt. Wegen der zunehmenden Verwendung von Elektromotoren führt dies beispielsweise dazu, dass Kupfer den im Automobileinsatz am schnellsten wachsenden Werkstoff überhaupt darstellt. In der Regel handelt es sich bei den Anwendungen in der Elektrotechnik um Reinkupfer, da Begleitelemente die Leitfähigkeit herabsetzen. Man unterscheidet *E-Cu*[17] (mit geringem Gehalt an Sauerstoff von 0,005 … 0,04 %) und *OF-Cu* (ohne Sauerstoff, OF steht für „oxygen free"). Der Vorteil des geringen Sauerstoffgehaltes besteht darin, dass Restverunreinigungen aus dem Mischkristall entfernt und als Oxide ausgeschieden werden. Dies resultiert in einer erhöhten Leitfähigkeit, da Streuung der Elektronenwellen an Unregelmäßigkeiten vermieden wird (vgl. Abschn. 11.2.3). Andererseits führt der geringe Sauerstoffgehalt zur *Wasserstoffkrankheit.* In H_2-haltiger Atmosphäre bei erhöhter Temperatur – Bedingungen, wie sie beim Hartlöten oder Schweißen auftreten – wird Kupferoxid reduziert und es entsteht Wasserdampf nach der Formel

$$Cu_2O + H_2 \rightarrow 2\,Cu + H_2O \uparrow .   \tag{15.5}$$

Die Wassermoleküle können nicht wegdiffundieren und bauen einen hohen Druck auf, der das Gefüge regelrecht aufsprengt.

Als *Konstruktionswerkstoff* hat Kupfer heute keine große Bedeutung mehr. *Bronzen* (Cu-Legierungen) und *Messinge* (Cu-Zn-Legierungen)[18] erreichen die Festigkeiten von nichtrostenden Stählen bei besserer Leitfähigkeit und schönerer Farbe, aber auch höheren Kosten.

Eine wichtige Rolle spielt Kupfer als Basiswerkstoff für Anschlusselemente in der *Mikroelektronik*, Elektroden für *Starkstrom-Leistungsschalter* oder Laufschalen bei *Gleitlagern.* Hier kommt ihm wieder seine exzellente Leitfähigkeit zu Gute, welche die Arbeitstemperaturen niedrig hält. Bei diesen Anwendungen müssen zusätzlich Hartphasen im Gefüge erzeugt werden, bei Leistungsschaltern zur Senkung von Abbrand und Verschweißneigung, bei Lagerschalen zur Reduktion von Verschleiß.

---

[17] Der Zusatz „E" steht für „Elektrotechnik" und kennzeichnet Kupfer mit besonders hoher elektrischer Leitfähigkeit (Mindestwert von $57 \cdot 10^6$ S/m).

[18] Die Legierungen des Kupfers werden als Bronzen bezeichnet, z. B. Zinnbronze, Aluminiumbronze, etc. Eine Ausnahme bildet das System Cu-Zn, wo man den Namen Messing verwendet. Messing, das außer Cu und Zn noch andere Elemente enthält, nennt man Sondermessing.

15.8　Keramische Werkstoffe und Gläser

Der Markt für Keramische Werkstoffe und Gläser ist klein im Vergleich zu den anderen hier behandelten Werkstoffgruppen (s. Fußnote 1 dieses Kapitels). Die Forschungsaktivität auf dem Gebiet der *Keramischen Werkstoffe* und *Gläser* ist aber sehr hoch und manche Beobachter erwarten hohe Wachstumsraten in der Zukunft.

Keramische Werkstoffe und Gläser verdanken ihre Bedeutung folgenden Merkmalen:

- *Außergewöhnliche elektrische Eigenschaften, z. B. elektrisch isolierend, ferroelektrisch, supraleitend, ...* (s. Abschn. 11.3 und 11.4).
- *Hohe chemische und thermische Beständigkeit.*
- *Hohe Härte, hoher Verschleißwiderstand.*
- *Besondere optische Eigenschaften (bei Gläsern).*

Andererseits fehlt diesen Werkstoffen die Fähigkeit, *Spannungskonzentrationen* durch plastische Verformung *abzubauen*. Die Versetzungsbewegung ist durch die sehr engen Versetzungen und die geringe Zahl von Gleitsystemen behindert. Eine Folge sind niedrige Bruchzähigkeiten, der K_{Ic}-Wert liegt in der Regel unter $10\,\mathrm{MPa}\sqrt{\mathrm{m}}$. Die *Festigkeit* ist stark *volumenabhängig*, da in großen Volumina die Wahrscheinlichkeit wächst, einen Fehler kritischer Größe zu finden. In Abschn. 10.7.4 und (10.21) wurde das genauer behandelt.

Für die technische Keramik spielen Strukturanwendungen nur eine untergeordnete Rolle. *90 % des Umsatzes* werden heute im Bereich der *Elektronik* erzielt, vor allem in Form von Kondensatoren, piezokeramischen Sensoren und Aktoren, sowie Substraten für Halbleiterbauelemente. Hochleistungskeramik für Strukturanwendungen gilt als mögliches Wachstumsgebiet für die Zukunft.

Aluminiumoxid Al_2O_3 ist wegen seiner relativ hohen Wärmeleitfähigkeit das wichtigste Material für Substrate in der Mikroelektronik. Wegen seiner hohen Härte und Verschleißbeständigkeit wird es vereinzelt auch für Schneidwerkzeuge eingesetzt. Wie andere keramische Werkstoffe auch, enthält es Zusätze, die sich auf den Korngrenzen ansammeln, dort eine Glasphase bilden und das Sintern erleichtern. Typisch sind 0,5 ... 5 % MgO, SiO_2 und CaO. Die Zusätze verhindern auch das Kornwachstum. Bevorzugtes Verarbeitungsverfahren ist Foliengießen, siehe Abschn. 13.2.6. Wegen der noch besseren Wärmeleitfähigkeit wird Al_2O_3 teilweise durch Aluminiumnitrid AlN ersetzt, was allerdings in den Kosten erheblich höher liegt.

Besonders interessante elektrische Eigenschaften weisen *Bariumtitanat $BaTiO_3$* und *Bleizirkonat-Titanat $Pb(Zr,Ti)O_3$*[19] auf, die in der Perowskit-Struktur kristallisieren. Bei Raumtemperatur ist das Perowskit-Gitter tetragonal verzerrt. Das Ti^{4+}-Ion, das oktaedrisch von O^{2-}-Ionen umgeben ist, wird dadurch aus seiner äquidistanten Position in der Äquatorialebene verschoben und bildet ein permanentes Dipolmoment aus. Die Ausrich-

---

[19] Es handelt sich um einen Mischkristall von Bleizirkonat und Bleititanat. Man spricht auch von PZT-Keramik.

tung der Dipolmomente im elektrischen Feld führt im Fall von $BaTiO_3$ zu extrem hohen Dielektrizitätskonstanten von $\varepsilon_r = 1000 \ldots 5000$ (vgl. Abschn. 11.4.2), weswegen dieser Werkstoff das Standardmaterial für *Kondensatoren* darstellt. Jedes Jahr werden mehr als 70 Mio. Kondensatoren auf der Welt hergestellt. Die permanenten Dipolmomente bilden außerdem die Grundlage der *Piezoelektrizität* in $Pb(Zr,Ti)O_3$, dem wichtigsten Werkstoff für diese Anwendung. Lässt man auf einen $Pb(Zr,Ti)O_3$-Kristall eine mechanische Spannung einwirken, so verschieben sich die Ionen im Gitter und die Dipolmomente verändern sich. An der Oberfläche der belasteten Probe kann eine Spannung abgegriffen werden. Der Effekt funktioniert auch in umgekehrter Richtung. Beim Anlegen einer elektrischen Spannung entsteht eine Dimensionsänderung, was man als *Elektrostriktion* bezeichnet. Piezoelektrizität und Elektrostriktion bilden die Grundlage einer Fülle von Anwendungen als mechanisch-elektrische Wandler in Mikrophonen, Ultraschallgebern, Drucktasten, etc. Der Durchbruch bei der Entwicklung des Rastertunnelmikroskops (Abschn. 3.8.2), mit dem erstmals Atome abgebildet werden konnten, bestand in der kontrollierten Verschiebungsbewegung einer feinen Scanner-Spitze im nm-Maßstab. Auch dieses Problem wurde mit Piezo-Aktoren gelöst. In Zukunft will man im Maschinenbau piezokeramische Module in Bauteile integrieren, um Schwingungen zu dämpfen. Dies könnte eine Revolution im Leichtbau darstellen.

Trotz gewaltiger Anstrengungen in den letzten Jahrzehnten, Hochleistungswerkstoffe für Strukturanwendungen auf der Basis von SiC oder Si_3N_4 zu entwickeln, ist der große Erfolg ausgeblieben, weil es nicht gelang, die Bruchzähigkeit entscheidend zu steigern. Die Anwendungen sind auf Nischen beschränkt geblieben, wie Dichtscheiben in Chemiepumpen, wo vor allem die hohe Härte und dadurch hohe Verschleißbeständigkeit der Keramik ausgenutzt werden kann.

Eine entscheidende Verbesserung der Bruchzähigkeit auf Werte um $20\,MPa\sqrt{m}$ kann durch Langfaserverstärkung erreicht werden. Erfolgreichster keramischer Verbundwerkstoff ist bislang *CFC, mit Kohlenstofffasern verstärkter Kohlenstoff.* C-Faserstränge oder Gewebe werden mit einem Kunstharz infiltriert, das dann bei hoher Temperatur langsam pyrolisiert und graphitisiert wird. Leider ist die Kohlenstoffausbeute bei der Pyrolyse gering, so dass der Prozess mehrfach wiederholt werden muss. Durch die teuren Fasern und den langwierigen Herstellprozess, teilweise bei 2400 °C, liegen die Kosten von CFC-Bauteilen sehr hoch. Auch die herstellbaren Geometrien unterliegen gewissen Einschränkungen. Wegen der Oxidationsgefahr muss der Einsatz zeitlich beschränkt bleiben oder in nichtoxidierender Atmosphäre stattfinden. Haupteinsatzgebiet sind Bauteile in der Luft- und Raumfahrt sowie im militärischen Bereich (Bremsscheiben für Flugzeuge, thermische Schutzschilde an Marschflugkörpern). Vielversprechend sind gegenwärtige Entwicklungen, bei denen ein hochporöser CFC-Körper mit flüssigem Silizium infiltriert wird, dass dann teilweise zu SiC reagiert. Mit diesem Verfahren wird die Oxidationsbeständigkeit verbessert und die Prozesskette verkürzt (C/C-SiC-Bremsscheiben).

Eine besonders wichtige technische *Anwendung für Gläser* sind *Fasern.* Wegen ihrer leichten Herstellbarkeit aus der Schmelze werden sie zur Verstärkung von Kunststoffen eingesetzt. Immer größere Bedeutung haben optische Fasern zur Nachrichtenübertragung.

Sie bestehen aus einem inneren Kern mit hohem und einem Mantel mit niedrigem Brechungsindex. Dadurch ist gewährleistet, dass das Lichtsignal, das sich im Kern ausbreitet, an der Grenzfläche zum Mantel totalreflektiert wird.

> Die Bedeutung der Keramischen Werkstoffe und des Kupfers liegt vor allem in ihren elektrischen Eigenschaften.

15.9   Kunststoffe

Die Wurzeln der Entwicklung der *Kunststoffe* reichen zurück in die Zeit zwischen den Weltkriegen, ähnlich wie bei den Aluminiumlegierungen. Insbesondere zwischen 1960 und 1990 ist die Produktionsmenge bei den Polymerwerkstoffen aber sehr viel schneller gewachsen als bei Al. Heute werden etwa 150 Mio. t Kunststoffe im Jahr hergestellt, im Volumen mehr als von Stahl! Dabei muss man allerdings berücksichtigen, dass sehr große Materialmengen in den Verpackungs- und Baubereich gehen und keine Ingenieurwerkstoffe im engeren Sinn darstellen. Der Einsatz von Polymerwerkstoffen im Automobil liegt heute bei 150 kg/Fahrzeug.

Kunststoffe weisen folgende besonderen Vorzüge auf:

- *Sehr geringe Dichte* (0,8 bis 2,2 g/cm³). Auf Grund der Breite der Zusammensetzungen, Strukturen, Füll- und Verstärkungsstoffe bewegt sich die Dichte in einem weiten Bereich. Kunststoffe können relativ einfach mit geschäumter Struktur hergestellt werden, was die Dichte noch weiter herabsetzt.
- *Sehr gute Verarbeitbarkeit.* Bei niedrigen Verarbeitungstemperaturen können Teile in Endgeometrie hergestellt werden, siehe Abschn. 13.2.8.
- *Geringe Kosten.* Massenkunststoffe wie PE, PP[20] kosten etwa 0,50 €/kg. (Der Preis von Hochleistungskunststoffen liegt aber zehn- bis hundertmal höher.)
- *Einfärbbarkeit.* Viele Kunststoffe sind transparent und lassen sich beliebig einfärben.

Andrerseits liegen die *mechanischen Eigenschaften* ohne Verstärkung sehr *niedrig* (Zugfestigkeit 50 MPa, E-Modul 2 GPa). Außerdem gehen die *Temperatureinsatzgrenzen* im Dauerbetrieb *kaum über 150 °C hinaus.* Das Problem bei erhöhter Temperatur besteht nicht allein in der Formbeständigkeit sondern auch in der Änderung der inneren Struktur und der Eigenschaften (Versprödung). Durch Einwirkung von Sauerstoff und UV-Strahlen wird die *Alterung* beschleunigt.

Kunststoffe sind gute *thermische und elektrische Isolatoren*, was ihnen entsprechende Anwendungen sichert.

---

[20] Nach der Norm DIN EN ISO 1043-1 sind Kurzzeichen für die chemische Zusammensetzung festgelegt. Für eine Übersicht der hier verwendeten Bezeichnungen siehe Tab. 5.1.

Volumenmäßig werden heute im Jahr mehr Kunststoffe als Stähle hergestellt.

Für Kunststoffe haben faserverstärkte Werkstoffe und Schäume eine große Bedeutung in der Anwendung. Bei Metallen und Keramik befinden sich diese Konzepte noch großenteils im Forschungsstadium.

15.9.1 Thermoplastische Standardkunststoffe

Thermoplastische *Standard- oder Massenkunststoffe* machen über 80 % des Gesamtmarktes aus. Entgegen allen Prognosen, welche einen Trend zu Hochleistungskunststoffen gesehen haben, hat sich ihr Marktanteil in den letzten Jahrzehnten nicht verkleinert, sondern immer weiter vergrößert. Die Ursache liegt in ihrer besseren Verarbeitbarkeit. Zu den thermoplastischen Standardkunststoffen gehören PVC, PE, PP und andere, wobei besonders PP ständig an Bedeutung gewinnt. PP (Polypropylen, Handelsname z. B. Hostalen) weist etwa 60 bis 70 % kristalline Anteile auf (Abschn. 5.6). Die Glastemperatur liegt unterhalb Raumtemperatur, d. h. bei Gebrauchstemperatur sind die amorphen Bereiche erweicht, während die kristallinen Bereiche noch fest sind. PP wird für Spritzgießteile eingesetzt, z. B. Verkleidungen und Ablagen im Fahrzeuginnenraum, genauso wie Funktions- und Bedienelemente. Durch Zuschlagsstoffe wie Mineralpulver, Russ oder Holzmehl können die Steifigkeit und Härte erhöht und die Kosten reduziert werden.

Bei höheren Anforderungen an mechanische Belastbarkeit, insbesondere auch Temperaturbeständigkeit, werden sogenannte thermoplastische Ingenieurkunststoffe wie PC, POM und PA verwendet. PA (Polyamid, Handelsname z. B. Nylon) ist ein besonders wichtiger Vertreter dieser Gruppe. Aus ihm stellt man spritzgegossene Saugrohre oder Lüfterräder her. PA ist gegen viele Lösungsmittel, Kraftstoffe und Öle beständig. Es nimmt Wasser auf, was zu einem Festigkeitsabfall und einer Zähigkeitssteigerung führt.

15.9.2 Faserverstärkte Kunststoffe

Mit Hilfe der *Faserverstärkung* können die *mechanischen Eigenschaften* von Polymeren *sehr stark verbessert werden*, so dass sie mit den Metallen konkurrieren oder diese sogar übertreffen. Gleichzeitig sind sie auch noch leichter (Abb. 15.1 und 15.2). Mechanische Eigenschaften bedeutet hier *Festigkeit (Reißlänge)* und *Steifigkeit* bei Temperaturen, bei denen die Polymermatrix stabil ist. Die Verstärkungsmechanismen wurden in Abschn. 10.12.2 und 10.13.3 besprochen. Als *CFK* und *GFK* werden Kunststoffe bezeichnet, die mit endlosen C-Fasern, bzw. Glasfasern verstärkt sind; *FVK* ist die allgemeine Abkürzung für Faserverbundkunststoffe.

Im Flugzeugbau und im Automobilbau hat der Einsatz faserverstärkter Kunststoffe in den letzten Jahren sehr stark zugenommen. Insbesondere bei Flugzeugtypen, die in klei-

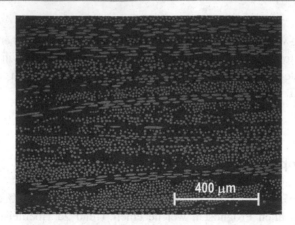

Abb. 15.10 Zweidimensional faserverstärkter Kunststoff. Lichtmikroskopisches Gefügebild. Die einzelnen Fasern sind als helle Kreise oder Ellipsen zu erkennen, je nachdem wie sie angeschnitten werden. Die Fasern wurden als Bündel verarbeitet, die einzelnen Faserbündel erscheinen als linsenförmige Gruppe gleicher Orientierung. (Abgebildet ist ein SMC, Sheet Molding Compound, aus 25 mm Glasfasern und Polyesterharz, dessen Herstellung in Abschn. 13.2.9 beschrieben ist)

neren Stückzahlen gefertigt werden, wie dem Boeing Dreamliner B787 und Airbus A350 beträgt der Anteil von faserverstärkten Kunststoffkomponenten am Gesamtgewicht heute bereits 50 %. Auch bei Windkraftanlagen zur Energieerzeugung spielen CFK und GFK, bzw. Strukturen mit gemischten Fasern, eine große Rolle. BMW setzt im Modell i3 für die Fahrgastzelle CFK ein, ein Novum, weil hier erstmals der Bereich von teuren Supersportwagen verlassen wird, die in sehr kleinen Serien „manufakturartig" gefertigt werden.

Neben den großen Erfolgen der faserverstäkten Polymere verzeichnet man auch große *Herausforderungen*. Problematisch sind insbesondere die *hohen Kosten*. CFK-Bauteile, die Aluminium-Bauteile ersetzen, kosten teilweise das zehnfache. Die Ursache liegt einerseits in der Bauteilherstellung, die durch Verfahren mit *langen Prozesszeiten* und begrenzter Möglichkeit der Automatisierung geprägt ist (Abschn. 13.2.9). Den anderen Grund bilden die hohen Faserkosten, die den extremen *Energiebedarf* bei der Herstellung widerspiegeln. Kohlenstofffasern vom HT-Typ liegen heute bei 20 €/kg, HM-Fasern bei über 70 €/kg. Die 20 €/kg entsprechen weitgehend den Energiekosten.

Eine zusätzliche Schwierigkeit entsteht bei *mehrachsiger Belastung* (siehe Abschn. 10.13.3). Wird senkrecht zur Faserachse geprüft, sehen die Werte für die mechanischen Eigenschaften sehr ungünstig aus. Dem kann zwar durch mehrdimensionale Faserverstärkung (s. Abb. 15.10) Rechnung getragen werden, allerdings nur unter starker Einbuße an Fasergehalt und Festigkeit in der ersten Richtung. Auch die Fertigung kompliziert sich dann.

Statt der teuren Kohlenstofffasern können auch die preisgünstigeren Aramid- oder Glasfasern eingesetzt werden, allerdings unter Einbuße an Steifigkeit und Faser-MatrixHaftung. Man gelangt so von *CFK* über *AFK* zu *GFK*. Ersetzt man die Endlosfasern durch Langfasern (Länge bis 50 mm) oder Kurzfasern (Länge bis 5 mm), so wird die Verarbeitung erleichtert, die Eigenschaften werden auch stärker isotrop, allerdings sinken die mechanischen Kennwerte. Als Matrix kommen insbesondere Duroplaste in Betracht wegen ihrer niedrigen Viskosität, die für eine Imprägnierung ohne Faserverschiebung vorteilhaft ist. Neben dem schon erwähnten Epoxidharz ist vor allem Polyesterharz verbreitet. Letzteres ist preisgünstiger, schwindet aber stärker und altert schneller. Wegen ihrer besseren Verarbeitbarkeit (kürzere Taktzeit) und größeren Schlagzähigkeit gewinnen thermoplastische Matrixsysteme allmählich an Bedeutung.

Der Einsatz Faserverstärkter Kunststoffe wie CFK und GFK in Leichtbaustrukturen hat in den letzten Jahren enorm zugenommen. Grundlage sind die herausragenden spezifischen Festigkeiten. Leider ist der Einsatz auch mit einer deutlichen Kostenerhöhung verbunden. Grund sind die hohen Faserkosten wegen hohen Energieverbrauchs in der Herstellung sowie die Produktionsprozesse mit langen Zykluszeiten.

15.9.3 Kunststoffschäume

Geschäumte oder *zellulare Strukturen* haben bei Polymeren eine enorme Bedeutung, ganz anders als bei Metallen oder Keramik. Volumenmäßig wird mehr Kunststoff pro Jahr zu Schaum verarbeitet als zu kompaktem Material. Die zellulare Struktur hat den Vorteil, dass *Gewicht und Material eingespart* wird, dass *Luft- und Körperschall gedämpft* werden und dass die *thermische Isolationswirkung verstärkt* wird. In einer Crash-Situation verteilt der Schaum durch Anpassungsverformung eine Punktbelastung auf eine große Fläche (wie ein Kissen) und er kann sehr *effizient Energie absorbieren*, indem er sich verformt. Mit zellularen Strukturen können auch besonders hohe auf das Gewicht bezogene *Steifigkeiten und Festigkeiten* erreicht werden. Bei Vergleichen muss wieder die Beanspruchungsart und Bauteilgeometrie berücksichtigt werden, wie schon in Abschn. 15.1 und Abb. 15.1 und 15.2 erläutert. Die Biegung einer Platte ist eine sehr günstige Situation. Die besten Eigenschaften werden dabei erreicht, wenn in einer monolithischen Struktur ein zellular aufgebauter Kern von einer kompakten Randschicht umgeben ist. Man spricht von *Integralschäumen* (s. Abb. 13.37). Der Grund ist, dass im Bereich der höchsten Spannungen kompaktes Material vorliegt, das die besten mechanischen Eigenschaften aufweist.

Kunststoffschäume werden u. a. für technische Formteile (Gehäuse, Verkleidungen), Matratzen, isolierende Hinterfütterungen und als Verpackungsfüllstoffe eingesetzt.

Prinzipiell können fast alle Kunststoffe zu zellularen Strukturen verarbeitet werden. Am gebräuchlichsten ist *PU* (Polyurethan), ein Mehrkomponentensystem, das beim Verarbeiter unmittelbar vor dem Formgebungsprozess durch Mischung der Reaktionskomponenten hergestellt wird.

Die Schaumentstehung ist durch drei Phasen gekennzeichnet: *Blasenbildung, Blasenwachstum und Blasenfixierung*. Für Blasenbildung und Wachstum ist ein Treibgas verantwortlich, das auf drei Arten entstehen kann:

- *Chemisches Treibverfahren*. Durch Zersetzung eines Treibmittels beim Aufheizen oder Reaktion eines Treibmittels mit einer Komponente der Formmasse wird ein Treibgas gebildet. Bei PU setzt eine Reaktion mit Wasser CO_2 frei.
- *Physikalisches Treibverfahren*. Eine niedrigsiedende Flüssigkeit verdampft durch Erwärmung und es entsteht ein Treibgas. Bei PU ist FCKW (Fluor-Chlor-Kohlenwasserstoff) sehr geeignet, da es eine exotherme Reaktion auslöst, die als Wärmelieferant fungiert. Wegen der Schädigung der Ozonschicht ist der Einsatz von FCKW aber eingestellt worden.
- *Mechanisches Treibverfahren*. Ein vorverdichtetes Gas wird unter hohem Druck in die Formmasse injiziert und expandiert bei Druckentlastung im Werkzeug. Dies ist die Grundlage des Frothing-Verfahrens bei PU.

Natürlich muss der Polymerwerkstoff bei der Blasenbildung und Expansion fließfähig sein. Die *Blasenfixierung* geschieht bei PU durch Reaktion und Vernetzung.

Anhang

A.1 Weiterführende und ergänzende Lehr- und Handbücher

Es versteht sich von selbst, dass in dem folgenden kurzen Anhang nur eine Auswahl aus der Vielzahl werkstoffwissenschaftlicher und fertigungstechnischer Bücher zitiert werden kann. Sie soll sowohl Anfängern als auch fortgeschrittenen Studenten helfen, ihre Kenntnis-Basis zu erweitern und die Entwicklung zu beobachten. In diesem Zusammenhang sei auf die Bedeutung von Sprachkenntnissen hingewiesen, weshalb auch englische Titel aufgeführt werden – einige deutsche Traditionsverlage veröffentlichen inzwischen ganz überwiegend englischsprachige Bücher.

A.1.1 Allgemeine Übersichten

- Ashby, M. F., Jones, D. R. H., *Engineering Materials 1 and 2.*
  Butterworth-Heinemann, Oxford, 4th ed., 2012.
  Sehr gut lesbare allgemeine Einführung, hervorragende Abbildungen.
- Van Vlack, L. H., Elements of Materials Science and Engineering.
  Pearson, 6th ed., 1989.
  Sehr beliebtes Buch im englischen Sprachraum. Die ganze Breite des Fachgebiets, aber trotzdem knapp und auf den Punkt. Verfügbar, aber leider keine Neuauflagen.
- Grote, K. H., Feldhusen, J. (Hrsg.), Dubbel, Taschenbuch für den Maschinenbau.
  Springer, Berlin, 24. Aufl., 2014.
  Sehr kompakte Information. Hier findet man für jedes Thema zumindest einen Einstieg.

© Springer-Verlag GmbH Deutschland 2016
B. Ilschner, R.F. Singer, *Werkstoffwissenschaften und Fertigungstechnik*,
DOI 10.1007/978-3-642-53891-9

A.1.2   Einzelne Werkstoffe und Werkstoffgruppen

- Berns, H., Theisen, W., *Eisenwerkstoffe – Stahl und Gusseisen.*
  Springer, Berlin, 2008.
  „Alternativlos" als Einführung für Stähle.
- Kammer, C., et al., *Aluminium Taschenbuch, Band 1 bis 3.*
  Beuth, Berlin, 17. Aufl., 2014.
  Als Einführung weniger geeignet, sehr detailliert, aber hier fehlt kein Thema.
- Reed, R. C., *The Superalloys, Fundamentals and Applications.*
  Cambridge University Press, Cambridge, 2008.
  Neue vertiefende Monographien zu einzelnen Werkstoffthemen sind heute selten geworden. Dieses Buch zu Superlegierungen stellt eine Ausnahme dar.
- Bürgel, R.: *Handbuch Hochtemperatur-Werkstofftechnik: Grundlagen, Werkstoffbeanspruchungen, Hochtemperaturlegierungen.*
  Vieweg Verlag, Braunschweig/Wiesbaden, 2. Aufl., 2001.
  Praxisnahe, aber an den Grundlagen orientierte Darstellung einer wichtigen Werkstoffgruppe für spezielle Anwendungen.
- Hull, D., Clyne, T. W., *An Introduction to Composite Materials.*
  University of Cambridge, 2nd ed., 1996.
  Sehr lesenswert zu Verbundwerkstoffen, insbesondere wenn es um Keramik und Metall geht.
- Salmang, H., Scholze, H., (Telle, R., Hrsg.), *Keramik.*
  Springer, Berlin, 7. Aufl., 2007.
  Der Klassiker für Keramische Werkstoffe.
- Ehrenstein, G. W., *Polymer-Werkstoffe.*
  Hanser, München, 2. Aufl. 1999.
  Vermutlich der Bestseller unter den Einführungsbüchern in die Kunststoffe.
- Oberbach, K., Baur, E., Brinkmann, S., Schmachtenberg, E., *Saechtling Kunststoff Taschenbuch.*
  Hanser, München, 29. Aufl., 2004.
  Sehr viel Detailinformation. Hier findet man alles. Vergleichbar zum Aluminium-Taschenbuch.

A.1.3   Einzelne Sachgebiete

- W. Kurz, Fisher, D. J., *Fundamentals of Solidification.*
  CRC Press, 4th ed., 1998.
  Der Klassiker, wenn es um Erstarrung von Schmelzen geht. Gute Vertiefung für das vorliegende Buch.
- Porter, D. A., Easterling, K. E., Sherif, E. Y., *Phase Transformations in Metals and Alloys.*
  CRC Press Taylor and Francis, Boca Raton, 4th ed., 2009.
  Neuauflage des Klassikers zu Phasenumwandlungen.
- Dieter, G. E.: *Mechanical Metallurgy.*
  McGraw-Hill, Boston, 3. Aufl., 1991.
  Bei Studenten in USA weit verbreitetes Einführungsbuch in das Gebiet der mechanischen Eigenschaften von Werkstoffen. Sehr ausführliche und praxisnahe Darstellung der Umformung von Metallen.
- Rösler, J., Harders, H., Bäker, M.: *Mechanisches Verhalten der Werkstoffe.*
  Springer Vieweg, Wiesbaden, 4. Aufl. 2012.
  Leicht fassliche Einführung in die mechanischen Eigenschaften von Metallen, Keramiken und Polymeren. Auf dem neuesten Stand des Grundlagenwissens.
- Suresh, S.: *Fatigue of Materials.*
  Cambridge University Press, Cambridge 1991.
  International verbreitetes, modernes Fachbuch über das Gesamtgebiet der Ermüdungserscheinungen, auch spröder Körper.
- Schatt, W., Wieters, K. P, Kieback, B., *Pulvermetallurgie.*
  Springer, Berlin 2007.
  Ein Klassiker auf dem P/M-Gebiet.
- German, R. M.: *Powder Metallurgy Science.*
  MPIF, Princeton, 2. Aufl., 1994.
  Gut fassliche und theoretisch fundierte Darstellung der Pulvermetallurgie. Interessante Beispiele aus der Anwendungspraxis.
- Trueb, L. F., Rüetschi, P.: *Batterien und Akkumulatoren – Mobile Energiequellen für heute und morgen.*
  Springer, Berlin, 1998.
  Allgemeinfassliche Darstellung eines sonst selten behandelten wichtigen Themas.
- Westkämper, E., Warnecke, H.-J.: *Einführung in die Fertigungstechnik.*
  Vieweg und Teubner, 8. Aufl., 2010.
  Sehr kompaktes und leicht lesbares Taschenbuch. Enthält spezielle Abschnitte über aktuelle Themen wie Halbleiterproduktion oder Stoffkreisläufe.

- Spur, G. (Hrsg.), *Handbuch der Fertigungstechnik.*
  Hanser, München, verschiedene Neuauflagen seit 1979 bis in neueste Zeit.
  Vom 2013 verstorbenen Doyen der Fertigungstechnik. Gliedert sich in mehrere Bände mit unterschiedlichen Mitherausgebern und Auflagen wie Handbuch Umformen, Handbuch Schweißtechnik, Handbuch Wärmebehandlung, Handbuch Spanende Formung, ...
- Lange, K. (Hrsg.), *Umformtechnik.*
  Springer, Berlin, 2. Aufl., 2002.
  Sehr ausführliche Darstellung. Der Umfang, der den Werkstoffen zugemessen wird, zeigt deren Bedeutung aus Sicht der Fertigungstechnik.
- Michaeli, W.: *Einführung in die Kunststoffverarbeitung.*
  Hanser, München, 6. Aufl., 2010.
  Sehr gut lesbar auch ohne große Vorkenntnisse.
- Osswald, T., Hernandez-Otiz, J. P., *Polymer Processing.*
  Hanser, München, 2006.
  Geht schon sehr in die Tiefe, keine Einführung mehr. Schwerpunkt Simulation.

A.2 Wichtige Werkstoffkenngrößen metallischer Elemente

In der nachfolgenden Tabelle finden sich Zahlenwerte der in diesem Lehrbuch behandelten Werkstoffkenngrößen für 21 metallische Elemente von technischem Interesse. Ein genauer Vergleich verschiedener Literaturquellen zeigt vielfach, dass die von *einem* Autor in Anspruch genommene Genauigkeit dieser Zahlenangaben, so wie sie sich in der Anzahl angegebener Ziffern „nach dem Komma" ausdrückt, für die Gesamtheit *aller* Werte nur mit erheblichen Einschränkungen gilt. Eine wesentliche Ursache dieser Unterschiede ist darin zu sehen, dass verschiedene Laboratorien Probematerial verschiedener Herkunft, Reinheit und in unterschiedlichen Gefügezuständen für ihre Messungen verwendet haben. Die folgende Tabelle gibt Werte aus dem jeweiligen Mittelfeld der Literaturdaten an und erhebt keinen Anspruch auf kritische Gewichtung der aus verschiedenen Quellen stammenden Daten.

Element	Symbol	SI-Einheit	Lithium	Magnesium	Aluminium	Titan	Zirkonium	Zink	Zinn
Chem. Symbol	–	–	Li	Mg	Al	Ti	Zr	Zn	Sn
Atomnummer	n_A	–	3	12	13	22	40	30	50
Atomgewicht	m_A	g/mol	6,94	24,32	26,9815	47,9	91,22	65,38	118,69
Kristallstruktur	–	–	krz	hex	kfz	hex (c)	hex (α)	hex	tetragon (β)
Gitterparameter (20 °C)	a	nm	0,3509	0,3029	0,404	0,295	0,3231	0,26595	0,58197
	c	nm	–	0,5020	–	0,468	0,5148	0,49368	0,31789 (=b)
	c/a	–	–	1,6235	–	1,60	1,5931	1,8563	–
Dichte	ϱ_m	Mg/m³ = g/cm³	0,534	1,738	2,699	4,507	6,55	7,14	7,3
Linearer therm. Ausdehnungskoeff.	α	μm/m·K	54–56	25–26	23,5–25	8,4–8,5	5,9	20–35	20–21
Schmelztemperatur	δ_f	°C	180,6	648,8	660,4	1670	1852	419,5	231,9
Homologe Schmelztemperatur/2	$T_f/2$	°C	–46	190	195	700	790	75	–20
Spezifische Wärme	c_p	J/g·K	3,515	1,02	0,917	0,522	0,278	0,385	0,222
Schmelzwärme	ΔH_f	J/g	430–660	360–380	400	440	210	101	59,5
Wärmeleitfähigkeit (300 °C)	λ	W/m·K	85	155	238	22	22,7	115	67
Elektrische Leitfähigkeit (20 °C)	σ	% IACS	18–19	39	62	3,9	4,1	28,3	15,6
Spezif. elektr. Widerstand (20 °C)	ϱ_{ei}	nΩm = 0,1 μΩcm	0,84–0,94	0,441	0,2655	4,2	4,0–4,5	0,592	1,1–1,2
Elastizitätsmodul (20–20 °C)	E	GPa = kN/mm²	10,5	40–45	70–71	110–117	96–98	100	44–46
Schubmodul	G	GPa = kN/mm²	4,3	17–26	25–26	44	35	39,5	17
Poissonzahl (Querkontraktion)	ν	–	0,36	0,29	0,31–0,35	0,31–0,34	0,33–0,35	0,25–0,26	0,33–0,35

Element	Symbol	SI-Einheit	Blei	Kupfer	Silber	Gold	Eisen	Cobalt	Nickel
Element	–	–	Blei	Kupfer	Silber	Gold	Eisen	Cobalt	Nickel
Chem. Symbol	–	–	Pb	Cu	Ag	Au	Fe	Co	Ni
Atomnummer	n_A	–	82	29	47	79	26	27	28
Atomgewicht	m_A	g/mol	207,2	63,546	107,868	196,9665	55,85	53,93	58,71
Kristallstruktur	–	–	kfz	krz	kfz	kfz	krz	hex (α)	kfz
Gitterparameter (20 °C)	a	nm	0,4945	0,362	0,4086	0,4079	0,2866	0,25071	0,3524
	c	nm	–	–	–	–	–	0,40686	–
	c/a	–	–	–	–	–	–	1,623	–
Dichte	ϱ_m	Mg/m³ = g/cm³	11,35–11,95	8,93	10,49	19,32	7,87	8,33	8,908
Linearer therm. Ausdehnungskoeff.	α	µm/m · K	29,5	16,6–17,7	19	14,2	12	12–14	13,3
Schmelztemperatur	δ_f	°C	327,4	1085	960,8–961,9	1064,43	1536–1538	1495	1453
Homologe Schmelztemperatur/2	$T_f/2$	°C	25	405	345	395	630	610	590
Spezifische Wärme	c_p	J/g · K	0,129	0,385	0,234	0,128	0,447	0,514	0,471
Schmelzwärme	ΔH_f	J/g	23–24,7	205	104,2	62,76	247 ± 7	292	299
Wärmeleitfähigkeit (300 °C)	λ	W/m · K	35	400	420–430	318	80–85	10	64
Elektrische Leitfähigkeit (20 °C)	σ	% IACS	7,9	101–103	103–105	74	17,6	27,6	25,6
Spezif. elektr. Widerstand (20 °C)	ϱ_{ei}	nΩm = 0,1 µΩcm	2,07	0,167	0,159	4,2	0,87	0,624	0,684
Elastizitätsmodul (20–20 °C)	E	GPa = kN/mm²	24	128	71–80	78–81	195–208	215	206–207
Schubmodul	G	GPa = kN/mm²	8,5	26,8	30	29	81	82	74
Poissonzahl (Querkontraktion)	ν	–	0,4	0,31	0,37	0,42	0,291	0,32	0,31

Element	Symbol	SI-Einheit	Niob	Molybdän	Tantal	Wolfram	Rhodium	Palladium	Platin
Chem. Symbol	–	–	Nb	Mo	Ta	W	Rh	Pd	Pt
Atomnummer	n_A	–	41	42	73	74	45	46	78
Atomgewicht	m_A	g/mol	92,91	95,94	180,95	183,9	102,9	106,4	195,1–195,4
Kristallstruktur	–	–	krz	krz	krz	krz	kfz	kfz	kfz
Gitterparameter (20 °C)	a	nm	0,3294	0,315	0,3206	0,317	0,3797	0,3883	0,3916
	c	nm	–	–	–	–	–	–	–
	c/a	–	–	–	–	–	–	–	–
Dichte	ϱ_m	Mg/m³ = g/cm³	8,57	10,22	16,6	19,254	12,41	12,02	21,46
Linearer therm. Ausdehnungskoeff.	α	µm/m · K	6,9–7,2	5,4	6,5	4,4–4,5	8,3	11,1–11,7	9,1
Schmelztemperatur	ϑ_f	°C	2470	2610–2620	2995	3410 ± 20	1965	1555	1769
Homologe Schmelztemperatur/2	$T_f/2$	°C	1100	1175	1360	1600	845	640	750
Spezifische Wärme	c_p	J/g · K	0,27	0,276	0,139	0,135	0,247	0,244	0,131
Schmelzwärme	ΔH_f	J/g	290	270	145–174	220 ± 36	210	162	113
Wärmeleitfähigkeit (300 °C)	λ	W/m · K	54	140	56	160–175	150	72 ± 2	72 ± 1
Elektrische Leitfähigkeit (20 °C)	σ	% IACS	13,2	34	13–14	39	36	16	16,5
Spezif. elektr. Widerstand (20 °C)	ϱ_{ei}	nΩm = 0,1 µΩcm	1,25–1,45	0,52	1,25–1,35	0,565	0,451	1,08	0,985–1,06
Elastizitätsmodul (20–20 °C)	E	GPa = kN/mm²	103–105	320	185	410	?	126–135	171–178
Schubmodul	G	GPa = kN/mm²	37,5	123	69	160	?	48	64
Poissonzahl (Querkontraktion)	ν	–	0,38–0,39	0,30	0,35	0,31	?	0,385	0,395

A.3   Kurzbezeichnungen für Werkstoffe

A.3.1   Werkstoffnummern

Das Werkstoffnummern-System nach der europäischen Norm DIN EN 10027 Teil 2 ord-
net jedem Werkstoff eine Nummer zu. Es ist weitgehend systematisch aufgebaut und
Verwechslungen sind ausgeschlossen. Andrerseits ist eine fünfstellige Ziffer schwer zu
merken und zu sprechen. Die letzten zwei Stellen sind zudem eine Zählnummer, die man
nicht ableiten kann. Der Gebrauch der Werkstoffnummern ist deshalb vor allem im ad-
ministrativen Bereich üblich, in der Diskussion unter Fachleuten benutzt man vorwiegend
Kurznamen. Eine gewisse Ausnahme bilden die hochlegierten Stähle, deren Kurznamen
nach der europäischen Norm sehr lang sind. Der Stahl X5CrNi18-10 hat beispielsweise
die Werkstoffnummer 1.4301. Man spricht dann einfach vom „dreiundvierzig-nulleins"
was kürzer ist als „X5CroNi18-10".

Beispiel: Die Werkstoffnummer für den Stahl S235JR lautet 1.0037
Es bedeuten:

- Zahl 1 in obigem Beispiel: Werkstoffhauptgruppe (1 steht für Stahl, 0 für Roheisen,
  2 für Nichteisenschwermetalle, 3 für Leichtmetalle, 4 für Metallpulver, 5 bis 8 für
  Nichtmetallische Werkstoffe, ...)
- Zahl 00 in obigem Beispiel: Stahlgruppennummer (die Ziffern 00 stehen für Grundstähle, 01 bis 07 für unlegierte Qualitätsstähle, 08 bis 09 legierte Qualitätsstähle, 10
  bis18 unlegierte Edelstähle, 20 bis 29 Werkzeugstähle, ...)
- Zahl 37 in obigem Beispiel: Zählnummer.

A.3.2   Kurznamen für Stähle

Die Bezeichnungen wurden 1992 mit Einführung der DIN EN 10027 Teil 1 neu geregelt. Sie unterscheiden sich, je nachdem ob die Stähle zur Wärmebehandlung bestimmt
sind oder nicht. Bei *Stählen, die nicht zur Wärmebehandlung bestimmt sind* (siehe Abschn. 15.1.1), wird ein Kurzname aufgrund der Verwendung und der mechanischen oder
physikalischen Eigenschaften gebildet.

Beispiel: Stahl S235JR
Es bedeuten:

- Buchstabe S in obigem Beispiel: Hinweis für die Verwendung (S steht für Stahlbau, E
  für Maschinenbau, R für Schienenstahl, B für Betonstahl, T für Feinst- und Weißblech,
  G für Formguss, ...)
- 235 in obigem Beispiel: Mindeststreckgrenze in N/mm^2

- JR in obigem Beispiel: Zusatzsymbol, Kerbschlagarbeit 27 J bei Prüftemperatur 20 °C. Es gibt eine Vielzahl von Zusatzsymbolen für Zähigkeit, Gütegrad, Wärmebehandlungszustand und anderes.

Bei *Stählen, die zur Wärmebehandlung bestimmt sind* (siehe Absch. 15.1.2), macht eine Bezeichnung nach Festigkeit wenig Sinn, da ja erst der Anwender die Wärmebehandlung durchführt und die Festigkeit einstellt. Bei diesen Stählen erfolgt die Bezeichnung nach der chemischen Zusammensetzung. Die Bezeichnungsform unterscheidet sich nach dem Gehalt an Legierungselementen (unlegiert, niedriglegiert, hochlegiert).

Beispiel für einen unlegierten Stahl: C35
Es bedeuten:

- C in obigem Beispiel: C steht für Kohlenstoff (es gibt keine anderen Möglichkeiten)
- 35 in obigem Beispiel: Kohlenstoffgehalt mit 100 multipliziert, also 0,35 %.

Beispiel für einen legierten Stahl bei dem jedes Legierungselement unter 5 % liegt (niedriglegierter Stahl): 45CrVMoW5-8
Es bedeuten:

- 45 in obigem Beispiel: Kohlenstoffgehalt 0,45 %
- Cr und Zahl 5: Chromgehalt 5 / 4 % = 1,25 %
- V und Zahl 8: Vanadiumgehalt 8 / 10 % = 0,8 %
- Mo und W ohne Zahl: geringer Gehalt an Molybdän und Wolfram

Für die Legierungselementkonzentrationen gelten die folgenden Faktoren:

- Faktor 4: Cr, Co, Mn, Ni, Si, W (Merkwort *„Crocomannisiw"*)
- Faktor 10: Al, Be, Cu, Mo, Nb, Pb, Ta, Ti, V, Zr
- Faktor 100: C, S, P, N, Ce
- Faktor 1000: B

In den Kurznamen werden nur die wichtigsten Elemente angegeben, und nur bei den allerwichtigsten die ungefähren Gehalte als Zahlenwert. Durch die Multiplikation mit Faktoren sollen größere runde Zahlen entstehen, die leichter merk- und sprechbar sind. Nichtmetallische Elemente kommen in den Bezeichnungen kaum vor, so dass man diese Faktoren nicht unbedingt wissen muss.

Beispiel für einen legierten Stahl bei dem ein Element in einer Konzentrationen über 5 % vorkommt (hochlegierter Stahl): X5CrNi18-10
Es bedeuten:

- X in obigem Beispiel: Hochlegierter Stahl
- 5: Kohlenstoffgehalt 0,05 %
- Cr und Zahl 18: Chromgehalt 18 %
- Ni und Zahl 10: Nickelgehalt 10 %

Für Schnellarbeitsstähle ist ein eigenes Bezeichnungssystem gültig.

Beispiel für einen Schnellarbeitsstahl: HS2-9-1-8
Es bedeuten:

- HS: Kennbuchstaben für Schnellarbeitsstahl
- 2-9-1-8: Gehalte an W, Mo, V, Co in Prozent.

A.3.3   Kurznamen für Gusseisen

Gusseisen mit Lamellengraphit ist in DIN EN 1561 genormt, *Gusseisen mit Kugelgraphit* in DIN EN 1563.

Beispiel für Grauguss: GJL-300
Es bedeuten:

- G: Gusswerkstoff
- J: Eisen
- L: Lamellarer Graphit
- 300: Mindestzugfestigkeit in MPa

Beispiel für Sphäroguss: GJS-600
Es bedeuten:

- S: sphärolithischer Graphit.

A.3.4   Kurznamen für Nichteisenmetalle

Reine Metalle werden durch das chemische Symbol und den Gewichtsanteil in Prozent bezeichnet.

Beispiel für Reinaluminium: Al99,5
Es bedeuten:

- Al: Aluminium

- 99,5 %: Reinheit 99,5 %

Bei *Legierungen* werden die chemischen Symbole von Haupt- und Nebenbestandteilen aufgeführt, wobei der wichtigere Bestandteil vorn steht. Die chemischen Symbole werden gefolgt von Zahlenwerten, die den Gehalt in Gew.-% angeben.

Beispiel für Al-Legierung: AlSi9Cu3
Es bedeuten:

- Si9: Si-Gehalt 9 %

Im Bereich der NE-Metalle sind zahlreiche alternative Bezeichnungen üblich, die auf internationale Normen oder auf Handelsnamen zurückgehen. Sie werden teilweise im Text in Kap. 15 erwähnt.

Sachverzeichnis

Printed in the United States
By Bookmasters